启笛

智慧有回声

中国远古之美

Antient Aesthetics of China

张法·著

北京大学出版社
PEKING UNIVERSITY PRESS

图书在版编目(CIP)数据

中国远古之美 / 张法著. -- 北京 : 北京大学出版社, 2025. 6. -- ISBN 978-7-301-36189-4
Ⅰ. B83-092
中国国家版本馆 CIP 数据核字第 20257TW623 号

书　　名　中国远古之美
ZHONGGUO YUANGU ZHIMEI
著作责任者　张　法　著
责任编辑　闵艳芸　李凯华
标准书号　ISBN 978-7-301-36189-4
出版发行　北京大学出版社
地　　址　北京市海淀区成府路 205 号　100871
网　　址　http://www.pup.cn　新浪微博: @北京大学出版社
电子邮箱　zpup@pup.cn
电　　话　邮购部 010-62752015　发行部 010-62750672　编辑部 010-62752824
印 刷 者　天津中印联印务有限公司
经 销 者　新华书店
720 毫米 × 1020 毫米　16 开本　31.75 印张　535 千字
2025 年 6 月第 1 版　2025 年 6 月第 1 次印刷
定　　价　138.00 元

国家社科基金后期资助项目
出版说明

后期资助项目是国家社科基金设立的一类重要项目，旨在鼓励广大社科研究者潜心治学，支持基础研究多出优秀成果。它是经过严格评审，从接近完成的科研成果中遴选立项的。为扩大后期资助项目的影响，更好地推动学术发展，促进成果转化，全国哲学社会科学工作办公室按照“统一设计、统一标识、统一版式、形成系列”的总体要求，组织出版国家社科基金后期资助项目成果。

全国哲学社会科学工作办公室

目　录

绪论　中国远古之美的缘起和基本内容 ………………………………… (1)

上编　中国之美核心观念的起源与演进

第一章　礼:远古之美的基本框架 …………………………………… (21)
　第一节　远古之礼的总体性质、演进三段、美学特色 ……………… (21)
　第二节　远古之礼的地点、人物、器物演进及观念特点 …………… (25)
　第三节　远古仪式的基本结构与美学特点 ………………………… (35)
第二章　斤—斧—钺:远古之美的起源之一 ………………………… (41)
　第一节　从斤到斧到戉:从工具之美到王权象征 ………………… (41)
　第二节　王戉与天戉:中国之美的观念基础 ……………………… (56)
　第三节　天钺之后的演进 …………………………………………… (68)
第三章　中:远古之美的观念之二 …………………………………… (86)
　第一节　立杆测影与"中"的思想的产生 ………………………… (86)
　第二节　社坛:中国之美观念的演进 ……………………………… (100)
　第三节　祖庙:中国美学"中"的观念的演进 …………………… (116)
　第四节　宫殿:中国美学"中"的观念的定型 …………………… (131)
第四章　和:远古之美的观念之三 …………………………………… (141)
　第一节　从禾而来之和 ……………………………………………… (142)
　第二节　和与远古天象的演进 ……………………………………… (144)
　第三节　月令模式与天人之和 ……………………………………… (147)
　第四节　由天人之和透出的中国和的观念的基本特点 …………… (150)
第五章　美:中国远古之美的观念之四 ……………………………… (152)
　第一节　美的字形与两类解说 ……………………………………… (152)
　第二节　美的文化族群起源:从羌到姜 …………………………… (155)
　第三节　美字在华夏审美观念形成中的转意 ……………………… (158)

第四节 美在文化中的演化与审美观念的建构 …………………(163)
第六章 文：中国远古之美的观念之五 ………………………………(168)
第一节 文的本义与文身的地域族群 ………………………………(168)
第二节 文身的原初意义：中华古礼的原型 ………………………(171)
第三节 从文与彣到华夏衣冠：人的身体在上古诸族互动中演进 ……………………………………………………(174)
第四节 冕服之文：华夏一统的美学体现 …………………………(178)
第五节 文扩展为普遍性的宇宙之美 ………………………………(187)
第六节 文：在礼崩乐坏中转义为文字之美 ………………………(189)
第七章 玉：中国远古之美的观念之六 ………………………………(193)
第一节 玉：作为中国之美的远古起源、展开、结构 …………(193)
第二节 玉—巫—灵一体与玉在远古之礼中的内在化 …………(202)
第三节 玉在中国宗教体系中的体现 ………………………………(206)
第四节 玉之美在内外两方面的演进 ………………………………(209)
第八章 威仪：远古之美的观念之七 …………………………………(212)
第一节 威仪的初源，空地仪式之"義"…………………………(213)
第二节 威仪演进之一：社坛仪式之"宜" ………………………(216)
第三节 威仪演进之二：祖庙仪式之"畏" ………………………(219)
第四节 威仪的初型：从五帝到周代 ………………………………(221)
第五节 威仪：朝廷之美的结构和意义 ……………………………(223)
第九章 观：中国审美方式的起源—定型—特色 ……………………(227)
第一节 雚—觀—觀：远古感美方式的演进…………………………(229)
第二节 观：中国审美方式的演进与定型 …………………………(232)
第三节 观：中国审美方式的主要特点 ……………………………(235)
第十章 乐：中国美感的起源—定型—特色 …………………………(239)
第一节 乐字释义与远古美感的起源与演进 ………………………(240)
第二节 《尔雅》"乐"的语汇与远古美感的演进与定型 …………(243)
第三节 乐的定型与中国美感的基本特点 …………………………(246)

中编 饮食器与中国远古之美研究

第十一章 中国远古饮食之美的观念基础 ……………………………(251)
第一节 神嗜饮食：中国饮食之美的宗教观念基础 ………………(252)
第二节 味以行气：中国饮食之美的人体—政治基础 ……………(256)

第三节 水为味始：中国饮食之美的哲学—物理基础 ……… (259)
第十二章 中国远古饮食之美的食物体系 …………………………… (262)
第一节 饮食的语汇体系与美学内蕴 …………………………… (262)
第二节 饮食体系的具体内容与美学内蕴 ……………………… (266)
第三节 饮食体系的天地关联与美学特点 ……………………… (273)
第十三章 旨、甘、味：中国远古饮食之美的三大概念 ………… (276)
第一节 饮食在古礼中的重要性与饮食之美的特点 ………… (276)
第二节 旨与甘：饮食之美的两个美学概念 …………………… (278)
第三节 味：饮食之美的重要概念 ……………………………… (279)
第十四章 釜—罐—盎：饮食礼器与审美观念之一 ……………… (282)
第一节 釜：最初的炊器与观念内容 …………………………… (282)
第二节 罐：最初的贮器与观念内容 …………………………… (283)
第三节 盎：最初的盛器与观念内容 …………………………… (286)
第十五章 鼎—豆：饮食礼器与审美观念之二 …………………… (289)
第一节 从支脚到鼎的演进与鼎的类型 ………………………… (290)
第二节 鼎的观念与饮食之美 …………………………………… (294)
第三节 豆的产生、类型、结构 …………………………………… (297)
第四节 豆的观念与饮食之美 …………………………………… (302)
第十六章 壶—酉—尊：饮食礼器与审美观念之三 ……………… (306)
第一节 壶在远古的意义 ………………………………………… (306)
第二节 从酉到尊：仰韶文化尖底瓶作为酒器—
礼器的演进 ………………………………………………… (310)
第三节 尖底酉的功能演变与尊器的观念建构 ……………… (312)
**第十七章 鬶盉—鬶鷉—盉鬴—鸡彝：饮食礼器与
审美观念之四** ………………………………………………… (314)
第一节 三足酒器的考古拼图 …………………………………… (315)
第二节 三足酒器：命名与实际之谜 …………………………… (316)
第三节 鬶盉—鬶鷉—盉鬴：三大地区的酒器命名、
美学外观、观念内容…………………………………………… (320)
第四节 鸡彝：美学外观与文化内蕴 …………………………… (323)
第五节 鸡彝命名与远古酒器演进的新型观念 ……………… (325)
第十八章 鸟隹三足酒器：饮食礼器与审美观念之五 ………… (330)
第一节 远古酒器的器形演进与观念演进 …………………… (330)
第二节 鸡彝之名后面的观念张力 ……………………………… (334)

第三节 从鸟隹的文字演变看远古酒器演进的观念内容 ……(337)
第十九章 彝—斝—爵：饮食礼器与审美观念之六 ……(341)
第一节 从鸡彝到彝后面的观念演进 ……(342)
第二节 尊彝作为酒器的基本内容 ……(345)
第三节 彝—斝—爵：夏商周的酒器演进与观念演进 ……(346)
第四节 爵上升到酒器高位与象征内容的转变 ……(351)

下编 舞乐器与中国远古之美研究

第二十章 风—凤—乐：远古音乐之美的观念基础 ……(359)
第一节 凤风同字内蕴的观念内容 ……(359)
第二节 与凤关联的风在文献上的体现 ……(363)
第三节 凤风一体在考古图像上的展开 ……(365)
第四节 凤风同字的演进及其美学观念意义 ……(369)
第二十一章 舞—巫—無：舞在远古仪式之初的地位及其演进 ……(373)
第一节 舞在远古仪式之初的核心地位 ……(373)
第二节 从古文字看“舞为乐主”的具体内容 ……(377)
第三节 从万舞和禹步看舞在乐中的位置 ……(381)
第四节 从《吕氏春秋》和《周礼》的舞乐部分看舞在远古的移位 ……(387)
第二十二章 鼉—鼍—夔：鼓在中国远古仪式之初的演进和地位 ……(391)
第一节 鼓在远古仪式中的产生及其结构 ……(391)
第二节 鼉—鼍与鼓作为乐的本质进入仪式的观念中心 ……(394)
第三节 夔的多样内蕴与鼓进入仪式的最高中心 ……(398)
第四节 鼓的中心地位、体系内容、文化影响以及出离最高位的原因 ……(402)
第二十三章 龠—管—律：乐律与天道的交织演进 ……(407)
第一节 龠—管—律：求律乐器的三名与三面 ……(407)
第二节 以龠为核心的观念体系网 ……(409)
第三节 音律的二重性与矛盾性 ……(413)
第四节 中国智慧的特点与龠的内蕴 ……(417)
第二十四章 琴—性—禁：琴瑟与文化交织演进 ……(423)
第一节 琴瑟的产生与远古的天地观念 ……(424)

第二节 琴瑟—社坛一体与琴瑟进入音乐和文化高位 ……… (427)
第三节 仪式中心由社坛向祖庙的演进与琴瑟在文化中的边缘化 ……………………………………… (434)
第四节 礼崩乐坏中的音乐转意与琴瑟的重新定位 ……… (438)
第五节 音乐转型的定型与琴的升位的完成 …………… (441)
第二十五章 铃—庸—钟演进的政治和文化关联 ……………… (446)
第一节 从社坛之示到祖庙之宗：从铃到庸的政治和文化关联 …………………………………………… (447)
第二节 从祖庙之示到庙寝之主：从庸到钟的政治—文化关联 …………………………………………… (451)
第三节 由王寝之主到宫殿之王：编钟甬—钮—镈展开的政治和文化关联 …………………………………… (453)
第二十六章 青铜乐钟理论问题：乐钟命名·乐悬体系·乐钟观念 ……………………………………………… (457)
第一节 殷商乐钟的定名与青铜乐钟的演进逻辑 ……… (457)
第二节 青铜乐悬的概念体系：簨虡、肆堵、宫—轩—判—特 …………………………………… (461)
第三节 青铜乐钟在文化观念体系中的定义与变化 …… (463)
第二十七章 青铜乐钟理论问题：音乐重组、演进历程、文化意蕴 ……………………………………………… (468)
第一节 从虞夏之铃到殷商编庸：文化对青铜乐器的演进要求 ……………………………………………… (468)
第二节 从庸(编庸—大镛)到钟(甬)演进的动因与意蕴 …… (471)
第三节 在编钟体系演进基础上的乐律演进 …………… (474)
余论：中国远古之美：大线—阙如—追问 ……………………… (480)
参考文献 ……………………………………………………… (485)

绪论　中国远古之美的缘起和基本内容

中国美学的通史著作，自李泽厚、刘纲纪《中国美学史（先秦两汉卷）》（1984）和叶朗《中国美学史大纲》（1985）出版以来，至今已有约30种，基本上都是从春秋战国，即世界史所谓的“轴心时代”讲起，而那些讲春秋战国以前的著作，涉及的内容（严格地讲）多为“语焉不详”。但有一点是清楚的，以孔子和老子为代表的先秦美学，已经达到了很高的水平。这一水平不是凭空降下来，而是经过千年万年演进而来。究竟是怎样来的呢？这就是中国美学观念起源研究的任务。这是一个非常难的工作，目前仅有的路径都是关联着文字、文献和考古而进入，总感空白甚多，迷径不少，但要把中国美学从源头上弄清，又不得不进去。

一

以春秋战国为基点，向远古上溯，从美学角度看，可分为上古、中古、下古三段。孔颖达疏《礼记·礼运》说：面对远古时代，上古、中古、下古的用法可因“文各有所对”而“不同”。以三皇五帝为着眼点，则“伏牺（羲）为上古，神农为中古，五帝为下古。”以《易》为参考系，则“伏牺（羲）为上古，文王为中古，孔子为下古”。本书的美学观念探源，以人类产生到西周结束和春秋战国开始的平王东迁为止的整个时间为远古。再对之进行具体细分，从人类产生到约8000年前可称上古，从约8000年前到约4000年前可名中古（中古又可分为从约8000年前到约6000前的早期和从约6000年前到约4000年前的晚期），约4000年前到约2800年前可曰下古。结合文献与考古，可列表如下：

表 0-1

文献	时间(年前)			考古(典型遗址)
燧人氏—有巢氏	上古		约 200 万—约 8000 年前	巫山—元谋—蓝田—北京—马坝—山顶洞
女娲—伏羲—神农	中古	早期	约 8000—约 6000 年前	裴李岗—河姆渡—大地湾—大溪—兴隆洼
五帝时代		晚期	约 6000—约 4000 年前	庙底沟—良渚—红山—大汶口—石家河—陶寺
夏商西周	下古		约 4000—约 2800 年前	二里头—偃师商城—殷墟—周原—周公庙

表 0-1 是中国文化在远古的演进序列。中国型美学观念是由中国人形成的,自地壳运动造就青藏高原隆起,形成由西边的帕米尔高原和东面的太平洋围成的相对独立的地貌形状,中国人种的起源就有两种说法:本生的和外来的。新近以基因为证据,中国人种自 10 万—4 万年前来自非洲之说,占了优势。但中国型的美学观念在本质上与人种无关,而与文化相关。中国文化呈现的独特现象是,由中国独特的地理条件在上古形成的中国型观念,自产生之后,其内在核心就一直在延续承传。外来文化进入之后,在中外互动中,外来因素或者消失,或者融入新的结构中去,变质成为中国型观念整体结构中的新因素。文化的恒久承传可以建筑选址为例:从约 170 万年前元谋盆地的元谋猿人,100 万年前灞河谷地的蓝田猿人,到约 50 万年前周口店的北京猿人,10 万年前马坝滑石山中盆地的马坝人,至 18000 年前的山顶洞人,6000 年前的仰韶文化居民,3000 年前西周京城……同一原则在建筑选址上一以贯之[①],这一原则用最简单的话来讲,是以“前面有水、后面有山”为基本空间结构(由之形成了后来的建筑选址的风水理论体系)。纯外来因素进入中土后的消失,可以屈肢葬为例。这一存在于西亚—中亚的葬式,在上古末期和中古初期,从新疆(如察吾呼沟四号墓地 M244)、西藏(如曲贡 M109)、甘青(如土谷台 M3)、东北(如北音长汗 M6),到长江中下游(如大溪 M187)、华南(如顶狮山 M83)[②]等地曾普遍存在,但到了中古后期,全部转型为了中国文化型的仰身直肢葬。外来因素变质为中国新因素,以青铜器为例。青铜器发明于西亚,中古晚期进入中国,从现象上看,中国中古晚期—下古初期的青铜器呈现为两大系列。一是以哈密天山北路文化、齐

① 俞孔坚:《理想景观探源——风水的文化意义》,商务印书馆,1998,第 78—87 页。
② 韩建业:《早期中国:中国文化圈的形成与发展》,上海古籍出版社,2015,第 21 页。

家文化、朱开沟文化、夏家店四层文化为代表的西与北系列，二是以二里头、二里冈、岳石、吴城为代表的中原系列①。前者在器形和风格上仍与西亚有关联，后者已转为中国类型。到晚商、西周、东周，中国类型已成为主流，进而到完全中国化，并以之辉煌于世界。这意味着中国大地内蕴着一种文化精神（即后来思想家讲的“天道”），任何物象，无论是本土的还是外来的，都因在这“天道”中进行运转，或最初就是、或后来转化而成为具有中国特征的物象。从理论上看，中国思想奠基期先秦之孔子和中国思想转变期中唐之韩愈，都强调，为夏为夷，不以人种相甄别，而以文化来区分：夷人用夏礼为夏，夏人采夷俗为夷。中国文化，是以一套文化行为、一类文化观念、一种文化感知，一套审美观念，建立起来并为其特色的。中国文化和中国美学自上古以来，是经百万年实践而育建起来和积淀下来的观念，主要体现为三大相互关联的场域：一是由工具使用而来的“斤斧”等器物，内蕴的观念，到中古以后定型为“斧钺”的象征体系。二是建筑选址而来的“邑”的结构，内蕴的观念，到近古定型为二里头、殷墟、周代河洛型的京城结构。三是由立杆测影而来的“中”的结构，内蕴的观念，在近古定型为以太极图—九宫图为基础并展开在政治、宗教、伦理、美学等各方面的中国观念的核心。三个场域里，“中”与宇宙的大观念相连。中国之所以曰“中国”，盖来源于此。“中国”一词，从文献上看，约 3000 年前的《诗经・大雅・民劳》有“惠此中国”；西周青铜器“何尊”铭文有“宅兹中国”。“惠”者，来源深远也；“宅”者，现已定型也。考古上看，4000 多年前的陶寺的天文台，“中”的观念明显②。从文字上看，甲骨文“中”的多种字形（详见后面专章），透漏出关于“中”的更远更深的来源。“中”是仪式中心，从而观念化为天下的中心，当仪式中心由村邑演进为国（城），再由一地之国扩为广域方国，进而为中央王国，中国乃为东西南北围绕的天下之中的国（城）。这一作为天下之中的“中国”在理论上拥有天下。中国的观念就是天下一统的观念。远古之美的观念核心，也由中国文化的观念核心，即由最初的立杆测影的村邑之“中”产生出来。

二

人类美感，最初是由工具使用而来的工具美感，人感到自己拥有了超越身体生理限度的力量而来的快感，这一快感是动物所没有的。然后，是

---

① 韩建业：《早期中国：中国文化圈的形成与发展》，第 224 页。

② 何驽：《陶寺圭尺“中”与“中国”概念由来新探》，中国社会科学院考古研究所夏商周考古研究室编《三代考古》（四），科学出版社，2011，第 85—120 页。

由仪式产生形成的仪式美感，人感到了一种外在于自己的巨大力量进入自身之中，成为自己可以拥有的力量而引发的快感，这一快感是与宇宙整体融为一体的快感。这一快感由仪式中人神合一的身体装饰表现出来，由仪式中精美器物呈现出来，由仪式进程的狂热巫舞迸发出来，成为最初的美感。上古中国的东西南北，产生过各种各样的仪式，而立杆测影的中的仪式，最终成为主流，除了一些重要原因之外，在人的力量相对弱小的远古，主要与中国地理相关。

中国的地理环境甚为多样，有高原、草原、平原、森林、丘陵、山岳、沙漠、沼泽、湖泊、江河、黄土、黑土、红土、白沙……多样性的地理在相互交织中又呈现为具有内聚性的整体。在东南面，是浩瀚的大海；在北面，蒙古草原之北山脉之外是寒冷无人的西伯利亚；在西面，葱岭和帕米尔高原以西，是漫漫无际的草原和荒漠。中国境内面向欧亚大陆的西面和北面，因高山和荒漠，而没有常规性的密集交往。这样，由大海、高山、荒漠围绕的中国，成为一相对独立的互动空间整体。处在这一空间整体中的人类，一方面因其多样性形成各自的中心，另一方面各中心又在相互之间的互动中感受到共同的整体，并在对整体的感受中比较、知晓、向往、建构着一个统一的中心。中国上古相对独立的地理整体，从自身的多样性来讲，可分为三大生态带和若干亚生态带①。三大生态带，一是寒原带：东北、蒙古、新疆和青藏高原，是由高山、大漠、草原为主组成的森林草原带。二是温热带：长江秦岭以南地区，是森林茂密、气候炎热的常绿阔叶林带。三是温暖带：是长江流域以北的黄河流域，气候温暖、四季分明，温暖适中。在三大带之间，夹着三个亚生态带。一是草原与农业文化之间的辽河流域，二是畜牧和农业地区之间的横断河谷地带，三是稻作农区与粟作农区之间的淮河流域地带。在以上三大带中，温暖带最容易形成更高的生产力，聚积更多的人口。文献上中古文化的三大集团东夷、华夏、苗蛮正是产生在这一地区②。而三大带之间的交融地区，最容易产生文化的突破和新创。玉和龙都率先出现于辽河，羌族的各类形象元素在横断河谷各文化之间出现，童恩正讲了从东北到西南由绵延万里的高地（大兴安岭、祁连山脉、贺兰山脉、阴山山脉、横断山脉）构成环绕中原大地的半月形地带，这一地带既是

---

① 石兴邦的《中国新石器时代文化研究的逻辑概括》（《纪念城子崖遗址发掘六十周年国际学术讨论会文集》，齐鲁书社，1993）从史前考古角度分为三大带和若干亚带。中科院经济地理室的《中国农业地理总论》（科学出版社，1980，第52页）分为五区。这里只讲三区说，是从说明本书论题和简洁性二角度考虑。

② 蒙文通：《古史甄微》，《蒙文通全集》（三），巴蜀书社，2015，第44—63页；徐旭生：《中国古史的传说时代》，广西师范大学出版社，2003，第42—147页。

黄河中下游平原和长江中下游平原的屏障，又是其向北、向西开通的通道，三大自然区的各类文化在这一地带互动、汇聚和传播。这一地带在远古就形成了共同的文化特征：细石器、石棺葬、大石墓、石头建筑、岩画……[①]到中古又在文化互动中显示如上所述的升级和创新，带动刺激着中古文化整体的升级。整体升级的质变是远古末中古初的农业出现。在1万年前左右，中国境内多地区出现了农业种植，进一步演进为经济区块，呈现新的多元景观，苏秉琦分为两区六块：一是面向海洋地区，有三块，即以山东为中心的东方，以太湖流域为中心的东南部，以鄱阳湖-珠江三角洲为中轴的南方；二是面向欧亚大陆的地区，有三大块，即以燕山南北长城地带为中心的北方，以关中、豫西、晋南邻境为中心的中原和以洞庭湖、四川盆地为中心的西南部。严文明分为三大区十二块：一是北方的旱地农业区，包括甘青、中原、山东、燕辽四块；二是南方稻作农业区，包括江浙、长江中游、闽台、粤桂、云贵五块；三是从东北到西南的狩猎采集区，包括东北、蒙青、西藏三大块。两人在文化分块中，有不同的强调侧重，苏的分块重在强调中国西北与欧亚草原的关联，东南与海岛和南亚的交流，严则彰显"以中原为中心，逐层环绕的重瓣花朵结构。"[②]两相综合，更合远古中国的全貌。中国境内，由西到东，形成三大阶梯：第一阶梯：青藏高原，包括昆仑山、祁连山之南、横断山脉以西，喜马拉雅山以北，形成平均海拔超过4500米的最高阶区。第二阶梯包括内蒙古高原、黄土高原、云贵高原，带着准噶尔盆地、四川盆地、塔里木盆地，形成平均海拔2000—3000米的次级高区。第三阶梯由东北平原、华北平原、长江中下游平原，以及辽东丘陵、山东丘陵、东南丘陵，形成大部分海拔在500米以下的地区。在一个相对独立和文化多元的整体空间里，东部要发展是向西，西部要发展是向东，在考古学上，出现了西方的庙底沟二期文化的北进和东进，东方的大汶口文化的西进，东南的良渚文化的西进和北上，南方的屈家岭文化的北上。……在文献上，有炎帝由南向北向西又向东的推进，黄帝的东进，蚩尤的西进。……当经济层级和文化层级拉开距离而各区要发展，由地理、经济、文化形成的趋势，就是会聚中原。而中原由于地理和经济的优势而各方发展汇聚，最容易形成一种文化中心，在考古学上，就是以陶寺为中心的中原龙山文化的

---

① 童恩正：《试论我国从东北至西南的边地半月形文化传播带》，载其《南方文明》，重庆出版社，2004。

② 对于上古文化的分区，学人多有论述，如［瑞典］安特生（《中华远古之文化》，载《地质汇报》第五号，1923）、张光直（《中国新石器时代文化断代》，载《"中央研究院"历史语言研究所集刊》第30本，1959）等；其中，苏秉琦（《中国文明起源新探》，生活·读书·新知三联书店，2000）和严文明（《中国史前文化的统一性与多样性》，载《文物》1987年第3期）的划分较为经典。

形成。把地理、经济、文化的演进，结合文献和考古，可呈现这样一幅图景——10000年前左右的上古末期，中国地理境内的各聚落普遍地进入农耕时代，并在8000—6000年前得到大的发展，农业的产生和发展的时代，在古籍中以女娲、伏羲、神农为符号，在考古中以磁山、裴李岗、查海、大溪、河姆渡文化为代表，出现岩画、彩陶、玉器、乐器，显出了中国与其他原始文化同中呈异的一些特点。6000—4000年前的中古时期，在古籍中以共时性的炎帝（代表南与西）、黄帝（代表西与北）、蚩尤（代表东与南）为象征，或以历时性的五帝即黄帝、颛顼、帝喾、尧、舜为符号，在考古上以仰韶文化、红山文化、良渚文化、大汶口文化、龙山文化、屈家岭文化等以及后来的以陶寺、石峁、客省庄二期、王湾三期、石家河、宝墩为代表，这时岩画、彩陶、玉器、村社、坛台、城邑达到了艺术上的辉煌。苏秉琦对这一时代的特征，讲了三点，一是用"满天星斗"形容文化的多样性和层级性；二是用"多元一体"概括由多元性走向一体的整体性；第三是"共识中国"的观念显示了多元一体中的中心化向路。对于最后一点，苏秉琦先生如是描述："距今7000年至5000年间，源于华山脚下的仰韶文化庙底沟类型，通过一条呈'S'形的西南—东北向通道，沿黄河、汾河和太行山山麓上溯，在山西、河北北部桑干河上游至内蒙古河套地带，同源于燕山北侧大凌河的红山文化碰撞，实现了花与龙的结合，又同河套文化结合产生三袋足器，这一系列新文化因素在距今5000年至4000年间又沿汾河南下，在晋南同来自四方（主要是东方、东南方）的其他文化再次结合，这就是陶寺。或者说，华山一个根，泰山一个根，北方一个根，三个根在晋南结合。这很像车辐聚于车毂，而不像光、热等向四周发射。考古发现正日渐清晰地揭示出古史传说中'五帝'活动的背景。五帝时代以5000年前为界可以分为前后两大阶段，以黄帝为代表的前半段主要活动中心在燕山南北，红山文化的时空框架，可以与之对应。'五帝'时代后半段的代表是尧舜禹，是洪水与治水。史书记载，夏以前的尧舜禹，活动中心在晋南一带，'中国'一词的出现也正在此时。尧舜时代万邦林立，各邦的'讼诉''朝贺'，由四面八方'之中国'，出现了最初的中国概念。"①黄帝尧舜时代的万邦到夏禹时代的万国，在文献学

① 苏秉琦：《中国文明起源新探》，第159—161页。不过苏秉琦未讲"中国"一词在此时出现的根据。笔者想可能是依据《史记·五帝本纪》讲舜为避让尧之子丹朱出走之后，朝觐者和狱讼者不到丹朱处而来虞舜处，于是"舜曰：'天也。'夫而后之中国践天子位焉。"但《史记》是汉代作品。"中国"一词可以从《诗经·大雅·民劳》（如前如引）、《尚书·梓材》（"皇天既付中国民越厥疆土于先王"）、出土的西周初期铜器何尊铭文（如前所引）、陶寺的天文台的立中，特别是，甲骨文众多的"中"字透出源于远古时代立杆测影而形成的观念体系。五帝时代，立中已经演化为京城象征体系中的重要部分，从这一意义讲，苏秉琦的论断还是没有错的。

上，可对应于蒙文通、徐旭生等分的三大集团：华夏、东夷、苗蛮。徐又讲三分可进一步六分[①]，由六再到千国万国。在考古学上，可大致对应于苏秉琦讲的六大区域：一是从磁山、裴李岗、大地湾文化（8000年前）到半坡、庙底沟、马家窑文化（6000年前）到陶寺、齐家、王湾、二里头文化（4000年前）这一以青甘到中原为中心的由仰韶文化至龙山文化至夏文化的文化区；二是从兴隆洼文化（8000年前）经赵宝沟文化（7000年前）到红山文化（6000年前）到夏家店下层文化（4000年前）的燕辽文化区；三是从河姆渡文化（7000年前）到马家浜、崧泽文化（6000年前）到良渚文化（5000年前）的环太湖的东南文化区；四是从后李文化（8000年前）到北辛文化（7000年前）到大汶口文化（6000—5000年前）到龙山文化（4000年前）的以山东为中心的东方文化；五是从彭头山文化（8000年前）到大溪、屈家岭文化（7000—5000年前）到石家河文化（4000年前）及三星堆、金沙文化（6000—3000年前）的环洞庭湖和四川盆地为中心的西南文化。六是从仙人洞、西樵山文化（10000—8000年前）到石峡、筑卫城文化（7000—4000年前）的以鄱阳湖及珠江三角洲为中轴的南方文化。万邦万国、六大文化区、共识中国，这三个概念的叠加，呈现的就是中国远古演化中的从多元到一体的重要时期，韩建业把各家的观点统合为“早期中国文化圈”。并说这一“早期中国”萌芽于8000年前新石器中期，定型于6000年前新石器晚期。[②] 把“早期中国”的演进与整个“中国远古”关联起来，综合各家，呈现为：从上古的古村古邑到中古的古邑方国到下古的王国的三级演进。可列表如下：

表 0-2

时间（年前）		考古（典型遗址）	文化演进
上古	约200万—约8000年前	巫山—元谋—蓝田—北京—马坝—山顶洞	从穴巢居到古村
中古 早期	约8000—约6000年前	裴李岗—河姆渡—大地湾—大溪—兴隆洼	从古村到古邑
中古 晚期	约6000—约4000年前	庙底沟—良渚—红山—大汶口—石家河—陶寺	从古邑到方国
下古	约4000—约2800年前	二里头—偃师商城—殷墟—周原—周公庙	（由方国而）王国

① 西北的炎黄两支，东夷的高阳（颛顼）、有虞（尧舜）、殷商，南方苗蛮的祝融。见徐旭生：《中国古史的传说时代》（第4页）。

② 韩建业：《早期中国：中国文化圈的形成和发展》，第10页。

东西南北的古村为姓族聚落，姓族的提升由村而扩为邑，当其提升为邑扩为一姓为主多姓融合之团体，谓之“氏”。邑进而演为两种性质的古国：一姓之国和多姓和合之国。一姓为主、多姓和合的古国为更大地域的融和提供了演进模式，古国演进为地域之方国。在考古上，有良渚古城为代表的东南方国，崖子城为代表的东夷方国，石峁城为代表的西北方国，牛河梁为代表的东北方国，石家河古城为代表的南边方国，河洛古城和陶寺城为代表的中原方国，等等。各大方国及众多古国互动，进而夏商周皆进入中原并成大方国，中原地区形成以中原大方国为核心关联四方的方国的大联盟，这就是文献上的尧、舜、禹时代。最后产生了成为盟主的禹传位于启，出现以夏为天下共主的王国时代，以此为标志，远古历史进入夏商周依次为王的下古时期。进入王国之后，如何方能保持天下之中和中之天下的统一，夏商周有一系列的制度和观念推进，形成了三大文化体系的代代之间的继承和发展。夏代翔实资料阙如，从商到周，由甲骨卜辞到青铜铭文，继续升级演进的线索较为清楚。

三

作为一个整体，远古文化演进的基本规律为：从古村到古邑，开始由血缘之“姓”的聚落进行的升级。这一升级不久便发展为，从强调血缘之“姓”之聚落之邑，转成彰显军事力量的“族”之聚落之国。突出“氏”的“族”方能在竞争中保证安全。由邑到国的提升，很快就扩展为一姓为主多姓融合数量更众的“氏”之族体。再进一步发展就是，在原有之氏的基础上，形成由一氏为主、诸氏融合、面积更大的方国地域之“氏”。最后，达到一姓为“王”、百姓共辅的天下万国组成的王国。中国上古从古村到古邑到方国到王国的演进，有如下几个特点：第一，血缘之家始终存在，只是有了等级结构的展开，展开的同时保持了“家—国—天下”的同构。对这一悠长的历史演进的总结，形成了以儒家和法家为主体的思想。第二，中的观念始终存在，只是内容更加丰富和深厚，对这一悠长的历史演进的思考，形成了以道家和墨家为主体的思想。第三，中的思想必然意味着东西南北中的空间一体和日月季年回环往复的时间一体，在对时空一体里的“中”进行思考，使以儒道为主体的思想得以深邃和超越。第四，“中”是在上古的仪式中产生，并在从上古到中古到近古的漫长历史中，得到深化和丰富，“中”观念的扩展和丰富，同时是中国型仪式的扩展和丰富，正是在这扩展和丰富中，中国的仪式与世界其他地区的原始仪式区别开来，形成中国型的礼。以前面的表为基础，列出中国远古礼的演进：

表 0-3

时间(年前)		文化演进	礼的演进
上古	约 200 万—约 8000 年前	从穴巢居到古村	从原始之礼到古村之礼
中古 早期	约 8000—约 6000 年前	从古村到古邑	从古村之礼到古邑之礼
中古 晚期	约 6000—约 4000 年前	从古邑到方国	从古邑之礼到方国之礼
下古	约 4000—约 2800 年前	(由方国而)王国	(从方国之礼到)王国之礼

钱穆说中国的“礼”是无法翻译成其他语言的，因为“礼”包含了中国文化独特的内容①。这个独特的内容，归根到底，就是由立杆测影的“中”的仪式而来(中国型天地的整体观念由之而生)，由“中的仪式”的举行者代表的整个古村的血缘之姓而来(中国型的家的观念由之而生)，由中的仪式的主持之巫的仪式行为而来(中国型的美学由之而生)。原始仪式包含了四大要项：仪式地点、仪式之人、仪式器物、仪式过程。这四大要项都与原始之美的类型体系的萌生、形成、定型有关。仪式地点形成建筑之美，仪式之人形成人物之美，仪式器物形成器物之美，仪式过程形成诗乐舞剧合一的艺术之美。中国上古仪式从上古到中古到下古的展开，既是从古村之礼到古邑之礼到方国之礼到王国之礼的展开，同时也是对这四项相关联的审美对象的展开和与之相应的主体美感的建构。在中国上古，这四项都与“中”的观念紧密关联，因此，以“中”为核心的仪式四方面的展开，形成中国之美的特点。而这四个方面，又成为研究中国美学起源的路径。中国地理，一方面形成了以中原为中心的相对独立的整体空间，另一方面由“中”而来的天下观又超越了这一独立的相对性而具有了天下胸怀，而且，欧亚草原之路从上古开始就把中国与中亚、西亚、欧洲关联在一起，云贵高原和南海把中国与南亚联系在一起，这两个方面的联系，不断地把地中海和南亚的文化传递过来。中国的族群、器物、观念，一直在与世界的互动之中。在远古中国之礼的演进中，中国古礼不断地增加着自身的内容，由古礼带动的中国远古之美也不断地扩展盛开。

① [美]邓尔麟：《钱穆与七房桥世界》，蓝桦译，社会科学文献出版社，1998，第 7 页。

四

面对在时间悠长、空间广阔中复杂演进的中国从远古到周代的古礼，以及以古礼为核心而展开来的远古之美，作为中国美学观念起源研究的第一步，本书把研究集中在三个相互关联的方面，并由此分为三编。

上编：中国美学核心观念的起源。本编将中国美学的十大核心观念，礼、钺、中、和、美、文、玉、威仪、观、乐，作为考察对象。

一、礼。这一概念可以给出中国美学思想起源得以产生和演进的基本框架。如果说石器的制造、运用、精致化和美化，是朝向美的开始，那么，从一种观念的形态来看石器及其美化，是使美得到质的定型。标志观念正式萌生的仪式之产生，是美的正式开始。中国之美的特点，从中国远古仪式的特质中产生出来。中国远古之美的演进，也与中国古礼的演进紧密相连。因而考察中国古礼的特性和演进，是中国美学思想起源研究之点。

二、钺。这一器具透出中国审美观念起源的最初石器原点，以及随之而来的演进方向。钺在远古曾经是观念的中心，后来从中心退了出来。这一退，使其曾有的意义被遮蔽了。但由于曾经是观念中心，而且与中国之美的最初起源关联在一起，因而对于中国美学思想起源的原初具有非常重要的作用。钺从最初石器工具的斤演进而来，从斤到斧到钺，经历了复杂的演进。演进到钺，成为巫王的权力象征，影响到从天上到地下的观念。后来，随着观念的进一步演进，主要是在远古刑德一体的观念中从以刑为主变为以德为主。钺从美的核心退了出来，分化为多方面的美。这一进一退，关联多面，成为后来中国审美体系很多方面的来源。从斤到斧到钺的演进，呈现了中国之美的最初面貌；钺退出观念中心时的多面衍射，影响了中国美学后来的诸多内容和面貌：这两个方面都使钺成为中国美学思想起源研究的第一要点。

三、中。这是中国文化最核心的观念，也是中国美学最核心的观念。"中"从原始古礼在空地中心的立杆测影中产生出来。通过一整套把"技术—政治—思想"结合为一体的天文观察，形成整体性的宇宙观，即以"北极—极星—北斗"为一体的北辰为中心，引导日月星的运行，进而引发天地互动，产生宇宙万物。中国文化天人合一、时空一体、现象—本质一体的整体性思想，都由之而来。"中"的起源和演进，特别从仪式地点的演进中体现出来，从空地中杆中心到坛台的中杆中心到祖庙的牌位中心到宫殿的帝王中心。中国的观念即由"中"而来，国即城，中国即天下之"中"的京城。

由中国之京城由近及远，而四夷而八荒，整个天下都得到定义。从村落空地之“中”到京城的天下之“中”，中国大一统的朝廷之美以建筑之美的形式体现了出来。

四、和。这是中国文化中与“中”相呼应配对的概念。中国文化中“和”的观念，从农作物的总称“禾”中产生出来，庄稼要丰收，首先与天相关，“和”的思想关联日月星的运行之和，在天之和的基础上要人与天配合，进而形成天人之间的互动之和。从《尚书》(《尧典》和《洪范》)、《夏小正》《诗经·七月》《逸周书·时训解》到《管子·幼官》(《四时》《五行》《轻重己》)到《吕氏春秋·十二月纪》《礼记·月令》《淮南子·时则训》，古代文献从多方面透露出来的，就是中国远古之和的大体演进，是在天人整体运转中的和。“和”，在天、地、人的多样性之和中，形成一种复杂的互动。这一复杂互动又围绕着一个中心，在天文中是北辰，在地理中是朝廷。因此，“和”，在“中”的基础上又包括两个方面，一是多样性的统一，二是多等级的秩序。在家，是由近及疏之亲亲之和；在国，是由贵及贱的等级之和；在天下，是华夏、四夷、八荒的天下之和。“和”的演进和定型与“中”的演进和定型紧密相联。

五、美。美字来源于远古羌族的仪式。美在羌之一支的姜族进入华夏与东南西北各文化的互动中演进，由特殊之美成为普遍性之美。“美”起源于羊人仪式，是人、羊、器、舞的统一，由此形成中国之美的整合性。羊人之美是在与各文化的牛人之美、羽人之美、玉人之美……的互动中，定型为既包含特殊之美而又超越特殊之美的普遍之美。在演进过程中形成了中国之美的特点。

六、文。“文”是中国美学思想起源进入仪式并达到一定阶段之后产生的另一新点。如果说，“美”是由西北族群的羊饰之礼而来，那么“文”则是由东南族群的文身之礼而来。东南之“文”，在演进过程中，又与西北之“彣”互动演进，最后都汇入到朝廷冕服之中。从原始文身到朝廷冕服的演进，从大线上看，经历了两方面和两阶段，两方面的一方面是西北族群的毛饰为彣，另一方面是东南族群的刻缕为文。两方面构成“文”的演进的第一阶段，然后进入由丝织品为主的朝廷冕服的锦绣为文阶段。“文”还有一个由仪式巫王的文身外貌之美，到仪式各项之合的整体外观的演进，“文”从而成为整个仪式之美。进而，由整个仪式之美扩展为整个文化之美和整个宇宙之美。日月星，天之文；山河动植，地之文；朝廷仪式，礼之文。

在前面五大观念中，从石器之美产生了两个方向，钺之美和玉之美。钺后来从中心退了出去，玉却一直占据中心，并与美、文一道，构成了中国之美的三面和三层，美—文—玉。这三面三层形成以后整个中国古代文化之美的基本思想。

七、玉。玉透出中国美学思想起源从最初石器原点达到一定阶段后出现的新点之一。如果说从石器之斤到石器玉器青铜之钺，是中国之美的最初主线，那么，由石到玉，则是中国之美进入上古末期和中古初期之后的主线，玉从其产生就居于最高之位，这一最高之位由地域扩展到整个早期中国文化圈，成为最有中国特色之美。玉作为中国之美，在远古有两个方面的联系，一是玉从石器中产生，从而接连到远古，与钺相连而彰，成为钺的接班者。二是在中国之美于中古多方面多路线的演进中，与美、文这两大观念一道，形成了中国之美的三大观念。虽然玉在最后与美、文一道构成中国之美的体系和层级，但由于其与石器的关联，属于石器之美的升华，因此，将放在钺之后先行论述。

八、威仪。威仪透出了中国之美从原始古礼到朝廷美学的演进结果，是中国美学的一大特色。威仪是原始古礼产生之后达到一定阶段的产物。其演进大致路线为：空地之礼的“義”（义），到社坛之礼的“宜”，到祖庙之礼的“畏”，最后定型在朝廷之礼的威仪。朝廷威仪有西周分封制和秦汉集权制两种类型，但基本思想相同，即有容乃大的胸怀（德）和战胜一切的暴力（威）在美感形式（仪）上的统一。天下观和等级性是威仪作为朝廷之美的文化基础。《礼记・少仪》和《荀子・大略》都提出了“朝廷之美”[①]。孔颖达对之进行解释说：美即是容即是仪，朝廷之美就是威仪。如果说朝廷的建筑、器物、服饰、旌旗、车马、舞乐等应该有怎样的形制是礼，那么如是形制的感性呈现，即是仪。礼所呈现之仪，除了仁义礼智的内容之外，一个最为重要也最为本质的作用，就是维护秩序、崇尚等级之威。因此，威仪是朝廷美学的核心。可以说，威仪的起源、演进、定型，是理解中国朝廷美学的最重要方面。

九、观。其主要关系到中国的审美方式。它从远古之礼中立杆测影的天文观测中产生出来。其演进，最初由雚—视—省语汇体现出来。三词都是由中杆下的对天地进行观察，视为中杆之“见”，雚被理解为有动物性的日月星的运行，省则是由草木之生长体现出来的天地互动。雚—视—省体现了远古中杆仪式中对天地互动之观。远古仪式的演进是从村落空地和坛台之上中杆到祖庙的牌位，仪式中心由露天到了室内，观就由围绕中

---

① 《礼记・少仪》和《荀子・大略》有相同的话：“言语之美，穆穆皇皇。朝廷之美，济济翔翔。祭祀之美，齐齐皇皇。车马之美，匪匪翼翼。鸾和之美，肃肃雍雍。”对《少仪》中“朝廷之美，济济翔翔”，孔疏曰：“济济翔翔者，谓威仪厚重宽舒之貌。”

杆而来的雚—视—省，转成了与祖庙仪式相关的簹、察、審。最后，祖庙仪式进一步演进和提升，在西周得到了定型，形成了全新意义的雚＋见之觀（观），突出了“见”的意义。（虽然之后雚字继续使用，但觀[观]的字义已经进入到了雚）。正如周礼是远古以来的古礼演进的总结和提升，觀（观）也是远古以来雚的演进的定型。观，在远古的悠长演进中在下古先秦得到最后定型时，有三大特点：俯仰往还的审美视点，五官心性一体的互动通感，由质到玄的“是有真迹，如不可知，意象欲生，造化已奇”（司空图《诗品·缜密》）。观体现了主体在天人合一的整体中对世界的认知和审美感知。

十、乐。“乐”一字两意，既是作为客体的审美对象，又是作为主体的审美快感，透出的正是美感与美的统一性，互动性。离开一方，另一方面就难以成立。因此，乐作为美感是与审美对象紧密关联在一起的。从“乐”字的起源和展开来讲，乐作为审美对象，既是仪式中集各音乐之音为一体的总称，也是包含音乐在其中的仪式整体的总称，还是仪式所反映的宇宙运行规律的总称。乐作为主体美感，既是由音乐而来的美感，也是由音乐所处的仪式整体而来的美感，还是由仪式所关联着的宇宙运行规律而来的美感。把丰富的考古和文献内容联系到《尔雅·释诂》讲美感之乐的十二个语汇，有五个词——欣、般、衎、喜、恺——与上古仪式之美感之乐相关，有三个词——怡、怿、悦——与中古仪式之美感之乐内容相关，有四个词——康、豫、愉、媅——与下古仪式之美感之乐内容相关。这些词汇，再联系到各类注家对“乐”的甲骨文和金文的古义解释，正好形成一条作为美感的乐的起源、演进、定型之线。

上编通过礼、钺、中、和、美、文、玉、威仪、观、乐十个概念的论述，基本上呈现了中国美学思想如何起源和演进的大线。

中国美学思想的起源和演进，主要围绕着古礼的产生和演进而展开。远古的古礼，如《礼记·礼运》所讲，“夫礼之初，始诸饮食。其燔黍捭豚，污尊而抔饮，蒉桴而土鼓，犹若可以致其敬于鬼神”，主要体现在饮食和音乐上。考古材料，除了玉礼器之外，也是在饮食器和乐器上有丰富而体系的展开。而且，中国美学的基本思想“和”，在饮食和音乐上都有产生专门的文字，饮食之“盉”与音乐之“龢”。因此，本书的后两编，中编专门通过饮食器的演进来呈现饮食之美的演进，下编专门通过乐器的演进来呈现与之紧密关联音乐之美的演进。

中编：中国饮食之美和食器之美的起源与演进。本编分为两大部分，一是讲饮食之美的起源和展开，二是讲饮食器之美的起源和展开。

饮食之美分为三章：

一、饮食之美的观念基础。从三个方面讲：第一，神嗜饮食，形成中国饮食之美的宗教观念基础。第二，味以行气，构成中国饮食之美的人体—政治基础。第三，水为味始，形成中国饮食之美的哲学—物理基础。

二、中国饮食之美的食物体系。从三个方面讲：第一，饮食的语汇体系与美学内蕴。形成了一字之食，二字之饮食或食膳或羹食，四字之饮—食—膳—羹，或食—羹—酱—饮，或食—饮—膳—羞，以及多字之食—膳—饮—羹—羞—珍—酱，这一四级互含的语汇表达体系。第二，饮食体系的具体内容与美学内蕴。形成了六食九谷六膳，五齐三酒之饮，三类之羹——主食(肉羹为肉食之美味)、菜肴(演为肉菜羹汤以佐主食)、调味品(羹作为调味之食)，八珍，百二十品之羞的丰富体系。第三，饮食体系的天地关联与美学特点。讲五味在天旋地转的时间中运行，产生了味在每季之间的变化，进而产生十二月中不同的具体饮食。形成《礼记·礼运》讲的"五味、六和、十二食，还相为质也"的运行规律。

三、在饮食演进中产生的三大美学概念：旨、甘、味。三大概念都有悠长的演进，旨最先成为具有普遍性概念，在《尚书》《诗经》时代，饮食之美主要用"旨"字来表达。先秦时代，讲饮食之美，主要用甘来表达。味则从远古一直到理性化之后，都是一个具有普遍性的美学概念。

饮食器之美，主要分为三个方面或阶段，展开为丰富的饮食器之美。

四、釜—罐—盎。陶器最初的基本形制为釜、罐、盎。三种器形内蕴着当时的文化观念而成为美。釜内蕴着父型巫王与火水和谐观念，罐内蕴着由雚鸟象征的天地运行观念，盎内蕴着取水于月的观念。釜—罐—盎作为饮食之器，运用于远古仪式之中，而具有了独特的观念内容和审美意义。

五、鼎与豆。鼎由炊器之釜加上三足升高而来，从裴李岗文化始有了体系性的结构，并向东西南北演进，成为饮食器中的核心。鼎的观念内容，不但从文献上黄帝之鼎和禹启之鼎的传说中，更主要从甲骨文"鼎"字的构成，以及从"鼎"字与其他如贞、旨、凡、匕字的关联上，体现出来，形成了一个鼎—贞—正的统一体，使鼎在成为仪式核心之器的同时，成为了美之器。陶豆从跨湖桥文化开始出现，随后在东南西北各文化中展开，形成了自己的类型和体系。豆进入到远古文化的观念体系，体现在器形上的升高，器身上的纹饰，更体现为豆在整个饮食器结构中和在仪式中的重要位置。豆的重要，不但形成了自身的器形体系，还形成了由之而来以"艷(艳)"为主的审美对象和以饎—禧—喜—鼓为主的美感结构。

六、壶、酉、尊。酒器的演进，在远古文化中具有重要的意义，北方的壶和西北的酉，特别是后者在其中具有重要意义，酉由饮器演进为酒器，内蕴了中国饮食的特色，作为酒器的酉演进为明显具有观念意义的尊，更是一种文化的定型。尊不仅成为器形上的专名，而且成为礼器的通名。壶—酉—尊的演进，透出了远古北方文化和西北文化中的重要关节。

七、盉鬲、鬶鷉、鸡彝。三足酒器的名称内蕴着远古中国的文化和美学观念。远古中国东西南的最初融合，在考古器物上，与三足酒器的演进最为有关。把考古研究与文字—文献结合起来，互证地呈现出三足酒器从东南太湖地区的鬶与盉，到山东地区大汶口文化的鬶鷉和江南地区屈家岭—石家河文化的盉鬲，鬶鷉和盉鬲在中原与西北的酉尊互动，形成二里头文化在文献上称为鸡彝、在考古上称为封顶盉的三足酒器，从酒器上象征了各族群的大融合，这一复杂的演进，内蕴着丰富的文化和美学内容。远古三足酒器的演进与鸟隹语汇的演进，也内蕴着美学与文化的演进。远古的三足酒器，从太湖地区的似鸟形的鬶和非鸟形的盉，演进到山东地区鸟形突出的鬶鷉和江汉地区的非鸟形突出的盉鬲，然后，二者与西北地区的酉尊互动，而演进到二里头文化的鸡彝。这一演进历程，同时与远古中国的原始思维向理性思维的演进相伴随，这体现在以鸟为主的字和以隹为主的字从内在统一到词义分开。三足酒器审美外形上的演变与文化观念上的从原始向理性的演变紧密相关。

八、彝—斝—爵：夏商周酒器—礼器演进的多重变奏。在远古酒礼器的漫长演进中，鸡彝是一个关节点，它既是之前与五帝到夏代的历史相关联的从尊到彝的酒器演进的终点，又是之后与夏到商到周的历史相关联的从彝到斝到爵的酒器演进的起点。彝本身是多重内容的凝结，从彝到斝到爵，从酒器的角度呈现了夏商周的观念演进。到爵时，酒器转为一个政治等级体制，作为一种具体的酒器消亡了，但做为一个酒器的名称却保留着。

下编：中国音乐之美与乐器之美的起源与演进。本编分为八章来讲述。

一、风—凤—乐：中国思维的特点与音乐之美的特色。甲骨文中的凤风同字，透出了上古时代中国型的思维特点和美学特色，这就是中国型的和的思想。这一特色不仅在凤风一字的各类字型中体现出来，还在与之相关的先秦文献中体现出来，也在上古时代的考古图像中体现出来。将三者关联进行思考，并与上古的思想演进相结合，中国型的思维特点和美学特色会得到更清晰的体现。

二、舞—巫—無(无)：舞在远古仪式之初的地位及其演进。在中国远古诗乐舞合一的仪式中，舞具有核心地位："舞为乐主"，体现为巫王亲舞和动物舞容，这在远古岩画、甲骨卜辞和先秦文献中体现出来。舞的核心地位在古文字中体现为舞—巫—無(无)的一体。舞的高位在以蛙(娲)舞为典型的远古万舞中有典型体现。舜的韶舞开始了舞的转折，夏禹夏启时代舞开始往三个方向分离，舞在仪式中的地位开始变化，最后演进为远古晚期的“乐主于舞”。这在《吕氏春秋·古乐》和《周礼》与舞相关的文献中体现出来。

三、鼍—鼍—夔：鼓在中国远古仪式之初的演进和地位。鼓在远古因对仪式之舞的规范进入仪式中心。鼍、鼍、夔，既象征各地区族群之鼓的空间多样性，又代表鼓的观念演进的三个阶段，鼍是鳄皮鼓与中杆仪式的结合，鼍是鳄皮鼓显示了鱼与蛙与龙的关联，夔意味着鼓进入远古文化诗乐舞合一的乐之最高级和礼乐合一的礼的最高级。鼓的进入仪式最高级在于巫王—鳄鼓—天道的统一。鼓进入最高级与其威猛一面在仪式中的主导地位相关，当鼓的音律一面占主导时，就从最高级开始位移出来。鼓在整个仪式中的各方面也起了变化，但鼓因曾为最高级，其产生过的巨大影响仍留存在后来的文化中。

四、龠—管—律：远古乐律与天道的关联与互进。乐在远古仪式中占有核心地位，乐律与天道一体。远古各族群在多方面求律的演进中，由竹类乐器而来的龠曾占有了主流地位，一方面把中国型的乐律提升为观念形态，另一方面在语言上形成以龠为中心的概念体系。龠的主位，在乐与天道的关联方面，形成龠—管—律的体系；在乐的自身结构上，形成籥—龡—龢的系统结构。远古乐律既表现为《管子》《吕氏春秋》中的理论话语，又内蕴于曾侯乙编钟型乐器之中，而后者更体现出中国型的智慧。

五、琴—性—禁：远古琴瑟在音乐与文化中交织演进。远古之琴由狩猎之弓与采集之匏演进而来，在伏羲时代的匏琴与天道的对应中出场，形成了琴瑟一体的结构。在颛顼时代的空桑社坛中琴瑟成为仪式的中心和音乐的中心。在由先妣为主转为先祖为主的夏商周，因青铜乐器的祖庙仪式进入仪式中心而被边缘化为地方性的社坛民乐。春秋开始文化转型，在整个音乐体系转变享乐定位时，琴瑟却有两方面的路向：走向深情的郑卫之音—赵女文化和走向高尚的哲学深意—士人品格。进入两汉，琴在汉代学人的理论建构中与瑟以及其他乐器分离，独自升腾上了音乐的高位和文化的高位。

六、铃—庸—钟演进的政治和文化关联。青铜音乐由铃到庸到钟的演进，与虞夏商周的历史演进紧密相连。由虞铃到夏铃的演进与以社坛为仪式中心到以祖庙为仪式中心的变化相连，由夏铃到殷庸的演进与由社坛到祖庙中心转变在音乐上的完成相连，由殷庸到周甬的演进与由殷商的宗示结构的祖庙到西周的庙寝结构的祖庙相连。西周末春秋初，钮钟产生和镈钟成列，构成甬—钮—镈体系，展开了青铜乐钟在编列、音列、乐悬上的完善，与政治—文化中的由庙寝之主到宫殿之王的演进相应合。然而正是这一演进让青铜乐钟退出了历史。

七、青铜乐钟的理论问题：乐钟命名—乐悬体系—乐钟观念。殷商乐钟无自名，被学界主流命名为铙，也有著名学人命名为庸，从青铜乐器由虞夏时代的铜铃到殷商时代的编铙（庸）到西周以后的编钟来看，铙是从铃的角度去看而得出，庸是从钟的角度看而得出，在铃—铙或庸—钟的演进中，庸更能体现殷商乐钟的本质特性。乐悬概念由簨虡、肆堵、宫—轩—判—特组成，三组概念互含，每一后者都可包含前者，而且具有从夏到商到周的时代演进意义。青铜乐钟在最初进入以鼓磬为主体的乐器体系时，被定义为阴阳体系中的阴。随着其入主中心，其性质转为阴阳兼有且阴阳互含而灵活圆转。

八、青铜乐钟理论问题：音乐重组—演进历程—文化意蕴。青铜乐器的演进是从虞夏的铃到殷商时庸（包括编庸和大镛）到西周时的编甬，然后扩展为春秋后的甬—钮—镈体系。青铜乐钟的演进，一方面要以青铜为主去统合从历史演进而来的乐器体系，另一方面要在青铜材质的基础上去展开青铜乐器自身的体系。而在展开乐器体系的同时，追求着乐律体系的完成。

余论：作为本研究的一个简要总结。以上三编，从三个角度呈现了中国远古之美的出现和演进，但不是全貌，只是全貌的主要框架，因此，余论则从总体的角度讲这一研究的有限性和空白点，以期之后的进一步深入研究有一个基本的方向。

上　编

中国之美核心观念的起源与演进

第一章　礼：远古之美的基本框架

第一节　远古之礼的总体性质、演进三段、美学特色

中国之礼，由对仪式提升而来。人类美感，由工具而萌生，因仪式而获质。仪式的四要素，行礼之人，行礼之地，行礼器物，行礼过程，具有普遍性。但四要素成形为具体的形质，因文化不同而甚为多样。从人类性的仪式提升为中国型的礼，是中国型美感产生的基础。董仲舒《春秋繁露·玉杯》说，"《礼》《乐》，纯其美"，又说"《礼》……长于文"。郑玄注《乐记·乐象》"以进为文"曰："文犹美也。"[1]礼在中国，从文字上看，有：

(铁二三八·四)　(粹五四〇)　(乙八六九六)　(無想一六)

(豐尊)　(长由盉)　(《说文》)

"禮"虽在先秦篆字方定型，但其内容却关联和涵盖整个中国远古（从人类起源到新石器开始的上古，从新石器时代到4000年前的中古，夏商西周的下古）的演进。偏旁的"示"，是远古的中杆，在出现甲骨文金文的商周，观天察地的空地和坛台上的中杆已转为祖庙中的牌位（中杆缩小的室内形态为"宗"）所替代，因此，甲骨文和金文的礼，把示去掉而成为豐或豊。先秦的理性化从长时段重思礼的内容，定型为"禮"。"禮"字中之"示"最古，从上古和中古的空地中杆和坛台中杆到下古的祖庙中的神主牌位。"示"是整个远古之礼的核心内容，禮中之"豊"或"豐"下部的"豆"内蕴两项内容，一为乐器之壴（鼓），主要体现在"豊"字中，一为食器之豆，主要体现在"豐"字中。[2]　壴（鼓）作为礼器，《礼记·礼运》讲中礼产生时就有"土

---

①　郑玄注的全文是："文犹美也，善也。"即文之义，与美一样，是外观之"美"与内在之"善"的统一。

②　关于豊豐的词义与区分，参吴十洲：《两周礼器制度研究》，商务印书馆，2016，第3—9页。

鼓”。鼓在上古是乐的核心，在中古与管弦共为核心，从而鼓代表整个乐。到了下古，钟超越鼓成为核心，钟成为整个乐的代表，因此，殷商甲骨文的“豊”，下部突出的是壴(鼓)，到西周，编钟走向成熟，进入高位，西周金文中“豐”，突出的是食器的豆。虽然豆显而壴(鼓)隐，但仍在礼中存在。总之，“豊”中之“壴”，彰显着乐在远古之礼中一以贯之的重要性。“豐”中之“豆”，作为食器的特有之形制，自其从浙江萧山的跨湖桥文化(8200—7900年前)产生以来，流向东南西北。豆初为陶器，再为漆器，最后为青铜器，贯穿在从中古到下古的整个时代，豆在中古产生和普及，又是作为饮食的象征符号发挥作用的。虽然上古无豆形之器，但《礼记·礼运》讲“夫礼之初，始诸饮食”，豆所代表的饮食观念和相应食器与礼俱生。下古的殷商西周，虽然豆在食器中的核心作用被鼎簋取代，但礼重饮食的观念及其在食器上的体现，依然存在。从整体看，豆所象征的观念流淌在整个远古时代。豊字上部[illegible]为豆中盛两玉。中国之玉，最早出现在东北，2—3 万年前的辽宁海城仙人洞旧石器晚期遗址，发现了用岫玉打成的石片，到 8000 多年前的兴隆洼文化和查海文化，玉以一种体系性的方式出现，在中古的演进中，先遍于整个东部，以红山文化(北)、凌家滩(中)、良渚文化(南)为代表而大放光芒，后流行于整个早期中国文化圈，成为最有中国特色的器物。“禮”字中的示、壴、豆、玉四大内容，成为远古之礼极具代表性的事项，但并非礼的全部内容。比如，非常重要的丝绸，就不在其中，虽然用古代汉语的虚实原则，玉中可以隐含“玉帛”之帛(丝绸)，但更应从中国语言运用的举一反三的特点去解释。虽然以礼作为仪式来讲的四项为路径，可以曲径通幽地进入到远古之礼的整体，但更好的路径，是从远古之礼的基本结构进入。礼虽不完全但首先体现为仪式。仪式的四大要项(仪式地点，仪式之人，仪式器物，仪式过程)在早期中国文化圈的互动中，使上古之美得到了体系性的展开；东西南北具有地方特点的仪式，在早期中国文化圈的互动中，得到融合与提升，并加强了统一性。因此，从礼的角度来看上古美学，主要包含两个方面，一是远古仪式在从上古到中古到下古的历史演进中的整体性的展开与升级。二是仪式的四大要项在历史演进中个别性的展开与升级。然而，寻找远古仪式演进的原貌，在材料上有巨大缺环。甲骨文金文及先秦文献，产生在下古的殷周和之后的春秋战国，乃至秦汉时代的追记，虽然记录了很多古代观念，但无形中附加上了殷周春秋战国乃至之后的观念，需要辨析。考古材料可补充和纠正后人文字和文献追述上的不足，但考古的性质决定其本是在大量缺环中进行的，因此，从文字、文献、考古中得出一种理论框架，再回到文字、文献、考古的动态，去充实、纠正、完善理论框架，方能使中国远古之礼得到接近原貌的呈现。

远古仪式，从上古的建筑选址，透出一种居住地与天地内在相关的整体性原则。这一原则在中古被继承了下来，并从礼中体现出来。中国的原始之礼，区别于其他原始文化的仪式，在于两点：一是其整体性，二是其实用性。礼，是有了文字之后的表述，但其内容却可以涵盖整体远古全过程。先秦学人作了很多概括，其重要的有：《礼记·丧服四制》说“礼之大体，体天地，法四时，则阴阳，顺人情，故谓之礼”，讲礼来自天道；《礼记·哀公问》说礼是“政之本”，乃“民之所由生，礼为大。非礼无以节事天地之神也，非礼无以辨君臣上下长幼之位也，非礼无以别男女父子兄弟之亲，昏姻疏数之交也。”将礼展开为社会政治伦理的基本方面。二者都是理性化之后的话语。回到上古时代，天地、四时、阴阳皆为神灵，人事后面皆由神灵左右，礼在整体结构上回到所产生的历史原点。从礼的上古原点到下古的西周，礼可总结为被观念化和神圣化了的、以仪式要素组合仪式过程为一体展现出来的、以政治为核心而扩展到整个社会的规范体系。礼一开始就有其美学一面，这就是礼的外在形式——仪容。《周礼·地官·保氏》讲：六类礼有“六仪：一曰祭祀之容，二曰宾客之容，三曰朝廷之容，四曰丧纪之容，五曰军旅之容，六曰车马之容”。礼就是文化规范的制度内容和外在美学形式的统一。《荀子·礼论》曰：“凡礼：事生，饰欢也；送死，饰哀也；祭祀，饰敬也；师旅，饰威也。是百王之所同，古今之所一也。”用“饰”，强调礼的外在形式要有美的外观，通过由饰而来的礼的形式（仪容），使整个社会育养起政治社会文化所需要的情感模式和心态结构。礼的美学方面，同样可以回溯到上古时礼的起源点，对之作整体把握。

中国东西南北之礼，起源上是多样性的，从理性化之后的结果去回望，会忽略很多本来存在但在演进中消失了的东西，但还是会透出原点上的核心要项。严文明讲，12000 年前全球气候改善的最初 3000 年，中国境内居民点进展缓慢，遗址数量发现很少。8500 年前以降，发展加快，以裴李岗、磁山、老官台为代表的中原地区，以后李文化为代表的海岱地区，以兴隆洼为代表的东方地区，以彭头山为代表的南山地区，全面开花。7500 年前全球暖期最盛阶段到来，各地文化更是蓬勃发展，于 6000 年前形成了全面互动的早期中国文化圈。[①] 早期中国，各有其礼，《礼记·礼器》说：“礼有大、有小、有显、有微……经礼三百，曲礼三千。”《中庸》曰：“礼仪三百，威仪三千。”在殷商卜辞中，李立新在陈梦家、董作宾、岛邦男等学人成果基础上，

---

① 北京大学中国考古学研究中心编《聚落演变与早期文明》，文物出版社，2015，第 2—69 页。

确定了祭名 211 种。① 再上溯到东西南北众多的上古遗址，中国之礼的演进逻辑呈现出来。在远古数千年的文化圈互动中，多样之礼，各有损益，由古邑之礼向方国之礼再向王国之礼演进，从文字、文献、考古的结合看，在各种礼的互动竞争中，中杆之“示”进入核心，同时又在历史的展开中形成理论体系，《说文》的示部，露出了这一体系的重要方面，比如，与仪式的具体进行有关的字有：祭、祀、禅、祓、祠、祈、祷……与仪式对象有关的有：神、祇、社、稷、祖……与仪式结果相关的词有：福、祥、祉、禄、祯……从文献上看，由北西进入中原的羌姜族群，具有巨大的影响，羌姜族的仪式特点，进入到统一性的仪式中，把地方性质的仪式，提升为在中国文化圈内具有普遍性的内容。《说文》中“羊”部的一些字词，透出这一由地方特性到普遍共性的转变，如：美、善、祥、義、儀、羹……东方族群有崇鸟的惯习。当其具有地方特征的仪式进入到早期中国文化圈的互动中，同样将之转移提升到具有普遍共性的内容和形式之中，《说文》中隹部的一些词汇，透出了这一转变的进程和提升后的结果。如：雅、雍、隽、琟、雜、雉……从仪式的整体变化看，远古仪式在上古中古下古的演进，可列表 1-1 如下：

表 1-1

<table>
<tr><th colspan="2"></th><th>仪式地点</th><th>仪式之人</th><th>仪式器物</th><th>仪式过程</th></tr>
<tr><td colspan="2">上古</td><td>聚落</td><td>巫史(众氏)</td><td>古食—古乐</td><td>乐重于礼的上古之礼</td></tr>
<tr><td colspan="2">中古</td><td>邑城方国</td><td>史巫(五帝)</td><td>彩陶—乐器—玉—帛</td><td>礼乐并重的中古之礼</td></tr>
<tr><td rowspan="2">下古</td><td>夏商</td><td>盟主王国</td><td>夏商之王</td><td>青铜钟鼎初型—玉—帛</td><td rowspan="2">礼重于乐的下古之礼</td></tr>
<tr><td>西周</td><td>封建王国</td><td>西周之王</td><td>青铜钟鼎成型—玉—帛</td></tr>
</table>

表 1-1 对远古之礼在三代的演进，只是大致呈现，其具体内容，可以从仪式四项的具体演进中，得到更为深入的理解。远古之礼，集中体现在仪式上。反过来，仪式四项的演进，又呈现了礼的总体性质的演进。仪式四项中，前三项为局部，后一项则是整体。下面对仪式四项，分为两部分讲述，一是局部性的仪式地点、人物、器物，二是包含地点、人物、器物于其中的仪式过程。远古之礼在前三个要点上的演进过程，从点上透出远古之礼演进的特点，后者从整体上，呈现远古之礼的特点。

---

① 李立新：《甲骨文中所见祭名研究》，博士学位论文，中国社会科学院，2003，第 32—46 页。

第二节　远古之礼的地点、人物、器物演进及观念特点

先讲地点。远古仪式地点的选择，总在居所之域。上古中国，东西南北各类居所，总归为三大建筑形态：由南方各类巢居而提升为干栏型建筑；由北方的各类穴居半穴居而进到地上房屋；由草原游牧而来的各种庐居再进到庐帐形建筑。在建筑居所之域，选一圣点，进行仪式。仪式的圣化，推动着地点美形及其提升。当定居农业出现之后，仪式地点率先在农业地区有了善美的提升。虽然东南西北的建筑形式不一，居住地都有了提升和分级。《史记·五帝本纪》分三级：聚、邑、都。《吕氏春秋·贵因》的三级为：邑、都、国[①]。从聚发展起来的邑、都、国、邦，在不同文本和语境中词义不同，这里为统一起见，规定如下：聚与村落约同，为少量人口与地域之所；邑为中量人口与地域之所；都与国为大量人口和地域之所。邑是聚落由简单型居地向复杂型居地的第一次升级。都、国是第二次升级。邦，是在中型之邑与大型之都和国之后，讲其管理范围之“空间面积”，义与作为点的邑、都、国互补。

上古之世，用韩非的话讲是“人民少而禽兽众”（《韩非子·五蠹》），地域尚小，居所不大，可曰“聚”，张守节注《史记》曰：“谓村落也。”[②]但聚又不仅是一般意义上的村落。文字学上对“聚”的释义，第一是人口的会集增多（讲数量上的动态），第二是对财富分配上的敛取（讲人口中有了层级），第三其字与“坚”通假，众多人口在观念体系的指导下形成秩序性的结构。[③]因此，聚特别可以用来指上古末期中古初期，族群开始进入升级的动态之中。这一仪式地点的特点，要求仪式本身有一个提升。聚向上提升成为邑。邑，甲骨文有：

（甲二九八七反）　（甲二三一一）　（邺三下·九三·五）　（107）

罗振玉、商承祚、叶玉森、林义光等，都把上面之圆或方形释为城邑，下面的释为人口，即城邑加人口而成邑。吴大澂则把释为卩（节），[④]强调了

---

① 《史记·五帝本纪》：“舜……一年而所居成聚，二年成邑，三年成都。”《吕氏春秋·贵因》：“舜一徙成邑，再徙成都，三徙成国。”

② 《史记》，中华书局，1982，第34页。

③ 《说文》：“聚，会也。从乑，取声。邑落云聚。”段注：“《公羊传》曰：会犹冣也。……冣，积也。积以物言，聚以人言。其义通也。古亦假坚为聚。”《玉篇》：“敛也。”

④ 李圃主编《古文字诂林》（第六册），上海教育出版社，2003，第238页。

观念形态。《说文》释“卩”曰：“瑞信也。守国者用玉卩，守都鄙者用角卩，使山邦者用虎卩，土邦者用人卩，泽邦者用龙卩，门关者用符卩，货贿用玺卩，道路用旌卩。象相合之形。凡卩之属皆从卩。”讲了不同级别的聚落（国、都、邦）、不同地理（山、土、泽）和聚落中的不同地点（门关、货贿、道路），有不同的“节”。陈立柱说：卩作跽形，不是一般的人口，乃人呈受命之状。正如《墨子·明鬼下》“古圣王治天下也，故必先鬼神而后人”。《礼记·祭统》“凡治人之道，莫急于礼；礼有五经，莫重于祭”。卩乃仪式中举行祭祀之人。① 就神圣性来讲，人与节可以互换。节起源于中杆仪式，方与圆既与中杆仪式中的抽象空间相关，又与聚落的实际空间相连。可以讲，邑不但标志着聚的升级，而且内蕴着东西南北各聚落在早期中国文化互动圈中走向规范化。《左传·庄公二十八年》曰：“凡邑，有宗庙先君之主曰都，无曰邑。”透出了自中古以来各地众邑在居住结构和观念体系上的差异，有的祖庙升级到了与天神之坛和地之社相同的高位，有的则没有。当历史演进到下古周代，形成天子之都、诸侯之国、大夫采邑的都—国—邑等级时，邑皆有宗庙。因此，《左传》反映的盖为在大型聚落的升级中，引领时潮的是有宗庙之都。之前，宗庙虽有，但并无祭祀坛台和空地中杆的高位。总之，仪式地点的演进，呈现了中国居住地点，从原始之多样性的穴、巢、庐，向具有中国观念内容的聚、邑、都的演进。从美学上讲，中国的建筑之美的基本原则和内容，正是从以仪式地点为核心的聚、邑、都的升级中呈现出来。无宗庙的聚和邑，重要仪式在聚落之中的空地中杆和坛台中杆上举行，乃上古和中古的普遍现象。有宗庙的邑和都，重要仪式在邑和都中的宗庙里举行，乃中古晚期和下古的普遍现象。因此，从仪式地点的演进，可列表1-2如下：

表 1-2

<table>
<tr><th colspan="2">时代</th><th>居所</th><th>仪式中心</th></tr>
<tr><td colspan="2">上古</td><td>聚落</td><td>空地之示</td></tr>
<tr><td rowspan="2">中古</td><td>早期</td><td>聚落—邑—都</td><td>从空地之示到坛台之示</td></tr>
<tr><td>晚期</td><td>邑—都</td><td>天地之示为主—祖庙牌位为辅</td></tr>
<tr><td colspan="2">下古</td><td>都—国—邑</td><td>祖庙体系为主—天地之示为辅</td></tr>
</table>

仪式中心从聚到邑到都的演进，一方面是仪式中的一步步升级，另一方面升级之后又把原来级别包括在其中，形成三层级的仪式地点结构。升

① 陈立柱：《“邑”字缘起新说》，《殷都学刊》2004年第4期。

级的同时，是地域的扩大。扩大的仪式地点群，是以等级的方式呈现出来的。统一大地域中相互关联的仪式地点等级结构的形成，正是早期中国文化圈的形成。仪式地点的建筑形式，奠定了以后大一统中国建筑美学的基本原则，体现在后来《周礼·考工记》"营国制度"中。

再讲仪式之人。上古之时，与世界各原始文化相同，仪式的主持者为巫。析言而论，"在男曰觋，在女曰巫"（《国语·楚语下》），统言不别，男女皆曰巫（如《周礼》巫即指男）。巫的特点，是与一种超越实证经验的神秘之"术"相关联，后来体现为占卜祝筮等，中国之巫与世界各原始文化之巫(mage，witch)有一个最大的不同是，巫同时又是很重视实证经验的"史"，史也有术，这术是与记录计算的理性相关。巫还是乐人，乐则把巫与史的两种功能关联统一起来，而具有了宇宙统一性。如果说，巫与史结合为原始之礼，对之加以整合的乐，可以与之并列而成为具有中国型整体性的"礼乐"。仪式之人，除了巫史乐，还有两种功能，工和祝，工讲究技术本身（包括农业之技、工匠之技和医学之术）。工偏于巫，走向神秘技术，如飞升、移情、迷狂等；偏于史，走向实用理性，如祝赞、诗咒、记事等。祝要专门列出，因其为语言艺术之源。刘师培有《文学出于巫祝之官说》，"巫祝"乃巫的祝类型，"古代初置之官，惟祝与巫……盖古代文词，恒施祈祀，故巫祝之职，文词特工。"[①]祝，甲骨文有：

（甲七四三）　（燕六〇七）　（乙二二一四）　（前四·一八·七）

（掇一·二五三）　（福8）

罗振玉、王国维、商承祚、孙海波说，象鬼面之巫跪跽示或神前。强运开说，人以口与神互动，郭沫若说："祝以辞告。"杨树达支持郭说。[②] 祝彰显语言功能。因此，中国之巫是巫工史祝乐的统一。其中巫与史的两极最为重要。如果说，最初的族群以"家"为单位。中国之巫的体现表述是"家为巫史"（《国语·楚语下》），巫史工祝乐同时又是族群的首领。姑以理性化后对远古族群的追述用语，上古为皇，中古为帝，下古为王。仪式之人在上古之世，是巫工史祝乐皇的统一。在中古之世，是巫史工祝乐帝的统一，在下古之世，是巫史工乐祝王的统一。从上古到中古初期一姓聚落的小型

---

① 刘师培：《文章学史序》，载其《国学发微（外五种）》，广陵书社，2013，第119—123页。

② 李圃主编《古文字诂林》（第一册），上海教育出版社，1999，第166—168页。

族群，巫史工祝乐皇六个功能相对统一在首领一人身上。皇，金文典型的字形有：

(皇令簋) (追簋) (申簋) (蔡侯残钟)

吴大澂、王国维、林义光、高田忠周等，释为日出而光芒，引申为大、光、天、君、美等。徐中舒、孙海波、汪荣福等说，是王之冠冕。郭沫若说，"皇"字之冠来自最初的羽毛头饰。李定国讲，正如郑玄注《周礼·春官·乐师》说的，"皇"最初是"翌"(正与郭说相合)。于省吾说，金文之"皇"，来自甲骨文□(即㞷字)，字形演进是：从□到□到□、□等再到□、□等。[1] 综合上述解释可得出：皇字最初作翌和㞷，翌乃上古头饰羽毛之巫王，在空地中杆的观天仪式中，以日的运行为象征，㞷(在中杆圣地上的合律之步)是巫王有乐律的动态，反映上古和中古初期的巫(皇)—舞(乐)—無(天道)的统一。东西南北各族应有各种各样的巫饰，羽饰之翌且为各类动物之饰的总括。在后来对远古之巫的追述中，以从翌到皇来表达，体现了从个别性到普遍性的观念演进。用作□形的皇来象征远古巫王，最为典型。总之，在上古之世，盖为巫史工乐合一之"皇"。巫代表通神的神秘性一面，工代表现实技术方面，史代表理性思考的一面，皇代表管理决策的一面，乐将四者统一起来。六者一身而巫(神秘一极)为主导。在由中古早期到晚期由聚到邑的演进中，族群扩展为多姓合一之"氏"，巫史工祝乐皇成为大的管理团队，虽然首领有所突显出来，但团队乃一整体，这一整体称为"氏"，如伏羲氏、女娲氏等等。中古晚期，形成大型地域族群，皇从巫史工祝乐管理团队中突显出来，升级为帝。帝在甲骨文中典型的字有：

(甲七七九) (铁一五九·三) (后一·二六·一五)

(后一·二六·五倒书) (乙六五三)

吴大澂、王国维、商承祚、高田忠周等，释为花蒂，蒂为花主，引申为人主。徐中舒、叶玉森、朱芳圃、明义士等，释为架柴燔火祭天。杨树达、张桂芳等，释为作为宇宙之源的上帝。[2] 班大为说是天上作为帝星的北斗的形

---

① 《古文字诂林》(第一册)，第225—234页。

② 同上书，第47—56页。

状①。艾兰肯定班大为的解释，但作了一个天上地下互联的内容更为丰富的解说。② 考虑到中古晚期东南西北族群的多样和与早期历史的关联，帝字在来源上，应与原始的花蒂型的生殖女神相关，但在仪式的改进和思想的提升中，天上中心的天帝出现了（帝字形的北斗），与天相对应的地上亚型的祭祀空间出现了，仪式中巫帝模仿天体运动后来被总结为“禹步”的卍型方式出现，帝正从多方面体现了中古晚期五帝时代思想升级后的巫帝。以帝代替皇，正是早期中国文化圈成熟的标志，天上只有一个天帝，地上只有一个中国。这时，正如极星从日月众星中超越出来，成为天帝，地上的帝也从巫史工祝乐一体中超越出来，成为地域族群的最高领导。各地域的新型管理团队中，巫与史作为一体中的两极，总体来看，达到了一个平衡。历史演进到下古，各方国中产生了中央王国的夏商西周，帝演进为王。王，甲骨文有：

（乙七六七三反）　（甲二九〇八反）　（甲二四三）

（甲三九四〇）　（珠625）

字形甚多，徐中舒列了七形，叶玉森列了九形，诸家还有多形。③ 各种王字，透出东南西北众族百国的巫饰之多样。但从历史演进结果讲，最后都统一到徐中舒、叶玉森、孙海波等所说的最高首领的人之本形，所谓君也，大也。如果说，皇主要是动物装饰出现（如翌、美等），方国之帝以人型为主的天帝面貌出现（如黄帝四面），王则是以人形为主的面貌出现。从夏到商到西周，完成了中央王朝的冕服体系。如果说“黄帝、尧、舜……垂衣裳而天下治”（《周易・系辞下》），完成了巫帝衣冠从兽形转人形的基本结构，那么，从“禹步”“汤偏”④到西周冕服，完成了远古以来从巫到王的演进。远古以来的巫史工祝乐王，而今变为三个层级，最高

---

① ［美］班大为：《中国上古史实揭秘——天文考古学研究》，徐凤先译，上海古籍出版社，2008，第356页。

② ［美］艾兰：《龟之谜——商代神话、祭祀、艺术和宇宙观研究》，汪涛译，商务印书馆，2010，第248—259页。

③ 《古文字诂林》（第一册），第206—222页。

④ 《荀子・非相》讲“禹跳、汤偏”。《庄子・盗跖》也说“禹偏枯”。文献讲，禹步是大禹在治水的过程中，加进治水实践而形成的一种舞步。这种舞步的特点是“偏枯”。又为商汤继承。战国秦墓《日书》透出了禹步的某些特征：“禹须臾行，得，择日。出邑门，禹步三，乡（向）北斗，质画地视之日，禹有直五横，今利行。行毋咎，为禹前除，得。”禹步在后来道家文献中有多种具体的说法。

之王，辅王的巫史祝乐，制器技术体系中的百工。在管理团队的史巫之中，理性之史为主，神秘之巫为辅。这从殷商卜辞中“史”的重要的地位和《周礼》中“史”扩展到各种职位上可知。[①] 综上所述，远古仪式之人的演进，列表 1-3 如下：

表 1-3

时代		仪式之人	装饰	主要功能
上古—中古初期		巫工史祝乐一体之皇	动物之饰为主	巫史工祝乐一体巫主史辅
中古晚期		统领巫工史祝乐之帝	人物动物合一	巫史工祝乐一体巫史平衡
下古	夏商	统领巫史祝乐之王（工的地位下降）	人物之饰为主	巫史祝乐一体史稍大于巫
	西周		冕服体系	巫史祝乐一体史主巫辅

表中呈现了从巫史一体以巫为主以动物装饰为主之“皇”，到巫史并重人物动物合一之“帝”，到以巫史一体以史为主的朝廷冕服之“王”，奠定中国服饰美学的基本原则。

接着讲仪式之器。《礼记·礼运》讲礼的起源说：“夫礼之初，始诸饮食。其燔黍捭豚，污尊而抔饮，蒉桴而土鼓，犹若可以致其敬于鬼神。”呈出了中国上古之礼的两大要项，饮食和舞乐。在这两大要项的基础上，从上古末期到中古初期，定居农业的成熟，产生了以陶器为主的食器，出现了以鼓为核心的打击乐、以龠为核心的管乐、以瑟为核心的弦乐。同时，工巫史的观念演进，产生了玉器。从上古到中古以美食、美乐、美玉等代表的互动、展开、升级，加速了早期中国文化圈的成型和发展。进入下古，出现了青铜器，青铜器既是食器又是乐器，前者形成了以鼎簋为核心的食器体系，后者形成了大型编钟的乐器体系。玉器，既进入到食器之中，又进入乐器之中，玉磬进入青铜乐的编列，形成金声玉振的独特乐感。以上，从器物上，形成以陶器、玉器、青铜器、丝绸为主的体系，从类型上，形成了食器、乐器、服饰、室饰为主的系列，从内容上，形成了图案、乐律、熏香、食味、身饰为主的系列。这些体系交织在一起，是以社会的身-家-国-天下的等级结构及层面展开为核心，而组织起来。远古的礼器，只有在这一框架中方露出面貌。下面对在这一复杂结构中的礼器，列表 1-4 如下：

① 王国维：《释史》，《观堂集林（外二种）》（上），河北教育出版社，2001，第 159—165 页。

表 1-4

<table>
<tr><th></th><th colspan="2">食器</th><th colspan="2">乐器</th><th colspan="2">香器</th><th colspan="3">观器</th><th colspan="4">身饰</th></tr>
<tr><td>上古</td><td colspan="2">土竹木</td><td colspan="2">土竹木骨</td><td rowspan="3">木器</td><td></td><td colspan="3">岩画</td><td colspan="4">兽皮—羽毛—文缕</td></tr>
<tr><td>中古</td><td>陶器</td><td rowspan="2">漆器</td><td>陶器</td><td rowspan="2">玉磬</td><td>陶器</td><td>彩陶</td><td rowspan="2">玉器</td><td rowspan="2">漆器</td><td rowspan="2">丝绸</td><td rowspan="2">珠玉</td><td rowspan="2">皮革</td><td rowspan="2">葛麻</td></tr>
<tr><td>下古</td><td>青铜</td><td>青铜</td><td>青铜</td><td>青铜</td></tr>
</table>

在以上的礼器中，虽然很多要项在历史浪涛翻滚中湮埋泯灭，但有了这一表格，可以看出中国远古仪式中器物之美的整体风貌。在仪式整体的推动下，食之味、香之气、器之精、玉之灵的各面分层体系化，进而又反过来各推动了仪式整体的提升，其中国特色尤为突出。以此为基础，进入经考古学的百年努力，业已体系性地呈现出来的器物演进体系——从上古末期到整个中古的陶器，从上古末期到整个中下古的玉器，从中古末到整个下古的青铜器。陶器，从器形上讲，有18000年前从华南产生的釜，上古末中古初期东西北南普遍出现的罐，东南上山文化产生的盎（盆），从中原裴李岗文化产生的鼎和壶，从东南跨湖桥遗址创出的豆，东南河姆渡和马家浜文化出现的鬶与盉，仰韶文化产生的酉……在进入早期中国文化圈的互动中，形成了以尊彝为中心的观念结构，以及与之相应的器形系列。在图案上，彩陶从仰韶文化灿烂出现，特别是由陕西半坡升级到河南庙底沟，形成了与观念体系相对应的图案体系（鱼纹、叶片纹、花瓣纹、圆盘形纹、旋纹等）。庙底沟图案在早期中国文化圈的互动中向外扩展：把庙底沟的“几类纹饰分布的范围叠加起来……向东临近海滨，往南过了长江，向西到达青海东部，往北达到塞北。”[1]可以说彩陶以美学方式，呈现了早期中国文化圈的形成。如果说早期中国文化圈以陶器的器形和图案凝结了饮食的体系化和神圣化进程，那么，以玉器的器形和图案则把远古的心性作了文化性的提升。玉器初起于东北的兴隆洼和查海，继而在整个东部辉煌闪亮，在东北，从兴隆洼和查海到新乐文化、红山文化；在海岱，到大汶口文化；在东南，从崧泽文化到良渚文化，江淮的青莲岗文化和凌家滩文化，长江中游从大溪文化到屈家岭文化到石家河文化，乃至珠江的石峡文化和台湾的新石器遗址，继而遍布于整个早期中国文化圈。杨伯达分为三大版块和五个亚版块。[2] 玉器在整个中古的演进，形成了包括坛庙冢一体在内的各方国的大型祭坛为中心的礼制体系，又在礼制的演进中形成玉器的器形

---

① 王仁湘：《史前中国的艺术浪潮：庙底沟文化彩陶研究》，文物出版社，2011，第437页。

② 杨伯达：《中国史前玉文化版块论》，《故宫博物院院刊》2005年第4期。

体系，以兴隆洼为起源和代表的玦、在凌家滩成为特色和代表的璜与琥、以良渚文化为起源和代表的琮、以红山文化和良渚文化为代表的璧、以大汶口到龙山文化为起源和代表的圭璋[①]，后来成为礼制的核心结构。随着制陶技术的进步，出现了实用功能更好的灰陶和黑陶，彩陶于是走向衰落，但青铜器于下古出现，承结着彩陶的器形和图案，并作了与时俱进的提升。由商到西周，在乐器上青铜编钟崛起，与继续演进着的玉磬，形成金声玉振的新型乐器体系；在食器上，青铜鼎簋出现，与漆器一道，形成鼎簋笾豆的新形饮食礼器。

百年考古学与文献的结合，以彩陶、玉器、青铜为物质载体，以食器、乐器以及其他形器为系列，形成了远古之礼的基本构架。但是还有一种在考古上若显若隐，只有结合文献，方能显现出来的另一重要之项。这就是与贯串到整个中古下古的"玉"紧密相连的"帛"，即丝绸。丝绸之帛，来源于蚕。随着中国农业的产生，兴起了养蚕业，产生了中国独特的珍贵衣料即丝绸。从考古上看，从黄河中游的贾湖文化、北辛文化到长江下游的河渡姆文化，8000 年前就有了蚕的图案和丝绸发现。李发、向仲怀考证，在甲骨文中，与丝绸相关的字，丝及其派生字有 16 个，糸及其派生字 34 个，幺及其派生字 3 个，共 53 字。[②] 这展现了从北辛、河渡姆到殷商，经过几千年的演进，丝绸在文字和观念中已经形成了自身的体系。在后来的文献中，《礼记・祭义》讲："古者天子诸侯必有公桑、蚕室。"讲了养蚕在文化中的核心地位。《周礼・天官冢宰》讲养蚕成为丝，是"以为祭服"。《礼记・祭统》说："夫祭也者，必夫妇亲之……是故，天子亲耕于南郊，以共齐盛；王后蚕于北郊，以共纯服。诸侯耕于东郊，亦以共齐盛；夫人蚕于北郊，以共冕服。"透出了丝绸从最初的仪式之服到后来朝廷的政治冕服的复杂演进。在先秦文献对整个远古之礼的描述中，由丝之美而来的帛，与石之美而来的玉，是并列一体的。玉帛是敬神之物，又是巫王的文饰之物，还是巫王型领导人死后，魂归天魄入地，可按天地之道进行幸福运行的必有之物。帛之所以有如此的重要性，又在于帛的来源蚕与整个远古观念的关联。如果说，立杆测影的中，从远古把人引向对宏观宇宙的深邃和宇宙体系的思考，那么，蚕从蛾形到卵状到虫形到吐丝到成茧到成蛹到变蛾再产卵，其整个变化过程，与日光在一天一年中的变化回环相对应，使人从微观上去思考宇宙中幽微的规律。《国语・楚语下》讲远古仪式的体系，说："先王之

---

① 刘斌：《神巫的世界：良渚文化综论》，浙江摄影出版社，2007，第 210—245 页。文中论述了玦、璜、琮、圭璋，笔者窃以为凌家滩的双虎玉璜，已经有了琥的内容，将之加上了。

② 李发、向仲怀：《甲骨文中的"丝"及相关诸字试析》，《丝绸》2013 年第 8 期。

祀也，以一纯、二精、三牲、四时、五色、六律、七事、八种、九祭、十日、十二辰以致之。”韦昭注释讲，在这一体系中，二精即玉与帛。由此可知，宇宙之精灵，既体现在玉上，也体现在帛上。在远古的仪式中，丝绸之帛不仅是一种物质上的美物，政治上的标识，更在于内蕴着宇宙中的精气。因此，蚕及其由之而来的观念，自8000年前以来，不断地在远古之礼的演进中发挥着重要作用。通过从河南贾湖、安徽双墩、浙江河姆渡等文化，到东北红山、山东大汶口、浙江良渚等文化，再到陕西石峁、甘肃齐家、山西陶寺等文化中的与蚕相关的图像，蚕以及与之相关的丰富性透露了出来。

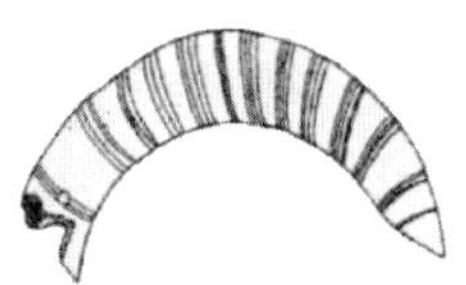

A贾湖的牙佩

B河姆渡牙雕盅的蚕

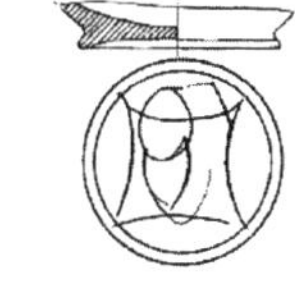
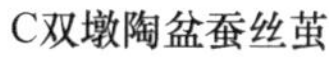

C双墩陶盆蚕丝茧

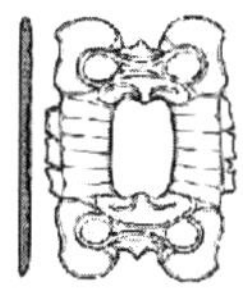
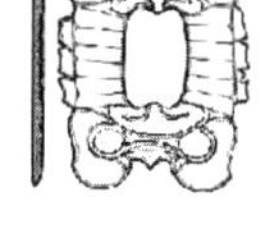

D牛河梁双蚕连体

E虢国墓地蚕身龙首

图 1-1　蚕及其相关的各形

资料来源：叶舒宪：《“玉帛为二精”神话考论》，《民族艺术》2014年第3期；李钰：《蚕形玉佩浅述》，《文物天地》2017年第3期

在图1-1.E中，西周时代呈现的蚕与龙鸟的一体，更体现了蚕不仅是后来所认知的自然物象，而且与远古的观念有多方面关联。蚕一方面发展为丝绸，最初为祭服，后来提升到冕服，仍有观念的神圣。蚕提升为丝绸，在早期中国文化圈的形成中，(用文献上的话来讲)在“黄帝、尧、舜垂衣裳而天下治”的(从考古上的年代上说)从六千年前到四千年前的两千年的漫长演进中，与彩陶、玉器、木器、青铜一样，扮演了重要的现实作用，而且其内蕴的思想内容，蚕的生殖繁盛与蜕变多样，吐丝的神奇与羽化的玄妙，多变而有规律，屡化而呈循环，使之在观念上有了多方面的关联。荀子《蚕赋》讲蚕“屡化如神，功被天下，为万世文，礼乐以成”。用现代的话来讲，就是蚕的屡化与宇宙神灵的运行相关联，与(中国型的礼即)礼乐的形成紧密相关。文即美，从而蚕无论从内蕴的观念上，还是从外化为丝绸上，都成为中国之美的典范。回到远古的具体关联中去讲，蚕，不但以帛的形式，与玉

一道，在中国宇宙观念从灵到神到精到气的演进中，起了重要的作用，也不但以丝绸之帛，在政治服饰从仪式之服到朝廷冕服的演进中起了重要作用，而且，蚕在蜕变和羽化上，与蛇和蝉一道，对中国两大重要观念的形成起了重要作用。一是变化之"化"这一中国型观念的形成，变是看得见的变化，化是看不见的变化。正是这一看不见的变化之化，形成了中国型观念的"虚"。《老子》讲的最高境界是"致虚极"。这虚极，也即看不见而又存在的"无"。"天下万物生于有，有生于无。"如果说，立杆测影的中杆，让远古之人在天文观测中，体会到北极为中天之无，极星为无中之有，那么，在对蚕的从蛾—卵—虫—丝—茧—蛹—蛾—卵的系列而又有规律的变化的观察和思考中，体会到了具体形体之"有"与决定具体形体会如此变化之"无"有着一种内在关系。正是这种关系，一方面使中国型的宇宙观，在从原始到理性的几千年演进中，从灵到神到精到气，形成了中国型的气的宇宙。另一方面气的有无相生在形象方面，产生了龙这样的中国型的形象。龙有很多来源，宋代罗愿讲了龙的九似，角似鹿、头似驼、眼似兔、项似蛇、腹似蜃、鳞似鱼、爪似鹰、掌似虎、耳似牛，透出了龙是利用多种动物，按照一定观念而进行的形象综合。近来学者从考古（如崔天兴等）和古文字（如王永礼等）的角度[①]，指出蚕在龙形象中的重要作用。从思想的角度来讲，罗愿九似，皆从实体角度讲龙，而从蚕的角度去讲龙，则是从变化与虚体的角度，更能进入到龙与中国文化精神的关联。目前学人面对考古材料，基本上形成了由石器、陶器、玉器、青铜为主体去构架远古社会和观念的框架，但对于因物质特性已经大量消失的东西，如何通过文献材料与观念逻辑去进行补充，仍是重建包含远古之美在内的社会结构和观念结构的一种必需的要项。蝉与蚕在身体的蜕变上相同，在考古中呈现了与蚕相同的重要性。《淮南子·精神训》讲了"蝉蜕蛇解"，蛇的蜕皮与蚕蝉具有同质性的意义，《山海经·大荒西经》讲了"蛇乃化为鱼"，以及各类文献上讲的鱼鸟之变，鱼蛙之变，龙马之变，熊人之变，这里的具体之变，都与循环往复、生生不息之"化"，与日月星之变关联起来，形成了远古之人关于宇宙之变，特别是作为变的中国特色之"化"，以及在化的后面并决定着怎样"化"的宇宙之"无"的思想。远古仪式中的巫—舞—无，正是在这样的思考中关联起来，并按一种中国文化的方式演进。

---

① 崔天兴：《红山文化"玉猪龙"原型新考》，《北方文物》2016 年第 3 期；王永礼：《蚕与龙的渊源》，《东华大学学报(社会科学版)》2005 年第 3 期。

第三节　远古仪式的基本结构与美学特点

在从上古到中古到下古的漫长历史中，东西南北的各种仪式，在互动融合中一次次举行，通过向着早期中国文化圈的一体化演进，小地之邑、地域方国、中央王国的仪式反复进行、互动、调适、校正，经由长时段验证，而定型为制度。中国之礼最讲究实践，《说文》释礼曰“履也”，即强调举行过程对礼的形成的意义。从上古到中古到下古，仪式向着三个方面演进，一是仪式过程的统一，二是仪式层级的扩大，三是仪式目的的多样。从仪式性质的展开上，各类文献有不同的总结性分类[①]，其中学人多认同《周礼・大宗伯》总结的五大类：吉、凶、军、宾、嘉；从仪式层级的展开上，西周定型为四大层：王、诸侯、大夫、士。由之回溯到简朴的上古，一个大致结构可以展现出来。上古之礼是在土鼓石磬奏演下以舞为主的简单程式，中古是在鼓瑟笙磬合奏下的乐礼兼重的中等程式，下古是在大型青铜编钟伴奏下的复杂程式。在后来定型的复杂仪式中内蕴着最远古的内容精神。西周之礼如果按《周礼》分为上面讲的五类，那么吉礼含蕴了最多的远古整体内容，同时又呈现了远古历史演进到西周时的分层复杂性。在礼的复杂展开中，按《周礼・大宗伯》所呈现的，就是祭祀天神地示祖鬼的吉礼，也有不同性质，从而有不同的程式，从其中不同的词汇选用可以见出。如表1-5：

表1-5

	祭祀对象	祭祀类名	祭祀次类名
天	昊天上帝	祀	禋祀
	日月星辰		实柴
	司中—司命—飌师—雨师		槱
地	社稷—五祀—五岳	祭	血祭
	山林川泽		貍沈
	四方百物		疈辜
祖	先王	享	肆（解牲体）献（荐血腥）祼（灌郁鬯）
			馈食
			（春）祠—（夏）禴—（秋）尝—（冬）烝

① 除《周礼》外，还有《礼记・王制》分六类：冠、昏、丧、祭、乡、相见；《礼记・昏义》分八类：冠、昏、丧、祭、朝、聘、乡、射；《大戴礼记・本命》分九类：冠、昏、朝、聘、丧、祭、宾主、乡饮酒、军旅。

从表中祭祀天地祖三个不同的祀名，祀、祭、享，可知进行程式不同。祀、祭、享，总言不别，析言细分，如贾公彦疏《周礼》曰："对天言祀，地言祭，故宗庙言享。"进而，祀天祭地享祖，又有具体类别，从名称就可以知道各自有各自的行进程式。进入下古，特别是殷商西周，祖祭进行最多也最重要。而享的特征，如贾公彦疏《周礼》曰："享，献也，谓献馔具于鬼神也。"在以连续性和关联性为特征的中国文化后来定型的最高级仪式中，不但内蕴了整个远古仪式的核心内容，也含孕着当时最初级仪式的内容和精神。因此，这节以西周的最高级的宗庙仪式，来看远古之礼的最后凝结和西周之礼的基本内容。在春秋战国秦代的动乱之后，西周的宗庙之礼，西周金文所载简略(如刘雨整理出西周金文 20 种)，《三礼》相关各篇甚有细节，但矛盾处有，空白尚多，从汉代郑玄到清代孙诒让，各类注家，歧见频出。当代学人，各有所讲。[①] 我们仍主要按照《三礼》所讲，总结出一些基本程式。第一，《三礼》虽然与周代实际所举行之礼，甚至从考古和文献中所透出的礼的理论并不完全一致，但却可以呈现一些远古以来在中华文化圈中进行大一统努力的基本观念。第二，周礼中核心礼制的建立和实践应只在现在看来相对狭小的王畿地区，而各诸侯国以及臣服的附近四夷所举行之仪式，应各有其地方习俗特色。但周的礼制实践对诸侯国和附近四夷的影响又是存在的，在这一意义上，周礼的观念结构又具有普遍的意义。总之，先秦文献对周礼的总结，内蕴着从远古演进到夏商周乃至先秦时代的一些大致趋势，可以由之去体会这一演进的基本逻辑，并从中去梳理既内蕴在其中又外显于其外的远古之美的演进。

中国远古之礼时间悠长的演进，一个核心就是形成了中国型的宇宙观，从立杆测的中杆在宏观上对深邃宇宙的精思和从蚕的多形之变在微观上对宇宙幽玄的细想，以及由这两种思考而带动起来的对宇宙万物的仰观俯察，游目玄听，形成了中国型的宇宙观。从文字上讲，这一宇宙观由"天地"和"宇宙"这两个词组体现出来。《周易·序卦》云："有天地，然后有万物；有万物，然后有男女；有男女，然后有夫妇；有夫妇，然后有父子；有父子，然后有君臣；有君臣，然后有上下；有上下，然后礼仪有所错。"这里天地是根本，由天地产生万物，再产生对天地万物进行精致总结的仪式之礼。

---

① (清)孙诒让：《周礼正义》，中华书局，2013，第 1513—1526 页；刘雨：《西周金文中的祭祖礼》，《考古学报》1989 年第 4 期；刘源：《商周祭祖礼研究》，商务印书馆，2004，第 157—166 页；傅亚庶：《中国上古祭祀文化(2 版)》，高等教育出版社，2005，第 209—223 页；詹鄞鑫：《神灵与祭祀：中国传统宗教综论》，江苏古籍出版社，1992，第 285—311 页；张雁勇：《〈周礼〉天子宗庙祭祀研究》，博士学位论文，吉林大学，2016，第 231—308 页。

天地一词，第一，是直观现象与内在本质的统一。天，是包含看得见的日月星与看不见的一切星系在内的整个星空的整体，地，是看得见的山河动植和看不见的一切地理的总体。第二，是关联互动的整体。天地中的万物，每一具体之物都与他物有着这样那样远远近近的内在关联，最主要的是在天地这一整体系统中的整体关联。第三，是虚实相生的整体。天地以及其中的每一事物，都包含着实与虚（或曰有与无）的两个方面。正如《老子》所讲的，车轮、陶器、房屋，都包含着虚与实两个方面，才能成其为物的整体，而在虚实两方面中虚更为重要。如果说，一物之实，使此物与他物、与天地整体区别开来，那么，一物之虚，则使此物与他物、与天地整体关联起来。中国人在从远古到先秦的漫长历史中思考天地万物之虚，有一个从灵到神到精到气的演进。最后形成了气的天地和气的万物，形成"天地之气，合而为一，分为阴阳，判为四时，列为五行"（董仲舒《春秋繁露·五行相生》）的多样统一思想。从先秦定型的宇宙本质之气向上推，应来自精、神、灵等具有宇宙本质的虚体之物。大而言之，由灵到神到精到气的演进，关联着远古仪式四项（地点、人物、器物、过程）中的具体的人与物及其过程表演。第四，是时空关联合一的整体。作为宇宙本质之虚的灵、神、精、气以及作为人体之虚的魂魄之气和作为物体之虚的精灵之气，是流动的，而不是也不会是静止的。因此，以虚体为主的宇宙，决定了中国的天地和万物是时空合一的宇宙。与西方实体宇宙讲究本质上的实体性静态和区分不同，中国宇宙强调虚体性的动态和关联。中国远古仪式有一个从空地到坛台到祖庙的演进，前两阶段和类型的仪式，都在直面天地的空地和坛台上举行，整个宇宙无论在现象上还是在本质上，都被体会为"天地"。仪式在房室的祖庙中的举行虽然在室中，但上面讲的四大特点的宇宙类型仍然继承下来，因其仪式在房室之中，对宇宙的体会和命名有了祖庙建筑形式的"宀"。《文子·自然》云："往古来今谓之宙，四方上下谓之宇。"中国型的宇宙是在祖庙的房屋中去重新体会到的。《老子》说："不出户，知天下，不窥牖，见天道。"反映的就是仪式主要以祖庙为中心举行之后的状况。如果说，天地是一个无边无际的浩茫形象，那么，宇宙则是一个有中有边的具体形象，宇宙把天地的特征包含在其中，并把握住天地。宇宙对于天地，在浑言不别中语义相同，也确在上面四点继承了天地的特性。在对言有别中，又有了新内蕴，在开来的展望中，增加了人与天地参的观念和在中华文化圈中形成一统的信心。（见图1-2）

中国远古之礼，在从空地中心到坛台中心到祖庙中心的仪式地点演进中，在从"天地"到"宇宙"的观念演进中，仪式四项，地点、人物、器物、过程，

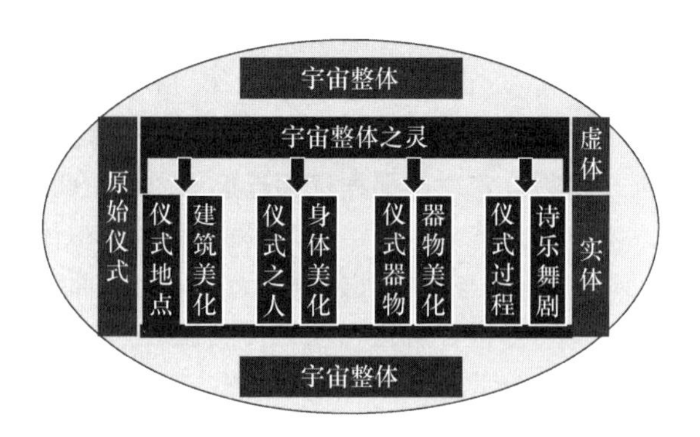

图 1-2 仪式整体

都得到了丰富的美学展开。即前面讲的，在仪式地点上，由空地到坛台到祖庙的演进是三种建筑之美的演进。在仪式人物上，由文身和神面之巫到人形的帝王冕服的演进体现了不同类型的人物美和服饰美学的演进。在仪式器物上，由石器到彩陶和玉器到青铜器的演进体现不同材质上的不同图案之美的演进。在仪式过程中，由以打击为主到以弦乐为主到以青铜编钟为主的舞与剧的演进体现了不同乐器组合与不同剧目类型的演进。这四个方面的丰富展开，构成了中国远古之美的主要内容。然而，对于中国的远古之美来讲，仅有这四个方面的内容，还是不够的。还有两点，对于理解中国远古之礼是重要的。

第一，正如中国远古演进的宇宙是一个虚实合一的宇宙，中国远古演进的仪式也是虚实合一的仪式。只有把远古仪式实体性的四个方面与虚体性的宇宙本质关联起来，方能对中国的远古之礼和远古之美有一个较为全面的理解。

仪式地点中的建筑、仪式人物中的美饰、仪式器物中的图案、仪式过程中的诗乐舞剧，都要与宇宙之灵、神、精、气关联起来，在与灵、神、精互动中得到完整的理解。例如，对图 1-3 中彩陶图案的理解，即要把彩陶的器形技艺体系和绘图技艺体系，一方面与彩陶内蕴的神蛙之灵关联起来，另一方面还要与宇宙之灵关联起来，才会有一个整体的理解。再比如，对京城建筑结构的理解，按《吕氏春秋》和《礼记》的描述，是一个以祖庙为中心的京城—宫城—祖庙的三层结构，如图 1-4，只有把地上建筑与天上星象的关联与互动结合在一起，方可有一个完整的理解。

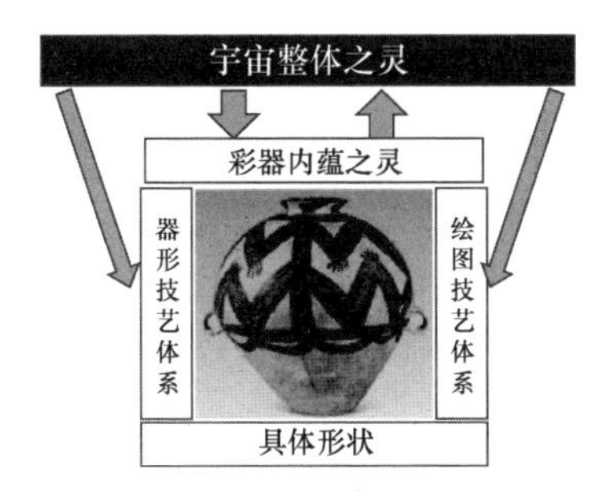

图 1-3　彩陶整体

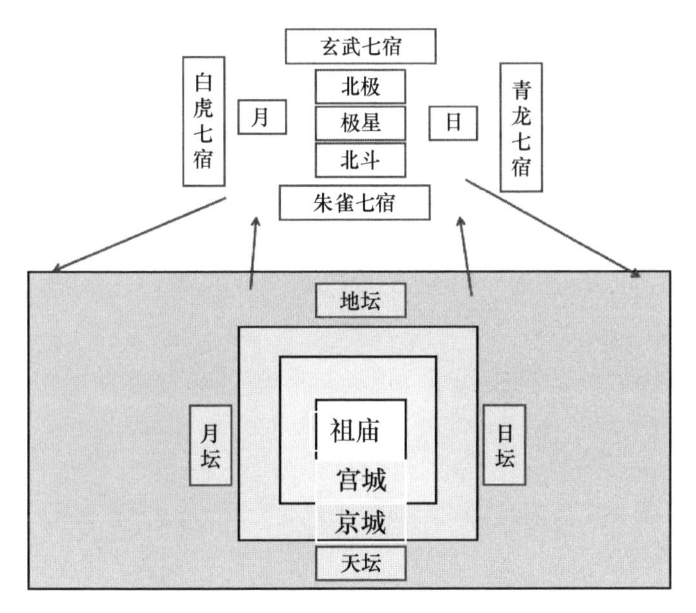

图 1-4　京城—宫城—祖庙的三层结构京城

第二，中国远古演进的宇宙是时空合一的宇宙，中国远古演进的仪式也是时空合一的仪式。仪式不仅做空间性的安排，还要做时间性的配置。《礼记・王制》呈现了仪式在四季中的差异："天子诸侯宗庙之祭，春曰礿，夏曰禘，秋曰尝，冬曰烝。"郑玄注曰："此盖夏殷之祭名，周则改之，春曰祠，夏曰礿。"总之夏商周三代，都因时间的不同而仪式有所差别。这一方式，应当有更深远的传统。它与中国远古对宇宙本质的认知，即灵、神、精、气本有的时间流动性紧密相关，即与立杆测影的中杆下日影在时间中的变动而来的时间认知，以及蚕的卵虫丝蛹蛾变动而来的时间变动认知，相互契合。

当然，远古之礼的整体结构的两大特点，虚实结构和时间结构，只是一个理论模型，这一模型放到具体的远古之美的演进中，放到具体的考古、文字、文献之中，还会有很多变项。但把握了这一模式，会有助于理解而不是妨碍对具体现象的理解和体悟。

第二章　斤—斧—钺：远古之美的起源之一

人类由使用工具而产生，人类之美也由之而生；人的观念因仪式创造而成型，人类之美也因之而成型。中国之美亦不例外，因此，中国之美的源头，也是从最初的工具使用开始。中国与美相关的最初工具使用和后来的发展，内容甚多，演进复杂，因此分为三节：第一节，从莫里斯线的东西差别，探讨中国包括美之起源在内的文化起源和性质上的基本盲点。中国文化和审美起源正是从石片型的斤开始，由斤而斧而戉而钺，显示了自己的特色和辉煌。从中国美的起源的斤—斧—戉的演进，可以呈现中国远古文化之美的整体关联和独有特点。第二节，讲戉成为巫王权力的象征，进而成为远古审美观念的核心，是与巫王的观天行动关联在一起的，地上的王戉作为王权象征的建立，是在巫王与天的互动中，对天相的观念建构关联在一起的，地上王戉建立的同时，是天上天戉的建立。中国远古天上世界的建立是以（包括极星和北斗为一体的）北辰为中心，形成的包含北辰、恒显星区、出没星区的整体。与地上王戉体系相关联的是天上的天戉体系。这一远古的天人合一，是中国远古之美曾有的特色。第三节，讲在远古观念理性化的进程中。天戉发生了多方面的分流、移位、转化。一方面演化为璧—琮—圭，成为天子的象征符号，另一方面演化为方相氏，是宫廷和民间的驱鬼之傩。再一方面演进为舞乐中的万舞—禹步—夔乐，成为中国远古之美中的要项之一。

第一节　从斤到斧到戉：从工具之美到王权象征

一　石器之斧：远古中国美和艺术起源的谜团

远古中国的美和艺术起源问题与人类的美和艺术起源问题紧密相连。这一相连，一方面让中国的美和艺术的起源出现了浓厚的谜团，另一方面其解谜的过程又让中国美和艺术起源的特色透了出来。人类的美和艺术起源的研究，基本被定位在三个时段：一是人由猿而来之后制造系统工具之时段，二是人对工具和人体进行美化的纹饰时段，三是人形成系统观念的仪式之时段。目前的考古学发现，第三时段可定在10万—5万年前尼安德特人的仪式，第二时段可定位在15万—10万年前世界各地的贝类装饰品和13万年前尼安德特人用鹰爪制成的人体装饰①。第一时段的定位较为复杂，石器木器工具伴随着人而诞生，但石器工具达到质的指标是石斧的出现。约180万年前的坦桑尼亚奥杜韦峡谷，出现了砾石工具，在考古学上被命名为阿舍利文化(Acheulian)②。这一非洲的旧石器文化砾石工具制造经过约40万—60万年的演进产生了手斧，又经过60万—90万年，阿舍利手斧出现在欧洲各地。手斧的出现是旧石器工艺长期演进的产物(从砍砸石核到尖形砍砸石核到原始两面器，最后到手斧③)。手斧作为石器工具的升级版，包含着智慧—情感的投入，其形成伴随着一种形式美感的形成，手斧作为工具当然比其他石器在求利实践上更为有效，但是不是也能被看作一种艺术品或被看成一种审美对象呢？英国诺福克的一件几十万年前阿舍利形手斧，斧心嵌有一块海菊蛤的化石贝④，蛤贝不会增加斧的实用功能，却增加了斧的审美作用。只有当斧被作为审美对象欣赏的时候，才会产生把蛤贝嵌入斧心的构思。考虑到蛤贝在斧心实际是妨碍斧的实用功能的，这含蛤之斧显然已经是作为美感对象而非工具来看待了。当然，原始时代的美感，并不是西方近代型的纯粹美感，而与诸多快感关联，特别是如坎贝尔(Joseph Campbell)所认同的那样，"这样的手斧不是实用工具，而乃神圣对象"。⑤ 可以肯定的是：在旧石器时代阿舍利手斧的观念演进中，已经具有了超越工具的物理内容，而与宗教—审美联系在一起。上面讲的嵌贝手斧作为史前艺术的经典举例写进巴恩《剑桥插图史前艺术史》(1998)中，手斧作为艺术或美感物品是西方学界的共识，戴维斯(Stephen Davies)在其《艺术之种类》(2012)的注释中，列举了从1970—

---

① 据埃菲社2015年4月3日报道称，根据克罗地亚自然历史博物馆馆长、人类学家达沃尔卡·拉多夫契奇的最新发现，尼安德特人在13万年前就使用鹰爪制作了人类最早的首饰，比现代人类在欧洲出现还要早数万年。

② 法国考古学家莫尔蒂那(Gabriel de Mortillet)1872年在法国北部阿舍利(Saint-Acheul)发现当时最早的手斧，此型手斧便被命名为Acheulian axe(阿舍利手斧)，虽然这类手斧在后来被溯源到非洲，但仍使用欧洲地名作为其称谓。

③ J.J.Wymer：*Palaeolithic age*，Croom Helm，1982，pp.95—110.

④ [英]保罗·G.巴恩：《剑桥插图史前艺术史》，郭小凌、叶梅斌译，山东画报出版社，2004，第98页。

⑤ Joseph Campbell：*The Masks of God：Primitive Mythology*，Penguin Books，1976，p.365.

2009年间20位学者，他们在其著作中都持此看法[①]。从这内蕴着宗教—审美感的艺术型手斧回溯到140万年前工具型手斧的产生，再回溯到180万年前砾石工具的产生，一个由工具转化为美的漫长历程和逻辑演进的基本框架呈现了出来。

然而，国际的考古理论主潮显示了，这一美和艺术的起源框架"并不适用"于中国。美国哈佛大学考古学教授莫里斯(Hallam L. Movius)20世纪40年代提出旧石器时代两大文化圈的学说：非洲、西欧、西亚和印度半岛是手斧(hand-axe)圈，东亚和东南亚广大地区是砍砸器(chopper)文化圈(图2-1)。前一地理圈可简称西方，后一地理圈可简称东方。

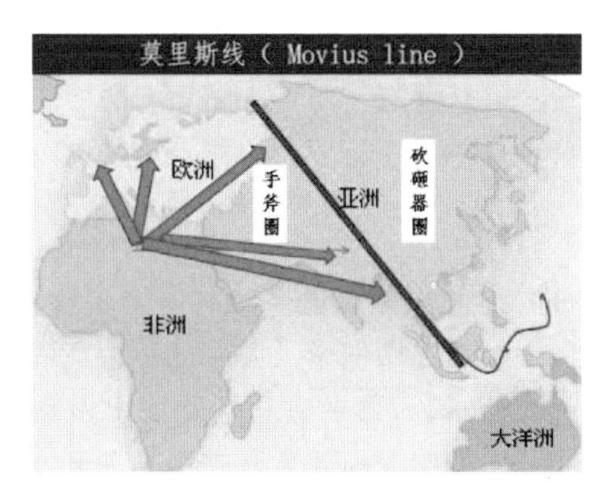

图2-1　莫里斯线

这一东西工艺的划分不仅是现象描述，还包含着技术和智力的价值判定。从工艺类型看，手斧是由两面加工而来的石核工具，具有多用效能，砍砸器是由单面加工而来的片型工具，效能相对简单。从技术演进逻辑看，两面加工的手斧工艺是从单面加工的砍砸工艺进化升级而来。从美学角度看，石核手斧培养出立面美感和对称美感，片石器具训练出平面美感和曲线美感(图2-2)。虽然在西方手斧工艺体系产生之后，并未导致砍砸器工艺体系的衰亡，而是二者并行发展。但问题是东方并没有发展手斧工艺而只停留在砍砸器工艺阶段。[②] 这样，手斧成为西方地区的文化命名，砍砸器成为东方地区的文化命名。两个文化圈的划分，因其工艺层级的高低(当然所谓"高低"是由对西方地区石器演进的研究而得出的)而最后得出的是文化层级高低的价值判定：在旧石器文化的整体地图中，西方手斧文

① Stephen Davies: *The Artful Species: Aesthetics, Art, and Evolution*, Oxford University Press, 2013, p.189.

② 戴尔俭：《旧大陆的手斧与东方远古文化传统》，《人类学学报》1985年第3期。

化为高位，占据了人类演化的中心，东方的片石文化是低位，处于人类演化的边缘。莫里斯加上一点，东方之所停滞在片石工业阶段里，在于东亚石器原料质量低下，古人群无法制造出更完美、更精致的阿舍利工具。①

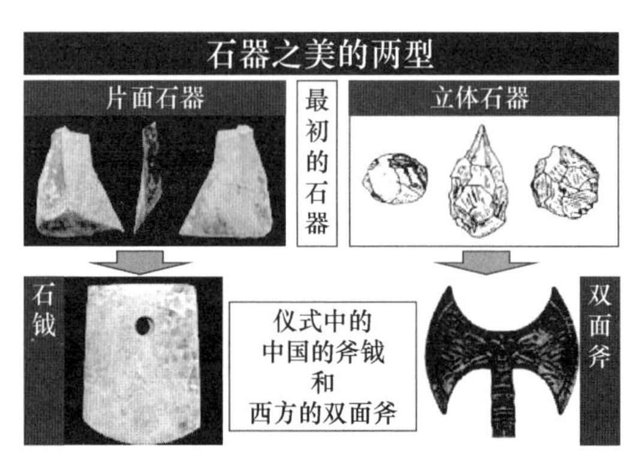

图 2-2 两种类型的斧

两大文化圈的分界线被称为莫里斯线。这个包含现象描述和价值评判于其中的莫里斯线成为压在中国学人心中的一块巨石。这意味着，对于中国文化来说，一开始就在旧石器的进化起跑线上落后于西方，一个很好的从工具讲起的美和艺术的起源模式无法在中国展开。于是中国学人（包括对此问题有兴趣的外国学人）开始在中国大地寻找手斧。而且果然“找到了”手斧：步日耶（H.Breuil）1935 年在周口店，裴文中 1939 年在周口店和 1954 年在丁村，贾兰坡 1956 年在周口店、丁村、水洞沟，认出了手斧。1963 年在陕西省乾县采集的石制工具被邱中郎在 1984 年报道为手斧；弗里门（Freeman）1977 年从丁村遗物中辨认出更多的阿舍利型手斧，黄慰文 1987 年识别出中国手斧的三个集中分布区，即北部的汾渭地堑、中部的汉水谷地、南部的百色盆地。并由此得出这样的结论：西方以手斧工艺体系为主但同时有石片工艺体系，东方以石片工艺为主，但同时有手斧工艺，二者存在相互渗透现象。② 这一历经近百年的工作可以用三篇文章的标题作为象征：《在中国发现手斧》（贾兰坡，1956），《中国的手斧》（黄慰文，1987），《中国的原手斧及其传统》（安志敏，1990）。这一工作的主要目标，是突破莫里斯之线。然而，与之同时，外国学人布鲁尔（H. Breuil）、格拉斯

① 对莫里斯的此观点，西方学人也有不同意见，如[加]布莱恩·海登（Brian Hayden）《从砍斫器到石斧：再修锐技术的演进》（《南方文物》2008 年第 3 期）就讲了工具怎么演进是与现实具体需要相关联的。但不占西方主流。

② 黄慰文：《中国的手斧》，《人类学学报》1987 年第 1 期。

(K. Glass)、考维纳斯(G. Covinus)等，中国学人戴尔俭、林圣龙、何乃汉等，坚决反对中国有阿舍利型手斧，[①]而且(特别是林圣华)对黄慰文认定的手斧，发表多文进行证伪。[②] 对于中国究竟有无手斧，高星认为：第一，中国旧石器时代遗址出土手斧者数量很少，且集中在有限的区域内。第二，中国旧石器时代手斧的分布区基本在中国南方砾石石器文化圈内，北方的石片工具体系内不存在手斧的组合。第三，中国多数手斧的技术与形态特点同典型的阿舍利手斧所具备的通体加工、软锤技术、薄化修理、器身薄锐工整对称的加工策略和形态特征有很大区别，而相似于"原型手斧"(proto-handaxe)即属于阿舍利型手斧初期的阿布维利(Abbevillian)型手斧。[③] 安志敏不把中国出现的手斧与阿舍利关联，而命名为"中国原手斧"。他认为：首先，中国旧石器的手斧包括双面器、单面器和三棱器三类，分布于华北、华中和华南的几十处地点，以华中的发现最为丰富。它们属于旧石器初期的遗存，旧石器中期后已大体绝迹。其次，这类手斧与砍砸器、石球等共存，不同于阿舍利文化传统的手斧。第三，中国旧石器初期至少有两个文化传统，即以原手斧为代表的砾石工业和以周口店文化为代表的石片工业。但华北的原手斧传统后来已被石片工业所完全代替。[④]

黄文慰、安志敏、高星三人的观点，都是在莫里斯理论的巨大压力下，以阿舍利手斧为参照，来看中国手斧。从而显示出：第一，中国手斧，无论如安志敏所自名为"中国原手斧"，还是如高星那样比成阿舍利手斧的初期形态，都低于西方的手斧，当黄说已经达到阿舍利手斧型，又释为两文化圈互渗的结果，似乎其存在也非中国本原。第二，三人所论中，中国手斧不是仅限于少数地区，就是曾经存在后来消亡，意味着手斧根本不是中国旧石器时代的主流。中国旧石器的主流是片石工艺。这样一来，中国旧石器时代的基本叙事，仍然面临前面讲的两个基点：从文化上讲，片石工艺在技术层级和文化层级上低于手斧工艺；从美学上讲，美和艺术的起源无法按照西方那样，以砾石工艺向手斧工艺演进的逻辑框架来进行。

这样的思考以及引出的结论，是有问题的。问题在什么地方呢？只要把眼光从旧石器时代延伸到新石器时代，就可以显示出来的。

---

① 高星：《中国旧石器时代手斧的特点与意义》，《人类学学报》2012 年第 2 期。

② 林圣龙：《对九件手斧标本的再研究和关于莫维斯理论之拙见》，《人类学学报》1994 年第 3 期；林圣龙、何乃汉：《关于百色的手斧》，《人类学学报》1995 年第 2 期；林圣龙：《关于全谷里的手斧》，《人类学学报》1995 年第 3 期；林圣龙：《评〈科学〉发表的〈中国南方百色盆地中更新世似阿舍利石器技术〉》，《人类学学报》2002 年第 1 期。

③ 高星：《中国旧石器时代手斧的特点与意义》，《人类学学报》2012 年第 2 期。

④ 安志敏：《中国的原手斧及其传统》，《人类学学报》1990 年第 4 期。

二　石器之斧在中国远古的独特性质

斧在中国于新石器时代后，却突然有了比世界任何文化都优秀的表现，不但与文化中的方方面面的东西有密切的关联，而且还升级为钺，进入文化的核心，成为巫王的权力象征。这样一来，如果只从斧的发展来看文化的演进与高低，那么历史呈现为：旧石器时代西方从片石文化升级到手斧文化，而中国则停滞在片石文化上；新石器时代，中国从斧文化升级到钺文化，而西方却停滞在斧文化上。如果旧石器时代西方因有了手斧文化就高于中国的石片文化，那么新石器时代中国有了钺文化就应当高于西方。这一事实表明，对于一个文化的评估，不应只以某一因素作标准；对于某一因素的性质认定，首要的不是从一文化外取得标准去看，而要从这一文化的内在结构去察。在斧的问题上，先有了西方阿舍利手斧，以之为标准去看中国的旧石器工艺，得出的结论只能如上节所示，如果以中国新石器的斧钺为视点，再去看中国旧石器工艺是怎样的，以及把旧石器工艺放到文化整体中去看是怎样的，就会是另外一种景观。

中国的斧具有自身的特点，在起源、形态、性质上都与阿舍利型的hand-axe（手斧）有区别。新石器从作为一般工具的斧到作为王权象征的戉的演进，形成了中国斧钺文化的辉煌。戉，由石戉到玉戉到青铜钺的演进，呈现了中国斧钺文化的精彩。斧钺文化展开为一个多姿多彩的体系。《广雅》曰“钺，斧也”，讲的是钺来于斧，《说文》曰“戉，斧也”，讲的是青铜钺源于玉戉，进而言之来源于石戉，石戉源于石斧。段注曰“戉，大斧也”，讲的是“戉”成为“大”不仅是形体之大，更是观念上的“大”，即戉进入到意识形态核心。中国之戉，由于处在意识形态核心，从新石器到夏商周，十分辉煌。最初的中国文化圈在新石器时代由东、南、西北三大族群融合而成，傅宪国讲到考古上的石戉，正好涉及三大族群所在的广大地区，包括长江中下游及广东地区的河姆渡文化、马家浜文化、崧泽文化、薛家岗文化、早期良渚文化、典型良渚文化、屈家岭文化、石峡文化；山东及附近地区的早期大汶口文化、晚期大汶口文化、山东龙山文化；黄河中游地区的仰韶文化、王湾二期文化、中原龙山文化。刘静讲夏商周青铜钺的分布，大致分为五区，以冀鲁豫为代表的中原区为中心，辐射或关联到陕晋地区、关中地区、陕川地区和鄂赣地区，再及更外的地区。在石戉与青铜钺之间的玉戉，其地理分布也大致相同。戉（钺）从石到玉到青铜，在远古中国的东西南北中普遍存在并大范围成系列地共进。而且，从石戉到玉戉到青铜钺 形成了丰富的器形体系。傅宪国文章里，呈现的石戉有 6 型 25 式（圆盘形石戉 2

式，梯形石戉9式，长方型石戉6式，亚腰形石戉3式，有内石戉3式，胆形石戉2式）。刘静文章里，青铜钺分为3大型7小型20式：斧形钺、舌形钺、有銎钺三大型，斧形钺有3型11式（长斧形钺4式，方斧形钺分大型和小型，前2后3，共5式；宽圆刃斧形钺2式）；舌形钺有2型5式（纹饰舌形钺1式和素面舌形钺4式），有銎钺下有2型3式（纵向管状銎2式和横向銎1式）。[①] 在石戉和青铜钺之间的玉戉，其器形也基本在二者的范围之内。最为重要的是，这些石戉玉戉青铜钺尽管有如此多的器形，却有共同的特征：都是片形的，而与阿舍利手斧的立体形区别开来。从文字学上看，钺来于斧，斧来于斤。斤正是片形之砍砸器。新石器的中国有如此多姿多彩的斧钺，应是在旧石器时代的基础上发展起来的。如果不从中西的比较看，而从中国自身看，旧石器时代的砍砸器的发展有两个方向，一是与阿舍利手斧略近的器形（立体形）方向，二是与阿舍利斧器形不同的薄刃斧（片体形）方向。立体形方向演变为两个分支。其一，在南方分化为嚎蛎啄，保持手斧原有基本特征，接着停滞，仅存于南方局部地区，尔后逐渐消失。上面讲的中西比较，正是建立在这一对中国不利的材料上。其二，在北方分化为矛形器，并进一步精细化和小型化，最后演变为后来广泛使用的簇。在片形体方向上，主要是工具精致化路线，在这条线上一方面细化为斧—锛器具，另一方面小型化为端刮器、石凿工具。[②] 除工具方向外，应当还有两个方向，一是武器化路线，在战争需要的推动下形成干戈戚斧戉扬系列，二是精神化路线，就是在工具和武器的基础上升华为礼器的斧戉戚我系列。只是这两个方面在新石器时代才明显起来，而推断为应有，但因考古材料的不足，仅限于理论上认定。回到旧石器时代，可以说，这里的人群，在石器材质和观念形态的双重影响下，在器形和观念的紧密结合上，其演进的主线，是从薄刃斧到石戉。而薄刃斧在中国称为"斤"。"斧"字上父下斤，斤是其器形，父是代表器形本质的观念。从而，中国的斧以斤为主，是片形器，与西方的axe（斧）是两面器，具有本质的不同。明乎此，才能对中国旧石器的斧的演进，找到正确的研究路向。中国石器的演进，是由斤到斧到戉，以及由石戉到玉戉到青铜钺。斤，是中国斧的原型，也是后来斧戉所由发展的基础。由于中国远古发展的复杂性，文字和器形成为两个虽有关联但又相对独立的符号系统，经过悠长的时间，秦汉学人已经对在

---

① 傅宪国：《试论中国新石器时代的石钺》，《考古》1985年第9期；刘静：《先秦时期青铜钺的再研究》，《故宫博物院院刊》2007年第2期。

② 中国旧石器斧的考古材料以及工具化演进路线，来自贺存定：《石斧溯源探析》，《农业考古》2014第6期。这里根据本文的立论略有修订。

斤的基础上发展起来的斤、斧、锛、戊、戚、我等文字怎么区别不能透解，而今的考古学人对如何把这些字对应到考古掘出的斧形实物上有些困惑。但文字是在历史的基础上按一定的规律产生出来，并随历史按一定规律演进的。因此，从文字是可以找出中国远古文化的石器工具"斤"是怎样演进为占据文化核心位置的"钺"的。而中国美和艺术的起源之谜，正存在于从斤到斧到戊到钺的演进逻辑之中。

三　从斤到斧：中国型之美的产生

中国新石器时代的斧，在农业生产中产生。唐人欧阳询《艺文类聚》卷十一引《周书》曰："神农之时，天雨粟，神农耕而种之；作陶冶斤斧，为耜锄耨，以垦草莽。"这段话显示了三点：第一，在刀耕火种的农业之初，斤斧存在于一个大工具系统，即农耕工具的耜锄耨、破木工具的斤斧，以及冶陶工具等之中。第二，在破木工具的斤斧已经形成一个体系。周昕指出存在一个斧锛凿工具系统①，现实中这一系统更复杂。第三，斤斧在这里包含的意义更为重要，不仅是农耕之初的并列工具，更透出了一种历史上的递进关系：斧是在斤的基础上产生的。斤正是中国旧石器时代源远流长的片石文化中的斧，准确些讲，乃斧的前身。

斤，《说文》曰："斫木也。象形。"段注："斫木斧也……凡用斫物者皆曰斧。斫木之斧，则谓之斤。"与斤相类的还有"斨"。《说文》曰："方銎斧也。从斤，爿声。"段注："方銎。斧也。銎者，斤斧空也。《毛诗》传曰：'隋銎曰斧，方銎曰斨。'隋读如妥，谓不正方而长也。"人类之初是木石工具时代，斤作为斧之初型，其源远矣，它既用于制造木工具，又在制造木工具及其他用途中改善和发展自身。于省吾说：甲骨文"斤"字初文为，象手持斧形，再变为三变为，四变则省为。马叙伦："金文'斤'字率作、，检以齐侯壶'折'字偏旁，鬲攸比鼎'誓'字偏旁作。则其器也。其柲（柄）也。甲文作，则其器，其柲也。金文有，证以节钺卣之图语，盖即《考工记》梓人之徽识。明是以对木，而甲文之即金文之，即今劈柴之器，此正利于去木节，刀斧之所不胜，遇斤而砉然解矣。"②于省吾的斤，是手和器的组合，为纯石器，马叙伦的斤，是柄与器的组合，为石木合器。重要的是，二人举出的斤，其形都是片状。斤之器除了手与柄的区别，还有器本身的区别，高鸿缙所说："斧斤异器，斧刃纵向，伐木者用

---

① 周昕：《原始农具斧、锛、凿及其属性的变化》，《农业考古》2004年第3期。

② 李圃主编《古文字诂林》（第十册），上海教育出版社，2004，第640—642页。

之，形与刀同。斤刃横向，斫木者用之，其形与锄同。”[1]这里斧斤异器，应为在“斤”阶段上的两种类型，但有意思的是，在中国这两种类型都是片状的。斤作为中国原初的手斧和戴柄斧，盛行于漫长的旧石器时代，对中国文化的观念塑造起了重要的作用。《庄子·徐无鬼》里，郢人“运斤成风”，意在说明使用工具的技术高超，通过技术的运用，而形成天人合一的具体体现之“风”。正因为斤与风的关系，《汉书·律历志》讲，“十六两成斤，四时乘四方之象”。运用斤而产生的计量体系是与四时四方的天地规律相关联的。因此，《汉书·律历志》释“斤”为“明也”，即通晓天地的规律。《毛传》释“斤”曰“察也”，即由此可以观察到天地间的规律。由斤能展开和关联到整个远古时代的工具体系、技术体系、计量体系、天地规律，可以说，远古观念的基本要项，都与斤相关联，这从与斤相关联的词汇群中透露出来。反过来，这些体系的合力又对斤这一工具的美感产生作用。这一作用既在“运斤成风”的成语里有所透出，更在由斤发展而来的斧中得到明确的体现。远古包括人在内的生物的总称叫虫，虫有斤为“蚚”，是强大。人的内心有斤为“忻”，就开启宽广，是善。土地有斤为“圻”，用来称天子的王畿之地。在神圣仪式中，示加上斤为“祈”，是向神求福。天上的太阳加上斤为“昕”，是明亮的开始。《尔雅·释天》的郭、邢注疏本中，“昕天”是天的六大总称之一。天上的中心是北斗，北斗为魁[2]。远古的神通称为鬼，作为北斗之名的魁，字中有斤，乃其天上权威的标志。而这些与斤相关的词汇，后来大都不用，被其他的词汇所代替，透出的应该是，斤在很早的时候，就成为观念的核心，并形成自己的观念体系。从美学上讲，与斤相关的是什么呢？这只有从由斤演进而来的斧开始讲。

前引高鸿缙的话，透出的另一层意思是，在斤的基础上演化出了斧。斧从斤中独立出来，在于其大于斤的功用。《释名疏证》：“斧斯同类，唯盈稍异。”徐灏笺曰：“斧斤同物，斤小于斧。”这里的小，不仅是形状的小，更是观念的小。斧的产生，一是同狩猎有关，二是与战争有关。《越绝书》讲：“轩辕、神农、赫胥之时，以石为兵。”石形之斤由此而成为兵器而成为斧。作为斧的前身的斤，只是工具，在斤上发展出来的斧，既是工具，又是兵器。兵器之用于战争比工具之用于生产来讲，更需要勇气、武力、智慧。从而斧

---

① 《古文字诂林》(第十册)，第641页。

② 《说文》：“蚚，强也”。段玉裁注《说文》：“忻谓心之开发。……《司马法》曰：善者、忻民之善。闭民之恶恶。今《司马法》佚此语。谓开其善心。”《广韵》：“王畿千里为圻。”《左传·昭二十一年》：“天子之地一圻。”《说文》：“昕，旦明，日将出也。”段注：“明也。”《尔雅·释天》释曰：“四曰昕天。昕读如轩，言天也北高南下，若车之轩。”[法按：此已不知斤的古意了]王逸注刘向《九叹》曰：“九魁，北斗九星也。”

以一种新的形状进入到远古的观念系统之中。这一观念系统既与旧石器斤的观念系统相承续，同时又有了巨大的创新。这一创新从文字学上透了出来。

《说文》曰：斧，"斫也。从斤父声。" 斤加上父成为斧。透出其形体和观念的变化。《说文》又曰："父，矩也。家长率教者。从又举杖。"段注："巨也……率同逹。先导也。……从又举杖……收其威也。"《释名》曰："斧，甫也。甫，始也。"始者，率先即创新或由之开始之事也。从以上权威释义中可知，斧是斤与父关联之后，功能起了变化，与家长关联起来，具有了"原理"的内蕴，要起到"威严"的效果。这一功能新变在古文字中透露出来。郭沫若说，从古文字看，父是斧的初字，为男子持斧形。商承祚和叶玉森都说：父、斧古义相通。刘心源讲，父不仅是男子，"古刻父字作[illegible]，从丨……窃谓父者主持家政者也，从又，从丨，丨亦声，丨即主字。又者手也，取其能持。"这样，所举之物成为父为主的象征。以上的文字释义透出的历史事实为：当男子(父)成为群族(家)的首领(主)时，斧产生了出来，并成为首领的象征。而这一象征物具有原则和威仪两种内涵。从文字上看，作为家政之主的父，举的是什么？商承祚说："金文父癸鼎作有[illegible]，父戉[illegible]作[illegible]，鲁伯鬲作[illegible]。《说文》：'父，矩也，家长率教者，从又举杖。'"叶玉森先生谓甲骨文中之[illegible]亦父字。"[illegible]为手持矩形，[illegible]为手持火形，如[illegible]之从[illegible]，谊亦相通，又疑[illegible]为斧形。"[1]其实，所持之物，无论是为杖、为矩、为斧，还是为火，总之，举的应为圣物。这里应从两方面看，从器物方面讲，斧在器物体系中作为一种圣物进入到了首领象征物的体系之中，成为礼器。从首领方面讲，其象征物是一个体系，木、杖、矩、火、斧等，都在这一象征体系之中，而斧作为象征物之一，具有重要的作用。斧进入到了意识形态的核心地位，同时就意味着进入到了美感的核心地位。斧与父相连，王国维讲了，父是男子的美称。父又与甫相联，王国维和陈独秀都讲了，甫是男子的美称。[2] 因此，斧—父—甫不仅是一种社会组合的形成，意识形态的形成，而且是一种美感体系的形成：斧因在父之手或父因有斧在手而美，而具了美称：甫。

---

① 李圃主编《古文字诂林》(第三册)，上海教育出版社，2000，第 389 页。

② 王国维说："女子之字曰某母，犹子之字曰某父，案士冠礼记，男子之字'曰伯某甫仲叔季，惟其所当'。注云：'甫者男子之美称。'《说文》甫字注亦云'男子之美称'，然经典男子之字多作某父，彝器则皆作父，无作甫者，知父为本字也。"陈独秀说："《说文》云，家长率教者，从又举杖，实乃举斧以率耕，非举杖以率教，古者用蜃除草，削木令锐以耕，即《淮南子泛论训》'剡耜而耕，摩蜃而耨'。木杖即耜之原始形，亦即木斧。同一物为两用。……发明耕种，古之大事，故尊率耕之长老为父，又用为男子美称。不独子称其父也，因之诸利用厚生之发明，其字亦多从父。"见《古文字诂林》(第三册)，第 389—390 页。

斧不但关联于作为首领之父，也不但关联于作为首领的父本身之美称（甫），还关联到作为首领之父的装饰：斧的图案为黼。《尔雅·释器》曰："斧谓之黼。"《疏》曰："黼，盖半白半黑，似斧刃白而身黑，取能断意。一说白西方色，黑北方色，西北黑白之交，乾阳位焉，刚健能断，故画黼以黑白为文。"《仪礼·觐礼》曰："天子设斧依于户牖之间。"郑玄注曰："依，如今绨素屏风也。有绣斧文，所以示威也。斧谓之黼。"这里，黼之图案不仅形象是斧，而且还包含着具有象征规定的色彩和寓意。虽然以上文献是追述后来天子的情况，但由斧而产生出来的首领的装饰却应可以源自远古传统。正是在斧—父—甫—黼的关联传统里，斧有一个美学上的展开，进入到远古礼制的核心结构之中，包括观念上的美称（甫）和物体上的美饰（黼）。随着首领权位由巫而王的升级，与之相关的物体上美饰也进一步扩展：天子冕服上的纹样之一，叫黼黻；设于朝廷天子座后，绣有斧文的屏风，叫黼依；古时天子所用，绣有斧形花纹的帷帐，叫黼帷。进而，从首领之美，扩展为一般之美，用黼绣（绣有斧纹的衣服）来比喻辞藻华丽，用黼黻（冕服上的花纹和色彩）来泛指花纹和文采，用黼藻来指华丽的辞藻……因此，文字上斧、父、甫、黼的关联和演进过程，透出的是远古社会中，由工具之斧（斤）到武器之斧到作为首领权力象征（父）到对这一象征物的美感（甫），进而由首领象征物之美扩展为一种美的体系的过程。

四　由斧到戉：中国型之美的形成

斧在与作为首领之父的关联后成为权力象征物，进而成为美，是一个复杂的漫长的过程，斧作为权力象征物同时作为美的最后定型，是由斧升级为戉。斧来自工具性的斤，斧斤联用，其义为工具，戉是斧作为权力象征物和美的定型，斧戉联用，其义为权力象征。戉与斤已无关联，从而代表了远古美学演进在质上的完成。这也从文字学上体现出来。《说文》曰"戉，斧也"，段注曰："大斧也。"《韵会》曰："威斧也。""大"既与天相连（孔子曰："唯天为大"），又与王相连的（孔子曰："大哉，尧之为君也。"），戉是王权的象征。威，乃王之威仪，戉是显示王之威仪的。从而，戉成为权力象征之定型，由这一定型而来的戉的形象，从与五帝相关的各新石器文化一直到夏商周，都是如此。新石器时代的墓葬（在良渚文化中尤为明显），就用玉戉、石戉、无戉区分出规格等级，《说文》所引《司马法》描述夏商周时代时讲："夏执玄戉，殷执白戚，周左杖黄戉，右秉白髦"。在时代的演进中，戉的质材、形制、颜色、器物组合、具体命名多姿多彩，但戉作为权力象征却一直未变。

上面引文的“殷执白戚”，不仅体现名称的不同，还透出在从斧到戉的由具体武器到王权象征的定型过程中，展开有一个更为复杂的器物体系和观念体系，以戉定型的斧戉体系，在器形和名称上，不仅是斧和戉，还有**戚**、**娍**、戌、戚、威、義、戚、我、㦸、扬（《毛传》：“扬，钺也。”）……这些器物中，从文献上看，最为重要的是戚、我、威、義。四者，与斧戉象征体系关系最为紧密并形成结构意义的是：戚与我。

《说文》曰：“戚，戉也。从戉，尗声。”尗即菽，透出戚的初源是农业仪式中斤斧的一种类型。《诗经·公刘》里“弓矢斯张；干戈戚扬”，显示戚与斧一样由生产工具进入到了武器系列。毛传曰：“戚，斧也。”反映的也是戚的这一阶段。而《说文》的“戚，戉也”则说明，戚与斧一样，进入到了权力象征体系之中。《乐记》讲音乐系统进入仪式有三个阶段，即由声到音最后到乐，到乐的阶段，是“执干戚羽旄以舞”以达到“天地之和”。这里，干是象征防御的盾，戚是象征进攻的戉，羽旄是身上的两种象征鸟和兽的服饰[①]，四者是天地间最重要的象征，以之而舞，体现天地之和。《山海经·海外西经》讲刑天在决战之前，举行了干戚之舞的仪式，都说明“戚”具有与天地规律相关的性质。“殷执白戚”显示戚具有与戉相同的地位。林沄举出戚的古文字为：(屯 2194)(摭续)(诚 77)[②]。段玉裁注《说文》说“戚小于戉”；王绍兰说：戉刃开张而戚刃蹙缩[③]；都讲了戚与戉在器物上大类相同而小形微异。对于斧钺体系来讲，戉与戚中进一步的演进中于观念上有了分工，“戉”定型为王权的客体象征物，而“戚”则演进为与王权仪式相关的主体心理状态。这从戚的三种词义体现出来：其一，是亲密感，《尚书·金滕》曰：“戚我先王”，与王权相关的仪式要达到与天神地祇祖鬼合一；其二，是促迫感。与王权相关的仪式中的戚与军事相连，皆为要紧之事，需紧急对待；其三，是畏惧感。《释名》曰：“戚，慼也。斧以斩断，见者慼惧也”，又因此而引申扩展为悲感和痛感。由于戚后来主要向主体心理建构上演进，而戚的三类情感，常在族际婚姻中产生，因此，戚成为亲戚之戚。而由戚之原初的心理状态关联到的天人关系和人神关系的实际，也多是这三种情感的合一。

我，古文字为：(甲九四九)(前五·四六·七)(粹八七八)(3445)。林沄《说戚、我》认为“我”是一种刃部带齿或呈波曲状的钺形

---

① 古人对“干戚羽旄”，通行把“干戚”释为武舞，“羽旄”释为文舞。窃以为不如释为舞者的四种因素更符合“天人之和”的要求。

② 林沄：《林沄学术文集》，中国大百科全书出版社，1998，第 16 页。

③ 李圃主编《古文字诂林》（第九册），上海教育出版社，2004，第 987 页。

器。[1] 在斧钺体系的观念演进中，我与戚一样转为主体称谓，戚他指，我自指。《说文》曰："我施身自谓也……从戈从𠂇。𠂇，或说古'垂'字。一曰古'杀'字。"徐锴曰："从戈者，取戈自持也。"这里戈应为林沄所讲之钺。杀，威仪也；垂，由上而下也，由中而边远也。首领持钺，天命在身，自己感到自己的威仪之效果，由上而下，由近而远。"我"只点出首领持钺，"義"字为上羊下我，既呈现持钺，又点出头上的羊形饰冠，《说文》曰：義，"己之威仪也。"我的效果与義的效果应为相同，皆指首领自感其威仪。我之威仪由持"我"型钺而产生。而甲骨文字中的𡈼，上我下王，正是商王以突出钺型类的"我"来显示"王"的威仪的自称[2]。在斧钺体系的观念演进中，斧与钺都走向了客观的器物一面，钺是核心，斧—甫—黼则衍成围绕钺的器物图案体系。我与戚都走向了主体的心理一面，戚为主体心理的三种心态，我则是三种心态的统一整体。因此，斧钺—戚我所形成观念体系，乃远古文化由工具体系之斤到武器体系之斧到象征体系之钺的演进中的定型结构。而由斧钺为主构成的器物体系和由戚我为主构成的心理体系所形成的观念，就是由"義"的字义核心所要表达的：威仪。戉作为远古巫王的威仪，正是远古文化从斤到斧到钺演进的核心。

五　戉：从壬到巫到王的演进

武器之斧升级为礼器之戉，在于戉比斧有更深厚的内蕴，即戉与中国型王权的出现紧密相关且共同成长。

远古产生的中国型的王，在历史的演进中，由聚落村主到地域共主到天下之王，其特点是什么呢？从文字学角度看，《说文》以孔子的话释字形："一贯三为王"；以董仲舒的话释字义："古之造文者，三画而连其中谓之王。三者，天、地、人也，而参通之者王也。"李阳冰对此则补充："中画近上。王者，则天之义。"虽然这是以汉唐时代解古，但所言之义在深层内容上，却与远古之王的产生相暗合。远古之王，正是在东西南北中众族群的互动和竞争中，在追求天地人的合和里，产生出来的。王的产生有很多内容，其中之一就是与戉相连。因此，古文字中，王的字形甚多，徐中舒列了七形，叶玉森列了九形，诸家还有多形[3]，各种的"王"字，主要有两大解，一是（如徐中舒、叶玉森、孙海波所说）"王"作为最初首领之人的本形，所谓君也，大也。二是"王"字来源于三种构成首领之为首领的要件，其一是（吴大

---

① 林沄：《林沄学术文集》，中国大百科全书出版社，1998，第 18 页。

② 胡厚宣：《说𡈼》，《古文字研究》（第一辑），中华书局，1979，第 72 页。

③ 《古文字诂林》（第一册），第 206—222 页。

澂、罗振玉、高鸿缙、朱芳圃等认为的）源于火，其二是（林沄、吴其昌等认为的）源于戉，其三是（高田中周认为的）从工。工论可汇入戉论（参下面吴其昌说），从而是两论。两论在根本上有内在关联。火论诸家都以（王）字下面为"火"，而从秦汉思想讲火与王的关系，与戉关联太远。其实"火"是天上的火（心宿），当火成为观象授历的时代，"火"曾成为历法的核心指标，族群首领成为天文系统的掌握者，"火"成为其标志。火的重要使之与两个重要的字关联起来，一是与"大"相联，成了"大火"，二是被冠以最重之星的名称"辰"。《左传·昭公元年》讲了唐陶氏时代的商丘地区领导人阏伯"主辰"，即以大火（心宿）为重要标志，形成了"以火为祀"的地区性仪式。从而"大火"也成为了"阏伯之星"（《国语·晋语四》）。以火为历法象征的首领，在从由火象征到更普遍象征的演进中，同时也由地区之巫而升级为具有普遍性的王巫。天象进入仪式和武器进入仪式的整体系统，并不相互排斥，而是根据各自因素在时代中的重要程度而进行安排，各自因素又因具体的组合而相互渗透。这是一个复杂的过程，且有多样的呈现。各种因素都汇到"王"的象征体系，从而显示出了"王"字在字形内涵方面的多样性。本文的主题是武器之戉成为仪式之戉。暂时撇开其他方面，而只从戉的演进逻辑来看其在"王"字形成中的作用。古文字中的"王"字：（甲三三五八反）、（甲二九〇八反）、（乙八六八八牛距骨刻辞）、（205）、（成王鼎），构成这方面的基础，林沄《说王》讲："'王'字的本形是不纳柲[即没安上柄]的斧钺"[①]，吴其昌不但说"'王'字的本义，斧也"，而且说"工、士、壬、王，本为一字"，词义"皆为斧"[②]。吴的学说正好可以给"王"的历史演进以一方便性的逻辑组织。壬，《说文》曰："与巫同意"，又曰：壬呈现为"阴极阳生"，以一种中国型的思维去看待天地万物。郭沫若说：壬，甲骨文为，是"鑱"这种武器的初文[③]，因此，其具有巫的性质的阴阳思想，当然也包含着武器之艺于其中。工，《说文》曰："与巫同意"，而且与工艺的精巧和体会工艺与天地的规律相关，如徐谐注的"为巧必遵规矩法度，然后为工"。壬与工的结合，可以象征中国型的巫的特点。士，《说文》曰："事也，数始于一，终于十。从一从十。"这里包含了远古的巫在十月历中，完美地把与工艺相关的技术和规律用于一年的重大事务，即段注讲的："博学、审问、慎思、明辨、笃行，惟以求其至是也。"高鸿缙说："士即筮的初

---

① 林沄：《林沄学术文集》，中国大百科全书出版社，1998，第3页。

② 《古文字诂林》（第一册），第216页。

③ 郭沫若：《释干支》，《郭沫若全集》（第一卷），科学出版社，1982，第77页。

文。”①其谋事待事是在远古的巫风下进行的。郭沫若说：士、且、土相通，且与祖相关，土与社相关，“祀于内者为祖，祀于外者为社，祖社二而一者也。”②这正与远古的坛台中心阶段（如良渚文化和红山文化中）的祖社一体相合，士乃各地域的共主。这里且按内在的理路，姑把最初的聚落之主称为巫壬（包括工的技术和壬对技术的整体性体悟），把各地域之主称为巫士，把天下共主称为巫王。用这一命名意在强调：远古中国在从壬到士到王的演进中，一直与戉相连。戉之观念之所在贯穿始终，不仅在于各地生产领域中工具之斤里由工艺而来的规律性体悟，也不仅在于对地域战争中武器之斧里由军事而来的规律性体悟，更在于各地区各领域的规律都关联着一个根本的天地规律。正是这一根本规律，各地与工艺关联为主的巫壬，演进为东西南北与武器关联为主的巫士，进而演进为以天下为一的巫王。当巫王以戉为象征之时，戉就从武器象征变成了王权象征，从而成为王戉。而王戉再由石而玉进入青铜材质加上“金”旁便成为王钺。

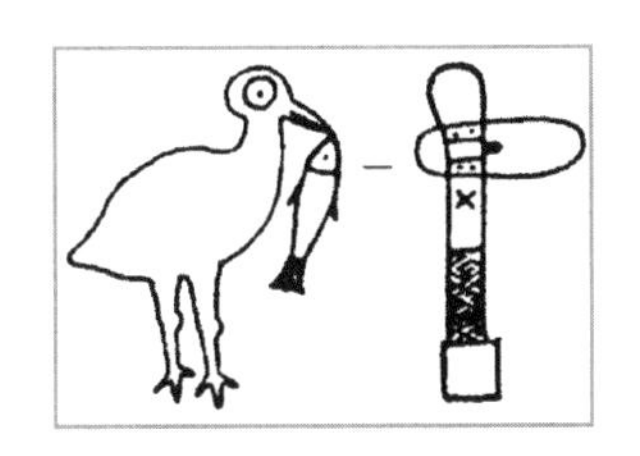

图 2-3　庙底沟文化彩陶中的钺

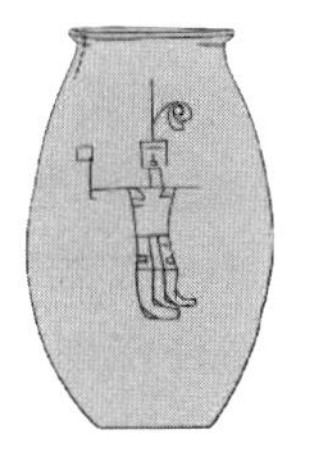

图 2-4　石家河文化陶罐中的巫王持钺

图 2-5　临沂吴白庄汉画像中的蚩尤持钺

在王钺阶段，由斧而展开的斧—父—甫—黼的美的体系，得到了更进一步的强化。可以说，中国之美，不仅是一种外在形式，而且是与整个文化的内容关联在一起，从工具之美的外观到武器之美的外观到礼器之美的外

① 《古文字诂林》(第一册)，第 316 页。
② 同上书，第 313 页。

观，美都是一种文化内容的外在形式，这种外在形式与文化内容是紧密关联在一起的。在钺为核心象征的王权中，美体现为一种(内容和形式合一的)威仪。因此，由斤到斧到钺的演进，是由内含着实践效用的工具的形式美，到内含着军事效用的武器的形式美到具有王权象征的礼器的威仪美。可以说，中国之美的起源，在从斤到斧到钺的演进中，就呈现了一种关联型的美。

然而，由王权的威仪美体现出来的中国的关联型之美，不仅是靠礼器的形式而来，还要靠王权之被信仰的内容，这一内容不仅是现实的，而且是天道的，因此钺之为王权象征的重要内容，是所内蕴的天道的内容。

第二节　王戉与天戉：中国之美的观念基础

一　中杆：王戉观念的中国特质

中国王权的形成，从以戉为其象征符号来看，是由斤到斧到戉的演进。但为什么有如此的演进呢？或者说，是什么决定了如此的演进呢？在众多的原因里，工具—武器—礼器与天道的关联是其重要内容，中国远古对天道的观察，有多种多样的方式，其中立杆测影占有重要的位置。从这一角度看，由工具而来的技术之艺，从武器而来的军事之艺，从礼器而来的天道之艺，都与中杆以及以中杆为核心的观象体系关联了起来，并一道构成了远古中国的观念体系。

如果把(王)字分为两个部分，就是与干。释为戉，干就是盾。正好与文献中常讲的在最重要的仪式中“持干戚舞”的干(盾)戚(戉)相合。如果释为“火”，那么“干”就是立杆测影的中杆[①]。中杆形成星相旦(清晨)见或昏(黄昏)见，即旦中或昏中(星在中天)的观察点。“王”字中的类，可强调火，也可彰显戉，“王”字中还有别一类，专门强调的是中杆，以三种字形体现出来：(《甲骨文续编》2·3·3)、、(后二形为郭沫若、徐中舒、叶玉森所举例)[②]，是中杆的三种最基本形状。王字的三种释义，正好与中国远古之王的三大要项或曰大三特征关联了起来。王，第

---

① 《诗经·公刘》一诗描述周的先祖公刘出发前的仪式为“弓矢斯张，干戈戚扬”。《毛传》释义曰：“戚，斧也；扬，钺也。”郑笺曰：“干，盾也；戈，戟也。”这样，决定先周命运的民族迁徙的出发仪式成为只有弓、矢、盾、戈、小钺，大钺的武器展示，而没有天人之和的意识形态内容。关键是“干”与“扬”，没有得到正确释义。这里“干”和“扬”除了盾和钺的词义外，更重要的是有中杆的内涵。论证较复杂，以后再展开。

② 《古文字诂林》(第一册)，第206—222页。

一，用戉以装饰自己，第二，站在观天的中杆之下，第三，观看或应合着天上的星象。中杆不仅是王取得神圣性的重要所立之地，而且是王取得天下相合的神圣之所。这三点作为一个整体，不但展现了王戉的意义结构，更主要的是进入到了王戉之为王戉的天命根据，呈现出了王戉的意义系统。在这三点中，王与戉的关联，就在前面讲过的“黼绣”（即服饰上的斧钺图案）之中，中杆与戉的关联较为复杂。中国远古的观天，在把日、月、星单独观察的同时，更将之作为一个整体系统来观察。日和月结合可以获得昼夜合一的每天的具体精确性。在昼夜中，人处于活动状态的昼比处于睡眠状态的夜更重要，以观日为主的立杆测影由之而起。月的重要在于对月的每一次朔（月的出现）望（达到圆月）晦（月的消失）的具体精确性的确定。季和年的精确性就不甚容易，因为日和月的冲突在季和年中显示出来，立杆测影的每日相加可以得到年的确定，但在年确定的范围内确定季不甚容易，最初的太阳历是五季，后来的阴阳历为四季。季是通过日与星的配合而得到的。因此，《夏小正》里就以鞠、参、斗、昴、南门、大火、织女、辰在天空重要位置上的19次出现，确定了一年的五季[①]。《尚书·尧典》则用鸟、心、虚、昴四宿的上中天确定一年的四季。作为整体的天的奥秘是要把星包括在内去寻找的。然而，观天最初是从观日开始的，以后观日也一直是观星的重要参考，《夏小正》中不但“昏”“旦”与日相关，还有“辰系于日”作为九月的标志。《史记·天官书》讲，远古最早的天官是重黎，《国语·楚语》说，重和黎是两人。黎是观天象定农时之官，又曰火正，每年当傍晚大火（心宿）出现在东方之时，启示出播种季节到了。重是观日之官，太阳到了南方中天，可以精准地测定南方，从而定出东南西北方，还测定时间之午，而把白昼分为上午下午，更重要的是，定出夏冬二至。因此，观天整体既是由中杆开其始又以中杆为核心而进行的。“王”字可以关联到中杆，中杆的神圣性则由“示”表现出来。《说文》释“示”曰：“天垂象，见吉凶，所以示人也。从二，三垂，日月星也，观其天文，以察时变，示，神事也。”丁山说“示”就是立杆以祭天。[②] 中杆在中国远古是一个最为重要问题，在东西南北各族群中，又呈极为多样的形式，其系统而丰富的展开，将在第三章详论，与本章主题相关的，即中杆展开为旗帜，作为巫壬—巫士—巫王的象征，正如王服上有戉的图案一样，王旗上也有戉的图案，《礼记·曲礼上》有：“行，前朱鸟而后玄武，左青龙而右白虎，招摇在上，急缮其怒。”朱鸟、玄武、青龙、白

---

① 陈久金：《论〈夏小正〉是十月太阳历》，《自然科学史研究》1982年第4期。

② 丁山：《甲骨文所见氏族及其制度》，中华书局，1988，第3—4页。

虎即天上四方二十八宿形成的四兽，招摇即中天的北斗，因此，郑玄注曰："以此四兽为军陈，象天也，争犹坚也，缮读曰劲，又画招摇星于旌旗上，以起居坚劲，军之威怒，象天帝也。"孔颖达疏曰："招摇，北斗七星也……此北斗星在军中，举之于上以指正四方，使四方之陈不差。"这以北斗为中以四兽为辅的旗上图案，是要以天的"威怒"来显示王的"威怒"，郑注孔疏中，四兽之象已讲，而北斗之形未言，北斗之形应是什么呢？《淮南子・天文训》曰："北斗所击，不可与敌。"最能表现"击"的效果又能彰显王的权威的，在远古的思想氛围中，当然就是戉，正如《荀子・乐论》所云："军旅𫓧钺者，先王之所以饰怒也。"从当时的图案体系来讲，北斗的图案，应是作为王的象征之戉。然而，以上文献却并没有讲北斗的图案是什么，本来，与地上的王戉相对应的一定是天上的天戉，对作为天之中的北斗的想象，应当是与地上的实践相关联而运行。在地上东西南北中各族群在进行工具之斤的规律和武器之斧的规律的考思时，天上的星象也应被想象为与斤斧同形的天戉。地上的王在远古，不仅要掌握最具有时代优势（以斤斧为核心）的工艺（工具技术）和最具有时代优势（以斧戉为象征）的武艺（军事技术），还要对这些工艺和武艺的最后本原作一种天神或天理的说明。这就要回溯到与之相连的远古天相。然而这一远古天象，在远古东西南北中各族群的复杂同异之中，在各方族群融合历程里的整合之中，以及从远古到先秦的主流思想的演变中，被后来的新思想所遮蔽，模糊不清了。就以前面呈现的两大要点而论，就有疑点，比如：青龙、白虎、朱雀、玄武代表四方和北斗象征中央来讲，北斗星并不是在真正的中央，而是在中宫（即后来的紫微垣）的墙外。又比如：北斗是作为一种巫王威怒的武器，但其名曰"斗"则并非武器而乃计量之器。章鸿钊说：商代甲文里北斗是[illegible]，南斗是[illegible]，[1]二者皆与武器字形有距离。当然，古文字里的斗字还有[illegible]（乙 8514）、[illegible]（续1・18・4）、[illegible]（土匀錍）等形。但与斧钺等武器有什么关联还是不明显，处在迷宫之中。这些疑团不是由简单的推理可以解惑，而需进入从远古到先秦天相的复杂演变而形成秦汉天相基本框架这一天人互动的历史之中。

---

① 章鸿钊：《中国古历析疑》，科学出版社，1958，第 53 页。

二 与地上王戉相对应的天戉体系

与王戉相对应的是天上的天戉。太公望《六韬·用军》讲了三种用“天”命名的武器：方首的铁棓（棒）名天棓、方首铁锤名天锤、大柯斧名天钺[①]，天棓和天钺都是天上与北斗紧邻的星名。《尚书·牧誓》“传”引《太公·六韬》：“大柯斧重八斤，一名天戉，经传皆以钺为之。”透出了钺来自古老的戉。[②]《六韬·立将》讲了，将军出征之前，由通晓天意的太史向天沟通之后，君王在太庙中举行庄严仪式，授钺与将军，将军的“斧钺之威”是象征着天意和王意的。[③] 秦汉唐的天文文献中尚存留作为钺的天相有：中央星区的天枪；南方星区的井宿、鬼宿；北方星区的南斗、建星、河鼓；东方星区亢宿中的摄提；西方星区的觜宿、参宿。从远古到唐，不同的文献对同一星辰的不同命名和描述，透出的，正是这一星辰在不同时代或族群中的不同观念想象和思想建构，从中央到四方星区中都有与钺相关的星辰，透出的是天钺曾经普遍存在。更为重要的是，这些与钺相关的星辰，又直接和间接地与天子相关。且按从南北东西最后到中的顺序一一呈现：

南方星区的井宿有一星名钺，《易纬》和郗萌都讲其与君主和王命相关。南方星区的舆鬼，《南官候》又叫“天鈇锧”。鈇锧在上古语汇中，同于斧钺，只是特别强调把斧钺用于刑戮，因此郗萌讲舆鬼时说“斧钺且用。”《石氏星经》和《南官候》都说舆鬼是与君主的丧亡和主神祭祀相关的。[④]北方星区的斗宿中的南斗，《黄帝占》说又名鈇钺。韩扬说，南斗第六星就

---

① 《六韬·鬼谷子》，曹胜高、安娜译注，中华书局，2007，第134页。

② 《史记·天官书》有“东井为水事，其西曲星曰钺。”而《汉书·天文志》为：“东井西曲星曰戉。”同样透出了从戉到钺的演进留下的痕迹。

③ 《六韬·鬼谷子》，曹胜高、安娜译注，中华书局，2007，第91—92页：“将既受命，乃命太史卜。斋三日，之太庙。钻灵龟，卜吉日，以授斧钺。君入庙门，西面而立；将入庙门，北面而立。君亲操钺，持首，授将其柄，日：‘从此上至天者，将军制之。’……‘臣既受命，专斧钺之威。臣不敢生还，愿君亦垂一言之命于臣。君不许臣，臣不敢将。’”

④ （唐）瞿昙悉达：《开元占经》，九州出版社，2012，第597—599页：“石氏曰：‘东井八星，钺一星……’《黄帝占》曰：‘东井，天府法令也……’巫咸曰：‘东井为天亭天候，又曰井鬼夏狱。’……《圣洽符》曰：‘井钺星大而明，斧钺且用，兵起。’《易纬》曰：‘钺星明，主自逋，诸侯乱。’……《海中占》曰：‘井钺一星司淫奢，其星不欲明，明则斧钺用，以斩伏诛之臣。’焦延寿曰：‘天钺星不与井齐，则大臣有斩者，以欲然也。’郗萌曰：‘斧钺用，王命兴，辅佐出。’……《南官候》曰：‘舆鬼一名天鈇锧，一名天讼，主察奸，天目也。’《孝经章句》曰：‘舆鬼为夏狱，又曰天金玉府也，又名天匮、天圹，其星明则兵起而战不用节，无兵，兵虽在外，不战。’……石氏曰：‘鬼……一日天尸，故主死丧，主祠事也。一日鈇锧，故主法，主诛斩。’……《南官候》曰：‘舆鬼者，天庙，主神祭祀之事……’郗萌曰：‘……舆鬼，质星，欲其忽忽不明，不明则安，明则兵起，斧钺且用。’”

是天子。《甘氏星经》和《圣洽符》都说了南斗与天子之庙和天子寿命相关。[①] 斗宿中的建星，巫咸说中央的一星名𫓧锧，诸家之说将之与天府、天关、天旗关联起来。[②] 后来被归入到牛宿中的河鼓星(即再后来成为柔情绵绵的牛郎和他的两个小孩)，在远古却是与军事相关联的，《黄帝占》中从军事之物上讲叫天鼓，从军事之人来讲叫三将军，“皆天子将”。因此，郗萌说“主斧钺”。[③] 东方星区亢宿中的摄提六星，《石氏星经》说其一名天𫓧，而且说：“天子弱，𫓧钺用。”[④]西方星区的觜宿，《西官候》说其一叫斧钺，或是与斧钺相关的天将。郗萌讲了其星与君主的关联。[⑤] 西方星区的参宿，《史记・天官书》说参宿三星中一星叫𫓧钺，《圣洽符》说属于“天子之师”。[⑥] 以上钺在天相的东西南北的遍布，透出了钺在天上存在的普遍性。这一普遍性可以用地上王钺的两个内容来理解：一是如《六韬・立将》讲的，天子将钺授予出征之将，由军队统帅来代表钺，因此，统帅之所在即王之所在，各处皆可出现与王有关联的钺。《史记・殷本纪》有商封王“赐(周文王)弓矢斧铺，使得征伐，为西伯”。西周孝王时的虢季子白盘铭文中也有“赐用钺，用征蛮方”。《左传・昭公十五年》载：“鏚钺、秬鬯、彤弓、虎贲，文公受之，以有南阳之田，抚征东夏。”二是钺在与王关联的同时又成为一种等级象征物。武王伐纣时，武王“左杖黄戉”(《尚书・牧誓》)，“周公把大钺，毕公把小钺，以夹武王”(《史记・鲁周公世家》)，透出钺已有区分军权等级的作用。《史记・周本记》武王处决商纣用黄钺，处决纣的嬖妾用玄钺，透出了钺有不

---

① (唐)瞿昙悉达：《开元占经》，第583—584页：“《黄帝占》曰：‘南斗；一名𫓧钺。’……《北官候》曰：‘南斗；一名天府、天关；一名天机；一名天同；天子旗也……’韩扬曰：‘南斗第一星，上将；第二星，相；第三星，妃；第四星，太子；第五星，第六星，天子。’……《圣洽符》曰：‘南斗者，天子之庙，主纪天子寿命之期。’甘氏曰：‘南斗，天子寿命之期也；故曰：将有天下之事，占于南斗也。’……甘氏曰：‘南斗主兵，斗动者，兵起。’”

② 同上书，第630—631页，第597—598页：“黄帝曰：‘建星者，一名天旗，一名天关。’巫咸曰：‘建星，土官也。’郗萌曰：‘建星，天之都关也，为谋事，为天鼓，为天马。南二星，天库也，中央二星，市也，𫓧锧也。上二星，旗也，天府庭也。斗建之间，三光道也。’《海中占》曰：‘斗建者，阴阳始终之门，大政升平之所起，律历之本原也。’”

③ 同上书，第632页：“黄帝曰：‘河鼓，一名天鼓，一名三武，一名三将军也。中央星，大将也，左星左将军，右星右将军，皆天子将也。’……《合诚图》曰：‘河鼓备主军鼓，主斧钺。’”

④ 同上书，第617—618页：“石氏曰：‘摄提六星，夹大角，一名环枢，一名天枢，一名阙丘，一名致法，一名三老，一名天𫓧，一名天狱，一名天栖，一名天武，一名天兵。’……石氏曰：‘……天子弱，𫓧钺用。’”

⑤ 同上书，第594页：“《西官候》曰：‘觜觿主斩刈左足，一名白虎将，一名天将，斧钺，白虎首，主外军，其外梁也，其内魏也。其木杨，其物钱金器矾石，金星也。’……郗萌曰：‘觜星近参左股，臣有谋其君者，若主之命，夺主之藏。近右股，大臣谋伐其主，若有大命。觜星明，大将得势。’”

⑥ 同上书，第595—596页：“《天官书》曰：‘参为白虎三星，直也为衡，右下有三星，锐曰罚，为斩刈事。其外四星，左右扇股也。参一名伐，一曰大辰，一曰天市，一曰𫓧钺，又为天狱。’……《圣洽符》曰：‘参伐者，衣冠衡石，天子之师也。’”

同的等级以施用于不同的对象。总之钺作为王权象征而且形成了一种体系结构。天相中东西南北星区中的钺，应是这一地上的体系结构的对应形式。如果说，四方星区里的钺，主要体现的是受中央帝命而来，那么中央星区之帝的天钺在何处呢？紧邻北斗的天枪星，在《黄帝占》《晋书・天文志》里，都说又叫"天钺"，《黄帝占》和《石氏星经》还都记了此天相与天子的关联。[①] 这里，透出了与地上的王钺相对应的天相中的天钺的信息。然而，要从天枪进入到曾经存在而后来又消失了的天钺，须先讲清远古天相的整体结构，以及在这一整体结构中，北斗星如何被建构的复杂关联。

三　北斗的帝星功能与天戉

不从天相与天戉相关的天相资料，而从天相的整体结构进入天戉，这样做看似远离了主题，其实以一种通过揭示中国天文学特质的方式而更接近了主题。而且，中国天文学的特质与中国文化的整体特质紧密相关，在一定的意义上，可以说，正是中国文化的整体特质，既使王戉与天戉的对应得以出现，又使戉在地上和天上都从核心象征隐退出去。与中国文化特质相对应的中国天文的特质是怎样的呢？围绕天戉的揭秘来讲，包括着如下五个方面：一是天北极与北极星的关系，二是北极星与北斗星的关系，三是北斗星与四方之星（青龙、白虎、朱雀、玄武）的关系。四是北斗与南斗和勾斗（勾陈六星）的关系，五是斗的三大名称（斗、车、钺）之间的关系，六是作为北极、北斗以及所关联整个天象而来的璇玑玉衡的名称与内容的关系，七是斗与金面四目的魁星罡星的关系。以上七点弄清了，远古的天戉如何进入中心而又如何转换为其他形式就会透露出来。此节先讲前五点，后两点下节讲。前五点呈现了：北斗如何在天相整体的复杂性中，成为帝星主要象征的天钺。

第一，天北极与北极星的关系。李约瑟、郑文光等中外学者皆讲了，中国古代天文学不同于西方天文学的特点，是各种天文观测最后汇集综合为以天北极和拱极星为中心而展开的整个天相体系。[②] 在北纬地区特别是在中原地区，天北极构成了天的中心，日月星都围绕着它运转。离北天极稍远的四方星象，如后来命名的青龙白虎朱雀玄武的二十八宿以及四象之

---

① （唐）瞿昙悉达：《开元占经》，第621页："《黄帝占》曰：'天枪一名天钺。三星鼎足形，在北斗柄端，其状忽然不明，明大则斧钺用。一曰有兵。小不明则兵端罢。'石氏曰：'天枪三星，主帝伏兵。'……黄帝曰：'枪三星，备非常，若今之机枪也，其星温而不明，则王者吉。其星明大，则兵起，斧镢用。'"

② 郑文光：《中国天文学源流》，科学出版社，1979，第64页。

外的星群，在一年的季节运转中有出有没，形成出没星区。在北纬36度左右的黄河流域，高出地面36度的北天极和以这一度数为半径形成的圆形天区的星相终年不没，形成恒显星区。这样中国的天相就由北极、常显星区和出没星区形成天相整体的基本结构。在这一整体结构中，天北极是中心，控制着两大星区中所有星辰的运转。北天极只是一个天文空间，处于这一空间点的星称为北极星。在远古时代，由东西南北各族群形成出现了统领四方"王"的最初中国之时，北极星就成了统领四方众星的天帝。可以说，一方面，北极星成为天帝是由地上形成了中国和中国之王成为天下之王而造成的，另一方面，地上中国的形成和天下之王的形成，又是由天上北极星的唯一性和中央性而造就的。理解这一天地之间和天人之间的互动，是理解远古中国形成的关键。然而，由于地球自转和公转形成的岁差，占据和靠近北极的星在时间中变化着。陈遵妫计算出了从约5000年前到约3000年前占据或最接近天北极的星有：右枢（前2824年）、天乙（前2608年，黄帝时代）、太乙（前2263年，尧时代）、少尉（前1357年，殷商时代）、帝（前1097年，周公时代）。[①] 天北极不变而北极星会变的天相事实，对中国思想的形成产生了重大影响。中国文化从远古开始就是善于保持、继承、发展传统的文化，对北极星的变化的思考，既凝结为后来道的以无为本和有无相生的思想，又对应着后来王无常位，有德居之的思想。从星象的名称看，右枢、天乙、太乙、帝，都应成为过北极天帝，而少尉或则未曾做过，或者做的时间短而被后来的角色完全掩盖了。因此，北极、北辰、极星、天极、太一、天一、天心、天枢、天帝等在词义上很多时候都是可以互换的，因为其都扮演过相同的天帝功能。不管怎样，极星（天帝）的存在和极星（帝）与北极（道）的微妙关系，构成了中国思想特质之如是形成与多样演化的天相基础。

第二，北极星和北斗星的关系。中国的星相是由北极星、恒显星区、出没星区为结构的整体。北极星为中心控制着整个恒显星区和出没星区。随着地上中央王朝的形成，天上的恒显区成为了北极天帝所居住的中宫即紫宫（后来扩展为三垣：紫微垣、太微垣、天市垣）。从空间的静态上讲，紫宫的中心是极星，控制整个天相，从动态上讲是北斗，极星通过北斗来控制整个天相。这样帝星体系有两个关键部分：北极星和北斗星，北极星是北斗星的主宰，北斗星发挥北极星的功能。从星系结构看，北极星、中宫诸星、北斗星，构成一个整体，从功能作用看，北极星和北斗星构成一个整体，

---

① 陈遵妫：《中国天文学史》（第一册），上海人民出版社，1980，第294页。

这两个整体皆可以称为北辰。“辰”字对于理解中国古代的天相甚为重要，①主要有二：一是作为重要时点标准星，二是整体的功能—动态。当出现“北极”“北辰”“极星”字样时，内含着运动着的北斗星在其中，当出现“北斗”字样的时候，内含着相对不变的极星和永恒不变的北极在其中。因此，在很多时候，极星（以及北极、北辰、天心、天一、太一）与北斗是可以互换的。极星和北斗之所以可互换，又在于北斗曾经离极星很近②，即使没有像冯时极力主张的那样做过极星，也应当是与极星有内在相连乃至一体性的整体。当北斗移到中宫（紫微垣）墙外之后，本有的内在联系使二者仍被视为一体。之所以能够如此，除了历史的原因之外，更在于北斗的特殊功能。这就与下面一点相关了——

第三，北斗星与四方之星（青龙、白虎、朱雀、玄武）的关系。北斗的重要性在于对于季节的指示功能。在《夏小正》里，有三星最为重要，中央的斗，东方的大火（心宿）和西方的参。《公羊传·昭公十七年》把斗、火、参称为三辰。③ 后来心宿发展为东方的青龙，参宿演进为西方的白虎，6000 年前河南濮阳西水坡墓中，仰卧的男性骨架脚下人骨作斗柄的北斗形象，两旁用蚌壳塑有左青龙右白虎，正是这一发展的形象写照。而北斗无疑与青龙白虎有紧密关联。天相整体的再进一步演进就是青龙、白虎、朱雀、玄武四方二十八宿的天相整体，这一新演成的整体同样与北斗紧密相关。在文献上有《鹖冠子·环流》讲的：“斗柄东指，天下皆春；斗柄南指，天下皆夏；斗柄西指，天下皆秋；斗柄北指，天下皆冬。”在图像上有曾侯乙漆箱上的天相图：中间是个大“斗”字，围绕“斗”是一圈二十八宿的星名，然后是左青龙右白虎形象，“斗”字四个延长笔画指向东方的心宿，南方的危宿，西方的觜宿，北方的张宿，突出了北斗与四方星区的互动关系（图 2-6）。北斗与极星一体，这一包含斗极在内的北辰，通过两种方式与天上众星发生关系，一是隐形的气，二是可见的星，在这两种方面中，极星都是通过北斗而与四方

---

① ［日］新城新藏：《东洋天文学史研究》，沈璿译，中华学艺社，1933，第 4 页：“苟真能明解此字（辰）之意义与来历，则自足以明中国古代天文学之发达者矣。”陈遵妫：《中国天文学史》（第三册），上海人民出版社，1984，第 699 页：“我们倘若能够了解这字（辰）的意义和来历，就可以明白中国上古天文学的大概。”

② 陈遵妫：《中国天文学史》（第三册），第 676—677 页：“公元前 3000 年至公元前 2000 年，北斗离北极颇近。”冯时：《中国天文考古学》，社会科学文献出版社，2001，第 96 页：“计算表明：约公元前 3000 年，北斗的第六星开阳，距北天极约有 10 度的角距离；公元前 4000 年，北斗的第六星开阳和第七星摇光，距北天极均约 13 度。”

③ 《公羊传·昭公十七年》：“大辰者何？大火也。大火为大辰，伐为大辰，北辰亦为大辰。”注曰：“大火谓心……参，伐也。大火与伐天所以示民时早晚，天下所取正……北辰，北极天之中也。”故皆谓之大辰。

众星关联起来，在隐的方式中，《春秋文耀钩》曰："中宫大帝，其精北极星。含元出气，流精生一也。"《后汉书·李固传》曰："斗斟酌元气，运平四时。"《太平御览》卷22引徐整《长历》曰："北斗当昆仑，气注天下。"在显的方式中，极星通过北斗之柄（如《夏小正》等文献，曾侯乙漆柜上的北斗斗柄所指，及现代学人李约瑟、卢央等论著中的图2-7示），指向四方众星，形成中国天相的整体。

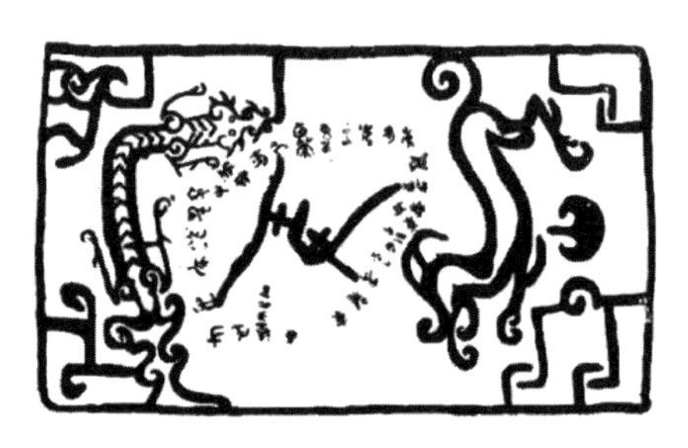

图2-6　曾侯乙漆柜上的北斗与二十八宿

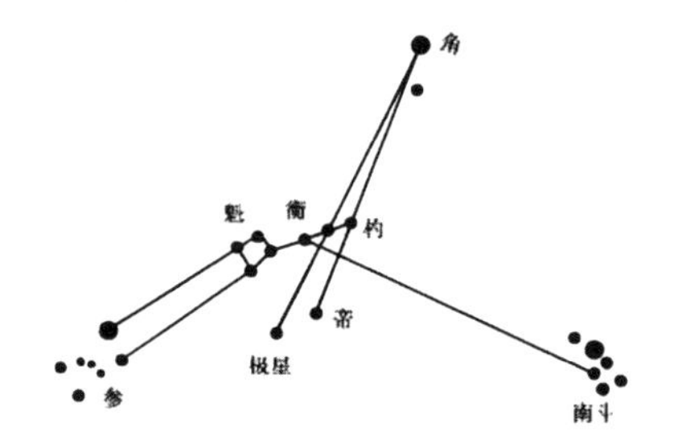

图2-7　卢央《中国古代星占学》第159页

如果只讲天文，以上三点已经呈出中国的天相整体结构，但要讲美学，即要讲王戉与天戉的关系，就还要进入北斗之"斗"的问题，从而涉入到——

第四，北斗与南斗和句斗（句陈诸星）的关系。前面讲了，北辰是极星与北斗的一体，但文献里，一般不是说"北斗"而是只说"斗"。由于"斗"与极星的一体性，整个上古的帝王，都与斗相关。从三皇初始燧皇到五帝初始黄帝和最后的舜，都是如此①。郑玄注《尚书中侯》曰："德合北辰者皆称皇"。《春秋运斗枢》"皇者，中也。"《孝经援神契》曰："天覆地载，谓之天

① 燧人法斗，《易纬通卦验》云："遂皇始出握机矩，表计宜，其刻白苍牙通灵。"郑玄注："矩，法也，遂皇，谓遂人，在伏羲前，始王天下，但持斗运机之法，指天以施教令。"黄帝法斗，《尚书帝命验》注曰："黄帝含枢纽之府，而名曰神斗。斗，主也，土精澄静，五行之主，故谓之神主。"帝舜法斗，《尚书·尧典》讲舜"璇玑玉衡以齐七政。"璇玑玉衡者，斗极之谓也。

子，上法斗极。”《春秋说题词》宋均注曰：“斗居天中而有威仪，王者法而备之，是亦得王之中和也。”古代天相中的“斗”如果是指恒显星区之斗，有两个斗，一是中宫外的北斗，一是中宫内的句陈。这两斗不仅在星象图中以视觉形式呈现得很清楚，三国吴国陈卓《玄象诗》用文字形式讲得很分明：“句陈与北极，俱在紫微宫，辰居四辅内，帝坐句陈中，斗杓傅帝檄，向背悉皆同。”用“斗杓”称句陈。然后讲紫宫外的北斗：“门外斗杓横，门近天床塞，欲知门大小，衡端例同则。”北斗在后来如《史记·天官书》被命名为璇玑玉衡，刘向《说苑》曰：“璇玑谓北辰，句陈枢星也。”讲的也是北斗之斗与句陈之斗的相似。如果指天相整体之斗，在勾陈和北斗两斗之外，还有出没星区中的南斗。因此一共有三斗：句陈、北斗、南斗。对于本文的主题来说，居中天而有威仪的斗，是北斗还是句陈？常光明说：居中天而有威仪之斗，不是北斗，而是句陈。其主要说辞之一是：句陈在中宫之内可称得上居中，而北斗在中宫之外不可谓居中。[①] 但考虑到北斗曾在中宫之内和北斗与极星的一体，说北斗不能象征中央是说不过去的。从天文现象上讲，在星相的历时演进中，北斗之斗从中宫移了出来，句陈之斗越来越移近北极（到晋代，《晋书·天文志》把《史记·天官书》关于句陈魁斗的描述作了改变，本为后宫的句陈成为“大帝之常居”。句陈口的一星成为天皇大帝。到公元1000年后宋代，句陈一已经成为极星了），两斗皆有居中央的身份。句陈作为中央之斗在《淮南子·天文训》中还有呈现：“太阴在寅，朱鸟在卯，句陈在子，玄武在戌，白虎在酉，苍龙在辰。”这里苍龙、白虎、朱雀、玄武围绕的是太阴（何宁注：本篇以天一为天阴[②]）和句陈，《六韬·五音》讲音乐与天相的互动，仍然是把句陈与青龙、白虎、朱雀、玄武并列[③]。但北斗移出中宫而还保持昔日的辉煌，在于其关联着四方之星的作用。正是这一作用使之一直保持着象征天帝的功能，同样在宫外的北斗可以象征天帝，而同样有斗之形的南斗虽然不在中宫，而且也不在恒显星区，同样具有象征天帝的功能。因此，古代天相中的三斗，中宫内的句陈，中宫外但在恒显星区内的北斗，出没星区的南斗，都有象征天帝的功能。这里透出了远古天相演进过程中的两重关系，一是极星—北斗—四象（青龙白虎朱雀玄武）的结构，二是极星—句陈—北斗—南斗的结构。在这两重关系中，北斗成为了关键。比起北斗的斗魁四星来，句陈四星的外在形象更像戉形，

---

① 常光明：《“玉戉”与“铜钺”起源考》，《山东英才学院学报》2010年第4期。

② 何宁：《淮南子集释》（上），中华书局，1998，第261页。

③ 《六韬·五音》：“角声应管，当以白虎；徵声应管，当以玄武；商声应管，当以朱雀；羽声应管，当以句陈；五管声尽不应者，宫也，当以青龙。此五行之符，佐胜之征，成败之机。”

扬雄《甘泉赋》有"诏招摇与太阴兮,伏句陈使当兵",明显地把北斗(用招摇指代)和句陈都是作为武器的。唐杨炯《浑天赋》:"天有北辰,众星环拱。天帝威神,尊之以耀魄,配之以勾陈。"耀魄是内在之光,勾陈为实体之钺,二者相加,天帝之"威"方可显出。《六韬·五音》中的句陈与四相,也是谈到战争时讲的,刑杀功能明显。句陈居紫宫内的中央,要将之作为武器,就应是天帝象征的天戊了。

句陈还有作过后宫的身份,虽然商代的后妃(如妇好)是出征打仗而拥有钺的,但周代以后就无此例,而后宫身份是与钺的符号不符的,后来句陈靠近北极而成为天皇大帝,在道教里还成为四御尊神中的句陈大帝,但商以后,钺只是作为王的象征体系之一而且不是最为首要因素,因此句陈作为钺被完全遮蔽了。而北斗和南斗都在紫宫外,符合拥兵出征的特征,其与钺的关联还留存着。特别是北斗关联着四方星象,有指示季节的作用,这使得北斗不但拥有了天钺的名称,而且呈现了由历史演进而来的众多特征。虽然天钺只是众多特征之一,但通过其多样性,却可以在北斗与天钺的关联和消失中呈现中国天象的特征。

第五,斗的四大名称:斗、车、钺、玉以及三者之间的关系。从文献中,可以看出,北斗,被给予了各种命名,在彝族文化中,北斗是一种叫沙聂的动物,在壮族文化,北斗是一种农具称犁头。闻一多考出北斗曾被命名为植物型的匏瓜(葫芦)[1]。与匏瓜(葫芦)相关的伏羲和女娲成为三皇之一,彝族来源于远古西北羌族一支,壮族来源于远古东南百越的一支,三种形象透出了狩猎时代和农业兴起时代对北斗的想象。而在东西南北汇聚成华夏的进程中,北斗为斗成为主流。斗既可是勺形的酌酒饮器,又可是梯形的粮食量器,因此斗既关系到农业—生计而且是其精致化的体现,还意味着精确的计量以及包含在其中的技术体系。斗所强调的精确的指示性和指示的精确性,使之成为结联极星和四象的枢纽。北斗与极星的关联和对季节的指示以斗柄旋转的方式呈现出来,使之获得(帝)车的称号。在远古时代,帝车维护统一、保卫秩序、镇压混乱,因此,北斗又被想象为平乱武器。不同的天文文献对北斗有过多种多样的命名。且看《石氏星经》的命名:"北斗第一星曰正星.主阳主德,天子之相也。第二曰法星,主阴主刑,女主之位也。第三曰令星,主福。第四曰伐星,主天理,伐无道,第五曰杀

① 陈久金:《中国少数民族天文学史》,中国科学技术出版社,2008。北斗星在壮族中被称为犁头星,是农具(113页),在彝族中是一种叫沙聂的动物,斗柄是沙聂尾巴。(376页)。闻一多:《庄子内篇校释》,《闻一多全集》(二),生活·读书·新知三联书店,1982,第247页:"古斗以匏为之,故北斗之星亦曰匏瓜。"

星，主中央，助四旁，杀有罪。第六星危星，主天仓五谷。第七曰部星，一曰应星，主兵。”[①]这里北斗显出的是一个体系，一是天主和天后，二是天主和天后的德和刑两重功能。其中二、四、五、七四星皆与刑的杀伐有关，闪耀着一片杀气。而北斗体系最早不是七星而是九星。《史记·天官书》讲（北斗的）“杓端有两星，一内为矛，招摇；一外为盾，天锋。”招摇和天锋即是北斗九星柄尾之两星，《史记》讲是一为矛一为盾，但天锋应属枪矛类的进攻武器，而非防御类的盾，《史记集解》引晋灼的话，讲天锋“一名玄戈”，也是进攻型。《观象玩占》讲招摇又名“天矛”。天矛和天锋作为北斗柄尖的两星，透出的正是北斗九星作为武器的旧痕。王逸注刘向《九叹·远逝》说北斗九星称为九魁。魁为北斗九星总特征之名，其构成是鬼和斤，鬼者神也，以神的初形鬼，来彰显北斗的神性（详解见后）；斤者戉也，以戉的初形斤，来显示戉意的深厚。王逸又说“魁，一作魁”，透出的正是北斗之戉的形象与北斗之斗的形象的相通，以及后来戉消失而斗留存。北斗作为进攻利器一直留存在古人心中，《史记·武帝纪》载武帝“为伐南越，告祷泰一，以牡荆画幡日月北斗登龙，以象天一三星，为泰一锋，名曰灵旗，为兵祷，则太史奉以指所伐国。”《汉书·王莽传》载王莽面临战争时“亲之南郊，铸作威斗，威斗者，以五石铜为之，若北斗，长二尺五寸，欲以厌胜众兵。”这与前面引过的《淮南子·天文训》“北斗所击，不可与敌”，建立在同样的信仰根据之上。然而，在后来的天文图中，却不知“招摇”在何处，从目前尚存最早的唐代敦煌经卷星图以来后来的诸多古星图（图 2-8），北斗柄外的两星，一为天枪，一为玄戈。虽然《史记·天官书》里有“紫宫左三星为天枪，右三星为天棓。”但天棓离天枪甚远，而天枪与玄戈则正是北斗柄上。因此，要追溯北斗九星体系的原貌，招摇相对应的是天枪。而天枪又名天钺。正好与《礼记·曲礼上》“招摇”作为北斗威怒的象征相符合。[②]

可以这样设想。北斗九星的大矛和大锋，是武器向礼器演进中的最初阶段，正如北斗与南斗相连成为天相整体威仪的象征一样，天矛（天枪）与天棓相连，成为整个紫宫威仪的象征。而北斗在天上威仪观念的演化中日益重要，同时与地上王权象征的演进相应合，北斗中天矛成为北斗整体威仪象征的天钺。正因这一关系，虽然随地上王权象征形式的变化，钺退位到相对次要的地位，而天钺演变成天枪，但其与北斗的紧密关系仍然明显。

---

① （唐）瞿昙悉达：《开元占经》（下），第 655 页。

② 由于北斗七星之外只天枪与玄戈，三枪三星因此不被认为是北斗九星体系，于是有人把第六星开阳的辅星加上玄戈为九星，按上思路，郑玄和孔颖达都把摇光认为是招摇。而薛综注《西京赋》把招摇放在玄戈外（为盾）与《天官书》不符。考虑到三枪三星如钺，可知北斗九星的原貌。

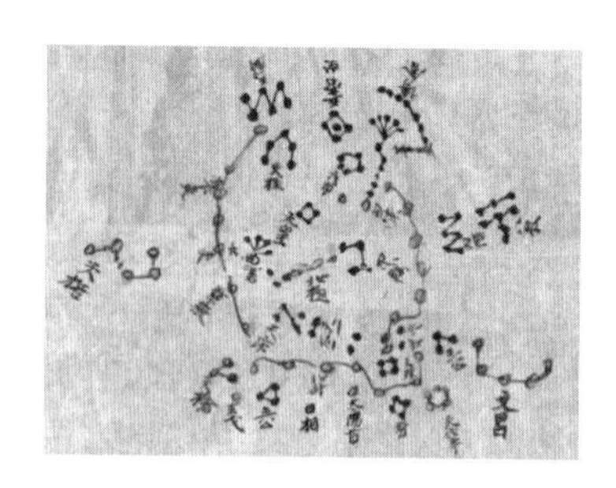

图 2-8　敦煌唐写本星图

载潘鼐编著《中国古代天文图录》，上海科技教育出版社，2009，第 28 页

隋唐《步天歌》的“紫微垣歌”以北斗结尾，就把天枪与之放在一块，作为整个紫微垣的结尾：“北斗之宿七星明，第一主帝名枢精。第二第三璇玑星，第四名权第五衡，开阳摇光六七名，摇光左三天枪红。”由此也透出了，北斗星系在其第八星天矛—天钺—招摇—天枪的名称演变中，曾经被称为天钺而作为帝星的主要象征，而其称为天钺之时，正与地上的王钺成为天子的主要象征相对应。

如果说，中国之美在其起源中，由斤由斧而戉，其形式美感，一直与文化内容的关联中演进，在斤斧阶段，形式美感与工具技术和实践效用紧密关联，在斧钺阶段，形式美感与武器工艺和军事效用紧密关联，而当其升级为王权象征之时，不但与礼器工艺和天下秩序紧密相连，而且王钺的政治观念和天钺的天道观念紧密相连。东西南北中各族融合成为夏商周之天下观念，正是与王钺和天钺一道形成了朝廷威仪美学，紧密地联系在一起，并构成中国远古美学的核心。理解了这一关联，中国远古之美在王钺天钺的基础上进一步升级为以朝廷冕服为核心的美学观念，应可得到真正的理解。当“黄帝、尧、舜垂衣裳而天下治”(《周易·系辞下》)的华夏衣冠，代替王钺天钺成为意识形态核心之时，中国远古的美学有了一个新的开始。这时，礼乐文化在斧钺文化基础上产生了出来，开始了中国美学的新方向。

第三节　天钺之后的演进

一　璧—琮—圭：北斗作为天钺之后的演进之一

北斗在远古观念的演进中，最后定型在七星体系的玉斗形象：七星依次为：天枢、天璇、天玑、天权、玉衡、开阳、摇光。这一名称体系中，天枢体现了北斗与极星的联系和带动整个星象运转的功能，其他的名称中有三个，天璇、天玑、玉衡，都点明了是玉，这样开阳和摇光也成为玉所发出的光。这一新名体系是与玉器在中国远古观念中进入重要地位相关。玉在远古中国的演进，同样是一个丰富多彩的故事，与本文相关的是，玉虽然曾与钺相连为玉钺作了王权的象征，但后来钺从王权象征的核心地位退出，玉却一直保持在王权核心位置上。这样，北斗星名以斗的精确计量性和玉的内在灵性结合而形成北斗的新传统：璇玑玉衡。这里天锋和天矛，以及天矛演进成的天钺和后来定型的天枪，这些与刑杀相关的名称都被剥离出去，只剩下一片玉光闪耀。

然而，出自《尚书·舜典》的璇玑玉衡，在古人那里有三种解释，一是如《史记·天官书》《春秋·运斗枢》等所讲的，是指北斗七星，璇玑即四星形成的斗魁，玉衡即三星伸出的斗杓。二是如《尚书大传》《周髀算经》所讲的，璇玑指北极，玉衡是北斗（这一说法在北斗九星系统中就有了，刘昭注《后汉书·天文志》引《星经》："璇玑者，谓北极星也，玉衡者，谓北斗九星也。"）。三是孔安国、郑玄、马融等所讲的，璇玑玉衡乃观天的仪器。实际上这三种说法内在上具有统一性。在北斗与北极的内在关联已经清楚的情况下，着重强调北斗对整个天象的指示功能，可用璇玑玉衡指北斗，为的是呈现北斗的整体：斗魁（璇玑）的生动灵气和斗柄的指示作用。而为了突出北斗与北极的关系，可以用璇玑指北极而玉衡指北斗，这两种指称内在统一是作为北极的璇玑和作为北斗的璇玑（斗魁）之间的内在统一性，以及北极通过北斗发挥指导天象整体运行的功能。璇玑玉衡指观天仪器，强调的是天上之帝与地上之王之间的对应和互动。当作为北极和北斗一体的天帝呈现为一种玉器之时，地上之王也以一种相应的玉器象征自己获得了上天的授权。观天玉器实际上是王权象征。因此，《尚书·舜典》的"璇玑玉衡以齐七政"，既是作为天帝的北极—北斗以齐天上之政，又是作为地上之王法天以齐地上之政。① 由此可想，天上璇玑玉衡与地上璇玑玉衡的对应，正好与前一阶段的天上北斗之钺与地上人王之钺的对应，形成一种演进关系。当天帝需要以武器来进行象征之时，北斗以天钺的形象呈现，当天帝需要以玉器来象征之时，北斗以璇玑玉衡的面貌彰显。

从观念的演进上讲。北斗象征，从天钺到璇玑玉衡，是从以武器为礼器到以仪器为礼器的演进。然而无论是武器还是仪器，都以典型地表达王

---

① 北斗七星与七政的关联，有日月五星，有四相，有分野理论中的东西南北各地，参（唐）瞿昙悉达：《开元占经》（下），第655—658页。

权观念为基础，因此，随着王权观念的变更，以及与之相应的天相观念的变更，与天道和王权相关的礼器也要变更。从天道—王权礼器的互动演变上看，沿着天钺向玉器的演变方向，有两大变化，一是在北斗形象，由武器之钺变成璇玑玉衡的玉斗；二是在礼器上，由玉钺变成了玉璧。

先看由钺到璧的变化。具体来讲，是由钺到辟到璧的演变。正如戉与王内在一体而戉即王一样，辟也是与王内在一体，辟即是王。在《尚书》《诗经》里有多处"辟"皆与"王"同义，如《尚书·洪范》："惟辟作福，惟辟作威，惟辟玉食。"《诗经·棫朴》："济济辟王，左右趣之。济济辟王，左右奉璋。"王仁湘在引多条辟即王的古证后说："古人注《书》解《诗》，均以'辟'为君，为周王，为天子。"[①]辟之能训为王，与戉一样，在于辟是使王具有威严的武器。《说文》曰：辟，"法也。从卩从辛，节制其罪也。"辟是以辛来处罚罪，而显其威，成其法的，这正是王的功能。辛是什么呢？吴其昌《金字铭象疏证》说："'辛'之本义，亦为金质刃属兵形之器，'辛'之形体，亦由石斧一形化衍而出，甚为浅著明白。盖由之一形，其锋刃向下者，则衍为'工''士''壬''王'诸字；其锋刃左右旁向者，则衍为'戊''戉''戌''成''咸'诸字；其锋刃仰面上向者，则衍为'辛'字也。是故'辛'字即'士'字之倒形……是故'辛'之本义，亦斧之属也，亦兵刑器也。"[②]辛与戉同源于斧，可以说辛是戉的一种，外形有别而本质相同。郭沫若讲，龙字和凤字头上都戴有辛[③]。张立东说，上面不是辛而是钺。[④] 无论是辛是钺，总之是一种作为王权象征的武器。辛和钺在象征王权上除了都为武器之形这一共同点外，就是内容上的区别，钺是用武器的刑杀功能显耀王之威，辛是用武器的刑杀功能彰显王之法。法比威更强调一种理性秩序。应是在一种理性秩序的理路上，辟演化为璧。罗振玉、马叙伦等都讲到，璧，古文字为，是在"辟"字下加了○(或◎)。[⑤] 杨宽说："○即玉字……辟是玉璧之'璧'的本字。"[⑥]班固《白虎通·辟雍》曰："天子立辟雍，何所以行礼乐、宣德化也？辟者，象璧圆法天；雍之以水，象教化流行。辟之为言积也，积天下之道德也；雍之为言壅也，壅天下之残贼。故谓之辟雍也。"这段话呈现了天子的仪式中心叫辟雍。白川静讲西周有三个都城，宗周是政治中心，成周是军

---

① 王仁湘：《琮璧名实臆测》，《文物》2006年第8期。
② 《古文字诂林》(第十册)，第1024页。
③ 同上，第1021页。
④ 张立东：《钺在祭儿之上："商"字新释》，《民族艺术》2015年第6期。
⑤ 李圃主编《古文字诂林》(第八册)，上海教育出版社，2003，第133—134页。
⑥ 杨宽：《西周史》，上海人民出版社，2003，第668页。

事中心，䒞京则是宗教中心，为先世先王祭祀之地。正是在䒞京，辟雍仪式发展起来而逐渐完备，成为王朝大典，在宗庙大室神灵之前举行。[①] 而《白虎通》的话透出辟雍的特点为二：辟与德相关，而成为法天之璧，雍与刑相关，进行除恶布善。以前威的功能由雍承担，武器之辟转为哲理之璧，应合着天的观念向德的转变。而在红山文化和良渚文化中就有璧形玉钺。因此钺（辛）转化为璧，由来已久。前面讲，璇玑玉衡既是天上的北斗七星，又是地上人王的观天法器，钺最初转化为璧，也可以说是观天法器演进为理性礼器。璧为圆形，红山文化、良渚文化、龙山文化中，带齿圆形玉被一些考古学人称为璇玑，亦应为转化历程中的现象。在由钺到璧的演进过程中，璧与琮的关联与之有关。《周礼·大宗伯》讲："以苍璧礼天，以黄琮礼地，以青圭礼东方，以赤璋礼南方，以白琥礼西方，以玄璜礼北方。"这里，璧琮圭璋琥璜的六玉体系，对应着北极—北斗—四象的天相体系。这一体系里，与北极—北斗的演进相关的是璧与琮。王仁湘引了大量文献呈现了璧和琮的两大基本结构：第一，璧与天和辟（王）相关，琮与地和宗（后）相关，只是这里宗不像王仁湘说的是王后，而是王室去世的祖先（祖鬼）。第二，璧琮具有度量权衡的功能，即所谓的"璧羡度尺"。如卫湜《礼记集说》讲的："周公摄政，始作璧羡，以起天下之尺度。"王安石《周官新义》曰："度在乐则起于黄钟之长，在礼则起于璧羡。先王以为度之不存，则礼乐之文熄，故作此使天下后世有考焉。""以璧羡起度，则尺寸不可移；以组琮为权，则轻重不可欺。"[②]这样，礼器中的璧琮体系对天下礼器的等级尺度正与天相中的北斗以璇玑玉衡作为整个天相的运转尺度，有了一个对应关系。当作为天上中心的北斗由天钺演进为璇玑玉衡的时候，作为地上中心的王权象征的礼器也由王钺（辛）演进为以璧琮为主体的六玉体系。这一演进的起点在东边的良渚文化和西边的齐家文化中都有典型的体现，终点则在西周礼制中有体系性的彰显。在良渚文化的墓葬中，级别最高的是玉钺，其次是玉琮，然后才是玉璧。而在西周的礼制中，最高的是礼天的璧，其次是礼地的琮，而钺已经被排除在六玉之外了。这里西周对天和天子的德性的强调，在天上和地下的观念建构中体现了出来。

---

① ［日］白川静：《西周史略》，袁林译，三秦出版社，1992，第 67 页和第 76 页。中国学人一般认为周代只有两个都城：宗周与成周。这不影响雍辟作为王朝大典的论述。杨宽：《西周史》，第 667 页："䒞京当是镐京东郊的一个小地名。"

② 王仁湘：《琮璧名实臆测》，《文物》2006 年第 8 期。

然而，钺在作为王权象征的同时，还有一个等级象征体系，当钺从象征体系核心移出去之后，其等级象征一方面体现为六玉的天地四方秩序，另一方面体现为圭的政治秩序。王朝以钺为符号来主导的政治秩序由“圭”来接替了。如果说，由斧向钺的演进是在威怒观念中运行的，那么，由钺向圭的演进则是以威怒为主转变为以德为主的兼容多样的观念体系。段玉裁注《说文》曰：古文为“珪”，从玉。王以玉作为自己的象征。但只是从玉钺转变为玉圭。

圭的来源有三，一是观天工具土圭，二是观天之人女娲，三是作为观天之人象征的斧钺。在第一点上，如章炳麟和鲍鼎所说，起源于立杆测景的土圭。实际上可以关联到形式多样的与立杆测影相关的中杆，立杆测影是要预测和把握天相，因而与卦相连，林义森和马叙伦都讲，圭是与卦相关的卦画，王大有和王双有说，圭即中杆是作为标志日从升起到落下的重要时点的刻画。这些都与把握天地的精确的计算性相关。[①] 在第二点上，测影观天者为王，因此，观天之器土圭又与观天之人即族群的巫王联系在一起，鲍鼎说，起源于远古之王伏羲。《周易·系辞下》说“古者包牺氏之王天下也，仰则观象于天，俯则观法于地……于是始作八卦。”是一种中杆下的观天画卦的行为。闻一多讲了，伏羲即是包牺就是匏瓜就是葫芦，“伏羲与女娲，名虽有二，义实只一。二人本皆谓葫芦的化身，所不同者，仅性别而已，称其阴性的曰女娲，犹言‘女匏瓜’‘女伏羲’也。”[②]何星亮、叶舒宪等都讲了，女娲即女蛙。《说文》曰：“蛙，从虫，圭声。”王贵生通过与圭相关的词汇群，蛙、娃、鼃、鼁、鼃，并联系到考古和文献，讲了女娲与圭相联的广泛性。[③] 从本文的主题来讲，女娲作为远古巫王的符号，即是女蛙，亦是女䖯。两种写法，无论圭虫并立，还是圭上虫下，强调的都是巫王与圭之间的关联。因此，在第三点上，圭与巫王的关联，在于圭本就与巫的威仪相关，林巳奈夫和周南泉都说玉圭的前身是玉戈。[④] 邓淑苹讲，圭的祖型应是新石器时代斧钺，越早的圭钺越带有石斧的特征。[⑤]无论来源是戈还是斧，总是与军事武器相关联，段玉裁注《说文》的“蛙(䖯)”曰：“䖯者、主毒螫杀万

① 《古文字诂林》(第十册)，第294—299页。王大有、王双有《图说太极宇宙》，人民美术出版社，1998，第39—43页。

② 《闻一多全集》(一)，第60页。

③ 王贵生：《从“圭”到“鼃”：女娲信仰与蛙崇拜关系新考》，《中国文化研究》2007年第2期。

④ [日]林巳奈夫：《中国古玉研究》，杨美莉译，艺术图书公司，1997，第28页和第48—49页；周南泉：《玉工具与玉兵仪器》，蓝天出版社，2009，第269页。

⑤ 邓淑苹：《故宫博物院所藏新石器时代玉器研究之三——工具、武器及相关的礼器》，《故宫学术季刊》1990年秋季号第46期。

物也”，强调的也是其刑杀功能。《周礼·大宗伯》曰：“王执镇圭。”郑玄注曰：“镇，安也，以镇四方”，突出的也是其威势。从圭的三大来源或曰三大关联看，圭在计算的精确性、巫王的权威性、武器的威严性三个方面，都与王钺和天钺有着性质上的相通，因此，当北斗由天钺演进为哲理性的璇玑玉衡，圭也应是在相同的意识形态氛围进行着同样的转换，即演进为对天地规律进行哲理象征的礼器。《说文》释“圭”曰：“瑞玉也。上圆下方。”段注曰：“上圆下方，法天地也。”当远古以中杆为核心的宇宙观向后来以祖庙为核心的宇宙观演进之时，空地上的中杆一方面演化为祖庙里的牌位，另一方面演化为王身上的瑞玉之圭。这时以前由钺的不同类形来进行等级区分的制度，也演进为以圭的不同类形来进行等级区分的制度。这就是《周礼·春官·大宗伯》中的“以玉作六瑞，以等邦国。王执镇圭，公执桓圭，侯执信圭，伯执躬圭，子执谷璧，男执蒲璧。”以及《周礼·冬官·考工记》里的“玉人之事，镇圭尺有二寸，天子守之。命圭九寸，谓之桓圭，公守之。命圭七寸，谓之信圭，侯守之。命圭七寸，谓之躬圭，伯守之。”远古中国在由钺的威怒为主转为以天地之大德曰生的以德为主的观念体系的时候，璧和圭承接了钺以前的功能，并将之向以德为主的体系演进，钺就在这种演进中，从意识形态的中心退了出去。

二　方相氏：北斗作为钺之后的演进之二

北斗在远古是多种形象的统一，形象主要可分为二，即《淮南子·天文训》讲的：“北斗之神有雄雌。”其运行是“雄左行，雌右行”，主要体现就是德和刑，如果说，北斗作为武器之钺体现的是刑的一面，即天之威怒，那么璇玑玉衡之玉则体现的是德的一面。北斗四星构成了魁，在德方面体现为斗型的璇玑，在刑方面体现为类似钺的鬼头。从外形上看，形成璇玑和天钺的四星呈现为“田”字，即“甶”，《说文》“甶，鬼头也。”前面讲了北斗又称为魁，北斗的整个体系就是鬼，斤作为钺的原型，成为鬼性质之主要标志。这本质为魁的北斗，四星为鬼头，七星体系中的三星或九星体系中的五星则为鬼身。这里透出了远古中国在后来被遮蔽了的秘密：鬼即是神，在古文字里就是“魋”。《说文》曰：“魋，神也，从鬼申声。”其实“魋”体现了中国远古关于神的观念。作为整体的鬼神（魋）由虚实合一的两个部分组成，外在实体的形貌为鬼，内在之灵的虚体为神。远古讲鬼神，乃一回事，鬼即是神，神即是鬼，鬼是强调形象的实的一面，神是强调内在虚的一面。由于鬼是其可见形象，因此古人谈到鬼神总是鬼在前神在后，只讲单词则说鬼即可。正如《墨子》的《明鬼篇》讲鬼就是鬼神，其中几段的开头，都有"今执无鬼论者曰：鬼神者固无有"之类的话。罗振玉、叶玉森、丁佛言、商承祚、高田忠周等，都讲了，"鬼"，不是像许慎讲的那样从厶，而乃从示①。丁山讲，示即立杆以祭天。是与天上的魁们相关联的。远古观念的演进，从由中杆仪式产生天上鬼神（魌）的主潮到由社坛仪式主导的地上鬼神（魌）的主潮再到由宗庙仪式主导的祖宗死后作为鬼神（魌）的主潮，鬼与神才有了功能的分化，鬼成为人死之鬼，神成为非人之神。但在最初，是鬼神一体。理解这一点对于理解中国远古思想特质非常重要。由之可以明白，天上中心的斗（包括句陈之斗、北斗、南斗）作为魌，主要是以鬼的形象出现的，因为神为魌之虚不可识，鬼为魌之实可识认。因此，北斗九星，整体名之，称为九魁，分而言之，各有其名，每一星都有鬼字在其中，作为其北斗统一性质之体现。后来北斗成七星体系了，有鬼之名还保留下来，即：魁、魡、魑、魈、魍、魒、魓。鬼是与北斗之刑杀一面相联的。北斗以鬼作为其性质，是与刑杀之武器，天钺、天矛、天锋等紧密关联在一起。饶宗颐在《云梦秦简日书研究》中呈现了，北斗九星最外两星，招摇和玄戈在一年十二月中对天上之星宿和地上的干支进行直"击"，以保证天地的正常行运（见表 2-1）。

表 2-1

月（秦历以十月为岁首）	地支体系	星宿分布
十月	招摇击未	玄戈击尾（宿）
十一月	招摇击午	玄戈击心
十二月	招摇击巳	玄戈击房
正月	招摇击辰	玄戈击翼
二月	招摇击卯	玄戈击张
三月	招摇击寅	玄戈击七星
四月	招摇击丑	玄戈击此觜（觜觿）
五月	招摇击子	玄戈击毕
六月	招摇击亥	玄戈击昴
七月	招摇击戌	玄戈击营室
八月	招摇击酉	玄戈击危
九月	招摇击申	玄戈击虚

这里，招摇、玄戈所击，应用互文见义来理解，两种利器是同时出击，讲招摇而玄戈在其中，反之亦然。天上十二宿作为空间就暗含了时间，地支

① 《古文字诂林》（第八册），第 178—182 页。

时间同样暗含了空间，而天上十二宿还同时暗含了地上所分野之地。由北斗的两锋所代表的北斗行为，其有规律性和周期性的“所击”，是为了保障天地之间的正常运转。

北斗之鬼(神)在天地运转中的刑杀怒相，在地上的体现就是《周礼·夏官》中的“方相氏”：

> 方相氏掌蒙熊皮，黄金四目，玄衣朱裳，执戈扬盾，帅百隶而时傩，以索室驱疫。大丧，先柩，及墓，入圹，以戈击四隅，驱方良。

这一段话，透出了周代时北斗观念的演进，其刑杀一面由方相氏承接，但方相氏的功能，主要针对四方丑恶的方良，保障天地阴阳的正常运转。但其中的四大要项都与远古的北斗观念相关。这就是：一、方相氏作为北斗之神的位移性演进。二、位移后的方相氏只有驱击阴鬼的功能。三、为阴阳的正常运转而驱击阴鬼的方式是击四隅；四、所击的对象是由鬼神体系分离出来的丑恶的方良。而远古的北斗观念演进到周代，又对中国的审美观念和审美类型起了新的塑形。下面就围绕以上四点进行简要的呈现。

一、方相氏的形象。方相氏，来源于北斗四星形成方形，即前面讲过的“田”或“由”形成的大头。方形为主，又可变形，古文字的“由”有(《甲骨文编》“珠四三七”)、(甲五〇七)、(《金文编》长由盉)、(包山楚简246)等诸形，濮阳西水坡的北斗其斗魁也是类似包山楚简的三角，许敬参说，由的原形为[1]，大鬼头显示为戉形。这里重要的是“由”中的十字，显示了北斗与四方的关系。一是体现在方相氏的大鬼头是“黄金四目”，二是攻击路线是“戈击四隅”。黄金四目，是大鬼头的假面，可以有多种解释，各类方相氏面相族群不同，装扮不同，或同一族群在不同时点，就以不同的面貌出现，但四目的主旨在于巡察四方。在文献中，黄帝有四面，蚩尤有四目，舜有重瞳，亦为四目的变体。还可以把方相氏从一人扩为四人，《大唐开元礼》卷九十的《诸州县滩》“方相四人，俱执戈盾”，应有远古的来源。同时，远古仪式地点典型化为“亞”形，也与大鬼头相关，甲骨文的鬼字有(甲2915)、(3407)，其头皆为，意在四方。国光红讲，远古之巫即由此演进，由而而(巫)，而巫之游走四方的仪式规制又产生了仪式地点的特征，其演进是由而而(亞)。[2] 王正书把大鬼头的面相与凌

① 《古文字诂林》(第八册)，第184页。

② 国光红：《鬼和鬼脸儿——释鬼、由、巫、亚》，《山东师大学报(社会科学版)》1993年第1期。

家滩文化、大汶口文化、良渚文化中的神像关联起来，[1]而不少学人把这些文化神像与青铜器上的饕餮形象关联起来，这些多种关联里，内蕴着以北斗天相为核心的远古观念体系的复杂演进。具体到周代方相氏这一形象时，是远古北斗鬼（神）面中的刑杀一面，从其观念整体中位移出来，成为驱疫击鬼的形象。能驱疫击鬼当然要比疫鬼更为凶猛。因此，方相不仅黄金四目还要"掌蒙熊皮"，以兽的形象出现。方相所扮的鬼面，这时已经与神分离，如段玉裁注《说文》鬼字所说"神阳鬼阴"。方位南阳北阴，北方猛兽为熊，在远古史上，曾为北斗黄神的黄帝又叫有熊氏，鲧和禹都有化为熊的故事，这里观念体系经过重塑，熊兽是与阴气相连的。事件上文阳武阴，兽形的方相氏"持戈扬盾"，一片阴气闪烁。对应着《史记·天官书》讲北斗九星最外两星一为矛一为盾。张衡《东京赋》里讲"方相秉钺"，应也有自己的传统，透出的乃是方相与北斗的关联。方相氏的形象，从有黄金四目的鬼形大方头，到掌蒙熊皮，到持戈扬盾，都是属阴的一面。因此，其形象成为威厉凶猛的恶相，即由鬼神一体的魋到鬼神分离的鬼，鬼相对于人来讲有了丑恶的性质。大鬼头的"甶"又称为"魌"。郑玄注"方相氏"云："冒熊皮者，以惊疫厉之鬼，如今魌头也。"《说文》曰：魌，"丑也。"魌这一方相头形不强调其鬼的性质，而突出其大头的形象，叫"䫏"。《说文》对"魌"的解释是"逐疫有䫏头"。对"䫏"字，《说文》释曰："丑也。"徐锴曰："䫏头方相四目也。今文作魌。"如果不强调其中鬼的性质，而突出由人扮鬼的人的性质，则为"倛"。倛，仍是丑恶之相，孙诒让《周礼正义》说，"魌"正字当作"䫏"，又作"倛"，《慎子》有"毛嫱、西施，天下之至姣也，衣之以皮倛，则见之者皆走也"。[2] 在方相氏的魌、䫏、倛向丑恶性质的转变中，其仪式地点之亞形，也具有丑恶之威的性质，《说文》曰："亞，丑也。"段注曰："亞与恶音义皆同。"由于方相氏只承接北斗魋的阴杀（雌）一面，因此，与之相关的整个体系都向丑恶方面演进了。整体地讲，北斗魋的阳刚（雄）一面，演进为与人相关的朝廷仪式的威仪（这一问题更为复杂，将在第八章详论），阴的一面则演进为与驱疫击鬼相关傩仪式中的方相威怒，为后来中国美学中的丑的类型奠定了基础。

二、方相氏的出场环境。在北斗之魋的德刑分化中，威怒刑杀的一面演为地上的方相氏，方相氏所出场的仪式称为傩。在上古观念的演化中，傩，于华夏的形成之时，一是如《周礼·夏官·方相氏》讲的朝廷驱疫之

---

① 王正书：《甲骨"鬼"字补释》，《考古与文物》1994年第3期。

② （清）孙诒让：《周礼正义》，第2494页。

傩，二是如《论语·乡党》讲的民间的“乡人傩”。同时傩广泛地留存在边缘地区各民族如壮、瑶、彝、藏、土家族等西南各族之中。林河、钱茀、冯其庸，都认为傩的起源甚为古远。陶立璠讲中国的远古文化有两大体系，一是北方的萨满文化，二是南方的傩文化[①]。对本文来讲，重要的是东西南北各文化在交融中的共性（即傩是如何进入到中国型的以北辰为中心的宇宙结构之中）和交融后的定位（以及如何从这一宇宙结构中移位出来）。林河认为，傩的起源与中国的稻作农业相关。傩来自百越的语言 Nuo。这一语词在壮、侗、瑶、苗、土家，乃至越南、老挝、马来语中都还有相关性。回到百越早期，傩是与农田、村落、糯谷、鸟、太阳等连在一起，形成一个相关体系。[②] 但在远古的进化中，重要的是，各文化如何在体悟天道的互动中形成主流共识。东南地区的文化核心是围绕着人—鸟—日的关系来运行的，曲六乙、钱茀认为，傩的本字是鸈和难，二者都与鸟相关。林河认为傩与娲在上古音中都属歌韵，发音相近而音同义通，女娲或即傩娘。[③] 西北文化是以蛙来象征天地人的循环互动的。当这一东西的互动升级为一种宇宙融合之时，一定与北辰相关连，前面讲过，北斗又是匏瓜（在这里伏羲进入了体系的建构中），《史记·天官书·索隐》引《荆州占》云：“匏瓜一名天鸡”（这里，东南的鸟文化加了进来）。傩作为一种远古观念，在东西南北的融合进行提升。前面讲过，北斗曾被取名为有鬼的魁，同样，傩也有一个有鬼的取名：魌。鬼是其本质，堇是其仪式中的呈现。古文字中，堇有四形：

（津京二三〇〇）　（前四·四六·一）　（存一七〇）　（燕八七四）

第二、三形突出的是头部的大，第一型显出脚下有（火或者钺）。《说文》及段注对堇的解释是从黄从土。如果将之引入到远古的氛围，还是与本意有关联的，从黄，北斗为黄神，巫王为黄帝，都与远古的宇宙建构相关，从土，黄帝在中央属土，而仪式是在地上举行的。于省吾和李孝定都说，不从黄也不从圭而象人形[④]，其实是远古的巫形，大大的头部和脚下的火或钺，成为巫王的象征。刘怀堂讲，那仪式中的人形堇或菓，正是“隹”形的鸟。鸟作为东南族群的观念核心，进入其本土的傩仪式，完全可以理解。

---

① 陶立璠：《傩文化刍议》，《贵州民族学院学报（社会科学版）》1987 年第 2 期。

② 林河：《论傩文化与中华文明的起源》，《民族艺术》1993 年第 1 期。

③ 林河：《傩史：中国傩文化概论》，东大图书股份有限公司，1994，第 68 页。

④ 《古文字诂林》（第十册），第 314 页。

当然在其他各地的傩仪式，必然会有另外的形象，形象虽不同而本质相同，都要达到天人合一的效果。曲六乙、钱茀讲：傩有两种相反的词义，一是柔、美、顺，一是凶、丑、猛。[①] 这在于傩是为体现天地运行的规律和秩序而举行的（《说文》释傩是“行有节也”），当季节的变化按正常的方式进行，傩就显了天人合一的柔、顺、美；当天气反常，天地的有序运行出现了“難”（《说文》释“難”曰：“鸟也，本作鵻”。这鸟是报道季节的鸟，当季节有舛，難就成了《玉篇》解释的“不易”），这时，人的生产和生活出现了困难，人要通过傩去消除反常，傩就显为凶、丑、猛。这时的傩就是驱除使季节生舛的邪鬼邪神，以保证天地运行的正常。傩的这一方面在其本字“䰐”更易理解，而此时的䰐显出的凶、丑、猛，正合于作为“魁”的北斗进行四击的威怒。傩的凶、丑、猛的一面在远古观念的演进中进行移位时，正好与方相氏的移位相同步。

三、方相氏的目标。周代方相氏之傩（仪式）的定位，在与阴鬼相关的室、柩、墓、圹，从地表之室，经柩墓，到地中之圹，全属与王室丧者相关的空间。而《礼记·月令》三处谈到傩的仪式，则是与季节的正常运行和天子、国、有司相关：一是季春之月，“命国难，九门磔攘，以毕春气。”郑玄注曰：“此难，难阴气也。阴寒至此不止，害将及人，所以及人者，阴气右行，此月之中，日行历昴昴有大陵积尸之气。[②] 气佚则厉鬼随而出行，命方相氏帅百隶索室驱疫以逐之，又磔牲以攘于四方之神。”二是仲秋之月，“天子乃难，以达秋气。”郑玄注曰：“此难，难阳气也。阳暑至此不衰，害亦将及人。所以及人者，阳气左行，此月宿直昴毕，昴毕亦得大陵积尸之气，气佚则厉鬼亦随而出行，于是亦命方相氏帅百隶而难之。”三是季冬之月，“命有司大难，旁磔，出土牛，以送寒气。”郑玄曰注：“此难，傩阴气也。难阴始于此者，阴气右行，此月之中，日历虚危，虚危有坟墓四司之气[③]，为厉鬼将随强阴出害人也。旁磔于四方之门。”《月令》之傩，讲的是一种天地互动而产生的厉鬼。方相氏的驱鬼能力，包括地鬼和天鬼在内。在贵州少数民族摊戏中，尚保留了与方相氏有关的更多内容，这里方相氏是开路将军，“他出场时佩戴狰狞凶恶的面具，用大刀向东、南、西、北四方砍杀，一边唱道：‘一

---

① 曲六乙、钱茀《东方傩文化概论》，山西教育出版社，2006，第43页和第46页。

② 积尸气，乃鬼宿的星云黯淡如鬼火而获此名。《步天歌》：“四星册方似木柜，中央白者积尸气。”《观象玩占》：“鬼四星曰舆鬼，为朱雀头眼，鬼中央白色如粉絮者，谓之积尸，一曰天尸，如云非云，如星非星，见气而已。”

③ （唐）瞿昙悉达：《开元占经》（下），第586—587页：“黄帝曰：‘虚二星主坟墓冢宰之官。十一月万物尽，于虚星主之，故虚星死丧。’……石氏曰：‘虚危主庙堂，祀考妣，故置坟墓，识先祖茔域。虚危五星为祠堂，坟墓四星，祠祀享。’”

砍东方木德星……二砍南方火德星……三砍西方金德星……四砍北方水德星……天瘟砍出天堂去，地瘟砍出十方门。'"[①]不但是天鬼地鬼一齐扫荡，而且天鬼不仅是那些与宗庙坟墓相关星辰，还包括木火金水这四方的重要星辰。正与秦简《日书》中北斗之神用招摇和玄戈四击十二支和四方星宿相同。从贵州遗存的傩戏，到《礼记·月令》到《周礼·夏官·方相氏》可以嗅到方相氏演化的一个逻辑理路：从一个天上的普遍驱鬼之神，到天地关联的局部驱鬼之神，到纯与地鬼相关的驱鬼之神。《周礼》中的方相氏，与其原有的天上职能，已经相当遥远了。但从方相氏的"击四隅"的方式，还可以感受到其原有的功能。

四、方相氏的击杀对象是方良，郑注曰："方良，罔两也。"罔两即魍魉。《国语·鲁语下》中的"罔两"和《左传》(宣公三年)中的"魍魉"，皆为精怪。透出了鬼神在演进中的善恶分裂。进入凶恶鬼神行列而以圣数加以体系安排的，有《左传》(文公十八年)的四凶：浑敦、穷奇、祷机、餮飻；有张衡《东京赋》讲的十二恶鬼：魑魅，獝狂、蝼蛇，方良、耕父、女魃、夔魖、罔象，野仲、游光、魃蜮、毕方。这些恶鬼从文献上看不少最初并非属恶。比如女魃、夔魖曾为黄帝的得力帮手：《山海经·大荒北经》"黄帝乃命天女魃以止雨。"《山海经·大荒东经》讲黄帝因为夔而"大威天下"。比如魑魅罔两，曾是蚩尤的得力助将：《通典·乐典》讲"蚩尤氏帅魑魅与黄帝战于涿鹿。"《路史》讲"蚩尤氏驱罔两，兴云雾、祈风雨，以肆于诸侯。"这里，对立双方的得力干将，女魃、夔魖、魑魅、罔两，在胜败已成过往，而两大族群融为一体之后，都蜕为恶鬼，可能一是四者皆有鬼神型的法术，与理性主流相冲突，二是暴力冲突中发挥越好，就杀人越多，皆为对方所不容，在融合之后的新型意识建构中，都遭到了贬低而转为反面形象。《后汉书·礼仪志》也有十二鬼：凶、虎、魅、不祥、咎、梦、磔死、寄生、观、巨、阴蛊、阳蛊[②]。与《东京赋》中的十二鬼相比，远古之鬼的痕迹更为稀少，而日常经验的总结更多。与鬼的体系化相对应，方相氏的队伍也进行了相应的扩大，在《东京赋》中，驱鬼的队伍增加了两位神灵：郁垒和神荼。《后汉书·礼仪志》中增加到了十二神兽：甲作、胇胃、雄伯、腾简、揽诸、伯奇、强梁、祖明、委随、错断、穷奇、腾根。回到正题上来，正如北斗九星由全带鬼字之名演进为以玉为称，远古的鬼神也在历史和文化的演进中，鬼与神进行了善恶二分。这一鬼神的二分使方相氏从北斗观念体系中脱离出来，形成了自己的结

---

① 顾朴光：《方相氏面具考》，《贵州民族学院学报(社会科学版)》1990年第3期。

② 《后汉书·礼仪志》只讲了11鬼，但从上下文对应看，蛊应分为阴阳(正如北斗要分阴阳一样)，与驱鬼的12相对应。

构。这一结构在整个文化的演进中被放置到文化的边缘，几乎让人看不到它与北斗曾经存在过的关系。

正是在这远古鬼神演进的大背景中，北斗威怒的一面，脱离北斗体系，而成为地上驱厉鬼的方相氏。方相氏的出现，是远古观念整体结构演进的一个组成部分，与方相氏从北斗分离出来相对应的，是彩陶、玉器、青铜中的威猛形象的抽象化、虚灵化、图案化。同时也是礼乐文化中的舞乐向理性的转化，特别是在文舞和武舞的分立中体现出来。

三　万舞—禹步—夔乐：北斗作为钺之后的演进之三

北斗形象的演进，在成为璇玑玉衡而进入玉的体系和成为方相氏而进入驱鬼体系之外，还有两种对中国文化的塑造有着重要的影响，这关系到两个一直争议不断的谜团：万舞和禹步。万舞是在远古舞礼文化的核心，但随着舞礼文化升级到乐礼文化再升级到礼乐文化，万舞就不断地从文化中心退向边缘。万舞的从中心到边缘，同时与北辰作为意识形态的核心在不断建构中的演进紧密关联，在一定意义上，万舞是怎样消退的，又成为理解北辰是怎样演进的以及北辰的原初面貌是怎样的之一重要方面。如果说，万舞是从舞的性质方面去讲原初的天人合一，与北辰的性质相对应；那么，禹步则是对万舞中舞者的走步方式的总结，走步方式一方面关联了舞者的形象塑造，另一方面关系到舞台的结构区划。这时舞台恰如宇宙，禹作为舞者正是象征北辰，禹步则是北辰在天道上的运行。在传世文献中，万舞可以追溯到黄帝，禹步则为禹创立，透出了万舞的远古性更浓，禹步的理论化更高，在后来的演进中，万舞完全消失在历史之中，禹步却在道教中得到继承和改进，与方相氏一道，作为中国文化边缘位上的一个重要组成部分。这里着重从对万舞和禹步的还原中，去窥望北辰曾有的观念形态。

先讲万舞。方相氏黄金四目，其基础是以北极为中心以拱极星为体系而形成的循环往复运动结构，这一结构以静态的方式体现出来，就是面向四方的十字形，即前面提到过的由[illegible]—[illegible]—[illegible]，以及四方十字形展开来的八角星形。凌家滩文化中的图像，把由四方（图形的最外层）而八方（图形的中间层）而八角星（图形的核心），清晰地呈现了出来。东南地区的考古中普遍出现的八角星图案，都是用以静显动的方式体现北辰的运动规律。

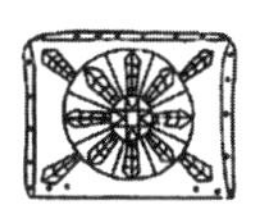

A凌家滩文化　B大溪文化　C马家浜文化　D良渚文化

E小河沿文化　F大汶口文化　G河姆渡文化

图 2-9　远古的八角星纹

但也有将之动起来而形成卐的，如河姆渡文化中的四兽之头所示。如果北辰的运动以动态的方式体现出来，就是万字形，万字左旋为“卍”，右旋为“卐”。远古的考古中，多地将之体现为一种动态的“卍”和“卐”形，如：

图 2-10　远古的万字形

这种天旋地转的观念体现在仪式就是万舞。甲骨卜辞、《夏小正》《诗经》《左传》《国语》《墨子》等文献都提到了万舞，这些万舞，一方面，与考古学上的八角星形和万字形都有这样或那样的关联，都是对北辰天相的观念理解和具体表达，另一方面又在不同时代和地域中因方方面面的原因，加入了不同的内容，但与北辰相连的内蕴却一直存在。这从后世学人对万舞的思考和解释中体现了出来。《韩诗外传》称万舞为大舞，大者与天相关与王相关，今人陈致根据商代卜辞和文献考证出，万舞用于商代的宗庙祭祀，商王每当祭先祖先妣时都用万舞。① 考虑到在商人观念中，其去世祖先魂归于天，在天上的上帝之旁，万舞对天人互动的象征性就突出了出来。《史

① 陈致：《“万(萬)舞”与“庸奏”：殷人祭祀乐舞与〈诗〉中三颂》，《中华文史论丛》2008 年第 4 期。

记·赵世家》、应劭《风俗通·皇霸·六国》《列子·周穆王》张湛注，都有“我之帝所乐，与百神游于钧天广乐于九奏万舞”一类的话，《吕氏春秋·有始》曰“中央曰钧天”。中天者北辰也，透出了万舞与北辰的关联。唐孔颖达、宋吕祖谦、清孙诒让等，都讲万舞乃舞的总名。孙诒让《周礼正义·春官·龠师》专门指出，总名包括历史和类型两个方面，从历史上讲，从黄帝始，到尧、舜、夏、商、周的六代乐，《云门》《大卷》《大咸》《大韶》《大夏》《大濩》《大武》，都属万舞，这就说明从远古到西周，各种舞乐虽有自己时代特点，但又共同保留着万舞的本质。从类型上讲，万舞包括文舞（羽舞和“籥舞”）和武舞（干戚舞），文舞内蕴着远古天地之大德曰生的内容，武舞则突出了由斤到钺的武器进入礼器核心的内容。而后一内容在远古历史上一直有突出的地位，因此，像《大戴礼·夏小正》“萬也者，干戚舞也”这一解释不断被重复。这也与天钺和王钺曾有的高位相应合，同时傩仪式之傩又名魌，还名𩴾[1]。萬舞者，𩴾舞也。𩴾字中的“萬”是舞人形象，鬼是其本质定位。然而，从天地人的合和讲，万舞与由北辰的运转引起的八方之风相关联，《左传·隐公五年》讲到万舞，孔颖达正义曰：“舞为乐主，音逐舞节，八音皆奏，而舞曲齐之，故舞所以节八音也。八方风气寒暑不同，乐能调阴阳，和节气。八方风气由舞而行，故舞所以行八风也。”而万舞在历史的演进中，由各地的村落之舞变成朝廷乐舞，同时又有政治等级秩序的作用，《左传·隐公五年》提到的万舞，是其中文舞类的羽舞，隐公对于此舞的规模提问，得到的回答是：由地位等级的不同而规模不同，天子八佾、诸侯六佾，大夫四佾，士二佾。只有天子才有资格或能力用与八方风相对应的八佾。一佾八人，八佾是六十四人的舞乐。关键处是，天子的八佾与天地的八方风相对应。这正是万舞效法由北斗运转而生的天地八风而来。《说文》曰：风在古文字中有凬、飌、飌、風等多形。凬为由乐器（缶）产生的风，飌为鸟飞产生的风，飌为树林产生的风，風为对风的远古本质的认知，虫是风的本质。虫在远古代曾为一切生命的总称，《大戴礼·易本命》讲，有翅而飞的叫羽虫，地上有甲的叫介虫，水中鱼类叫鳞虫，山中兽类叫毛虫，人类叫倮虫。[2] 在这一观念体系中，神也是一种虫，似应叫鬼虫，因此，北斗之名，都带鬼字，斗魁曰“魁”，斗柄曰“魒”，总名曰“�”。虫之所以成为总

---

① 李勤德：《傩礼·傩舞·傩戏》，《文史知识》1987年第6期。

② 《大戴礼记·易本命》：“有羽之虫三百六十，而凤凰为之长；有毛之虫三百六十，而麒麟为之长；有甲之虫三百六十，而神龟为之长；有鳞之虫三百六十，而蛟龙为之长；倮之虫三百六十，而圣人为之长。此乾坤之美类。”三国时吴人姚信《昕天论》中有“人为灵虫，形最似天。”也把人归于为虫的大类。

名，在于具有“化”的性质，《说文》曰：“风动虫生，虫八日而化。”北斗之气，运转生风，风动八方，而万物由之生生不息。天地之间，以北斗的运转而生灭不已的生物，以“虫”为名，效法北斗运行的万舞，以“萬”为名，“萬”就是一条虫。《说文》释“萬”曰：“虫也。从厹，象形。”“萬”，古文字为

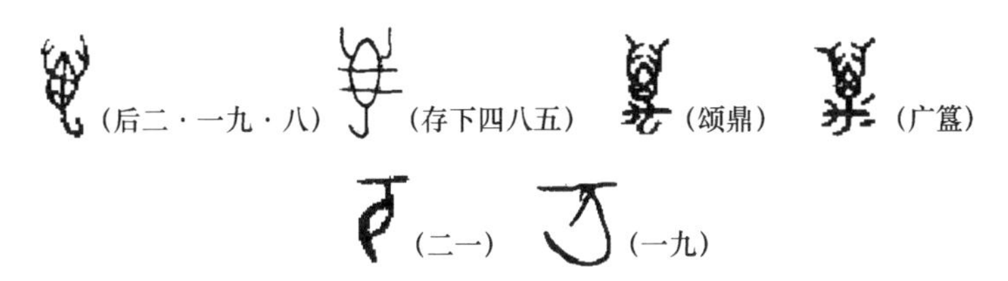

郭沫若、商承祚、叶玉森、高鸿缙等都认为“萬”即是蠆，现在动物学上的蝎子。[①]《通俗文》说短尾为蠆，长尾为蝎。蠆又与蛙同类，《说文》曰：“蛙，蠆也，从虫圭声。”《左传·宣公二十二年》《孝经纬》都讲，蠆是一种毒虫。段注讲蛙是“主毒螫杀万物也”。蛙和蠆，都具有与北斗一样的“击杀”功能。也许，这正是万舞总被突出为干戚武的原因。从文字群的关联来讲，其繁体的下部左旋和右旋与简体的左旋和右旋，是与卍和卐相通的。而仰韶文化中大量的蛙纹，又正好与卍和卐相通。而蛙的圭，又与斧钺相关连，同样有击杀功能。萬舞中的萬、蠆、蛙作为虫在最主流的形象是什么呢，应与北斗之虫相关，萬字面为禺，沈兼士说，禺与鬼通。萬在虫的类是鬼，与北斗的魁同类。因此，萬舞的核心应是效法北斗运转而来体现天人规律之舞。虽然这一核心随着历史的演进而具有了多方面的形式，如有了文舞和武舞的分合，以及进一步演化为不同时代的舞乐体系。但理解万舞与北斗的关联，就理解了远古由舞乐体现出来的主流观念的建构。

与萬舞同源并在此基础上更进一步的就是禹步。《说文》释禹曰：“虫也。从厹，象形。”与“萬”的解释完全一样。由此透出的是二者的同源性。如果说，文献讲万舞从黄帝开始，那么，禹步则由夏禹而来。先秦文献对禹步有初步的呈现。《尸子》说：“古者，龙门未辟，吕梁未凿，禹于是疏河决江，十年不窥其家。生偏枯之病，步不相过，人曰禹步。”讲了禹步起源于大禹治水，即大禹在治水的过程中，根据治水实践而创造出来的一套舞步。这种舞步的特点是“偏枯”。《庄子·盗跖》也提到“禹偏枯”。《荀子·非相》中的“禹跳、汤偏”和《吕氏春秋·行论》中的“禹……以通水潦，颜色黎黑，步不相过，窍气不通”，对“偏枯”的具状有进一步的描绘。战国秦墓《日书》讲：“禹须臾。行得择日出邑门，禹步三，乡(向)北斗，质画地视之日，

---

① 《古文字诂林》(第十册)，第909—911页。

禹有直五横，今利行。行毋为禹前除，得。”专家在这段文字的断句和字义上虽有不同意见，但对于禹步性质和内容来讲，有了基本要点。第一，与北斗相关。第二，有具体的时间规定。第三，有具体的舞步结构。第四，与现实功利紧密相连。这四大要点，都与萬舞的核心内容相关联。金文的禹字：（鼎文）、（禹鼎）、（秦公簋）还遗留着与卍（左旋）和卐（右旋）的意味。所谓禹步，其核心是对北斗精神的一种程式化提炼，当然加上了禹的时代内容，后来道教文献《洞神八帝元变经・禹步致灵》的一段话可以作为参考：“禹步者，盖是夏禹所为术，招役神灵之步行，此为万术之根源，玄机之要旨。昔大禹治水，不可预测高深，故设黑矩重望以程其事，或有伏泉磐石，非眼所及者，必召海若、河宗、山神、地祇问以决之。然禹届南海之滨，见鸟禁咒，能令大石翻动，此鸟禁时常作是步，禹遂模写其行，令之入术。自兹以还，术无不验。因禹制作，故曰禹步。”从万舞到禹步，远古之舞的威怒一面仍然非常强烈。而当远古思想进一步演化，礼乐文化中德刑二元中的德的一面居于主导地位，刑的一面则向威仪转化，禹步因其以巫的内容来体现威的特点，而走向边缘，扬雄《法言・重黎》讲“巫步多禹”，呈现的正是巫已经在文化中成为边缘之后，禹步仍保留巫的特点而同时走向边缘。禹步内蕴的法术驱邪性质，使之在以后的道教文化中得到了发扬光大。《洞神八帝元变经・禹步致灵》在讲了上面一段话之后，紧着是：“末世以来，好道者众，求者蜂起，推演百端。汉淮南王刘安以降，乃有王子年撰集之文，沙门惠宗修撰之句，触类长之，便成九十余条种。”这就是后来的禹步九灵斗罡、七星禹步、三五迹禹步、天地交泰禹步，以及各种各样的步罡踏斗程式。如果说，方相氏存在于从朝廷到民间的各种驱疫逐怪的傩仪之中，那么，禹步则存在于道教的降妖除魔的法术之中，但其来源，盖为远古以王钺—天钺为核心的观念体系。

与禹步紧密相关的就是在远古进入舞乐文化核心的夔。谯周《允志解》把禹与夔关联了起来：“禹治淮水，三至桐柏山，惊风走雷，石号木鸣，土伯拥川，天老肃兵，功不能兴。禹怒，召集百灵，搜命夔龙，桐柏千君长稽首请命。”夔的重要特点之一是只有一只脚，“夔一足”在先秦文献的图像里普遍存在。一足，乃上古仪式上的一种舞姿，夔在《说文》属“夊”部，《说文》释“夊“曰：“行迟曳夊夊，象人两胫有所躧也。”段注曰：“履不箸跟曰屣。屣同躧。躧屣古今字也。行迟者，如有所拕曳然。”并说正如《玉藻》中讲的“圈豚行不举足”和《玉篇》里讲的“雄狐夊夊”的步态。总之，与一种仪式舞步相关。但夔还不仅与禹相关联，还可由禹上溯到远古帝王。《山海经・大荒东经》曰：“东海中有流波山，入海七千里，其上有兽，状如牛，苍身而无角，一足。出入水则必风雨，其光如日月，其声如雷，其名曰夔。黄帝得之，以其皮为鼓，橛以雷兽之骨，声闻五百里，以威天下。”这里夔与黄帝关联起来，如牛，则与神农炎帝的牛首形象关联起来，鼓则与最早的远古乐舞关联起来。夔与水相关又与山相关，又被《山海经》《淮南子》、郭璞等讲为雷神，则与天相连。鼓在远古的音乐中具有核心的地位，因此，夔在《尚书・舜典》《帝王世纪》《吕氏春秋・察传》《荀子・成相》《礼记・乐记》《说苑》等文献中，都是乐正，即掌管音乐的。天上北斗的运行，以音乐的方式体现出来，北斗的威怒同样以音乐之鼓体现出来。诗乐舞合一的远古舞乐，其总名为：乐。其语音正好相通于王钺和天钺之钺。中国音乐理论中，声、音、乐具有三个等级，声是自然音响，音是对自然音响进行美化而产生的音乐，音乐达到了天地的本质就称为“乐”。在天地本质以天钺为核心体现出来的时候，远古舞乐达到了天地的本质——乐，同时也成为作为天地本质象征的钺的体现，在这一意义上，乐者，钺也。乐达到钺，钺通过达到乐的舞乐而体现出来。到后来钺从文化中心位移出来之后，乐在新的思想中成为了体现天地之和的载体。

随着远古文化的演进，夔掌音乐变成了圣人（远古帝王）作乐。礼乐文化中以朝廷为中心的乐的体系建立了起来。圣人也由（黄帝型的）以威怒为主演进为（尧舜型的）以仁义为主，礼乐文化中以朝廷为中心的礼的体系建立了起来，远古的德刑结构同时转换为“文武之道，一张一弛”的文武结构。天道也在中宫四象和天干地支的建立中演进为以德性为主的天道体系。整个文化中的天钺、王钺、巫舞都逐渐地位移到边缘，方相氏、巫步之禹、夔同样位移到文化的边缘，而具有德性的天、圣人、礼乐、威仪产生了出来，进入了文化的中心。曾经作为远古文化主线的由斤到斧到钺的演进史，也消逝在历史的尘埃之中。而中国远古的文化体系和美学体系，正是在钺从观念中心位移的过程中，建立起新的观念体系。

第三章　中：远古之美的观念之二

中。这是中国文化的最核心观念，也是中国美学最核心的观念。中，在远古空地中心的立杆测影仪式中产生出来，通过一整套把技术—政治—思想结合一体的天文观察，形成整体性的宇宙观，即以北极—极星—北斗为一体的北辰为中心，引导日月星的运行，进而天地互动，产生宇宙万物。中国文化天人合一、时空一体、现象—本质一体的整体性思想，都由之而来。中的起源和演进，关联到文化的方方面面，在美学上，特别从仪式地点的演进中体现出来：从空地的中杆中心到坛台的中杆中心到祖庙的牌位中心到宫殿的帝王中心。中国的观念即由中而来，国即城，中国即天下之中的京城。以京城之中，由近及远，而四夷而八荒，整个天下都得到定义。从村落空地之中到京城的天下之中，中国大一统的朝廷之美以建筑之美的形式体现了出来。中的内容多且复杂，本章分为四大节来讲。

第一节　立杆测影与"中"的思想的产生

中国这一观念，目前的研究，最早可追溯到西周，在文献上，是《诗经·大雅·民劳》的"惠此中国，以绥四方"和《尚书·梓材》的"皇天既付中国民，越厥疆土，于先王肆"；在考古上，是西周初期铜器何尊铭文中的"宅兹中国"。这里国的词义是城，中国即天下之中的城，城与中相联，意味着中国即京师，天下的仪式中心。《诗经·民劳》毛传说："中国，京师也，四方，诸夏也……京师者，诸夏之根本。"京城作为文化核心，不但代表华夏地区，而且也代表天下之中与四夷和整个天下所形成的结构。如王绍兰《说文段注订补》所说："案京师为首，诸侯为手，四裔(夷)为足，所以为中国之人也。"[①]因此，中国是一个具有天下胸怀的仪式中心和观念中心，是世界文化的最高级。《周礼·考工记》《逸周书·作雒》呈显了中国文化的京城之

---

① (清)王绍兰：《说文段注订补》卷五，顾廷龙主编《续修四库全书》213册，上海古籍出版社，1995，第279—280页。

美学样式。世界上各大文化都有自己的宇宙中心，如古希腊的奥林帕斯山，印度的须弥山，伊斯兰教麦加的天房……但只有中国文化在其演进中，一是宇宙中心与政治中心紧密相连，二是把这一政治中心命名为“中国”。中国京城独特之美显示了中国文化的独特观念。西周的京城已经是一个成熟的仪式中心，而这一礼制京城所内蕴的观念却来自悠长的历史演进。是远古之礼一系列发展的产物。远古之礼，从考古看，起于约 2 万年前的山顶洞人，特别在 1 万年前农业产生之后在东南西北各族有了多样性的演进，在古礼的多样性中，一种与“中”字相关联的天文观测之礼，逐渐发展，互动综合，构成了中国古礼的核心，成为城市出现前中国观念的前身。因此，由西周而上，在甲骨文里，可以发现表现这一古礼的“中”字，而由“中”字内蕴的中国型的宇宙观和天下观及其仪式特征，已经在从 1 万年前的远古遗址到 4000—2000 多年前的夏商周遗址中普遍发现。因此，可以由古文字的“中”字结合考古事实和理论逻辑，去发现中国观念的起源，以及与之紧密相关的中国型美感的起源。“中”在甲骨文和金文中为：

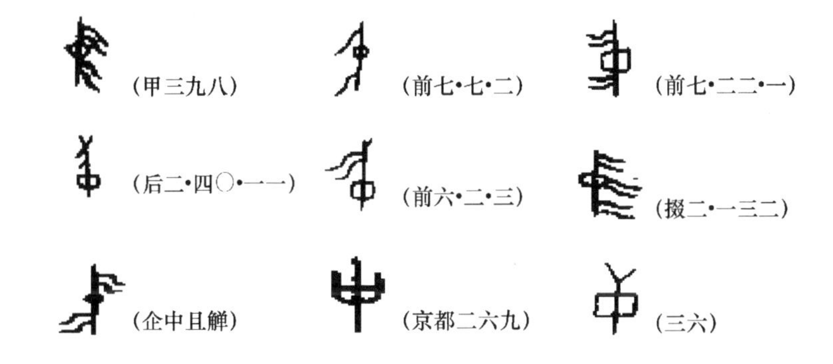

综合如上字例，可以看到，“中”字基本有三个部分，一是由丨所代表的所立之杆，二是杆中间的口或○之形，三是杆上部或上下两部或上中下三部都有的飘带。这三部分内蕴着“中”的丰富内容。中国文字的特征与中国思维的特点一样，必须是，第一、从整体来看部分，第二、每一部分之间有多种关联，第三、整体与部分和部分与部分之间是一种虚实动态关系。下面根据这三点来对“中”字的内涵和“中”字与历史的关联，呈现其丰富的意义。

一　立杆测影与中国型宇宙及其美感的产生

丨是“中”字里的核心，代表远古的立杆测影。世界上古文化对宇宙的了解从而建立起相关的观念，大都从立杆测影始，中国上古的立杆测影有什么样的特点呢？第一、东西南北中各族群的立杆测影之杆是多样的（在古文献里，最多的杆与树，而这二者也是多样的，杆的类型有杆、柱、木、表、圭、槷、臬、髀……树的类型有扶桑、扶木、若木、建木、秩树、三桑、桃都……），测影之方法是多样的（文献中有山头观测法、房屋观测法、固定地点观测法、立杆测影观测法、月亮圆缺观测法……），主测的对象是多样的（文献中有以大火星为重点，以太阳为重点、以月亮为重点、以北斗星为重点、以二十八宿为重点、以五星[金木水火土]为重点、以九星[天蓬、天芮、天冲、天辅、天禽、天心、天任、天柱、天英]为重点，还有以日和月或日月星的多重点并置……）。然而，这些多种多样的人与天的关系，在历史的演进中，终汇成严整体系而具有突出特点，是《周礼·考工记》里的"昼测日影，夜观极星"。从古代汉语的虚实结构来讲，这两句话是通过突出两大最重要的特点来讲整个天文观测体系：第一、由昼和夜代表由一天开始一天天以至一月一季一年的观测；第二、从白天的太阳观测到夜间的月星观测最后形成以极星为中心的整个天象的整体。

昼测日影即在地上立一杆柱，当太阳从东方升起之时投影其上，太阳初出、升高、下降、没去，杆影也跟着变化。这样太阳从晨到午到夕的变化完全在杆影上反映出来。在一年四季的变化之中，太阳每天从东方天边升起的地点是不同的，从而在杆柱上的投影也是不同的。一日之中，日影的变化在杆柱上的反映，可以形成一日十二时辰规律。一日之日即是由太阳来代表的。特别是正午之时，影子最短，而且形成正南正北的直线。一年之中，日影在杆柱上的往复变化，可以总结出太阳一年南北往返规律。每天正午之时最短的杆影又是随季节而变的，夏至之时最短，冬至之时最长。这样，太阳的运行规律在中杆的日影上体现出来，由此可以掌握形成了一天一月一季一年的变化规律。如果说太阳是有神性的话，那么，这一神性从杆影上有规律地体现出来。立杆测日，这在世界各文化都是一样的，但中国文化中，总结出来的思想特点却是不同的，主要有两点：一是太阳运行从杆影上体现出来，阳光为虚而杆影为实，阳光为阳而杆影为阴，虚实阴阳的运动变化反映了天地的规律；二是太阳在天中运行，以之为观测点，可以关联地观察和体会整个日月星的运行规律，太阳与杆影的互动，可以观察和体会出整个地上之物的运行变化。这两点一言蔽之，由立杆测影而关联和体会到一个中国型的阴阳虚实的宇宙整体。

太阳行于北天，星呈于夜晚，夜空里，与太阳对应的是月亮，太阳只有白天可见，夜晚不见，夜晚的月亮如白天的太阳一样照耀大地。月亮与太阳有更多相同点，太阳每个白天一方面作从东到西的日运动，另一方面其每天出没点的变化作从北到南的年运动；月亮每个夜晚一方面作从东到西的日运动，另一方面月亮每晚上通过不同的月相（朔—上弦—望—下弦—晦）变化作月运动。因此，月亮和太阳有相同的性质，都永恒运动，而又有互补性质，是昼夜的照明（日月为明），太阳给出了昼与年，月亮给出了夜与月，日月共同形成了日（由太阳之昼和月亮之夜合成）、月（由月一周构成）、年（由日在南北回归线周期构成）。正因日月的共同性和互补性，当远古之人白天在中杆捕捉到日影的规律，晚上观月仍以中杆为基点。只是月影不重要，以中杆为观测点看到的月相重要。白天测日影的神圣性让夜晚观月的点（中杆）变得神圣。最重要的是太阳的年运动周期与月的月运动周期是不对应重合的，宇宙中超越日月的秘密由之而生。由日月到相关星辰的运行，去体会宇宙的整体，极星变得重要起来。

在地处北纬的中国，特别是北纬 36 度左右的黄河流域，天北极高出地面 36 度，形成一个以天北极为中心，以 36 度为半径的圆形天区，这是一个终年不没入地平线的常显区域。在这一圆形天区中，极星成为不动的中心，围绕极星的常显区中众星与之形成不动的中心圈，中国天文学称为紫

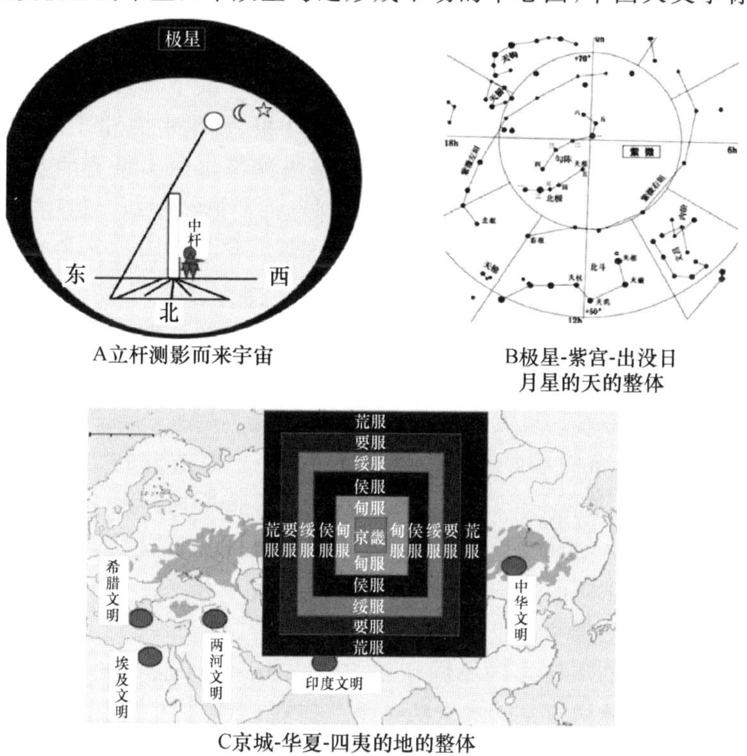

A立杆测影而来宇宙

B极星-紫宫-出没日月星的天的整体

C京城-华夏-四夷的地的整体

图 3-1　中国远古形成的天人合一宇宙观

微垣。常显区外的众星及太阳月亮，都围绕极星作周期性的显隐循环运动。这里，极星、紫微垣、出没的日月星，构成了天的整体。在这一天的整体下的中国地区族群，在对天的整体的观测和效法中，运行成为京城、华夏、四夷的地上整体。在中国远古的历史演进中，天的感性形式与地的感性形式，有了一个天人相合的对应。

极星不仅是直观上的天之中，而且在中杆观察中也与地上紧密关联。夜测极星，在远古中国，重要性有三：一是强化了南北向的重要性，二是季节得到了突出，三是天上中心由之形成。第三点最为重要。先讲第一点，在夜里，当视线通过中杆顶凝望北极时，这方向即是南北方向。这与白昼测日取上午与下午影子一样长的影端两点连接起来，那它的中点与中杆入地处的联线方向就是南北方向，是一样的。从事实上看，只起一个互证作用。但从观念上看，测日影可得出东西向和南北向两种，而极星的南北向，增加了南北向的重要意义。在中国文化中，房屋是南北向，城市有东西和南北两型，这里有测日的影响，最后统一在南北向中，这是极星的影响。第二是季节。观日影的南北移动和月相盈虚循环，可以得到季，但没有明显的分界标志。而与极星一体北斗，则把季的标界彰显了出来，正如《鹖冠子·环流》所说："斗柄东指，天下皆春；斗柄南指，天下皆夏；斗柄西指，天下皆秋；斗柄北指，天下皆冬。"这样，日影、月相、极星中的北斗，共同形成了中国文化的日月季年的规律。第三点是夜测极星最为重要的意义。从天文学上讲，只要在北纬地区夜观天象，群星每天都在变动，而只有北极星是不变的，对此现象世界各文化有各自的理解。极星在古埃及被看作通向天堂的不变天路，很有宗教情怀的向往，在北欧被称为钉子星，是很物质化的想象，在玛雅被称为商业之神和指路星，既实用又神性，而在中国，当日月星辰都不停运动而北极星不动，成为了天上的中心，便在宗教性的思维中，成为天上的帝星。班大为考出，甲骨文的"帝"字"是以某种方式来源于确定北天极——帝的居所——的过程。"[1]这一想象造成的实际历史效果是什么呢？天上只有一个中心，这就是极星（天帝所居），地上也只一个中心，这就是中国（天子所居）。由夜观极星而产生了中国文化的天上地下对应的基本理念，中国的大一统和天下观由之而生。极星不动而日月星辰皆动，形成了本体之静和现象之动的静动观。

然而，中国的本体之静不同于西方的 Being。这也与夜观极星相连。从天文学上讲，北极只是天球上的一个几何点，而各文化天文学上的极星，

① （美）班大为：《中国上古史实揭秘——天文考古学研究》，第 356 页。

都是指离天北极位置最近而又最亮的那颗[①]。但中国人的思维，不是先确定北极星，再由之定位与之相关的周围星辰，而是把北极区域的众星作为一个整体来把握。6000年前到2000年前处北极区域的北斗星，曾最靠近过北极，虽然后来离开了，但在功能上仍与北极以及后来靠近北极的极星形成了一个整体。在古代汉语的浑言不别中，北极、极星、北斗、北辰，乃至太一、天一、天心，可以互换[②]，用现代汉语的析言而论，北极、极星、北斗为三大要点，统称北辰。这里具有重要意义的有两点：一是天北极是一个天文点，而极星从长时段看是变化的，这一点从10000到6000年前的长时段中应被认识到过，因此，在天北极与北斗的关系中，有一个无与有的结构，这是中国思想以无为本的天文基础。二是突出北斗在北辰整体中的作用[③]，而不是其中的极星，这是中国整合性思维的智慧之处。为什么会突出北斗而非极星呢？不动的极星只是北辰动与不动的整体功能之一（这动与不动，极星的通变，以及有无关系，正为先秦哲学由之总结出来的重要原理，不在这里展开），而在远古最为重要的，是北斗作为整体，其斗柄对于历法的明晰指示功能。正如由斗柄显示出来的北斗的运行乃宇宙之大法，上天之神意，北斗星终年长显不隐，易于观测，成为天天月月年年皆见的时间指示星。随着地球的自转，北斗围绕北天极作周日旋转，又随着地球的公转作周年旋转，斗柄或斗魁的不同指向，与四季的变化形成了同构的对应关系。一年四季，天上的星相都在不断地随季节的变化而变化，只有北斗星是不变的，不但不变，而且所有的天体都围绕着它旋转，并且在天体有规律的变化中预示了季节的变化。这样，北斗既"领导"着天上的众星，又影响地上变化。古人发现，北斗是与二十八宿一起旋转的，只要看到北斗转

---

① 由于岁差的原因，北极在恒星间的位置只在一个较短的时间保持不动，故一个星作为北极星，最多可以占位一千年，一旦其差距北极2度以上，北极星就要由另一颗更靠近北极的星来担任。在中国天文史上，公元前2000年左右，极星是天乙（天一）星即西方的天龙星3607，公元前1500年左右，是太乙（太一）星即西方的天龙座42或184，在前1000年前后是帝星即西方的小熊座，在汉代是天枢星即西方的鹿豹座4339。

② 束世澂：《中国上古天文学史发凡》，《史学季刊》1941第1卷第2期："北极即《论语》之北辰，指北斗星言，非后世之所谓北极星。北斗在三四千年前，甚近于北极点，终夜不没，极便观测，且星光弘大，为全天最亮之星，一也。春秋以前所有星名，概为会合数大星成象者因以指名，无采用单独一星之例，二也。极星之名，始见于《考工记》，此为晚周之一记载，而北斗见于《诗·大东》，三也。古者以天数为七，源于北斗，四也。"关于北极、极星、北辰、北斗、天心、天一、太一的同义，可参韦兵《斗极观念与晚周秦汉的黄老之学——兼论楚简"天心"》（四川大学2003年硕士论文）中的相关论述，特别是与此论述相关的资料。

③ 陈久金《北斗星斗柄指向考》（《自然科学史研究》1994年第3期）说中国上古有北斗七星为北斗九星两个系统，但在以斗柄定时节上，两系统是一样的，在哲学思想上，两系统也是一样的，因此这里只举七星。

的位置就可推知二十八宿的位置[①]。因此,古人在把天体理论化的演进中,将整个星空分成十二块(以和十二月相应),即以北极为中心,天体分为12块片,称为十二次(星纪、玄枵、娵訾、降娄、大梁、实沈、鹑首、鹑火、鹑尾、寿星、大火、析木)。当然,由于岁差的影响,不同时代十二次与节气月份有着不同的对应关系。由于北斗牵连着十二次、二十八宿以及节气月份等,逐渐形成了"天上群星参北斗"的观念,换言之,形成了北斗为天之中心、天上帝星的观念。正如汉代天文学家张衡所言:"一居中央,谓之北斗。动变定占,实司王命,四布于方各七,为二十八宿。日月运行,历示吉凶,五纬经次,用告祸福,则天心于是见矣"(《灵宪》)。中国境内的各种姓氏族落,无论在地理上居于南北东西,在经济上是农牧渔猎,在文化上有何种传统,都在仰望星空的天象观察中,以北斗为中心,建立起了一个统一的天上世界[②]。

由夜观极星,从斗柄指示引出的十二次和二十八宿的变化而形成宇宙运动同样可以由昼测日影而获得。王大有、王双有《图说太极宇宙》讲了立杆测影与八卦的关系,论证了太极图的太极曲线是将太阳在天上的圆运动与在圭表上的反映结合起来而产生的。[③] 田合禄也论证了太极图是立杆测影的关联:"将圆盘二十四节气分成二十四个等份,每份显示十五天中的日影盈缩情况。再将圆盘用六个同圆的半径成六,每等份代表四个影长单位,表示一个月的日影盈缩情况。将二十四个节气日影长度点用线连接起来,阴影部分用黑色描出来,即成太极图。其中大圆圈表示太阳黄道视运动(实质上为地球绕太阳公转的轨迹),圆盘逆时针方向移动,表示太阳周年视运动的右行,游标顺时针方向移动,表示太阳周日视运动在一年中移位的轨迹,实质是地球自转的轨迹,称为赤道。黄道与赤道之间的交角,叫作黄赤交角,即两条鱼尾角。这个交角现为23°16′21″(黄赤交角随年代有微小差异)。由此造成太阳直视点在地球上相应的南北往返移动,称为回归运动,使地球表面出现四时四季,以生万物,所以太极曲线是生命线,太极图表示太阳回归年的阴阳季律周期。"[④]因此,夜观极星与昼测日影合

① 赵永恒、李勇《二十八宿的形成与演变》(《中国科技史杂志》2009年第1期第110—119页)考证中国二十八宿应在公元前5690—前5570年之间的120年中形成。

② 且以东北地区的鄂伦春族和西南地区的彝族为例,前者重视北斗(称之为"奥伦"),以斗柄指定四时,方法与《鹖冠子·环流》相同,可见其源甚远。后者通过观测斗柄以定季节,其两个重要的节日"火把节"与"星回节"都因北斗而来(初昏斗柄上指为火把节,初昏斗柄下指为星回节),可见其源甚古。

③ 王大有、王双有:《图说太极宇宙》,人民美术出版社,1998,第39—43页。

④ 吴桂就:《方位观念与中国文化》,广西教育出版社,2000,第60—61页。

成了一个统一的中国型宇宙的基本规律。

中天北斗的运行是怎样地影响到整个宇宙的呢？是气。《春秋文耀钩》曰："中宫大帝，其精北极星。含元出气，流精生一也。"徐整《长历》曰："北斗当昆仑上，气运注天下。"《后汉书·李固传》曰："斗斟酌元气，运平四时。"这样，日月季年的变化是因北斗运行，气流四方而生。北斗成为气的本原，中国的宇宙是一个气的宇宙与北斗观测而来的观念连在一起。北斗的中心之气体现为四方（四季）之风，进而形成以十二律为特点的中国音乐宇宙：《吕氏春秋·季夏纪》曰："大圣至理之世，天地之气，合而生风。日至则月钟其风，以生十二律。仲冬日短至，则生黄钟。季冬生大吕。孟春生太蔟。仲春生夹钟。季春生姑洗。孟夏生仲吕。仲夏日长至，则生蕤宾。季夏生林钟。孟秋生夷则。仲秋生南吕。季秋生无射。孟冬生应钟。天地之风气正，则十二律定矣。"这样，北斗、气、风、乐紧密地联系在一起。中国宇宙是一个乐的宇宙也是与北斗观测结合在一起的。由北斗中心而发出的气、风、乐都有虚的性质，其功能运转则从日月季年的物候中体现出来，这一体系由《夏小正》《逸周书·时训》《月令》《吕氏春秋》《淮南子·时则训》等文献体现出来。

正是中杆下昼测日影、夜观极星的活动得出了中国型的宇宙。这一整体性宇宙也是中国美感的宇宙基础，正如《庄子·知北游》所讲："天地有大美而不言。"讲的正是这一中国宇宙基本原则，有中心的整体关联性，以无为本，以气为用，音乐宇宙，以及虚实相生的原则和循环往复的圆意，都成为中国美感的基础。这一由立杆测影而来的中国型宇宙具体是怎样演进的，已经湮没在历史之中，然而，从甲骨文的"中"字，却透出了这一演进的基本逻辑。前面甲骨文"中"字、古文"中"字的三部分四形状可以释为：|即中杆，口是立杆之地，○为杆影的规律，飘带是杆影的现象。由中杆而来的整体宇宙使中杆本身神圣化了。立杆测影的人（巫）因中杆的神圣而获得在族群中的神圣性。《说文》释"中"字的"|"曰："上下通也。"讲的不但是天上之中的北斗与地上仪式里的中杆相通，也是整个天相与地上世界的相通，即从《夏小正》到《月令》所讲述的具有普遍关联的宇宙整体，还是天上的帝星与中杆下之巫王的相通。

二 中的神性与巫师的圣位及帝王服饰美感的起源

北极—极星—北斗成为帝星，是一个长期的演化过程，其基础是东西南北各地立中测影的北辰观测，在考古上，与北斗信仰相关的材料，在时间上从农业文化出现的1万年前左右到夏王朝的建立，空间上在河南、陕西、江西、江苏、浙江、安徽、山东、内蒙古，都出现，比如，7000年前内蒙古敖汉旗小山遗址中的陶尊上，绘画了云彩中的鸟、鹿、猪，这是远古的天空三灵，而其中的猪与北斗相关联①。约同时浙江余姚河姆渡文化黑陶器中绘刻的猪，就是北斗，猪腹正中一颗星，就是天上中心的天极星②。就北斗与武器的关联来讲，有6000—5000年前南京的北阴阳营文化的七孔石刀，同一时期的安徽潜山薛家岗遗址也有这样的七孔石刀③，还有山东莒县大汶口文化陶尊上的柱状斗杓形北斗④……当北斗成为各族群的天空主神，同时也就成为地上站在中杆下以神灵名义进行政治活动的族群首领的神性。这种天上地下的人神合一的关系在考古上的体现，9000年前山西吉县柿子滩的朱绘岩画，一位头戴羽冠的巫师双臂上伸，上方就是北斗七星，这位巫师型的领导人正在与天上北斗进行一场原始观念中的对话⑤；有6000年前河南濮阳西水坡墓中，仰卧的男性骨架两旁用蚌壳塑有左青龙右白虎，还有人骨作斗柄的北斗形象。俨然是巫师型的墓主正面对以北斗为中心的天象作法⑥。这些考古材料与文献材料相应，显示了北斗是天上之中，氏族、方国、王朝的领导是地上之中，这一天地的对应。在后来的文献中，上古具有普遍影响和成为历史关节点的巫师型领导人都与北斗关联起来。古史以三皇五帝三王为中国远古演进的主线，郑玄注《尚书中侯》曰："德合北辰者皆称皇"。《春秋运斗枢》曰："皇者，中也。"《孝经援神契》曰："天覆地载，谓之天子，上法斗极。"《春秋说题词》曰："斗居天中而有威仪，王者法而备之，是亦得天下之中和也。"远古的帝王，一是效法北斗而为政，二是在本性上与北斗一致。在这一古老的传统中，从三皇之初的遂人氏起就与北斗相关系，《周易通卦验》云："遂皇始出握机矩，表计宜，其刻曰苍牙通灵。"郑玄注："矩，法也，遂皇，谓遂人，在伏羲前，始王天下，但持斗运机之法，指天以施教令。"三皇之中伏羲占有重要地位，他"仰则观象于天"(《周易·系辞下》)，这个天，就是以北斗为中心的整个天象，上古的思想体系，易学思想的无极太极阴阳八卦由之而创造了出来。五帝都与北斗相关，《春秋运斗枢》曰："五帝所行，同道异位，皆循斗枢机衡之分，遵七政之

---

① 中国社会科学院考古研究所内蒙古工作队：《内蒙古敖汉旗小山遗址》，《考古》1987年第6期。

② 河姆渡遗址考古队：《浙江河姆渡遗址第二期发掘的主要收获》，《文物》1980年第5期。

③ 安徽省文物工作队：《潜山薛家岗新石器时代遗址》，《考古学报》1982年第3期。

④ 山东省文物考古研究所等：《莒县大朱家村大汶口文化墓葬》，《考古学报》1991年第2期。

⑤ 山西省临汾行署文化局：《山西吉县柿子滩中石器文化遗址》，《考古学报》1989年第3期。

⑥ 濮阳市文物管理委员会等：《河南濮阳西水坡遗址发掘简报》，《文物》1988年第3期。

纪，九星之法。”[①]其中，黄帝处于重要的地位，不但其出身与北斗相关（《河图始开图》说是“大电绕斗”而生），并法斗行政（《尚书帝命验》注曰：“黄帝含枢纽之府，而名神斗。斗，主也，土精澄静，四行之主，故谓之神主。”），而且本身具有北斗之神的性质，称曰“黄神”。张衡《灵宪》说：“苍龙连蜷于左，白虎猛据于右，朱雀奋翼于前，灵龟圈首于后，黄神轩辕于中。”呈现的正是北斗居中，28宿组成的四象在旁的天相。在《尚书·吕刑》和《国语·楚语下》中，颛顼命重黎对天象进行体系化，在《尚书·尧典》中，尧命羲和对天象进行系统化，这天象都是以北斗为中心的。而《尚书·尧典》讲舜“璇玑玉衡以齐七政”。璇玑玉衡，既是北斗的别名，又是观天的仪器，天地的对应更为体系化。夏禹与北斗的关系，就是效法北斗旋天四游的万舞，特别是其中“步罡踏斗”的“禹步”[②]。扬雄《法言》卷七《重黎》云：“巫步多禹。”可以看成“禹步”作为天人感应仪式，是对远古以来的巫型仪式的一种总结。而汉画像的《三皇五帝与北斗星君图》更是体现了三皇五帝与北斗的关系。

图3-2　汉画像三皇五帝与北斗星君图

在此图中，第一层是三皇五帝，第二层是北斗星君，而三皇五帝一共列了十位：伏羲、女娲、祝融、炎帝、黄帝、颛顼、帝喾、尧、舜、禹。透出的仍是远古帝王与北斗互动关系。中国的天人关系，首先体现为由立杆测影而产生的天上之中（北斗天帝）与地上之中（三皇五帝）的天人合一关系。同时也是帝王（以及所代表的天下族群整体）与天象整体（即前面讲的天、气、

---

① 上古时代，有北斗七星与北斗九星两说。竺可桢：《二十宿起源之时代与地点》，《思想与时代》第34期，1946：“距今三千六百年以迄六千年前，包括左右枢为北极星时代在内，在黄河流域之纬度，此北斗九星，可以常见不隐。”后因岁差，两星隐匿不显后，七星说成为主流。

② 禹步与北斗的关联，参见余健：《卍及禹步考》，《东南大学学报(哲学社会科学版)》2002年第1期。“步罡踏斗”为禹步在道教中演进后出现的词汇，见北朝时道教经典《洞神八帝元变经·禹步致灵》，文所载的禹步图，呈现为北斗七星的形状，应来源于远古，其词所表达的内容，也应与本来作为巫舞的“禹步”相关。

风、乐）的关系。因此，天人合一是围绕着中杆进行的（当时的最高政治会议即古代仪式，是在中杆下举行的）。在这样一种共同的观念中，决定了远古各族群的领导人应以怎样的形象出现，而这一形象的演进，由黄帝到尧舜到夏商周，形成了以帝王服饰为核心的朝廷冕服。《周易·系辞下》说："黄帝、尧、舜垂衣裳而天下治。"孔颖达疏曰："黄帝制其初，尧舜成其末。"虽然朝廷冕服最初何样已不可考，但《尚书·益稷》讲其服中包括了十二章的象征图案，日、月、星辰、山、龙、华虫，作会；宗彝、藻、火、粉米、黼、黻，絺绣。十二章是一个非常复杂的体系，但就其原则来讲，则是帝王在中国型的天人观中拥有天下的观念在服饰上的体现。因此，作为中国之美的朝廷冕服的起源，从观念上讲，与中和由中而来的整个观念体系相关。①

三　"中"的观念与上古社会发展及朝廷美感的起源

三皇五帝与北斗的关联，是后人对中国上古历史中心化过程进行理论体系化后的产物，实际上是北斗信仰对东西南北各族在政治形式和社会组织上的影响。地上巫王作为天上之中（北斗）的地上体现，一定是发展的，中华民族正在"中"这一观念下得以形成，以姓、氏、族三大语汇体现出来。

"姓"即生。《说文》："姓，人所生也。"点到姓的血缘核心；《左传·隐公八年》说"天子建德，因生以赐姓"，是从人生于血缘家族这一角度讲。《白虎通·姓名》说"姓者，生也，人禀天气所以生者也"，是从天地大环境讲。前面讲，天地之气由北斗发动而流布四方，这里中杆与北斗的关联呈现了出来。在甲骨文里"姓"即生，为：

（乙七二八八，生一月）　（卫鼎）　（史颂簋）　（5165）

《说文》曰："象艸木生出土上"。段注："下象土，上象出。"徐中舒《甲骨文字典》说："象草木生出地上之形。"②这是以草木为例讲生命的产生。但在中杆的观念体系中，上古各族群的中杆，有的是树，有的杆上有旗，杆、树、旗，都与天上的北斗相连，北斗运行，气流四方，"天地之大德曰生"（《周易·系辞上》），这是生命的本性，生的仪式在中杆下举行而获得生命的性质。在古文字中，姓、性、旌，都由生而来，李宗侗说，三字"实皆出于一物"。③ 因血缘之姓而获人的本质（性），而这一本质是在中杆的旗帜（旌）

① 关于朝廷冕服的具体起源和内容，请参本书第六章"文：中国远古之美的观念之五"。

② 徐中舒编《甲骨文字典》，四川辞书出版社，2006，第687页。

③ 李宗侗：《中国古代社会新研·历史的剖面》，中华书局，2010，第30页。

下面获得的。同时又把姓的图案绘在中杆的旗上。上古的血缘之姓由此而与中的观念紧密地联系了起来。可以说“姓”来自血缘之家，又不仅是血缘之家，家是与天联在一起的。正是生—姓来自血缘又与天相关而包含着非血缘的内容，其进一步产生了“氏”。如果说姓以血缘为主，那么，氏则是由多个姓聚合的地域集团。氏，甲骨文有：

(后二·九·四)　(后二·二一·六)　(前七·三九·二)

金文有：

(散盘)　(克鼎)　(铸吊固)

丁山说，“氏”就是示，示就是立杆以祭天[①]。即氏作为地域集团，其凝聚力由中杆而来。蔡英杰进一步讲，“氏”不是作为一般的示，一般中杆，而是作为旗帜的中杆，他还把“氏”字与“中”字的甲骨文中的有旗帜的字形相关系，以及与作为旗帜的“勿”字的关联，讲“氏”在甲骨文的字形上是旗帜[②]。因此，与姓相同，氏的核心也是作为中杆的旗帜。

从地的方面来讲“中”字。丨即中杆，其功能是“上下通”，这里的下，既是中杆下的巫王型领导人，又是巫王所代表的族众，还是此一姓氏所在的地域。口是立杆之地（可以是村落的空地即所谓墠，也可以是山水间的坛台），同时象征姓氏所在领地。○为由杆影的规律所代表的整个姓氏和土地的运转规律，飘带是中杆上的旗帜。唐兰说：“中”字的“范围甚广……其义盖难缕举”，但其本义乃“旂之类也”[③]。为什么中杆上要有旗帜呢？立杆测影，影的动态表明，天神是以动的方式显示自己的，同样能显示天神动态的是风。李圃说：“中”字是“实物当作垂直长杆形”，“加以方框以观日影（中）”，再“饰以飘带以观风向（ ）”。因此，“中”既是“观天仪”，又是“测风仪”[④]。这显示出远古的观天不是定位在一个分类的仪式上，也不是定位在一个分类的星象上，而是把天作为一个整体来进行观测。在古文字中，“风”与“凤”是同一个字，风就是凤，凤就是风，作为神的凤通过风表现出来，凤的行动需要乘风，风就是凤就是神，甲骨文里有四方风，也有四方

① 丁山：《甲骨文所见氏族及其制度》，中华书局，1988，第3—4页。

② 蔡英杰：《从“氏”的本义看氏与姓，氏与族之间的关系》，《中州学刊》2013年第3期。

③ 《古文字诂林》（第一册），第327—328页。

④ 《古文字诂林》（第一册），第332页。此页中，李圃还引了商代卜辞（“立中，允亡风。”[《殷墟书契续编》四·四·五《选读》二二〇]“口立中，无风。”[《簠室殷契徵文》天象十《选读》二二二]）以证“中”的测风功能。

神。而最快地反映风之到来的就是旗帜，旗动就意味着风来，旗的方向就意味着风的方向，旗的高低疾徐显出了风的强弱和速度。如果说，中杆之影以明晰的尺度反映了神可见可感的一面，那么旗上之风则显示了神不可见而可感的一面，旗的飘动把神的不可见性质用感性的方式显示了出来，具有了与中杆同样重要的意义，因此旗杆一体，旗在杆上，成为中国远古思维的具体凝结。远古中国，旗杆一体，杆为静，以静来反映日影之动；飘带为动，以动来反映风之动。旗杆型的中杆反映的是宇宙的神性。旗还有另一更为重要的作用，即杆是固定的，旗是移动的，族群的扩向四方体现为旗的扩向四方。这就是旌旗车马构成了朝廷美学的重要组成部分，它来自中杆时代所内蕴着的天、地、人的本质性内容。然而，从氏的角度来讲，天之气而产生的万物，是要与地相结合方能产生出来，因此，地也是重要的，地理的性质不同，人的性格气质也有所不同。从而，中杆的上下通之“下”突出的是地域特性。因此，当中杆从最初的空地进一步演化为坛台之时，这坛台是社坛。人在社坛中，感受到地上万物由天之气和地之质而生。人来源于天地，天地的本质凝结在中杆，因此，在同一地域中的中杆下的人，具有相同的本质，这就是“氏”。很多描绘上古的文献，对古代的领导不用“皇”也不用“帝”而用“氏”。这里“氏”因中杆而得到了共同的本质和思想的统一。氏把血缘之姓包括在其中，而又把非血缘的族群团结为与具有血缘一样的共同心理。上博简《容成氏》讲：“容成氏、尊卢氏、赫胥氏、乔结氏、仓颉氏、轩辕氏、神农氏、祝融氏、伏羲氏之有天下也，皆不授其子而授其贤。”这里的领导接班，不在血缘姓中进行，而在地域的氏中进行。在于氏具有与姓一样的性质。《国语・晋语》讲黄帝之子二十五，得其姓者十四，与黄帝同姓者二。黄帝集团的大多数，并不与之同姓，但皆为其（在性质上与血缘相同）“子”，黄帝的二十五子构成以“氏”为共同性的地域集团。《国语・周语》讲到夏禹时，说“（尧对禹）赐姓曰姒，氏为有夏”。夏是地域集团，姒是这一集团中核心的血缘集团。《史记・夏本纪》讲：“禹为姒姓，其后分封，以国为姓，故有夏后氏、有扈氏、有男氏、斟寻氏、彤城氏、褒氏、费氏、杞氏、缯氏、辛氏、冥氏、斟氏、戈氏。”明显的氏是地域集团。不同血缘的集团聚合在同一地域而为氏。是什么将之凝聚起来的呢？就是中杆（氏即示）和由中杆而来的共同观念。氏显示了一种中国思维的最初形态：一是把血缘核心与“中”的思想关联起来，创造出超越血缘的认同精神。二是以中杆的文化观念作为族群认同的标准。三是氏把血缘之生扩大为一种地域之爱和天下之爱。氏可以说是在“中”的观念原则下，把非血缘的关系，按照血缘的原则进行组织，并使之血缘化，以达到天下一家。[①]由姓到氏，第一，体现地域的多样性，不同的地有不同的氏，同姓之人到不同的地，形成以地为名的氏。[②] 第二，虽然不同的地有不同的氏，但又都在性质相同的中杆下，对由中杆而来的宇宙有相同的信仰（天上只有一个中心，地上也只有一个中心）。这正是中华民族由小到大走向一统的共同思想基础。

姓强调的是血缘，氏突出的是地域，族彰显的是武力。在远古时代，抢占资源和防止资源被别人抢占靠武装力量，在为资源而战中，血缘部落或地域部落在战时就形成为军事单位。体现在文字上就是“族”。正如血缘之姓和地域之氏与中杆有关一样，族也与中杆有关。甲骨文和金文里的“族”字为：

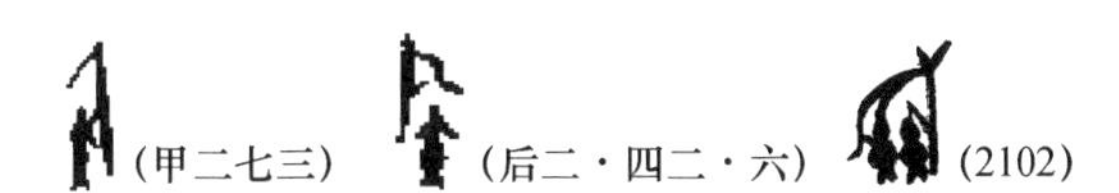

这些字中，一竖有飘带为旗，为定论，旗下之，马叙伦和叶玉森解为旗下之人，即一人或两人代表的族群站在同一旗帜之下。[③] 二是把释为箭（矢），从汉代许慎到今人丁山都作此解，代表古文字学界的主流[④]。其实二说相通，远古社会，人平时是生产和生活之人，战时是军事之人。上古各族群在互动中融合，武力的运用是必需，远古史最为重要的三大族群的融合是通过三次大战（黄帝与炎帝之战，炎帝与蚩尤之战，炎黄与蚩尤之战）而形成的，最后胜利者黄帝经七十二战方一统天下。因此，中国的血缘单位在上古最初以“氏”呈现出来，最后落实到“族”上，具有武装力量的族是血缘单位存在的必要条件。当然族并不否定姓和氏，中国文化在上古的形成中姓、氏、族各有其强调的重点而又统一在一起。姓强调的是血缘，中

---

① 由姓到氏，用后来的话讲是“收族”。《仪礼·丧服》：“大宗者，收族者也。不可以绝。”郑玄注：“收族者，谓别亲疏，序昭穆。”《礼记·大传》：“尊祖故敬宗，敬宗故收族，收族故宗庙严。”陈澔集说：“收，不离散也。宗道既尊，故族无离散。”这里的大宗是氏在后来的发展，庙是中杆在后来的发展。

② 虽然氏还有因官而来，因上辈的字而来，因爵而来等多样情况，但一是因地而来最多，二是其他来源都与地域有这样那样的关联，更为重要的是，都要集中到中杆上。而中杆的内容在相当的时段内，地的社神占有重要的地位。这是一个更为复杂的问题，将另文讲述。

③ 马叙伦把旗下之人释为大人：“旗，标识，西人所谓有图腾。等字中的字即字，亦即大字。故非矢也。”（李圃主编《古文字诂林》第六册，上海教育出版社，2002，第480页。）叶玉森则释为俘。萧兵把族与旅相连，旅为旗下之人，族亦为旗下之人。（萧兵：《中庸的文化省察》，湖北人民出版社，1997，第57—64页。）

④ 《说文》：“族，矢锋也。束之族族也。从㫃从矢。”丁山说：“矢所以杀乱，㫃所以标众。”（《古文字诂林》（第六册），第481页。）

国文化的以亲子之爱为核心的仁爱由之产生出来，氏突出的是地域，以兼爱为核心的天下胸怀由之产生出来，族彰显的是武力，以威仪为核心的氏族之壮美由之产生出来。

从地上之人的角度来看“中”，既体现为作为中心的中杆，又体现为由中杆而向四方扩展旗帜。由中以及旗帜的四方扩展，形成了中国天下东西南北中的五方观念。而立中之地的“口”乃一神圣之空间，这一空间在文化的演进中，由东西南北各村落中的空地，演进为山丘水泊中的亜形坛台，进而演进为城邑中的宗庙，最后演进为京城的宫殿。其核心是为体现帝王在天下之中的威仪。而旗，则演化为旌旗车马仪仗体系，其核心呈现官僚体系的威仪。《礼记·少仪》和《荀子·大略》都提出了“朝廷之美”。孔颖达对之进行解释说：美即是容即是仪，朝廷之美就是威仪。[①] 而朝廷的威仪之美，正是来源于远古之中，以及在中的观念基础上演进而来的美感结构。

第二节　社坛：中国之美观念的演进

一　坛台：从文字、考古、文献看其起源

中国古礼（仪式）源远流长，古礼的仪式中心，最初是空地（墠），随后坛台兴起成为中心。从文字学上，《说文》曰：“坛，祭场也。”《释名》曰：“台，持也，筑土坚高。”前者说了坛台的文化性质，后者呈现了坛台的建筑形制。坛台虽产生久远但甲骨文无字，盖坛台二字都是从建筑形式着眼形成的字，而上古的坛台种类性质功能甚多，如社、稷、禅、畤、丘、墟、土、杜……当各类的坛台演化到西周时，方在古礼体系中有了确切的定位。因此，壇（坛）臺（台）二字才在金文里出现。先秦两汉学人对于坛台的论述，都从这一点或那一面关联到上古坛台的实际。从坛台的物质构形和产生逻辑看，是空地中心的进一步发展以及精致化和观念化，对于空地中心有质的提升。郑玄释《礼记·祭法》曰：“封土曰坛。”空地基本上是由自然场地形成，坛台则具有了一定的物质形式和技术含量，用建筑形式围起一个带有观念外观的空地。空地没有明显边界，坛台则用建筑形式形成边界，并由之形成一种象征体系：当人跨入建筑边界，会明显地意识到，是从世俗空间进入了神圣空间。坛台产生之后，空地（墠）的空间就成为坛台的附属。

---

① 《礼记·少仪》和《荀子·大略》有相同的话：“言语之美，穆穆皇皇。朝廷之美，济济翔翔。祭祀之美，齐齐皇皇。车马之美，匪匪翼翼。鸾和之美，肃肃雍雍。”对《少仪》中“朝廷之美，济济翔翔”，孔疏曰：“济济翔翔者……谓威仪厚重宽舒之貌。”

空地中心之墠变成了两个部分：作为空间中心的坛台和作为坛台周边或其中的场。当郑玄说"封土为坛、除地为墠"之时，指的是两种历史类型。当颜师古在《汉书·孝文帝纪》注曰"筑土为坛、除地为场"，坛场乃新的祭祀建筑整体，如段玉裁注《说文》"坛"讲的："坛之前又必除地为场。以为祭神道。故坛场必连言之。"

从考古上，发现坛台的遗址有：长江中游大溪文化的城头山(6000年前)，巢湖流域的凌家滩文化(5600—5300年前)，河南龙山文化的鹿台岗(4500—4000年前)；长江下游崧泽文化(6000—5100年前)的南河滨，以及良渚文化早期(5000年前后)的卢村、达泽庙、赵陵山，中期(约4800年前)的瑶山、汇观山、反山、大坟墩、荷叶地，晚期(约4400年前)的寺墩、丘承墩；东北辽河流域红山文化早期的白音长汗(6000年前)，晚期的东山嘴(约4800年前)和牛河梁(5500—5000年前)、胡头沟(同上)，内蒙古阿善三期文化晚期(约4240年前)的黑麻板、阿善、莎木佳，内蒙古夏家店文化(4300—2500年前)的岱王山、鸡公子山、平顶山、红山后，甘肃齐家文化(4000年前)的喇家、大河庄、秦魏家，陕西龙山文化(4000年前)的石卯祭坛①。地域横跨东西南北中，时代大致是从五帝到夏。

从文献上看，坛台出现得很早，虽然《山海经·大荒西经》讲女娲在"广栗之野"，以空地为主，但《楚辞·天问》也提到女娲有璜台。《周易·系辞下》讲伏羲"仰则观象于天，俯则观法于地"，既可说是在有中杆的空地，也可以说是在台上。从更宽广的视角看，女娲、伏羲作为一个悠长时代的符号，空地和坛台同时并存，而以空地为主。黄帝时代则坛台大兴。黄帝有轩辕台，与颛顼争帝的共工在昆仑山有以自己命名的共工之台。传说中五帝之一的喾有帝喾台，唐尧有帝尧台，尧之子丹朱有帝丹朱台，尧所传位的舜有帝舜台②。夏王朝建立者夏启有钧台，其最后一位终结者夏桀有瑶台。如果把女娲、伏羲看成8000年前中国农业文化产生时的主要象征符号，以黄帝为代表的五帝和与其争帝的众多竞争对手看成6000年前"共识中国"观念产生时的主要象征符号，那么，从8000年前到6000年前到4000年前，坛台的不断出现正说明其重要性和中心性。不过在文献中，不仅从坛台的角度，而把坛台与其他要项关联起来，可以看出：女娲、伏羲时代虽

① 赵宗军：《我国新石器时期祭坛研究》，硕士学位论文，安徽大学，2007年；王其格：《祭坛与敖包起源》，《赤峰学院学报(汉文哲学社会科学版)》2009年第9期；《陕西石卯遗址发现4000年前祭坛遗址》，《中国文化报》2014-2-25。

② 帝喾台、帝尧台、帝朱丹台、帝舜台，皆见《山海经·海内北经》，袁珂校注，北京联合出版公司，2014，第272页。

然已有坛台，但以空地中心为主；夏代以后虽然仍有坛台，但屋宇是仪式的中心；而五帝时期则是以坛台为主，这正与红山文化和良渚文化里祭坛的辉煌相对应。

从以观天为核心的中杆的演进逻辑来讲，从空地到坛台，其继承的一面是：把作为空地的核心物中杆搬到坛台上去；而发展的一面是：在空地上由中杆而观察体悟出来的关于天地知识，在中杆和空地只得到极为简略的体现，而在坛台上却外显为一种精致的建筑结构。且以牛河梁祭坛为例：三环圆坛和三重方坛，象征天圆地方。圆坛的拱式外形是天穹的象征，三环表现了二分二至的日行轨迹，三个同心圆则分别表示分至日的太阳周日视运动的轨迹。方坛的三衡由淡红色圭状石柱组成，是古代表现黄道的惯用象征。牛梁河的圆方二坛，其象征手法与《周礼》及以后的文献关于天地二坛的理论规定、明清北京的天地二坛实体多有相合。可知祭坛是作为宇宙的象征形式出现的，祭者来于坛上，犹如行于宇宙之中，与天沟通，得到天命。牛河梁的坛台仅是中国大地东西南北各类坛台之一种，从文献上讲，坛台的起源甚多，类型甚广，仅从现在京城的名坛看，就有天坛、地坛、日坛、月坛、社稷坛、先农坛、观象台……如果从这后世进行整理之后的归类，回溯到坛台起源之时，联系到历史主线的演进，即从空地中心到坛台中的跃进，坛台的观念里，最为重要的内容是——社。

二　社：上古时代的初义

在规范后的汉语里，坛（壇）台（臺）二字是从坛台的建筑形制而来，而社则是从坛台的观念内容而来。但在造字之初，社却既内蕴着观念内容又呈现着建筑形制。坛台在甲骨文里无字，而社呢？斯维至说，即甲骨文里的[illegible]或[illegible]，本像巨石[1]；王慎行说，"社"甲骨文是[illegible]（七集 67），也即后来金文的[illegible]（师虎簋），"象社主竖立在木旁之形"；马叙伦说，木为标识[2]。更为重要的是，清人王念孙、朱骏声，今人王国维、戴家祥等皆说，社土古为一字，土为社的初文。甲骨文和金文里的"土"字有：

（粹二一）　(907)　(3·584)　（甲二七七三）

(904)　（佚21）　（前七·三六·一）　（后二·二八·三）

---

① 《古文字诂林》（第一册），第 187 页。

② 同上书，第 189 页。

土字之形总的来说，有三个部分：第一部分“_”像地（商承祚，林义光等）。“_”表示地为共识，可想为社坛的内容最初来源于空地，筑成坛台之后，“_”是坛台上的地面空间场地。第二部分，是地上之物，古文字中有三类：“丨”“Ɨ”“0”。讲了社起源的三种类型。“丨”与中杆最为相似，即马叙伦讲“丨”为标帜，象旗帜的交龙图案。“Ɨ”象植物，包括象征生命的宇宙树和象征农作物之稷。社最初以在山丘上或郊外为主，夏商周的社都是有树的，《论语·八佾》曰：“夏后氏以松，殷人以柏，周人以栗。”[①]社字“_”上的0是最多的，0本身就有多样的来源。或曰像土块（王国维、商承祚等），或曰像物从土中出来（徐中舒，林义光，高田忠周等），或曰像生殖器（郭沫若，陈独秀等），这时$\underline{\text{Ω}}$等的内涵同于甲骨文中的“祖”（[字形]乙一三一九，[字形]甲二四九）字，更多的是解为神主，神主或为土，或为石，或为木（中杆和树木）。而土、石、木、树，起初都与天文观测有关。0旁的小点，或曰如扬尘（孙海波，金祥恒），或曰血祭之血（丁山，彭裕商），或曰灌礼之酒（白川静，魏建震）。这不但与坛台上的仪式有关，还关联着仪式所内蕴的观念内容。

社的三个部分，被给予了众多的解释。如果不从字形、字源上去讲，而从考古和文献中去讲，就可以发现，社坛是中国文化形成的一个重要阶段。如果说空地上的中杆，是对天进行了一种中国型的观念建构，那么，坛台之社，则对大地进行了一种中国型的观念建构。如果说，空地中杆的宇宙建构以天为核心，那么，坛台之社的宇宙建筑则是以地为中心。如果说，北斗是天之中心，以此为中心，日月星辰进行有规律的运行，那么社是地上的中心，正如郑玄注《礼记·郊特性》所言：“国中之神，莫贵于社。”以社为中心，山岳平原江河湖海形成有规律的地理世界。远古中国地理多样，因此东西南北各有自己的社。《墨子·明鬼下》讲，燕有祖[②]，齐有社稷，宋有桑林，楚有云梦，性质相同，都是社。《墨子》从天下众多的社（如文献里的陈社、郑社、曹社、鲁社、魏社等等），只选出燕齐宋楚四国的社名来讲，在于这四种名称正好可以把社的特征基本呈现出来：社稷是其总名，桑林和云梦是郊社的两种基本类型（山中之社和水泽之社），祖是社的核心（天之生的原则以人的交合为代表来象征）。因此，一方面用四国之社可以知其在地理形胜（《郊特性》讲的山林、川泽、丘陵、坟衍、原隰，谓之五土）、坛台形状、神主形式等方面，是有所不同的；另一方面，无论各种各样的社有多么大的

---

① 商承祚讲，“社”演进到篆文时，《说文》说是“[篆文]”，其时[篆文]应作[篆文]，因此，土中树木即社。参李圃主编《古文字诂林》（第一册），第 186 页。

② ［唐］释道世：《法苑珠林》，周叔迦、苏晋仁校注，中华书局，2003，第 1368 页：“燕之有祖泽，犹宋之有桑林，国之大祀也。”

不同，却有社坛的共同特点。正是这些共同特点，构成了社坛的来自空地，又有别于空地的特色，具体来说有三，且列三节以述之。

三 社的特征之一：天地的互动与社坛中心的继承性

正如空地的主要功能是与天交往一样，社承接了空地的功能，与天交往是其中心。孔颖达疏《诗经·灵台》："四方而高曰台，以天象在上，须登台望之，故作台以观天也。"《礼记·中庸》说："郊社之礼，所以事上帝也。"[①]讲的都是这一核心。具体地讲，在古人看来，"天地之大德曰生"（《周易·系辞下》），而生这一宇宙原则具体由天地相合（天之气与地之形）来进行。地的精神通过社来体现，这就是应劭《风俗通义·祀典》引《孝经纬》讲的："社者，土地之主，土地广博，不可遍敬，故封土以为社而祀之。"孔颖达疏《周礼·大宗伯》引《孝经纬》曰："社者五土之总神。"而社所承载的生的原则，又是在天地一体和天地互动中完成的。《礼记·郊特性》曰："社，所以神地之道也，地载万物。天垂象，取财于地，取法于天，是以尊天而亲地……国主社，示本也。"因此"社"着眼的是地上万物的生长，但地上万物的生长又要靠天——"天地交而万物生"（《周易·泰·彖传》），"天地感而万物化生"（《周易·咸·彖传》）。而社坛是以万物的生长为中心，对整个天地进行一种新的观念组织。从甲骨文到先秦文献，"社"的功能与日月有关，与风云雷雨有关；最主要的，是关联到四方风和四方神[②]。这实际上是与季节和天地一体互动，进而四季四方提炼为五。《左传·昭公二十九年》讲"社稷五祀"，《太平御览》卷 529 引《汉旧仪》释曰："五祀，谓五行金木水火土也。木正曰句芒，火正曰祝融，金正曰蓐收，水正曰玄冥，土正曰后土。皆古贤能治成五行有功者也，主其神祀之。"土在五行里为中，社坛即以土为中心把木火水金组织起来。因此，社以土为主而把天地整合起来，服务于宇宙的生之原则。马王堆西汉出土的帛画中央画一正立大人，其头部左侧题字曰："太一将行，口口神从之。"其左腋下有题"社"，体现的正是北斗太一为天之中，社之后土为地之中，太一与社神合一[③]，社与四时（季）相连，天、地、四时构成一个整体。因此，《礼记·王制》正义中引《孝经讳》说："祭地之礼与祭天同。"如果说，东北地区红山文化的祭坛，显出与后来坛台定型观念的契合，那么东南地区自崧泽文化到良渚文化而蔚为大

① 朱熹《四书集注》"中庸章句"注云："郊，祭天；社，祭地。不言后土者，省文也。"这里朱子明显以后来郊天和郊社区分后的现实而推上古之事，错。

② 李学勤：《商代的四风与四时》，《中州学刊》1985 年第 5 期。

③ 尹荣方：《社与中国上古神话》，上海古籍出版社，2012，第 14 页。

观的祭坛形制，则透出当时天帝观念的特点。崧泽文化的祭坛形制都呈覆斗形，良渚文化则继承了这一形制，学者认为，祭坛以这一形制出现，是与北斗观念相关的[①]。良渚文化的祭坛，被学界普遍认为与文献中的社坛相似。刘斌在其中的两座重要祭坛中花了两年时间进行立杆测日影的实测工作，证实了两祭坛的天文功能[②]。社坛接替空地作为中心，在保持对天的核心地位的尊敬的同时，着重于地的现实。而这一重地的新观念之所以出现，并以社坛的建筑形式体现出来，在于农业文化的演进。

四　社的特征之二：农业关怀与社坛体系的建立

当中国远古进入农业文明之后，宇宙的生的原则在地上的体现，就开始集中在农业生产上。而社以独立的面貌出现，是在农业文化的普遍演进并有了相当的规模，与有天下胸怀的大地域的形成而产生的。在文献中，社的出现与两大集团有关：一是西北来的羌姜集团的"共工氏有子曰句龙，为后土……后土为社"(《左传·昭公二十九年》)[③]。一是在南方成势并进入中原又扩向西北的炎帝集团的"烈山氏之子曰柱，为稷，自夏以上祀之"(《左传·昭公二十九年》)。社是作为土的总概括而来，稷是作为农作物的总概括而来。《礼记·郊特性》正义引《孝经纬》曰："稷者五谷之长也……五谷众多不可遍祭，故立稷而祭之。"在农业成为支柱产业的社会，土地中最为重要的是农作物，因此作为农作物象征的稷坛得以产生。但农作物是建立在土地上的，因此作为土地象征的社坛得以出现。社负载拥有领土的象征性，稷是领土中最重要的拥有物。因社与稷的紧密关系，现实中既可分为二坛，亦可合为一坛，在祭祀中可分祀也可合祀。合为一坛，二者在观念上的整体性甚为清楚，分为二坛，其整体性中的区分甚为明白。但因二者的紧密关联，在语汇上往往合称，以突出坛台中心的时代(有时只言社不言稷，也如郑玄注《周礼·地官·封人》中讲的"不言稷者，稷，社之细也"[④])。以社稷为代表的坛台成为中心，是农业文明达到一定阶段而产生的。《山海经·海内经》讲了一个长长的世系历史："炎帝之妻，赤水之

---

① 吴汝祚、徐吉军：《良渚文化兴衰史》，社会科学文献出版社，2009，第 73 页。

② 刘斌：《神巫的世界：良渚文化综论》，第 193—201 页。

③ 王震中《共工氏主要活动地区考辨》(《人文杂志》1985 年第 2 期)说共工来自西羌。何光岳《句龙氏后土的来源迁徙及社的崇拜》(《中南民族学院学报》1996 第 6 期)说共工乃炎帝集团。扎拉嘎《共工神话与杭州》(杭州社科门户网站 http://www.hzsk.com/portal/n1582c93.shtml)说共工是东南的马家浜文化、崧泽文化、良渚文化。笔者想，炎帝集团北进和西进之后，与羌姜集团融合，而炎帝也为姜姓。从源头上讲，共工以西羌为主，从后来的发展讲，融合了神农-炎帝集团。

④ 社与稷更详细的统一与区别，参魏建震：《先秦社祀研究》，人民出版社，2008，第 162—174 页。

子听訞生炎居，炎居生节并，节并生戏器，戏器生祝融，祝融降处于江水，生共工，共工生术器，术器首方颠，是复土穰，以处江水。共工生后土。”《国语·鲁语上》云：“共工氏之伯九有也，其子曰后土，能平九土，故祀以为社。”炎帝、神农后来合为一体，在于二者确有农耕的共性，作为远古的重要符号，象征着农耕文明的产生和初具规模，后土为社是炎帝经过炎居到节并到戏器到祝融到共工这一漫长的演进之后，才产生的。而《左传·昭公二十九年》讲烈山氏即炎帝之子曰稷，可见农业初具规模，稷神就产生了。但稷祭是与天祭祈年关联在一起的，是天的配祭（内容是在求天中祈年）。而后土为社，则是共工称霸九州，在中原称帝的时代①而产生的。社标志着天地秩序的重新整理。共工曾短暂地称霸中原。《管子·揆度》有“共工之王”一语，“王”字之下有注曰：“帝共工氏继女娲有天下。”张湛注释《列子·汤问》说：“共工氏兴霸于伏羲、神农之间。”共工的霸权很快受到了颛顼的挑战②。共工的霸九州而产生社的时代，正是颛顼进行《国语·楚语》所讲的“绝地天通”的改革时代③。所谓绝地天通，有多重含义，透过各种文献，参之以逻辑，可知它是一种天地秩序的重整。王巫垄断了通天的权力，断绝一般人（家为巫史）通天的权力，也可以说各个乡村聚落（之家巫）都有的在空地中心上观天讲天的权力，被集中到地域方国巫王身上。进一步演化，就出现了当时两大集团，共工和颛顼，谁能霸九州，帝天下，独掌通天权力的问题。后来共工失败，怒而触不周之山，使“天柱折，地维绝”。其深层意蕴应该反映着空地中杆（天柱）中心观念的衰落和新的社坛观念的产生。由于共工既是思想和社会改革（社坛中心的出现）的成功者，又是政治和军事斗争的失败者，因此一方面共工被书写为天地秩序的破坏者，另一方面由他所“生”的句龙却仍作为社神而被天下共认。在文献上，对共工折天柱绝地维进行修复的有两人：一是颛顼的“绝地天通”，一是女娲“炼五色石补天”。这里女娲既是时间上延绵甚长的族名，也是该族的首领之

---

①　王震中《共工氏主要活动地区考辨》（《人文杂志》1985年第2期）讲九州（九有）即当时的中原一带。

②　《列子·汤问》和《淮南子·天文训》都讲共工与颛顼争帝。这应是共工的西方集团与颛顼的东方集团之争，这里的东和西只是初源。当此之时，东方诸族与西方诸族已经过多次分合融组。因此共工与炎帝有关，与东南有关。颛顼为黄帝之孙。《史记》司马贞补《三皇本纪》讲共工与祝融争帝。按《山海经》“祝融生共工”，这是一场内部的领导权之争，在共工与颛顼争帝之前或之后皆有可能。

③　《国语·楚语下》曰：“及少皞之衰也，九黎乱德，民神杂糅，不可方物。夫人作享，家为巫史，无有要质。民匮于祀，而不知其福。烝享无度，民神同位。民渎齐盟，无有严威。神狎民则，不蠲其为。嘉生不降，无物以享。祸灾荐臻，莫尽其气。颛顼受之，乃命南正重司天以属神，命火正黎司地以属民，使复旧常，无相侵渎，是谓绝地天通。”

名。女娲补天发生的时间，《列子·汤问》讲是在共工与颛顼争帝之前，面对天地的"不足"而"炼五色石以补其阙"。王充《论衡·谈天》说是在共工和颛顼争帝而造成"天柱折、地维绝"之后。因此透出天地的崩坏和复修是一个较长的过程。不管具体过程是怎样的，颛顼和女娲复修天地的方式在后来的历史中保留了下来。一是建立了社的体系。社分成了天子京城的大社，拥有通天的权力，以及各诸侯、大夫、士，乃至村落之社。诸侯以下的社只是各自所拥有的土地的象征。《礼记·祭法》[①]讲了社的基本体系，首先是作为整个天下(群姓)土地象征的大社；然后是作为天下直辖区域(京畿)的王社；再后，是作为诸侯国整个领域象征的国社；再然后，是作为诸侯直辖领土的侯社；最后，大夫以下按同一规则建立的置社。这里只有作为天下象征的大社具有与天交往的功能，而成为拥有天下的象征。这一社的层级体系，应透出了些颛顼绝地天通的具体内容。二是在社的体系中心作为拥有天下象征的大社，其建筑形式就是象征天下的五色土。这正是女娲补天的主要内容。看看从崧泽文化的祭坛(海盐仙台序庙遗址和嘉兴南河滨遗址)到良渚文化的祭坛，基本都用三色土(也有四色，如海宁大坟墩遗址)封筑而成，可以看成女娲五色的一种地域变体或初型。而在《逸周书·作雒》里，建于国(都城)中的大社，就已是定型的五色土了。在空地中心，谁都可以因地制宜地立杆祭天，建木测影。此时社的体系则是一个具有新的天下秩序的层级体系。与天的交往，只能由天下的最高领导(王)在大社的社坛上进行。而其他社的功能依其层级而递减。坛台中心社的体系的建立，是一种新天地秩序的建立。而这一社的新观念体系的建立，在思维方式上又是用空地中心时代"中"的原则进行的。颛顼战胜了共工，却保持了共工之子句龙的后土地位。当时的各种观念里，木(句芒)、火(祝融)、金(蓐收)、水(玄冥)、土(后土)同时并起，而土之社坛成为中心，但成为中心也并不排斥其他，而是将之同时圣化并整合在社的体系之中。社坛成为中心并建立起了一个社的体系，最初这个中心不是在国之中，而是在郊外。在考古上，社坛体系最为辉煌的，是东北的红山文化和东南的良渚文化。前者最大的祭坛是东山嘴祭坛，在方国之郊的山丘之中。良渚文化的祭坛，既有在聚落之中，也有在聚落之外。综合起来，在郊外是主流。文献上，社坛体系最为辉煌的是《山海经》中黄帝、尧、舜等在昆仑之丘(或虚)上的坛台。《海内西经》讲："昆仑之虚在西北，帝之下都，昆仑之虚方八百

---

① 《礼记·祭法》："王为群姓立社，曰大社。王自为立社，曰王社。诸侯为百姓立社，曰国社。诸侯自为立社，曰侯社。大夫以下成群立社，曰置社。"

里，高万仞。”在昆仑上建台，虽然不是聚落或邑或城的中心，但坛台的位置不是以具体的地域和集团的位置来决定，而是为天下的观念所左右的。《山海经》讲昆仑在“帝之下都”，说的正是天上的中心之帝在地上的中心。黄帝号轩辕，在《山海经》里，有轩辕之丘、轩辕之国、轩辕之台。丘、国、台的互用，透出了坛台或在丘或在国的多向性。当作为地之象征的社坛最后在京城结构里定型为城内的社稷坛和城外的地坛这种二分结构时，显出的仍是社的观念体系的复杂性。而上古的社坛，无论是考古上的红山文化和良渚文化之祭坛，还是文献上的黄帝、尧、舜之昆仑坛台，可以看出三个特点：一是如良渚文化的祭坛那样，以方形为主，盖为结合地的四方和天的四时而又强调地的结果；二是如红山文化东山嘴那样，圆形坛与方形坛并置在一块，讲究天与地的合一而又强调地的重要；三是主要在郊外在山上，这是与社的另一根本性质相关联的。

五　社的特征之三：生命的繁衍和社与祖的结合

社，之所以代替空地之中，而成为文化的中心，在其与“中”本有内容的内在关联，这一关联就是在“中”所体现的天的本质——生。天是一个整体，这一整体的性质，是生命的繁衍，即《周易·系辞下》讲的“天地之大德曰生”。氏族生命的繁衍和农作物的繁衍，都是天地之大德“生”的具体体现，而在远古依母系而生的时代，生命繁衍的实际行为在社坛中进行，社坛是生命繁衍神化之地。因此，社坛的仪式正是在天地大德的基础上而产生出来，又实际地有利于氏族的发展。从而，社坛与氏族祖先——先妣紧密地联系在一起。当人把自己的祖先看成与动物等同之时(西方学界所谓的图腾时代)，天的生之大德，从中杆的图案上体现出来。《周礼·春官宗伯·司常》讲各类中杆上的旗帜，以“日月为常”开始，“交龙为旂”次之。“常”这种旗上的日月图案，透出了日月交替是生之基础；“旂”这种旗上的“交龙”图案，郑玄注曰：“交龙，一象其升朝，一象其下复也。”正如汉画像中伏羲女娲的交尾一样，是“生”的形象化。用《淮南子·泰族》的话来讲，是“螣蛇雄鸣于上风，雌鸣于下风，而化成形，精之至也”。这一生的形象化，当由以动物为主的时代演化到以人物为主的时代之际，体现为人与兽的合一形象，如《山海经》中东西南北之神，句芒、蓐收、祝融、禺强，都是乘两龙，帝或王的神性也由两龙来体现。

《风俗通·声音》：“昔黄帝驾象车，六交龙毕方并辖。”夏的开朝人物夏后启，其形象也是“乘两龙”，皆象征天之生的原则。而社坛的一个重要功能，正是生殖原则，社字的[illegible]被解释为土块时作“息壤”，是一种可以自行

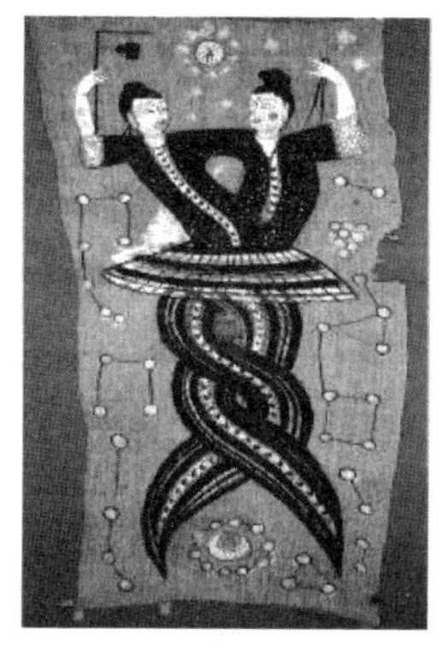

图 3-3　汉画像与新疆出土的伏羲女娲交尾图

图 3-4　《山海经》中的句芒乘两龙

生长的土块。《山海经·海内经》讲当人类面临洪水时，鲧从天帝处把息壤偷窃出来，虽然因其不待帝命，被处决，但其子禹却用息壤治平了洪水①。这段故事，隐约地透出了，天之生的原则成为地上的原则，成为社坛的核心。在更古的以中杆为中心的空地中，姓、性、旌都具有生的意义，这是由北斗之气而来的“生”。而在坛台中心，坛台承接了空地中杆的生的功能，并将之地上化和扩展化了。社坛上的建筑中心形式，无论是中杆型的“|”，树木型的“♦”，还是土块或石块型的“0”，都与大地的生紧密相关。而这一“生”的意蕴体现在人上，就体现为与人生殖繁衍相关的“皋禖”。闻一多引述古今学人的论述，讲了皋禖就是《楚辞》里讲的浪漫无比的高唐。高唐是

① 《山海经·海内经》：“洪水滔天，鲧窃帝之息壤以堙洪水，不待帝命.帝命祝融杀鲧于羽郊.鲧复生禹，帝乃命禹卒布土以定九州。”郭璞注曰：“息壤者，言土自长息无限，故可以塞洪水也。”《淮南子·地形训》：“禹乃以息土填洪水。”

郊社的音变，高禖即郊禖，高郊可通；唐为杜之别名，杜与社同义。因此，郊社、皋禖、高唐、高阳，本质相同，皆乃远古的社神①。杜佑《通典》卷55引晋代束皙的话："皋禖者，人之先也。"②闻一多论证了远古的女娲、颛顼时的女绿、夏的涂山氏、商的简狄、周的姜嫄，都是高禖（社神），同时又是各自氏族的先妣（女祖先）。如果要还原到更古的时代，那么，这些先妣就会与动物有甚密的关联。女娲是人首蛇身，抟黄土造人；简狄在高台上因玄鸟而生商的祖先契；姜嫄踏巨人迹而生周的祖先稷。从古代文献中可以看出，天、地、树、禽兽、人在宇宙的生的原理中统一起来，而由天（日月星辰风云雷雨）的突出到地（土、树、禽、兽）的彰显，到人的重要，宇宙之生的整体没有变，但重点却在演进。在人的演进中，又有一个从女祖先（先妣）到男祖先的演变。闻一多讲了，与伏羲同时的女娲、作为颛顼另一形象的高唐、禹的涂山氏、商的简狄、周的姜嫄，都是各族的社神，也是各族的先妣③。按此思路，还可以加上黄帝的正妻雷祖（按《山海经·海内经》）或嫘祖（按《史记·五帝本纪》）。雷祖，透出了与天神的关系，希腊的宇宙主神宙斯是雷神，中国远古仪式中最重要的鼓与雷相关联：春天的到来以雷来宣告，天之生首先从春雷中显示出来。叫嫘祖，突出她乃蚕的发明者。蚕与桑林紧密相关，颛顼"实处空桑"（《吕氏春秋·古乐》），其社坛在桑林中，商汤祈雨于桑林（《吕氏春秋·顺民》），其社坛也在桑林中，因此，嫘祖亦为桑林之社神。从雷祖到嫘祖，体现的正是从天到地上的演进，对应着黄帝从北斗之神演为地上之帝。联系到红山文化的社坛是坛、庙、冢作为整体出现，而在庙中是一女性神祇。苏秉琦认为这女神是女性祖先，也应是从社坛中心的时代精神去考量而得出来的。

图3-5　红山文化的女神

---

① 《闻一多全集》（第一集），第99页。

② （唐）杜佑：《通典》（二），中华书局，1998，第1551—1552页。

③ 闻一多：《高唐神女传说之分析》，《闻一多全集》（第一集），第81—116页。

图 3-6　红山文化的祭坛

坛台中心突出的是宇宙的生的原则。从这一角度看，“社”字□、□、□型里□旁的小点，体现是天地交合之气。如《礼记·乐记》所讲的“地气上齐，天气下降，阴阳相摩，天地相荡，鼓之以雷霆，奋之以风雨，动之以四时，暖之以日月，而百化兴焉”。《诗经·甫田》“以社以方”，毛传曰：“社，后土也，方迎四方气于郊也。”北极太一之气，具体为四方四季之气，万物由之而生，天为乾，地为坤。《周易·系辞上》曰：“乾道成男，坤道成女。乾知大始，坤作成物。”《周易·系辞下》曰：“天地絪缊，万物化醇。男女构精，万物化生。”因此，坛台中心体现的是天地人一体的生的原则。在这一生的原则后面是对氏族繁衍和农作物繁衍的幸福向往。世界各文化中大地女神、生殖女神、氏族女祖的一体在中国远古，就整体性地体现在社坛的建筑形制和观念体系上。

六　社坛在远古的功能及进一步的演化

坛台的功能，可以从古籍中的三句话来体会：第一句是“登之乃神”；第二句是“登之乃灵”；第三句是“乃登为帝”①。头两句，从同上讲，神与灵意义相同，北方语汇多用“神”，而南方语汇多用“灵”：从异上讲，神更实在，而灵更虚渺，神指整体而灵指内心。从世界文化的普遍性来看中国社坛的功能，可曰：“登之乃神。”就是当部落巫王穿着神的服饰面具在台上举行仪式，在巫术仪式的狂热歌舞中，他感到神降临到自己身上，自己由于神的降临而成为神。巫王的合法性和权威性就由这“登之乃神”而获得普遍的认同。“登之乃灵”，因为登上台这一人神交往的圣地，人仿佛成神，心特别地灵，举手、投足、发声、说话，都有了如神的魅力。从中国文化的特殊

---

① “登之乃神”和“登之乃灵”出自《淮南子·地形训》，“乃登为帝”出自《吕氏春秋·古乐》。

性来看中国坛台的功能，天地的生之神性和灵性此时灌注在坛台上举行仪式的人的心灵中，人感到自己就是天地生之精神的神性体现，从而其行为完全就是神灵的行动。“乃登为帝”，实际上就是远古巫王在台上举行就职仪式。但从社坛的生的精神上看，登台为帝所担负的天地的生之责任，应当从相应的仪式中表现出来。回到坛台中心的先妣起源和传统，其登之乃神、登之乃灵、乃登为帝的仪式，或如南方巫山上的高唐神女，朝云暮雨；或如西北昆仑丘上的悬圃之坛，使风使雨；或如东方简狄在桑林之台，玄鸟生契……虽然从经过变异的文献以及良渚文化和红山文化等祭坛遗址中，可以推想，那些坛台上为神为灵为帝的仪式，一定要凸显天地之生的核心观念，但其具体的样态究竟怎样，已经无法复原了。然而，从社稷的精神和台坛建筑形式，却呈出了这种仪式的中国特色。

从纷繁往复交错的现象中摆脱出来，从历史演进的大线来看中国上古的坛台中心现象，大致可以说，空地中心与天地交合的动物形象主导相关联，而社坛中心与天地人生殖的女人形象主导相关联。而当远古政治从女性主导转向男性主导之时，社神形象也发生了变化。上面讲的东西南北的女性系列，如女娲、嫘祖、高阳、涂山、简狄、姜嫄，作为社神和氏族领导合一的地位发生了根本性的变化。现存的三皇文献中，只在少数文献还把女娲保留其中，绝大多数的讲述已经把女娲排除在外，男性的伏羲则稳定地存在于三皇之中。现存的五帝文献，黄帝列首，而其妻则已进入后宫；高阳已经由女神变成男帝型的颛顼。当高阳由女性形象变成男帝形象之后，衍生出高唐或女禄作为颛顼的女人①。夏代的社神是涂山氏，在男升女降的史潮中，夏禹成了社神，而涂山氏演变成为等待夏禹的到来而满怀悲情的痴情女子。同样，商的简狄和周的姜嫄淡出，契和稷成为商与周的英雄始祖。在这历史的大变动中，一方面宗庙随着男性先祖成为政治主导而进入建筑中心；另一方面与女性主导紧密关联的坛台中心，开始出现多方面的分化。这一分化呈现了中国思维的经典方式。

坛台分化内蕴的现实内容有：第一，男女的权位之变，女巫主导变为男觋主导；第二，血缘组织的构架之变，以女性为主导的血缘结构变成了以男性为主导的血缘结构；第三，家国结构之变，在地理上，各地域方国演进为中央王朝，而王朝诸侯大夫的继承方式成为男性继承，最后演进为嫡长子继承制；第四，天地人关系之变，即天地人结构中以地为主变成以人为

① 《山海经·大荒西经》：“颛顼生老童，老童生重及黎，帝令重献上天，令黎邛下地。”秦嘉谟等辑《世本八种》：“颛顼娶于滕坟氏，谓之女禄，产老童。”《路史·后纪八》：“颛顼娶滕奔氏之女曰媇，滕奔，即胜濆。”《大戴礼记·帝系》：“颛顼娶于滕氏，滕氏奔子子谓之女禄氏，产老童。”

主。以地为主体现是社稷，作为社神的女性具有土地和植物同性的生殖特征，以人为主的体现是宗庙，土地和植物型生殖转变为人的姓族繁衍。这一变化是非常漫长的过程，但坛台变化的最后结果呈现出这一变化的基本理路和大致框架。

首先，是天坛地坛的分化。社坛是天地同祭，因此，社坛包含了后来的天坛与地坛。当从社坛中分出了专门的天坛和地坛，本有天地之生的整一性的社，被做了一种新的区分，同时重新进行了功能分配，这一过程到汉代才最后定型下来。而且受社坛中心原初模式的影响，天坛地坛被定位在郊外。从理论逻辑上可以这样说，当天坛地坛与人的祖先之宗庙和帝王的朝廷区别开来，人已经从空地中心和社坛中心的天地人混沌不分的观念中摆脱出来，而成为与天大地大一样的大了。这就是《老子》表述的“道大，天大，地大，王亦大”。也就是《论语》中表述的“大哉，尧之为君也，巍巍乎，唯天为大，唯尧则之”。

其次，是地坛与社稷坛的分化。社坛是天地人的统一体：从地的角度看，是整个大地的象征；从人的角度看，又是人的领土的象征。当人从天地中相对独立出来，具体思考地的问题时，社坛就分成两个部分：作为整个大地象征的地坛，与天相对，成为郊祭的对象；作为领土象征的社坛，则放在城中，与作为领土主人的宗庙紧密地并置在一起。稷作为农作物整体的代表，与领土一样重要，只要有领土就可以在上面种庄稼，只要在上面种庄稼，一定是你的领土。因此，稷坛与社坛并置一处（以后社稷合为一坛），成为王朝的象征。朝廷的社稷坛是作为拥有天下土地的象征，而各诸侯各大夫各士乃至每一村落，只要有自己的土地，就都有自己的社（村落的社后来成为土地小庙）。因此，正如中杆分为旗帜而把中的观念传导到东西南北各方一样，社的观念以王朝的社稷坛为中心，通过诸侯之社、大夫之社、士之社以及每一村落之社，把中的观念遍布到东西南北。

再次，领土之社与生殖之社的分离。在坛台中心里，集中并整合了天地人的生之观念。当宗庙代替坛台成为中心，社在由之而来的分化中，整体之地坛和领土之社稷坛进入以宗庙为中心的观念体系之中，而生殖观念则仍保留在郊外的台里。这就是《墨子》讲的，燕之祖泽、宋之桑林、楚之云梦。这一以生殖为核心的社坛，在文献中有三大流向：一是保持着传统习俗，沦为被儒家批判的桑间濮上的放纵艳情；二是把生之神圣加以浪漫化，成为襄王型的高唐神女之遇；三是进入制度性的审美领域。正是这第三个方向得到了最大的普遍化，而成为中国的普遍审美型态。而在这一方向的演进中，坛台在语汇上也有了一种分化。在物质形制上本为一体的坛台，在这一大的演化中，坛保持其神性，一般与神相关的都叫坛；而台则现实化，一方面与政治/军事相关，有拜相台、点将台；另一方面也是主要的一面，与游乐审美相关，这就是从春秋战国开始弥漫，在秦汉更为发展的城市宫苑中的高台美台，并在魏晋以后形成亭台楼阁体系中的台。坛台之所以作如是的分离，又与坛台本来合一的功能——求神功能/行政功能/科学功能/美学功能——在历史演进中的分离相关。中国文化一直是个实用理性很强的文化，远古之时，虽然坛台一直同与神交往相关，但目的不是为与神交往而与神交往，而是为了现实政治（农业丰收和氏族繁衍）而与神交往。台用建筑形式形成了一个边界，突出了神的专有性。台高出地面，与平地形成了俯仰关系，由台下望台上，突出了台上的崇高。因此，台用一种建筑形式区分出领导与群众，并以台上台下的建筑关系塑造了领导的权威。站在台上，感到比在台下更接近天空，领导人与神交往得到了一种感性的强化。台以台上天上的关系结构强化了领导的神性。台作为一种中国特色最突出的一点就是：在与天的关系上无顶而空，在与地的关系上四面皆空。无顶而空，表明了中国人在天人关系上的特色。在世界文化史上，巴比伦人建通天塔没有成功，但要建通天塔，表明其对通天信心的确定，但上帝让建塔之人相互语言不通，塔就没法建了。但这传说表明的仍然是对天为何、上帝为何的确信。巴比伦人的环形而上的塔，是对天堂的模仿，显示的也是一种对天的确切掌握。希腊神庙是封闭的，基督教教堂是封闭的，伊斯兰教的清真寺也是封闭的。这种封闭形式，显出了世俗与神圣的井然划分，暗示了神的具体性和确定性，表明了对宇宙的确切而明晰的掌握。中国的台无顶而空显出的还是对天的一种独特的深邃理解。对天的理解不仅是对于神性的星空，还在于理解星空之后；而且这个"之后"，不是一个具体的可名的东西，而是"无"。四面皆空，表明了中国人在人地关系上的特色，地既是大地，人之所由生，又是地上的子民；四面皆空，既突出了领导人与大地的亲合关系（对风水的强调），又表明了与子民的亲合关系（对血缘和地域的强调）；无顶而空与四面皆空的两个空，则表明了天地之间的亲合关系。从某种意义上说，中国文化的演化方向和思想特色，都已经包含在台这一种建筑形式里了。台的分化和朝着审美化方向转变，在《公羊传》里还保留着痕迹："天子有灵台以观天文，有时台以观四时施化，有囿台以观鸟兽鱼鳖。"（许慎《五经异议》引《公羊传》）春秋战国时期大量建造的台就是政治—审美—娱乐方向的产物。齐有桓公台，楚有章华台，赵有丛台，卫有新台，秦穆公有灵台，吴有姑苏台，鲁庄公一年之内边筑三台……《荀子·王霸》说，天子的威风，除了"饮食甚厚，声乐甚大，园囿甚广"之外，就是“台榭甚高”。春秋战国之台，追求的是“崇高彤镂”之丽。台作为一种审美/享乐设施具有两方面的效果。一是以下观上，观赏者与高台形成大与小的对比。从纯心理/生理层面看，在以下观上中，人由“内摹仿”活动，在感觉上一下就被提高了。二是以上观下。站在台上，仰可观天，俯可察地。既可触发一种深邃的宇宙人生意识，也可产生一种人在天地中的亲和感受。台四面皆空，人在台上，可以移动观看，游目四面，“楚王登强台而望崩山，左江而右湖，以临彷徨，其乐忘死”（《战国策·魏策二》）。这种台的观赏在以后的审美历史发展中精致化为亭台楼阁观赏体系，这也是中国文化与其他文化在建筑美学方面的重大区别之一，其基本原则仍为以下观上和登高的仰观俯察。王羲之在兰亭上，王勃在滕王阁上，欧阳修在醉翁亭上，所体现的观赏方式，与包牺氏的仰观俯察远近游目，在内在上是相同的。

最后，坛台与宗庙的位置变换。在坛台中心的时代，坛台是在郊外的。从考古上东南的良渚文化、东北的红山文化到文献中西北的昆仑之墟，坛台多在郊外。随着人的繁衍在文化中的重要性日益突出，与人的繁衍最为紧密的宗庙也日益重要。而宗庙型的屋宇是在城中的，当屋宇要成为文化中心的时候，本与人的血缘观念联系在一起的社稷坛也与之一道进入城中。而进入城中与祖庙相邻的社稷坛，是经过前面讲的观念分化和建筑分化之后才进入城中的。社坛的观念分化和建筑分化是由坛台中心到屋宇中心的非常重要的一步。这里，演进应该是多种多样的。其中较为典型的一种，就是作为建筑的坛台与周围地理的相对分离。文献中，一个重要的现象就是来自西北的黄帝在昆仑山上建立了坛台，成为与天上的北斗之中相对应的地上之中；进而形成了北斗（天上帝星）—黄帝（地上人王）—昆仑（地理方位）—坛台（建筑形式）的四位一体。郑玄注《周礼·春官·大司乐》曰：“天神则主北辰，地祇则主昆仑。”《春秋命历序》曰：“天体始于北极之野，地形起于昆仑之墟。”如此等等，都是讲地上昆仑与天上北斗的对应一体。《河图始开图》曰：“黄帝名轩，北斗黄神之精。”《尚书帝命验》曰：“黄帝含枢纽之府而名神斗。”如此等等，都是讲黄帝与北斗的精神一体，并具有天的生之内质。《庄子·至乐》曰：“昆仑之虚，黄帝之所休。”郭璞注《穆天子传》曰：“黄帝巡游四海，登昆仑山，起宫室于其上。”如此等等，都是讲黄帝在昆仑上的建筑营造而形成的地理方位与建筑形制的文化一体。《山海经·海内西经》曰：“海内昆仑之虚……上有木禾，长五寻，大五围。”《神异经》曰：“昆仑之山有铜柱焉，其高如天，所谓天柱也。”如此等等，都是讲昆仑建筑中的中杆（或建木）营造。但随着黄帝的向东推进及四向拓展，四位一体中的地理方位和建筑形式间产生了分离。在现实政治的需要中，黄帝之所在，要营造相应的坛台建筑，这一建筑在原来的四位一体中称为昆仑。昆仑的原来命名，不仅是地理方位，更内蕴精神内容。从精神内容着眼，黄帝在自己势力所到之处所建筑的坛台，仍应叫昆仑[①]。因此，昆仑出现在众多地方，出现了王念孙《广雅疏证》卷 9 下说的："昆仑所在，言人人殊。"[②]以及毕沅《山海经》批注说的"昆仑者，高山皆得名之"的现象。而这一现象的关键在于，帝王所在的建筑形式在体现天下之中上，比实际地理位置更为重要。因此，在天下之中的营造里，重要的是一种建筑形式的营造。对于黄帝时代来说，帝之所在和坛台之所在，即天下中心之所在。从这一角度看，建筑形式的艺术营造与天下之中的观念营造紧密地结合在一起。而比起地理形状，建筑形式可以自由地融进观念的内容。理解了这一点，对于远古的建筑演进极为重要。在这一意义上，从坛台时期开始，天下之中，直接体现在一种建筑形式上。而这一建筑形式(昆仑)随着黄帝势力的四面扩张而广布四方。建筑(昆仑)与地理(昆仑)的分离，是坛台时代观念的一种美学形式的扩张。正是在建筑形式的扩张中，中的观念得到了进一步的丰富。在黄帝昆仑的演进中，更为重要的是两点：一是昆仑的建筑形制由坛台向屋宇演进，成为政治中心的明堂；二是当其成为屋宇之后，明堂进入都城之中，成为都城结构的建筑中心。

第三节　祖庙：中国美学"中"的观念的演进

一　屋宇作为仪式中心的形成及其观念内容

中国远古仪式中心的演进，是一个非常复杂的过程。屋宇在上古遗址中很早就存在，但很多时候不是中心。比如在仰韶文化姜寨和半坡的聚落中，众多地小屋里明显有大屋子，但几组带着众小屋的大屋又围着空地，因此空地是中心；比如在红山文化的牛河梁遗址有神庙，但祭坛是中心。而在仰韶文化大地湾里，大房子成为中心。大地湾遗址共分五期，从 8000 年

---

① 《管子·桓公问》说："黄帝立明台之议。"班固《汉书·郊祀志下》进一步讲明堂即昆仑："上欲治明堂奉高旁，未晓其制度。济南人公玉带上黄帝时明堂图。明堂中有一殿，四面无壁，以茅盖，通水，水圜宫垣，为复道，上有楼，从西南入，名曰昆仑。天子从之入，以拜祀上帝焉。"

② 顾颉刚《昆仑传说与羌戎文化》说昆仑一词最先出现在《山海经》中，而《山海经》里，昆仑出现了 14 次(《西次三经》3 次，《北山经》1 次，《海外南经》1 次，《海外北经》1 次，《海内西经》2 次，《海内北经》3 次，《海内东经》1 次，《大荒西经》1 次，《大荒北经》1 次)，明显地这些昆仑在不同的地方。饶宗颐《论释氏之昆仑说》中讲，《山海经》《穆天子传》《楚辞》《淮南子》出现的昆仑，与《禹贡》中的昆仑明显不同。

前到 5000 年前，大房子出现在 5000 年前，正是中国文化形成的五帝时期。大地湾的大屋子有 290 平方米。前堂后室，左右厢房，前堂有三门，甚为威严。坐落在近千平方米的广场上。从建筑类型上讲，这一大广场用来立中，就是空地中心（如姜寨），用来建坛，即是坛台心（如牛河梁），用来筑屋，就是屋宇中心。大地湾的大屋子是作为中国上古三种竞争中心象征（空地、坛台、屋宇）的建筑形式之一而出现的，是在与东南西北各地域的空地中心和坛台中心的互动和融合中最后成为中心的。当以大地湾大屋子为代表的屋宇中心在历史的演进中成为主流之时，其与坛台的逻辑关系就会在建筑上表现出来。考古上发现夏商的宫殿都有一种高台化现象。这就是重要宫殿建筑都位于高台之上，从二里头宫殿到偃师商城到明清故宫的前三殿后三宫，无不如此。竞争中的胜利使之的普遍化和定型化对于中国远古文化的演进具有非常重要的意义。从历史演进上讲，屋宇中心可以直接来自坛台中心，也可以直接来自空地中心，从考古的现实看，东南地区多坛台中心（以良渚文化和红山文化最为明显），西北地区多空地中心（磁山文化和仰韶文化最为突出），而屋宇中心的出现，可以是从空地中心直接而来，也可以是吸收坛台中心而来。屋宇中心在远古中国的意义，在于它突出了上古仪式，由此而有质的改变。在空地中心里，中杆是核心，仪式的主题是人与天直接对话。在坛台中心里，大地是核心，仪式的主题是天的生之大德在地以及地上人的体现。在屋宇中心里，不是人与天的直接对话，也不是在天地之气使庄稼和人类的繁衍，而是以人本身为中心重新组织天地。当仪式（用现在的话来讲是最高领导人会议），从空地和坛台移到大屋子内举行。在仪式外形中内蕴了一种内容的改变，即从人与天的对话变成了人与祖宗的对话。这一从以天为主到以祖为主的变化，从两个方面体现出来，彰显了中国远古历史演进的特色。

一是体现天的中杆，由空地上移到了屋顶。战国后期出土的铜质建筑模型透出了这一演进方式。此模型"通高 17 厘米，平面接近方形，面宽 13 厘米，进深 11.5 厘米。面宽和进深均为三开间，正面明间稍宽。南面敞开，立圆形平柱两根，东西两面为长方格透空落地式立壁，北墙仅在中央部位开一长方形小窗。屋顶为四角攒尖形，顶心立一棵八角形断面的柱子，柱高 7 厘米，柱顶卧一大鸟，柱各面饰 S 形勾连云纹"①。这个房顶正中的大柱，从现代建筑学看，没有任何结构上的理由，从远古的文化逻辑看，却正是一个立杆测影的"中"。柱顶的鸟，正是天地交流的生的主题，是中国

① 王鲁民：《中国古典建筑文化探源》，同济大学出版社，1997，第 51 页。

文化关于神灵认知的具象表现，柱上的S纹饰，是中国文化关于神灵的抽象认识，柱面的八角形代表着八方，同于在坛台上能够进行的仰观俯察，是一种传统的天地人关系结构。这个房顶上的大柱，就是空地上的中杆，也是坛台上的中杆。把这代表直接面对天的基本原则的中杆放到屋宇的顶上，其功能就是要表明屋宇中心到空地中心和坛台中心的继承性。屋顶上有了这样一个虽然了无建筑结构理由，但却有重要政治理念意义的大柱，屋内以祖为中心仪式具有了天的支持。

二是把中杆(示)缩小为一个祖宗的牌位，放进屋宇的堂上。正是这一点体现了中国文化在神的观念上与其他文化的不同。远古文化，鬼神并列，人死为鬼，中国文化最重血缘，鬼是逝去的祖先，如果说在图腾阶段，人与动物、植物、气象具有互渗的同一性，其具有神性者都可成为神，是神鬼合一之�，鬼为神之外形，神为神的内质，那么，随着人逐渐与动物、植物、气象区分开来，作为人的祖先之鬼与非人而来之神性质有了区别，在这一区别的演进中，鬼成为了祖先神的专名，人的祖先实体地存在过，以实体为主，魖之外形的鬼因其实体性，而转到人死为鬼的词义上，与之相比，非人之魖，特别是天上之魖，以虚体为主，从而成神，与鬼相区别，这样，虚体的神因与实体的鬼相区别而神体化了。另一方面地上的各种魖，因要与人鬼与天神相区别，而成为鬽。因此，魖的演进在分层上形成了天神、地祇、祖鬼、物鬽四大类。但四类以鬼神为主，且鬼神在功能上无区别，都具有相同的力量，在人类史的演进中，对具体的氏族来说，鬼比神更重要，鬼是自己的祖先，保护自己的子孙是鬼祖的义务，因此人有事需要求神的时候，首先求的是自己的祖先神(鬼)。一般人的祖先能力有限，有些大事办不了，这时他们会去求一个更高的神，这就是初民观念中的天上之“无”或无形之“天”，以及先秦哲学中的宇宙之道，也可以是具体的神，如日神、月神、风伯、雷师、山神、河伯、地祇之类。对于帝王之类的最高领导人，他之成为帝王，是天之所命，天命如此，因此帝王的祖先具有最大的神力。殷商时代宗教氛围最浓，大事小事都要求神问卦，求问的是自己的祖先神。他们认为自己的祖先神就在天帝之旁，其功能与天帝一样。由于中国之神首先是祖先神，特别是在万国并立的远古，有的强起来，有的弱下去，有的长存在，有的灭亡了，起主要作用的，是自己的祖先神。亲(动词)亲(名词)是现实中人人都体验着的心理事实，也是观念中人神之间必有的心理事实。祖先神是可以在屋宇内的，这屋内就是祖先曾经生活和行政过的地方。从后来分化后的概念去回溯远古观念的演进，可看到这样一条大线，由以天神为主，到以地祇为主，到以祖鬼为主。虽以祖鬼为主，但天神和地祇仍是重要的，但这重要以祖鬼为核心来进行组织。最后的演进是祖庙里的祖先牌位。从以崇天的中杆到以敬祖的牌位为主，只是一条起点到终点的大线，中间过程非常复杂，叶舒宪梳理为由玉神像到柄形器到祖灵牌位[①]，从大线上讲应如是，但具体来讲非常复杂，比如柄形的功能，甚有争议。或讲为灌礼中圭瓒工具，从柄形器作为从中杆到牌位的一个中间环节来讲，在不同的族群中有多种方式，但这些不同方式都与祖鬼的功能相关。杜金鹏认为商代甲骨文中的"玉"字，就来自柄形器[②]，这对于孔子讲的君子"比德于玉"会有更深层的理解，但柄形器与祖灵的关联应是其核心。这里不扯进由中杆到牌位的具体演进的各种分歧，只从结果，即由空地中心到祖庙中心和由中杆核心到牌位核心上，讲远古观念演进。而把牌位作为一个符号，来代表走向牌位中的各个阶段（如柄形器为祖阶段）和各种方式（如圭瓒灌礼为主要方式）的观念核心。

言归正传，只要在屋内供上祖先的牌位，最重要的仪式（最高领导人会议）就可以在屋内来举行了。中文里，"宗庙"之"宗"透出了什么意思呢？乃最后的演进结果，是把具有神圣性的"中杆"微缩为祖宗的牌位（示），放到屋子（宀）里。同样，丁山讲，氏，作为中杆，就是"示"，示因与天神相通，表明正确（则），乃为"是"，因此，"示、是、氏三个字在古代是音同义通的"。[③] 示放进屋内成了"宗"，同时"是"放进屋内成了"寔"。不从中杆（示）和正确（是）的角度，而从族群整体的角度，则是由在中杆（示）之下体现集体理念的神圣性的"氏"转换成了在大屋子内的祖宗牌位前体现集体理念神圣性的"宗"。因此，作为中心的屋宇，就是宗庙。宗庙的出现，是以城（国）的出现为前提的。国，从字形看，是由对军事性的戈的强调而来，承接的是族字，把姓与氏进行具有军事特征的组织，成为族，把这一军族的组织从实际空间进行扩大和提高就是国（城）。国（城）运用自己的实力进行领土管理和财富聚累就是邦。邦，甲骨文金文中为

（前四·一七·三）　（此簋）　（豆闭簋）　（哀成吊鼎）　（螸壶）

邦的古义是栽界石于地，以划定边界，界石可石可木（无论石与木，都与中杆有关联），而且，边界的竖石或竖木，都是中心的中杆，及其所象征的神性向四周的延伸。王国维《史籀篇疏证》说："古封邦一字，《说文》邦之

① 叶舒宪：《玉人像、玉柄形器与祖灵牌位——华夏祖神偶像溯源的大传统新认识》，《民族艺术》2013 年第 3 期。

② 杜金鹏：《商代"玉"字新探》，《中原文物》2021 年第 3 期。

③ 丁山：《甲骨文所见氏族及其制度》，中华书局，1988，第 4 页。

古文作[illegible]，从之田，与封字从㞢从土均不合六书之指。㞢盖丰之讹。殷墟卜辞云：贞勿求年于[illegible][illegible]（前四・一七），[illegible]字从丰田，即邦字。邦土即邦社（古社土同字，《诗》冢土即冢社），亦即《祭法》之国社，汉人讳邦，乃云国社矣。籀文䋹字从土丰声，与𤰔字从田，邦之从邑同意，毛公鼎邦作[illegible]，从土又从邑。”[1]讲了邦如何由坛台之中杆而扩展为领土的疆界。因此，《释名》曰：“邦，封也。”《周礼・地官》注曰：“封，起土界也”，是就其实体而言。徐锴就《说文》的“封，爵诸侯之土也，从之从土从寸”注了三条：一是“各之其土也”，讲封作为界的意义。二是“寸守其法也”，讲由政治规制而来。三“从圭所执也”，讲由圭授权的神圣性。邦就其为边界这一词义而言，义同于国，因此《说文》曰：“邦，国也”。从国由实物性的城墙而划定，强调团体的中心性，邦指向了城外的领界，强调团体空间的整体性，因此，郑玄注《周礼・天官》曰：“大曰邦，小曰国。”《诗经・大雅・皇矣》曰：“王此大邦。”如果说，姓、氏、族，可以从最初的小型聚落而产生，那么，国、邦则是较大的空间族群。族群的地域扩大，聚落就扩而为国为邦。而地域族群的壮大在远古中国，又是以血缘为核心来进行。如黄帝的二十五子即二十五个以血缘为核心的地域族群。这里族群的凝聚力仅基于天神地祇是不够的，领导族群的核心得以神化，强调其祖先力量显得重要起来。这样，在原有的天神地祇人鬼的观念体系中，天地人的结构配置产生了变化，变化的核心是祖宗变成神圣和高大，当然祖宗的高大并不否定天神地祇的原有的权威，而是把这一权威加到祖宗里去，祖宗的神圣仍是在天神地祇人鬼一体中神圣。这是一种非常巧妙的观念转换。在这一转换中，祖先神成为了意识形态的核心。天神地祇一方面高于祖先神，另一方面又服务于祖先神。祖先活着时的美好而威风应是居住在室内，其降临也希望是在室内。因此，地域空间从村落扩大到邦国，神灵力量由祖先在天神地祇人鬼的结构中增强重要性，政治中心由坛台向宗庙的转变就是必然的了。

二　明堂：屋宇成为仪式中心的过渡类型

从直面天空的天地人对话的坛台中心到在大室子里进行人祖对话的屋宇中心，这一空间形式的转变，是总体图景中的主流，在实际上，屋宇中心成为主流的演进路径应更为复杂多样。张良皋说，中国建筑有三大基型：南方定居文化的干栏，西北定居文化的穴居，北方游牧文化的幕帐[2]。

---

① 《古文字诂林》（第六册），第249页。

② 张良皋：《匠学七说》，中国建筑工业出版社，2002，第33—48页。

幕帐建筑除了有游动性，还内蕴着崇天的性质，天似穹庐。干栏建筑就有一种对高的推崇，良渚文化坛台的辉煌，后面有干栏的观念基础。红山文化坛台的灿烂，后面有幕帐文化的观念基础。在西北的穴居和半穴居建筑中，空地高于穴窟，天人对话的空地中心更容易产生，屋宇可以看成是穴居的涌出地面。在中国远古东西南北的互动中，屋宇中心成为主流，从总体的逻辑演进看，两个互进的方向较为重要：一是无顶台坛自身向有顶屋宇的转化，在文献上，体现为由坛台而明堂而宗庙的进程。二是居室自身经观念转变和技术进步而转为宗庙。《尚书帝命验》注透出了这方面的信息："唐虞谓之天府，夏谓之世室，殷谓之重屋，周谓之明堂，皆祀五帝之所也。"[①]这里的由"天府"而"世室"而"重屋"而"明堂"，唐虞时的"天府"主要是祭五帝的，五帝中五方之帝，五方包括天上和地下的东西南北中，突出的是天地，而世室、重屋、明堂，则落实到与内容相关的建筑形制上。"世室"中"世"，本为时间单位，《说文》"三十年为一世"。在重血缘的远古，又引申为段玉裁注的"父子相继为一世"。盖夏王朝开创了远古文化的家天下，中心屋宇名曰"世室"，乃一种具有父子相继强调血缘内容的屋宇中心（因此郑玄注《周礼·考工记·匠人》曰："世室，谓宗庙。"）。殷曰重屋，商人来自东方，把东南地域的干栏建筑不同于北西堂的形式（堂下有一空的底层）[②]加到了中心屋宇的结构中，并以此彰显殷商的文化特色。周曰明堂，进行了一种历史的综合，正如周人总自称夏一样，其中心屋宇的名称取自具有悠久传说的明堂。明堂，文献上有的说神农就有（如《淮南子·主术训》"昔者神农之治天下也……以时尝谷，祀于明堂"），更多的是讲明堂始于黄帝（如《黄帝内经·素问·五行运大论》"黄帝坐明堂，始正天纲，临观八极，考建五常"）。司马迁《史记·封禅书》讲当时泰山还有明堂遗址，而当时学人奉呈出了收藏的黄帝时的明堂图。明堂成为学术史上的一大公案。在于明堂是从坛台中心向屋宇中心转变过程中的产物。日月为明，"明"字体现的是天空主题，与空地和坛台紧密相关；堂，就是屋宇中心的庙堂[③]，体现的是祖宗主题。明堂二字，正透出了这一转变。其实，殷商宗庙的核心空间也称为堂，没有代表天空的"明"，周人称夏复古，再把"明"加在"堂"上。从坛台到明堂这一对中国文化演进方向非常重要的转变，是在东西南北各方共同进行的，从而作过渡建筑的明堂，在各种文献有不同的描

① 《七纬》(上)，(清)赵在翰辑，钟肇鹏、萧文郁点校，中华书局，2012，第221页。

② 关于"重屋"的建筑形制解释，参张良皋《匠学七说》，第38—40页。

③ 《说文》云："堂，殿也。从土尚声，坣，古文堂。"坣，正是在高台上建屋宇。段玉裁注云："堂之所以称殿者，正谓前有陛四缘皆高起……故名之殿……古曰堂。汉以后曰殿。古上下皆称堂。"

述。然而这多样的描述又可以归结为两大类型,一是明堂无四壁,只有屋顶,所谓“有盖而无四方”(《淮南子·主术训》),这是坛台中心向屋宇中心转变的初期,联系到《管子·桓公问》有“黄帝立明台之议”,可知明堂又可叫明台。再联系到《左传·哀公元年》“室不崇坛”之坛指的是堂,可见坛和堂可以互换,透出了明堂的来源。二是明堂有了四壁,完全成了屋宇,成为以祖鬼为中心的世室。然而,虽然成了以祖宗祭祀为主的祖庙,远古意识形态的各种功能(祭祀天地和政治行政)仍然集中于此。明与堂二字的合一,正好象征了明堂综合了远古意识形态的以天神地祇人鬼为主的各种祭祀功能,以及在祭祀支撑下的政治行政功能。更为重要的,是明堂给天下呈出一个等级秩序来。文献中关于明堂有三句话,可以用来表明堂的性质。一是《孝经·援神契》“得阳气明朗,谓之明堂,以明堂义大,故所合理广也。”这是明堂与空地和坛台的与天地相关的一面。二是郑玄注《周礼·考工记》曰“明堂者,明政教之堂也”。这是明堂的现实政治性质。三是贾公彦对郑玄注的解释:“明堂者,明诸侯之尊卑。”这是明堂要处理的天下政治秩序的性质。当随着意识形态的各种功能被细化出新的建筑体系结构,明堂就从历史中消失了,给后人留下了无穷的谜团。但从文献关于远古明堂的不同描述中,仍然能看到其作为过渡类型的原样。从功能方面去思考,孔颖达《礼记正义》引淳于登说:“明堂在国之阳,三里之外,七里之内,丙巳之地就阳位;上圆下方,八窗四闼,布政之宫……周公祀文王於明堂,以配上帝五精之神。太微之庭,中有五帝坐位。”这里,明堂在城郊南,与后世的天坛相同,是礼天的,而《仪礼·觐礼》中的“方明坛”被认为就是明堂,礼天敬地之语很为明显。同时,淳于登讲是作为“布政之宫”(这是后世宫殿中心的功能),同时也讲是祀文王(祖先)的(这是后来宗庙的主功能)。正因为这些功能在后来的演进中有了新的分化,从而整个建筑象征体系有了新的展开,形成新的结构。明堂作为过渡阶段的中间类型,出现不久就消失了,但作为一个曾有的历史类型,后来的定型建筑(如天坛、地坛、先农坛、宗庙、宫殿)都可以追溯到明堂上去。这是一个很长的故事①,不在这里展开。

三 宗庙:仪式中心的屋宇定型

从空地中心到坛台中心到屋宇中心,是远古建筑中心走到宫殿中心的三大关节点,但走到屋宇中心的这个屋宇(如大地湾的大房子),不是宫殿,

---

① 张一兵:《明堂制度源流考》,人民出版社,2007。

而是宗庙。坛台中心能让位于屋宇中心，是祖先神观念起了重大的作用。因此，这个屋宇中心是祖庙中心。段玉裁注《说文解字》"庙"字云："古者庙以祀先祖，凡神不为庙也。"透出的正是中国远古的建筑演进中天神地祇与祖鬼进行区分之后在建筑上（即空地中心、坛台中心与屋宇中心）的区别。中国远古对血缘观念的重视，如何从墓地演进为祖庙，祖庙又由边缘进入中心，又是一个漫长而复杂的故事。在以空地为中心的整体结构里，可以看到聚落墓地虽不是中心但在整体结构中占了重要位置。在以坛台为中心的整体结构里，墓地在坛台之上或坛台附近，虽然不是中心，但也占据了重要的位置。伟大祖先从一般墓地到与之有所区别的祖庙，是远古陵墓史或曰墓庙史的重要提升。牛河梁祭坛之坛—庙—冢一体的结构，正是达到这一阶段的典型建筑。但在牛河梁的建筑整体中，宗庙并不是中心，祭坛才是中心。宗庙成为建筑体系的中心之时，正是中国东西南北普遍进入地域方国，城市在各地大量地涌出和发展，进而争夺成为天下之中的"中国"的时代。目前考古学发现的远古城址，大都集中在6000至4000年前这一段时期，共有60多处。有长江中游地区的大溪—屈家岭—石家河文化系统的澧县、天门、荆州、石首、荆门、公安、应城，长江上游地区宝墩文化系统的新津、都江堰、温江、郫县、崇州，黄河中游地区晚期仰韶文化和中原龙山文化的郑州、淮阳、登封、郾城、辉县、安阳、新密、襄汾，以及新近发现的石卯古城、河洛古城，黄河中下游地区大汶口文化和山东龙山文化的滕州、阳谷、章丘、邹平、寿光、临淄、五莲、连云港，河套地区阿善文化和老虎山文化的凉城、包头、准格尔、清水河、佳县，以及城址不多但主城甚为庞大的长江下游的良渚文化。[①] 在这些古城中，最重要的是长江中游和黄河中游的古城，古城的演进，从单个古城址的出现到城址群的形成到中心城址的出现，在时间上都是长江中游快于黄河中游[②]（这正如来自南方的炎帝向北向西扩张，时间上早于从西北向东推进的黄帝[③]）。但在各大文化会聚中原的互动融合中，黄河中游的古城，后来居上。如果说，上古城址的形体，从总体的表面看，有一个从不规则到规则，从圆形到圆形方形并存到方形的演化[④]，从多元和深层看，不同古礼的竞争，最后是方形城址所代表的古礼类型取得了胜利（正如黄帝在与以炎帝和蚩尤为代表的各地域集团

---

① 马世之主编《中国史前古城》，湖北教育出版社，2003，第6页。

② 赵春青：《长江中游与黄河中游史前城址的比较》，《江汉考古》2004年第3期。

③ 雷昭声：《炎帝千年史前史》，湖北人民出版社，2011。

④ 张杏丽：《中国史前城址的比较研究》，《长江文化论丛》第八辑，南京大学出版社，2012，第94页。

的互动中成为文化核心)，那么，中国最早的大溪文化的城址是圆形，而方形城址最早出现在河南龙山文化的中原地区[①]，随后波扩到山东龙山文化地区。而古城的宗庙中心普遍出现在从仰韶文化晚期到龙山文化的城址，从疑似为尧(或舜)之都的陶寺古城到疑似为夏之都的二里头古城，再到偃师商城、郑州商城、安阳殷墟，考古上的发现与古文献中论述基本可以互证[②]，当然，先秦文献讲到三皇五帝虞夏商周时将之进行了理想化，但都指出了：当中华大地东西南北中的方国融和为有统一天下胸怀的华夏之时，天下之中的京城应当是以祖庙为中心的结构。《墨子·明鬼》曰："昔者虞夏商周，三代之圣王，其始建国营都，必择国之正坛，置以为宗庙。"既讲了宗庙在正坛上建置，更强调京城的宗庙中心。《吕氏春秋·慎势》曰："古之王者，择天下之中而立国，择国之中而立宫，择宫之中而立庙。"这是一个三级层套结构的京城。最外面是国(城)，国(城)之中是宫，宫之中是庙，庙居于三级层套结构的中心。墨子所讲，符合考古的实际，吕氏所言，乃一个理想的结构，但这一结构有三点与古代都城的精神相合，一、京城为方形，二、京城呈宗庙中心，三、京城是层套结构。远古空地的中杆中心，通过旗而把一种神圣意识流布向四方，坛台中心通过建筑形式(土地象征的社和行政内蕴的昆仑)而把一种神圣意识流布向四方，方国的中心城市到天下之中的京城则通过一种以京城为样板的城廓结构，把一种神圣的意识流布向四方，夏商周的分封，就是通过一种标准城市的普遍化，把中的思想普遍化。《礼记·曲礼》云："君子将营宫室，宗庙为先，厩库为次，居室为后。"这里的君子，用于古义，包含朝廷之君即天下之主，诸侯之君即列国之主，大夫之君即宗邑之主，士之君即家族之主，因此，这句话讲出了从中央到地方上上下下的城皆为宗庙中心，可以说，代表了一个时代的建筑特征，以及这一建筑物征所内蕴的文化内容。因此，从坛台中心到屋宇中心，表述得更精确些，是从坛台中心到祖庙中心。从坛台中心到祖庙中心的转变，在中国远古文化中具有重要的意义，它意味着血缘关系在一种新的文化高度上确立了中心地位，意味着祖先神在整个文化的意识形态中具有了更为重要的地位。从一般世界史和特殊中国史的统一上，可以看到这一现象的耐人寻味之处。

在世界史的普遍性上，从原始到理性的过程是从图腾到宗教的演化，图腾是一种具体的动物或植物或气象形象，图腾与氏族人有血缘关系，从

---

① 何军锋：《试论中国史前方形城址的出现》，《华夏考古》2009年第2期。

② 王鲁民：《宫殿主导还是宗庙主导——三代、秦、汉都城庙、宫布局研究》，《城市规划学刊》2012年第6期；李峰：《中国古代宫城概说》，《中原文物》1994年第2期。

而图腾既是人的祖先又是宇宙之神。在图腾那里，天人本就是合一的。图腾进化到神，神是以人体为主的形象，它只是宇宙之神，而不是人的祖先，天（神）与人分离开来了。在世界文化中，从埃及、巴比伦，玛雅、阿兹特克到希腊、罗马、波斯、犹太、伊斯兰，神都不是人的血缘祖先，虽然神是人的祖先也还从神话里有所透露，如古埃及的法老就是神，古希腊的一些英雄是神人结合的产物，如此等等，但血缘在人神关系中已经没有重要作用，宗教的信仰具有了决定性的作用。在中国史的特殊性上，共识中国的出现，谁是地上的中国，谁与天帝真正相关，就成了一个问题。伏羲、黄帝、唐尧、虞舜、夏禹、殷商，相继称王，时代不同，血缘各异，谁是天帝的亲子？第一个王朝可以说自己是，并让天下各族相信他是，但改朝换代后的第二个王朝又怎么能让人相信呢？因此，远古颛顼的“绝地天通”[①]的意义突显了出来。这里的“地”，是地上诸族，这里的“天”是北极天帝。“绝地天通”包含着多方面的内容：一，天帝不直接与人相通，而与祖先神相通。二，谁在地上获得了力量，意味着谁的祖先在天上获得了天的宠爱。三，在地上获得力量的皇族独占了与天相通的垄断权。其他各族完全被断绝了与天沟通的权利，只有通过服从于具有与天沟通权力的中央王朝。而另一方面，天的功能又被作了两个方面的分化，一是天的核心功能与祖宗合一，进入到了祖庙之中（即虞之天府演为夏之世室），二是与天紧密相关，但代表具体土地的社，与祖庙一样，既在中央，又分到各地诸侯王的封地和大夫的封邑之中，本为天所统属的山河之神，可由当地的方国诸侯进行祭祀（但朝廷还掌管着山岳四渎的整体祭祀）。以上特色在有关殷商的资料中得到了充分的显示。这又包含了中国文化从原始向理性演化中的一个特色：对血缘保持和提升。由于祖先与天帝相通，祖庙的神圣性、中心性显示了出来。人类的宗教性在中国具体化在血缘家族上。“宗”是把代表神性的“示”放在代表家的“宀”之中，而“示”能放在家中，在于祖先具有了“示”的地位，同时具有了神的功能。祖先的牌位（示）在家（庙）中，就是以前中杆所代表的神在家（庙）中。从而祖庙在文化中承担起了以前空地和坛台的功能，祖庙里的牌位（示）承担起了空地和坛台中的中杆功能。因此，从坛台中心到祖庙中心的转化标志了两大重要内容，一是血缘成为中国文化的基础，也是

---

① 《尚书·吕刑》曰：“乃命重黎，绝地天通，罔有降格。”伪孔安国传：“重即羲，黎即和。尧命羲和世掌天地四时之官，使人神不扰，各得其序，是谓绝地天通。言天神无有降地，地祇不至于天，明不相干。”《国语·楚语下》曰：“及少皞之衰也，九黎乱德，民神杂糅，不可方物。夫人作享，家为巫史，无有要质。民匮于祀，而不知其福。烝享无度，民神同位。民渎齐盟，无有严威。神狎民则，不蠲其为。嘉生不降，无物以享。祸灾荐臻，莫尽其气。颛顼受之，乃命南正重司天以属神，命火正黎司地以属民，使复旧常，无相侵渎，是谓绝地天通。”

中国型宗教的基础。二是中国政治/宗教观念出现了两分,天神与中心之族,中心之族与四方各族。在以后的进一步演化中,完善着三个方面的内容,一是祖宗神的塑造,二是天子的塑造,三是天的塑造。这三个方面的塑造,从西周到先秦基本完成。

中国人的祖宗(鬼)具有其他文化里神的作用。在古希腊的特洛伊战争中,天神们分为两派,一些支持希腊,一些支持特洛伊,打得不可开交。但神支持谁的根据在于保护与被保护关系,以及一些私人感情。在中国文化中,祖宗们支持着各自的子孙,他们的理据很自然。对祖先的神化,使中国文化中的庙是宗庙。祖宗牌位的功能,就相当于其他文化中神像的功能。由于祖先的宗族性,它不是普适的,因此要编造一种祖先神与天帝之间的关系。夏的观念如何,尚缺证据。商的观念,祖先神在天帝左右,可以代天帝行政。周的观念,地上之王成了天子,一方面是祖宗有德使之获得天命,一旦获得天命,就成了天之子,与天有了一种使命上的血缘关系。这样,普天之下,东西南北各族之人靠自己的祖宗成就自己的命运,天子靠祖宗成为天子,天子独揽了与天沟通的大权,有了号令天下的权威。由于中国文化不是否定血缘,而是在血缘基础上进行文化的创新,在建筑形式上就表现为从坛台(以天为主)向屋宇(以祖先为主)的演化。这里内蕴着非常丰富的内容,其中之一,就是血缘祖先的神性得到了强化。一种实实在在的、可以讲述的氏族史被神化了,这种被神化了的祖先神成为了意识形态的中心,成为每一代史书最前面最核心的"本纪",这一中心的建筑凝结就是宗庙。

四　从宗到庙:祖庙内蕴的历史和文化内容

宗庙中心也只是远古建筑中心漫长演进中的一个环节,这个演化的最后一步,是由以祖先为主的宗庙中心到以帝王为主的宫殿中心。这时,中国文化的建筑象征得到了最后定型。这同样是一个漫长的过程。这一个过程的思想定型是战国才最后完成,体现在《荀子》关于帝王之威的理论中。而建筑的最后定型由汉末曹魏完成。这一过程的基本逻辑演进,从文字上最简洁又最深刻地体现出来,这就是从强调祖宗与天地关联的"宗"到强调祖宗的血缘神性的"庙"(周代庙字成这祖庙的关键词)到突出帝王理性权威的"殿"的演进。

从坛台中心到祖庙中心的演进,是由"宗"字的出现来完成的,夏无文字,甲骨文里无"庙"字,殷商祖庙的核心词是"宗",祖宗神要从空地中心和坛台中心的附属地位(如姜寨聚落的墓地和牛河梁的女祖先神庙)

进入到祖庙中心，核心条件是祖先要承接上空地和坛台的中杆功能，宗就是把作为中杆的“示”放到作为祖庙的屋宇里去，实际是把中杆之“示”所代表的意识体系放进祖庙里，让以前天地的核心功能，由祖宗的牌位来承担，当然同时加进了新的内容。因此，殷商的意识形态体系，主要由两个核心字表示，祭祀祖先的仪式，沿用原来的“示”。祭祀祖先的地点，用体现屋宇中心的“宗”。

作为空地和坛台的中杆，如丁山所讲：“示”是立杆以祭天。叶玉森讲：“示”写为“丅，乃最初之文。上从一象天，从丨意为恍惚有神自天而下。”①对远古观念来讲，祭天可以理解为以天为核心的整个神灵体系。祭天的人神对话是一个观念整体，因此“示”又可以代表以天为核心的所有神灵，在这一意义上，姜亮夫讲“示当即原始神字”。②甲骨文中的“示”字，主要有四种类形：

（《甲古文合集》14841）　(14840)　(27306)　(22062反)

不妨将前三类作为中国远古东西南北中的各类空地中杆的代表和象征，第四类作为坛台上的中杆的象征。第四类也有不同形状，不妨也作为中国远古东西南北中各类坛台中杆的代表：

(37867)　(28272)　(28273)　(综述版图二一)

(《乙》7359和《珠》628)③

当演进到屋宇中心之后，空地中心和坛台中心的功能是合一的，因此第四类字形慢慢消失了，文字上只显出了由前三类到“示”的演进。对于屋宇中心来讲，重要的是要用“示”来重新组织以祖先神为核心的观念体系。姚孝遂、肖丁说：“卜辞的‘示’，指先王的庙主。”④杨升南说：卜辞的“示”即近代人们所称的“神主牌”。⑤ 强调的正是示在核心内容上的新变。徐中舒是从旧义和新义的统一上讲的：“丅[illegible]，从象以木表或石柱为神主之形，丅之上或其左右之点划为增饰符号。卜辞祭祀占卜中，示为天神、地祇、先

① 叶玉森：《说契》，《学衡》第三十期（1924年），第113页。
② 姜亮夫：《姜亮夫全集》（十七），云南人民出版社，2003，第77页。
③ 李双芬：《卜辞中的“示”及相关问题研究》，河北师范大学，硕士论文，2009。
④ 姚孝遂、肖丁：《小屯南地甲骨考释》，中华书局，1985，第25页。
⑤ 杨升南：《从殷墟卜辞中的“示”“宗”说到商代的宗法制度》，《中国史研究》1985年第3期。

公、先王之通称。……先公、先王、旧臣及四方神主均称示。”[①]一方面可指原来的天地四方神主，另一方面又可指先公、先王。因此，屋宇中心的祭祀体系中，“示”把天地四方神灵都纳入到以祖先为核心的体系之中，这是继承的一面，同时，又以祖先为核心来重要编织一套新的祭祀体系。这是创新的一面。陈梦家、晁福林、朱凤瀚等学人都讲了，示是一种以祖先祭祀为核心的体系，在祖先祭祀上，形成了按先王的时代先后而来的大示、中示、小示的体系，即大示指时代较早的先王，中示指居中的先王，小示指近代的先王。这里主要的是：第一，祖先天地一体。第二，祖先自身展开为一个体系，大示、中示、小示，再以此为核心展开古礼的丰富类型。与之相应，祭祀这些先王的地点称为宗。于是有大宗、中宗、小宗之分。[②] 当示从空地和坛台的天地关联，转为屋宇中心的祖先关联之后，示的内容也起了变化。在空地和坛台中心里，日月星辰山岳河渎之实与后面本质之虚，构成一种虚实关系，天地之虚是根本性的；在屋宇中心里，祖先之实与天地之虚构成了一种虚实关系，祖先之实是根本性的。这一思想内容的变化，从“示”中，产生了一个实体性的词：“主”。唐兰、陈梦家都讲“示”与“主”本为一字[③]。张亚初说“在商代甲骨卜辞中，‘示’与‘主’二字是经常通用。”[④]何琳仪在《战国文字通论》讲“示”与“主”乃一字之分化。[⑤] 从思想的演进上讲，“主”的出现，是从空地坛台到屋宇的以天地之虚为主到以祖先之实为主在文字上的反映。在后来的演进中，主，又由祖先祭祀中的神主，演变而宫殿中心的现实中的人主。同祭祀的核心是祖先之示相对应，祭祀地点的中心则是作为祖庙的宗。朱凤瀚讲了，殷商的祖庙，是一个以宗为核心的建筑体系。[⑥] 晁福林讲，这是一个按先王时间顺序进行的大示、中示、小示祭祀体系而来的以大宗、中宗、小宗为核心的建筑体系。陈梦家讲了，殷商时代的建筑，第一，集合的祖庙，就有各式各样以“宗”命名的建筑，除了大宗、中宗、小宗之外，还有亚宗、新宗、旧宗、㞢宗、又宗、西宗、北宗、丁宗。第二，宗庙建筑体系里，除了“宗”这一主体或核心名称外，还有其他名称，如：

---

① 徐仲舒主编《甲骨文字典》，四川辞书出版社，1989，11—12页。

② 晁福林：《关于殷墟卜辞中的“示”和“宗”的探讨——兼论宗法制的若干问题》，《社会科学战线》1989年第3期。

③ 唐兰《怀铅随录(续)·释示、宗及主》(《考古社刊》第六期，1937年)：“示与主为一字……卜辞中示、宗、主实为一字。示之与主、宗之与宔皆一声之转也。”陈梦家《神庙与神主之起源——释且宜姐宗拓访示主宔等字》(《文学年报》第三期，1937年)：“示、主本为一字”。

④ 张亚初：《古文字分类考释论稿》，《古文字研究》第十七辑，中华书局，1989，第254—255页。

⑤ 何琳仪：《战国文字通论》，中华书局，1989，第291页。

⑥ 朱凤瀚：《殷商卜辞所见商王室宗庙制度》，《历史研究》1990年第6期。

升、家、室、亚、宊、旦、㝅、户、门，以及𢅀、寣、南宣。朱凤瀚提到的还有祼、旦，晁福林提到的还有堂。这些名称里，又有更进一步的分类，如室，就有东室、中室、南室、血室、大室、小室、䌛室、司室等，而宫，又有公宫、皿宫等。这里有两点值得注意，第一，宗是宗庙建筑体系的核心或总名，第二，宫和堂是宗庙的一种。这两个词都有悠久的历史起源[①]，堂或是一种重要的宗庙，或是宗庙空间里的核心部分，总之，是重要的祭祀场所，它应与黄帝明堂有继承关系，又在后来的宫殿和民居里成为主体建筑的核心部分。宫后来成为庙的重要名称之一，春秋时鲁国的桓宫即桓公庙，炀宫即炀公庙，最后成为帝王的主体建筑。总之，在殷商时代，"宗"，作为祖庙建筑的总名或核心。

到了周代，宗仍是祖庙的名称之一，沈子簋的周公宗即周公庙。但祖庙的核心词不是宗而是庙。"庙"字源何而起，已经无从知道。联系商周核心理念的变化，可作如下猜想：商的最高神是"帝"，而周将之替换为"天"。殷周文化在祖先与天地神祇的虚实结构上有所变化，殷商的天地神祇以帝为核心，帝具有更多人格化的实体性，姬周的天地神祇以天为核心，天更多了非人格的虚灵性。廟字的核心单元是"朝"，甲骨文就有"朝"字，为：

（四期，后下三、八）　（二期库一零二五）　（三期佚二九二）

罗振玉、王国维、徐中舒都认为，是日月共显于草木中，而且是"月未落而日上"[②]，突显日月运行的动态感。王玉哲说，甲骨文的"朝"最初是，经过省化，成为只有日月形象的、（明），但不是作为静态的明亮的（明），而是与之完全区别开来的突显动态的"朝"。[③] 这个（朝），正合于先秦文献所讲的"神明"之明，也正合于虚灵化的"神"和虚灵化的"天"。周人就是把这个用日月运行来象征的虚灵化而又有规律的天，放进屋宇（广）中去，而成为"廟"，"廟"中是周代祖先为显和后面有规律的天为隐，构成的虚实结构。庙的观念基础虽然是虚灵化的"天"，但天的直接体现又是神圣的祖先，对祖先的祭祀活动又叫朝，引而伸之和扩而大之，周王在祖庙里举行的重大政治活动也叫朝。如《王制》曰"天子无事（郑注：事谓征伐），与诸侯相见曰朝。"这也表明在祖庙里进行的活动，与天上的日月运行一样具有神

---

① 晁福林：《试释甲骨文"堂"字并论商代祭祀制度的若干问题》（《北京师范大学学报（社会科学版）》1995年第1期），考证了堂的远古建筑起源，杨鸿勋《论古文字宫亯亚井的形和义》（《考古》1994年第7期）考证了宫的起源。

② 《古文字诂林》（第六册），第449页；徐中舒主编《甲古文字典》，第731页。

③ 《古文字诂林》（第六册），第451—452页。

圣性。因此,“朝”也与宗、宫等等词汇一样,可以用来称祖庙。① 这样,周人之庙,第一,体现了一种新的以“天”为核心的神祇体系;第二,体现了祖先与这一以天为核心的神祇体系的新型关系;第三,体现了一种宗庙的新形态。以庙为核心的周代宗庙体系和与宗为核心的商代宗庙体系,从(内蕴着政治体制内容和意识形态内容于其中的)建筑体系上看,有什么样的区别呢?主要体现在两点上,一是宗庙体系的秩序化和结构化,殷商祖庙,最初以众祖先合祭的合庙为主,后来每一祖可以有单体的庙,这样不但庙数众多,而且不同的单体之庙如何安排成有序整体,少有统一的规划,这又与殷商世系并无直系旁系的严格区分,王位继承也在父子相继和兄弟相继之间转换不定的政体内容相关。而周代既有了直旁嫡庶之分,又有了嫡长子继承之制,祖庙也有了秩序化的形态,这就是太祖居中,左昭(祖孙为昭)右穆(子玄孙为穆),在天下等级上,天子七庙,诸侯五庙,大夫三庙,士一庙。这样,由分封制把京城的基本结构遍布于天下,又由等级制把城邑中心的祖庙结构秩序化。二是以祖庙为中心的建筑结构的秩序化。这一建筑结构,文献上从《逸周书·作雒》体现出来,在考古上,以西周时的鲁国都城呈现出来。《作雒》曰:“乃设丘兆于南郊,以祀上帝,配以后稷、日、月、星辰。先王皆与食。诸侯受命于周,乃建大社于国中。其壝,东青土,南赤土,西白土,北骊土,中央衅以黄土。将建诸侯,凿取其方一面之土,苞以黄上,苴以白茅,以为土封,故曰受列土于周室。乃位五宫,大庙(先祖庙)、宗宫(文王庙)、考宫(武王庙)、路寝(时王所居)、明堂(布政之所)。咸有四阿,反坫,重亢,重郎,常累,复格,藻棁,设移,旅楹,舂常,画,内阶,玄阶,堤唐,山廧。应门、库台、玄阃。”这是一个建筑体系。因其为后人所追述,加进了后来以今设古的想象性重组,但其基本的理路还是清楚的,其中有三点甚为重要,一是坛台和宗庙的建筑分化,坛台分为南郊的天坛与国中的社坛,宗庙分为庙的体系和寝的体系。二是在宫城之中,社坛和宗庙是核心。这表明了远古符号建筑的演进,坛台和屋宇同时进入到中心,而在社坛与宗庙之中,宗庙是核心,因此,宗庙有自己的昭穆整体性体系,而坛台却分为南郊的天坛和国中的社坛。三是在宗庙之中分出来的路寝。在从宗庙中心向宫殿中心的演进中,宫殿正是从路寝转变而来。因此可以说《作雒》讲都城结构的最核心,是由三大要项组成,太庙、社坛、路寝。这三者的具体关系是怎样的呢,西周时的鲁国都城遗址(根据张悦的复原)显示出,由从城楼上设有两观的雉门进入后是庙门,进入庙门后是太庙(第一中

---

① 杨宽:《先秦史十讲》,复旦大学出版社,2006,第193页。

心)；太庙之后进入壝墙是社坛，包括周社和亳社(第二中心)；然后是路门，进路门是路寝(第三中心)；最后是高寝(是第三中心的后宫)。[①]

在这三大中心里，太庙是城中的最高核心，如明清故宫的太和殿。这三大核心所构成的建筑体系，是祖庙作为仪式中心时的基本结构。当然中国京城的最后演进，是第三中心的“路寝”成长和演进为帝王的宫殿中心。

第四节　宫殿：中国美学“中”的观念的定型

一　从庙寝到宫殿的演进的三个阶段

从宗庙中心到宫殿中心的演进是怎样的呢？宗庙中心，前面已讲，从文献《逸周书·作雒》看，由三大要项组成，太庙、社坛、路寝。从西周时的鲁国都城遗址看，也是由庙门、太庙、两社、路门、路寝、高寝构成的中轴线。在庙、社、寝这三大中心结构里，太庙是最高仪式中心。而由太庙到宫殿的仪式中心的转移，从第三中心“路寝”中产生出来，演进为帝王的宫殿中心。这是一个非常复杂的过程。从文献上讲，大致的历程是：由庙寝到路寝到宫殿。

第一阶段：寝庙体系——周代祖庙中心的结构特色。上面所讲太庙、社坛、路寝三大中心，是结合建筑遗址形式加上后来的观念而进行的分析，按原意是寝庙一体而以庙为主。《礼记·月令》有“寝庙毕备”。郑玄注曰：“凡庙，前曰庙，后曰寝。”孔颖达对此解释道：“庙是接神之处，其处尊，故在前；寝，衣冠所藏之处，对庙为卑，故在后。”孔颖达在《诗经·小雅·巧言》的疏中又说“寝庙一物”。即庙是总名，包含前庙后寝两个部分，这两个部分在建筑空间的划分上既有大小的区别还有内部空间分割的区别。《尔雅·释宫》云：“室有东西厢，曰庙；无东西厢，有室，曰寝。”从《尔雅》把对庙的解释放在“释宫”里，可知，庙寝合一的庙可以称宫，后汉蔡邕《独断》就是这么叫的：“庙以藏主，列昭穆。寝有衣冠几杖，像生之具，总谓之宫。”而在周礼体制中，有些庙是无寝的。按郑玄注《周礼·夏官·隶人》的说法，周天子的宗庙建筑群是七庙，五庙皆有寝。二祧庙(四庙以上除了始祖之外的远祖之庙)则无寝。由于五庙皆是庙寝结构，因此周代宗庙呈现为一个庙寝结构体系，也可以说是庙寝中心，它的特点是以庙为中心的庙寝

① 张悦：《周代宫城制度中庙社朝寝的布局辨析——基于周代鲁国宫城的营建模式复原方案》，《城市规划》2003年第1期。

结构。为什么庙寝是宫城的中心呢？因为，无论从殷商的以“宗”为祖庙之名，还是姬周的以“庙”为祖庙之名，中央王朝的一切政治社会要事的仪式（大典、册命、策勋、朝觐、结盟、出巡、征伐、献俘、继位、婚礼、农事、灾变），都是在庙社中进行的（所谓的受命、告庙、占卜，乃至哭庙）。

第二阶段：路寝体系——宫殿的雏型。随着王朝事务的复杂和细化，也许一些次要事务可以不必在庙中进行，或者在庙进行了原则性的仪式之后，还要把具体的运作交代给具体部门去办，进行这层级运行之需要产生了一个与庙不同的空间，这一空间在思维和实际上是附着于寝而产生的，这样，在庙社结构中出现了路寝。《礼记·玉藻》：“朝辨色始入，君日出而视之，退适路寝听政。”这里透出了路寝是正式仪式之后的办公。路寝之“路”，正是由固定的寝之后而产生的一个类似于庙的空间，而这个空间的级别正如庙与寝的区别一样，是低于庙的。然而，在历史的演进中，这一次级办公空间越来越重要，因此，不是按路原来之义，而是按在此寝办公的实际性质，路被释为“大”（这是与天与王一样的性质），叫大寝，又被释为“正”（这是与王一样的性质），叫正寝，从而也被理所当然地释为王寝。郑玄在注《周礼·考工记·匠人》中关于夏之世室、殷之重屋、周之明堂一段时，已经把路寝称为“王寝”。并讲建造世室、重屋、明堂的体制，与宗庙一样，也与王寝一样。这就意味着，夏之世室、殷之重屋、周之明堂，就是与宗庙同质的建筑，而路寝也是来之于宗庙，而且当其在历史的演进中达到与宗庙一样重要地位时（如贾公彦在《周礼·天官冢宰·宫人》释曰：“路寝制如明堂以听政”），不但在名称上具有了大寝和正寝的名分，而且在建筑体制上拥有与宗庙一样的规格。由于与宗庙相对分离的路寝在政治上重要性越来越大，以寝为中心的建筑展开了自己的体系，这一体系已经湮灭在历史之中，只在文献中较为混杂地表达出来，孔颖达在《礼记·曲礼下》的正义曰：“案周礼，王有六寝，一是正寝，余五寝在后，通名燕寝。”而在《礼记·内则》的正义则说：“宫室之制，前有路寝，次有君燕寝，次夫人正寝。”何休在《公羊传·庄公三十二年》注曰：“天子诸侯皆有三寝：一曰高寝，二曰路寝，三曰小寝。”王国维《观堂集林·明堂庙寝通考》承认正寝和燕寝，并详论了燕寝体系：“古之燕寝有东宫，有西宫，有南宫，有北宫。其南宫之室谓之适室，北宫之室谓之下室，东西宫之室则谓之侧室。四宫相背于外，四室相对于内，与明堂、宗庙同制。其所异者，唯无太室耳。”但只要把最前之宗庙，其次之路寝（或曰大寝），再次的燕寝（或曰小寝）对照一下明清宫城里的前三殿、后三宫，东西六宫，二者正好相等，就可以知道寝庙体系向宫殿体系演进的路径。在路寝体系中发展出了燕寝，即让后宫体系进入到庙寝体系的中轴线里。而周代的后宫是庞大的，郑玄按《春秋》里讲，有八十一女，因此，在张悦的鲁都复原图里，路寝是一大单元，燕寝（张悦称为高寝）又是一大单元，加起来已经是太庙系统的一倍了。然而，路寝要成为宫城最中心的宫殿，其历史和现实条件就是，完全接管以前在宗庙里行动的重大政治仪式和行政运行职能。这一点经过春秋战国的五百年演进，完全做到了，于是中国京城的宗庙中心就转变成了宫殿中心。

第三阶段：宫殿体系——中心的定型。当君王进行行政办公的路寝变为大寝（正寝或王寝），一方面以前在宗庙里进行的重要政治职能全都这里进行，另一方面正寝之寝的实际内容完全从大寝移到小寝（或曰燕寝或曰高寝），这里正寝就变成了没有祖宗参与其中的完全由君王自己主导的"宫殿"。这里，"宫"是转意，"殿"为新创。

"宫"，杨鸿勋认为，由西北的穴居向地上发展而来，张良皋觉得，"宫"是与东南方干栏建筑的坡顶相关。[①] 无论怎样，宗庙中心里庙寝合在一起称为宫，整个宗庙中心的建筑体系称为宫，因此，城市的政治中心称为宫城。当宗庙移到宫城之外以后，以大殿为中心的建筑整体还是称宫城。"于国之中而立宫"的原则没有改变，只是朝廷的重要政治仪式，以前在宫中的太庙里举行，而今在宫的大殿里举行。

"殿"，从文字上讲，甲骨和金文中无字，秦简中始出现。而文献里，秦营咸阳，出现"前殿"之名。《初学记》引《仓颉书》曰："殿，大堂也。"马叙伦讲，殿堂为双声，因此，汉代学术的经和传都"借殿为堂"。因此，殿是由堂的功能（包括由坛台向宗庙演进过程中的明堂、宗庙中心后的太庙之堂和宗庙与宫殿演进过程中的路寝之堂）继承而来。其同时具有两个方面的新质，一是比宗庙和正寝在建筑形式上更雄伟，所谓"殿，堂之高大者"（沈涛《说文古本考》）。而帝王之殿，没有祖先之示在前，而又要有应有的神圣和威仪。殿有打击镇压之义，内蕴着荀子讲的"壮丽以助威"的内容，庄淑慧讲：殿的异体字有㞟和辗，㞟来自兵器，辗来自车马。二者都与威仪相关。杜忠诰说，在秦简中，"殿"字的尸下是"典"，[②]《说文》曰，"典，五帝之书"，内蕴着一种神圣的文化传承。正是在诸多的文化合力之中，殿成为宫中的核心，这一核心的变化，使宫庙成为宫殿。

然而，从宗庙中心转向宫殿中心是一个非常漫长的过程，经历了春秋战国秦汉共九百年，到三国时期才算最后完成。这里又包括非常复杂的内

---

① 杨鸿勋：《论古文字[illegible][illegible][illegible][illegible]的形和义》，《考古》1994年第7期；张良皋：《匠学七说》，第36页。

② 《古文字诂林》（第三册），第355—356页。

容，具体来讲，有如下三个方面：一是为了宫殿的独立而产生的都城的结构变动；二是为了宫殿中心地位而产生的祖庙位置变动；三是前殿真正成为中心之后的重新命名。在这三个方面里，第一个方面具有整体的意义，第二个方面最关键也最为复杂。第三个方面是完成时的最后句号。但三个方面的演进既有各自的逻辑理路，又相互关联。

二　由庙到宫的演进中都城结构的变化

李自智考察春秋战国的众都城结构的变化，将其分为五类：一是宫城位于城廓之中的环套结构，以鲁故城、魏安邑故城及楚纪南城为代表；二是宫城与郭城分为毗连的两部分，以齐故城、郑韩故城、燕下都故城和中山灵寿故城为代表；三是宫城与郭城分为相依的两部分，但宫城由三个小城呈品字形相连排列组成，仅有赵邯郸故城；四是有宫城而无郭城，其宫城亦由三个小城呈“品”字形相连排列组成，如侯马晋都遗址；五是无单一的宫城，而是分为若干自成一体的宫殿区，属此类者为秦都雍城。[①] 在这五类中，第一类是春秋时代的主型，是承接夏商周而来的，即《吕氏春秋》讲的国中有宫而宫中有庙的结构，后四类是新时代的演变，特别以第二、三型为主（第四、五型是单例，可看成第二、三型的变调），其演进的主要特点是宫城离开城郭而另立，这一结构的原因很多，但一个主要的内容，是已经具有政治营运的正寝之宫城离开原来的大城而自为一城。用王鲁明的话讲，是构成了宫庙分离的结构。[②] 当然这一结构又相当固定，基本上作为宫城的小城在大城的西南方向。构成了杨宽所讲的“西城东廓”的结构[③]。演进到秦汉，当二者又结合为一个整体的城之时，帝王行政的正寝已经成为前殿，而“宫”这一曾经以庙为中心的概念已经与庙分离开来了。宫殿已经取得了语汇上的胜利，但殿与庙谁为中心还在拉锯或摇摆之中。且放到后面去讲，这里只讲都城结构。中国都城在东西南北的起源时，有一个南方圆形之城向北方方形之城的演进，更为重要的，有一个东南之城的坐西朝东结构和西北之城坐北朝南结构的互动。[④] 春秋战国的宫庙分离仍是在这一东南与西北的互动框架内进行的。春秋战国，文化上总体是东方先进于西方，因此，都城的基本结构是坐西朝东，西城（宫城）东廓（大城）虽然体现了

---

① 李自智：《东周列国都城的城郭形态》，《文物与考古》1997年第3期。

② 王鲁明：《宫殿主导还是宗庙主导：三代、秦、汉都城庙、宫布局研究》，《城市规划学刊》2012年第6期。

③ 杨宽：《中国古代都城制度史研究》，上海人民出版社，2003，第71—126页。

④ 张良皋：《匠学七说》，第94—96页。

宫庙的分离，但又符合坐西朝东的总体结构。秦国先祖来自东方，而受封西北，自春秋崛起到战国强大，不断向东方各国学习，而兼有东西之长。在都城结构上，从非子邑到西垂到汧城到平阳到雍城，直到咸阳，其都城结构都呈为城之整体结构坐西朝东，而宫殿区的结构又坐北朝南。① 西汉继承了秦的坐西朝东的城市格局，到东汉洛阳，京城结构才转为坐北朝南。而京城结构的由坐西朝东转为坐北朝南，又与庙制改变进入到决定性时刻紧密联系在一起。而从宗庙中心到宫殿中心的转变最具有决定意义的是庙制的改变。

三　由庙到宫的演进中宫庙的位置变化

春秋战国的西城东廓双城制是宫庙分离的体现。②秦统一六国而再造咸阳之时，秦始皇开始建造体现皇权的宫殿体系。统一的次年，就建了作为咸阳中心的信宫，并在此举行朝廷重大仪式。但随后改信宫为极庙。信宫—极庙是象征天极的，因此是与天上中心对应的地上中心。宫本是宫殿中心，信宫—极庙的四面，南是章台宫，东南是兴乐宫，西是甘泉宫，北隔渭水是咸阳宫，乃诸宫之中。改为庙又成为宗庙中心，只是这庙不是祖宗之庙（秦国的祖庙按周礼方式在雍城和咸阳北区），而是作为千古一帝的始皇自己的庙。以后，秦皇感觉咸阳人多，又扩大京城，要在渭南建新的宫殿中心：朝宫。这一计划因秦朝的灭亡而未能实现。秦朝一统后京城可以说有两次规划，两次都是宫殿中心，信宫和朝宫。但朝宫未成而信宫改为极庙，又是宗庙中心。但极庙作为中心，已经没有夏商周到春秋时代的宗庙所有政治行政功能了。没有政治行政功能而又还居于京城的中心，呈现了观念与现实在调整过程中的摇摆。秦亡汉兴，在秦的咸阳渭南宫殿区建立长安，先是在秦的兴乐宫基础上建立长乐宫成为朝廷仪式中心，又建未央宫，朝廷仪式中心转于此。然而，高祖驾崩后，惠帝把高祖庙建在未央宫与长乐宫之间的长安城的南北中轴线上，又成为一个与极庙相同的宗庙中心。无论是看秦的咸阳城图，还是看汉的长安城图，极庙和高祖庙是处在庞大宫殿群中的一小点，这一已经没有政治行政功能的宗庙必然让位给宫殿中心，只是这一过程在整个意识形态的调整中，与方方面面相牵联而行

---

① 杨东晨、杨建国：《试论秦国、秦朝都城的布局和方向》，《咸阳师范学院学报》2004年第5期。

② 王鲁明《宫殿主导还是宗庙主导：三代、秦、汉都城庙、宫布局研究》（《城市规划学刊》2012年第6期）说：春秋战国时期的“几个都城不是大城（或东城）建造在先，就是大城（或东城）中部的庙堂区建造在先，且庙堂区的使用年份延续至小城使用以后甚至更长。小城（或西城）建造较晚，小城（或西城）内的建筑遗址可以明确为宫殿可见，正是这些情况，十分明晰地显示出这些城市中曾经出现过宫庙分离，另设宫城的空间制造过程。”

进缓慢。调整过程又在于重新思考，应当把宗庙放在什么地方最为合适。因此，调整的过程，又是让宗庙离开中心而让宫殿中心在建筑体系中获得自己新位置的过程。这一过程大致可以分为三个阶段。一是独庙—重庙—陵庙阶段。首先体现为一皇一庙的独庙。汉初刘邦父亲去世后建太上皇是独庙，刘邦去世后建高祖庙也是独庙，尔后的惠帝、文帝、景帝、武帝都独自成庙，这一体制，既可说是对秦皇极庙的效仿，又仿佛回到了商代的庙制。但这"独"只是一庙一帝各居其庙而言，汉代不同于秦和商的庙制在于，汉的各封国里又建有各个帝王的庙，汉高祖十年，太上皇去世不久，刘邦便诏令当时的异姓和同姓诸侯王立太上皇庙于国都，这一体制在刘邦去世继续实施，到元帝时"凡祖宗庙在郡国六十八，合百六十七所。而京师自高祖下至宣帝，与太上皇、悼皇考各自居陵旁立庙，并为百七十六"（《汉书·韦贤传》）。这样，一位皇帝在全国就有许多庙。且称之为"重庙"。在长安新城的结构中，高祖庙建立在巨大的未央宫和长乐宫之间，祭祖仪式活动甚不方便，于是在长安城外渭北的高祖陵前修建了原庙。惠帝之庙仍建在高祖庙前，但文帝就把自己的庙建到长安城南边，后来的霸陵之中。汉初开始的三种庙制，独庙、重庙、陵庙，前两种在后来都被改变和废除，只有陵庙保存下来。陵庙可以说是历代庙制的一种新综合，有秦朝汉初的独庙，有夏商周以来的庙墓关系结构，有夏商周以来的庙寝结构，在西汉形成的陵庙，成为后来代代相传的陵寝制度。可以说陵寝制度是庙寝制度的一种形式继承和同构变形，只是内容不同，既不是全国的政治中心，也不是京城的结构中心。二是重回周礼庙制但离开京城中心。重庙制度最初有凝聚和制约各诸侯国的意识形态功用，而中央集权经文、景、武帝三次削蕃而巩固之后，重庙随时间的增多造成的财政压力加大，汉元帝开始庙制改革：一是废除各郡国祖庙，二是独庙只存在于陵寝之中，三是作为朝廷象征体系的宗庙回到周礼的五庙制，除高祖庙作为太庙保存之外，只保留高、曾、祖、祢四世亲庙，其余皆毁之。汉元帝开始走了回到周制的第一步，王莽则走了庙移出城市中心的第二步。在王莽改制运作中，《周礼》中营国制度的思想体现了出来，把王氏宗庙放到城外南郊，同时根据王家出自多姓的实际情况，用了九庙体系。① 这样，宗庙体系由两部分组成，一是各帝陵中的

---

① 黄展岳《关于王莽九庙的问题》（《考古》1989 年第 3 期）讲王莽何以九庙说："可能有两种原因。第一，王莽世系出自姚、妫、陈、田、王五姓，不同于周天子姬姓单传，周的太祖是后移加上文武受命而王，所以立三庙不毁之礼；王莽有五个始祖，当然也不能毁庙，故自应定五庙不堕之制。这样一来，不毁之庙就多了两个。第二，王莽自称系出黄帝，夏殷周汉古宗四代只够配祀于他的始祖虞帝之旁。先秦'天子七庙，诸侯五，大夫三，士二'，根据刘歆的解释，这是因为'德厚者流光，德薄者流卑'，所以'自上以下，降杀以两'。依'降杀以两'之义，王莽的祖宗庙自然要称九庙了。"

独庙，二是城南的象征群庙。王莽在长安城南建立九庙，以及明堂、辟雍、社稷，强化了长安的南北轴线。这是京城结构由西汉的坐西朝东到东汉的坐北朝南的一大转变。同时，正因为王莽的改朝换代，长安城中心的汉高祖庙已经没有了意义，从而完成了庙出宫外的决定性一步。三是象征体系群庙变成独庙。群庙是周代以来的都宫别殿，即宫庙是一个建筑群，里面有由九庙、七庙、五庙构成的多殿体系。元帝五庙和王莽九庙就是这样一个体系。东汉初兴，光武帝在洛阳有两个宗庙系统，一是西汉的帝庙，二是自己亲庙，这两个宗庙系列都不是元帝宗庙和王莽宗庙那样的一宫多庙，而是一庙多主。尊崇西汉帝系的西汉宗庙是以高皇帝为太祖，文帝为太宗，武帝为世宗的一祖二宗的合祭。尊崇东汉祖系的亲庙则是"祀父南顿君以上至春陵节侯"的合祭。明帝继位，为光武帝建世祖庙。但临终遗诏不让为自己单独建庙而只把自己神主纳入世祖庙中，即在世祖庙内占有一个室位，开启了宗庙"同堂异室"之例。明帝后任的章帝也是效法父皇，不另起庙寝，而纳入世祖庙，由此形成了宗庙的东汉模式。由此而下，帝王"皆藏主于世祖庙"①。但这一惯例进行的时间越长，庙中列帝别室的数量越来越多。到献帝时，在蔡邕建议下，实行了高庙一祖二宗加近帝四的七帝共庙制度。这样，一方面回到周礼的七位神主的庙制，但不是周代的七庙制，而是东汉的同庙异室制。这里，秦汉以来宗庙的演化得到了完成：第一、宗庙由宫城中心移到都城之外；第二、作为群帝整体象征的宗庙由一宫多庙的群庙变成了一庙多室的单庙；第三、每一帝王之庙成为帝陵之前的陵庙。在这三项里，第二和第三已成定制，但第一项尚在演变之中，之所以如此，在于都城的整体结构尚在演变之中，因此，第一项即宗庙的最后定位要在城市结构的定型中才得以定型。因此，还需讲一讲宗庙在王莽之后的变化。王莽时的长安城里，到处都是宫殿，未央宫和长乐宫紧接城门，因此只能把宫庙放在城外。东汉洛阳是两宫制，南宫与南城墙也不远，更主要的是，东汉继承了王莽的城南的礼制建筑群，王莽的宗庙，社稷、明堂、辟雍、灵台，作为一个整体，具有很强的观念效果，应还是放在城外。到曹魏邺城，双宫变为单宫，处城北，城南成为居民的里坊，宗庙社稷按理是在宫前，因此进入了城内。照左思《魏都赋》"建社稷，作清庙。筑曾宫以回匝，比冈隒而无陂。造文昌之广殿，极栋宇之弘规"，宗庙社稷都应从城外进入城内，放在与中部宫殿紧密相连的地方，应是宫城外的左祖右社。这应该

① 除了三位少帝：满月即位在位 8 月的殇帝刘隆。在位半年，死时才 3 岁的冲帝刘炳。8 岁即位在位不足一年的质帝刘缵。

是宗庙在以后京城的定型位置。北魏的洛阳,宗庙和社稷也是在这一位置。可以说,从宗庙中心到宫殿中心的演进中,宗庙在都城空间的最后定位,在曹魏的邺城得到了完成。

四　宫殿中心的定型与中华民族性格

与宗庙变化紧密相连,宫殿进入中心的进程经历三个阶段。一是秦朝西汉,宫在名号上与庙区别开来,虽然宫殿以其庞大的空间立于都城之内,并成为政治仪式和政治运作的中心,但在成为都城空间中心上摇摆不定。二是东汉,宫殿成为都城的中心,都城由西汉的多宫制,转为东汉的两宫制。两宫何为中心不确定(在东汉举行的47次重要政治活动中,明确在南宫有21次,北宫19次(另7次即华光殿、桐宫、宣平殿各1次,崇德殿4次,是位于南宫或北宫不详)①,大致相同,因此,宫殿已为中心,但宫殿中何殿为中心尚未确立。到曹魏的邺城,都城由东汉的两宫演进为北面一宫,宫中的文昌殿成为宫的中心也是整个都城的中心。可以说,邺城是中国都城从宗庙中心演进为宫殿中心的空间定型。只是由于当时曹操只是丞相,中心宫殿的名称尚不符实。曹丕称帝后,迁都洛阳(黄初元年即公元220年),经过战乱重建的洛阳应当与邺城一样是单宫制,是宫殿中心,作为帝王的曹丕把中心宫殿定名为太极殿。太极就是太一就是北辰就是天上的中心。至此宫殿中心从建筑到命名得到了最后的完成。这一完成不仅是宫殿作为都城中心的完成,而且是中国远古以来建筑象征体系的定型。

宗庙中心与宫殿中心有什么本质上的不同呢?宗庙中心意味着宗庙占据了政治的核心,一切事务,无论大小,都要向祖先神请示汇报,就像在殷商甲骨文中所看到的那样,这是一种理性化程度较低,宗教性氛围很浓的政治形式。有时从常识看到明明应该这样做的事,占卜下来却说不能这样做,这样行政当然是少不了要出错的。宫殿中心意味着,帝王与大臣构成了政治的中心,一般的事无论大小,只要是人的智慧和能力处理得了的,就由这个政治核心商量着就处理了。只有遇上人力无法应付的事,如大地震发生了,大天灾发生了,大叛乱发生了,才向祖宗神请示汇报,甚至向天帝检讨。因此,宫殿中心意味着理性化程度较高的政治体制和行政机制。中国远古建筑中心的演进最后定型在以宫殿为中心的京城模式里,具有非常重要的文化意义,包含了非常丰富的文化内容。

---

①　方原:《东汉洛阳城的特点及影响》,《河南科技大学学报(社会科学版)》2008年第5期。

中国建筑中心最后定型在宫殿中心上，但宫殿中心并不否定宗庙的神圣性，而是对宗庙保持最大尊敬，宫殿中心仍然坚持祖宗神圣、宗庙神圣的基本原则，它绝不否定这一原则也绝不放弃这一原则，而是在这一原则基础上，予以发展，与时俱进。从宗庙中心到宫殿中心的演变，其方式，与从坛台中心向屋宇中心的转变基本上是一样的，这里又一次显出了中国文化在历史发展中的一种带有文化性格的特点，这就是，发展不是要否定前人和传统，而是对前人和传统保持巨大的尊敬和敬畏，保护前人的尊严和神圣，但在对传统和前人保持尊敬和敬畏、保持尊严和神圣的同时，又要与时俱进，勇于开拓。由于中国文化的这一性格，当京城模式定型于宫殿中心时，我们仍然能够看到在历史上曾经处于中心的建筑形式存在着，并且以一种神圣的地位存在着。古代北京是按照《周礼》的京城原则建立起来的，北京的基本空间结构，透出了由远古到先秦建筑演进内蕴的文化性格。

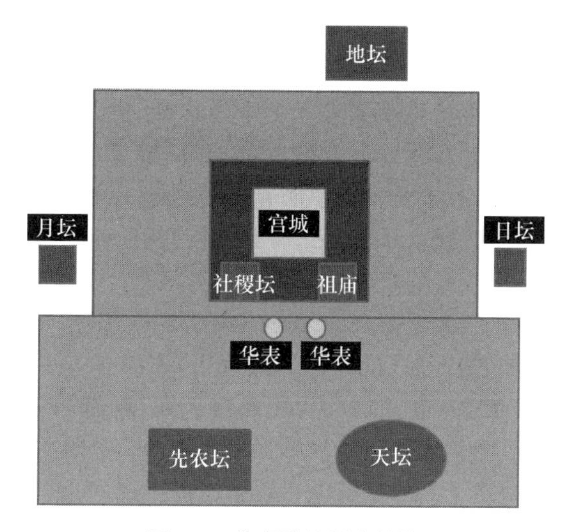

图 3-7 北京城的基本结构

天子临朝的太和殿是中心，在天安门的东面，立着庄严的祖庙。这个曾经是建筑中心的祖庙仍然具有最大的神圣，受到定时的祭祀，帝王们在遇上政治困难的时刻，还会到里面去请罪或请示，以求其保佑。坛台也仍然存在着，南有天坛、先农坛，北有地坛，东有日坛，西有月坛，天安门的西面与祖庙对称的，是代表天子拥有天下五色土的社稷坛。坛台仍然是庄严神圣的，要定时祭祀，遇上与各坛相关的危机时刻，帝王还要专门前往与神沟通，天灾了，到天坛请罪，地震了，到地坛求情。既然在历史上起过重大作用的祖庙、坛台仍然在京城体系中，那么，最早的空地上的中杆也一定在京城体系中有自己的神圣位置。是的，这就是天安门前后的两对华表。华表的上方是一团云，这是远久的与天相连的标志，华表的柱上盘绕着一条龙，这是中华民族的图腾型符号，是中华民族的象征。定型的京城里，不但有巍峨的太和殿，也有肃穆的祖庙，亦有神圣的天、地、日、月坛，还有高耸的华表，所有历史发展中起过重要作用的标志，都神圣地置于其中。中国文化的民族建筑象征定型在以宫殿为中心的京城模式上，但这一最后的结果在结构里却内蕴了它的整个历史进程。正是在这里，一种文化性格和民族性格呈现了出来，而中国京城在世界的特独性也在这里呈现出来。

把这一到两汉才定型的仪式中心的演进，延伸到远古的开端进行归纳，可以看到，中国远古仪式中心从原始到理性的演进，是从空地中心到坛台中心到屋宇中心，屋宇中心又从宗庙中心到宫殿中心。从这一建筑形式的演变中，也可以看到仪式人物的演化，从以神为主体的巫师/首领到以鬼（祖宗）为主体的巫师/首领，再到以人为主体的帝王。在这一转变中，天神、地祇、祖鬼、人主是四个主项，远古的理性化过程虽然是这四个主项的重心转移过程，但这种转移并不是一个否定一个，而是每当后一个取得中心地位后，还是对前者保持着最大的尊敬，并且依靠前者来加强自己的权威。而这又是与文化的扩大发展相联系的，空地、坛台、屋宇，宗庙中心和宫殿中心的发展，同时就是从家到家族到宗族，从氏族到酋邦到国家，从古国到方国到朝廷，从村落到宗邑到王城的发展过程。作为获得中心地位的家、族、国，既要靠自己的智慧和力量，又要靠祖宗的历代积累，还要靠天命的保佑，因此，在天（神）、地（祇）、祖（鬼）、（人）王的合一中，既要突出现实的力量，又要强调历史（祖）的积德，还要有天命（神祇）的眷顾。可以说，天/祖/王的历时演变关系和共时权威结构，构成了中国文化的一大特色。而这一特色就体现在王朝的京城结构之中。而中国的京城，以天下之中的建筑形式，典型地体现了“中”的观念。

第四章　和：远古之美的观念之三

和是中国文化和中国美学的重要观念，在考古上，170 万年前蓝田猿人的建筑选址就内蕴着和的观念。在文字上，“和”与农业出现紧密相关。由农业导致了对天文的体系性认知，进而导至天人关系的新型认知，使和的观念产生出新的特点，启动了中国文化关于和的体系知识。“和”，《说文》曰：“相应也，从口禾声。”联系到远古文献、考古、观念，此种解释，一是讲“和”的基本词义：相应即两种或两种以上的事物处于共存和互动的关系之中。二是讲了“和”来源：从口以及与口关联的整个体系：饮食、音乐、言辞……禾声代表了与整个农业相关的整个体系：土地、作物、人力、气象……在金文里，“和”有三形：

（[illegible]壶）　（史孔盉）　（陈肪簋）

第一形从禾，第二、三字从木，《说文》“禾”字曰：“禾，木也，木王而生，金王而死。”按许慎所在的汉代思想，农业之禾在春天的生长与五行哲学里的木相关，但这一内容应有更深的历史基础，禾与木都是生命之物，在远古关于事物的分类体系中，是同质的。更重要的是，人类的、生物的、宇宙的生命，都凝结与整合在古礼的仪式中，因此，禾与木的关系，在本质上体现在远古的中杆（木）仪式之中。在逻辑上，“和”是以中杆仪式为核心，而关联到农业、饮食、音乐、语言，以及整个文化体系。中杆仪式中的各要项，都在远古的观念体系中统一起来。而远古的观念体系正是在其中得丰富和深化，并随之演进，最后形成了中国型的“和”的观念，包括文化上的“以和为贵”，宇宙中的“和实生物”，思维上的“和而不同”，美学上的“以和为美”。从文字所凝结和内蕴的悠久内容看，“和”，首先是在农业中得到彰显的，因此应从农业讲起。

第一节　从禾而来之和

“和”与“禾”，音同义通，“和”由农业之禾而来。“禾”在甲骨文里主要有两型，为：

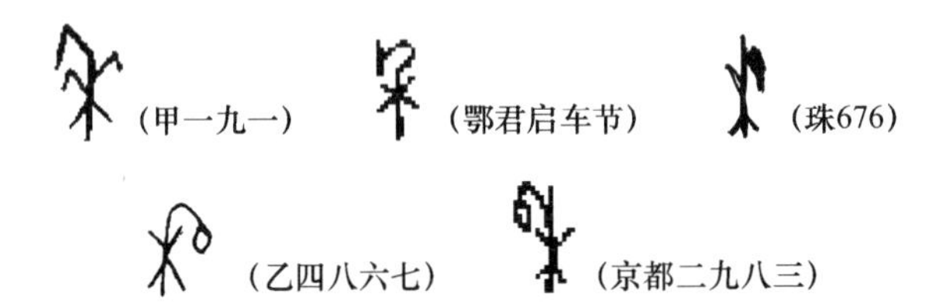

第1至3字是第一型，呈现了一株粟的根、茎、叶、穗之全貌，第4和5字为第二型，在全貌的基础上还把最后的结果穗突显了出来。禾是中国禾类作物第一个产生的词，然后由之产生出穀、穄、黍、稌、秫、采(即穗)、穅、稬、秈、秔、稉等形声和会意字。谷(穀)是禾的同义词，粟甲骨文作，表禾穗的粟粒散落。禾、谷、粟三字指的同一植物(即小米)，可互换。但分开用时，谷和粟强调的子实，禾强调的是全貌。重要的是，三词皆可作为庄稼的总名，禾用为总名尤多。三词作为北方植物之名，同时皆可用来指南方之稻。在字形上，南方之稻和北方之黍都有“禾”在其中，南方之稻为大米，北方之粟为小米，同为米。《说文》曰：“稻亦可称粟，犹凡谷皆可称米也。”讲的正是农作物的共性。禾、谷、粟、稻四大词都曾作为总名，可相互交叉使用。[①] 来自北方之粟的禾成为汉语的庄稼最主流的总名，盖在两大重要之点，一是在远古的族群融和中，北方炎黄族群成为华夏主流，二是“禾”字内蕴着与华夏形成相同步的观念内容：“禾”字以一株农作物的全貌，呈现了其在时间中的整个生长过程，又把其在时间中的过程凝结为空间上的整体，从而以一个字代表了农作物的“时空之和”。“禾”在时空中成长，不仅是自身的完整性，还包含了自身与天地人的互动，作物是在天地人中完成的，在看到显处的禾时，一定要体悟其所在其中并与之互动的天地人之虚。因此，禾如是的存在，体现了“虚实之和”。作为农业生产中出现的农作物之禾，之所生发出和演进为一种观念之和，正是在于中国古人从天地人的整体性中去看待禾的生成，并从中思考出一种宇宙性的观念。因此，和的思想基本在于三点：

---

① 游修龄：《“禾”“谷”“稻”“粟”探源》，《中国农史》1990年第2期。

第一，一事物（禾）与他事物（天地人）的关系。第二，这种关系具有虚实相生的性质。第三，以上两种关系都处于理想的状态中。从而，一事物在关联和虚实两方面都以理想状态运行，这就是和。

因此，和，不仅是禾得到理想的生长和成熟（禾之和），还是进入口中成为美味（味之和），对之思考而成美言（言之和），乐其所是，成为美乐（舞乐之和），而这些得以顺利地演进是以天地正常运行为基础，因此禾之能和，其根本又在于天地之和，"禾"之成"和"，本身就体现了天地之和。

中国的农业，从考古学上看，从约12000年前开始，经过多阶段的发展，形成北方粟作业区和南方稻作业区而遍布东西南北，到5000年前—4000年前这一繁荣期，南方的稻作区域已经遍及两湖地区的石家河文化，江西赣都流域的樊城堆文化，太湖地区的良渚文化，成都平原宝墩文化，粤北的石峡文化，以及云南、广西、福建、台湾等地区。北方的粟作区域已经漫延到黄河流域中部的庙底沟二期文化、山东龙山文化、河南龙山文化、陶寺文化、客省庄文化，东北西辽河流域的小河沿文化，西部甘青地区的马家窑文化后期（半山、马厂类型），乃至西藏昌都卡若地区。[①] 在文献上，最早的三皇是燧人氏、伏羲氏、神农氏，神农氏作为远古的符号，盖应是中国农业文化经过数千年（约12000—8000年前）演进而进入兴旺时期产生出来的。在南方各地，是稻作区域的处处辉耀：有两湖地区先后存在的汤家岗一期文化（约7000—6500年前）、大溪文化（6500—5300年前）、屈家岭文化（约5300—4600年前），有皖鄂间的薛家岗文化（5500—4800年前），赣西北山背文化（约4800年前），宁镇地区北阴阳营文化（6000—5000年前），有浙江宁绍平原河姆渡文化（约7000—5300年前），有太湖地区先后存在的马家浜文化（约7000—6000年前）、崧泽文化（5800—4900年前）等等。北方各地是粟作区域的处处亮点：有黄河中游的仰韶文化（约7000—5000年前），黄河上游的马家窑文化（6000—4900年前），黄河下游的北辛文化（7400—6400年前）、大汶口文化（6100—5000年前），西辽河流域的赵宝沟文化（7200—6400年前）、红山文化（6700—4900年前），辽宁中部的新

① 关于中国上古农业从起源到4000年前的历史划分，各家略有出入，有四段论有五段论，各段的时间节点也各有出入，但主体内容大致相同。起源时点有讲20000年或12000年前等等，但都以江西万年仙人洞和吊桶环遗址为最早，乃因对此遗址的考古年代判定不同而不同。相关文献可参吴耀利：《中国史前农业在世界史前农业中的地位》，《农业考古》2000年第3期；任式楠：《中国史前农业的发生与发展》，《学术探索》2005年第6期；陈文华：《中国原始农业的起源和发展》，《农业考古》2005年第1期；张居中、陈昌富、杨玉璋：《中国农业起源与早期发展的思考》，《中国国家博物馆馆刊》2014年第1期等。

乐文化(7300—6800年前),燕山南麓上宅文化(8000—6000年前)等等[①]。大概因中国的农业是南方之稻先于北方之粟,因此,起源于南方又由南而北的炎帝成为了最后一代的神农,作为神农之子的"柱"则成为最有代表性的土地之神。后来有炎黄之战,黄帝成为胜利的一方,不但成为天帝,而且也成农业发明者,而与黄帝有关联的稷,取代柱,成为了具有神农内容的土地神。神农、炎帝、黄帝、柱、稷,不妨看成中国农业于约8000年前四处勃起演进到4000年前夏王朝建立这一灿烂时期东西南北各地农业族群的总体概括和符号表征。而在这些主神四周,虽然这一时期的考古文化不少在炎黄两系之外,如良渚文化有宏伟的把土地神圣化的社坛,东西南北各处的社在族群融合中未能进入华夏最高级的称号,但其本有的内容,却被吸收到以神农、炎帝、黄帝、柱、稷为代表的文化符号之中。在4000年前中原第一个中央王朝夏建立之时,夏禹,成为最大的社神。在由神农、炎帝、黄帝、柱、稷、禹代表的社神观念演进中,其思想的核心是什么呢?就是"和"。神农所象征的农业,以及由农业而来之"和",把其之前的用伏羲和燧人来象征的古代本就思考着的"和",根据新的农业实践进行了新的提升。因此,在关于燧人和伏羲的文献中,仍然有关于和的思想线索。农业对天的思考而来的历法,在农业之前的狩猎、采集,以及与农业并行的游牧,同样需要一种天人的互动,需要对天的思考。因此,和的思想溯源可以从燧人氏这一最初的符号所内蕴的观念开始。

第二节 和与远古天象的演进

被后来追溯为三皇之首的燧人氏,其典型之事是钻木起火。从中国境内180万年前的山西芮城西侯度人、170万年前的元谋人、80万年前的蓝田人、50万年前的北京人、28万年前的金牛山人、10万年前的东北鸽子洞遗址,都留下了用火的遗迹"[②]。火的发明以及由之而生的木的神圣,应当引出远古人类的思考和玄想。钻木取火,不但与火相关的观念显为神圣,这神圣一直延续到后来与神农相关系的烈山氏的火耕和同样与神农相关联的炎帝之火德;而且,以木相关的观念也显为神圣,中杆仪式盖应在木的观念化中与其他类型的仪式一道产生,并应在三皇中排列

---

① 任式楠:《中国史前农业的发生与发展》,《学术探索》2005年第6期。
② 赵永恒:《燧人氏"察辰心而出火"的可能年代》,《重庆文理学院学报》2013年4期。

第二的伏羲氏的“观象于天”中，进入远古仪式的核心。先秦文献附在伏羲氏上的内容，是围绕着天北极的中而形成的整个宇宙图式，这一宇宙图式在《易纬通卦验》也被归入燧人氏[①]，当然更重要的是伏羲作为文化符号不但与渔猎、采集、畜牧有关，而且由之而进入到农业时代。因此可以说，伏羲的“仰则观象于天”把农业之前和农业之后的历史关联起来形成一个中国远古天象演进的整体。伏羲传说，在中国古代的西北、东方、南方广泛存在，以及与伏羲相关的女娲传说在伏羲传说地域内外的广泛存在，可以看成中国天道在远古的演进，伏羲观天而用卦象进行理论总结，女娲补天而重造天道秩序，中国的天道应当是在伏羲女娲时代有了一个基本的框架。

在以中杆为主体的昼测日影，夜观极星的天文观测中，以太阳的升落测日，以月亮的盈虚观月，以春分秋分察季，以夏至冬至算年，每一项的测定都是容易的，但是，要把日、月、季、年统一起来，把日、月、季、年与天象整体统一起来，却是相当困难之事。前一项的统一，对农业生产来讲异常重要，后一项的统一，对整个社会的信仰非常重要。而中国远古的和的思想，正是在对天象统一性的思考中建立了起来。而在日、月、季、年中，月与年的不一致是明显的，而统一天象以建立极星、北斗、日、月、星的运行结构，对于农业生产来讲是十分重要的。和的思想正是在这一建立天象的整体性中产生了出来。和，是禾与口组成，不妨理解为，用口讲述禾在天地生长中的规律，并将之以言和歌的方式表达出来。当然这不仅是天象之和，而是天象带来的包括天、地、人在内的整个宇宙运行之和。这种天人之和在《夏小正》中透了出来。《夏小正》虽然是夏代的总结[②]，但《礼纬稽命征》说“禹建寅，宗伏羲”，就将其上溯到伏羲时代，透出了其思想与远古中国千万年的观天实践和观念演进有着关联。从观天这一角度看，从《尚书》中《尧典》里冬至夏至春分秋分四大节气和《洪范》中把一年分水火木金土五季[③]，到《夏小正》和《诗经·七月》的十月历，到《逸周书·时训解》的二十四节气七十二候，到《管子·幼官》的三十节气(还有(《四时》《五行》《轻重己》诸篇所呈现的丰富的历法思想)，到《吕氏春秋·十二月纪》《礼记·月

---

① 《易纬通卦验》云：“遂皇始出握机矩，表计宜，其刻曰苍牙通灵。”郑玄注：“矩，法也，遂皇，谓遂人，在伏羲前，始王天下，但持斗运机之法，指天以施教令。”

② 罗树元、黄道芳《论〈夏小正〉的天象和年代》(《湖南师范大学自然科学学报》1985年第4期)说：《夏小正》是公元前2000年左右夏代历书，由口传到春秋时代成书。

③ 关于《洪范》五行为十月历，参陈久金：《阴阳五行八卦起源新说》，《自然科学史研究》1986年第2期。

令》《淮南子·时则训》的十二月体系，透出远古以天为核心建构天地人之和的种种努力与丰富成果。从和的思想来讲，这一演进首先是天上日月星构成和谐统一的运行之和。

天上的统一从逻辑上讲，首先是太阳升落循环里日照最短的冬至，从冬至始到回到冬至为一年，其次是日照最长的夏至，一年由夏至冬至一分为二，从夏至到冬至为阴，从冬至到夏至为阳。阴为寒，阳为热，前者是越来越寒至最为阴之极点而一阳来复，后者是越来越热直到阳的极点而一阴又返。再次是在二分年的基础上把月安放进去，一年为 10 月，每月 36 天，一年 360 天，余下 6 天为过年，10 月进一步分为 5 季，一季 72 天。《尚书·洪范》的水火木金土就是这样的 5 季 10 月体系。《周易·系辞上》讲“天数五，地数五，五位相得而各有合”，“天一，地二，天三，地四，天五，地六，天七，地八，天九，地十”。孔颖达疏：“天一与地六相得合为水，地二与天七相得合为火，天三与地八相得合为木，地四与天九相得合为金，天五与地十相得合为土也。”每行中各有阴阳，即水阳，火阴，木阳，金阴，土阳，水阴，火阳，木阴，金阳，土阴。同样，每季中也是阴阳各一。这种一年两半 5 季 10 月的十月历不但存在于《尚书·洪范》《夏小正》《管子·幼官》中，而且存在于与远古的西羌和百越相关联的现在西南少数民族如彝、傣、白、羌、傈僳、哈尼等族的历法之中①。对于中华民族来说，这以冬至为节点而统一起来的十月历，不仅是以太阳为中心而包含季与月，而且以北辰为中心而包含日月众星，因此包含着更多的内容，比如，冬至不仅是太阳的回归，更是北斗在中天旋转一圈之后的回归，因此在少数民族中这一节日还叫星回节。又比如，在年去年来的循环中是北斗按顺时针左旋（从左到右和从东到西），同时日月五星按逆时针的右旋（从右到左和从西到东）②。正是在这丰富的天文内容中，后来的道、阴阳、五行、八卦的思想，以及《河图》《洛书》《周易》的体系性思想产生了出来。回到远古，这一内蕴着阴阳五行的十月历法为农业生产服务的进一步细化，就是二十四节气的产生。从《尚书·尧典》等文献明确二至二分四节气到《管子·轻重己》《左传》（“僖公五年”“昭公十七年”）等文献明确二至二分四立（立春立夏立秋立冬）的八节气，形成了节气的框架基础。而进一步的划分，应有不同体系的同时演进，如《吕氏春秋·十二纪》的二十二节气、

---

① 陈久金：《中国少数民族天文学史》，中国科学技术出版社，2008，第 105—167 页。

② 周士一：《中华天启：彝族文化中的太一、北斗与太阳》，云南人民出版社，1999，第 9 页。

《逸周书·时训解》的二十四节气、《管子·幼官》的三十节气[①]，最后定型在《淮南子·天文训》的二十四节气里。在二至二分的基础上确定了节气结构之后，以禾为代表的农业生产就有了天文知识的基本保证，在这一基础上再把月的重要性提出来，让月的盈虚循环以一种最受尊重的完整方式进入历法之中，进行天文的整体性调适，从而历法便从十月历变为十二月历。这里包含了一系列的体系调整，包括阴阳关系、五行顺序、八卦方位、日月星的协调等，在阴阳关系里以阴为主变为以阳为主[②]，在五行顺序里从水火木金土到木火土金水，在八卦方位中从先天八卦图到后天八卦图[③]，在日月星的协调上，《吕氏春秋·十二纪》的年终季冬，可见“日穷于次，月穷于纪，(北斗)星回于天”和谐呈现。这是一个以极星为中心，以四象为展开，以北斗和日月五星的运行为秩序的天文结构，高度复杂而又多元和谐地建立了起来。这一天上整体的和谐运行，构成了中国型的天道，而这天道运行的正常，显示了中国天道之和。

第三节　月令模式与天人之和

在天上统一基础上产生了天地人互动运转之和。这一转运构成了从《夏小正》到《吕氏春秋·十二纪》《礼记·月令》《淮南子》的本质相同而形式多样的月令模式，即每一月，天上的日月星是怎样的，产生了怎样的风雷雨雪，地上的动物和植物有怎样的出没，呈现为什么状态，人根据这天地的情况而进行与天地相应的祭祀活动，行政安排，生产活动，以与天相应的原则应做什么事禁做什么事。最终达到天垂象，圣人(君王)则之，人民行之。且以《夏小正》和《礼记·月令》为例，来看这一月令模式从简单到复杂的演进。在《夏小正》中，天上的星象，地上的物候，人的祭祀、人文、农事活动相对简朴。如表4-1：

---

① 李零《〈管子〉三十时节与二十四节气》(载《管子学刊》1988年第2期)就讲了：两种节气“彼此很难变通”，也与彝族的十月历不同。

② 关于阴阳的调整，参李小光：《中国先秦的信仰与宇宙论：以“太一生水”为中心的考察》，巴蜀书社，2009，第46—57页。

③ 关于五行和八卦调整，参陈久金：《阴阳五行八卦起源新说》，《自然科学史研究》1986年第2期。

表 4-1

事/月	天象		物候		农事	祭祀人文
	星象	气象	动物	植物		
正月	鞠 初昏参中 斗柄县下	雷 俊风	鱼、蛰、田鼠、鸡、雉、雁、鹰化鸠 獭祭鱼、豺祭兽	柳、梅、杏、杝桃、缇缟	人纬(束)耒、均田、公田	以骝祭耒、采芸祭庙
二月			俊羔、昆虫、燕、仓庚		黍、荣堇、采蘩、田胡、荣芸、时有见稊	羔祭、祭鲔、祭醢、万舞入学 剥鼆为鼓
三月	参伏		螜鸣、羊羊、鸣田鼠化为鴽	委杨、桐芭	摄桑、采识(草)、始蚕	颁冰于大夫、祈麦
四月	昴见 初昏南门正		鸣札、鸣蜮	见杏	莦秀、取荼、秀幽	执陟攻驹、教之车服
五月	参见 初昏大火中		浮游众、鴃鸣、良蜩鸣、匽兴、鸠为鹰		食瓜、 启灌蓝蓼、煮梅、蓄兰	颁马分大夫
六月	初昏斗柄在上		鹰始挚		煮桃	
七月	汉案户，初昏织女正东乡 斗柄县在下	霖雨	狸子肇肆、寒蝉鸣	秀雚苇 湟潦生苹 荓秀	灌荼	
八月	辰伏 参中旦		丹鸟（萤）羞白鸟(蚊)、鴽为鼠		剥瓜、剥枣、栗零	玄衣 鹿人从
九月	内火 辰系于日		遰鸿雁、陟玄鸟雀入于海为蛤		荣鞠树麦	主夫出火 王始裘
十月	初昏南门见 织女正北乡		豺祭兽、黑鸟浴玄雉入于淮			
十一月			陨麋角			王狩、陈筋革 啬人不从
十二月			鸣弋、元驹贲、陨麋角		虞人入梁	纳卵蒜

《夏小正》是一个累层建构起来的文本，在十二月历成为主流之后进行衍加，但从其对天象与动物、植物、人的生产活动和社会活动的关联性呈现，相当朴质，各种仪式都与自然和生活紧密相关，里面的“王”可以用来

指代任何村落、地域的领导，是一幅远古人在天地间的和谐图。而到了《礼记·月令》，天地人之和的每一方面都显得体系化了。在天相上，就呈现为一个严密的天的体系（见表 4-2）。

表 4-2

<table>
<tr><th rowspan="2">关联
季</th><th colspan="2">天象</th><th rowspan="2">日（月）
功能</th><th colspan="2">鬼神</th><th rowspan="2">虫</th><th colspan="2">音律</th><th rowspan="2">数</th><th rowspan="2">味</th><th rowspan="2">臭</th><th rowspan="2">祀</th><th rowspan="2">祭</th></tr>
<tr><th>日</th><th>星</th><th>帝</th><th>神</th><th>音</th><th>律</th></tr>
<tr><td>孟春</td><td>在营室</td><td>昏参中，
旦尾中</td><td rowspan="3">甲乙
（生）</td><td rowspan="3">大皞</td><td rowspan="3">句芒</td><td rowspan="3">鳞</td><td rowspan="3">角</td><td>大蔟</td><td rowspan="3">八</td><td rowspan="3">酸</td><td rowspan="3">膻</td><td rowspan="3">户</td><td rowspan="3">脾</td></tr>
<tr><td>仲春</td><td>在奎</td><td>昏弧中，
旦建中</td><td>夹钟</td></tr>
<tr><td>季春</td><td>在胃</td><td>昏七星中，
旦牵牛中</td><td>姑洗</td></tr>
<tr><td>孟夏</td><td>在毕</td><td>昏翼中，
旦婺女中</td><td rowspan="3">丙丁
（长）</td><td rowspan="3">炎帝</td><td rowspan="3">祝融</td><td rowspan="3">羽</td><td rowspan="3">徵</td><td>中吕</td><td rowspan="3">七</td><td rowspan="3">苦</td><td rowspan="3">焦</td><td rowspan="3">灶</td><td rowspan="3">肺</td></tr>
<tr><td>仲夏</td><td>在东井</td><td>昏亢中，
旦危中</td><td>蕤宾</td></tr>
<tr><td>季夏</td><td>在柳</td><td>昏火中，
旦奎中</td><td>林钟</td></tr>
<tr><td>年中</td><td></td><td></td><td>戊己</td><td>黄帝</td><td>后土</td><td>倮</td><td>宫</td><td>黄钟宫</td><td>五</td><td>甘</td><td>香</td><td>中霤</td><td>心</td></tr>
<tr><td>孟秋</td><td>在翼</td><td>昏建中，
旦毕中</td><td rowspan="3">庚辛
（成）</td><td rowspan="3">少皞</td><td rowspan="3">蓐收</td><td rowspan="3">毛</td><td rowspan="3">商</td><td>夷则</td><td rowspan="3">九</td><td rowspan="3">辛</td><td rowspan="3">腥</td><td rowspan="3">门</td><td rowspan="3">肝</td></tr>
<tr><td>仲秋</td><td>在角</td><td>昏牵牛中，
旦觜觿中</td><td>南吕</td></tr>
<tr><td>季秋</td><td>在房</td><td>昏虚中，
旦柳中</td><td>无射</td></tr>
<tr><td>孟冬</td><td>在尾</td><td>昏危中，
旦七星中</td><td rowspan="3">壬癸
（藏）</td><td rowspan="3">颛顼</td><td rowspan="3">玄冥</td><td rowspan="3">介</td><td rowspan="3">羽</td><td>应钟</td><td rowspan="3">六</td><td rowspan="3">咸</td><td rowspan="3">朽</td><td rowspan="3">行</td><td rowspan="3">肾</td></tr>
<tr><td>仲冬</td><td>在斗</td><td>昏东壁中，
旦轸中</td><td>黄钟</td></tr>
<tr><td>季冬</td><td>在婺女</td><td>昏娄中，
旦氐中</td><td>大吕</td></tr>
</table>

在表 4-2 中，每一月，在天相上，太阳在什么位置，黄昏和清晨是什么星在中天，天上是哪一帝和神当班，生物以哪类为主，主导的音是什么，主导的律是什么，主导的数是什么，什么味和臭主导着，祀的对象为何，祭的物品为何，都十分确定且相互关联。天相已经展开为一个本质性的体系。

天子作为效法天的总代表，每一月都要按照天在此月的本质进行相应的活动，这首先在天子衣食住行的方式上体现出来（见表 4-3）。

表 4-3

	天子							
	居住之所	车	马	旗	衣	服	食	器
孟春	青阳左个	鸾路	仓龙(即八尺以上的马)	青旗	青衣	仓玉	麦与羊	疏以达
仲春	青阳太庙							
季春	青阳右个							
孟夏	明堂左个	朱路	赤马	赤旗	朱衣	赤玉	菽与鸡	高以粗
仲夏	明堂太庙							
季夏	明堂右个							
年中	大庙大室	大路	黄马	黄旗	黄衣	黄玉	稷与牛	圆以闳
孟秋	总章左个	戎路	白骆	白旗	白衣	白玉	麻与犬	廉以深
仲秋	总章太庙							
季秋	总章右个							
孟冬	玄堂左个	玄路	铁骊	玄旗	黑衣	玄玉	黍与彘	闳以奄
仲冬	玄堂太庙							
季冬	玄堂右个							

在表 4-3 中，天子在每一月中，应居住在九宫图形的太庙中哪一方位房间，出行乘何样的车，驾何样的马，载什么样的旗，穿什么样的衣，佩什么样的玉，食什么样的食物，用什么样的器物，皆因每月的性质进行，有严格的体系。同样，在《月令》中，按照每月天象和物候的性质，要举行相应的仪式，如孟春之月，在"立春之日，天子亲帅三公、九卿、诸侯、大夫，以迎春于东郊。还反。赏公卿诸侯大夫于朝。"在元日这天，天子要祈谷于上帝。在元辰这天，天子亲载耒耜，与三公、九卿、诸侯、大夫一道进行象征性的耕作，这月还要祀山林川泽之神。同时，每月天子要遵循此月的性质，命令各行各业进行相应的工作，如在孟春这月，天子命太史观测天象，命宰相发布赏惠于民，命乐正教人演习仪式舞乐。更为重要的，要进行符合每月本质的以农事为主的各项生产活动。最后，每月都要发布禁令，禁止各类不符合此月生态规律的活动。在《月令》中，一个以天道运转为中心而带动天地人和谐运转的丰富体系呈现了出来。而从《夏小正》到《礼记·月令》，中国远古天地人和谐运转是怎样由简朴到丰富的演进，大致呈现了出来。

第四节　由天人之和透出的中国和的观念的基本特点

从《尚书》(《尧典》和《洪范》)《夏小正》《诗经·七月》《逸周书·时训解》到《管子·幼官》(《四时》《五行》《轻重己》)，再到《吕氏春秋·十二月纪》《礼记·月令》《淮南子·时则训》，所呈现出来的天人之和的演进，把远古时代农业产生之后由禾生成之和，演进为一个天地整体大范围的和之体系。中国之和的思想内容，从中透了出来。和，不但包含三个体系，天上、地上、人道，是多样性之和，而且三大体系之和，又形成一种复杂的互动。这一复杂互动围绕着时间和空间的整体进行。空间中众物的互动，是在时间中进行的，时间的进行，又使空间众物产生变化。只有理解这种时空之和的复杂性，才能理解从中国远古产生的"和"的观念特点：宇宙万物在时间中有规律地运动生灭，显隐变化。这里，中国之和，不仅显示为物物之间的互动之和，而且显示为物物虚实变化之和，还显示了众物的多重互动之和，是在宇宙整体性的运动中而呈现出来的和，不能仅从一物自身或从几个事物中去体现，而一定要从宇宙整体性去体现。有了宇宙空间分布和时间运转的整体性，具体的事物才获得自己的性质，获得与他物的关系，理解自己与他物的互动，让自己成为和谐宇宙的一个部分，参与和谐宇宙的演进。中国文化之和，就在天地人整体的和谐运转中呈现。这一中国之和，联系到上面的《月令》图式，可以得出这样四个特点：一是每一类事物有自己的体系和本质，这类似于西方的学科分类方式，这是一种看得见、可理解的显的关系。二是每一类事物与众类事物还有一种本质的关系，是由上面各表的横向关联显示了来，这种本质后来被归结为阴阳五行，各类事物属阴属阳及属木火土金水并由之而来的关联，是看不见而只能用逻辑和悟性去理解的隐的关系。这与西方思想的原子分子观念完全不同。三是无论是显的关联还是隐的关联，都是在时间的运动中展开的。由于时间的进入，一事物是属阴属阳属五行中的哪一行，是变化着的。这是中国的阴阳五行与西方的原子分子根本不同之处。由时间的引入又进入最后一点：人与宇宙的关系是全息的，宇宙整体是阴阳五行，每一事物是阴阳五行，每一事物以怎样的显隐方式呈现自己，是因其在宇宙中与其他事物关联的空间位置和时间运转来决定的。

《月令》体系，基本上显出了中国远古之和的特点，在上引所呈的《月令》的三个图表中，还有两点内容没有列表讲出，一是在每一月中的物候，即动物和植物的出没，这一点《月令》与《夏小正》大致相同，可由《夏小正》的表去体会。二是包括物候在内的天地人的各个方面是怎样关联起来的，《夏小正》和《月令》有所透出，但并未明确显示，这就是具有中国文化特点的气和风，理解气和风，是理解中国文化之和的关键。这就是两个更复杂的故事了。不过，对于中国远古之和的起源和演进来讲，更为主要的是体现为饮食之和与音乐之和，本书将在中编和下编详细展开。

第五章　美：中国远古之美的观念之四

中国文化的审美观凝结在“美”这一字上，“美”字的起源、演进、定型在是复杂的多元互动中形成的，而呈示这一过程，对于理解中国文化的美学特点，具有基础性作用。

第一节　美的字形与两类解说

“美”字虽然在汉代的许慎的《说文解字》中才得到文字学的总结，但其源却可以追溯到甲骨文和金文：

(甲886)　(乙3415反)　(存1364)　(中山王譻壶)①

汉代的“美”字和甲骨文、金文的“美”字，虽然有千年余的距离，但外型基本未变，而许慎关于美的解释，不但明示了美在汉代的词意，也基本包含了美在古文字中的内容。《说文解字》曰：

美，甘也。从羊从大。羊在六畜主给膳也。美与善同意。

这里许慎指出美的三层意思：一是从本质上是味美(甘)，由味美到一般的美；二是从起源上与羊和大相关；三是在意义上与善相联。对许慎之说，古代学人与现代学人的解释明显不同。古代学人集中在羊肉和味美上，由羊的味美到一般味美到普遍的美。大，在许慎那里本与人相关，《说文》释“大”曰“象人形”，古代学人为了逻辑上的一致，把大解释为羊大。善，在古代虚实一关联型思维中美与善虽有区别一面，更有相同互渗一面，但古代为了逻辑一致而将之忽略，并融进羊之词义中。南唐徐铉曰：“羊大则美”(《校定说文解字》)。清人王筠曰：“羊大则肥美，故从大。许意盖主羞字从羊而

① 关于许慎释美的字形，是否与甲骨文金文相合，学者有不同观点。参《古文字诂林》(第四册)，上海教育出版社，2004，第183—185页。本文认为合，但是在更复杂的意义上讲的，参后面之论。

言……凡食品，皆以羞统之，是羊为膳主，故字不从牛犬等字而从羊也”（《说文句读》卷七）。清人段玉裁注曰：“甘者，五味之一，而五味之美皆从甘，羊大则肥美，引而申之，凡好皆谓之美。”（《说文解字注》四篇上）这种解释于古代味美在整个美中占重要地位氛围中（《说文》里有“旨，美也”，“甘，美也”），在古代虚实关联型思维模式中（美善互释，美甘互训），在古人关于远古的知识体系里（味在三代之礼中占重要位置，《礼记·礼运》“凡礼之初，始诸饮食”，《诗经·楚茨》“神嗜饮食”），是言之成理、视为当然的共识。而现代学人在世界现代化进程中已经否定中国古代以味可为美的美学，而信奉西方只以艺术为美的美学。味觉之美在西方并不算是美学之美，亚里士多德讲了，只有视听是审美感官，而味、嗅、触非审美感官。而美在西方现代之成学基于两点，美感与感官的快感（包括美味）不同，与功利的快感不同，是一种超感性欲望和功利快适之美，而且主要体现在艺术美上。西方美学基本观念成了现代中国美学的主流。因此，现代学人对于“美”字，在许慎已有的文字学知识基础上，向具有现代美学观念的方向引申。因此对美的解释总是要与现代美学结合起来。在对美的各种新释中，主要可以归为三个方面。一是在承认大羊之味美的基础上，将之提升到高于美味的东西：有人说美是包含味（羊味之美）、视（羊大姿美）、触（羊毛柔美）的综合性的快感（笠原仲二）；有人讲中国之美，是由羊之美味到艺术的滋味（李壮鹰）。二是不从味的角度而从善的角度讲羊，说羊是原始仪式中的牺牲，由乞祈福而来的吉祥快感（今道友信、黄杨）。三是讲“从羊从大”的核心不是羊之大而是作为大的人。在这一思路上，有人由此把美从味觉而来转入由听觉（美，从大，芈声即羊的叫声）而来，有人说美即媄，指女人之美（马叙伦），由此把美从味觉转为视觉，这里羊是人头上的羊形装饰，因此，美是头戴羊角或羊骨的孕妇，从而美是生殖之美（赵国华），在生殖之美的基础上，有人认为，羊为女性之征，大为男性之征，美即男女交合，美始于性（陈良运）。在视觉之美和羊形头饰上，有人认为美乃原始时代头戴羊饰物的人，乃羊饰之人为美（商承祚、萧兵、韩玉涛），还有人认为羊不是羊形头饰，而乃羽毛，为头戴羽毛的人，乃羽饰之人为美（王献唐、李孝定），这戴饰之人可男可女。①

---

① 以上诸学人的观念依次见于[日]笠原仲二：《古代中国人的美意识》，北京大学出版社，1987；李壮鹰：《滋味说探源》，《北京师范大学学报（社会科学版）》1997年第2期；[日]今道友信：《关于美》，黑龙江人民出版社，1983；黄杨：《“美”字本义新探——说羊道美》，《文史哲》1995年第4期；马叙伦：《说文解字六书疏证》（卷七），科学出版社，1957；赵国华：《生殖崇拜文化论》，中国社会科学出版社，1990；陈良运：《“美”起源于“味觉”辩正》，《文艺研究》2002年第4期；商承祚：《殷墟文字类编》卷四，1923年木刻本；萧兵：《从羊人为美到羊大为美》，《北方论坛》1980年2期；王献唐：《释每、美》，《古文字诂林》（第四册）；李孝定：《金文诂林读后记》（卷四），“中央研究院”历史语言研究所，1982。

古人与今人的解释，都是带着自己的知识体系（即味可以为美的古代美学和味不可以为美的现代美学）而展开的，各有自己的长处，古人强调了古代之美的特点，有利于理解中国之美的独特性，今人强调了今天美学的特点，有利于发现古代因太看重味美而遮蔽了的人之美，两种解释模式及其对立，以及今人解释中各自的对立，对中国之美究竟为何，都有启发作用。一方面，应当像今人那样回到美起源的远古氛围，但对远古氛围究竟是怎样的，还要做进一步思考；另一方面，应当像古人那样从中国之美的独特性去思索美的缘起，但这一独特性究竟何为，还要做更深入的研究。

"美"字虽然由汉代许慎从文字学上作了字义解释，但"美"之字义，不但内蕴着汉人的理解，还包含了远古以来的内容。这一内容，在许慎的解释中，可作商承祚和萧兵型读解，美，从羊从大，是戴着羊头装饰的大人。进一步，进入远古的意识形态之中，在古文中，天是大，孔子曰："巍巍乎，唯天为大。"法天的圣人也是大，孔子曰："大哉，尧之为君也。"（《论语·泰伯》）庄子曰："夫天地者，古之所大也，而黄帝尧舜之所共美也。"（《庄子·天道》）《说苑·修文》"大者，文也。"《白虎通·号》："皇，君也，美也，大也。天之总，美大称也。"戴着羊头装饰的大人，在原始氏族的仪式中具有核心的地位，而人的地位是与天相关联的，此乃美善同意后面的意义。而"美，甘也"，这里美与甘的文字联系较为隐曲，下面再讲，但在仪式中的结构性联系却是清楚的，即羊作为饮食享品和祭品在氏族和仪式中具有重要地位。远古仪式中，人是羊人，味是羊肉，善呢？《说文》曰："譱（善），吉也，从誩从羊，此与義美同意"。不但强调从羊，与羊之誩（即羊表达的神圣之言，这里又内蕴了更复杂的关联，以后再讲）相关，而且将之同与羊相关的两个字，"義"和"美"，关联起来。因此"美"作为大人，不是一般的大人，而是与羊相关的大人。美是在远古与羊相关的仪式整体之中而产生出来的。美包含着羊饰之人①、羊享之肉、羊之圣言，三者共汇成有善之目的和美之外形的仪式整体。因此，美的起源，应在远古以羊为仪式主体的范围去找。在汉语中，与羊相关，而又不仅限于对羊作生物学描述，而与社会文化意义相关联的字，有一大批：美、善、祥、義、儀、媄、羹、养、羌、姜……在这些字中，羌与姜是具有紧密关联的族群。二者都与羊相关。顾颉刚说："姜之

---

① 羊饰之人包括仪式之舞。陈致《"万（萬）舞"与"庸奏"：殷人祭祀乐舞与〈诗〉中三颂》（载《中华文史论丛》2008 年第 4 期）注"'美'在甲骨文中的字形，像一个站立的人，头顶上戴着饰物，似原始舞者。《合集》2735 又 3069 反 3102 又 3102 及 33128 中，'美'和乐器'庸'并提，而且与表示演奏的动词用在一起，诸如'美奏''美用'。说明这个字显然指某种音乐表演，可能是指舞蹈。"

与羌，其字出于同源，盖彼族以羊为图腾，故在姓为姜，在种为羌。”[①]这里图腾可作更为宽泛的理解。因此，对美的含义，可以从羌与姜这两个族群之字进行。

第二节 美的文化族群起源：从羌到姜

羊是人类最早驯化的动物之一，西亚约在 1 万年前已经放养山羊，东亚则 5000 年后完成驯羊。虽然中国新石器早期遗址多有羊骨发现，但尚不能确定为家养，青铜时代以后，从新疆到中原羊的数量明显增多。中国的山羊分为 ABCD 四系，A 系占主流，很可能来自西亚。西亚绵羊分为三个亚种，这三个亚种在中国均有分布。分子遗传学不支持中原或东北亚作为山羊和绵羊的起源地[②]，因此，驯羊业从逻辑上是由西亚经中亚进入东亚，羌族与牧羊是在这一宏观历史演进的背景中，出现在中国境内的。因此，当远古中国进入农耕文明的时候，一方面以美丽的花瓣在东西南北中多元盛放开来，另一方面这一多元花朵又是在中国与世界的互动中进行的。而牧羊人的羌象征了这一互动，“美”正是这一互动中的美丽产物。

《说文》曰：“羌，西戎牧羊人也，从人从羊。”《后汉书·西羌传》讲羌人的特点：第一，是游牧为主：“所居无常，依随水草。地少五谷，以产牧为业。”第二，种姓众多而聚合无定：“其俗氏族无定，或以父名母姓为种号……不立君臣，无相长一，强则分种为首豪，弱则为人附落，更相抄暴，以力为雄。杀人偿死，无它禁令。”第三，有别于华夏的习俗：“父没则妻后母，兄亡则纳嫠嫂，故国无鳏寡，种类繁炽……以战死为吉利，病终为不祥。堪耐寒岩，同之禽兽。”《后汉书》虽是出自六朝时的观察和总结，但这些特点却应为尚未进入华夏的远古羌人所具有。可见远古羌人是中原人对既遍布西边又时聚时合的众多小团体呈现出来的广大人群之总称。这里最为重要的是，在这一庞大的牧羊群体从西向东的大潮中，一方面区别于华夏，另一方面又与华夏相融合，在与华夏相区别中，由羌变出了氐和戎，三种族名既可区别，又可以相互组合为氐羌、羌戎、氐戎，三大总名又能下分为众多的分支。这里，最为重要的是，一支姓姜的羌人汇入到了华夏民族之中，成为华夏的重要组成部分。在古史系统中，三皇在先，三皇中有神

① 顾颉刚：《九州之戎与戎禹》，《禹贡》（半月刊）1937 年 6 月第七卷第六、七期合刊。
② 易华：《夷夏先后论》，民族出版社，2012，第 110—113 页。

农，先秦文献中如《易传》《礼记》《战国策》《商君书》《管子》《庄子》《吕氏春秋》《韩非子》《世本》等，均论及神农。《帝王世纪》曰："神农，姜姓也。"《淮南子·主术训》讲神农的地域，"其地南至交阯，北至幽都，东至阳谷，西至三危"，与羌人所居甚有交汇。继三皇之后是五帝，五帝有各种说法，《吕氏春秋·十二纪》的五帝是太昊、炎帝、黄帝、少昊、颛顼，炎帝排在第二。虽然《史记·五帝本纪》等其他几种说法没有算炎帝在内，但《史记》讲的炎帝与黄帝同时，被普遍承认。《国语·晋语》曰："炎帝为姜"。在汉人刘歆编《世经》之后，神农与炎帝合为一人。而二者之所以能合一并为古人所承认，在于炎帝的主要事业，与神农一样，是发展了农业。而且《帝王世纪》说炎帝是"人身牛首"，形象上也有由羊到牛的变化，与这一美化相应，"美"字人头上的双角或四角，可以是羊角也可以是牛角。即"美"字在起源上，是牧羊人群的羊角，在进入农耕人群之后，可以是羊角（不忘本也），也可以是牛角（新本质的象征）。严文明说，应把神农氏理解为农耕之族，而炎帝为神农氏的最后一位首领①。炎帝神农氏合一的后面有很多内容，其一可以读解为，牧羊羌人的姜姓一支进入姜水地域后，与当地的农业定居人融合，而变成了农业人。三代之前一些远古传说人物，如共工、四岳、夸父等，都有被说与炎帝一系相关，《国语·鲁语》曰"共工氏之伯九有也"，九有即远古时的九州，学者考证在豫西和晋南之间的黄河两岸。② 共工与颛顼争为帝，怒触不周山，有游牧之性，但共工主要事业是治水，乃农业关怀的体现。姜姓族以崇敬的山为岳，《左传·庄公二十二年》曰："姜，大岳之后也，山岳则配天。"四岳即四座大山，显示了姜姓向各处的演进③。夸父也是炎帝一支，《山海经·大荒北经》曰："后土生信，信生夸父。"后土在文献中既与炎帝有关，又与共工有关，《左传·昭公二十九年》曰："共工氏有子曰句龙，为后土。"后土虽突出农耕性质，但其仪式却以羊为主，《诗经·甫田》有"以我齐明，与我牺羊，以社以方"。④ 夸父逐日而跑，有游牧的速度，口渴而亡，与农业之水相关，夸父被黄帝部下象征旱的应龙打败，内蕴了水与旱的斗争。远古时代，姜姓进入神农炎帝，有三点是重要的：第一，农耕成为部族的鲜明特色，从而使姜区别于羌；第二，姜在走向中原和四方的发展中，与当时的各大部族都有复杂的关联，从而在《国语·晋语》中，炎帝与黄

---

① 严文明：《炎黄传说与炎黄文化》，《协商论坛》2006年第3期。

② 王震中：《共工氏主要活动地区考辨》，《人文杂志》1985年第2期；朱红广：《共工氏地望考辨》，《洛阳师范学院学报》2006年第1期。

③ 刘毓庆：《炎帝族的播迁与四方岳山的出现》，《民族文学研究》2009年第3期。

④ 《毛传》对此句的注释曰："器实曰齐，在器曰盛。社，后土也，方，迎四方气于郊也。"郑笺曰："以洁齐丰盛，与我纯色之羊，秋祭社与四方，为五谷成熟，报其功也。"

帝被讲成同源的两个分支："昔少典娶于有娇氏，生黄帝、炎帝。黄帝以姬水成，炎帝以姜水成。"在《路史·后纪四·蚩尤传》中，东方蚩尤也被讲成"阪泉氏蚩尤，姜姓，炎帝之裔也。"蚩尤为九黎之主，因之，作为九黎之后的三苗，也在《国语·楚语》中被韦昭注为"三苗，炎帝之后。"九黎三苗皆居南方，随之，楚和巴等都被认为与羌姜有这样或那样的关联①。第三，姜虽然融入农耕文明，但又与所出之羌有密切的关联，且不断出现进入农耕复又退出的情况，顾颉刚考证，在春秋之时，晋秦周围充满了羌戎各部一百余国。② 由此三点可体会羌以姜为象征进入中原而关联四方是一个非常复杂的进程，西方之羌与东北南各远古族群的互动也是非常复杂往返的。五帝之后是夏商周三大王朝的崛起，《史记·六国年表》曰："禹兴于西羌。"《续古史辩》讲，禹来自"羌族的九州之戎中的一支。"③至少羌文化在禹的兴起中发挥了重大作用，商之时，羌是商必须认真对付的西方之族，敌对之时，武丁曾动员五族的武力去进行征服，和好之时，商王亲自出接羌方的来宾。商王朝廷中的服务人员充斥着羌人，被用祭祀的人牲中也多有羌人④。商与羌进行着多方面的复杂互动，商非常看重自己的中央地位被羌所承认，《诗经·商颂·殷武》有"昔有成汤，自彼氐羌，莫敢不来享"。周的兴起，是姬姓之周与姜姓的太公结盟之后的伟业，周的始祖是姜嫄，与姜姓有关，周王多娶姜姓之女为后，姬姜世代通婚，周克商后的分封诸侯，姜姓的齐、许、吕、申封在东方。春秋时代，首次成为霸主的，是姜姓的齐。总而言之，自姜从羌中分出而进入农耕文明以来，从神农到炎帝，由夏到周，几千年中，不断演进，南宋罗泌《路史·国名纪·炎帝后姜姓国》共 75 国，雷昭声考定其分布在中原（伊、耆、姜、封、逄、汲、许、杨、柜、泉、皋、雒、陆浑、九州、赤狄、留吁、戏、向、甘）、东部（齐、焦、艾、隰、柯、丙、高、棠、檀、若、井、剧、甗、崔、卢、章、高棠、闾丘、廪丘、梁丘、虞丘、移、潞、淳、怡、州、薄、纪、鄘、纪彰、黑齿）、南部（厉、江水、吕、甫、申、谢、析、氐、露、隗氏、随）、西部（玄氏、骀）、北部（狄历、啬咎、皋落、孤竹、阪泉、小颢），以及地望不明的北齐、殳、甲氏、舟。⑤ 易华讲，炎帝族裔以氏命名的：有郜氏、列山氏（骊山氏）、夸父氏、太岳氏、孤竹氏、彤鱼氏、姜戎氏、互（氐）氏、人氏、灵氏、并氏、午氏、丙氏、赤氏、信氏、井氏、箕氏、甘氏、莱氏、戏氏、殳氏、延氏等；以姓命

---

① 一之：《楚人源于羌族考》，《青海民族学院学报》1981 年第 1 期；彭官章：《巴人源于古羌人》，《吉首大学学报（社会科学版）》1987 年第 3 期。

② 顾颉刚：《从古籍中探索我国的西部民族——羌》，《社会科学战线》1980 年第 1 期。

③ 刘起釪：《古史续辨》，中国社会科学出版社，1991，第 130 页。

④ 商与羌的互动，参前注中顾颉刚文里的第二节"羌的由来及其在商的活动"。

⑤ 雷昭声：《炎帝千年史前史》，湖北人民出版社，2011，第 234—236 页。

名的有：齐、吕、许、申、高、谢、邱、丁等百余姓[①]。何光岳《神农氏与原始农业——古代以农作物为氏族、国家的乐称考释之一》中，考出了由神农氏（姜姓）而来的氏族或国家 241 个[②]。这些不同的说法呈现了一个共同的思想，姜之众族在历史的演进中，业已成为华夏构成的内在组成部分。正是在这一由羌到姜，与其它进入中原的各族互动，一道形成华夏的进程中，华夏的审美观念也随之形成，而美正是这一远古中国审理美观念演进的文字凝结，而且在美字中，内蕴了这一进程的内容。

第三节　美字在华夏审美观念形成中的转意

羌人以姜姓进入中国农耕文明多元互动圈，在与其它各族互动，最后形成华夏族的过程中，随其生活—社会—文化—观念的演进，导致了文字内容的改变，从五帝到三代是一个万国林立的时代，《左传·哀公七年》讲："禹合诸侯于涂山，执玉帛者万国。"各国都有其审美观念，而姜不但有深厚的羌族根底，更因其从神农到炎帝，从禹到周，一直在主流文化之中，因而当商代形成具有体系性文字之时，羌姜观念在最初的文字里占有相当的地位。而"美"这一观念，就是内蕴着羌姜原有历史积淀和演进的现实内容，进入到了文字之中。从而认识"美"本来的原意、在演进中的转意，以及定型时的新意，是对之进行解释的基础。

"美"，其原初之义是戴着羊头装饰的大人。而以仪式中的大人成为文化的核心，是上古的普遍现象，在古文字学里，与仪式中人最相当的巫，被释为在亞形仪式地点中的人，或是佩带双玉之人，三皇之"皇"，即是一个带着羽饰或山饰的大人[③]，五帝中最显赫的黄帝之"黄"，被释为佩玉之人或具有生殖繁衍意义的孕妇形象[④]，夏商周三代的开创者"夏"也被释为一个在仪式中戴着装饰进行舞蹈之人[⑤]。因此，从字源讲，远古仪式中的各类大人，具有远古社会的共同核心内容（都是在远古原始仪式中的巫王），又

---

① 易华：《夷夏先后说》，民族出版社，2012，第 196 页。

② 何光岳：《神农氏与原始农业——古代以农作物为氏族、国家的名称考释之一》，《农业考古》1985 年第 2 期。

③ 郭沫若：《长安安县张家坡铜器铭文汇释》，《考古学报》1962 年第 1 期；于省吾：《释皇》，《吉林大学社会科学学报》1981 年第 2 期；李学勤：《论新出大汶口文化陶器符号》，《文物》1987 年第 12 期；杜金鹏：《说皇》，《文物》1994 年第 7 期。

④ 潘峰：《释"黄"》，《汉字文化》2005 年第 3 期；黄丹华：《"黄"字源流考》，《安徽文学（下半月）》2009 年第 5 期。

⑤ 詹鄞鑫：《华夏考》，《华东师范大学学报（哲学社会科学版）》2001 年第 5 期；葛英会：《夏字形义考》，《中国历史文物》2009 年第 1 期。

有各具体地域部落的特殊内涵和形象(远古的巫王以多种多样的形象出现)。在羌的族群中，是羊人为美，在未曾进入华夏而仍在边疆地区演化的今日羌人的仪式中，仍可看到羊的重要位置。羌族的巫师(即释比)作法时，身着的装饰之一是羊皮背心，摆弄的法器之一有羊皮手鼓[①]。而在大型的祭天仪式中，羊皮鼓舞是贯穿仪式始终的主要形式[②]。但自姜进入农耕文明之后，以羊为主的仪式和羊人为美的观念在与东南北各方文化的互动中得到了新的整合，仪式中人(巫王)为美的内容被保留，而羊人为美的具体形式则作了相应的变化，譬如，美在甲骨文和金文中的各种字形，有的可以解成羊角，有的或可释为牛角，有的又读为鹿角，有的还可以释义为羽毛……[③]这说明美字在诸文化互动中，各类文化都曾想对美加以自己的影响，而文化互动又是围绕着仪式之巫王来进行的。

中国远古文化多元一体的发展由东西南北汇聚中原而形成华夏，从文献上，主要有来自西方和南方融和而成的炎帝集团，来自北方和西方融和而成的黄帝集团，来自东、东南及东北融和而成的大皋少皋集团，由来自南和东南融和而成的九黎、三苗集团。从考古上，在西北，体现为仰韶文化半坡型和庙底沟型相互之间以及东进和北进之后与其他文化的互相作用，在东北，是红山文化与南方和西方诸文化的相互作用，在东方，是大汶口文化和良渚文化在北上和西进中的相互关系以及与其他文化的相互关系，在南方，是屈家岭文化、石家河文化在北进西进东进中与其他文化的相互关系。在这一波澜壮阔的文化互动之中，各文化中美的因素相互碰撞。

西方的羌姜是羊作为人载兽型装饰进入到与各文化的碰撞互动之中，在这既多元又丰富还绞缠的互动之中，羊饰之人主要来自西方，由羌氐而姜；牛饰之人主要来自南方，而最早入主中原：神农、炎帝、蚩尤皆牛首人身，鸟饰之人主要来自东方和南方，如文献上的太皋与少皋和考古上的大汶口文化与良渚文化，同样也影响到了西方(如庙底沟彩陶中的鸟图案)，龙饰之人主要来自北方和东北(文献上从东到西的伏羲是龙蛇之形，考古上红山文化的龙最为突出)……各种动物成为头饰，是为了在仪式之中成为具有神性之人，以获得通天的神力和世上的权威，从文字上，可以看到东方来的鸟，形成羽饰之人：翟、翜、翣、翚、翌、翏、習、翬、翠、翯都突出了上部的羽毛。其中的羿，《说文》曰“古诸侯也，一曰射师”，即来自东夷而夺夏

① 钱安靖：《论羌族巫师及其经咒》，《宗教学研究》1986年期。
② 赵洋：《羌族释比羊皮鼓舞的美学思考》，《阿坝师范高等专科学校学报》2009年第1期。
③ 《古文字诂林》(第四册)，第183—185页。

政的射日之羿，明显是鸟头人身，还有翇，《说文》曰："乐舞。执全羽以祀社稷也。"明显是仪式中羽饰之巫进行的舞乐。最有意味的是皇，被定成翌，明显是作为巫的王头戴羽饰。仪式中的大人（巫）之载有头饰，在于作羊或牛或鸟头饰具有神性和神力。而具有神的东西不仅是羊、牛、鸟，还有仪式地点通天的中杆与神树，因此巫，与亞形地点（其实是亞形里的中杆或神树）紧密关联。还有能通灵的玉，巫又被释为身带两玉。靈，被《说文》释"以玉事神"的"靈巫"。在古文字中，靈字下面的巫，也可写作王（璽）。而巫与靈，皆为南方仪式中的大人（巫），是以身上的玉器装饰为其特征的。《山海经・西山经》里的西王母"蓬发戴胜"。郭璞注曰："胜，玉胜也。"也是以玉为头上装饰的。如仪式中所祈之神为太阳，头上是可以戴日的，太皞和少皞，作为一方领袖（巫），其装饰应与日相关，皞通昊，又通翯，还通昦，皆以日作以一神圣形象在上面，又通皓，显出了人与日之间的对话。而昊字中下部的"天"，也可写作"大"，正是大人头戴日。后来皇帝冕服上有日月的图案，应与这一来源相关。仪式中的大人，作为其神圣和权力象征的，还有用武器型的器物装饰头上的钺、辛、干，瞂……《山海经・海内西经》曰："凤皇、鸾鸟皆戴瞂。"《太平御览》卷八十引《春秋元命苞》曰："帝喾戴干。"《史记・五帝本纪》张守节引《河图》曰："颛顼首戴干戈，有德文也。"而后来作为天下最高统治者的"王"，就来自玉钺之型[①]。而在各类文献、文字、图像资料中，可以看到，还有戴蛇、戴天、戴角、戴皇[②]等各种式的头饰，所透出的应是在远古历史万国林立的演进中，各类聚落之巫的不同装饰而已。

羊饰之美，羽饰之皇，日饰之昊、玉饰之靈，钺饰之王……由东西南北聚向中原，在以黄帝、尧、舜、禹为主体的多元一体整合中，定型为朝廷冕服的华夏衣冠。而朝廷冕服里，包含了上面的各种因素。且回到美的视点上来，美在向多元一体演进而走向华夏衣冠的进程中，一个中间阶段是黄帝四面[③]，如果这四面是以四种面部形象体现出来，那么，或者羊饰之面应仅为其中之一，或者羊已经完全被其他的形象（如龙虎凤龟四灵，或商代禾鼎中的四张人面）所替代，而当远古之王只以一面出现，羊人之美就被有最高美学和文化质量的帝王的华夏衣冠形象所替换，《周易・系辞下》讲"黄帝、尧、舜垂衣裳而天下治"，可见华夏衣冠是经过长时期的演进而最后定型

---

① 林沄：《说"王"》，《考古》1965年第6期。

② 王小盾：《中国早期思想与符号研究》（上），上海人民出版社，2008，第385—415页。

③ 马王堆帛书《十六经・立命篇》《吕氏春秋・本味》《太平御览卷七十九・尸子》都讲到"黄帝四面"。袁珂《中国神话通论》（巴蜀书社，1991）解为四张脸。

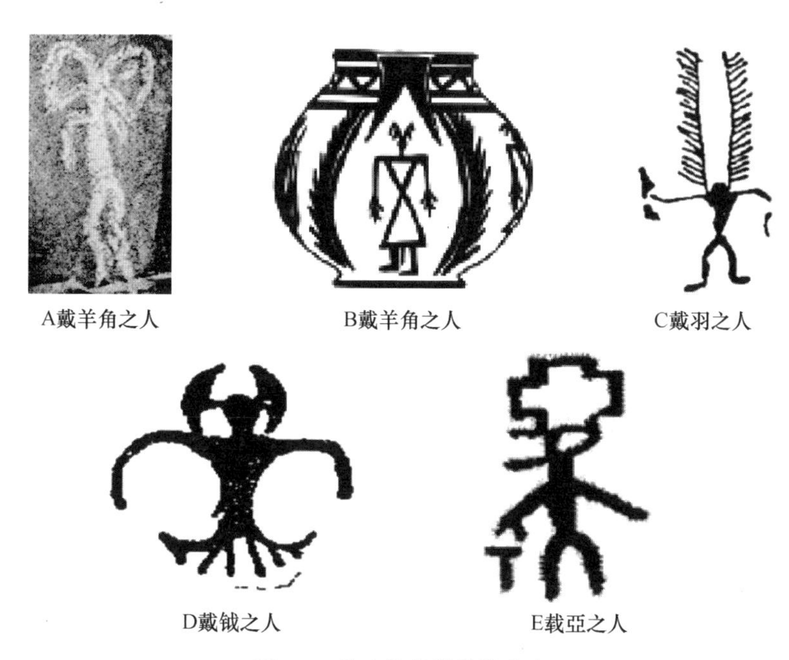

图 5-1　头上饰各类装饰之人

资料来源：A 张琮璞：《宁夏中卫地区岩画中的羊图腾研究》，硕士学位论文，宁夏大学，2018；B 肖波：《从对顶三角形岩画看中国新疆和中亚地区的史前文化交流》，《民族艺术》2021 年第 1 期；C、D、E 葛英会：《燕国的部族及部族联合》，《北京文物与考古》第 1 辑，1983。

的。从定型之后回溯过去，“美”这一文字所负载的意义，是从头戴羊饰的大人为美到身着华夏衣冠的大人为美。大人的装饰随历史文化的演进而变化，而大人的性质却是始终如一。当美定型在华夏衣冠的朝廷之王上面时，美之义仍在，而羊饰外形消失。

“美”字义的转变，不仅是一个字的转变，而是所有关于带有羊的起源而又具有观念形态意义的字群的转变：“善”，成为不仅与羊有关，而是具有普遍意义的“好”；“祥”，成为不仅与羊有关，而是具有普遍意义的“吉”；“義”，成为不仅与羊有关，而是具有普遍意义的“正义”；“儀”，成为不仅与羊有关，而是具有普遍意义的“仪容”；“羹”，成为不仅指羊肉羹，而乃各种肉羹、菜羹、汤羹的总称……正是在这样的历史演进中，美，不仅成为身着华夏衣冠的人之美，而成为具有普遍性的宇宙万物之美。这在《山海经》中体现出来，该书中“美”字出现 24 次，被认为是美的，不但有“美人色”（1 次），而且还有美玉（8 次）、美石（3 次）、美垩（2 次）、美赭（3 次）、美木（2 次）、美梓（2 次）、美桑（1 次）、美枣（1 次）、美山（1 次）……

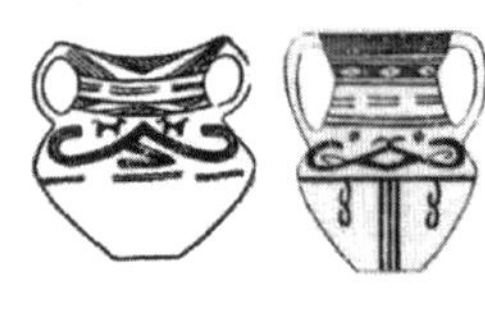

A阴山岩画　B新疆岩画　C甘肃辛店彩陶　D新疆彩陶

图 5-2　羊在各种观念中的图像演变

资料来源：A 盖山林《阴山岩画》，B 陈兆复《古代岩画》，C 刘晓天《辛店文化墓葬初探》，D 肖波《从对顶三角形岩画看中国新疆和中亚地区的史前文化交流》

"美"的字源对于中国美学有什么样的启示意义呢？

"美"来源于羌，羌演化为姜，姜进入华夏，而未进入华夏的羌，在广义上，分为彼此关联的戎、氐、羌。戎的流动后来成为北戎、犬戎、鬼方、允姓之戎、俨狁、析支、鼻息、憔侥及车师，后还融入北狄、东胡、东夷之中。氐曾在十六国时期建立了前秦、仇池、后凉等政权，后来一方面融入汉，另一方面在唐代演为夔人、白人，进入西部演化为各边疆民族。羌在十六国时期建立了后秦政权，党项羌建立西夏政权，后多融入汉。"一支则由岷山沿大渡河、大凉山南迁入滇中，沿途分布定居，与一些夷人、蛮人系统的族群融合，形成庞大的族群——彝族，先后建立了南诏、罗殿、罗氏鬼国、自杞等国。有一支则成为么些族，一支则向西南深入到西藏高原，分别建立了强盛的吐蕃王国及羊同、苏毗、哥邻、岭国及唃厮罗等国以及地方政权。一些羌人后来定居于滇西，与当地土著民族融合，形成哈尼、傈僳、普米、拉祜、怒、基诺、景颇、阿昌、独龙、苦聪、拉基等族。"①羌与最早由中亚而来的北狄有更紧密的关联，这在黄帝之姬与炎帝之姜的同母传说中透露出来，从禹与西羌的历史关联中体现出来，后来的蒙藏共奉藏传佛教，也可看成是早期羌与吐蕃王国渊源在后来的复现……从这一广阔的视野看去，"美"之一字，其起源和词义演化，把中华各族都关联了起来，构成中华民族共同美感之内在基础，而"美"之一字，通过姜而进入华夏，获得了包括羊观念在其中又完全超越羊观念的具有天下普遍性之美，成为了中华民族审美观念的核心。

---

① 何光岳：《氐羌源流史》，江西教育出版社，2000，前言第 2 页。

第四节 美在文化中的演化与审美观念的建构

美从羊饰之人到华夏衣冠到普遍之美，其观念在中国大地定型。中华民族是在东西南北各族的关联、互渗中融和为一体的，美正是在这一各民族关联、互渗、综合中产生、演进、定型。这由多元一体的中华民族产生定型的美，有什么样的特点呢？不妨对美在起源、演进、定型这三个方面进行初步的理论总结。

从起源上讲，美起于羊人为美的仪式。这一仪式是一个综合体，羊饰之人是在仪式的整体中才显出美来。而羊饰之人的美可以从多个方面去感受和欣赏，这从与羊相关的仪式词汇中体现出来，美是羊人的美感，善是羊人之吉言（祝辞）或圣言（判词），義是羊人之威仪……这不同方面构成一个相互关联和汇通的整体。正因这一关联性互通性，在讲美时，可以说“与善同意”，讲善时，说“与義美同意”。[①] 仪式不仅是羊饰之人，还包括具有羊形象的器物，包括作为牺牲的活羊、盛着羊肉羊羹的饮食器、伴随羊人起舞的羊皮鼓，以及羊人伴着羊皮鼓音乐节奏而进行的舞蹈。整个仪式洋溢着羊的观念，并由羊的观念主导着，这样，美不仅是羊人之美，而是整个洋溢着羊之观念的仪式之美。而仪式的目的是与天地人互动交往，体悟宇宙之道（虽然这一互动和体悟是以羊观念的方式表现出来的），从而仪式之美同时意味着宇宙之美。羊人之美正是在这一远古羊观念的整体中，获得宇宙的普遍性。因此，美既是羊人的形象之美，又是仪式的整体之美，还在天人互通中体现宇宙之美。从而，美要被理解为一个整体结构，“美”字既明显地呈现了羊与人的因素与由之结成的整体，又隐含着活羊之牺牲和羊肉之美味，隐含着盛羊肉的礼器，还隐含着整体仪式的所有组成因素，如巫王（羊人）、礼器（陶器）、享品（羊肉）、场地（亚形坛台）和仪式活动（诗、乐、舞、剧）的进行过程，最后，还隐含着由羊人仪式体现的宇宙规律。因此，美，应当从中国文字和中国思想所特有的虚实关联结构（即美是在一个语汇群里——如善、義、祥、羹——形成意义的）去理解和体悟。

---

① 从来源上讲，義美善同义在于原始仪式。

从演进上讲，美，是羌姜在进入华夏主流之后，与各地域之美的互动中而成为主流的。汉语是一种混合语，是不同语言交汇而成的[①]，这不同语言不仅指大的语系（印欧语和华澳语[②]），也指大的语系进入中国境内形成的小的语族（吐火罗语、北高加索语、藏缅语、侗台语、苗瑶语、南亚语、南岛语，以及由之演进为的各种语言）。汉代扬雄整理的《方言》还反映着这一汉语形成中的复杂状况。《方言》讲到女色之美在各地的不同，有："娃、嫷、窕、艳，美也。吴楚衡淮之间曰娃，南楚之外曰嫷，宋卫晋郑之间曰艳，陈楚周南之间曰窕，自关而西秦晋之间，凡美色或谓之好，或谓之窕，故吴有馆娃之宫，秦有㯤娥之台。秦晋之间，美貌之娥，美状为窕，美色为艳，美心为窈。"再从与美同义的"好"字来看，《方言》说："娥、嬴，好也。秦曰娥，宋魏之间谓之嬴。秦晋之间，凡好而轻者，谓之娥，自关而东，河济之间谓之媌，或谓之姣，赵魏燕代之间曰姝，或曰妦，自关而西秦晋之故都曰妍。好，其通语也。"又有："釥、嫽，好也，青徐海岱之间曰釥，或谓之嫽。"还有："自关而西，凡美容谓之奕，或谓之僷，宋卫曰僷，陈楚汝颍之间亦谓之奕。"[③]可以说，娃、嫷、窕、艳、娥、嬴、媌、姣、姝、妦、妍、釥、嫽、奕、僷，是各地方言对美女的殊称。如果不仅指称美女，而就更为普遍之词义来讲，《尔雅》《小尔雅》《广雅》所呈现的，应是与《方言》相同的情况。《尔雅·释诂》说："暀暀、皇皇、藐藐、穆穆、休、嘉、珍、祎、懿、铄，美也。"《尔雅·释训》中又有："委委、佗佗，美也。"《释训》里还有："美女为媛，美士为彦。"《小尔雅·广诂》说："邵、媚、旨、伐，美也。"[④]《广雅》说："腆、媿、酏、㛿、臓、䑍、䐤、膻、醰、皇、翼、滑、党、贲、肤、熹、琇、甘、珍、旨、甜、蒸、将、英、暟、娥、媛、艳、玼，美也。"[⑤]从这三本语言学书里看到的，不仅有从各自方言来讲美，并由之通向一种普遍性的"美"字，还有从美的不同领域来讲美，比如，肉傍（月）、酉傍的字，以及甘、甜、旨，是从美食美味的领域来讲美，女傍、草头的字，以及与色相关的字，是从美人美色的方面来讲美，玉傍、日傍的字，是从

① 李葆嘉：《汉语史研究"混成发生·推移发展"模式论——汉语史研究理论模式论之五》，《江苏教育学院学报（社会科学版）》1997年第1期；焦天龙：《东南沿海的史前文化与南岛语族的扩散》，《中原文物》2002年第2期；周及徐：《汉语和印欧语史前关系的证据之一：基本词汇的对应》，《四川师范学院学报（社会科学版）》2003年第6期。

② 华澳语系是法国语言学家沙加尔提出的一种语系划分假说，将传统划分中的汉藏语系、南岛语系、南亚语系视作有相同来源的超级语系，在主流语言学界尚缺乏共识。此处为反映各语言的联系性而使用这一概念。

③ （清）钱绎撰集《方言笺疏》，中华书局，1991。四段引文依次为：第60—61，5—6页，59页，61—62页。

④ 迟铎：《小尔雅集释》，中华书局，2008，第28页。

⑤ （清）王念孙：《广雅疏证》，中华书局，2004，第23页。

美玉、光采方面来讲美，金傍的字，有壴因素的字，是从美音美乐方面来讲美，人傍的字，有心字形的字，是从人的美容美德美言方面来讲美……而且各方面都力求把自己这一领域的美提升为普遍性美。当然，我们已经知道结果了，最后是来自羌姜而进入华夏主流的"美"字，获得了这一地位。

然而就是在"美"字中，甲骨文和金文也有两组，一是羊的形象鲜明的羊人，二是只有羊之角的羊人，羊角同样可以是牛角（这里或含有羌到姜的演进），还可以是两朵羽毛，两个隹形（这里内蕴东方的鸟观念），甚至可以说是龙角（这里内蕴着龙观念）。因此，美的起源是羊，而美的定型则是多元一体融合后的结果。从定型上讲，当美在华夏得到定型，成为普遍性之美的时候，体现了四大特征：

一、美的表述是以一种语汇群的整合方式体现出来的。美，并没有排斥其他语汇作为美的表述，美与上面《尔雅》《小尔雅》《广雅》中的其他表述处于一种相互关联渗透之中，其他关于美的词汇构成的表述美的词汇，一方面丰富了美的普遍性，另一方面使可以更顺利地进入各个地域的语汇特点之中。与美相关的整个词汇群形成了一种虚实相生的结构。

二、美是一个色声味整合的体系。中国美学的特点，不是把美作为一个独立的领域，而是将之与所有领域关联起来。这同西方把美主要看作视听和艺术的美感而与其它领域区别开来是截然不同的。当中国美学在先秦成熟之时，是色声味等作为一个体系共同进入的：

> 目之所美，耳之所乐，口之所甘，身体之所安。（《墨子·非乐》）
>
> 口之于味也，有同嗜焉；耳之于声也，有同听焉；目之于色也，有同美焉。（《孟子·告子上》
>
> 若夫目好色，耳好声，口好味，心好利，骨体肤理好愉佚，是皆生于人之情性者也。（《荀子·性恶》）

以上先秦诸子的话，还暗含了美是从视觉的人之美到一般视觉的美到普遍性的美的历史演进，虽然成为普遍性的美，但当要色声味并列以析言来讲美的时候，仍把美放在视觉之美上，并由汉语的互文见义，突出色声味各有美的特色而又有美的共性。对本文来说，这里最主要的，是突出了美以色声味为基础的广泛关联，这使得中国美学一开始就是一种生活、艺术、政治、宇宙相统一的虚实关联型美学。

三、美是真善美的整合之美。中国美在真善美上不进行本质性的区分，因此才有《说文》的美善同义、美義同意之论。这同义同意并不是完全相同，而是关联着互渗着。而正是这一美善的关联性，妨碍了美走向文化的高位。这可以与西方美学比较一下。古希腊的柏拉图那里，各种各样的美，后面有一个美的本体，这是与真的本体和善的本体具有同样高位的本体，在中世纪的托马斯·阿奎那中，上帝是真善美的统一，在近代哲学中，正因为美不同于真和善，因此，可以建立一个实体区分型的以追求美为目的的美学。与作为求善的伦理学和求真的逻辑学相区别，三者无高下之分，共成学术之整体。整个西方美学的演进，是建立在实体的可独立区分的实体—区分型思维方式上的，而中国具有整合性的虚实关联型思维方式，一直把美与善关联互渗起来讲，这样的结果是：美成为外在的善，善成为内在美，即美是外在的漂亮，善是内在的德性。这里包含了非常丰富的复杂内容和演进。但最重要的一点，就是美只有当是善之时，才具有正当性，成为值得追求的正面之美，而当背离善时，便失去了正当性，成为负面之美。而美离开善，并不是美本身起了变化，美还是那个美，而是美与善的关系起了变化。比如周代礼制，在作为美的乐舞上，天子八佾，诸侯六佾，大夫四佾，士二佾。佾是乐舞的行列，佾舞即排列成行，纵横人数相同的乐舞。八佾即由纵横各 8 共 64 人的舞队进行表演。从美上讲，八佾当然比其他人数少的乐舞表演起来更好看，但按礼只有天子才有观赏八佾的资格，所以作为大夫的季氏“八佾舞于庭”，对美的欣赏是不符合善的，遭到孔子的猛烈批判(《论语·八佾》)。因此，中国的美有两个角度，一是美自身，二是美与善的关系。而后一个角度比前一个角度更为重要。

四、美是以人为核心的整合性之美。美的起源是远古仪式中的羊人之美，定型是朝廷中帝王之美。中国美学中以人为核心。正如羊饰大人之美在仪式之中，并辐射到整个仪式(礼器、礼乐、坛台、庙宇)，进而关联到整个宇宙，身着冕服的帝王之美在朝廷之中，并辐射到朝廷结构的各个方面(宫殿、仪仗、旌旗、车马、陵墓等)，进而关联到整个宇宙。当士人在先秦从朝廷系统中相对独立出来，并在魏晋中具有了美学上独立地位，士人之美以人物品藻、诗、文、书、画、园林等艺术形式体现出来。朝廷之美是以帝王为核心展开等级秩序的威仪之美，士人之美则是以士人的庭院为核心，围绕着士人的言志抒情写景状物而展开来的各门艺术(诗、文、书、画、园林)之美。

美，来源于西北方面羌姜，而后成为中国具有宇宙普遍性的美，但正如中国文化从远古到理性时代的演化是保持血缘而不割断血缘，在家的基础上建立天下，中国思维的演化也是保持原始的关联性思维，而对此进行理性的提升，正是这一虚实关联模式，对美的理论的演进与深入形成了自己的特色。美只与仪式关联并在仪式整体的性质中(与宇宙之灵代表的宇宙规律相连)才能成为正面的美，这样，从关联上讲，美与善同意，从互含上讲，美又不同于善。因此，美在成为宇宙普遍之美的同时，一，具有中国特色的宇宙本体高度，因此，当美需要进入宇宙本体之时，则要在美上加一昭示宇宙本质的“大”，成为与具体之美区别开来的成为“大美”，如《庄子·天道》的“天地有大美而不言”。或者抛开美，而直用形而上“道”，如《庄子·养生主》的“由技进乎道。”二，具有中国特色的人的心性深度，当美需要进入人的心性深处时，要加上一个“内”字，成为内美，如屈原《离骚》的“纷吾既有此内美兮”。从根本上来说，还是强调美在整体中与善的虚实关联结构，从区别上讲，在现象上和理论上都可能出现“尽美也未尽善也”的情况，从关联上讲，尽善尽美是可以做到的。一句话，在中国文化中，美之一词所内蕴的观念，在从羌姜族群的起源向华夏整体普遍定型的演进，形成的是一种由虚实关联型思维而来的虚实关联型美学。美的具体词义和所内蕴的观念，应当在虚实关联型美学的整体中，方得到正确的理解。

第六章　文：中国远古之美的观念之五

在远古中国，一方面，来自西北的羌姜诸族由羊饰大人演进而来的"美"，成为具有宇宙普遍性之美①，另一方面，从东南夷越诸族由文身大人演进而来的"文"，也成为了具有宇宙普遍性之美。郑玄在《乐记·乐象篇》（"以进为文"）的注中曰："文犹美也"②，就是从两字在美学中的同一性上讲的。从整体上讲，中国上古具有宇宙普遍之美的概念，主要是三个：美、文、玉。在这三大概念中，玉将在下一章专论，在文与美中，前者比后者具有更为重要的意义。因此，对于中国之美的观念起源来说，理解"文"的起源和演进与理解"美"的起源和演进同样重要，乃至更为重要。

第一节　文的本义与文身的地域族群

文的起源也是远古仪式之大人（巫），正如美的起源。远古中国，东西南北各方仪式中不同装饰之大人（巫）在互动和融和中追求自己形象在天下的普遍地位，"美"为羊头装饰之大人，由于受"美"字的引导，重在头部装饰，有羊头饰、牛头饰、羽头饰、日头饰、辛头饰……虽然巫与灵都以身体装饰为主，但容易被忽视。而"文"则强调身体之饰。考虑到巫与灵都强调的是身体装饰，文对身体的强调就会突显出来。当把关注点从美移到文，远古大人形象的关注重心就从头部装饰进入到了身体整体。以身体装饰为视点，就会发现古文字中的不少字都是以反映身体装饰为主的，比如爽，在金文为[illegible]、[illegible]、[illegible]；赫，在金文为[illegible]、[illegible]、[illegible]；無，金文为[illegible]、[illegible]、[illegible]。还有奭、夾，等等。还有《广雅释诂》："辩，文也。"如一人左右各一辛型武器（类两钺，同图 5-1D）。

在文与美的比较中，远古仪式的演进，盖呈现为西北方的"美"与"善"与东南方的"文"与"灵"之间的互动。"文"与"美"一样，在东西南北仪式

---

① 张法：《"美"在中国文化中的起源、演进、定型及特点》，《中国人民大学学报》2014 年第 1 期。

② 郑玄注的全文是："文犹美也，善也。"即文之义，与美一样，是外观之"美"与内在之"善"的统一。

中，不同装饰的人，在互动与融和里，追求自己形象在天下的普遍地位。而且，“文”也与“美”一样，确实达到了作为宇宙之美的目标。因此，“文”的起源和演进，构成了中国远古美学观念的又一重大亮点。“文”在甲骨文和金文字里为：

（甲骨文） （金文）[1]

朱芳圃、商承祚、陈梦家、徐中舒等都把“文”释为正立着以胸中饰画代表文身的人形[2]，商承祚与李孝定还讲，“文”盖即“大”[3]，即为仪式中文身之大人，就其是仪式中的大人来说，与美相同。但美，第一，强调的是动物形象之羊（乃最初的图腾观念），第二，强调的是头饰（以首为贵的观念），这两点都进一步演化，前者演化为超离动物形象的大人，后者随着前者而演化为大人头上之冠冕。而文作为仪式中的大人，虽然其中的一些字形、、也强调头饰，但更强调的是身体，特别是前体正面的图画装饰（错画为文）和身体内部的具灵之心。文字的身体中间加上心：、，既可释为具灵之心，也可释为胸部佩饰[4]。这已经进入到玉饰内容了。特别是“文”字写作，加上玉旁，表明玉在身体之美上的重要地位，同时也显示了“文”是作为持玉或佩玉之王，是在仪式中的大人。总而言之，文，是仪式中的大人，以身体之文身为其初形，而身体之文的演进，构成了文从原始到理性的历程。这一历程同时又是中国远古美学观念的演进历程。文后来成为宇宙普遍之美。

文，是仪式中文身的大人，这一在仪式中突出身体之美的文化来自何处呢？《礼记·王制》曰：“东方曰夷，被发文身……南方曰蛮，雕题交趾。”郑玄注云：“雕：文。谓刻其肌，以丹青涅之。”讲东夷和南蛮的广大地区皆有文身习俗。东夷的起源与成形，说法较多，基本上在以泰沂为中心的广大地区，三代以前东夷的相当部分（在考古学上是后李文化到北辛文化到大汶口文化到山东龙山文化，在文献上是太昊、少昊、颛顼、

---

① 《古文字诂林》（第8册），第64—65页。

② 朱芳圃《殷周文字释丛》（中华书局，1962，第67页）：“文即文身之文。象人正立形象，胸前之／×等，即刻画之文饰也。”《古文字诂林》（第8册）：商承祚：“乃人形，与大同意。中之从X、人、V、／，即胸前所绘画之文也。”（第68页）陈梦家：“古文字中的文，象一个正面而立的人。”（第69页）徐中舒：“象正立之人形，胸部有刻画之文饰，故以文身之纹为文。”（第71页）

③ 商论见前注。李孝定：“文之作与大之作者近形，颇疑文大并人之异构。其始并象正面人形，而后则写之，独具人义，而大文具废。”（《古文字诂林》第8册，第71页。）

④ 陈梦家：“古金文“文”常于胸中画一“心”字形，疑象佩饰形，文即文饰。”（《古文字诂林》第8册，第69页。）

帝喾、舜所代表的人群）融入华夏，夏商时代，东夷主要被中原王朝用来指泰山以东的九夷了。金文里有淮夷、秦夷、京夷、南夷等名，《论语》《左传》《战国策》等书中也均提及九夷。“九”指其多也。《后汉书·东夷传》：“夷有九种。曰畎夷、于夷、方夷、黄夷、白夷、赤夷、玄夷、风夷、阳夷。”讲的也应是夷的主体部分。远古东夷的文身景观，在文献中还可以窥见一些，如《山海经·海外东经》讲“东方句芒，鸟身人面，乘两龙”，应是身上文以鸟，双腿文以龙的形象。《帝王世纪》讲太昊伏羲氏是“蛇身人首”，是以蛇文身的形象。而东夷的主要部分在五帝之时融入华夏，且成为其主干，在这里已经包含着夷人中的文身大人向华夏衣冠的演进，而西周时代周公封鲁和太公封齐，华夏教化开始在山东的中心地带推行。这时，夷人的文身之俗，除了在更东更北的台湾、琉球、韩国、日本存在之外[①]，与东南广大的百越重合在一起，被形成中的华夏话语归入“百越”这一总体范畴之中。正如东夷在关联性上，是一个范围广大的文化类型[②]，百越也是一个范围广大的类型，是“在新石器时代，由长江下游、闽江下游、珠江下游、红河下游、澜沧江—湄公河下游、怒江—萨尔温江中下游地区一直到伊洛瓦底江中上游地区，广泛分布着历史文化特点相同的一个民族群体。”[③]而百越中最早与前华夏诸族互动的，在考古上，是从河姆渡文化、马家浜文化、崧泽文化到良渚文化，到商周时期，山东地区的东夷以齐鲁为代表，已经融入华夏，原始文身已经演进为华夏衣冠，百越诸族的文身习俗在华夏文化的眼中，特别显著夺目。从《左传》《庄子》《墨子》《韩非子》《战国策》《山海经》到《淮南子》《说苑》《论衡》《史记》《汉书》《后汉书》……都有涉及，如《左传·哀公七年》讲周太王（古公亶父）长子太伯和次子仲雍为了把继承权让给三弟季历，出走到荆蛮地区（即江苏南部的吴地），从其俗而“断发文身，裸以为饰”。《庄子·逍遥游》讲宋人拿衣帽到诸越去卖，结果发现“越人断发文身”。《淮南子·原道训》：“九疑之南，陆事寡而水事众，于是人民被发文身以像鳞虫”。《汉书·地理志》：“今之苍梧、郁林、合浦、交阯、九真、南海、日南，皆粤（越）分也。其君禹后，帝少康之庶子

---

① 《后汉书·东夷列传》：“韩有三种：一曰马韩，二曰辰韩，三曰弁韩.马韩在西，有五十四国，其北与乐浪，南与倭接……其南界近倭，亦有文身者。”《三国志·东夷列传》：“今倭水人好沉没捕鱼蛤，文身亦以厌大鱼水禽.后稍以为饰，诸国文身各异，或左或右，或大或小，尊卑有差。”

② 凌纯声《中国的边疆民族与环太平洋文化》（联经出版公司，1979，第 134 页）、何光岳《东夷源流史》（江西教育出版社，1990，前言第 3 页），都把东夷讲得很大，甚至覆盖了百越的广大地区。这一东夷与百越的重合，引起学术上的不同意见，但却符合《礼记·王制》讲的东夷和南蛮都有文身这一共同点的讲法。

③ 王文光、李晓斌：《百越民族发展演变史》，民族出版社，2008，第 5 页。

云。封于会稽，文身断发，以避蛟龙之害。"《后汉书·南蛮西南夷列传》讲（云南西部的哀牢夷）"种人皆刻画其身，象龙文，衣皆著尾"。以上文献，已经显示了断发文身的习俗存在于从商末到两汉的东南部、南部、西南部（即古籍中的吴、越、扬越、干越、闽越、南越、西瓯、骆越、西南夷）等广大地区。而今在语言系属上归为汉藏语系壮侗语族的壮、布依、傣、侗、仡佬、水、毛南、黎等民族，大都渊源于古代的"百越"族群。属于南岛语系的台湾高山族，主要源自古代"百越"系统中闽越支系。"百越"的许多后裔民族在漫长的历史时期内，仍然保留着纹身艺术之俗。[1]

但以文身为起源的"文"作为一种东夷南蛮百越的习俗，而能提升到普遍的美，在于三点：第一，文身在东夷南蛮百越之中本就具有文化的核心意义。第二，这一文化的核心意义在远古中国东西南北的互动之中，有一系列的变化。第三，在这一变化中提升成为华夏的共同之美。下面就以上三点分别论之。

第二节　文身的原初意义：中华古礼的原型

前引《礼记·王制》，讲文身是东夷南蛮的古俗，东夷进入华夏，其原来的文身如何，按《帝王世纪》《山海经》《左传》等文献中的只言片语，应为鸟、龙、蛇等图像，但其与古礼和风俗的关联已在五帝时代与华夏的融和中渐渐消失。而百越之地的吴在殷商末年，越在春秋末年，仍以文身为俗。《墨子·公孟》曰："越王句践，剪发文身，以治其国，其国治。"这里"剪发文身"是用来治国的，不仅仅是风俗，而且是社会—政治—信仰制度，是礼。墨子讲越国的"剪发文身"，是与齐桓公用"高冠博带，金剑木盾"以治其国、晋文公用"大布之衣，牂羊之裘，韦以带剑"以治其国、楚庄王的"鲜冠组缨，缝衣博袍"以治其国，相比较的。这时，东面的齐，南面之楚都进入到以衣冠为礼的阶段，而只有在越，仍是剪发文身。正如前面所引文献表明，一是这一"剪发文身"的古礼源远流长，二是东南有地域广大的百越作为基础。越国的"剪发文身"之礼，之能与春秋时代的齐、晋、楚三国之礼并行且与之一样达到"其国治"的政治和社会效果。在于越国之礼虽然外在形式不同于三国，但在内在核心，具有与其它古礼一样的三大共同点：

第一，文身图案与氏族的根本观念紧密相关。文身在身体上进行纹画，特别是《礼记·王制》的"雕题"是"刻其肌，以丹青涅之"，身体要承受巨

---

[1] 林琳：《论古代百越及其后裔民族的纹身艺术》，《广西民族研究》2005年第4期。

大的痛苦。《淮南子·泰族训》也说："刻肌肤，镵皮革，被创流血，至难也。"为什么再难再痛也还有文身呢？因为与氏族部落里最核心的观念有关。身之所文的，是类似于图腾理论所讲的图腾。既是氏族部落之祖先，又是氏族成员的保护神。汉代高诱在《淮南子·原道训》中注释越人文身时说："文身为蛟龙之状，以入水，蛟龙不害也，故曰像鳞虫也。"应劭注《汉书·地理志》"文身断发"曰："常在水中，故断其发，文其身，以像龙子，故不见伤害也。"这里是讲越人身上所文的龙图案与水中之龙的关系。龙由多种动物组合而成，汉代文献称越人身体文龙，是后来观念，作为龙主要因素的蛇，具有更古远的文化。闻一多说："龙与蛇实在可分不可分，说是一种东西，它们的形状看起来相差很远，说是两种，龙的基调还是蛇，并且既称之为龙，就已经承认了它是蛇类……龙在最初本是一种大蛇的名字。"① 《说文》曰："南蛮，蛇种。"即南蛮以蛇为图腾，南蛮在五帝时代为三苗，一个强大而众多的地域联盟。苗语自称其为"人"(古苗语为 mlwan)，而华夏对这一自称音译为"蛮"。② 而苗、蛮都有"蛇"之义。与百越相关的语言中，蛇都占有突出的地位。吴的上古音为 NB，与布依语 Nɯ^{2}、傣语 Nu^{2}、苗语 naŋ^{33} 和 nen^{35}，皆为相近音，都有蛇的语义。而今黔东苗族除自称为 mhu^{33} 的之外，还有自称为 qa^{33} nə^{13}、qa^{33} noŋ^{13}、qa^{33} noŋ^{35}、qa^{33} nao^{13}、qa^{33} nao^{23} 的，他们比邻而居，有共同的自称来源。③ 文身以蛇，在《山海经》中也有描述。《海内经》曰："南方……有神焉，人首蛇身。"《海内南经》曰："窫窳，龙首，居弱水中，在狌狌之西，其状如龙首，食人。"《海内西经》曰："窫窳者，蛇身人面。"《大荒南经》说："南海渚中有神，人面，珥两青蛇，践两赤蛇。"闻一多认为，"断发文身"与"人首蛇身"具有现实中的关联性。吴春明、王樱《南蛮蛇种文化史》说：古代文献所讲的"南蛮""百越"地带，即从江苏、浙江、江西、湖南、福建、广东、广西到台湾以及中南半岛的广大地区，其新石器时代以来的陶器装饰、青铜纹样与雕塑、岩画艺术中充满了蛇形图像，正与文献上讲的文身图像一致，透出了"南蛮蛇种"的文化观念。④ 这种以蛇的各种图案文身的习俗在百越的后裔各族仍然留存，如后来的傣族、黎族、高山族等等⑤。而且百越的文身，不仅有蛇的具象，还包含着蛇的图案化和抽象化，陈文华考证了印纹陶中常见的云雷纹、S 纹、菱回纹、

① 《闻一多全集》第 1 册，第 26—27 页。
② 李永燧：《关于苗瑶族的自称——兼说"蛮"》，《民族语文》1983 年第 6 期。
③ 石德富：《苗瑶民族的自称及其演变》，《民族语文》2004 年第 6 期。
④ 吴春明、王樱：《"南蛮蛇种"文化史》，《南方文物》2010 年第 2 期。
⑤ 林琳：《论古代百越及其后裔民族的纹身艺术》，《广西民族研究》2005 年第 4 期。

波状纹、曲折纹、叶脉纹、三角纹、编织纹、蓖点纹、圈点纹、方格纹等11种纹样，分辨出其分别是由蛇身盘曲形状、蛇身扭曲、蛇身花纹图案、蛇身爬行状态、蛇脊骨形状模拟、蛇身斑纹或蛇皮鳞纹的简化，认为这些几何印纹陶的纹饰是起源于古越族的蛇图腾崇拜。[①] 总之，这些资料透出了，文身关系到百越诸族的根本观念。

第二，文身具有百越诸族的成人礼的作用。《淮南子·齐俗训》："中国冠笄，越人𠜾鬋。"𠜾鬋即断发。这是从冠笄之礼的角度讲中原地区与百越地区的不同。冠笄之礼是中原诸族的成人礼，男子成年行冠礼，头上戴冠，以冠束发，女子成年行笄，用笄束发。百越诸族则是剪断头发而形成符合越礼的发式。中原成年之礼不仅是冠笄，还有相应的服饰，同样百越的成人之礼不仅要断发，还要拔牙、漆齿、文身。文身就是把氏族的核心图案文于身上。《礼记·冠义》曰："冠者，礼之始也。"《礼记·昏义》曰："夫礼始于冠、本于昏(婚)、重于丧祭、尊于朝聘、和于乡射，此礼之大体也。"百越诸族成人礼中的文身，意味着将人的自然之躯，按社会、仪式、观念的要求加以改变，显示了自然人向社会(氏族、文化)人的生成，更重要的是，只有"文"，人才能达到自己的身份认同，才标志作为社会(氏族)人的完成。

第三，文身作为礼的重要功能是对人的等级差别进行外观感性的标识。《墨子》讲越王用"剪发文身"之礼以"治其国"，越礼与华夏之礼一样，其重要功能就是对人进行等级区分。这在后来关于文身的社会功能记叙中也一同反映出来，《三国志·乌丸鲜卑东夷传》说："诸国文身各异，或左或右，或大或小，尊卑有差。"宋代范成大《桂海虞衡志·志蛮》记载黎族规定奴婢不得纹面："惟婢获则不绣面。"这里所说的"获"，据《方言》云："获，奴婢贱称也。"由此可见，黎族纹面已有身份贵贱的等级之分别。《太平寰宇记》："生黎……尚文身，豪商文多，贫贱文少，但看文字多少，以别贵贱。"《礼记·乐记》讲礼的最大功能在"别"(区分)。《荀子·礼论》讲"别"就是"贵贱有等，长幼有差，贫富轻重皆有称者也。"如果说，文身作为一种古礼，最初是平等性的图腾观念，然后是从生理上对人进行分类的成年礼，社会再进一步演化就会提升到别贵贱的等级标志。从越王的剪发文身而使越国大治，文身已经演进到"别贵贱"的功能了。

正是文身古礼内蕴着与后来精致化中华之礼同质的三大功能，"文"才最后演进成为中华之礼和中华之美的核心。

---

① 陈文华：《几何印纹陶与古越族的蛇图腾崇拜》，《考古与文物》1981年第2期。

文来源于文身，乃东夷和百越的古礼，是古礼中文身之巫（大人）的形象。文，这种在身体上刻镂图像的行为，前面已讲，是将人的自然身体，按社会、文化、观念的要求进行改变，使自然之人变成社会之人和文化之人。文身是在仪式（原始古礼）中进行的，是仪式使文身具有了神圣性，同时文身之人在仪式中获得的神圣使之成为仪式的核心，从而影响到整个仪式的性质。原始古礼是诗、乐、舞、剧的合一，这合一都是在文身之人的统帅下进行的。舞由文身之人来舞，乐由文身之人来奏，诗由文身之人来唱，剧由文身之人来演，因此，文身的人处于古礼活动过程的核心地位。仪式中，人身上的符号形象是与器物上和建筑中的符号形象一致，是与仪式之乐同质的，因此——这一点很重要——文可以代表整个仪式。如果说，豊（礼），以器物的角度来象征仪式，文则以仪式主体（文身之巫）的角度来象征仪式，文因其在原始仪式中处于中心位置而与礼可以互通，从而代表整个仪式。文是从外观（文身）的形式来表示人，进而由人扩展为整个礼，即从文身之人的外观而扩大引申为整个仪式的外观，因此，整个仪式的外观可以称为文。古礼仪式是整个氏族社会的核心，从而整个氏族社会由这一核心而扩展来的整个外观，礼器、明堂、墓地、村落建筑形式及其饰物，都是“文”。更进一步，整个族群制度的外观，都是“文”，就是中国意义上的文化。文（一种文身之人的美和仪式外观的美）在社会中的普遍化，其实质是自然的人化和人的文化化。这样文就有了狭与广两义，狭义的文即仪式中的人（文身之人）；广义的文，一是礼的外观（文物、文饰、文章），二是社会的外观“文章者，礼乐之殊称也”。广狭二义是在古礼中互动互渗而形成的。这样文就有了两条发展之线，一是人之“文”（美）的发展，一是整个文化之“文”（美）的发展。前一种演进，让文成为美的核心，后一种演进，让文成为具有宇宙普遍性之美。下面先讲第一个方面。

第三节　从文与彣到华夏衣冠：人的身体在上古诸族互动中演进

从文身之人这一点上看，文身，在中国上古东西南北各文化的交融中，最后演化为华夏衣冠。《周易·系辞下》讲：“黄帝、尧、舜垂衣裳而天下治。”透出的是，在由黄帝到舜的漫长时间里（从考古上，在西方是从庙底沟文化到中原龙山文化的演进，在东方是从大汶口文化到山东龙山文化的演进，在南方是从大溪文化到屈家岭文化到石家河文化及后石家河文化的演进），炎黄诸族与东夷诸族、南蛮诸族的互动融合形成了五帝时代以华夏衣冠为核心的礼乐文化。在《史记》中，五帝按时代顺序排列，是黄帝、颛顼、帝喾、尧、舜。今人考证，黄帝、尧来自炎黄诸族，而颛顼、帝喾、舜来自东夷诸族。华夏衣冠在黄帝之时作为天下之礼而创立，在舜之时而完成，标志原始古礼向五帝时代的礼乐文化在身体之文上的完成。其中一个最重要的内容，就是东夷古礼的文身在这一时期演进为华夏衣冠。

文，是东夷南蛮百越古礼中的文身，但这文身作为古礼中的巫型大人，又有古礼中一切巫的共同性，即文，突出的是巫身体上的神圣标志。中国地形，西北高而东南低，西北的高原天气寒冷，西北各族因为天气原因，并不像东南各族那样以“裸以为饰”的“文身”表现出来，但作为仪式之巫，身体上还是有与之内容相同的神圣标志。就这内容来说，也是“文”。因此，为了理解文在以后的演进，应把文从仪式之巫的标志上作广泛的理解。在这一意义上，文的演进，在内容上，是仪式中人外观之美的神圣标志的演进。

曾侯乙墓棺漆画　《山海经》刑天　青海孙家寨兽尾舞蹈彩陶

图 6-1　与远古之文和彣有所关联的图像

从仪式中人的外观之文来看文的发展，在文字的关联性上，有三个语汇群与之相关：(1) 毛饰类，即彡，主要源于用动物皮毛来进行身体装饰，如：形、修、彰、彩、彦……这一类型凝结在语汇上是“文采”。(2) 交错型，即画，主要源于用刻绘方式来对身体进行装饰，如：斐、辨、粉、份……这一类型凝结在语汇上就是“文绘”。(3) 织物类，即锦，主要源于用丝绸类对身体进行装饰，如：黼、黻、绮、绢、绯……这一类型凝结在语汇上就是“文绣”。词汇的三类，呈示出了中国远古古礼中的大人(巫)之“文”(美的身体)在互动中演进的主要特点。从理论上讲，毛饰类与西北寒冷地区仪式中大人的身体之文相关，交错型与东南温暖地区中仪式里大人的身体之文有关，而织物类则可以用来标志二者融汇之后华夏衣冠的出现。

先看毛饰类。古代文献中，描写远古(或曰“太古”或曰“古之时”)状况，多有“衣毛而冒皮”(《后汉书·舆服志》)、“衣其羽皮”(《礼记·礼运》)、

"衣皮带茭"(《墨子·辞过》)之辞。[1] 这是从普遍的服饰史讲，但从古礼史来讲，作为仪式中的大人(巫)，则应是在运用动植物来保护身体的基础上进行精致化、观念化、美学化。而语汇中的"彡"，就是这一精致化、观念化、美学化的结果。彡，《说文》曰："毛饰画文也，象形。"段注："毛所饰画之文成彡。"《说文》与段注释彡为毛是对的，但进一步把彡解成用毛做聿(笔)而画成美的图案，则是用后来之事去猜远古之迹了。应为徐锴所曰："古多以羽旄为饰，象彡。"[2]即彡者毛也，用毛皮鸟羽而组织成美的图案，图案为何种形状，是与氏族的根本观念相连的。因此，东南古礼中"裸以为饰"的文身大人(巫)谓之"文"，西北古礼中皮羽为饰的彡身大人(巫)谓之"彣"。正因为"彡"不是一般生活中的服装，而是仪式中的美饰，因此，凡与"彡"相关的字，大都有"美"的含义在其中：彰、彩、彬、彤、彦……兽类中虎的美丽外皮为彪，飞禽中雕的美丽外羽为彫，蛇类中螭有美丽外形为彨，古礼仪式中人饰皮羽而有美丽外形曰彣。仪式中之"彣"为彡，以三来形容其多，因此，李孝定讲，"彡"有不绝之义。彤为船行之不绝，彭为鼓声之不绝，酌为酒之不绝，彤为肉之不绝，[3]同理，彩为光耀不绝。从古礼的性质来讲，彣即为古礼中大人(巫)毛饰的身体舞动起来的效果。正如巫、舞、無，三字同义，巫在仪式中起舞而通向形而上之無。毛饰之彣，不仅在于身体本身，还与氏族观念和宇宙观念相连，彣之美感，正是从这不绝于此身体之饰，而与天地相连，又渗入到天地的互动与不绝中去。这又正符合中国虚实关联型思维的特点。

再讲交错型。如果说，彣的毛饰，无论是头上之鸟羽、胸前之毛饰，还是腰下的兽尾，都容易把注意引向毛饰，那么，文身把图像刻画在身上，突出的则是图像本身，而图像与原物不同，具有了心灵领会和技术加工，观念的作用增多了。图像性的文比用实物进行的饰，有更大的自由性和更强的观念性。"文"，包括刻镂和画绘，刻镂是图像固定在身体上，画绘则可抹去再绘，根本性的图像不变，而具体境遇性的图像可变，"文"，是二者的统一。但中国之"文"，不仅是图像之刻绘，更包含着怎样进行刻绘的基本原则。这在文献关于"文"的多样解说中体现出来。《说文·序》曰："依类象形，

---

① 《墨子·辞过》："古之民未知为衣服时，衣皮带茭。"《礼记·礼运》："昔者先王未有宫室，冬则居营窟，夏则居橧巢。未有火化，食草木之实，鸟兽之肉，饮其血，茹其毛，未有麻丝，衣其羽皮。"《绎史》引《古史考》载："太古之初，人吮露精，食草木实，穴居野处。山居则食鸟兽，衣其羽皮，饮血茹毛；近水则食鱼鳖螺蛤。未有火化。"《白虎通》："(远古时期)饥即求食，饱即弃余，茹毛饮血，而衣皮苇。"《后汉书·舆服志》："上古穴居而野处，衣毛而冒皮。"

② ［南唐］徐锴：《说文解字系传》，中华书局，1987，第180页。

③ 《古文字诂林》(第八册)，第54页。

故谓之文。"这里的"文"即文字，中国的文字，正是在对客观世界的模拟象形中产生的。在象形中要达到事物的本质，第一，需要进行关联性思考，这就是《释名》讲的"文者，会集众采"，《周易·系辞》讲的"物相杂，故曰文"，《说文》讲的"文，错画也。"总之，不同因素的互动结合才能产生"文"。第二，对不同因素要进行有层级的本质性简化，即对于众采，要取其要者，在色彩上是"五色成文"，在声音上是"五音成文"，从最根本上讲，则是与宇宙本质相连的"经纬天地曰文"(《左传·昭公二十八年》)。也许，正因为裸身之文，相比毛饰之彣需要一种更强的创造意识，需要更多的观念作用，因此，当西北之彣与东南之文融汇而于华夏之时，文被用来作为对二者的本质加以综合和提升的语汇。当然这一内容观念上的综合提升又与身体装饰在技术上的改进即丝绸的出现和运用相结合，而使来自西北的毛饰之彣和来自东南的裸身之文一道进入到由丝织品构成的锦绣之境：华夏衣冠。

中国的服饰史源远流长，从3万年前宁海城小孤山遗址到1.8万年前山顶洞遗址都有骨针发现，说明缝缀兽皮鸟羽树荚已经是社会生活的组成部分，而山顶洞遗址出土石珠、海蛤殷、鱼骨、鸟骨，以及鹿、狐等动物犬齿做成的装饰品共141件，表明生活的美化业已发生。从8000年前甘肃秦安大地湾下层文化出土的陶纺轮，到新石器时代7000多处遗址均有纺轮出土，表明织布已经成为远古中国的普遍现象。近5000年前良渚文化遗址中发现了丝织品，表明服饰的精美化在远古时代业已出现。然而，与华夏衣冠紧密相连的不是远古的生活服饰史，而是建立在生活服饰史之上而又超越服饰史的远古礼服史。《论语·泰伯》讲禹"菲饮食而致孝乎鬼神，恶衣服而致美乎黻冕"，即在生活上饮食很节俭但仪式中享品却很丰富，在生活中衣服很简单但仪式中衣冠却很华美。美是与仪式中大人装饰紧密关联的。前引《周易·系辞下》话，表明从黄帝时代始，一种用来治理天下的服饰即朝廷冕服开始登上历史舞台。在文献中，正如冕服被归于黄帝一样，养蚕被归于黄帝的夫人嫘祖①。黄帝时代，正是东西南三大集团进行剧烈互动而形成中原中心的时代。而剧烈互动的重要物质因素之一，就是在布帛上的进步。黄帝—嫘祖的关联，正是在最先进最美丽的丝织基础上进行一种政治文化的古礼服饰改革：创造一种冕服制度，以"治天下"。在远古的宗教氛围中，冕服首先是一种祭服。《宋史·舆服志四》曰："冕服悉因所祀大小神鬼，以为制度。"冕服集中在两点上，头饰和身饰。冕服之

---

① 《史记·五帝本纪》："黄帝居轩辕之丘，而娶于西陵之女，是为嫘祖。嫘祖为黄帝正妃。"唐代赵蕤所题唐《嫘祖圣地》碑文称："嫘祖首创种桑养蚕之法，抽丝编绢之术，谏诤黄帝，旨定农桑，法制衣裳，兴嫁娶，尚礼仪，架宫室，奠国基，统一中原，弼政之功，殁世不忘。是以尊为先蚕。"

冕，即以头上的冠代替了上古前期各种动物型植物型天文型武器型的头饰（如羊角、牛角、羽毛、太阳、辛、干……），而统一于新型的冕上（韦昭注《国语·周语上》曰：“冕，大冠也。”《礼记·问丧·冠礼》曰：“冠，至尊也。”）。冕服之服，即以身上的丝织美服来替代了西北各族的毛饰之彣和东南各族的裸饰之文。

因为冕服在华夏形成中的重要性，其首创被归于在西东南三大集团互动中的胜利者黄帝。黄帝只是华夏衣冠的开创者，其完成经过漫长的过程。《周易·系辞下》讲“黄帝、尧、舜垂衣裳而天下治”，孔颖达疏曰：“黄帝制其初，尧舜成其末。”但尧舜也只是完成了冕服体系的基本构架。这从文献中关于冕的演进之论述也可以看出。《尚书大传》和《世本》都讲了“黄帝作冕”，《礼记·王制》讲了虞、夏、商、周的行祭之冠各不相同：虞为皇，夏为收，商为冔，周为冕。① 冕服体系到周代在周公的制礼作乐中，才有了一个体系性完成。因此，孔子高调宣布要“服周之冕”（《论语·卫灵公》）。但周代的冕服是什么样的呢？《尚书》《左传》《国语》中可以看到周代冕服存在普遍，《周礼》中，《春官·司服》《夏官·弁师》《秋官·大行人》以及《礼记》相关篇章，都对周代冕服做过描述。而今看来，《周礼》中讲的冕服只是战国秦汉学人的建构，而非周代的实际。不过，战国秦汉人的建构，是面对已有材料加上现实礼制需要的思维想象结果。其所呈现的冕服体系，虽然在具体的细节上与周人有不少的距离，然而在基本构架和内在精神上，却与由黄帝尧舜到夏商周的冕服体系基本一致。由基本构架和内在精神呈现出来的朝廷冕服的基本原则，与此前的西北之彣和东南之文正好有一种历史的关联。因此，可以由此而探讨朝廷冕服在远古演进中的关键地位，以及由此内蕴的美学基本原则。

第四节　冕服之文：华夏一统的美学体现

远古中国，东西南北各族在多种多样的互动中汇聚中原而形成华夏，其重要标志就是朝廷冕服的产生。孔颖达《左传·定公十年》疏曰：“中国有礼仪之大，故称夏；有服章之美，谓之华。”按此，华夏之名来自“服章之美”为核心的礼仪体系上。这“服章之美”就是冕服。冕服被汉代以后的学人认定为古礼中的核心，虽然先秦文献表明冕服从黄帝尧舜到夏商两周都

① 《礼记·王制》：“有虞氏皇而祭，深衣而养老。夏后氏收而祭，燕衣而养老。殷人冔而祭，缟衣而养老。周人冕而祭，玄衣而养老。”

是存在的，但冕服的面貌究竟怎样却并无定论，从《周礼》开始，就按照一套理论原则去重构周代冕服。自汉明帝始①，历代朝廷都以《周礼》为基础，推出了自己的冕服体系，但古礼中的冕服，却一直在迷雾之中。不妨这样理解，冕服是多元一体的华夏在中原成形时的产物，自产生之后，就一直在改进和调适之中，这一漫长的过程，在《周礼》得到了理论上的定型，在汉明帝时代得到了现实中的定型。两大定型不一定完全符合远古的冕服真实，但却内蕴着远古冕服的基本原则。冕服从黄帝初创到周公制礼使之体系化这一过程，是一个在东西南北各文化互动中的复杂过程，冕（头上装饰）和服（身体装饰）处在多样并存的互动演变之中，但这多样和演变又是由基本理念所左右。而正是冕服的基本理念，上接着原始时代的东南之文和西北之彣，下启了后来由《周礼》的理论建构和汉明帝的现实建构二者结合而来的大一统冕服体系。而远古之文—彣的服饰体系和《周礼》—明帝的冕服体系，构成了两个参照点或经纬度，把古代文献中关于冕服从黄帝到周公的复杂演进呈现出一个大貌。

在从来自北方—西方的黄帝，先打败来自南方—西方炎帝，又打败自东方—南方的蚩尤，继而七十余战而定天下的过程中（参《史记・五帝本纪》），冕服产生了出来。在黄帝"一统天下"的过程中，战争的征服仅是一面，另一方面还有吸收各方的长处，重要的是不把自己的东西强加于争斗的各方，而是在总结各方的基础上创造出一个新的东西，这个新东西是面对天下的，而不仅是面对自己的，因此，它一方面要具备对各方的吸引力，另一方面又是超越自身的新型提升，并在这两方面的合力中，让整个天下都得到提升。这就是冕服产生的基础。从身体装饰的演化上看，冕服在身体两大方面，头和身，以及身的两大部分，上身和下身，进而下身的两个方面，腿部与脚部，都有根本性的改变。《左传・桓公二年》臧哀伯讲了冕服的基本要件：衮、冕、黻、珽、带、裳、幅、舄、衡、紞、纮、綖。这是在周公对冕服的体系化和《周礼》—汉明帝冕服体系之间的一种事实描述。在这十二要件中，头上部分有四件：冕（即头上顶有平板的冠帽）、綖（是冠顶上平覆着的长方形板）；紞（是从冠冕上垂下来彩色丝带，下端悬挂着玉石的饰物——瑱）、衡（是用来固定冠的头饰）。身体部分有六要件：衮（绘绣着曲龙图案的彩色上衣）、裳（下身穿的长裙）、带（束腰大带，以皮革或丝线编织）、黻（由腰悬垂遮盖从腹到膝的长方形或亞形饰物）、珽（是手持的玉板

① 《后汉书・舆服下》："孝明皇帝永平二年，初诏有司采《周官》《礼记》《尚书・皋陶篇》，乘舆服从欧阳氏说，公卿以下从大小夏侯氏说。"

或笏或圭)、幅(是缠腿至膝的宽布带)、舄(是用规定色彩编织的双层厚底鞋)。① 这一春秋时代的冕服在具体形制上当然与黄帝时代有很大的不同,但其核心,即由头部之冕和身体之服所构成的冕服,应当是一样的。以臧哀伯讲的冕服为参照,由西北之彣和东南之文演进为黄帝时代冕服,应当是怎样的过程呢?如下的几点是可以推理出来的。

第一是头饰产生了本质性变化。由西北羌姜诸部而来的羊饰之头,由西北之羌和南方神农互动而来的牛饰头部,由东方太昊、少昊而来的日饰头部,由东夷诸部而来的羽饰头部,由帝喾、颛顼诸部而来的干饰头部,以及各种各样的头部,统一而为冕。而冕冠是有象征意义的,汉明帝钦定的冕冠"前圆后方"乃以圆方象征天地;"朱绿里,玄上",应以天色之玄象征天;"系白玉珠为十二旒"(《后汉书·舆服下》),应象征天上之十二纪。先秦的文献图像中冕并不完全是这样,比如臧哀伯讲的要件,就没有提到旒。然而不从具体形制而从抽象原则看,可以说,冕冠,把各种具体的牛羊鸟兽日月等图腾形象转变成了抽象的数形色。这是一种超越了具体而具有抽象象征,超越了图腾而具有宗教理性,超越了特殊而具有普遍适应性的头部装饰形制。

第二是身体装饰产生了本质性的变化。西北的毛饰和东南的裸饰被丝织衣裳所代替。在《周易·系辞下》里,对这一本质性变化,讲了两点,一是哲学和政治的象征意义,即黄帝、尧、舜推出新型衣裳的理论根据是"盖取诸乾坤"。上衣为乾,下裳为坤,乾为天,坤为地,新型衣裳是天地的象征。乾为尊,坤为卑,天在上,地在下,衣裳又是等级的象征。天下各族,都应遵循天地的规律。二是美学特点的本质意义。对于"垂衣裳而天下治"之"垂"。孔颖达疏曰:"以前衣皮,其制短小,今衣丝麻布帛所做衣裳,其制长大,故云'垂衣裳也'。"冕服的一个最大特征就是宽大,人穿上宽大的服装之后,人自然形体所具有的东西被遮盖了,不重要了,而由服饰显示出来的社会性、文化性、观念性就得到了突出。而人通过服饰能够更为自觉自由地把社会—文化—观念的价值彰显出来。黄帝对天下的整合需要一套尊卑上下有序、中央四方有序的等级制度,而这正好通过服饰的宽大性来进行感性和教化。

第三是宽大的丝织服装让古礼的文和彣得到了本质性的提升。东南之文是刻绘在自然身体上的,因此受到两个方面的局限,一是身体的立体性让图案不易得鲜明的体现,二是文身的固定性使复杂社会多重需要不易

① 杨伯峻:《春秋左传注》(第一册),中华书局,1981,第86—87页。

得到即时调整。而冕服的宽大让衣裳上的图案得到更为清晰的呈现，而衣服可以更换，从而不像自然人体只有一个身体，从而只文一种图案，而是可以用一整套服饰体系去呈现不同的图案。在《周礼》—明帝的冕服体系中，是六冕体系，从黄帝到周公，也许并没有这一整齐划一的六冕体系，但多冕体系应是存在的。西北的毛饰之彣，在形成图案时受到毛的材料本身的限制，其创作很难达到完全自由，而毛饰本身的动物性对于服饰的理性提升也是有所妨碍的。以布帛为材料的服饰对于毛饰之彣的图案进行的提升，与对裸身之文进行的提升在性质上完全一样。当毛饰和裸饰在布帛处被进行新的整合，毛饰之彣和裸身之文就被提升为冕服上的“章”。这就是《尚书·益稷》里舜讲的“日月星辰山龙华虫作会宗彝藻火粉米黼黻絺绣”。这里如何断句后人甚有争论，而汉代郑玄注《周礼·春官·司服》时，说“此古天子冕服十二章。”孔颖达从衣裳之章的逻辑统一性上将十二章解释为体系化的“日也，月也，星也，山也，龙也，华虫也，六者画以作绘，施于衣也；宗彝也，藻也，火也，粉米也，黼也，黻也，此六者紩以为绣，施之于裳也。”不管从黄帝尧舜到夏商周冕服之章究竟是怎样的，但冕服之有“章”却是肯定的，而“章”是一种体现文化精神的象征符号体系也是肯定的。如果说，“文”是一种身体之饰，“章”则是身体之饰中的象征体系。“文章”产生了黄帝开始的冕服建构，并在远古成为冕服的代称。章，来源于彰，如果说，彣是西北的毛饰之服，那么，彰则是毛饰之服上的象征符号，《说文》曰：“彰，文彰也。从彡从章。”强调的正是彰的彡（毛饰）起源。《古今韵会举要》曰：“文章饰也。从章，从彡。彡音杉，毛发貌。谓鸟兽羽毛之文。”透出了彰的原初形态。黄帝为大一统而进行的身体美学建构，一方面以西北毛饰之服的彣彰为基础，另一方面吸收东南的裸身之文上的象征符号，形成了华夏衣冠的文章，文是冕服，章是冕服上的象征符号。不妨把段玉裁注《说文》中“彰”时讲的“古人作彣彰，今人作文章”，来象征这一远古身体美学的转变关节。

第四是冕服作为远古身体之美的基本原则，其上的象征体系，包括三个方面：体现天地人核心纹样的十二章体系，体现与天地鬼神对话的六冕体系，体现整个天下等级结构的差序体系。

体现天地人核心纹样的十二章体系，从《尚书·益稷》到《左传》到《周礼》讲得各有不同，可以想象，黄帝开始冕服建构之时，主要是定出基本原则，而具体的服章则东西南北各部落可以不同。十二乃中华文化共认的完满圣数，天上有黄道十二次，一年四季有十二月，一日有十二时辰，冕服创制之初，各地域部落以哪些纹样符号进入十二章体系是不同的，但有十二章体系则应是共同的。在《尚书·益稷》讲的“日月星辰山龙华虫作会宗彝藻火粉米黼黻絺绣”应为多种因素的呈现，而细察这些因素，可以看到天上地下动植山川农业器用服饰等宇宙的精华。《周礼》—明帝体系可以看成冕服各因素可能组成的现实形式之一，明帝以后各朝帝王对冕服的不同规定，同样是冕服可能组成的其他现实形式。理解了这一点，可以想象，从黄帝尧舜到夏后商周，十二章体系是一个有基本原则和基本因子但可以有不同组合的开放体系。重要的是，十二章基本因子（材料库）的大致固定下来和组合方式基本原则的建立起来，对于远古时代文化、思想、美学具有重要意义。因此从文献中十二章体系的资料可以窥见，从黄帝尧舜到夏后商周，十二章的基本原则是把天地人中最重要的图样选取出来，构成一个体现天地人本质的图案体系。

体现与天地鬼神对话的六冕体系，《周礼·春官·司服》说：“司服掌王之吉凶衣服，辨其名物，与其用事。王之吉服，祀昊天上帝，则服大裘而冕，礼五帝亦如之；享先王则衮冕；享先公飨射则鷩冕；祀四望山川则毳冕；祭社稷五祀则絺冕；祭群小则玄冕。”这里六冕因不同的祭祀对象而产生。如表6-1：

表 6-1

冕服样式	大裘冕	衮冕	鷩冕	毳冕	絺冕	玄冕
祭祀对象	昊天上帝及五帝	先王	先公	四望山川	社稷五祀	群小

远古之礼是围绕着“祭”而展开的，祭是核心，因祭而得到天神地祇祖鬼的保佑而具有治理天下的政治合法性。因此，冕服从其与天地人的互动来讲是祭服，从因之而使天下秩序化来讲是礼服。《周礼》中讲由大裘冕、衮冕、鷩冕、毳冕、絺冕、玄冕组成的具有统一性的六冕系统，是后来组织起来的，但其基本框架却反映了远古身体之美的漫长演化过程。阎步克说，六冕中“衮以龙章命名，鷩冕以禽鸟命名，毳冕以兽毛命名，絺冕以织绣命名，玄冕以颜色命名，这暗示它们来源各异。”①这里透出的，正是远古社会东南西北不同地域或部落各服其服，各饰其饰的五彩缤纷身体之饰。六冕中，龙、鸟，正乃东西南北里最为重要的两大图像，兽毛确是彡饰之彣的特点，颜色恰为裸饰之文的特点，而织绣正是新型衣冠的特点。冕服正是要把不同来源的身体之饰整合为一套统一的体制。六冕体系正是一个容纳四方图像，汇聚重要特征而形成新一统的体系。六冕体系又围绕着整个天地人的秩序而进行新安排。从文献上看，为新的大一统而进行的天地人秩

① 阎步克：《服周之冕——〈周礼〉六冕礼制的兴衰变异》，中华书局，2009，第48页。

序的新安排，是在黄帝之后尧舜之前的颛顼时有了质的改变。《国语·楚语下》《尚书·吕刑》[①]都讲了改变"家为巫史"即每家皆有祭祀天的权利的状况，将祭天之权收归朝廷，进行统一管理，即所谓的"绝地天通"。[②] 这实际上就是对天地人宇宙秩序的一次重要安排，新的秩序安排要求一种新的服章之美为之服务。六冕体系正是这样一个分别天神地祇人鬼的不同而采用不同的服饰进行互动的体系。这一服饰体系的统一是照顾到各方文化符号和美学感受而进行的，但又在照顾各方的同时，强调新体系的整体性。这里当然充满了现实的复杂性和反复性，正如"垂衣裳而天下治"的建构，经历了从黄帝到尧舜的长时段过程，这一垂衣裳中的重点为"绝地天通"的六冕体系建构，应也经历了从颛顼到尧的长时段演进。

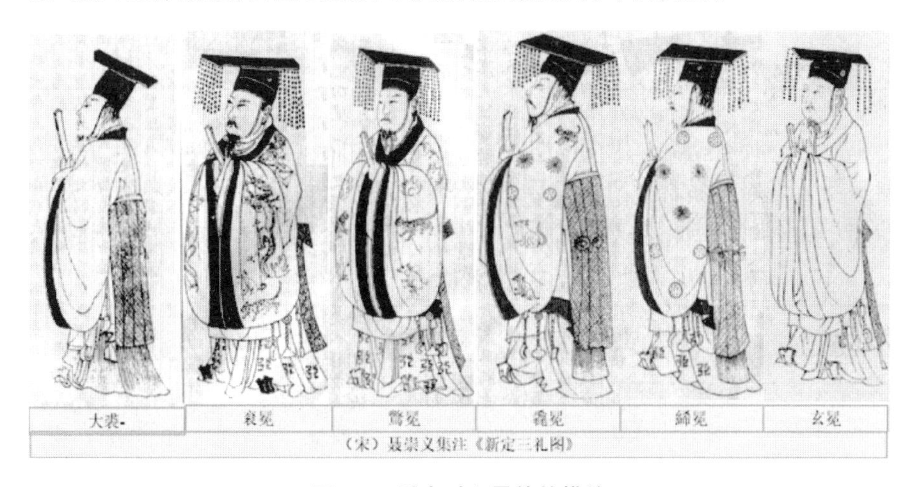

图 6-2　后人对六冕的的描绘

而六冕体系和十二章体系一样，在将身体之美统一化的同时，还包括着体现整个天下等级结构的差序体系。由黄帝、尧、舜而建构的华夏衣冠是为整个天下秩序服务的，因此，象征天地人的十二章体系和与天神地祇人鬼互动的六冕体系，同时也是差序结构。这一差序结构最初是怎样的，已不得而知，但当演进到周代分封制爵位体系时，《周礼·春官·司服》将之具体化为："公之服，自衮冕而下如王之服；侯伯之服，自鷩冕而下如公

① 《尚书·吕刑》中"绝地天通"的帝，伪孔传说是尧。但执行者重和离与《楚语》同，因此学界多数认为帝乃为颛顼。但考虑到官名历代因延续而同一，认为尧亦可。

② 《国语·楚语下》："及少皞之衰也，九黎乱德，民神杂糅，不可方物。夫人作享，家为巫史，无有要质。民匮于祀，而不知其福。烝享无度，民神同位。民渎齐盟，无有严威。神狎民则，不蠲其为。嘉生不降，无物以享。祸灾荐臻，莫尽其气。颛顼受之，乃命南正重司天以属神，命火正黎司地以属民，使复旧常，无相侵渎，是谓绝地天通。"

之服；子男之服，自毳冕而下如侯伯之服；孤之服，自絺冕而下如子男之服；卿、大夫之服，自玄冕而下如孤之服。”将之转为图表，从十二章体系角度，其差序结构体现为政治上不同等级的人，其冕服上的章数是不同的。如表6-2[①]：

表 6-2

冕服等级	人等级	冕服章数	衣上文章	裳上文章
大裘冕	王	十二章	日、月、星辰、山、龙、华虫	藻、火、粉米、宗彝、黼、黻
衮冕	公	九章	龙、山、华虫、火、宗彝	藻、粉米、黼、黻
鷩冕	侯、伯	七章	华虫、火、宗彝	藻、粉米、黼、黻
毳冕	子、男	五章	宗彝、藻、粉米	黼、黻
絺冕	孤	三章	粉米	黼、黻
玄冕	卿、大夫	一章		黻

从与天神地祇人鬼互动的角度看，其差序结构体现为：不同等级的人，其祭祀天地鬼神的对象范围是不同的，从而其穿戴六冕体系中冕服种类的范围是不同的，如表6-3[②]。

表 6-3

天子	大裘而冕 祭天地	衮冕 享先王	鷩冕 享先公	毳冕 祀四望	絺冕 社稷五祀	玄冕 群小祀
公		衮冕 享先王	鷩冕 享先公	毳冕 祀四望	絺冕 社稷五祀	玄冕 群小祀
侯伯			鷩冕 享先公	毳冕 祀四望	絺冕 社稷五祀	玄冕 群小祀
子男				毳冕 祀四望	絺冕 社稷五祀	玄冕 群小祀
孤					絺冕 社稷五祀	玄冕 群小祀
大夫						玄冕 群小祀

通过表6-3，可知冕服的建构通过十二章和六冕，使华夏衣冠具有了天下的统一性，这具有统一性的十二章和六冕通过在不同等级人员穿戴范围

① 此表引自网上百度百科“冕服”（http://baike.baidu.com/link? url）。表中十二章具体分配只是古人的一种，这里主要取其数目的递减比例。

② 阎步克：《服周之冕》，中华书局，2009，第82页。

中的分配和限定，建立起来统一天下中的政治差序结构。差序结构是冕服体系的文化内容，而十二章和六冕则是这一文化内容的美学外观。冕服体系比起毛饰之彣和裸身之文来说更美了，同时政治性和伦理性更强了。中国美学整合性的虚实关联原则在上古的冕服建构中鲜明地体现出来了。

第五是丝织服饰使文的概念得到了一种中国型美的呈现。华夏冕服，除了其政治（十二章体系）—宗教（六冕体系）—伦理（差序结构）之外，从美学上讲，一个基本的体现就是把远古中国最重要的两类美学创造融汇于其中，这就是玉之美和帛之美。玉作为冕服上的装饰和佩件，分布在冕与服两个部分，呈现出一种宇宙材质的本质之美。丝作为冕服的基本材料，同样呈现出一种宇宙材质的本质之美。玉与帛在远古的观念中，内蕴着宇宙整体之灵的精，即《国语》讲的"玉帛二精"。在从原始到理性的演化中，由冕服体系而展开来的锦衣与佩玉，虽然也仍有与宇宙整体性的关联，但主要成为中国文化中具有普遍性的美。在玉与帛二者中，丝绸之帛作为冕服的基本材料，占有了冕服的最大体积，从而成为冕服的同义词。当冕服以丝绸之帛为主体而呈现出来之时，远古时代的身体装饰之文，就与丝绸之美紧密地联系了起来。形成了锦绣为文的观念。可以说，冕服的出现，让东南的裸身之文和西北的毛饰之彣升华为冕服的锦绣为文。冕服的丝织成文有不同的表达语汇①，而最多也最经典的就是"锦绣"。郑玄注《周礼·玉府》曰："文织，画及绣锦。"孙诒让曰："盖大夫以上服皆染丝织之，织成文则为锦，织成缦缯而画之则为文，刺之则为绣。"②其实，不妨让绣锦对应着冕服的丝料，画对应着冕服的十二章。颜师古注《急就章》的话更清楚："锦，织綵为文也，绣，刺綵为文也。"如果说，原始之东南之文是裸身型的刻缕之"采"，西北之彣是禽兽型毛饰之"彩"，那么，冕服之文则是精美的丝织之"綵"。丝织之綵形成了冕服的锦绣之美。《释名》对文的这一词义转变讲得更清楚："文者，会集众綵，以成锦绣。"正如远古仪式的巫王之文可以延伸为整个仪式之美，进而泛化为整个宇宙之美，由冕服而来锦绣之文，同样可以延伸为整个朝廷之美，进而泛化为整个天地之美。以锦绣喻文（王充《论衡》有："文如锦绣"）、喻诗（刘禹锡《酬乐天见贻贺金紫之什》有："诗呈锦绣"）、喻词（《花间词序》有"文抽丽锦"）、喻小说（毛宗岗《三国

① 《尚书·益稷》："黼黻絺绣，以五采彰施于五色作服。"司马贞《史记索隐·匈奴列传》："服者，天子所服也。以绣为表，绮为里。"《盐铁论·散不足》："夫罗纨文绣者，人君后妃之服也。"《墨子·辞过》："锦绣文采靡曼之衣。"《孟子·告子上》："令闻广誉施于身，所以不愿人之文绣也。"《荀子·富国》："必将雕琢刻镂、黼黻文章，以塞其目。"《礼记·郊特牲》："黼黻文绣之美。"

② 杨天宇：《周礼译注》，上海古籍出版社，2004，第 97 页。

演义评点》第三回评李肃说吕布一段文字，是“花团锦簇”)，在中国文学中比比皆是。自然之美被称为“锦绣河山”，心灵之美和语言之美被称为“锦心绣口”……言归正传，由丝织锦绣而来的冕服之美是由文而来，其核心乃是文。

冕服作为中国文化的服饰表征，它服从和体现两个要求：一是如何将人的自然形体转变成为文化本质。特别是将在自然形态上与一般人相同，甚至更差的形体转变成与一般人不同的具有王性的帝王。这就决定了服饰的文化性大于人体的自然性，冕服体系的“服饰本质”原则，即不是人的自然形体成为人的本质，而是人的服饰样式成为人的本质。服饰使人成为富贵高级的人还是卑贱低级的人。通过服饰的文化同一性(而非人的自然同一性)进行人的文化认同。二是如何将等级不同、从而本质不同的人清楚明白地区分开来。这就决定了服饰的等级区分性原则。朝廷冕服体系高扬了天下的文化同一性和在同一性基础上的区分性，并在两个基本原则的基础上，具有了三大美学特征。

一、服饰本质原则要求服饰能对自然人体进行加工修饰，这就决定了中国服饰的宽大性，宽大才能产生掩盖人的自然形体，而具有自由变幻的功能。冕旒增大了面部的面积，让你感受到大于常人头部的面积，衣袖裙裳也要宽大，一举手，手就变成一个巨大的面，如果双手舞动，则为两个大面的叠加，形成厚巨的气势。一行走，上体之袖、下体之裳飘动伸展开来，同样显为宽大的气象。高冠宽衣大带使服饰本质得到了很好的体现。

二、符号区分原则决定了色彩、图案、佩饰在服饰中的重要性。只有不同的色彩和图案才能把不同人的等级和本质直观而清楚地区别开来。在多样性上，色彩相对较少，能一眼辨出的是五色或七色，图案则相对较多，因此突出图案的不同有更大的重要性。等级要求服装的平面化，要在穿在立体人体上突出图案，一是要求把本有立体倾向的服装最大限度地转为平面，这是从服装本身上为图案服务，图案在平面上易于显出。二是让图案本身具有装饰性，具有装饰风格的图案最容易一眼识认。三是在服装上加一些佩饰物，圭、璋、革、带、缀，等等。服装上的成分越多，越容易区分。因此冕服的符号区分原则决定了中国服饰的平面性、图案性、装饰性。

三、服饰本质和符号区分都是为突出等级中的权力。权力不是来自人的自然形体，而是来自人的文化定义。它需要一种意识形态的神圣原则。这就决定了朝廷冕服在色彩、图案、佩饰上的象征意义。是这种象征性使朝廷冕服具有了一种文化的神圣光环。这种象征性不同于它所由而来的原始巫装的神性，但又不同于完全的科学理性，它既有理性形态，又有神性内涵。

以上美学特征（宽大、平面、图案、佩饰、象征）都是与中国文化性质紧密相连，由这些特征又构成了一个纯美学的，也是最重要的一个中国服饰美学特征。宽大、平面、图案、佩饰、象征，都是静态的，而中国美学讲究的是一种动态。冕服明显地宽大于形体，服装的伸展收缩，行止动静，可以显出丰富的变化。长袖善舞，宽衣善变，坐着站着是图案的静的呈示，一展开一行走转为一种线的流动，加之色彩的闪烁，佩饰物发出的自然音响，袖带随手脚运动而来的变化，使中国服饰变成了动静合一、气韵生动的艺术。静呈图案的分明，动显图案的律动。动静合一、气韵生动是中国美学的基本原则，也是中国服饰的基本原则。中国服饰潜在的多样性不靠形体，而靠服饰本身就可以发挥得淋漓尽致。气韵生动这一中国美学的基本原则早就包含在冕服的制作中了。

第五节　文扩展为普遍性的宇宙之美

文，是远古仪式之人（巫）的身体之饰，仪式之人（巫）的美的外观，因此，文的演进是仪式之人的美的外观的演进，即从巫王的裸身之文和毛饰之彣到帝王的冕服之文。由于仪式之人（巫）在仪式整体中的核心作用，人（巫）的美的外观又影响和规范着整个仪式的美的外观，人（巫）的外观之美的基本原则同时也是仪式的外观之美的基本原则。这一仪式中各个因素美的外观的内在同一性，使得文又被用来指整个仪式的外观。从而仪式中的建筑、音乐、图像、器物、咒言都可以称为文。整个仪式的外观都是文，从而，由远古的原始仪式向朝廷仪式的演进，也是各种仪式因素作为各种文的演进。具体来讲，器物之文，是从岩画、彩陶、玉器、青铜到先秦时期完备的典章制度——器物、旌旗、车马；身体之文，由简单的裸身之文和毛饰之彣到等级分明的朝廷冕服体系；音乐之文和言辞之文，是从简陋的“击石拊石”之乐和简单的咒语到表明各等级身份的辞采优美的书法言辞体系、俯仰进退的身体语言程式、曲式多样的仪式音乐体系；建筑之文，是由简单的房屋坛台到宫室、城邑、宗庙、祭坛、陵墓。这一从原始简单形态的仪式外观到先秦各国朝廷体系丰富的具体发展过程，甚至大的环节，除了从彩陶、玉器、青铜图案等考古材料和文献资料中零散而又复杂地透出外，已难确切考证，然而，从语言学上却可以看到，“文”以其1万多年（从18000年前山顶洞人的仪式到夏商周)的发展,最后覆盖了整个中国社会和宇宙,成为“美”的总称。在先秦典籍的语言运用里,文可以用来指人的服饰衣冠、身体礼节、语言修辞(《左传》僖公二十四年“言,身之文也”);可以用来指社会上的朝廷、宫室、宗庙、陵墓等制度性建筑,可以用来指旌旗、车马、器物、仪式等美观性事物(《左传·桓公二年》“文物昭德”),可以用来指意识形态中的文字、著作、诗歌、音乐、绘画、舞蹈(《礼记·乐记》“声成文,谓之音”,《说文》“文,错画也”,《礼记·乐记》“五色成文”。)……人在创造社会之文的同时,也以相同的眼光来看自然,日、月、星,天之文;山、河、动、植,地之文。孔子说尧舜“焕乎其有文章”,赞西周“郁郁乎文哉”,章炳麟解释说:“孔子称尧舜焕乎有文章,盖君臣、朝廷、尊卑、贵贱之序,车舆、衣服、宫室、饮食、嫁娶、丧祭之分,谓之文;八风从律,百度得数,谓之章;文章者,礼乐之殊称也”(章炳麟《国故论衡·文学总略》)。顾炎武说:“自身而至于家国天下,制之为度数,发之为音容,莫非文也。”(《日知录·博学于文》)明代宋濂也说:“天地之间,万物有条理而不紊乱者,莫非文”(宋濂《曾主助文集序》)。要从根本上讲,《左传·昭公二十八年》曰:“经纬天地曰文。”总之,人、社会、宇宙的秩序化就体现为文。中国文化的宇宙就是这样一个文(美)的宇宙,刘勰《文心雕龙·原道》对这个宇宙作过一个很好的描述:“夫玄黄色杂,方圆体分,日月叠璧,以垂丽天之象,山川焕绮,以铺理地之形,此盖道之文也……傍及万品,动植皆文,龙凤以藻绘呈瑞,虎豹以炳蔚凝姿,云霞雕色,有逾画工之妙,草木贲华,无待锦匠之奇,夫岂外饰?盖自然耳。”总之,文成了中国审美对象的总称,文就是美,而且是一种中国文化特有的美。

文在远古的演进,是相互关联的三个层面的演进:首先,是原始仪式中巫的身体之文(东南的裸身之文和西北的毛饰为彣)到王朝威仪中帝王身体之文(冕服之文)。其次,是原始仪式各因子总和在一起的美学外观整体(文体现为一种仪式之美)到朝廷威仪中各种因子总和在一起的美学外观整体(文体现为一种朝廷之美[1])。最后,是从原始图腾观念下的宇宙之美(体现为天神地祇人鬼物彪中的宇宙万物之美)到王朝理性观念下的宇宙之美(体现为日月星,天之文;山河动植,地之文;天下万物有条理者皆为文)。“文”演进的核心是人之文从巫到王的演进,身着朝廷冕服的帝王,朝廷威仪的体系,宇宙之美的理性呈现,是演变的终端。因此,中国远古社会从原始向理性的演化,从神到人的演化,其实是“王化”。中国文化在轴心

---

① 《荀子·大略》《礼记·少仪》都用了“朝廷之美”的话语,孔疏曰:美即仪,即威仪。可以说即是以朝廷冕服为核心的朝廷之文显出的威仪之美。

时代的定型中与世界其他文化的差异，中国文化之人与其他文化之人的差异，中国美学与其他文化美学的差异，首先就应该从这个作为“王”的人去理解，以及从王之身扩展为朝廷体系，进而扩展为宇宙体系去理解。因此，文，在远古的演进，其定型标志着以帝王为核心的朝廷之美的建立，以及与朝廷之美相一致的一种新型天地之美的完成。联系到远古历史的复杂多样，这一完成应是在周公制礼作乐的时代，这样，可以说，文是在周公建立礼乐文化的体系时达到完成，文是礼乐文化之美的总称。在这一意义上，当孔子说：“郁郁乎文哉，吾从周”(《论语·八佾》)之时，正是看到了，周代的礼乐文化之美，是由“文”来标志的。

第六节　文：在礼崩乐坏中转义为文字之美

文，由仪式中人(巫)之美到仪式整体的美，进而为宇宙之美，演进为黄帝尧舜夏商周的朝廷以王之美为核心的整个朝廷之美和天地之美。当“文”扩展为整个天地之美的同时，也成为一切审美对象的总称。然而这一作为普遍性之美的文进入春秋时代引起了变化，这一变化引起了“文”词义的分裂，从而引起“文”范围的缩小，进而引起了“文”本义的转变，即由普遍性的宇宙之美转为相对狭隘的文字之美。

由黄帝尧舜到夏商周形成的礼乐文化时代，以帝王冕服为核心的朝廷之文，其每一个基本因子，服饰、旌旗、车马、宫室、器用、坛台、陵墓、音乐、文辞，都是美善合一。具体来说，其美之外观后面都有具体的政治—伦理内涵和宗教—形上意义，是美的外观与政治—伦理规定和天地形上意义的内在统一，美之外观是政治秩序和天地秩序的外在体现。而在春秋以来，周天子失去了统领天下的政治权威之后，其独占的宗教权威也随之失去，这样，天的权威在思想上的陨落与天子权威在政治上的失效，造成了春秋以来理性思想的崛起和人性欲望的膨胀，从旧的一方面来看是礼崩乐坏，从新的一方面来看是礼乐新变。天下的各路诸侯，诸国的各卿大夫，在政治—宗教—思想的失序中，一方面通过越礼的规定而运用和享用礼制比自己地位更高的“文”的基本因子，以突出自己比原来规定地位更高的现实权力，另一方面“文”的因子等级越高，其美感更甚，这样这些高等级之“文”，不但彰显更高的政治权力，而且也突出更深的享乐性质。这里走在最前面的是宫廷女乐，其最先与礼乐文化的政治—伦理和神学—形上意义脱钩而获得其纯粹的享乐意义。宫廷女乐自夏代的中央王朝建立以来，就最容易逸出政治—伦理和神学形上的规范而突出其对政治—伦理和神学形上造成破坏的享乐性质，这也应是“美”这一语汇在《尚书》《雅》《颂》中被轻视和阙如的原因，在春秋时代的动乱中，《韩非子·十过》讲了秦缪公为得到人才，送女乐给戎国，《左传·襄公十一年》和《国语·晋语》都讲了郑伯为了求得和平送女乐给晋侯。《史记·孔子世家》讲了齐国为了政治目的送女乐给鲁侯。这里女乐已经成为毫无政治—神学含义而只有享乐意义的东西了。宫廷舞乐与政治和神学脱钩的同时，是俗乐新声的兴起。《国语·晋语》讲晋平公喜欢新声，《晏子春秋》讲齐景公耽于新声，《韩非子·十过》讲卫灵公喜爱新声。新声是新出现的音乐，其与政治—神学的关联，既为旧的礼制所不载，又无新的理论所论说，本身就是纯粹为了愉快和享乐而产生出来的，被各国君主纳入宫廷，同样仅是为了愉快和享乐。这样，在春秋各国的宫廷舞乐中，无论是旧乐还是新声都被视为享乐对象，率先开始了朝廷之文的意义转变。现象上看，是在宫廷舞乐走向享乐的带动下，实质上看，是在整个社会变动的推动下，整个朝廷之文的体系服饰、车马、宫室、坛台，都在走向与政治—伦理—神学脱钩而成为纯粹的享乐对象。在《左传》《国语》里，服美不称，车马唯美，高台为乐，不断地出现，到《墨子·非乐》标志着几乎朝廷之文的整个体系都变成了纯粹享乐的东西。墨子的“乐”内容包括音乐、舞蹈、美食、服饰、美人、宫室等，其功用效果只是“身知其安也，口知其甘也，目知其美也，耳知其乐也”，一句话，享乐。用《荀子·乐论》中的话来说，就是：“乐者（朝廷之文的体系），乐（快乐）也。”从三代之“文”到墨子之“乐”的转变，是先秦审美观从春秋到战国的转变，即三代朝廷美学体系的彻底变质。荀子的“乐（音乐，泛指审美客体）者，乐（快乐，泛指审美愉快）也”成为整个战国时期审美观的基础。把《左传》《国语》和《战国策》论审美客体的性质、功能、效果比较一下，可见其鲜明的差别。《左传》《国语》中的志士仁人，都为维护美的政治伦理秩序和天道内容而进行着斗争，《战国策》中再也没有这种斗争。《左传》《国语》提到美时，是色声味、宫室、衣饰并列，《战国策》则色声味、美人、珍宝、良马、黄金并列。春秋时的美总是与礼相连，战国时的美，少与礼相连，唯视为享乐。连儒家最优秀的代表孟子也是如此。他对美的划分，异于《左传》《国语》《论语》，而同于《战国策》，如《梁惠王下》中的“为肥甘不足于口与？轻暖不足于体与？抑为采色不足视于目与？声音不足听于耳与？便嬖不足使令于前与？”都是就享乐而言，毫无政治伦理含义。同一章孟子对梁惠王的“非能好先王之乐也，直好世俗之乐耳”，回答是：“今乐犹古之乐也。”这里孟子不是要赋予俗乐以古乐一样的政治含义，而是认为古乐与俗乐一样只有享乐的性质。在朝廷之美的整体转变中，只有一种东西未变，这就是文字之美。如果说春秋以来，志士仁人力图保持礼乐文化中色声味各种因素的政治—伦理—神学意义的努力，在无情的现实面前完全失败了的话，那么，文字之美却抵抗住了享乐时潮冲击而保持住美之外观、政治—伦理、神学—形上的整合性。这样，仍然保持着整合性的文字之美与失去政治—伦理—天道关联性而只有享乐性的其他色声味之美有了本质上的区别。而朝廷之文自黄帝尧舜到夏商西周本来就是在整体关联性上被定义的。当文字之美还具有这一整体关联性，而其他的色声味都没有了这一整体关联性的时候，"文"就被专门用来指文字之美，而不再用来指其他的色声味之美了。《释名》在讲了"文"的词义转变为锦绣之后，紧接着讲了"文"词义的这一新变："文者……合集众字，以成辞义，如文绣然也。"

当"文"从普遍的宇宙之美变为专门的文字之美的时候，"文"这一语汇的含义也产生了变化。"文"，当其起源于原始仪式的文身之时，是人的由氏族规定的本质外在体现，当其演进到朝廷冕服时，是礼乐文化规定的帝王本质的外在体现，当成为整个朝廷的美的体系时，是朝廷本质的外在体现，这时外显之文与内在之质是不可分离的，有其文必有其质，反之亦然，因此，"文"之义有二，就外观来说，是美的外观，就与内质的关系来讲，是内质的本质性显现。正如花因树的本质而开放，是树的本质性显现一样。孔子讲"文质彬彬，然后君子"（《论语・雍也》），正是就礼乐文化时的词义来讲的。然而，春秋以后，由于朝廷的文之体系在色声味各方面都出现了转变，文与质不可分割的内在关联遭到了怀疑，文胜质或质胜文的现象到处出现，于是"文"这一词汇的含义内质的本质性显现，变成了在本质上的一种外在修饰。外观之美的"文"成了与内质各可以分离开来的"饰"，这遭到了道、墨、法诸家的共同攻击。老子讲："五色令人目盲；五音令人耳聋；五味令人口爽。"（《老子》十二章）墨子讲："食必常饱，然后求美，衣必常暖，然后求丽，居必常安，然后求乐。"（《墨子・佚文》）韩非说："礼为情貌者也，文为质饰者也。夫君子取情而去貌，好质而恶饰。夫恃貌而论情者，其情恶也；须饰而论质者，其质衰也。何以论之？和氏之璧，不饰以五采，隋侯之珠，不饰以银黄。其质至美，物不足以饰之。夫物之待饰而后行者，其质不美也。"（《韩非子・解老》）当朝廷的文的体系中色声味诸因素因其与政治—伦理和神学—形上内容无关，都成为饰，注定不能享有以前朝廷之文的文化高位之时，文字之美在儒家的支持之下，保持着与政治—伦理和神学—形上的整体关联性，而维持了本来具有的文化高位。正因为朝廷的文的体系中的色声味各项从文化高位中跌落，而文字之美仍保有原来的文化高位，因此，"文"经过春秋战国的历史洗礼，变成了狭义的文字之美。当然，作为狭义的文字之美，从春秋战国到秦汉，在汉武帝独尊儒术之后，又占据了文化的中心，并在魏晋的文的自觉中，以美学方式大放光芒。

"文"，虽然在春秋战国的变化之后，主要成为文字之美，但由于曾经成为过宇宙的普遍之美，因此，在尊重传统的中国文化里，"文"作为普遍性的宇宙之美又一直在以各种方式发挥作用，如果说，"文"作为文字之美突显在前面，那么，"文"作为宇宙之美则隐匿在后面，二者共同在中国古代的美学中发挥着作用。

中国的文即是美，可以体现中国美区别于其他文化之美的特色。文是美、是饰、是采、是丽……从理论上来讲，"文"从远古到先秦的含义，可以归为三条。一、宇宙之文，即文是中国文化从原始到先秦这一漫长时期审美对象的总称。二、物一不文，即文是按照中国文化"和"的原则（即两种以上不同因素）组织起来的。物相杂，故成文，五色成文，五音成文，一阴一阳之谓道。三、等级之文，主要体现为朝廷美学体系的文，其主要功用是区分等级，在等级分明的基础上达到美的和谐。以这三条为核心，可以呈现文在中国美学理论中的整体性，它以一系列概念表现出来：（1）文质，表现了文与内质（人的本质和宇宙的本质）的关系，文是内质的外显。仅从外显的角度看，就是——（2）文饰，文就是饰，饰是一种美丽的外观，文的外显是花从植物中生出一样的外显，"文，质之花也"（皇甫谧）。一切文化的外观都是文化的彰显，文化中最重要的东西"字"就成了——（3）文字，文字之"文"就是强调字的美丽，中国的文字成为了审美意义上的书法，一种美的艺术，就在于它是"文"。最能承传文化的是思想传统的"学"，于是学也成了——文学。我们说，中国思想和中国哲学，都带有一种诗意，都具有艺术的意境，从根源上说，就在于中国的思想和哲学是带上了"文"的性质。思想和哲学的精髓，所谓"道"是由士人来弘扬的，中国文化对士人的首要要求，是——（4）文人。在中国无论是思想家、哲学家，还是政治家、学问家，都要求是一个文人。人要有文，才是一个受人尊敬的士人。正是在这一系列文化的关联中，可以悟到："文"体现了中国之美的特色。

第七章　玉：中国远古之美的观念之六

如果说从石器之斤到石器玉器青铜之钺，是中国之美的最初主线，那么，由石到玉，则是中国之美进入上古末期和中古初期之后的主线，玉从其产生就居于最高之位，这一最高之位由地域扩展到整个早期中国文化圈，并一起演进到先秦，成为最有中国特色之美。玉作为中国之美，在远古有两个方面的联系，一是玉从石器中产生，从而接连到上古，与钺相连而彰，同时又改变着钺主导下的观念。二是玉在自身的发展中，在中古以来多方面多路线的演进中，在下古以来与青铜器的互动和配合中，与美、文这两大观念一道，形成了中国之美的三大观念，一道构成中国之美的体系和层级。中国之美不同于西方之美，首先从关键语汇上体现出来。三个最为核心的词——美、文、玉——中，最为重要的是玉，玉代表了中国之美的极致，又最能体现中国之美的特色。而这，又是在玉从远古到先秦的系列演进中形成的。

第一节　玉：作为中国之美的远古起源、展开、结构

中国文化的远古时代与世界其他文化的远古时代的区别，就是在石器与铜器之间，有一个“玉器时代”(《越绝书》讲了神农时“以石为兵”，黄帝时“以玉为兵”和禹之时“以铜为兵”三个时代)。虽然古代世界的玉文化有三，东亚的中国，中美洲的印第安人，新西兰的毛利人，但中国是三大玉文化之最：时间最早、艺术最高、体系最大、理论最深。而玉作为文化之美的核心，也是在中国得到了最完全最辉煌的体现。中国远古文化的特色，体现在“礼”上，“礼”这一字，具有普遍性原始仪式的中国特色。“礼”的古字为“豊”，就是豆形之器中放了两串玉。古礼中的行礼之人为“巫”，其文字的解释之一，是胸中佩了两串玉。而由巫演进而来的“王”，其古字，如甲骨文的[illegible](甲三三五八反)金文的[illegible](成王鼎)，其字正是作为方国领导者象征的玉钺的象形。而引导仪式进行的乐器有玉磬。因此，整个远古之礼，方方面面都与玉相关，可以说被笼罩在一片玉光之中。

中国之玉，最早出现在东北，2万—3万年前的辽宁海城仙人洞旧石器晚期遗址，发现了用岫玉打成的石片，到8000多年前的兴隆洼文化和查海文化，玉就以一种体系性的方式出现。在兴隆洼玉器中，作为工具和用具的玉有管、斧、锛、凿，用作装饰的有玉玦和匕形器，前者饰于双耳，后者饰于颈、胸、腹部。耳、颈、胸、腹都用玉装饰，呈现出的正是一个玉人，应为《说文》中讲的“以玉事神”的灵巫之雏型。玉由远古之人从石中选辨出来，《说文》曰：“玉，石之美者。”运用于社会，是与一定的观念结合在一起的。玉饰于身，饰玉之人有了一种灵性，以玉成器，玉斧、玉锛在物性上比石更坚更利更韧，在视觉上更亮更润更美。尤在与远古观念的结合中，具有一种神性灵气透在其中。我们看到，在华夏形成的过程中，巫因饰着玉而有了神性；王字是以玉钺来象征的；聖(圣)人是由听觉敏锐而来，玉玦作为耳饰，应与聖人的形成有关；圣人作为中国之巫的特性之一，从而玉成为事神礼器的核心……这些后来显著的现象在兴隆洼的玉中都有了一定的雏型。兴隆洼人在远古演化史上获得的思想提升在玉这一器物上象征出来。[①]玉器的演进，兴隆洼和查海开其先，紧接着在东部从北到中到南的各地域文化中弥漫开来：在东北，从兴隆洼和查海到新乐文化和红山文化；在海岱，从后李文化、北辛文化到大汶口文化和山东龙山文化；在东南，从崧泽文化到良渚文化，江淮的青莲岗文化和凌家滩文化；长江中游从大溪文化到屈家岭文化到石家河文化，乃至珠江的石峡文化和台湾的新石器遗址。在这从北到南的一片玉彩中，东北的红山文化、江浙的良渚文化、凌家滩文化形了中国玉器的三座高峰，张远山将之称为玉器三族[②]。这三大文化，都有悠长的历史演进，在5000年前，都进入到地域性的方国，产生了大型的祭坛，形成了坛庙冢一体的礼制结构，玉器在这三个文化的礼制中具有核心的地位。以玉事神，以玉显灵，唯玉为葬，成为三大文化的古礼里最为鲜明的特色。神、人、物的世界变成了一个玉的世界。如果按照今天的分类，在远古得到充分发展的玉的世界，可以分为工具与武器型的玉(斧、钺、锛、凿、戈、刀、簇……)、装饰型的玉(镯、璜、环、块、璧、琀、双连璧、管、珠、球、带勾、牌饰、臂环、串饰……)、礼器型的玉(璧、琮、圭、璋、璜、琥……)、动物和人物型的玉(龙、虎、龟、猪、鸟、鹰、兔、蝉、鱼、云物、立姿人像、坐姿

---

① 叶舒宪：《中国玉器起源的神话学分析：以兴隆洼玉玦为例》，《民族艺术》2012年第3期；杨伯达：《东北夷玉文化板块的男觋早期巫教辨：兼论兴隆洼文化玉文化探源》，《赤峰学院学报(汉文哲学社会科学版)》2008年第S1期。

② 张远山：《玉器三族，用管窥天——上古玉器族、中古夏商周观天玉器总论》，《社会科学论坛》2017年第3期。

人像、人兽合一形象……)、以形为特征的玉(红山文化的勾云纹玉佩、勾型器、凌家滩文化的宝塔形饰、扣形饰、喇叭形饰、月牙形饰、菌形饰、冠形饰；良渚文化的冠状器、三叉形器、柱形器、锥形器、半圆形饰、新月形饰……)。张远山力图从玉器在远古的本有功能，将之分为观天玉器、祭天玉器、威仪玉器、装饰玉器四类①。将这四种功能从礼的体系角度进行整合，可更深地进入古玉的原貌。远古时代，各种各类的玉，是以礼为核心组织起来并参与到古礼的建构之中。工具和武器之玉，具有石土木没有的功效而闪耀出神性和灵性，因此，武器中的钺，成为了王巫的象征，似可说，所谓玉兵时代，正是以王巫之钺及其展开的圭璋戈戚等来象征的。装饰中的玉，进入到人从头到脚的各个重要部位中，本身就是王巫之神性和灵性的一种体现。如果说，兴隆洼的玦作为耳饰，是巫王观念提升到圣人观念的最初体现，那么，以凌家滩为代表的璜作为胸部挂饰，是圣人观念由“听之以耳”到“听之以心”的一种演进，再进入到巫王礼天地的璧琮体系，则是巫王的圣性达到“与天地同德”的雏型。而各种动物之玉，正是远古世界在动物形象方面走向体系化的关键历程。后来《礼运》中作为兽禽介鳞之长的四灵即麟、凤、龟、龙，以及《三辅皇图》作为东西南北天象的四灵即青龙、白虎、朱雀、玄武，在这里已经有了雏型。而特别是红山文化两种型态的玉龙，凌家滩文化身具八角星型的玉鹰，良渚文化人兽合一的神徽，内蕴中国形象塑造的基本法则和观念内容。

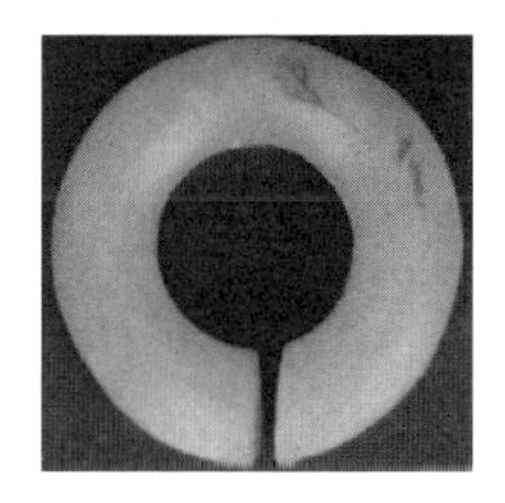

图 7-1　兴隆洼玉玦

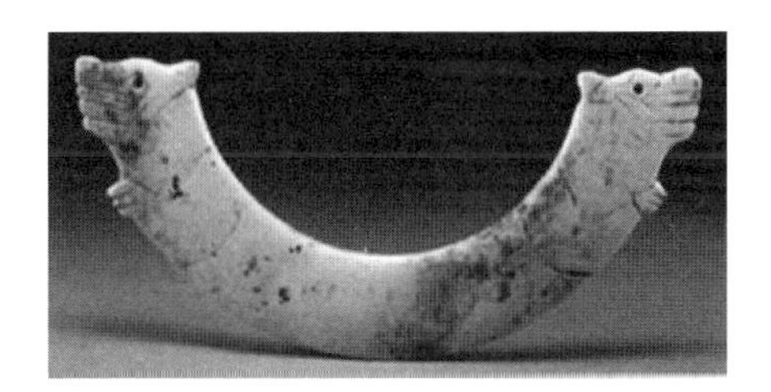

图 7-2　凌家滩双虎玉璜

作为礼器之玉，红山文化的玦与璧，良渚文化的璧与琮，凌家滩文化占卜的玉龟和图符的玉版，已经具有了宇宙观念的结构。进而，当东西南北中的诸文化在交汇中进入龙山文化，玉器则由东部全面进入西部，整个远古时代成为了玉器时代，大汶口文化演进为山东龙山文化，玉是其核心，庙底沟文化出现玉器并演进为中原龙山文化，玉也是其核心，邓淑苹认为从

---

① 张远山：《玉器三族，用管窥天——上古玉器族、中古夏商周观天玉器总论》，《社会科学论坛》2017 年第 3 期。

庙底沟开始，形成了华西玉器类型，而西面的齐家文化成为华西玉器的核心，西北的石峁，中原的陶寺，都有华西玉器的亮点。[①] 但从类型玉学与年代玉学的双重视点看，玉从华东向华西的传递并影响华西为一总趋势，正如彩陶从华西影响华东为一总趋势。如果说彩陶以饮食器为主，呈现的是通过食物与宇宙的关联而进行观念建构，从而产生出以抽象化为主且抽象图案与具象图案相互转换的观念建构，那么，玉器则通过人体装饰与宇宙的关联，进行着以形器为主与宇宙整体之灵互动的观念建构。玉与人体的各个关键部位相连，作为人体之灵，进行两方面的形象塑造，一是作为灵直接体现的抽象形体，二是作为灵的形象体现的具象形体。前者后来被提炼为《周礼》中的六器，璧、琮、圭、璜、琥、璋。后者被提炼为后来进入四灵的候选者即龙、虎、鹿、鸟、龟为核心的形象体系。玉的具象体系与彩陶在思路上相通，抽象体系则与彩陶不同但可以互补。《周礼》六器体系并非西周以及远古的实际，而为先秦乃至西汉的思想总结，但六器以及更多抽象器形又确实在远古中以单独的，特别是组合的多种方式存在，并在远古观念的建构和演进中，起了非常重要的作用。

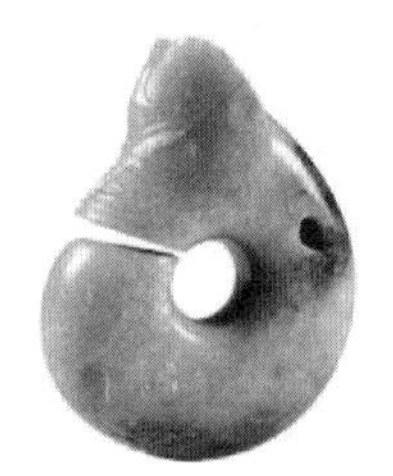

图 7-3　红山文化龙

图 7-4　良渚文化玉神徽

图 7-5　齐家文化玉琮

古代文献在描述上古文化的互动交融时，是西边的黄帝打败了东边的蚩尤，成为中原的共主而号令天下。而在考古文化中，一方面西部半坡和中原的庙底沟文化以彩陶图案进入东部各地，另一方面东部的玉器以各类主要礼器类型进入到西部各地，最后是玉器成为了东西南北中古礼的核心，成为天地沟通的通灵共宝。展开当时的地图，远古中国呈现为一个个杨伯达所说的“玉文化版块”。关于远古之玉的整体图景，杨伯达、叶舒宪、邓淑苹、张远山、刘斌等学人各有所讲，要达成学术共识，尚需资料的充实和逻辑的细推。这里且从接近共通的材料和观点，初步呈现基本框架和大线。杨伯达在《中国史前玉文化版块》[②]中，将玉文化的演进，分为三大版

---

① 邓淑苹：《史前至夏时期“华西系玉器”研究（上）》，《考古与文物研究》2021 年第 6 期。

② 杨伯达：《中国史前玉文化板块论》，《故宫博物院院刊》2005 年第 4 期。

块和五亚版块。三大和五亚从时代演进看更为分明。三大版块约与中古前期的8000年前至5000年前对应，是玉文化的最初辉煌，主要展开为华东地区的三个玉文化系列，即东夷玉文化（即内蒙古东部及辽西兴隆洼文化、查海文化、红山文化、小河沿文化，辽东的新乐下层文化、小珠山文化，吉林黑龙江的左家山文化、新开流文化、小南山文化、昂昂溪文化等）、淮夷玉文化（即江淮宁镇地区的薛家岗文化、凌家滩文化、龙虬庄文化、青墩文化、丁沙地文化、北阴阳营文化、普庙文化等）、古越玉文化（河姆渡文化、马家浜文化、崧泽文化、良渚文化等），呈现的是玉文化在东部的多样性出现和达到顶峰的辉煌。五亚版块约与中古后期的5000年到4000年前对应，是玉文化进入龙山时代之后的全方位演进。五亚中的两大，即海岱玉文化东夷亚板块（主要体现在大汶口文化进入山东龙山文化）和石家河玉文化（主要由大溪文化到屈家岭文化而来）的荆蛮亚板块，代表了玉文化在东和南的继续演进。另外三大：陶寺玉文化华夏亚板块（作为中原龙山文化的典型代表）、石峁玉文化鬼国亚板块（北方古国，殷称鬼方，相当《禹贡》九州之冀州，即陕西西北部、山西以及内蒙古中部）、齐家玉文化的羌姜亚板块（甘肃省大部、青海省东部和宁夏回族自治区南部等氐羌地区），则体现了玉文化由东向中向西向北的扩展。当玉文化进入到五亚版块时，一方面以夷、华夏、鬼、羌、蛮的形式代表了东西南北中的各地域文化，另一方面又呈现了东西南北中各地域文化在崇玉上达到了统一。刘斌在《神巫的世界》中把玉的演进分为四个时代：玦（以兴隆洼为起源和代表）、璜（在凌家滩成为特色和代表）、琮（以良渚文化为起源和代表）、圭璋（以山东龙山文化为起源和代表）①。张远山认为在兴隆洼文化中，琯与玦为同样重要观天玉器。考古中，凌家滩既有之前高庙文化的简型玉璜，更有双虢玉璜，因此，后来如邓淑苹强调的楚国虢璜风彩，应在凌家滩玉器中就有了彰显。而良渚的琮与璧已有明显的组合关系。邓淑苹特别强调由庙底沟到齐家文化是琮璧组合的开创和最大辉煌。关于圭璋，在起源、形制、组合、作用等问题上，邓淑苹、郭静云、唐启翠等，有不同的论说。这里关联到玉器从龙山文化到夏商周的演进中，在宗教权威和政治权威等观念配置上的转型，以及这一转型在玉器配置上的演进，还有观念和器物一道进行着的新思想提升。但刘斌以器物为主讲述的四阶段，用其他学人的材料和观点，进行一些补充，还是大致可行，即把《周礼》六器加上玦琯，成为以八器为主的阶段展开：玦琯、虢璜、琮璧、圭璋。当然，具体讲来更为丰富，张远山讲

① 刘斌：《神巫的世界》，第210—245页。

了，玉玦演进为三型：几何形与两种龙型。洪格力图遗址中，有7块按大小比例形成体系，仅一种玉器就有类型和系列两个方面的展开。玦如此，其他重要玉器，璜、琮、璧、圭、璋亦如此。

图7-6 玦的三形

资料来源：张远山：《龙山玉器，上古顶峰》，《社会科学论坛》2017年第7期

图7-7 玦的体系

资料来源：刘赫东：《兴隆洼文化玉器述论》，硕士学位论文，辽宁师范大学，2014

标志性玉器的展开，不仅是一个体系，而且会有多个体系的差异。邓淑苹讲，齐家文化的琮璧体系与良渚的琮璧体系不同。仿佛是傅斯年的夷夏东西论在远古玉器上的体现。叶舒宪和张远山都讲，玉器除了上面述呈之外，还有冠、钺、柄形器（张远山名为“权柄”），应进入到玉器体系的要项之内。[①] 但如果把玉器的现实体系和表述话语作为一个虚实结构，以一代表性玉器作为阶段象征，且与主体在与世界互动中的观念提升关联起来，也可以仅用八器来代表玉器的阶段性演进。

首先，琯玦为主的阶段，琯观之以目，玦听之以耳，在以琯玦玉器为主与天地的互动中，琯生发出中国思想的“明”，玦培育出中国思想的“圣”。当然，琯之观与中杆下的测量配合进行，方得日月的规律之明，玦之听与中杆下的天月季年的节律配合进行，方体天地之心的运行之圣。琯玦由兴隆洼红山文化传向整个早期中国文化圈，圣明的观念也得到普遍性传播，得

① 叶舒宪：《“玉”礼器：原编码中国——〈周礼〉六器说有大传统新求证》，《文化遗产》2019年第5期。

到了充分的彰显。在琥璜阶段，观之以德，听之于心，内在德性得到了充分的发展。

其次，琥璜为主阶段。璜从跨湖桥文化的石璜始，马家浜文化和高庙文化也呈有玉璜，在凌家滩得到光大，出土100多件，而且出现双琥头玉璜。考虑到具象（虎形）与抽象（几何形）的互换性，二者共蕴着流动的宇宙之灵，璜的意义更为深厚。璜作为人体佩饰，由头部颈部到胸部腹部，体现着人在沟通天地中“听之以心”的观念。《礼记·明堂位》：“大璜……天子之器。”《山海经·海外西经》：“夏后启……右手操环，佩玉璜。”佩璜是巫王之为巫王的衣饰标志。在良渚文化中，玉璜与圆牌和玉串珠相连，组合成玉佩。玉佩从单璜在头到双璜在颈到三璜四璜或与其他玉器组合，形成多种多样的器物形态和丰富整合的观念形态。[①] 玉璜在马家浜、崧泽到良渚和凌家滩，普及到整个早期中国文化圈，到龙山文化和夏商周时，生长成多种多样的玉佩，形成了与等级体系相对应的玉佩体系，成为既体现天人相通又体现朝廷威仪的美学形式。君子如玉，主要从玉佩之灵与君子之心的同一，及其二者的同一与宇宙之灵的关系。如果说，琯玦阶段突出的是巫王的眼之明与耳之圣；那么，在琥璜阶段，彰显的是巫王与天地鬼神相通的大心。

接着，以琮璧为主阶段，璧在兴隆洼文化就有，琮究竟是来自手腕戴的镯环或颈部的环或从兴隆洼文化就有的筒形玉，众说纷纭，但琮在良渚文化中成型并成了最重要礼器，却为共识。邓淑苹认为华西的琮与华东的琮有独自来源和演进，但从良渚文化琮的大量出现在先，齐家文化大量琮的出现在后，华西琮受华东琮的影响并又有变异，立论稍妥。从考古上看，良渚形成了以琮璧钺为结构的礼器体系，齐家形成的是璧琮为主的礼器体系，不是前一结构，而乃后一结构对夏商周的观念有较大影响，因此，不从当时现实描述，而从观念的演进来看，可把由良渚文化到齐家文化的玉器体系，作为一个整体，称为以琮璧为主的玉器体系。如果说，琥璜阶段在天人关系上更强调作为主体的巫王的大心，那么，琮璧阶段在天人关系上更彰显作为客体的天地的本质。刘斌和牟永抗都讲了，仅从单一的琮来讲，良渚的琮有从内外皆圆到外方内圆的演进。[②] 如从琮与其他玉器的关联来讲，最初，琮最突出，尔后，琮璧钺形成相对稳定的结构。从玉器与观念

---

① 杨晶：《长江下游三角洲地区史前玉璜研究》，《文物与考古》2004年第5期。

② 刘斌：《法器与王权：良渚文化玉器》，浙江大学出版社，2019，第159—163页；牟永抗：《光的旋转——良渚玉器工与艺的展续研究》，邓聪、曹锦言编《良渚玉工》，中国考古艺术研究中心，2015，第95—99页。

的关联看，当琮单独突出时，以其内圆外方，独自象征天圆地方的宇宙。①当琮璧钺形成结构，琮方璧圆，共同象征天圆地方的宇宙。钺，正如北斗从魁转为斗的演进一样，主要体现巫王主体的政治权威。但玉器内蕴宇宙之灵的统一性，形成琮璧钺观念上的天人合一内容。当良渚以琮璧钺为主的玉器体系向外流传，引起了从庙底沟到齐家文化琮璧体系的产生和变异，钺被剥离出来，向着玉器的另一方向演进，这样，综合良渚和齐家的不同文化，兼及历史演进的共同之点，这一阶段呈现为琮璧为主的玉器。琮璧为主，象征远古天圆地方宇宙观的定型，钺的离开，意味着远古政治观的转变，由以钺象征的以“刑”为主的政治观，正在向只由琮璧代表的以“德”为主的政治观转变。

最后，以圭璋为主的阶段。如果说，以琮璧为主的玉器体系象征了天圆地方的宇宙观的完成，那么以圭璋为主的玉器体系则标志着新型政治体系的建立。圭璋的名实确认甚有争论，但名实的核心关联已有共识。圭的起源，唐启翠追溯到凌家滩。璋的起源，邓淑苹、涂白奎追溯到山东的大汶口文化，郭静云讲其雏型应在江汉的屈家岭、石家河文化。② 但圭璋普遍出现在龙山文化时期，以及石家河文化、陶寺文化、石峁文化等，并继续盛行于夏商周，如二里头、二里岗、三星堆等。其主潮正晚于琯玦、琥璜、琮璧。在考古上，璋多而圭少，在文献上，圭在前而璋在后，圭主而璋次，应与圭璋起源不同和功能重心有异，以及观念转变相关。从观念的起源讲，圭与中杆相关，中杆又名土圭或圭表，中杆一方面演为仪式中的柄形器和祖庙里的牌位，与远古的观念重心，从天神地祇转向祖鬼相关，另一方面又演为玉圭，作为巫王的威仪玉器。璋与武器相关联，邓淑苹、郭静云、唐启翠以及更早的郭宝钧等，都讲璋与斧钺刀戈的关联，这里最重要的是钺。在远古由斤到斧到钺的演进中，王钺与天钺都是围绕立杆测影的圭表而产生的，中杆与斧钺在远古刑德一体的观念中有共生关系。同样，圭璋也是有共生关系的，汉代解释，普遍用“半圭为璋”，既讲二者在器形上的关联，更内蕴着二者在观念上的关联。从文字上讲，圭以器形为主，璋在器形上有文绘。但因二者的关联性，这一区别又因各地域和文化的不同而有互渗(图 7-8)。从演进大线来看，空地中杆向祖庙牌位的演进中，中间形态是柄

---

① 何努：《良渚文化玉琮所蕴含的宇宙观与创世观念——国家社会象征图形符号系统考古研究之二》，《南方文物》2021 年第 4 期。

② 唐启翠：《玉圭如何“重述”中国——“圭命”神话与中国礼制话语建构》，《上海交通大学学报(哲学社会科学版)》2019 年第 1 期；邓淑苹：《牙璋探索：大汶口文化至二里头期》，《南方文物》2021 年第 1 期；郭静云：《牙璋起源刍议：兼论陕北玉器之谜》，《三峡大学学报(人文社会科学版)》2014 年第 5 期；涂白奎：《论璋之起源及其形制演变》，《文物春秋》1997 年第 3 期。

形器或曰权柄。郭静云、李喜娥等都讲了柄形器与牙璋的关联。[①] 唐启翠专讲了玉圭与斧钺的关系。从演进的大势看，最后的圭璋在远古刑德结构以刑为主到德为主的观念演进中，成为了玉器的中心。而与之相伴随的，是琮的消逝和璧进入玉佩（与璜珠的）组合，以及邓淑苹讲的在周代的圭璧组合。前者使璧进入到巫王的身体装饰之中，后者延续着天地象征。同时在圭璋结构中，由于璋主要来自武器，由以刑为主转为以德为主的过程中，圭的政治功能得到了极大的突出。主要体现为：一是圭与天命之间的关系，如《禹贡》中的天命玄圭和《周礼·瑞典》讲的王以圭璧祭天地山川。二是圭在政治体系中的作用，如《周礼·春官宗伯》讲的"以玉作六瑞，以等邦国。王执镇珪，公执桓珪，侯执信珪，伯持躬珪，子执谷璧，男执蒲璧。"其功能后来演化为官员执笏。三是圭在政治仪式和运作中的作用，帝王向下分配政治任务时命圭或赐圭，下属完成政治使命后向帝王执圭以告。第二、三项的内容在周代金文和《诗经》中时有出现，当玉器体系以圭璋为主时，政治体系得到扩大和突出。玉器主要成为威仪符号。

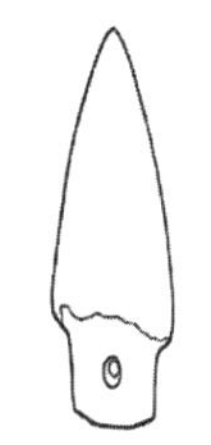
1凌家滩玉圭雏型

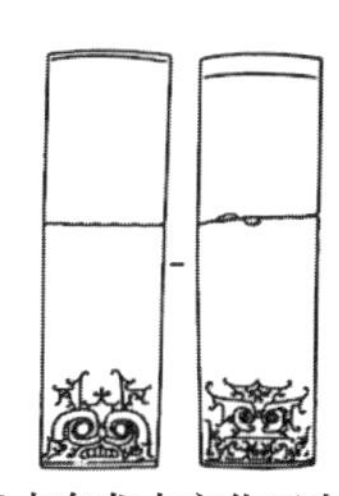
2山东龙山文化玉圭

3石峁牙璋

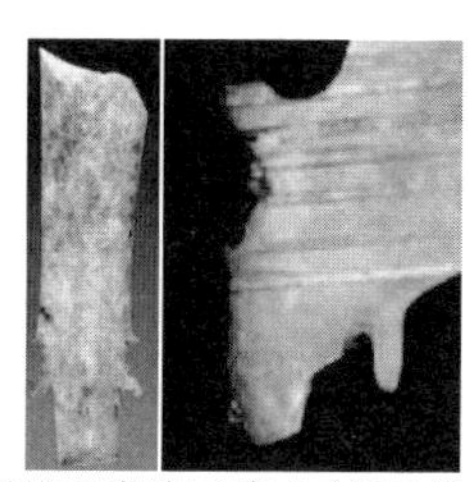
4三星堆月亮湾牙璋（下部牙状为虎形）

图 7-8　考古上的圭璋各形

（1—2 引自唐启翠文，3—4 引自邓淑苹文）

如果要拿考古中玉器的四个阶段与文献上的古帝进行大致的对应，似可说，瑁玦与以伏羲女娲为符号的 8000 年前至 6000 年前的历史，琥璜与以黄帝炎帝为符号的 6000 年前至 5000 年前的历史，琮璧与以尧舜为符号的 5000 年前至 4000 年前的历史，圭璋与从夏商到西周的政治和观念历史紧密关联。当然，这里还有很多更复杂的内容需要进一步探求。比如，四阶段的主要玉器，瑁玦、琥璜、琮璧、圭璋，不但自身有不同的器形和体系展开，而且在不同文化中与其他各种玉器有组合关系，再比如，玉器与同时出现和演进的陶器，与之后出现又同时演进的青铜器，是怎样的组合关系。这些问题的澄明围绕着远古观念的演进。就此而言，玉在考古上的四阶段

① 李喜娥：《玉柄形器与玉璋关系研究》，《四川文物》2015 年第 1 期。

演进，与后来文献的总结在主调上还是相合的，即最初玉器，如《周礼·春官·大宗伯》“以玉作六器，以礼天地四方。以苍璧礼天，以黄琮礼地，以青圭礼东方，以赤璋礼南方，以白琥礼西方，以玄璜礼北方”所呈现的基本精神，是围绕着人与天地的互动而进行。后来的玉器，如前引的玉圭作政治性瑞器，展开为镇珪、桓珪、信珪、躬珪、谷璧、蒲璧，所透出的基本精神，向着大一统王朝的建立演进并向以现实政治为中心的体系展开和观念重建。同时，玉器在自身的演进中，一方面进行着以圭璧组合为主的人与天地的互动，如《周礼·春官·典瑞》讲的“四圭有邸，以祀天，旅上帝；两圭有邸，以祀地，旅四望；裸圭有攒，以肆先王，以裸宾客；圭璧以祀日月星辰；璋邸射以祀山川，以造赠宾客”（邸即圭与璧的组合）；另一方面完成政治高层的身体圣化，由璧、璜、珠等玉器组合成玉佩以彰显政治等级体系。如《礼记·玉藻》讲的：“天子佩白玉而玄组绶，公侯佩山玄玉而朱组绶，大夫佩水苍玉而缁组绶，世子佩瑜玉而綦组绶，士佩瓀玟而缊组绶。”远古中国，可以说以玉为核心，完成了从东西南北的满天星斗到夏商周王朝一统的观念演进，并在这一政治演进中建构起中国型以玉为美的观念。

第二节 玉—巫—灵一体与玉在远古之礼中的内在化

玉之为美，一个重要的特点在其内在之美。而这来源于远古之礼中玉—巫—灵的一体关系。远古之礼，其核心在于人与宇宙整体之灵的沟通与互动，而沟通之器就是玉。中国之玉的独特性，正是由远古之礼的仪式之巫、行礼之玉、宇宙之灵的统一中产生出来。杨伯达在《巫—玉—神泛论》和《良渚文化瑶山玉神器分化及巫权调整之探讨》[①]两篇文章中，提出中国远古的演进包括两个阶段，三代之前以巫为最高领导，夏朝建立之后的夏商周以王为最高领导。巫之时代，最初以女性之巫为主，男性之觋为辅（对应于以母为姓的时代），后来，最高领导权由女性之巫转移到男性之觋（对应于以父为姓的时代）。一旦最高权力的转移完成之后，以前之觋就成了巫，即继承了最高权力的同时也继承了最高权力原有的称号。巫乃是最高领导，只是变成了男性。《山海经》中的大巫们，如《海内西经》的巫彭、巫抵、巫阳、巫履、巫凡、巫相，《大荒西经》的巫咸、巫即、巫盼、巫姑、巫真、巫礼、巫谢、巫罗，都称巫。《周礼·大宗伯》中的九筮，巫更、巫咸、巫式、巫目、巫易、巫比、巫祠、巫参、巫环，也都称巫。中国之巫与世界其他文化之

---

① 两文分别发表于《中原文物》2005年第4期和《故宫博物院院刊》2006第5期。

巫相区别的特点之一，就体现在仪式之巫用玉与宇宙整体之灵的沟通上，张远山讲的四种玉，观天之玉、祭天之玉、威仪之玉、装饰之玉，都在人与宇宙沟通这一核心上统一起来。巫王身体装饰了玉，方有威仪，有威仪的巫王进行了具有重大意义的观天和祭天的仪式活动。仪式中玉的使用，不但使中国文化弥漫在玉的光辉之中，而且又给中国之巫和宇宙整体带来了独特性。这一独特性突出地体现在南方文化对巫的称谓之中，即以巫为灵。《说文》："靈，靈巫，以玉事神。从玉，霝声。靈，靈或从巫。"这讲了中国之巫的两大特征：一是与灵相关，一是与玉相关。灵的本字霝是灵本身，由本字产生了另两字，靈靈。靈表明灵内在于玉中，靈强调灵内在于巫中，带灵之玉的靈与带灵之巫的靈是一体两面，透露出的正是玉作为巫的本质特质。身饰玉之巫，则灵在其身，从而可以通灵，即与天地交往。这里必须讲一下，中国的天地即宇宙整体，最初是由虚体的品(灵)来代表的。最初之巫，是与作为宇宙整体的灵沟通。最初的玉也内蕴着宇宙整体之灵，形成了观念上的巫、玉、灵一体。当宇宙之灵在中杆仪式中体现出来时，灵与示相连，而成为仪式中之靈(灵)。随着远古中国的观念在地域演进上的差异，灵在仰韶文化的西方和北方地域演为神。在文献上，先秦北方文献多用"神"字，显出远古这一演进痕迹。在器物上，西北彩陶由具象之鸟与蛙进行抽象的演进，最后定在S形这一极点以及各种变体上(图7-9)，体现的正是由灵到神的演进。

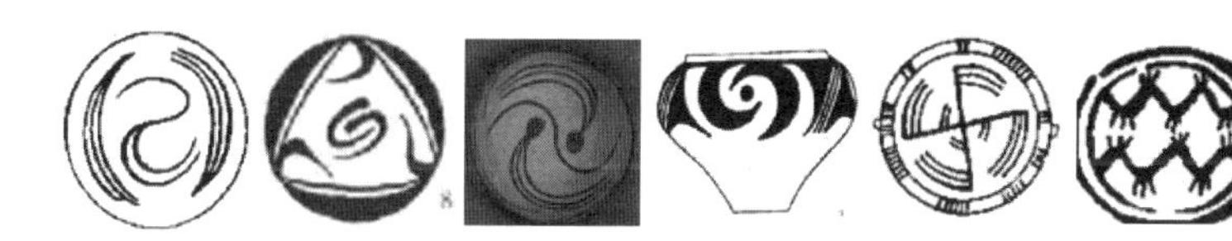

图7-9　彩陶中S型及其变体

资料来源：王朝闻总主编《中国美术史·原始卷》，北京师范大学出版社，2011

如果说，虚体之灵既周流不虚，又动变不居的话，那么，当其以S形以及变体出现，就突显其规律性的一面。虚体之灵的规律性一面就是"神"。甲骨文的"神"字([illegible]等)和金文的"神"字([illegible]等)[1]，呈现的就是S形及其变体。"神"的性质，正如《荀子·天论》讲的"列星随旋，日月递炤，四时代御，阴阳大化，风雨博施，万物各得其和以生，各得其养以成，不见其事而见其功，夫是之谓神。"神的出现并不意味着灵已在观念上落后，而是宇宙整体呈现为两种形式，灵强调宇宙整体

① 《古文字诂林》(第十册)，第1145—1146页。

之虚的无规律一面，神强调宇宙整体之虚的规律性一面。二者形成互补关系。正如灵可以从实体上彰显出来一样，神也可从实体上彰显出来。远古的观念体系，进入到灵和神的互补之后，宇宙整体之虚与现实世界之实的关系，就进入到灵和神构成的虚体结构与现实世界的实体之物的关系。正如仰韶彩陶中实体的鸟纹花纹与虚体的几何纹，在虚体的灵和神的暗导下互相转换，如图 7-10。

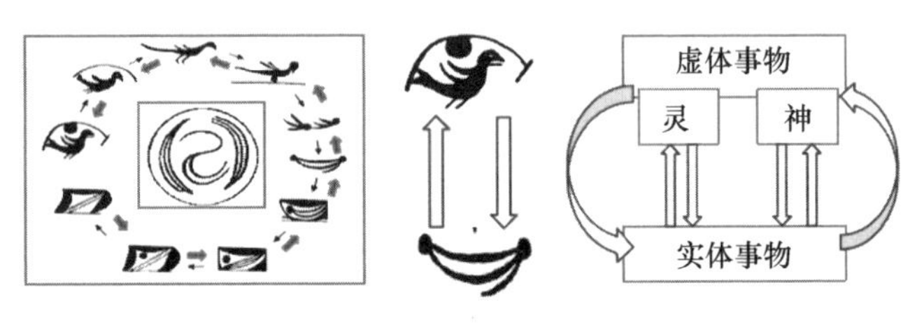

图 7-10　在宇宙虚体主导下的鸟、植物、几何形的互换，以及宇宙的虚实关系结构

资料来源：根据张朋川《中国彩陶图谱》(文物出版社，2005)重绘。

在中国远古的最初观念中，鬼灵一体，鬼是外在之实，灵是内在之虚，神产生后，鬼仍是外在之实，神与灵为内在之虚。神作为有规律之虚。与灵相比，更强调宇宙之虚的规律性，从而更容易形成实体性。神开始具有了以前只有“鬼”方具有的性质。成为亦虚亦实之体。神在远古的演进，呈现为由虚体到亦虚亦实到以实体为主，此为后话。玉一开始是与灵相连的。远古的中杆仪式，带玉之巫，以玉通灵，因灵附体而成为灵。因此霝的下面可以写成“示”而为[霝+示]，以显示仪式本身的灵性。而巫为灵，是以心来进行的，因此霝下面也可以写成[心]（心）而成为[霝+心]。靈、[霝+玉]、[霝+示]、[霝+心]四字，从不同方面体现了中杆仪式中巫的本质。在远古氛围中灵巫一体是重要的，正如埃及的法老就被认为是神。以巫为灵在南方文化中得到了普遍性的定型。这在《楚辞》中透露出来。替屈原占卜的人叫灵氛，楚怀王的代词叫灵修，屈原的字叫灵均，玄圃上天帝之居叫灵琐，《九歌》里的神也被称为灵。可以想见，占卜巫师、楚国君主、楚朝重臣，乃远古之巫的功能分化，同时都具有上古“灵”的本质[①]。在《离骚》里，屈原御虬龙、唤日月、呼风雨，四方巡游，正是一个灵巫形象。因此，远古之礼中，巫—玉—灵呈现为整体。这一整体，正好把玉在中国文化和中国美学中的特点呈现了出来。

---

① 饶宗颐：《重读〈离骚〉谈〈离骚〉中的关健字“灵”》，《浙江师大学报》2000 年第 4 期；姜亮夫：《楚辞通故》，云南人民出版社，1999，第 211—213 页。

“神”与“灵”这一区分对于理解中国文化和中国美学的特质甚为重要。吴小奕《释古楚语词“灵”》[①]说，对“灵”与“神”的运用是楚国方言与中原雅言之间的区别。以屈原最重要的作品《离骚》《九歌》《天问》《九章》为例来看，“神”字出现7次，“灵”字出现29次，在整个《楚辞》中也是“灵”字用得多而“神”字用得少。而雅言的古籍中，则“神”的出现频率远远大于“灵”。王逸对《楚辞》中的“灵”大都释为神。“灵”与“神”，一方面是南北之间的语言差异，但在语言差异的后面却内蕴着地域文化的不同。在用“神”的文化中，神在仪式中进入巫的身上，仪式之后就退出，巫仍是巫，巫与神是应当区分开来的。在用“灵”的文化中，灵在仪式中进入巫的身上，仪式之外，仍在其身上留有重大痕迹，乃至不可也不应区别，因此，巫灵不分，巫即是灵，合为一体。这一差别也体现为东部的红山文化、大汶口文化、良渚文化、凌家滩文化的重玉风尚和西部的马家窑文化、半坡文化、庙底沟文化的重彩陶风尚。回到主题上来，中国远古文化之神灵，包含了无规律之虚的灵与有规律之虚的神两个方面，这一点对于理解中国上古文化的特质，尤为重要。

神灵，在上古，既体现为天上的日月星辰，风云雷雨，所谓天神，又体现为地上的山河动植，所谓地祇，还体现为氏族的先祖先妣，所谓祖鬼，以及地上政治管理较弱的山川地区之物魃。中国远古对四大神灵系列的理解不是从静的实体去理解，而是从动的虚实合一去理解。以神灵来总括的神祇鬼魃，从日月星辰的运行中体现出来，从风云雷雨的去来中体现出来，在中杆下出现、移动、消失的运动中体现出来，在春秋代序昼夜交替的运转中体现出来，从植物的生长枯荣中体现出来，从虫鸟的生长出没中体现出来，从个人和氏族的兴衰祸福中体现出来。神灵正是在这样的时空运行中不断出没显隐。因此，中国远古文化，是从这样一个时空的动态中去体悟神灵的。而远古中国对这一世界的理解，又集中地从仪式中体现出来。远古仪式，最初是东方以玉为主与西方以彩陶为主的双峰并立。接着，玉由东向西，遍布整个中国文化圈。以玉器币帛为主，以陶器漆器等为辅，形成礼的器物结构。然后，青铜器产生，玉器又与之组合，形成以玉之圭璧、帛之锦绣、鼎簋笾豆、钟磬丝竹为主的礼器体系。总之，自玉扩展开来以后，就一直在远古文化的核心。杨伯达《玉石之路布局及其网络》呈现了玉器之初的东方三大版块和玉器扩展之后的五大亚版块的各条玉路，其中特别值得关注的一是“鬼国玉文化亚板块玉矿位于东萨彦岭及外兴安岭维季姆河

① 吴小奕：《释古楚语词“灵”》，《民族语文》2005年第4期。

或西邻之矿点,其直线距离约 1000—2000 公里。"二是齐家玉文化版块的昆山玉路,直线距离近 3000 公里。然后是夏商周时代以和田玉路为主的多条玉路。二里头的和田玉,呈现了中原到新疆的玉路,殷商伐鬼方与玉路相关,周穆王西游也与玉路有关。[①] 这样,上古之玉,在历史的演进中,从三个方面为华夏的形成奠定基础:一是玉器作为人与天地相通互动的载体在古礼观念演进中起核心作用,即形成了人—灵—玉一体的观念体系;二是观念演进反过来形成了玉器在礼器中物质形态的演进,即形成了玉器在各种仪式中呈现样式(琯、玦、璜、琥、琮、璧、圭、璋)的体系化;三是因用玉在制度中的重要性而形成的玉路,造就了远古时代一体化的交通网络。玉因此三点处于文化的核心,从而处于美的核心。玉还因为巫—玉—灵的一体而具有了一种内在性,任何一种精神气质的美都可以用玉字来描写和形容。

第三节 玉在中国宗教体系中的体现

自玉进入远古仪式,形成了巫—玉—神—灵的合一整体,玉也因这一整体而成为远古文化的核心,玉成为灵性、神性、德性、美性的合一。巫在仪式中既代表天地之神从而具有神之灵,又代表部落方国之王,从而具有人之德,而灵性、神性、德性虽然是内在的,却都要体现为外在之美,即通过玉器之美而呈现出来。灵性、神性、德性、美性同时在巫—王身上的装饰中体现出来,《说文》"玉"部中表示玉饰品的汉字甚为丰富多样,有瓒、环、珩、玦、瑗、琚、瑙、瑱、珥、珈、珧等 25 字,分别表示佩饰、耳饰、头饰、刀饰、剑饰、车饰等。巫—王不但身体佩玉,随之而行的旌旗车马佩玉,由之而居的宫室陵墓有玉,而且与天地交往的礼器有玉(即《周礼》讲的苍璧、黄琮、青圭、赤璋、白琥、玄璜),还在与各级诸侯交往的政治符号用玉(即《周礼》讲的镇珪,桓珪、信珪、躬珪、谷璧、蒲璧),以及从天子到诸侯、大夫、世子、士不同等级的符号用玉(即《礼记》讲的白玉、山玄玉、水苍玉、瑜玉、瓀玟)。这样,从巫到王以及各种领导层级之人呈现出来的形象,就是一个玉人,是以玉为美而来的玉人之美。

中国文化的玉人,随着由巫到王的演进,人神区分的演进,人的等级地位的厘定,玉之美和玉人之美也随之而进入到文化的方方面面。当巫玉灵在文化的演化中,升级为人神两个既相对独立又相互关联的不同世界之

---

① 杨伯达:《"玉石之路"的布局及其网络》,《南都学坛》2004 年第 3 期。

时，玉乃在其中扮演了重要的作用。从神的方面来讲，玉是重要的部分。《山海经》是带着上古观念的神灵之书，书中记采玉之山149处，分布于四面八方；关于祭神用玉的记载有近20处，突出了玉在神灵世界中的重要地位。道教形成之时，神之玉，陶弘景《真灵位业图》中有玉清宫，宫中有玉皇道君、高上玉帝等，这里玉帝的地位虽然不高（前者在玉清三元宫中左位第11位，后者在19位）[①]，但显示了“玉”在道教神系中的地位。到唐代的《洞神上品经》里，玉皇则有了极大的提升，在三清之下，百神之上（“宇宙主宰之君，是为玉皇，承三清之命，察紫微之庭。侍卫之官，承受三清，紫微之庭，枢纽百灵，小事专掌，大事申呈玉皇之宫，以定章程。”）。玉皇和玉帝在唐代诗人的吟咏中，也具有天堂中的高位。在《全唐诗》中，玉皇出现74次，玉帝出现10次。李白有“不向金阙游，思为玉皇客”（《草创大还，赠李官迪》），“黄鹤上天诉玉帝”（《醉后答丁十八以诗讥余捶碎黄鹤楼》）之诗，王维有“翠凤翊文螭，羽节朝玉帝”（《金屑泉》）之句，白居易有“仰谒玉皇帝，稽首前致诚”（《梦仙》）之吟，韦应物有“存道忘身一试过，名奏玉皇乃升天”（《学仙》）之作。到了宋代，玉帝被进行了更进一步的提升，宋真宗尊其“太上开天执符御历含真体道昊天玉皇大天帝”，宋徽宗只在这一称号去掉了最后第二字“天”，在这称号中，玉皇大帝与历代以来的昊天上帝进行了合一。[②] 总之，从道教正式出现的六朝到其发展的唐宋，玉皇大帝在朝廷、士人、民间的合作中，到了道教神系中的最高位。在明代的《西游记》里，玉皇大帝作为天庭的最高领导，得到了方方面面的普遍文化承认。而玉与神系最高领导相关，其内在理路，又与远古时期巫—玉—灵的一体是相一致的。而玉皇大帝以玉名之，正是突出一个玉人形象。

玉与神灵的关联，是一种玉与宇宙内在性的关联，这一关联在中国重要的饮食文化中，还呈现一种食玉传统。古文字的“豊”（礼）字为饮食器（豆）中有两串玉。玉是奉献给神吃的。叶舒宪说，《甲骨文合集》6016的“奏玉”和10171中的“我奏兹玉”，“奏，指进献，献祭。奏玉，是把美玉当作最滋养的食物献给神明。”[③]这一食玉传统，在神话色彩浓的《山海经》和理性色彩强的《尚书》《周礼》中都有体现。《尚书·洪范》有“惟辟玉食”。辟即王，玉食即王以玉为食。王何以要食玉呢？《山海经·西山经》讲，黄帝

---

① 宋代的《云笈七签》中有“太上玉皇”“上真玉皇”“高尚玉皇”“天尊玉帝”“太微玉帝”“上清玉帝”等，仍为这一传统。

② 田耘：《玉皇大帝的由来》，《世界宗教文化》1998年第3期；郑镛：《玉皇信仰与儒道同异》，《漳州师院学报（哲学社会科学版）》1999年第3期。

③ 叶舒宪：《食玉信仰与西部神话建构》，《寻根》2008第4期。

对峚山的白玉,“是食是飨”,又把峚山的玉荣与钟山的瑾瑜之玉相配,一方面让“天地鬼神是食是飨”,另一方面使“君子食之,以御不祥”。[①] 这里透出的是食玉在上古仪式人神互动中作用,《周礼·天官·玉府》:“王斋,则共食玉。”为什么王斋戒时要食玉呢?郑众的注解讲了食玉的方式:“王斋当食玉屑。”而郑玄和王昭禹则进入到理论层面,郑曰:“玉是阳精之纯者,食之以御水气。”只讲了生理层面。王曰:“斋则致一,以格神也,必精明之至然后可以交于神明。玉者,阳精之纯,可以助精明之养者。”涉及了精神层面。但食玉的实质,则在《山海经》《楚辞》中突显出来,《山海经》的食玉目的前面已引,而《楚辞·九章·涉江》有:“登昆仑兮食玉英。与天地兮同寿,与日月兮同光。”食玉与获得宇宙本质相关联,正是远古食玉传统的本质。而当这一食玉传统在政治层面逐渐淡化之后,则在道教的长生成仙理论系统中突显出来。《列仙传》《十洲记》《博物志》《河图玉版》等,都讲了食玉可以长寿成仙。《抱朴子》引《玉经》云:“服金者寿如金,服玉者寿如玉。”并写有具体食玉之法:“玉可以乌米酒及地榆酒化之为水,亦可以葱浆消之为饴,亦可饵以为丸,亦可以烧以为粉服之。”还讲了功效:“一年以上,入水不沾,入火不灼,刃之不伤,百毒不犯。”又举了经典事例:“赤松子以元虫血渍玉为水服之,故能乘烟上下。玉屑服之与水饵之,俱令人不死。”《抱朴子》还有“元真入食。”“元真者,玉之别名也,令人身飞轻举。”“又曰服元真者其命不极。”其他文献中也充满了“令人长生”“食之不死”“一服即仙”的话语。[②] 远古以来食玉传统中各种方式,如玉英、玉精、玉桃、玉草、玉液、玉浆、玉馈、玉靡、玉屑、玉沥、玉蕊……都在长寿—不死—成仙的食玉话语中系统起来。这一食玉体系的实践和探索也在社会文化(特别是秦汉魏晋的士人中和整个古代的医药体系[③])中产生了较大的影响。食玉传统的理论基础是什么呢?这是上古文化有关于宇宙之精和事物之精的观念。在理性化的先秦,还可以看到“精”的思想的遗存。《老子》云:“道之为物,惟恍惟惚……窈兮冥兮,其中有精。其精甚真,其中有信。”这里精具有宇宙本体论性质。《管子·内业》云:“凡物之精,此则为

---

① 《山海经·西山经》:峚山“丹水出焉,其中多白玉,是有玉膏,其原沸沸汤汤。黄帝是食是飨,是生玄玉。玉膏所出,以灌丹木。丹木五岁,五色乃清,五味乃馨。黄帝乃取峚山之玉荣,而投之钟山之阳,瑾瑜之玉以为良,坚栗精密,浊泽而有光,五色发作,以和柔刚,天地鬼神,是食是餐,君子服之以御不祥。”

② 《十洲记》:“瀛洲有玉膏如酒味,名曰玉酒。饮数升辄醉,乃令人长生。”张华《博物志》:“名山大川,孔穴相内,和气所出,则生石脂、玉膏,食之不死。”郭璞注引《河图玉版》:“少室山,其上有白玉膏,一服即仙矣。”

③ 在医学方面,李时珍《本草纲目》中,也介绍了玉屑、玉泉、白玉髓、青玉等多种以玉入药之方。

生。下生五谷，上为列星。流于天地之间，谓之鬼神，藏于胸中，谓之圣人。”这里，社会和文化观念中最重要的鬼神、圣人、五谷，都由精而来。《吕氏春秋·尽数》曰：“精气之集也，必有入也。集于羽鸟，与为飞扬。集于走兽，与为流行。集于珠玉，与为精朗。集于树木，与为茂长。集于圣人，与为琼明”，进一步把宇宙万物的根本归于“精”。从以上话语中可见，“精”是宇宙的本原和万物的核心。在《吕氏春秋》里，“精”与“气”是相连的，其实在《管子》也是。《管子·内业》讲“精也者，气之精者也。”在文献上，从《老子》《管子》《左传》《国语》《易传》《大戴礼记》《吕氏春秋》到《淮南子》《黄帝内经》都讲到了“精”，而且多与“气”关联起来讲。第一，“精”“气”皆为虚体的。第二，在虚的语境中，“精”与“气”相连，突出了“精”的流动性，“气”与“精”相连，彰显了“气”的实体性。但如要从虚的基础上进一步细分，则“精”相对为实而“气”相对为虚。在“精”相对为实的词义里，其与神、灵关联了起来，“精”多则有神有灵。上面《吕氏春秋》的引文讲了“精气……集于珠玉，与为精朗”。玉中含精是远古的普遍观念，在后世文献中还有所透出。《淮南子·俶真训》云：“譬若钟山之玉，炊以炉炭，三日三夜而色泽不变，得天地之精也。”《地镜图》云：“玉，石之精也。”晋傅咸《玉赋》说：“万物资生，玉禀其精。”由此，可以体悟上古仪式中对神灵祖先除了饮食享品之外还要献上玉器，在于饮食和玉器都内蕴天气之精。而上面《管子》引文中讲了：“精……藏于胸中，谓之圣人。”《大戴礼记·曾子天圆》也说：“阳之精气曰神，阴之精气曰灵，神灵者，品物之本也。”因此，玉，内蕴着天地之精，在远古仪式中，成为巫（圣人）与神（灵）沟通的最佳中介。巫身内之精、玉中之精、神灵之精，在仪式中达到了合一。玉内蕴着天地之精这一观念在先秦理性化后的知识系统里被排斥到边缘，但仍保存并以神迹仙话的新形式出现在神仙修炼体系中，而为神仙系统之美的一个重要组成部分。

第四节　玉之美在内外两方面的演进

在先秦以后的理性方面，玉主要从两个方面体系展开，一是朝廷的美学体系，二是士人的心灵体系。在朝廷美学体系方面，首先是以帝王为核心的冕服体系。冕服中头冠上的冕琉就有玉珠垂吊（源于远古文化的玉冠饰）。周代墓葬中，头部发饰上的玉器，有玉龙、玉鸟、玉虎、玉牛、玉鹿、玉鱼、玉兔、玉蚕、玉蝉、玉管、玉珠、玉璧、玉琮、玉环……头部耳饰上的玉有玉玦（《诗经》等文献上还有玉珥、玉瑱、琇莹、玉珰、玉玑等），颈项上有各种形状(龙、凤、鸟、人面鸟身、蚕、蝉、马蹄、莲)的玉牌和各类玉珠(玛瑙、绿松石、料珠、海贝、石珠)组合而成的项饰①,身上之玉除了腰带上的玉带钩,主要是光彩照人的组玉佩。组玉佩在文献里曰“佩玉”,今之加“组”,强调其乃多种玉件的组合,佩玉从颈项下垂至腰或膝,占有巨大的身体空间,在视觉上让人呈现为名符其实的玉人。无论从政治象征还是美学感性来讲,组玉佩都具有重要的意义。《周礼·天官·玉府》讲“共王”一是“服玉”(既讲面的食玉),二是“佩玉”。郑玄解释佩玉的结构组成时,引《韩诗》曰:“佩玉,上有葱衡,下有双璜、衡牙、蠙珠以纳其间。”《大戴礼记·保傅》则曰“下有双璜、冲牙、玭珠以纳其间,琚瑀以杂之。”清代以来,陈奂相关著述、俞樾《玉佩图》、郭宝均《古玉新诠》、郭沫若《金文丛考·释璜》等根据文献对玉组佩进行还原,列出四种各自不同的结构,孙庆伟根据周代墓葬总结出玉组佩的三种大的类型:一、多璜组玉佩(即用玛瑙珠、料珠等将一或数件玉璜串在一起,璜珠之间再杂以小玉戈、玉鱼、玉蚕或其他小型玉饰件)。二、玉牌连珠串饰(即将玛瑙珠、玉珠、料珠等串成若干股,再将其总束于一件梯形玉牌、骨牌或象牙牌上)。三、以环、珩、龙型佩为主要构件,以各类管珠为串联之物。②学者还有其他分类,但总之,组佩是以玉璜(珩)为主体,间配以其他多件小型玉饰而成。而玉组佩在远古仪式和三代政治中的作用,特别是在周代的礼乐文化中,除了视觉上的美之外,还有听觉上的美,这就是由玉组佩在行礼之中产生的音乐之美。《诗经》里多有对此的描写,如《秦风·终南》“君子至止,黻衣绣裳,佩玉将将,寿考不亡”。《郑风·有女同车》“有女同行,颜如舜英,将翱将翔,佩玉将将”。都强调了玉的音响效果,前者从政治角度,后者从美学角度。在周代礼乐文化中,“不同等级之贵族其步履的缓急各不相同而佩带组玉则可以起到‘节步’的作用。”③级别越高,地位越尊,步履越缓,组玉佩中珠玉管片的大小多少及其组合而成的整体,是与之相结合的。正如《礼记·玉藻》所云:“古之君子必佩玉,右徵角,左宫羽,趋以采齐,行以肆夏,周还中规,折还中矩,进则揖之,退则扬之,然后玉锵鸣也,故君子在车则闻鸾和之声,行则鸣佩玉,是以

---

① 孙庆伟:《周代的用玉制度》,上海古籍出版社,2008,第140—166页。

② 同上书,第166—184页。

③ 同上书,第181页。其中引三条资料以佐证节步之说:《诗经·卫风·竹竿》:“巧笑之瑳,佩玉之傩。”《毛传》:“行有节度。”《国语·周语》:“先民有言曰:‘改玉改行’。”韦昭注云:“玉,佩玉,所以节行步也。君臣尊卑,迟速有节,言服其服则行其礼。”《左传·定公五年》记载季平子死后其家臣“阳虎将以玙璠敛,仲梁怀弗与,曰‘改步改玉’。”杨伯峻注云:“据《玉藻》郑注及孔疏,越是尊贵之人步行越慢越短……因其步履不同,故佩玉亦不同;改其步履之急徐长短,则改其佩玉的贵贱,此改步改玉之义。”

非辟之心，无自入也。"组玉佩在周代礼乐文化中的政治美学功能，根据历代关于朝廷舆服的文献，在秦以后的朝廷代代相传。总之，玉是朝廷服饰体系中的一个重要组成部分。

玉进入到冕服体系是一个方面，体现为一种政治秩序象征，并呈现为一种中国型的外在之美，而玉中与灵相关的内在性一面，则在理性化的进程中转化为人的德性象征。君王是天子，由天而具有神圣性，广大的士人，其德性之美则由玉体现出来。因此，玉不仅是王之美，也成为士人之美。《诗经・小戎》讲君子"温其如玉"。《礼记・聘义》中孔子引用其言而讲了玉的十一德：仁、知、义、礼、乐、忠、信、天、地、德、道。[①]《管子・水地》有玉的九德：仁、知、义、行、洁、勇、精、容、辞。[②]《荀子・法行》有玉的七德：仁、知、义、行、勇、情、辞。[③] 许慎《说文解字》讲了玉的五德：仁、义、智、勇、洁。[④] 无论以玉比德在内容和数目上有怎样的差异，以玉比德的重要性在于，它是一种内在之美，而这一内在之美，不仅从服饰上体现出来，而且从人的精神气质上体现出来。人内在的精神气质情韵之玉德，与外在的服饰之玉饰相配合，构成了人的内外全美。在上古关于美的语汇中，玉保持了其全美性，因此不仅是作为文化核心的朝廷君臣之美和广大士人之美，而且进入到了整个文化的方方面面：哲人以玉比德，诗人以玉喻心，俗人知玉为宝。话讲得好，谓之"玉言"；人长得好，谓之"玉人"；合作得好，谓"珠联璧合"，璧，即璧玉；婚姻之美，是金玉良缘；美人之韵，是玉洁冰清；朋友知己，说是"一片冰心在玉壶"……

玉之美可内可外，可静可动，成为中国文化中最为完满又散在各个方面的美。

---

① 《礼记・聘义》："子贡问于孔子曰：'敢问君子贵玉而贱珉者何也？为玉之寡而珉之多与？'孔子曰：'非为珉之多，故贱之也；玉之寡，故贵之也。夫昔者君子比德于玉焉：温润而泽，仁也；缜密以栗，知也；廉而不刿，义也；垂之如队，礼也；叩之，其声清越以长，其终诎然，乐也；瑕不掩瑜，瑜不掩瑕，忠也；孚尹旁达，信也；气如白虹，天也；精神见于山川，地也；圭璋特达，德也；天下莫不贵者，道也。《诗》云：'言念君子，温其如玉。故君子贵之也。'"

② 《管子・水地》："夫玉之所贵者，九德出焉。夫玉温润以泽，仁也；邻以理者，知也；坚而不蹙，义也；廉而不刿，行也；鲜而不垢，洁也；折而不挠，勇也；瑕适皆见，精也；茂华光泽，并通而不相陵，容也；叩之，其音清搏彻远，纯而不杀，辞也；是以人主贵之，藏以为宝，剖以为符瑞，九德出焉。"

③ 《荀子・法行篇》："温润而泽，仁也；栗而理，知也；坚刚而不屈，义也；廉而不刿，行也；折而不挠，勇也；瑕适并见，情也；扣之，其声清扬而远闻，其止辍然，辞也。"

④ 许慎《说文解字》："石之美有五德。润泽以温，仁之方也；鳃理自外，可以知中，义之方也；其声舒扬，尃以远闻，智之方也；不桡而折，勇之方也；锐廉而不技，洁之方也。

第八章　威仪：远古之美的观念之七

中国美学从萌生之初，就是在一种虚实—关联型思想中进行，从原始古礼之美到大一统朝廷之美的演进，被从两个不同的角度进行概括，其一是文章之美（章炳麟《国故论衡·文学总论》曰："文章者，礼乐之殊称也。"），是从礼乐文化的外在显示上讲。其二是朝廷之美，是从原始古礼和朝廷之礼的一个甚为重要也颇有中国特色的性质上讲。因此，最后一个角度，对于理解中国美学（乃至中国文化）之特色，具有重要的意义。

朝廷美学的核心是什么呢？《礼记·少仪》和《荀子·大略》都提出了"朝廷之美"。孔颖达对之进行解释说：美即是容即是仪，朝廷之美就是——威仪[①]。如果说，朝廷的建筑、器物、服饰、旌旗、车马、舞乐等应该有怎样的形制，是礼。那么，如是形制的感性呈现，是仪。礼所呈之仪，除了仁义礼智的内容之外，一个最为重要也最为本质的作用，就是威。因此，威仪是朝廷美学的核心。可以说，理解威仪，是理解中国古代政治的最重要方面，从远古的原始仪式开始的中国古代政治为何以这样的美学形式体现出来，而这样的美学形式内蕴着怎样的政治内容和特点，都可以从威仪这一朝廷美学中得到理解。先秦最早的文献《尚书》和《诗经》都提到了威仪。特别是在《诗经》与朝廷美学相关的《雅》中，威仪成了最核心的词汇。

什么是威仪呢？《左传·襄公三十一年》北宫文子对卫襄公引了《诗经》中与威仪相关的诗句，而从政治上对威仪进行解释："有威而可畏谓之威，有仪而可象谓之仪。君有君之威仪，其臣畏而爱之，则而象之，故能有其国家，令闻长世。臣有臣之威仪，其下畏而爱之，故能守其官职，保族宜家。顺是以下皆如是，是以上下能相固也。……故君子在位可畏，施舍可爱，进退可度，周旋可则，容止可观，作事可法，德行可象，声气可乐，动作有文，言语有章，以临其下，谓之有威仪也。"把这话联系《左传》和《诗经·雅》

---

① 《礼记·少仪》："言语之美，穆穆皇皇。朝廷之美，济济翔翔。祭祀之美，齐齐皇皇。车马之美，匪匪翼翼。鸾和之美，肃肃雍雍。"孔疏曰："济济翔翔者，谓威仪厚重宽舒之貌。"《荀子·大略》中也有相近的话。

的相关内容进行归纳，可得出四点：一、威仪是朝廷美学包括静（宫室陵墓旌旗车马的器物体系）动（人与宫室陵墓旌旗车马合一的仪式行动）的整体体系，展开为宗庙之美、朝廷之美、宴乐之美、王事之美……这在《诗经·雅》中有体系的体现，用《孟子·离娄上》孙奭的疏来讲，是“威仪为礼之华也。”二、威仪是天子诸侯大夫士这一政治等级体制展开来的等差美学体系。正如《左传·文公十五年》讲的“伐鼓于朝，以昭事神，训民事君，示有等威，古之道也。”杜预注曰：“等威，威仪之等差。”等威的重要，康熙帝在圣谕中便提及：“帝王致治，首在维持风化，辨别等威。”威仪是在一个等差体系中上对下的关系，上要对下显出威。三、威内蕴着礼乐刑政中的“刑”，但不仅是刑之怖畏，威是在礼仪的整体中呈现的，是与仁义的本质关联在一起的，朝廷之美，把使人怖畏之威升华为一种“大”的庄严正气，其应有的感受是引出下级阶层的“畏而爱之”的“敬畏”。四、威仪是家国天下得到长久稳固发达的基础。

从这四点，可以知道，朝廷美学的威仪，是一个博大丰富的体系。来自从远古到先秦的漫长演进。文献、文字、考古三个方面呈现了威仪之美有一个从聚落古礼仪式的“義”到坛台仪式体系的“宜”到祖庙仪式体系的“畏”，最后到朝廷仪式体系的“威仪”的演进和定型过程。

第一节　威仪的初源，空地仪式之“義”

威仪的起源，从文字上讲，“威”，甲骨文无字，但从许慎对之的释义和金文字形看，盖应有其更早的来源。《说文》释“威”曰：“姑也，从女从戌。”就其从女讲，来自远古女首领之威，威姑与严父并称，都来源于远古仪式的大人。闻一多论证了，远古的女娲、颛顼时的女禄、夏的涂山氏、商的简狄、周的姜嫄，都是高禖（社神），同时又是各自氏族的先妣（女祖先）。上古各族应有一个从女姓的时代，如果要再还原到更古的时代，那么，这些先妣就会与动物（图腾）有甚密的关联。被称为“皇”的女娲是“人头蛇身”（《天问》王逸注），具有一种威仪；被称为“王”的西王母，形象是“豹尾虎齿而善啸，蓬发戴胜，是司天之厉及五残”（《山海经·西山经》），也具有一种威仪。威字就其从戌讲，《说文》曰：“灭也，九月，阳气微，万物毕成，阳下入地也。”从天入秋之后肃杀之性立论，与董仲舒《春秋繁露·威德》的“冬者，天之威也”相同。从女性首领之威到具有天道运转之威，在远古都要具体由古礼的仪式体现出来。威，金文秦隶为：

(吊向簋)　(王孙钟)　(王子午鼎)　(《睡虎地秦简文字编》为一二)

林义光对古文字“威”的解释，不是从天干地支的戌，而是人类社会之戈，说：“从戌，象戈戮人。”虽然林义光和唐桂馨都把威之中的女释成被威的对象[①]，但还原到从女性的远古，戈与女的组合，应从许慎的威姑讲更好，而马叙伦认为“姑与妪媪威亦相转注……威姑即《尔雅·释亲》之君姑。”[②]这姑与君有关联，君者，最高领导之谓也（天下的最高领导曰君王，诸侯国的最高领导称国君，一家的最高领导是叫夫君）。因此，威应乃女首领与戈的关联而呈现出来的威仪。这就与古礼仪式关联起来，而“義”字正好是远古的仪式形象。

“義”是威仪之仪的本字。《说文》曰：“義，己之威儀也。从我羊。”甲金文为：

(甲三四四五)　(后二·一二·五)　(义伯簋)

有左羊右我、左我右羊、上羊下我等型。羊，乃羊饰的大人，可见，義与美、善、祥、养等一样，来源于西北进入中原的羌姜族的羊饰大人的仪式。与美一样，羊饰之義在与东西南北各方进入中原的族群仪式中的羽饰之皇、日饰之昊、玉饰之靈、钺饰之王等的观念竞争中取得胜利，而成为一种包含羊的观念在内而又超越羊的观念而具有普遍性的思想。这里不从东西南北各族群的分别上讲，而从古礼的共性上讲，“義”的含义，“羊”代表（具有图腾观念的）古礼服饰，“我”呢？叶玉森、商承祚认为以兵字得义，马叙伦认为从戈得义，曾宪通认为是多、戈、戟一类的兵器，吴颖方认为乃杀字，戈是其声符。[③] 总之都认为，“我”是一种武器或是武器的杀戮功能，都与暴力相关。这样，由義而来的威仪核心是暴力。但这暴力之“我”是与羊饰之人（羊）结合在一起的，不是赤裸裸地只显暴力，而是在古礼的观念形态和美学形式中实施暴力，是一种暴力的美学化。[④] “義”以羊人与武器的组合而呈现威仪，体现的暴力之美学化与中国古代的特性相关。古礼是多

---

① 林义光：“威当与畏同字……从戌，象戈戮人。女见之，女畏慑之象。”唐桂馨：“戌字有镇压义，女系于戌下，则女被镇压可知，故威仪威权等字由是而生。”见《古文字诂林》（第九册），第784页。

② 同上书，第784页。

③ 同上书，第991—993页。

④ 《孟子·尽心下》说“春秋无义战”。这是从内容讲，但读《左传》，春秋时的战争都彬彬有礼（美学形式），这应有着远古时代“義”所内含暴力的美学化对后来的巨大影响。

重内涵的统一，因此，从以羊为主题的羌姜族来看，古礼不但体现在“義”上，还体现在美、善、祥、养等性质上，善体现仪式中的正义性质，祥体现仪式中的吉福性质，美体现仪式中的美感性质，在中国的关联型思维中，这些性质虽有分别，又是互渗一体的，正如秋之肃杀与春夏冬的性质既分别又关联。因此，“義”作为威的初源，在突出暴力的同时，具有一种从文化整体去看待暴力的中国特性，正是这种中国特性，使義在与美、善、祥等的相互作用中，一方面突出着暴力的正义性，另一方面彰显着暴力的美学性。“義”这种把暴力美学化的威仪，使威仪之義与纯粹突出暴力的“刑”和“罚”区别开来。在这一意义上，威仪之義在古礼中的确立，而且居于意识形态的重要地位，对整个中国文化产生了巨大的影响。

在中国思想由原始与理性的演进中，具有古礼特色的暴力美学之“義”，演进为宜与畏，进而演进为威，最后定型为朝廷威仪。而“義”字，在孔子提出仁到孟子把仁与义结合之后，正如与羊相关的美善祥养等字都与羌姜族的地域观念超离出来，进入到华夏的普遍观念体系，义也在从暴力美学演化为威仪的同时，进入到仁义的核心观念体系之中，但其作为暴力杀戮的原义还在语义中普遍存在。比如：“除去天地之害谓之义”（《礼记·经解》），这是从天地角度的杀。“大夫强而君杀之，义也”（《礼记·郊特牲》），这是从君王角度的戮。“能收民狱者，义也”（《逸周书·本典》），“禁民为非曰义”（《易传·系辞下》），这是从官的角度讲暴力。刘向《说苑·谈丛》曰“仁之所在，天下爱之，义之所在，天下畏之”。是从观念的角度讲暴力。在现实中，拿起武器叫“起义”，路见不平，拔刀相助，诉诸武力，叫“义气”。这都是义的原义。但这些“义”，更多暴力一面而稍少美学一面。到义进入仁学体系，其杀戮之义转为心理上强力纠错。《孟子·告子上》曰：“羞恶之心，义也。”是对不仁的心理和行为，进行内心自罚和内心纠错，董仲舒《春秋繁露·仁义法》说“义之法，在正我，不在正人”。正义就是去讨伐自己的错误思想以达到正确思想，《礼记·礼运》说“义者……仁之节也”，“仁者，义之本也”。节，即节制，斩断节除自己的错误思想。《鹖冠子·学问》说：“所谓义者，同恶者也。”义与（对错误思想和行为的）恨相关。《帛书五行篇》说：“刚，义之方也。”因为义是杀戮，所以要强调刚硬和力量。但这些都是义暴力的一面在物理、心理、伦理上的演进，而脱离了美学的一面。義作为暴力美学之核心的演进，是宜与畏。

如果说，義从字型上只显示了古礼本身，那么，宜则突出了仪式的地点，由宜的特性再来反观義，仪式地点成为重要关联。远古仪式地点的演进，在逻辑上，是从空地中心到坛台中心到祖庙中心，最后定型在宫殿中心上。義的威仪，关联的是聚落古礼所举行的地点：空地。文献中将之称为墠。《礼记·祭法》郑玄注曰："除地为墠。"把空地作简洁而神性的处理，就成为神圣的仪式之地。羌姜族是由西北而进入中原的，在西北辉煌起来的仰韶文化，其半坡遗址和姜寨遗址，都是以空地为中心。在空地上，仪式本身的美得到极大的突出。因此，義的威仪，是以仪式本身的方式——羊饰之人手持武器——呈现出来。

第二节　威仪演进之一：社坛仪式之"宜"

古礼的演进在地点上由空地演进到坛台进而演进到宗庙。坛台和宗庙比起空地来，技术和艺术含量有了极大的突出，从而在仪式中的重要性显示出来，于是仪式威仪的符号表达，就由"義"演进为"宜"和"畏"。

《中庸》曰："義，宜也。"古汉语的原则之一是：音同义通。"宜"在本质上就是"義"。但古礼的威仪为什么要由"義"演进到"宜"呢？二者字形甚远，盖其所出的地域应有不同，但其义相同。在远古东西南北族群的融合中，"宜"承接着"義"的内容核心，又代表了古礼历史演进后的新特点。"宜"在甲骨文中，一是用于名词为祭名，二是用于动词为"杀戮"。宜之祭的特点是什么呢？《伪古文尚书·泰誓》曰："类于上帝，宜于冢土。"伪孔安国注曰："祭社曰宜。冢土，社也。"《礼记·王制》曰："宜乎社。"宜是在社坛上进行祭祀。坛台是远古文化的一个普遍现象，从文献上看，女娲主要在广粟之野的空地上，但闻一多讲《天问》时，把璜台与女娲关联起来，坛台在空地的基础上出现。黄帝时代则坛台大兴。黄帝有轩辕台，与颛顼争帝的共工在昆仑山有以自己命名的共工之台。传说中五帝之一的喾有帝喾台，唐尧有帝尧台，尧之子丹朱有帝丹朱台，尧所传位的舜有帝舜台[①]。夏王朝建立者夏启有钧台，其最后一位终结者夏桀有瑶台。考古上，在6000—4000年前间，中国大地东西南北都出现了坛台。[②] 这些地域横跨东西南北中，时代大致是从五帝到夏。其中最为辉煌的红山文化和良渚文化，被考古学界的著名学人，从老辈的苏秉琦等到新一代的冯时、王震中等，释为社坛。如果说，空地是以天为中心建立了一整套意识形态，那么，社是在天的基础上，突出建立的一整套意识形成，而社坛的进一步演进是

---

①　帝喾台、帝尧台、帝朱丹台、帝舜台，皆见《山海经·海内北经》。

②　赵宗军：《我国新石器时期祭坛研究》，硕士学位论文，安徽大学，2007；王其格：《祭坛与敖包起源》，《赤峰学院学报（哲学社会科学版）》2009年第9期；《陕西石峁遗址发现4000年前祭坛遗址》，《中国文化报》2014年2月25日。

祖庙，在坛台与祖庙之间有一个过渡形式：明堂。明堂有顶但无四壁。因此，坛台是露天的，明堂有了顶，顶再加上四壁就成了宗庙。“宜”，古文字最初没有“宀”，为：

铁一六 · 三（甲古文编） 乙3094（续甲古文编） （史宜父鼎） （令簋）

盖为社坛的初型，后来加上“宀”如：

（宜阳右） （侯马盟书字表） （目甲三二）

应与明堂加顶于坛上有关。也有完全封闭之型，如：

（秦1232） （3.1318独字）

这就与庙相关联了。作为初型或后来的宀下之“且”，唐兰、孙海波、强运开都认为是“神主”①。社之神主有木有石有树，高田忠周认为是祖，在社为核心的观念中，地的生殖力与祖的生殖力是合一的，因此两种观念在当时是互补的。在祖庙核心的观念体系中，社坛上的神主（树、石、木）演变为祖庙中的牌位。高鸿缙、刘心源将之作为庙型，高田忠周也认为以祖来象征庙，这确应反映了“宜”在后一阶段的词义内容。而《说文》讲宜“从宀之下，一之上。”（高田忠周等讲“一者，地也”）正与坛上有顶的“明堂”相契合。文字学家对“宜”字除了从与坛庙的外形或与坛上庙中神主的关联去推想，还从坛庙中的仪式内容去释义。罗振玉、王国维、陈梦家、容庚、商承祚等都把释为俎，而陈、容、商，还有于省吾等都认为，俎宜一字。唐兰、徐中舒等认为且俎宜同字或同源。《说文》：“俎，礼俎也，从半肉在且上。”俎（宜）是与仪式中的肉类祭品关联在一起的。从美字被解释为大羊为美，以羊肉的美味来象征仪式的本质，可以知道俎（宜）以肉味之美来象征仪式的本质，其义相同。郭沫若、唐兰、商承祚都讲了俎与肴的关联。庞朴进一步说：“宜、俎、肴本一字，故得互训，此后逐渐分化，宜专用杀牲，俎为载牲之器，肴则为牲肉矣。”②以上对“宜”字的各种解释，都围绕着古礼的核心因素：场地（坛或庙）之形，神主之形，祭品（包括祭肉和放肉之几器）之形。“宜”的本义如为戮，仅与祭品准备阶段的杀牲相关，很难进入仪式的核心。“宜”作为“義”的内容承接，应该有更为重要的意义关联。这就是社进入文

---

① 《古文字诂林》（第十册），第 624—625 页。

② 庞朴：《儒家辩证法研究》，中华书局，2009，第 22 页。

化核心的内容。

社是对地的神化，在历史的演进中，社，一方面原有天的神性为基础，只是在天地一体中更加突出地的重要性（因此在良渚文化和红山文化的坛台里，祭天也是其重要功能，而在文献中祭的五帝，是一种天地合一的神）。另一方面与人的生殖合为一体，地在代表万物生长里包含了人的生殖和农作物的生殖，只是在万物生长中更加突出族群的繁衍（因此在良渚文化和红山文化里，有祖庙与之关联或有尊贵的墓葬，在文献里就是与生殖相关的桑林、云梦、高唐、祖泽等社坛）。社坛在整合天人中进入意识形态中的核心，正如郑玄注《礼记·郊特性》所言："国中之神，莫贵于社。"之所以如此，盖与东西南北各族都涌入中原后，各不同族群交汇地带的领土争夺有关。如果说，天是一个整体，对天下所有族群都一样，那么，地则明显地分为各个族群的领地。《礼记·祭法》曰："王为群姓立社，曰大社。王自为立社，曰王社。诸侯为百姓立社，曰国社。诸侯自为立社，曰侯社。大夫以下成群立社，曰置社。"这讲的是天下一统后社有不同的层级，但其来源应是天下一统之前不同族群有各自的社。社是一种立体性综合性的领土（包含了与天的相关对应和与姓族的一体关联）。而在族群之间领土争夺中，社作为领土保卫者的功能被突显出来，这就是作社祭的"宜"内在具有杀戮的意义。在考古中玉钺这一武器成为首领的象征，首领是在天神地祇的观念中被神化的，但其象征形象是武器，在文献中黄帝经过七十二战而拥有天下，武力是拥有天下的重要保证，而武之神力又是与社相关联的，因此，《尚书·甘誓》的"弗用命，戮于社。"把社作杀戮的圣地。《礼记·王制》："天子将出，类乎上帝，宜乎社。"杜预注《左传·成公十三年》说："宜，出兵祭社之名。"《左传·定公四年》讲了出征要带社主随行。[①]《周礼·春官·大祝》有："及军归，献于社。"社具有很多功能，而"宜"是专在于社的杀戮功能一面。但正如義不仅是杀戮，而强调杀戮进行的正义性一样，宜不仅杀戮，而强调杀戮的目的性。《说文》曰："宜，所安也。"杀戮的目的是为家国天下的安定。正如《孟子·梁惠王下》讲："文王一怒而安天下之民。"宜是为安天下的目的而进行杀戮，因此与当时最高的圣地社坛关联起来。关于宜的各种释义，都与社祭的要项相关，因此宜作为杀戮，也是在以社为核心的观念整体中突显出来。无论对外部的出征和防卫，还是对内部的刑罚，都由领土的安全和家国的安定而赋予其正义性和神圣性。

---

① 《左传·定公四年》："祝，社稷之常隶也，社稷不动，祝不出竟（境），官之制也。君以军行，祓社衅鼓，祝奉以从，于是乎出竟（境）。"

宜是以社为意识形态核心时突出杀戮的威仪。当上古意识形态由社为核心转为以祖庙为核心时，杀戮的威仪就由“宜”转成了“畏”。

第三节　威仪演进之二：祖庙仪式之“畏”

畏，《说文》曰：“恶也。从甶，虎省。鬼头而虎爪，可畏也。”段玉裁注：“虎上体省而儿不省。儿者，似人足而有爪也。”许和段的解说透出了，畏是一个戴着兽型面具服饰之人。这一兽形之人的功能是什么呢？畏，在甲骨文和金文中为：

(乙六六九)　(王孙钟)

王国维讲，前者从鬼从卜，后者类同于䰡，从鬼从戈。从“卜”表明畏与古礼相关，从戈显示了这一古礼与杀戮相关。这样，畏之古礼与宜之古礼在杀戮这一性质上相同。二者区别何在呢？宜的主体是且，是社坛古礼中的神主（石、木、树）以及在神主前的祭品（器物、享肉）。畏从鬼，鬼是其主体，从而畏是祖庙古礼中祭祀主题的仪式内容。陈独秀释畏字曰：“按《说文》虎下从人，上甶而下人，是亦鬼字矣，甲骨文及古金器文比皆作[illegible]，象人载画鬼之假面手持仗，有威可畏也。”①王国维、李孝定、戴家祥都讲了畏与鬼同源或相通。什么是鬼呢？《礼记·祭义》曰：“众生必死，死必归土，此之谓鬼。”但作为畏的仪式之鬼，不是一般的鬼，而乃已经去世的族群首领的祖鬼，是祖庙里的观念核心。鬼，在甲骨文和金文里主要有两形：

(前四·一八·六)　(孟鼎)

前者从示，后者从戈，鬼中之戈体现的是杀戮之畏，鬼中之示如畏中之卜一样，体现古礼的神圣内容。如商承祚所说：“作䰟者，神䰟也，生有功于民，死而享之，与神同列，故从示。”②祖鬼具有天神地祇同样的功能。如果说，族群首领在空地古礼中主要是与天相通而取得自己的威仪（義），动物型图腾与生存所在的土地都在天中统合起来，在社坛古礼中主要是与地相通而取得自己的威仪（宜），领土、生殖、祖先都在社坛里被统合起来，那

① 《古文字诂林》(第八册)，第201页。

② 同上书，第182页。

么在祖庙古礼中，族群首领主要是与祖鬼相通而取得自己的威仪（畏）。按古代观念，“人死精神升天，骸骨归土，故谓之鬼，鬼者，归也”（《论衡·论死》）。在商代，王死后形体葬于地上陵地而精气则升天居于上帝之旁，因而祖鬼在本体论上，与天地关联一体。一方面与天地相合而有天地之力，另一方面比起天地来，对自己的族群有更多的亲爱。在东西南北各族群汇聚中原而互相争斗里，人的智慧和力量更加突显出来，人之所以有如此的智慧和力量，祖鬼的支持突显出来。正是在历史演进的必然和现实利益的需要中，祖庙代替社坛成为观念形态的核心（社坛在进行了系列的分化之后，作为社稷坛，虽然仍很重要但已为祖庙的辅助单位）。如果说，社坛之宜，虽然与各族领土的个别性相联，但更多普天下的共性，那么，祖庙之畏，虽然有普天下的共性，但更多了族群亲情的个别性。因此，一方面本族的祖鬼具有让他族畏惧的威风，另一方面他族具有威风的祖鬼同样让本族感到畏惧。王国维考证了，商代时北方强悍族群鬼方即是畏方。由此可知，五帝时代，西北的黄帝族在东方蚩尤族看来是畏，反之亦然。共工族在其对手颛顼族看来也是畏，反之亦然。一族使人畏，在于其穿戴具有本族具有祖先精神的面具（鬼之畏）。一族从他族感受到畏，在于他族穿戴着其族具有祖先精神的面具。中国远古虽然族祖已经成为观念形态的核心，但祖鬼的观念形态是把从图腾以来的因素都融汇于其中的，因此，是以凶猛动物为其形象的。从五帝时代到夏商周，东南西北各族汇集中原相互征战，祖鬼时代的威畏，仍继承了天下正义（義）和天下安定（宜）的目的，胜利者同时吸收失败者的祖鬼形象而丰富和发展自己的祖鬼形象。因此，在五帝时代的畏与互畏之中，一种带有普遍性的象征图像产生和发展了出来。甲骨文有：

叶玉森释为鬼。其侧面，与同，两字“同为鬼字”。[1] 郭沫若认为是“魌”的初文，“系象人戴面具之形。”[2]王正书《甲骨鬼字补释》把此字联系到凌家滩文化、良渚文化、龙山文化，以及商周文化上图像，进行分析。[3] 如果把这一分析放入从宜到畏的威仪演化中看，从良渚文化的戴冠人到商周的饕餮图像，都是作为鬼之畏的象征图像，都与从社坛古礼到祖庙古礼的威仪相关联。虞夏商以祖庙为核心的古礼进一步演进到“郁郁乎文哉”的

---

① 《古文字诂林》（第八册），第181页。

② 郭沫若：《卜辞通纂》，科学出版社，1983，第131页。

③ 王正书：《甲骨“鬼”字补释》，《考古与文物》1994年第3期。

周代，商代的畏就演进成了周代的朝廷威仪，经春秋战国到秦，以祖庙为核心的朝廷威仪进一步演进为以宫殿为核心的朝廷威仪。

第四节　威仪的初型：从五帝到周代

戴家祥说：甲骨文没有威字，威义处皆用畏字[①]，郭沫若说："威字原作敃，乃古畏字。"[②]还有王国维、李孝定、林义光等，都与郭、戴一样，说威畏一字，而威字后起。这样，威由畏而来，其演进是由畏到威。威与畏有什么区别呢？前面讲了，威就其内容的渊源来讲，可以追溯到远古女首领的暴力，就其字义在畏中浮出，并渐而与之有所区别，又进而成为朝廷美学的主词而言，关联到历史和文化的演进。威与畏，就其都有首领和武力这两基项来说是一样的，但鉴于威在承接畏的周代，女性已经从部落的主政者转为了附庸，而男女已经进入到了男阳刚女阴柔的分类体系，威比起畏来，在保持暴力的同时，一是加添了柔和性，二是增加了正义性。而同时義在历史的演进中成为仪，增加了柔和性和仪式性。远古的威仪在由畏到威的演进中体现了什么样的内容呢？

第一，畏为威仪中的核心，与祖鬼在观念形态中的核心相关联；威在威仪中的核心，与人王成为观念形态的核心相伴随。畏从内容上讲与祖鬼有紧密的联系，在祖庙代替社坛成为家（邑）国（城）天下（都）中心之时，在天神地祇祖鬼人王体系中，祖鬼的作用更巨大，人王主要借祖鬼的力量而显出威畏。威则意味着在天神地祇祖鬼人王体系中，人王的作用更突出。强调冥冥中的祖鬼，畏成为威的核心，彰显现实中的人王，威成为畏的主题。

第二，在畏的观念关联中，祖鬼是实体，天也被实体化为上帝，祖鬼则成为在上帝之旁的王帝，商王直接求告的是上帝之旁作为王帝的祖鬼。[③]在威的观念关联中，人王与天神有一种更为直接也更为理性的关系，宇宙的主宰成为虽有神性但更多自然性、虽有实体性但更体现虚体性的天。在畏中，王之威畏来自祖鬼，在威中，天的力量体现于人王。

第三，畏的力量主要来自祖鬼，因此人王之畏用的是假面；威的力量其核心是人王，因此，人王之威用的是本面。远古之義为羊饰之人，是假面，五帝时代，黄帝四面（四个脑袋），刑天以乳为目以脐为口，是假面，畏字是鬼头兽体，也是假面。而人王之威已经演为朝廷冕服，虽然头上之冕有一

① 李圃主编《古文字诂林》（第九册），上海教育出版社，2004，第784页。
② 《古文字诂林》（第八册），第201页。
③ 胡厚宣：《殷卜辞中的上帝和王帝》，《历史研究》1959年第9、10期。

系列的装饰，身上之衣有一系列图案，但主体部分以真人面相出现。与人王之威进入观念核心相对应的，是朝廷美学的整体变化。这时祖庙虽然还是中心，一方面祖庙前之路寝(即后来的帝王布政之宫殿)的重要性突显出来。另一方面祖庙前的“堂”与明堂观念结合起来[①]，祖庙的行政功能由以祖鬼为主向人王为主演化。在服饰上，朝廷冕服克服了原始巫服的神秘内容，在天神地祇祖鬼人王体系中突出了人王主位的美学配置。在器物图案上也对狰狞兽面的主体地位进行了调整，以多种方式形成了与人王威仪相配合的新型美学。

从历史演进看，由畏到威的转变是在周代的礼乐文明中完成的，孔子曰：“周监于二代，郁郁乎文哉。”(《论语・八佾》)由周之文向上追溯，孔子看到了尧舜的“焕乎其有文章”(《论语・泰伯》)。在孔子看来，由尧舜到周，就是一个文的创立发展和不断体系化的过程，章炳麟讲了孔子的文或文章就是礼乐文化体系本身[②]。远古的古礼，特别是由尧舜到周，从其美学方面来看是文，而这一文的古礼体系，能在东西南北族群互动中成为中央王朝的礼乐体系，暴力又起了关键性的作用。暴力的義、宜、畏在与文的互动整合中，成为了礼乐文明中的威，文王一怒而平邻近诸侯，武王一怒而灭商纣，周公一怒而定商民叛乱，一言蔽之：圣人一怒而天下安。从暴力角度来看朝廷之文(美)，这文(美)就是威仪。特别是当文在春秋战国的观念演进中，从普遍性的宇宙之美和体现宇宙法则的朝廷之美，在墨、道、法诸家乃至孟子的一致攻击中，狭义而为语言文字之美，而威仪在《中庸》、荀子、韩非、萧何、贾谊的理论合力中，成为朝廷之美的主项，并构成中国型朝廷之美的特色。

从文献上看，从畏到威的转变，是在商周之际完成的，这主要表现在，其一，甲骨文无“威”字而只有“畏”字。其二，《尚书》里，周以前“威”字出现不多，且全部都与畏同义。而周之后篇章的“威”字，比起周之前仅释义为畏，明显具有了不同的新义。首先，把“威”与天关联起来(这与畏与鬼的关联具有质的区别)，与天相关的“威”有“天威”“天降威”“天之威”“天明威”“天灭威”。其次，把“威”与德关联起来(这与周以前把威与德的对立具有质的不同)：“德威”(《吕刑》)、“威命明德”(《召诰》)、“纯佑秉德，迪知天

---

① 晁福林：《试释甲骨文“堂”字并论商代祭祀制度的若干问题》，《北京师范大学学报(社会科学版)》1995年第1期。

② 章炳麟《国故论衡・文学总略》：“孔子称尧舜焕乎有文章，盖君臣、朝廷、尊卑、贵贱之序，车舆、衣服、宫室、饮食、嫁娶、丧祭之分，谓之文；八风从律，百度得数，谓之章；文章者，礼乐之殊称也。”

威"(《君奭》)。第三,"威"具有神圣的普遍性。《洪范》把"威"与天命相关的福、与灵相关的食玉联系起来,成为君王的专有。最后,"威"与仪关联起来,出现了"威仪"。仪,就是容,就是颂,一种神圣的感性形式。郑玄注《周礼·春官·大师》曰:"颂之言诵也,容也。诵今之德,广以美之。"郑玄又在《周颂谱》中说:"颂之言容,天子之德。光被四表,格于上下。无不覆焘,无不持载。此之谓容。"结合以上四点,威在周代已经成为摆脱了狭义的畏而成为朝廷之美的重要组成部分,裘锡圭《史墙盘铭解释》联系金文和文献讲了威仪就是容,就是颂,并说,西周已经有了专门掌管威仪的官职[①]。而《诗经》的"雅"则显示了威仪作为朝廷之美的方方面面,笔者在《〈尚书〉〈诗经〉的美学语汇及中国美学在上古演进之特色》一文的"《雅》中之美:威仪"一节[②]中较详细讲过,兹不赘述。总之,周礼的体系性推出,完成了由畏到威的转变,而使威仪成为朝廷之美的主要内容。《中庸》曰:"优优大哉,礼仪三百,威仪三千。"正义曰:"礼仪三百,《周礼》有三百六十官,言三百者举其成数耳。威仪三千者,即《仪礼》行事之威仪,《仪礼》虽十七篇,其中事有三千。"在《中庸》的作者和释义者看来,威仪是从中央到地方的整个朝廷体系之美感特征。而威仪与"大"这一天和帝王的特征相关联,或者说本身就是其美学展开和美学体现。

第五节　威仪:朝廷之美的结构和意义

中国文化从原始的古礼之美到周代的朝廷之美,从两个不同的视点,产生了两个相互关联的概念。一是以原始古礼中身体之美为视点,具体来讲,是从东南族群之文(文身)和西北族群之彣(毛饰)而演进到以朝廷冕服为主体的朝廷之美的体系,这个体系用文章(或曰文)来称谓。二是以原始古礼中各大要项的功效整合为视点,具体来讲,是从空地古礼中身体威恐之義到社坛古礼与杀戮相连之宜到祖庙古礼中与祖鬼威惧相关的畏,到西周朝廷美学体系的威仪。文章(或曰文)和威仪(或曰威)其内容为一,都是"礼乐之殊称"。但强调的重点不同,文章是从美的外观角度讲,虽然展开为各种各样的礼仪(或礼容),这些不同的仪容主要体现为审美类型。威仪是从各种各样礼仪的审美效果上讲,要求朝廷之礼的各种仪容具有雅正、庄严、敬畏的效果。可以说,文(或文章)与威(或威仪)是朝廷之美不可或缺的两面。

---

① 裘锡圭:《史墙盘铭解释》,《文物》1978年第3期。

② 张法:《〈尚书〉〈诗经〉的美学语汇及中国美学在上古演进之特色》,《中山大学学报(社会科学版)》2014年第4期。

然而在从西周到春秋战国到秦的演进中，文（文章）作朝廷之美的体系，遭到了墨道法诸家的严厉批判，朝廷美学体系中的色声味的形而上（宗教和哲学）意义被解魅，只留下享乐内容。文（文章）的形上意义只在语言形式的诗文中存在，此后，文（文章）狭义为了语言之美，荀子要重建朝廷之美，也只是把声色味纳入到政治赏罚的实用制度上去讲，因此，文失去了作为朝廷之美的总称之义。而威（威仪）作为朝廷美学的总称却一直保留下来。如果说，《诗经》中《雅》的系统言说以及《中庸》《左传》等中的关键话语，代表了西周的威仪理论，那么荀子和贾谊的系统言说，以及萧何等的关键话语，则代表了秦汉及以后的威仪理论。

萧何从朝廷建筑出发，讲了威仪的审美特点是壮丽。《史记·高祖本纪》讲刘邦登上皇位后不久（前 199 年），萧何在京城建了未央宫，甚为壮丽，刘邦此时正在各处平叛，极为辛苦，回来看了很生气，说天下尚没有搞定，你就搞这么奢华的东西。萧何说：正因为天下没有搞定，才要建这壮丽的建筑，“非壮丽无以重威”。[①] 朝廷的政治权威要用壮丽建筑形式体现出来。当然，要体现帝王权威的不仅是建筑，而是与朝廷体系相关的一切方面。荀子对此有具体的论述，在《正论》中，讲天子作为具有最大尊贵和最高权势的人，应当拥有朝廷体系美的类型体系的最高级别：穿最好的衣服，吃最高的饮食，闻最香的气味，住最好的房子，有最美的女人，房子内要有最好的配置，各种仪式，无论是室内空间的会议仪式，还是室外空间行走仪式，都要以彰显天子的至尊来进行设计，总之要显出最高领导的威仪。[②] 在《富国》中，则从帝王拥有美的类型最高级有什么样的现实功用上讲：“夫为人主上者，不美不饰之不足以一民也，不富不厚之不足以管下也，不威不强之不足以禁暴胜悍也。故必将撞大钟，击鸣鼓，吹竽笙，弹琴瑟以塞其耳；必将雕琢刻镂黼黻文章，以塞其目；必将刍豢稻粱，五味芬芳，以塞其口；然后众人徒，备官职，渐庆赏，严刑罚，以戒其心。使天下生民之属，皆知己之所愿欲之举在是于也，故其赏行；皆知己之所畏恐之举在是于也，故

---

① 《史记·高祖本纪》：“八年，高祖东击韩王信余反寇于东垣。萧丞相营作未央宫，立东阙、北阙、前殿、武库、太仓。高祖还，见宫阙壮甚，怒，谓萧何曰：‘天下匈匈苦战数岁，成败未可知，是何治宫室过度也？’萧何曰：‘天下方未定，故可因遂就宫室。且夫天子以四海为家，非壮丽无以重威，且无令后世有以加也。’”

② 《荀子·正论》：“天子者，势至重而形至佚，心至愉而志无所诎，而形不为劳，尊无上矣。衣被则服五彩，杂间色，重文绣，加饰之以珠玉；食饮则重大牢而备珍怪，期臭味，曼而馈，伐皋而食，雍而彻乎五祀，执荐者百人待西房；居则设张容，负依而立，诸侯趋走乎堂下；出户而巫觋有事，出门则宗祝有事；乘大路越席以养安，侧载睪芷以养鼻，前有错衡以养目，和鸾之声，步中武象，驺中韶护以养耳。三公奉軶持纳，诸侯持轮挟舆先马，大侯编后，大夫次之，小侯、元士次之，庶士介而夹道，庶人隐窜，莫敢视望，居如大神，动如天帝。”

其罚威；赏行罚威，则贤者可得而进也，不肖者可得而退也，能不能可得而官也。若是则万物得宜，事变得应，上得天时，下时地利，中得人和。”以帝王为最高级的美，按等级依次而下，构成整个政治美学体系，这里的等级制度，在西周是天子、诸侯、大夫、士的封建等级，在秦汉以后是由京城而伸向全国的官僚体系，但其威仪的基本精神不变。贾谊《新书·容经》讲了朝廷之威四个方面的三种类型，一是敬畏，这体现在与天地相关的祭礼和与家族相关的丧纪两方面。二是尊严，这体现在朝廷仪式之中。三是猛厉，这体现在军旅仪式之中。[①] 这四面三类，都要从上至帝王下至百官在朝廷仪式和公共行为的仪容中表现出来。《容经》中专门讲了由内在心志而外现出的色，以及容、视、言、立、坐、行、趋、跘旋、跪、伏、坐、立、坐车、立车、兵车，应有怎样的规范。把这些联系到与之相应的宫室、陵墓、服饰、旌旗、车马、器物、饮食的整个体系，就构成了朝廷之美的“威仪”。

中国文化朝廷之美的威仪，建立在天下观和等级制的基础上。远古时代，东西南北各族汇聚中原，在多种形式的互动中形成华夏族，由五帝到夏商周，华夏族的形成，靠的是两个东西，一是有容乃大的胸怀（德），一是战胜一切的武力（威）。多族融合所形成的中心，是以一族为主的多族联合，形成的是有中心的等级结构。华夏族的形成，同时就是华夏、四夷、八荒的天下观的形成，整个天下各族同样是一个等级结构。华夏内部等级和天下等级的和谐运转，依靠的仍然是德和威的相互为用。中国型的虚实—关联型思维，不是把德和威区别开来，而是将之统一起来，德和威在美感形式的仪上统一起来，就是威仪。不从仪的角度而从礼的角度，原始古礼的演进，其功能分化为礼、乐、刑、政，把礼、乐、刑、政在分化的同时又关联起来，作为一个整体，并以感性形式体现出来，就是威仪。理解了威仪，中国古代以朝廷为中心的宫室陵墓体系、器物体系、服饰体系、车马体系、饮食体系、舞乐体系、文学体系，何以是这样的，可以得到一个更好的理解。

最后需要总结的是——

第一，从義到宜到畏到威的演进，是在天神地祇祖鬼人王的整体性中进行的，而这演进正好是整体性中某一项的突出。義是天神的突出，宜是地祇的突出，畏是祖鬼的突出，威是人王的突出，而在每一时期每一项的突

---

① 贾谊《新书·容经》云：“志有四兴：朝廷之志，渊然清以严；祭祀之志，愉然思以和；军旅之志，怫然愠然精以厉；丧纪之志，漻然溅然忧以湫。四志形中，四色发外，维如。容有四起：朝廷之容，师师然翼翼然整以敬；祭祀之容，遂遂然粥粥然敬以婉；军旅之容，湢然肃然固以猛；丧纪之容，怮然慑然若不还。”

出中，其他项也起着内容的变化。理解各项内容在不同时期的变化，是理解威仪从古礼之美到朝廷之美步步演进的关键，威仪的中国特色正是这一整体的变化中透了出来。

第二，威仪是由德与威的结合而定型的，正如威是在西周产生的一样，德也是在西周产生的。正是威与德结合，其美感形式成为具有礼的普遍性质之仪、容、颂，而成为具有合法性合理性合天性的威仪。因此，威仪的概念关联有两个层面，一是威与德的互补关系，二是威与仪（容）的内外关系。德与天地人的整体性是理解威仪的内容方面，仪、容、颂的相互关系，是理解威仪的外在方面，仪、容、颂三者都是德威的美感形式，但强调的核心不同，仪是作为威仪美感形式的原则规定，容是作为威仪美感形式的外观呈现，颂是作为威仪美感形式之原则规定和外观呈现要达到的目的效果，即朝廷之美本身就是对天地人合一的天下安和的赞颂和感性呈现。

第三，威仪是在中国文化等级性和天下观中产生的，尊尊卑卑的等级性，形成了以朝廷之美为核心而遍布天下的等威。夷夏结构的天下观，要求作为天下中心的朝廷之美具有天下归心的威仪。中国的京城建筑、朝廷冕服、宫廷舞乐、皇家饮食、嫔妃体系，都在天下观的基础上才呈出如此宏大和威风的美感。

第九章　观：中国审美方式的起源—定型—特色

远古包括审美在内的感物方式，在从上古到中古到下古的演进中，在东西南北各族的互动中，从后来的各类文献片断地透露出来，用后来的文字去总结远古的感物方式，大致可为三个要项：一曰完整，二曰感通，三曰目观。

所谓完整，即美感的整体性。人对以色声味为代表的美的世界，有丰富的感受，在视觉上有举目之“看”和看到美色之“美”。在听觉上，倾耳去“听”和听闻好音之“乐”。在味觉，有用嘴去吃之“食”和尝到美食之“旨”。在嗅觉上，有用鼻去闻之嗅和嗅到香气之“香”。在肤觉上，有用身去触之感和觉知美体之“安逸”。但这些感官的感受，不是单独进行的，而是作为整体之一部分进行的，即目视而来之美，耳听而来之乐，口食而来之旨，鼻嗅而来之馨，体触而来之安逸，皆与宇宙整体之灵相关。各个感官的运行之感，感知了愉悦，一定关联着整体之灵。宇宙之灵的整体性，决定着各个感官之感，从而决定了五官互通的具有通感的整体性。

所谓感通，即各个感官之间的互通性。五官由宇宙之灵而来的整体性，决定了中国远古之感，一开始就关联于感的整体性而来通感。“感而遂通”成为与西方的感知模式中由感性认识到理性认识相通而又不同的特点，感而遂通之“通”，一方面各感官之互通关联共动，为主体在感受上的通，另一方面由一感官带动着各感官的通，而使所感的客体上的某一点，因各感官之通而引向客体各点之联通，进而抵达宇宙整体之灵的通。从而，中国包括美感在内的感知，要求具有三个阶段，初始阶段，是某一感官之感，这同时意味，此一感官与所感客体相应特性的关联和互动，重在主与客在某一点上的关联。紧接着第二阶段，是初感之感官与其他感官的联动，同时意味着各感官与客体各性质的关联和互动，具体来讲，是主体的眼耳鼻口身意与客体的色声嗅味触法之间的关联与互动。重在由点及面的主体各感官的互动，以及主客各感官与客体相应面的互动。在这一互动中，特别是主体由五官达到意和客体由五性达到法之后，就进入最后的第三阶段，即主体之心与宇宙之灵的契合，而达到由感知到宇宙之灵而来的美感之乐。这里的乐，不是具体的音乐之乐，而是“乐者，天地之和也”的具有宇宙本质性的天人合一之“乐”。

所谓目观，包含了两个方面：一是中国人具有完整性的感通是从眼之看开始的。在人的五官之中，最初是通过眼睛之看而获得客观对象的确定性的。人之感无论是先听到声或先嗅到气味或先尝到食味或先触到体感，都要用眼去确定是什么东西，即确知声、味所触之感是来自何物。因此，眼之看，最先进入到了感知的中心。二是眼之看，看到客体特点，又通过五官互通，由点及面地看到客体的全部，最后以看为主进入客体之本质，认知到决定客体之所以有此性质的宇宙整体之灵，这就是观。看是一般之看，视是关注之看，观则是看到了客体的本质，在中国思想中，客体的本质一定是与宇宙整体本质关联在一起的本质。正是最后这一点使由看到观的中国性得到突出。因此，观成为中国包含审美方式在内的感物方式的关键词。从而中国远古之美的审美方式，主要围绕着观来进行。

在远古，世界包括美在内的各个方面及其本质，都被提炼综合在仪式之中，因此，对美的感知，主要体现在集各类美为一体的仪式进行的整体之感，即从合行礼之人、行礼之器、行礼圣地、行礼过程为一体的仪式整体中，建构起来的一种整体美感。联系到远古仪式的演进，这一整体美感方式，略去东西南北各仪式的差异性和在历史演进中被淘汰或忘却了的具体性，仅从同的方面和后来定型了的结果进行回望，以及历史演进在文字上的留存去看，大致可以寻找出如下的字——雚、视、省、簹、审、察、觀——来从逻辑上去重组远古曾有过的审美方式。这些词从词形词义本身看，较突出的是视觉之目。这里，在前面所讲的完整、感通、目观的基础上，还应再强调两点，一是中国的感受认知方式，以五官一体的完整为前提，又因地因时因景而以某一感官为主，进行感知。因此，这些以视觉为主的字中，应当以视觉为显，其他的听味嗅触各感觉为隐，以虚实显隐的方式，进行感知。中国型之感知，是完感性与显隐性的合一，或者讲，完整性在运用中很多时候以显隐的虚实结构方式呈现出来。二是在这些字中，或者说在完整性的虚实显隐的感知运用中，视觉之目被突显出来，作为显，其强调的，是视觉的确定性，人类从原始走向理性，在很大程度上，以视觉的确定一面为基础。但中国文化的特质，在强调视觉之明的同时，并没有忽视非明的一面，比如，听觉对世界的感受，就有独特的意义，因此，听觉之圣，构成了中国感知的另一方面，听与看的圣与明，在古代同样重要，但在圣明的统一中，视看之明，或因具有被明晰感知的优势，因此，以之来考察中国审美感知的演进，就具有代表性。这就是雚、视、省、䨼、审、察、觀，在众多的感知词汇中被突显出来，成为中国审美感知从原始向理性演进的逻辑关节。下面就通过这七个词汇来概括远古审美感知模式的演进。

第一节 雚—䨼—觀：远古感美方式的演进

在雚、视、省、䨼、审、察、觀这七个词汇中，雚就是后来的䨼（雚加上囧）和再后来的觀（雚加上见），这三个异形同义的字，正好显示出“观”从上古到中古到下古乃至先秦的演进。在甲骨文，觀仍用“雚”，在词义已经是“觀”之义，“觀”来源于“雚”。最初之“雚”，内蕴着后来的“觀”于其中，但有着在本质上不同于后来“觀”的内容。简而言之，“雚”是上古以来鸟饰之巫的视觉之观，“觀”是下古之后冕服之王的视觉之观。

最初的美感方式，可由“雚”来象征。“雚”，甲骨文和金文大致相同。为：

（甲一八五〇） （效卣）

从鸟形上的两个口，知其非自然之鸟，《说文》释“雚”曰“爵也”，解为鸟形的酒器。酒器上的鸟形象当然有了因观念而来改变的意涵。虽然“雚”字已有了观念内容，但又有其自然界的来源。《集韵》讲：雚即鹳，是一种水鸟。在更古老的上古和中古初期，空地中心的中杆仪式昼观太阳，夜观极星，极星代表不动的中央，太阳围绕中心运转，太阳被想象为鸟，鸟成为时间的象征，如在金沙遗址中的太阳鸟，体现为象征四季的（鸟的）四鸟（为实），围绕着（虚的）发着光的太阳（图 2），太阳鸟在不同的地域文化中被赋予不同的鸟类，雚是其中之一，雚是一种头有毛角的猛禽，代表秋天与刑杀。秋是庄稼成熟的呈现之季，又是万物开始收敛的贮藏之季。雚象征着定居农业的丰收。雚的运动象征是太阳的运行，太阳运行有风与之配合，风把包括太阳在内的天的信息传给地上万物，并引起地上万物的变化，风与太阳具有相同的本质，也具有雚的性质而为飌（风）。

雚—飌，透出了人对雚的认识不仅是专在鸟类上，而且在鸟与世界的普遍联系和本质联系上。人在中杆之下，一方面通过中杆的投影观察太阳的运行规律，另一方面通过观风而体会风的变化规律，进而体悟天道的本质规律，因此，觀乃雚之“见”，“见”即是由雚所代表的规律的呈现，又是人对由雚所代表的规律的察见。“觀”不仅是看、睹、望等的视觉之看，而乃通过立杆测影，杆旗观飌（风），得到了天的本质之见。《说文》释“觀”曰：“谛

图 9-1　金沙遗址中的太阳鸟

视也，从见，雚声。”释“谛”曰：“审也，从言，帝声。”帝，班大为说，是北斗之形[1]，(帝之言和)谛，宛如北辰通过带动日月星运行而告人之言，雚最初是与村落空地的中杆相连，《周礼·考工记》讲立杆测影主要是“昼观日影，夜观极星”。中杆即示，丁山讲，示乃立杆以祭天，在中杆上得到的雚之见，不从鸟的形象出发，而从示(中杆)的形象去看，就成了(示中所见之)视。东西南北族群的中杆之视有所差异，但示(中杆)下之看，是其主形之一，甲骨文的(前二·七·二)仍保留这一古意。在远古的立杆测影中，示与雚强调的重点不同，最终目的一样，从示而来之“见”与由雚而来之“见”本质相同。在立杆测影的整体中，不从雚和示，而强调中杆下的视觉之看本身而来的思考，就是：省。《说文》释“省”曰：“视也。从眉省，从中。”段注把“中”用为“中”，说“谓之省中”。“省”，甲骨文、金文有：

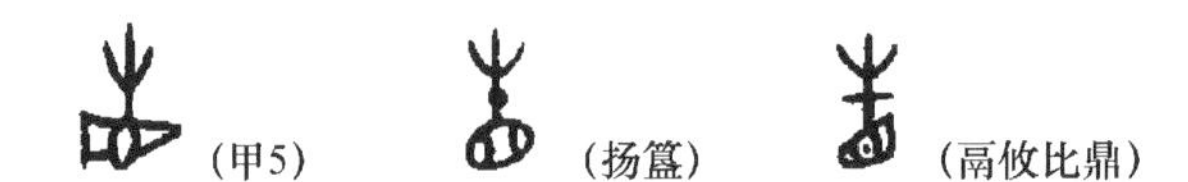

闻一多说最初是，其余为繁其笔画。“从目从丨，丨象目光所注”，按《说文》释“中”讲，从丨，是“上下通”的中杆。闻一多又说，“卜辞凡言省似皆谓周行而省视之。故字又多作，从彳，示行而视之之意。”这样，省为中杆下对日月星的运行以及天相整体性的观看细省。吴闿生说：实有两读，一为相，一为省。相也是在木型中杆下之省。清人段玉裁、孙诒让及今人刘心源、商承祚都讲，中为生，《周易·系辞下》说：“天地之大德曰生”，

① [美]班大为：《中国上古史实揭秘——天文考古学研究》，第356页。

段玉裁说："屮，木初生也……从屮者、察之于微也。凡省必于微。"与"雈"的"从二屮"相通。总之，生与天地互动带来的万物运行相关，仍与周而视之省之相同。强运开讲，屮为生，眚省一字，商承祚说，古只有眚，由眚生省。[①] "眚"后来为眼生翳，本质与瞽同，远古看来，眼盲比眼明更能体会天地之运行。从"眚"到"省"，透出后来意识到对天道运行的理解，与眼盲无关，而"眚"的古意，本应有二，一是能悟天的眚人以及眚人观天的过程和结果，后一词义在演进中保留了下来，凝结在"省"中：观天地之生的运行，而予以正确理解为"省"。因此，远古之初，雚—视—省，都是由中杆下对天地观察，视为中杆之见，"雚"被理解为有动物性的日月星的运行，"省"则是由草木之生长体现出来的天地互动。雚—视—省体现了远古中杆仪式中对天地互动之(具有整体性之)观。

远古仪式的演进是从村落空地和坛台之上的中杆到祖庙的祖柄与牌位，仪式中心由露天到了室内，"观"就由围绕中杆而来的雚—视—省，转成了与祖庙仪式相关的䜌、察、審。"䜌"，《说文》说是"观"的古字。基本上是在"雚"的基础上加了"囧"。"囧"即明字，甲骨语言为(卜 847)，为日和月的功能，如《周易·系辞下》"日月相推，而明生焉"，与甲骨文中指日月本身的(乙六六四)(明)有差别。《说文》释"囧"曰："窗牖丽廔闿明。象形。"指日月之光在玲珑的窗户中的交辉之形。透出的是在祖庙仪式中，把传统(雚)与当下(囧)结合在一起，对天地互动万物运行的观察和思考，形成新型的观(䜌)。这种䜌型之观，又扩大或提升为察与审。察与审都明确地突出了宀(室内)这一仪式地点。《说文》释"察"曰："覆也，从宀、祭。"即在宀(祖庙)中举行祭祀之祀，覆即是祖庙的外在形，又如《尔雅》《韵会》讲的是"覆审"，即仔细体察鬼神之意，覆既是反复审思又是全部覆盖。徐铉注《说文》曰："祭祀必天质明，明，察也。"透出了祖庙仪式来自中杆仪式的传统，且保留其本质。"察"的室之祭(沟通神意)与室内之囧(明了神意)紧密相关。因此，察与䜌本质相通。强调了室内的核心，由室内的祭中去察。"審"，较为复杂，是宀下之番。《说文》曰："兽足谓之番。从釆；田，象其掌。"段注说，番有两层意思，一是上部象爪下部象掌，为一整体兽足之形；二是上部是釆，即对兽足的釆识和辨别。"審"，是主体之釆与客体之兽的统一。因此，段注说，"非独体之象形、而为合体之象形也。"这里，动态的"合体"甚为重要。因釆识很重要，《说文》讲"審"的古字是"宷"，釆在屋内(宀)，对于釆的结果有了正确的认识。《说文》释"宷"曰："悉也。"从而

① 《古文字诂林》(第四册)，第 10—11 页。

“審”的来源古老(狩猎时代)且方式多样。《说文》释义及后人研究呈现了,与“番”相关的古字有:蹞、[illegible]、[illegible]。蹞为兽的足之烦多,[illegible]、[illegible],皆蕴几番往复,内容深奥。由之而来的“審”,包括个别细审、综观全局、往复研判、因而悉知的动态过程。可以说,远古之礼从空地坛台的中杆到祖庙大室的复杂演进中的丰富内容,都虚实显隐地包括在“审”中,“审”是“观”在祖庙的仪式提升中的新样态。“审”,不但强调合体之“观”,而且讲究仪式的动态之韵。这从“审”在后来运用中体现出来:面对空间上的微妙性,要审曲度幽;面对时间上的流动性,要审时度势;面对虚实结构中虚的微妙性,要审几明辨。几,深微玄奥也,明辨,虽不能言,有数存焉于其中而尽悉知矣。总之,[illegible]、察、審,透出了祖庙仪式之[illegible]的新形态。最后,祖庙仪式进一步演进和提升,在西周得到了定型,形成了全新意义的有了雚+见之觀,突出了“见”的意义。(虽然之后“雚”字继续使用,但“觀”的字义已经进入到了“雚”)。正如周礼是远古以来的古礼演进的总结和提升,觀也是远古以来雚的演进之定型。从上古之雚到西周之觀的演进,简而言之是:先是中杆仪式的雚(视、省),到祖庙仪式的[illegible](察、审)到西周的觀。雚—视—省,强调了以视觉为主的五官心性的全面之观,[illegible]—察—审,彰显了五官心性同等的全面之观,觀则是对两个阶段的综合和提升。从雚(—视—省)到[illegible](—察—审)到觀,都要求被观对象的本质之见(呈现)和观者的得到本质之见(理解),只不同阶段,对何为本质,有不同观念。观念虽不同,何为观,怎样观却有共性内蕴其中。

第二节　观:中国审美方式的演进与定型

在远古仪式中演进的观,都是整体性的。雚,从字的关联上,还透露出其曾有的整体性,雚为鸟与天相关;《庄子·逍遥游》讲了鸟(之鹏)与鱼(之鲲)是互变的,因此,雚,在本质上可变成鱼,而与水相关;为灌与地相关;为风,与乐相关,又与气相关;为罐与礼器相关,与食相关……但在其整体关联的各要项中,最重要的,是中杆之示的仪式中的雚饰之巫(前面讲过,远古之“皇”即“翌”,即头上戴着鸟的羽饰为王之巫),运用以视觉为主的全部感官心性,去观察由北辰带动的日月星行运而引起的飌(风)运行,省飌而观见到了天地万物的行运,并得出了天地规律的中正之见和雅正之见。这里的雚不仅是认识活动,也是文化活动、还是审美活动。雚饰之人,雚饰之杆,礼器之罐,雚性之飌,巫王在中杆之下视见了天地互动之风,由感官之视到内心之省,省悟了天地的规律,进而(如在春秋时代还遗存着而在《左传》昭公二十一年里还出现的)“省风以作乐”。藿饰乐器与所作的与飌同质之乐，进行着人神的互动，同时仪式之初的以酒降神的灌礼(一种来自远古到先秦并受孔子称赞的礼的要项)，仪式之后，以绘藿之罐盛食以歆神灵，饮食之气在飌中上下飘荡，达到了人神以和的目的。中杆之示下的仪式之观，只有在藿—视—省的整体中，方能得到正确和完整的体悟。同样，在祖庙仪式中，神已经由动物性的藿演进成了从石家河和二里头出现的具有祖且性质的柄形器(图 9-2)或夏商周的更经常呈现的抽象性牌位，以及演进为人形的尸(仪式上由孙辈扮演的祖先神之尸与案上神主的牌位之示是从夏商周到春秋时代的常态，之后尸消失而牌位长存)。

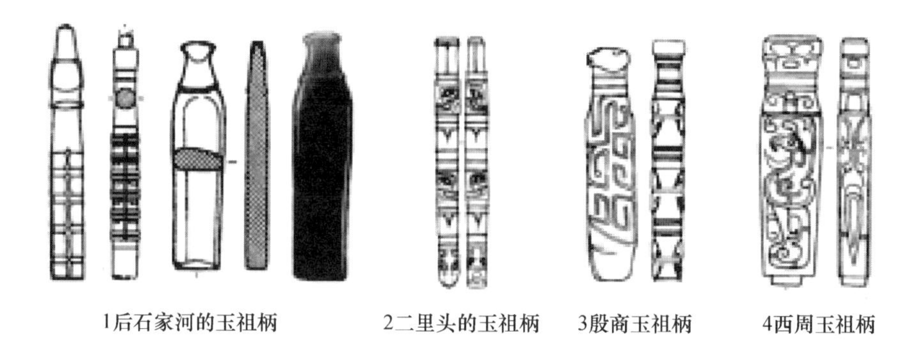

1后石家河的玉祖柄　2二里头的玉祖柄　3殷商玉祖柄　4西周玉祖柄

图 9-2　中古后期和下古的玉祖柄

仪式的中心，已由空地进入到包括庭院空地和祖庙大室在内的建筑之中，天地日月的郊祭在重要性上，已被安排在以祖祭为中心的整个祭祀体系之中，祖祭成祭祀体系的中心。以前的降神程序，已为降神仪式和迎尸程序所代替，堂上之荐仍然有着天地日月之囧(明)，以及由之内蕴着的人神互动。大室之飱把以前的罐中之食以歆鬼神，提升到一种更为丰富的以儿献为主导的程序之中，以服饰衣冠、酒食献荐、音乐配合，反复卂降进退俯仰的丰富程序，呈现出来的仪式之美。表演性的仪式既是一种美学性的呈现，又提供了一种美学性的观赏，在这一种新型的祖庙仪式之簭(观)中，人们审视着仪式的进行，体察着仪式的内容。正是这一仪式之簭(观)中，达到了人与祖先交往，与天地的沟通。在整个以灌礼开始以食飱结束的仪式之簭(观)中，产生由仪式的顺利举行而来的审美之歡(欢)。进入夏商周以来的祖庙仪式，已经形成一种完整的表演美学程式和相应的观赏方式。而这一具有整体性的仪式之观，定形在“觀”字上。这一内蕴着悠久的传统和内在本质的仪式之觀，成为理性化之后审美方式的基础。这一从藿(视、省)开始，经历簭(审、察)，定型为觀的远古审美方式，不跟随从中杆仪式到祖庙仪式的历史大线，而仅按照理论抽象来讲，应当怎样总结其整体性呢？

第一，观虽然以目，但不仅是目，而是前面讲的全感官感受的完整性。因此，观，是显隐结构中的视觉之观，如《尚书·益稷》讲的，观日、月、星辰，山、龙、华虫，作会；宗彝、藻火、粉米、黼黻、絺绣十二种经典图案，然后"五采彰施于五色，作服。"但同样可以用于听觉之观，如《左传·襄公二十九年》的"季札观乐"。还可以观器知食，观花知香。之所以观可以用于非视觉的感官欣赏，在于观，本是对物的在显隐结构中的全面观赏，以某一感官为显时，其他感官仍在以隐的方式起作用，观本身具有整体功能。

第二，观可以用于审美，但不仅是审美，而是一种对象的整体之观。在观时，被观对象之真、之善、之美等所有因素都要被观到，只是用一虚实隐显的方式，以某一方面为主为显，其他方面为辅为隐，而随着观的进行，各方面的显隐又是根据观本有的全面性可不断变化。以季札观乐为例，仅举其观《国风》时的具体感受方式：

> 使工为之歌《周南》《召南》，曰："美哉！始基之矣，犹未也。然勤而不怨矣。"[转到人民的表现]为之歌《邶》《鄘》《卫》，曰："美哉，渊乎！忧而不困者也。吾闻卫康叔、武公之德如是，是其《卫风》乎？"[转到统治者品德]为之歌《王》，曰："美哉！思而不惧，其周之东乎？"[转到国家精神]为之歌《郑》，曰："美哉！其细已甚，民弗堪也，是其先亡乎！"[转到人民的现状]为之歌《齐》，曰："美哉！泱泱乎！大风也哉！表东海者，其大公乎！国未可量也。"[转到国家的气象]为之歌《豳》，曰："美哉！荡乎！乐而不淫，其周公之东乎？"[转到历史事件]为之歌《秦》，曰："此之谓夏声。夫能夏则大，大之至也，其周之旧乎？"[进入音乐特性]为之歌《魏》，曰："美哉！沨沨乎！大而婉，险而易行，以德辅此，则明主也。"[想到音乐与君王的关系]为之歌《唐》，曰："思深哉！其有陶唐氏之遗民乎？不然，何忧之远也？非令德之后，谁能若是？"[进入到音乐与民族性的关系]为之歌《陈》，曰："国无主，其能久乎？"[进入到音乐与时代的关系]自《郐》以下无讥焉。

因为在古人看来，乐本就与人民状态、国家精神、领导人格、时代风貌等内在关联，观乐时，音乐引出与哪一方面的关联，既因缘而起又顺理成章。因此，观本身就是全面的。理解了观的这两大特点——第一、观的感官运用既是全面的又是虚实显隐的；第二、观时对象呈现既是全面的又是虚实显隐的——就理解了观的基本面貌。同样也可悟出，观可以主要不作美学方面之观，如可以观天象、观地理、观人文、观民风、观物、观人、观相、观才、观艺、观德、观道……但同时也要知晓，这些非审美之观，也有审美的因素或方面在其中，并可以因缘因势因感地转到审美方面来。有了这一前提，就可以进入观的具体方式。

第三节　观：中国审美方式的主要特点

由雚—视—省到䜌—察—审到觀的远古之观的演进和定型，所形成的中国包括审美在内的观的具体特点。可以概为三点：

第一，俯仰远近的游观。古人之观，一定要在仰上俯下、远近往还的流动中，方称全面。质言之，要把观放进天地本身的运行之中。观本就是在远古以来对天地"同律度量衡"的信仰中，在"观象授时"(《尚书·舜典》)的长期实践中产生出来、定型下来的。《周易·系辞下》曰："古者包牺氏之王天下也，仰则观象于天，俯则观法于地，观鸟兽之文与地之宜，近取诸身，远取诸物，于是始作八卦，以通神明之德，以类万物之情。"这段话把观追溯到上古的伏羲，点出观的久远，更重要的是讲了观的方式：仰观俯察，远近往还。由远古形成的天地互动、时空合一、现象本质互通的宇宙里，只有做到了俯仰远近的流动往还之观，才称得上观。这方面自远古定型到先秦将之理性化之后，一直是中国之观的基本方面。在先秦经典里，《礼记·中庸》有："《诗》云：'鸢飞戾天，鱼跃于渊'，言其上下察也。"在魏晋散文中，王羲之《兰亭集序》有："仰观宇宙之大，俯察品类之盛，所以游目骋怀，足以极视听之娱，信可乐也"，都明确引用"俯仰往还"的要义。在唐人诗文里，王勃《滕王阁序》开头："南昌故郡，洪都新府[古今往还]，星分翼轸，地接衡庐[上下往还]，襟三江而带五湖，控蛮荆而引瓯越[远近往还]……"体现为这一游观方式。杜甫《登高》一诗：

风急天高猿啸哀[仰观]

渚清沙白鸟飞回[俯察]

无边落木萧萧下[由近到远]

不尽长江滚滚来[由远到近]

万里悲秋常作客[以空间为主的由近到远]

百年多病独登台[以时间为主的由远到近]

艰难苦恨繁霜鬓[眼前的仰观俯察、远近游目，历史的时空内容都集中到当下]

潦倒新停浊酒杯[由当下之人进行集过去现在未来为一体的感叹]

对古代文献一一看去，古人之观，特别是由审美开始之观，都循着俯仰远近的游之方式，因为只有这样，人生天地间的中国境界方可产生出来。对这一通感型的俯仰远近之观，作最经典的表述可用欧阳修《醉翁亭记》中的一段话：

> 若夫日出而林霏开，云归而岩穴暝。晦明变化者，山间之朝暮也。野芳发而幽香，佳木秀而繁阴，风霜高洁，水落而石出者，山间之四时也。朝而往，暮而归，四时之景不同而乐亦无穷也。

俯仰远近之观是在宇宙大化中进行的，是按照天地互动的天韵地律而观而感而乐的。

第二，五官心性的通观。俯仰远近之观，在王羲之以视觉为主中，用词为“游目”。倘以听觉为主，则可用词为“游耳”，其他感官之游以此类推。但中国之观的游目不仅是用目，游耳也不仅是用耳，而是以目为主的五官心性并用的通感，是在通感的互动中进行的通观。因此，可名之曰游观。细读杜甫《登高》，可以体会到游观中通感的深度。第一句的仰观“风急天高猿啸哀”，以听觉耳游为主，视觉与其他感觉为辅的整体之观（风声猿声回荡在整个以天为主的天地间）。第二句俯察“渚清沙白鸟飞回”以视觉目游为主，听觉与其他感觉为辅的整体之观（渚色水色沙色加上鸟水渚间的飞来飞去，成水渚的基本景象）。第三句，秋色的肤觉感加重，第四句心灵的沉思感加重。后四句是历史与当下之间的心游。第五六句的心游，以主体与客观之间的往还为主，第七八句的心游，以感性理性的互动为主。整首诗都以五官心性的通感表成了整体之观的韵律结构。清人郑日奎《游钓台记》以观的通感性为基础，又作了分别性的论述：

> 山既奇秀，境复幽倩，欲舣舟一登，而舟子固持不可。不能强，因致礼焉，遂行。于是足不及游而目游之。俯仰间，清风徐来，无名之香，四山俱至，则鼻游之。舟子谓滩水佳甚，试之良然，则舌游之。顷之，帆行峰转，瞻望弗及矣。返坐舟中，惝恍间如舍舟登陆，如披草寻磴，如振衣最高处，下瞰群山趋列，或秀静如文，或雄拔如武，大似云台诸将相，非不杰然卓立，觉视先生，悉在下风，盖神游之矣。日之夕矣，舟泊前渚。人稍定，呼舟子劳以酒，细询之曰：“若尝登钓台乎？山中之景何若？”舟子具能答之，于是乎并以耳游。噫嘻，快矣哉，是游乎！

文章对钓台之游，只是因缘因事提到了目游、鼻游、舌游、耳游、神游，实际上是在整个五官心性进行着整体功能动态中的显隐动静的通感之观。

第三，由表及里的玄观。观，从俯仰远近的游观，到五官心性互用的通观，目的是要让所观对象的本质呈现出来。这就是由表及里的玄观。由表入里，是从观者上看，从被观者看，可曰由形入质。先秦理性化以来的共识是，所观对象具有三个层面，外表之形，内里之质，质里之气。气的可感不可说的性质，可曰玄。玄是天的本质之色（《周易·坤卦》曰“天玄地黄”），天的外在之色天天时时变化，而有不变的本质在其中，这就是玄。《老子》说：“玄之又玄，众妙之门。”天之外在之色与本质之色的关系，也正是天地间事物的结构，由虚实组成。外表之形为实、内里之质为实，而内中之气则为虚为玄，虚—玄—气既是事物的本质，又是一事物与宇宙的关联。物在天地间有这样的性质，观要达到本质，既要由表入里，由形入质，观出所观对象在每一具体情景中的内质，还要观出此物与他物的关联，与宇宙关联的气—虚—玄。《大戴礼记·文王官人》讲了三观：观色、观诚、观隐。色—诚—隐与形—质—气，与表—里—玄大致相通。事物总是处在与天地时空的动态之中，因此，要用俯仰远近的游和五官心性合一的通去观，但最后要得出的是物与天地的本质关联。本质关联的关键是事物与天地的关联，但这一关联很多时候都体现在具体时点的质，因此，由表入里、由形入质的玄观，大多表现为对实体性的质的观上。比如《尚书·咸有一德》说：“七世之庙，可以观德。”观看祖庙，可见其国家的性质。《逸周书·本典解》有“舞以观礼”，比如八佾之舞为天子之乐，六佾之舞为诸侯之乐，四佾之舞为大夫之乐。《左传》有不少赋诗观志的描写，通过所赋之诗，可知希望通此诗表达怎样的想法（志）。

《礼记·王制》有“陈诗以观民风”。孔颖达注疏讲：既可观民风，同时可观政令的善恶。因此，本质之观可通过形—质—气或表—里—玄，因具体情景和需要，将之引入需要的关联而落到或实或虚的某一点上，由此，先秦文献充满了观志、观德、观政、观民风、观天、观天等各种各样的观。从理论上讲，落到实的质，要知其还有未讲的虚，抵达了后面的虚，要知道可以落上具体的实上，正如《老子》讲的：“常无欲以观其妙；常有欲以观其徼。”由表入里之观，可以突出在一个有边界（徼）的具体点上（同时要知晓，此点与他点和天地的关联），也可以强调物与天地的关联本身（虚、气、玄）。当观进入美学和哲学之时，往往是与最后的玄远境界相连的，在儒家，体现为杜甫的“乾坤万里眼，时序百年心”（《春日江村》），在佛家，呈现为王维的“山河天眼里，宇宙法身中”（《夏日过青龙寺谒操禅师》），在玄学，显示为嵇康的“俯仰自得，游心太玄”（《赠兄秀才入军诗》）。

观，从远的悠长演进到先秦得到最后定型时，是整体性的，但也包括美学方向，而观的三大特点，运用在美学上时，俯仰往还的审美视点，五官心性一体的互动通感，由质到玄的“是有真迹，如不可知，意象欲生，造化已奇”（司空图《诗品·缜密》），最能得心应手，放出光芒。因此，观，成为了最能体现中国美学特色的审美方式。

第十章　乐：中国美感的起源—定型—特色

中国美感的远古起源最难讲，美感是一种主体的心理感受，时间悠久，物体可存而心理难寻。因此对远古美感的研究，一是从被认为是美的物体的出现和存在，去推测美感的存在。二是从美学之理去寻找这一美感是怎样的。三是从文字和文献去推证。文字和文献虽与远古美感有时间距离，但还有内蕴着比文字和文献产生更古的传统内容。从这三个方面的合一中去看。远古历史有从石器开始的工具美感，从仪式开始的巫王文身服饰美感，行礼地点的建筑美感，举行仪式的器物美感，仪式过程的舞乐诗剧美感，以及与工具和仪式这两大阶段的美感紧密关联的内蕴在仪式的物质存在之中的宇宙整体之灵所引起的美感。美感又是由主体感官去感受并由之得到确认的。因此，远古的美感研究，必然要把几百万年以来的从工具美感到仪式美感的演进，与3000年前方开始出现的甲骨文，以及后来的金文和先秦文献关联起，才能进入理论的总结。在先秦文献中呈现了中国之美是关联型的，《墨子·非乐》就把音乐上的“大钟、鸣鼓、琴瑟、竽笙之声”、美术上的“刻缕华文章之色”、饮食上的“刍豢、煎炙之味”、建筑上的“高台厚榭邃野之居”看成一个整体，可以用“乐”这一概念来表达。《礼记·乐记》《荀子·乐论》认同“乐”字可以成为诗乐舞剧合一的总括，而且都认为由客体之乐而来美感也可用同一的“乐”字来表达，即“夫乐（以诗乐舞合一的仪式之乐）者，乐（快乐）也”。诗乐舞剧整合性的乐，自远古仪式产生以来，又是与礼紧密连在一起的，正如《通典·礼典》讲的“礼非乐不行，乐非礼不举。”乐礼连相，客体之乐作为审美对象引出的主体美感，也是与礼紧密相连的，这就是《左传·文公七年》讲的“无礼不乐”。礼乐之所以引起美感，从根本上讲，在于礼乐与宇宙整体的关联。这就是《礼记·乐记》讲的“乐者，天地之和也。”礼乐一体之乐的多重关联性，使乐成为中国的关联型美感的总称。乐成为美感的总称，又是远古审美文化长期演进的结果。《尔雅·释诂》从快感的角度讲乐，进行文字上的疏理，列举了12个字：“怡、怿、悦、欣、衎、喜、愉、豫、恺、康、媅、般，乐也。”这里透出的，既是作为快感的乐在理论上的延伸，也内蕴了作为快感的乐在历史上多来源的形成。这12字还不是全部，从主体的构成讲，在感官中，每一感官都有快感，眼的快感是美，耳的快感是乐，鼻的快感是馨，口的快感为旨，身的快感是逸。而且，在虚实—关联型的思维中，每一种快感都要走向关联和通感。当然，历史的结果是，由仪式之乐而来的以听觉为主的快感之乐，成为所有快感的总名。从历史的演进讲，从最初的工具快感中，产生了由斤而来的"欣"这样的快感语汇；最初的仪式以鼓为核心，产生了喜、嘉等快感语汇；最初的仪式，饮食与鼓一样，也有高位，产生了甘、旨、盉等快感语汇；中国远古仪式一开始就是宇宙的虚体之灵相关，因此，鼻之嗅与口之味具有同样的重要，也产生了系列的快感语汇——馨、芬、芳、香等等；仪式地点与仪式器物同样重要，因此由仪式地点也产生了系列的快感语汇，正如客体之（音）乐与主体的乐（感）用同一个字，以显示快感的来源与关联，仪式地点的快感也与地点形态使有相同语汇，于是有了休、大、崇、高、威等快感语汇。然而，无论由主体各感官而来的快感语汇，还是由历史阶段而来的快感语汇，最后都统一到一个总括性的语汇"乐"字上。盖中国远古仪式伊始之初，音乐就占有高位，仪式被称为礼乐，而且音乐一直在仪式之中具有主导性的作用，因此，由音乐快感而来的语汇：乐，成了中国美感的总括概念。这样，中国美感的特点，首先内蕴在"乐"字的内容之中，其次在于快感语汇所由代表的历史演进之中，最后在于乐用于普遍美感时的特定内容之中。

第一节　乐字释义与远古美感的起源与演进

先从"乐"字释义讲起，"乐"字从甲骨文到金文到先秦篆文，大致如下：

甲骨文：（前五·一·三）（后一·一〇·五）（新3728）

金文：（子璋钟）（𤼈钟）（上乐钟）（洹子孟姜壶）

篆文：睡虎地秦简（日乙一三二）古玺文编（5314）

甲骨文的"乐"，基本上由下"木"上""组成，金文以下，下部基本上仍为"木"，上部在之中多了成为。"乐"字内容，古今解释甚多。但有一个共同点，都认为是某一类仪式之乐。中国远古从上古到中古到下古，时间悠长，东西南北族群众多，各种仪式虽有差异，又有共性。因此，不妨将学人的不同解释，与远古仪式的演进历程结合起来，正好呈现远古仪式演进的重要片断。中国远古思想的演进，从神灵的人神关系来看仪式，是由虚灵的灵到较实的鬼神，鬼神分为天神地祇祖鬼以及物魃，四者天地祖

物结构的构成，按历史顺序，先是以天为中心，中杆占有重要地位，其次是以地为中心，社坛占重要地位，然后是以祖为中心，祖庙占有重要地位，最后以王为中心，宫殿占有重要地位。从乐的角度来看中国的礼乐型仪式，先是以乐为主，乐中呈礼，再是乐礼兼重，乐礼互彰，最后以礼为主，礼中有乐。总之，乐都出现在礼中，形成了《通志·乐略·乐府总序》讲的“礼乐相须以为用，礼非乐不行，乐非礼不举”的基本特点。因此，从“乐”字，可以透呈出远古仪式的演进，及其内蕴美感的演进。当学人把“乐”字解成仪式之时，将之放进这一发展大线，可作如下安排：刘正国、王晓俊认为“乐”下部是木架或案台，上部的𢆶是供奉作为祖灵的葫芦，体现最初的祖灵崇拜。[①]联系到闻一多说：葫芦型的匏瓜，也是乐器之形，还是天上北斗之形状，远古的伏羲女娲就是一对葫芦。[②] 依此，“乐”字透出了采集狩猎时代以来的最初仪式结构和观念结构，以及由这类仪式举行而产生的主体快乐（美感）。修海林说，“乐”字上部的𢆶是庄稼的蕙实，因此，“乐”字呈现的农业丰收仪式，以及由之而来的快乐（美感）[③]。陈双新说，“乐”即栎树，是可养蚕的神树[④]，联系到考古中河姆渡文化就有蚕的图像和文献上蚕来自黄帝之妻嫘祖，蚕丝之帛与黄帝开始的冕服创造紧密关联。而与栎树相同且养蚕更好的桑树很早就是仪式圣地，颛顼的仪式中心是空桑，商汤的仪式中心是桑林。由此，乐就与蚕的仪式关联了起来。而且有从上古末到中古到下古的演进。李蒲说“乐”字上部的白为女阴，既与远古的生殖崇拜相关，又与后来高媒仪式相连，联系到《周易·系辞下》讲的“天地之大德曰生”，“乐”字体现了一种从远古开始一直延伸到社坛仪式的传统[⑤]，以及由之而来的姓—性—孳的快乐（美感）。洛地、周武彦、冯洁轩认为，“乐”字是木、是神树、是社树、是作为神主的牌位[⑥]，如此，“乐”字就与远古的空地中杆、中古的社坛中杆、下古的祖宗牌位，都关联了起来，乐既可为远古以来的中杆仪式、也可是地祇突出后的社坛仪式，还可以是祖庙成为中心后的相关仪式，这些不同的读解，正好使乐与上古中古下古的不同仪式关联了起来，

---

① 刘正国：《“樂”之本义与祖灵（葫芦）崇拜》，《交响（西安音乐学院学报）》2011 年第 4 期；王晓俊：《以葫芦图腾母体——甲骨文“乐”字构形、本义考释之一》，《南京艺术学院学报（音乐与表演）》2014 年第 3 期。

② 《闻一多全集》（二），第 247 页。

③ 修海林：《“樂”之初义及其历史沿革》，《人民音乐》1986 年第 3 期。

④ 陈双新：《“乐”义新探》，《故宫博物院院刊》2001 年第 3 期。

⑤ 李蒲：《乐义钩沉》，《音乐探索》1998 年第 4 期。

⑥ 洛地：《“樂”字音义考释》，《音乐艺术（上海音乐学院学报）》2013 年 3 期；周武彦：《“乐”义三辨》，《音乐艺术（上海音乐学院学报）》1998 年第 3 期；冯洁轩：《“乐”字析疑》，《音乐研究（上海音乐学院学报）》1986 年第 1 期。

使“乐”的内容有了丰富的展开。张国安说，乐即傩祭即乐祭[①]，一种古老的仪式，在《周礼》《论语》中还有记录。中国远古仪式，在名称上，北方主要以萨满为主，南方主要以傩为主，分布甚广，类型很多。这样，乐与仪式的关联，不仅流动在作为主流演进的空地仪式、社坛仪式、祖庙仪式之中，还与各种各样具有地域特色的仪式相关联。乐虽是仪式，但毕竟是通过仪式中的音乐体现出来，因此，自许慎始，主流文字学家都把“乐”字与乐器关联起来。这里仍有不同看法。“乐”字所象的乐器，许慎、林义光、高田忠周等认为，象鼓鞞木虡（有的以𢆶为鼓，有的以白为鼓）；罗振玉、商承祚、徐中舒等认为，乃琴瑟之象（以𢆶为琴弦）；[②]林桂榛、王虹霞认为，是建鼓悬铃之象，𢆶白𢆶是中间为鼓，两边为铃。[③] 远古仪式用乐的演进主潮，上古以来是鼓为主的鼓磬系列，中古之后渐以琴瑟为主，下古以来以钟为主。“乐”字象鼓铃象琴瑟，与从中古到上古的悠久仪式之乐关联了起来。由于“乐”字是商周对东西南北各族群仪式整合之后而产生的文字，本就内蕴着多种多样的内容。因此，各家讲来，都算持之有据，自有其理。如上所述，不管这些讲法各有怎样的差别，但都有共同的一点，乐与仪式相关联，而且这种关联，正好呈现了远古仪式之乐从上古到中古到下古的演进。“乐”字本意为乐器，实际上，无论字形上是象鼓铃还是象琴瑟，都是按汉语部分带全体（虚实结构）的方式，指的是乐器整体，这就是《说文》对“乐”的定义：“五声八音总名。象鼓鞞木虡也。”同样，中国的虚实—关联型思维把由乐器的演奏使人产生的快乐，也称为乐。如果，音乐为美，那么，把由乐产生的美感也用“乐”这一相同的字来表达，能对这一美感进行更准确的把握。因此，作为美感的乐，是在乐用于仪式时产生出来，并在仪式之乐的历史演进和多样展开中随之演进和展开，其丰富性和深厚性由之而来。把仪式的产生和演进，作一简要呈现，同时也就是对在其中的音乐之乐，从而也是对由乐而产生美感的快乐之乐，作了简要呈现。因此列表 10-1 如下：

表 10-1

时间	仪式主流类型	仪式乐的主导乐器	美感之乐
上古到中古初期	空地中杆仪式	以鼓为主	以鼓为主之鼓舞之喜的美感
中古晚期	邑城社坛仪式	以琴瑟—管龠为主	以琴龠为主之天地之和的美感
下古	京城祖庙仪式	以编钟为主	以编钟为主的中和之乐的美感

① 张国安：《“乐”名义之语言学辨析》，《黄钟（武汉音乐学院学报）》2005 第 1 期。

② 李圃主编《古文字诂林》（第五册），上海教育出版社，2002，第 940—945 页。

③ 林桂榛、王虹霞：《“樂”字形、字义综考》，《南京艺术学院学报（音乐与表演）》2014 第 3 期。

前面讲了，远古之礼，最初是以乐为主，包含三点：第一、乐为礼主。乐的内容成为礼的主要和核心内容，“神人以和……击石拊石，百兽率舞”（《尚书·舜典》）。第二、以乐启礼。礼由乐而开始进行，并按乐的节奏韵律而呈现出来。第三、礼以乐成。礼是以乐的引导下进行。这样，整个礼的内容成为了乐的内容，对礼的感受成为了对乐的感受。因此，礼之初，虽然饮食与音乐具有同样的地位，但饮食荐神和荐后自食，也是在乐的节奏引导下进行的。直到周代具有相当程度的理性内容之后，王仍然是“以乐侑食”（《周礼·天官·膳夫》）。因此，最初之礼，是乐礼文化。随着历史演进，思想提升，礼的程序性和思想性日益突出。演进为礼乐文化。正因乐在礼（特别在最初之礼）中的重要性，对乐的感受，实际上是对整个礼的感受。由此产生了对乐的两个基本观念。一是“乐由天作”（《礼记·乐记》），即乐是来自天。二是“乐者，天地之和也”（《礼记·乐记》）。这样，由乐而来的美感，一是礼乐的整体美感，二是这一美感具有形上的天人之和的内容。在这一历史的和思想的基础上，“乐（音乐）者，乐（快乐）也”（《礼记·乐记》），呈现的美感之乐，具有天道的形上意义和礼乐的整体内容。因此，乐之一词，成为既可专指（音乐美感），又可泛指（普遍美感）的美感之词，在后一意义上，乐之一词，成为最高级别的最有普遍性的美感。

第二节　《尔雅》“乐”的语汇与远古美感的演进与定型

中国远古，地域广大、时间悠久，仪式多样，仪式之乐也曾以多种方式呈现出来。《尔雅》所列与乐相关的字，作为远古快感的演进，虽多有遗阙，但还是留存有远古历史演进和仪式演进的基本大线和阶段逻辑。对之进行重新排列，基本还可呈现远古快感从上古到中古到下古的演进大线。由此观之，其中有五词（欣、般、衎、喜、恺）与上古仪式美感之乐相关，有三词（怡、怿、悦）与中古仪式美感之乐内容相关，有四词（康、豫、愉、媅）与下古仪式美感之乐内容相关。

先看第一阶段透出美感之乐的五字：欣、般、衎、喜、恺。

欣，与石器以来的斤斧相关，由持斤斧而舞的仪式而产生的美感之乐，其美感内容随由斤到斧到钺的演进而演进。钺作过王者象征，作过北斗象征，“欣”由字形上，可知其快感不仅是由工具之斤，“欣”中之欠即斤中之气，斤斧之力量以灵气的方式，既存在于斤斧之中，还关联着宇宙整体的灵气。在“欢—欣—鼓—舞”这一词汇中，可以想象上古仪式各要项的组合给人带来的快感。当远古思想由以刑为主转为以德为主，钺仍在冕服图案之中，欣在心理之乐中一直有自己的地位。欣（气悦）—忻（心悦）—䜣（言悦）体现着欣的展开。般即槃，来自中杆仪式中盘旋往还的舞蹈程式而来的美感之乐。衎，也是围绕着"干"（中杆）的行（行走程式），与槃相同。《说文》中有"昪"，段玉裁注曰：般槃昪三字同音，"般亦昪之假借"。其实，三字强调了中杆仪式的不同重点。般的美感内容随中杆仪式的演进而演进。当由社坛仪式转变到祖庙仪式，中杆转为柄型器及牌位，般的乐感内容渐渐消退。喜和恺，都来自鼓（壴）引出的美感。鼓在上古仪式中占主导地位，因此，由鼓而来的喜得到高扬，中古和下古，鼓虽然不在中心，但在仪式之乐仍有重要地位，因此，鼓之喜一直有重要地位。

再看第二阶段美感之乐的三字：怡、怿、悦。

怡，《说文》曰："和也。"段注曰："龢也……龢者，调也。"即把不同而多样性的东西调和起来。"台"，阮元、强运开、徐中舒等都训为"以"。陈梦家说"如台即以字"。[①] 这里的调和应为仪式中语言的作用提升，包括歌唱地位在音乐整体中的提升，需要有新的调和，这时主体不是站在某一因素上看整体，而是从各个部分抽身出来，以一虚的心态（台—以）去看整体。由调和成果而来的快乐即怡。"悦"最初是"说"，由仪式中语言运用带来的快乐（心旷神怡）。怿，《说文》曰："说也。从心睪声。"与说（悦）相关，突出"言"的作用。悦，最初为说，是由言的作用而来的。中古仪式走向理性化，需要提高语言的作用，从而中古仪式之乐，有了与上古仪式之乐不同的特点。

最后看第三阶段美感之乐的四字：康、豫、愉、媅。

"康"之一字，为"广"部构形，意与"宀"同，为在室中，应是仪式进入到以祖庙为主体的时代。甲骨文和《说文》无"康"字，但金文用作形象词的有吉康、逸康、康乐……应与心里美感相关。《尔雅·释诂》曰："康，安也。"《洪范》五福，三曰"康宁"，皆与居室的美感之乐相连。豫，《说文》曰："象之大者。"段注曰："引申之，凡大皆称象。"《尔雅·释诂》曰："豫，安也。"透露豫有与康一样由祖庙而来的安感，另一方面祖庙仪式应有一种更阔大的气象，更宽广的胸怀。《周易·序卦》曰："有大而能谦必豫。"李道平疏《周易集解》曰："有大则有天下国家之象，能谦则有政事恬豫之休……豫行出而喜乐之意。"[②]突出了朝廷仪式的特点。远古仪式进入夏商周之后，一方面更为宏大，从而有康、豫之乐感，另一方面仪式在丰富精致的同时，其享

① 李圃主编《古文字诂林》（第二册），上海教育出版社，2000，第63页。

② （清）李道平：《周易集解纂疏》，中华书局，1994，第200页。

乐性也有相当的突出。从而审美与伦理的冲突不时发生。夏桀商纣都发生过这方面的事情。愉和媅，透出了对仪式之乐感沦入享乐方面的提醒。愉，《说文》曰："薄也。从心，俞声。"《论语》曰："私觌，愉愉如也。"薄，近也。太亲近，与仪式之礼的庄严有所不合。以前，仪式享受的内容包裹在宗教体系之中，现在，理性程度越是提高，享受本身的性质越是突显。因此，愉的同义词有媮、偷、娱、虞……主体快乐已经显得复杂起来。媅，毛传注《诗经·小雅》曰："乐之久也"。媅即妉即耽，有些沉溺于快乐女乐中之意。因此，康与豫和愉与媅，透出了仪式演进到精致复杂的体系之时，由仪式而来的快感开始了分化。

然而，《尔雅》关于乐感的十二字，只是历史悠长空间众多的各类仪式及其复杂演进的一些片断。远古美感的演进，远要比《尔雅》十二乐字复杂。以仪式的声色味之美感为结构，从《尔雅》扩大到所有词汇，还可以看到更多曾有过的多样演进史。从理论上讲，仪式的四大要项，行礼之人之美，行礼之器的美，行礼地点的美，行礼过程之美，与人心的主要感官心性的结合，从美感的角度，从主体角度，形成眼、耳、鼻、口、身五大类，即眼见形色而来之美感，耳闻声音而来之美感，口尝饮食而来的美感，鼻嗅气味而来的美感，身居环境而来的美感。这五大要项的美感，在先秦的思想家中，可以看到如下的归纳——

> 身知其安也，口知其甘也，目知其美也，耳知其乐也(《墨子·非乐》)。
>
> 口之于味也，有同耆[感到好吃]焉，耳之于声也，有同听[感到好听]焉，目之于色也，有同美焉(《孟子·告子上》)。
>
> 身不得安逸，口不得厚味，形不得美服，目不得好色，耳不得音声[好声音](《庄子·至乐》)。
>
> 目辨白黑美恶，耳辨音声清浊，口辨酸咸甘苦，鼻辨芬芳腥臊，骨体肤理辨寒暑疾养(《荀子·荣辱》)。
>
> 口好味，而臭味莫美焉；耳好声，而声乐莫大焉；目好色，而文章致繁、妇女莫众焉；形体好佚，而安重闲静莫愉焉(《荀子·王霸》)。

每人因其行文语境和互文照顾，而对各感官的美感用词有所不同，但基本有相同的共识，当要区别眼耳鼻口身感受的专门性时，有用之于这一感官的美词，因此，目为美，耳为乐，口为甘，鼻为香，身为安。而一些词汇已经上升到普遍性的，为了行文漂亮，也可以用于其他项。在这些词中，只有两个词上升到普遍性的美感：美和乐。美由仪式中的巫王之美而可指整个仪式，进而扩大到整个社会和整个宇宙。二者在客观之美和主体美感的区分时，前者一般用美，后者一般用乐。美和乐成为普遍的美感，只是最后的结果。在历史的演进中，还有一些词竞争过美感的普遍性，如来自雚的“歡”。以雚为核心，曾形成一个天地人的体系，天上之灌，地上之罐，认识之觀，从而产生在天地人的各有雚之处及相互关系中都感到美感的歡。但随雚这一禽鸟形的高位被人形的帝王所取代，歡也从快感中的核心地位退了出去。如来自鼓（壴）的喜，也曾形成一系列：歖、憙、嬉、禧、熺、譆、僖……但随着琴瑟管龠进入高位，与鼓相当，特别是钟镛出现超越鼓占有高位。乐成为音乐的总名，喜也从美感的高位上退了出来。还有由隹而来的“雅”，由圭而来的“佳”，由女而来“妙”，由味而来的“旨”……但都在理性化中，或从美感的普遍性中退了出来，或从美感的最高位降了下来。而从文献上看，在《尚书》里，来自悠久传统的中杆仪式的“休”成为了普遍的美。《尚书》中“美”字只出现了两次，一是《说命下》的“格于皇天，尔尚明保予，罔俾阿衡专美有商”。二是《毕命》的“商俗靡靡……实悖天道，敝化奢丽……服美于人”。两篇都是梅赜文本，如果按其为伪，那整个《尚书》就没有美字。如果视为非伪，美的使用也很合当时的情理。《说命下》用美指人，《毕命》用美指服装，服装为人所穿，还是指人。两例中前例之美是正面的，后例之美是反面的。因此美在《尚书》中几乎没有美学意义。而“休”字贯穿于整个《尚书》之中，共出现 39 次，几乎全被西汉的孔安国（传）和唐代的孔颖达（疏和正义）明确地注释为美①。普遍地用于赞美天帝祖先、王朝政治、伟大个人。② 但《尚书》之后的先秦典籍，休退出了美的中心。总之，最后的结果是：乐，成为普遍性的美感和普遍性的快感。

第三节　乐的定型与中国美感的基本特点

“乐”，成为美感的普遍性语汇，透出了中国美学的基本特点。

第一，“乐”，一字两意，既是客体审美对象，又是主体审美快感，透出的正是美感与美的同一性，互动性，离开一方，另一方面就难以说明。因此，乐作为美感与审美对象紧密关联在一起。乐，在其起源和展开中，作为审

---

① 只有一例未明注为美，即《秦誓》“如有一介臣，断断猗，无他伎，其心休休焉。”孔安国传曰，“断断猗然专一之臣，虽无他伎艺，其心休休焉乐善。”孔颖达正义：“其心乐善休休焉。”联系他例，也应解释为美美地乐于善道。

② 关于“休”作为美主导了《尚书》全书的具体情况，参张法：《〈尚书〉〈诗经〉的美学语汇及中国美学在上古演进之特色》，《中山大学学报（社会科学版）》2014 年第 4 期。

美对象来讲，既为音乐的总称，也是包含音乐在其中的仪式整体的总称，还是仪式所反映的宇宙运行规律的总称；作为主体美感来讲，既是由音乐而来的美感，也是由音乐在其中的仪式整体而来的美感，还是由仪式所关联着的宇宙运行规律而来的美感。“樂”的古字，下面之“木”，意源之一，有最初带鼓的中杆，有后来编钟的木虡。上面的𢆶或[illegible]，意源有鼓有铃有瑟有丝有帛，乐不仅为乐器，还是天之规律，由北辰之气引导日月星运行的天乐，由气生风通过乐器而产生出来，宫商角徵羽五声，可由乐器而发，又在天地之中，其最后的规律来于天道运行的天乐。因此，樂字上部的幺，为幺为玄，其构成的𢆶和[illegible]，为幺为丝为幽，彰显的是天地之气运行的幽玄一面。因此，乐，把天然五声，组成美声之音，其后面是要透出天意之乐。总之，乐是由声音之实和天道之虚两部分构成。庄子讲听乐，最初是用耳听声，然后是用心观音，最后要用气体乐。乐之美感，由耳之乐感到心之乐感到气之乐感。三层之美感，对应作为审美对象的音乐的三层面。音乐美感如此，色之美感、味之美感，以及其他美感无不如此。因此，中国的美感之乐，是与审美对象具有同一性的美感之乐。

第二，乐，作为美感是五官心性一体的美感。这一体，主要体现为五官平等，特别是口的味感、鼻的嗅感、身的肤感，与眼耳的快感有相同的重要性，因此，中国的美感从五官的每一部分产生出来。由耳而来的美感，除了乐，还有喜、恺、鼓、舞、穌……由眼而来的快感，除了美，还有佳、媚、雅、英、俊、婷……由口而来的快感，除了甘，还有旨、味、隽、盉、醇……由鼻而来的美感，除了香，还有馨、馥、香、芳、芬、畅……由身而来的美感，除了安，还有宁、逸、康、放、舒、泰……而每一种感官的具体之美，都曾通向普遍性的美。由听而来之乐和由视觉而来之美的普遍性，不用说了。味觉之“旨”在《尚书·说命中》“王曰：旨哉，说乃言惟服。”传曰：“旨，美也。美其所言皆可服行。”这里的“旨哉”的用法，与《左传》季札观乐，每听一曲后进行评论先说“美哉”相同，“旨”作为可以用在一切感官快感上之词。嗅觉之“畅”来自灌礼用的名鬯的香草的香气，任何一种感官通透舒坦的快感，都可以通向“畅”。虽然中国美感在形成过程中，每一感官的美感都通向着美感的普遍性，但由于乐自天作，乐以启礼，乐以彰礼，乐通天道的观念，从上古到下古一直不变，因此，乐成为美感总称的最高级，而其他感官产生的美感词汇，在以乐为中心的美感中，与乐一道，与乐互动，形成中国美感的词汇群。在以乐为中心与各词汇的互动、互渗、互换中，与其他文化特别是西方文化的美感相比，中国美学形成了以乐为中心的心气五官动力结构的审美主体构成，从而中国的美感也是心气五官对审美对象进行全面欣赏的美感。

第三，在以乐为中心的五官心性动力结构中，最具中国美感特点有三，一是味觉因由外到内（《说文》释“甘”曰：“美也，从口含一。”），内容丰富（《说文》“味”曰：“滋味也。”段注：“滋言多也。”），转化为与天地之气相关的体内之气（《左传・昭公九年》“味以行气”）。从而余味无穷，与道相连（《说文》讲“甘”的“从口含一”时说“一，道也”），从而美感之“味”具有了象外之象、景外之景、味外之味的内涵，成为美感中具有通向宇宙深邃的词汇。二是嗅觉成为美感中非常重要的因素：

小园香径独徘徊。（晏殊《浣溪沙》）
暗香浮动月黄昏。（林浦《山园小梅》）
麝熏微度绣芙蓉。（李商隐《无题》）

三是肤觉成为美感中非常重要的因素：

石滑岩前雨。（张宣《题冷起敬山亭》）
风头如刀面如割。（岑参《走马川行奉送出师西征》）
莺啼如有泪，为湿最高花。（李商隐《天涯》）

肤觉，在中国文化中，由于与气相通，更一有番风韵：

泉声咽危石，日色冷青松。（王维《过香积寺》）
蓝水远从千涧落，玉山高并两峰寒。（杜甫《九日蓝田崔氏庄》）
月明如水浸楼台，透出了西风一派。（王玉峰《焚香记・情探》）

总之，在中国美感的主体构成中，五官在审美上等同。虽然由于具体对象的性质或各门艺术的具体材料性质，在具体情况下会偏重某一感官，但古人却更倾向于用“通感”的方式去感受。宗炳对山水画，“抚琴动操，欲令众山皆响”《南史・隐逸传上》）。常建“江上调玉琴”，效果却是“能使江月白，又令江水深”（常建《江上琴兴》）。感官通感进而要通向心气。从顺序上说，就是“物以貌求，心以理应”（刘勰《文心雕龙・神思》），“应目会心，会应感神，神超理得”（宗炳《画山水序》），最后“但见性情，不睹文字”（皎然《诗式・重意诗例》），“俯仰自得，游心太玄”（嵇康《赠兄秀才入军诗》）。

中　编

饮食器与中国远古之美研究

第十一章　中国远古饮食之美的观念基础

美在饮食上的最高体现是——盉，中国文化"和"的观念体现在饮食上，称为盉。盉由两部分组成：禾和皿。这里，禾是粮食的总称，皿是食器的总称。禾加皿，意味着禾之食经过食器之皿，由生变成熟，而且不仅是由生变熟，还要变成味之最美者，这就需要禾加皿而产生的新质，《说文》释盉讲："调味也。"食在皿中经过调味而达到最好的美味，方谓之盉。盉何以声和而不为其他读音，关键在于，达到了饮食之盉即达到了文化之和，而且文化之和最主要就是由饮食之盉来体现的。盉＝和，体现的正是饮食之盉产生的美味在文化中的重要地位：中国文化"和"的观念的形成与中国文化中"美"的观念的形成，都与盉紧密相关。《礼记·礼运》讲中国之美重要方面，由声味色构成："五声六律十二管，还相为宫也，五味六和十二食，还相为质也，五色六章十二衣，还相为质也。"饮食之味在美学和文化中的重要，从这句要言中透出。这里的五味六和之和即盉，只有理解了饮食之盉，才算理解了中国文化之和的特质和中国文化之美的特质。

盉是禾经过皿而来，内蕴着三个方面：第一，一种独特的饮食体系。第二，一种独特的食器体系。第三，一种独特的观念体系。这三个方面相互关联。每一方面都在其他两方面的互动中产生和演进。中国的饮食之美能运行在文化的高位上，与这三个方面的关联密不可分。因此，分别讲某一方面的时候，是在三方面的虚实显隐的总体结构中呈现出来的。下面就从这三个方面来讲处于中国远古高位的饮食之美。饮食何以成为美，饮食之美何以拥有文化高位，饮食语汇何能成为文化的基本语汇并可以运用到文化的一切方面，与中国文化之初在饮食实践和文化实践中形成的三大基本观念紧密相关：《诗经·楚茨》讲的"神嗜饮食"的思想，《左传·昭公九年》讲的"味以行气"的思想，《吕氏春秋·本味》讲的"水为味始"的思想。

第一节　神嗜饮食：中国饮食之美的宗教观念基础

人类文化在轴心时代即哲学思想产生之前，是由神主宰的，人是在与神的友好交往和护佑中生存和发展的。而神的重要特点是嗜饮食，从而人与神的交往要通过饮食来进行。《礼记·礼运》曰："夫礼之初，始诸饮食。"中国的文化"礼"是从饮食开始的。[①]《史记·郦生陆贾列传》："民人以食为天。"民是下等人，人是上等人，民人者一切人之谓也。这句话要讲的是：进食既是人的本性，又是天的本性。天在远古就是神。《诗经·小雅·楚茨》曰"神嗜饮食"。中国之神，相对于世界其他文化之神来讲，有两大特点：一是神由三个概念来体现。二是神在体系化中形成了天神地祇祖鬼为核心的神系。

且先讲第一方面，神是由灵、神、鬼三个概念组成，灵是神内在的虚体，神是虚体的有规律的显现，仍重在虚，鬼是神的外形。

灵，古文为"霝"，即[illegible]，为上[illegible](雨)下[illegible](二口)，《说文》释"雨"曰："水从云下也。一象天，冂象云，水霝其间也。"雨由天而下，既是天的代表，由天至地，乃天地之合的体现，有雨而万物生长，各文化宇宙的起源都讲源于水，雨的正常降临内含着天道(灵)的规律。[illegible]的两口，网上"象形字典"说是"巫师念念不停地祈祷下雨"，[②]是一种欲使风调雨顺的仪式行为。口也可释为天之灵用雨的方式体现出来，雨与口相加为"霝"，"霝"的三口与[illegible]的两口，其义相同，霝通零，雨如天之口，亦如天之令。而天之口与天之令在仪式中得到更正式更充分更准确的体现，两口为天人契合，三口为天地人会通，霝(灵)在这契合与会通中得到了开启、闪显、体悟。霝在仪式中体现出来，呈现在仪式的方方面面，这从"灵"字的多种写法中呈现出来。[illegible]，下面的"示"表明灵是在仪式中显启出来的。靈，下面的"巫"，说明巫师进入仪式就具有了灵。[illegible]，下面的"心"，表明进入仪式之人的心灵由凡入神的转变。[illegible]，下面是"玉"字，表明玉在仪式中，其灵的作用产生了出来。[illegible]，下面是龠，意味着仪式中的乐器产生出了灵。汉语古文中有关"灵"的词汇群，透出的正是灵作为神的内在特性：虚灵性。神，初为申，在甲骨文里有

---

① [美]艾兰《水之道与德之端》(上海人民出版社，2002，第19页)有："至少从新石器时代始，中国宗教的中心仪式是向古人(这里"古人"一词正解的意译应为祖鬼)进献食物牺牲以换得关爱，至少是避免他们的敌意。最早的文献证明，中国的仪式实践系源于商代帝王的甲骨文占卜，这些卜辞主要是向鬼神贡献祭品从而避免他们的诅咒。"

② 网上"象形字典"中"灵"字条目(http://www.vividict.com/WordInfo.aspx? id=3859)

[illegible],金文里有[illegible],郭静云说,这两类申(神),就是二里头文化中的[illegible],二里冈文化中的[illegible],殷墟中的[illegible]、[illegible]、[illegible],以及西周时的[illegible]图案①。如果往回上溯,就是仰韶文化彩陶中S形及其相关变形。从彩陶图案到青铜图案到甲骨文,神既体现了灵的虚体性和变化性的一面,即《周易・系辞上》所讲的"神无方而易无体","阴阳不测之谓神";又讲了这虚体性和变化性中相对于灵来讲规律性的一面。S型所体现的天地互动的规律,一是总体性的,如《周易・泰卦》讲的"无往不复,天地际也"。二是动态性的,如《荀子・天论》讲的"列星随旋,日月递炤,四时代御,阴阳大化,风雨博施。万物各得其和以生,各得其养以成,不见其事而见其功,夫是之谓神"。神虽然不见其而又通过天地万物有规律地体现出来。第七章已讲,灵与神从远古的华东诸文化与华西诸文化的差异中产生出来,先秦时体现为南方的楚国方言与北方中原雅言之间的区别。在远古的演进中,西北及北方文化已经使神灵进入到了以神为主的阶段,而东部及南方文化的神灵还停留在以灵为主的阶段。当北南文化在先秦会通合一之后,灵和神又成为神内在方面的两个层次,更强调内在虚体的虚灵性时用灵,更彰内在虚体的规律性时用神。鬼,甲骨文有[illegible](前四・一八・六),左示右鬼。《说文》讲"古从示"。罗振玉、叶玉森、丁佛言、商承祚、高田忠周等,都讲了鬼乃从示②。丁山讲,示即立杆以祭天③。即鬼的观念是从最初由立杆测影而来的观天中杆仪式就开始形成了。鬼在甲骨文又有:

[illegible](《甲》甲三三四三) [illegible](乙七一五七反) [illegible](《续》3407) [illegible](《合集》3625)

这些由两部分组成:上部分为田或[illegible],《说文》段注本为甶。下部,第一第四字从"人",第二第三字从"厶"。先讲上面,《说文》为田,曰"象鬼头",段注为甶。《说文》:"甶,鬼头也。"段注曰:"鬼头也,象形。"鬼头用今天话来讲就是假面。回溯到远古,就是仪式中的假面,人以神为何种形象,假面就呈为什么形象。下部象人或象厶(虫)。在远古的观念里,生物包括人在内皆为虫,因此,人或厶是神可能有的身体外形。鬼就是最初之时人在仪式中装扮的神的形象。各个族群对神的形象为何认知不同,从而神呈为何种形象也不尽相同,但鬼头后来都集中在田、曰、[illegible]上,其基本部分,

① 郭静云:《夏商神龙祐王的信仰以及圣王神子观念》,《殷都学刊》2008年第1期。

② 《古文字诂林》(第八册),第178—182页。

③ 丁山:《甲骨文所见氏族及其制度》,中华书局,1988,第3—4页。

方形内一个十字没变，盖应对鬼形象的抽象，与作为天之中心的以北极—极星—北斗为一体的北辰有关，北辰运动，气注四方，形成整个天地的运动，地上的仪式之巫法天而行，形成仪式地点的形状。国光红讲，远古之巫即由此演进，由而而(巫)，而巫之游走四方的仪式规制又产生了仪式地点的特征，其演进是由而而(亞)。[①] 王正书把大鬼头的面相与凌家滩文化、大汶口文化、良渚文化中的神像关联起来，[②]而不少学人把这些文化神像与青铜器上的饕餮形象关联起来，这些多种关联里，内蕴着以北斗天相为核心的远古观念体系的复杂演进。鬼字之头方形为主，又可变形，古文字的"由"有(《甲骨文编》"珠四三七")、(甲五〇七)、(《金文编》长由盉)、(包山楚简 246)等诸形，濮阳西水坡的北斗，其斗魁类似包山楚简的三角，北斗在远古的各族群中，有过许多形象(有玉的璇玑玉衡，有量谷之斗，有酌酒之勺，有帝王之车等)，其中之一就是带着由斤斧而来之钺。以此形象为基础，北斗被命名为魁，是一个持斤的鬼。许敬参说，由的原形为，[③]大鬼头显示为戉形。这里重要的是"由"中的十字。显示了北斗与四方的关联。对于本文来讲，最重要的是，鬼是神的外形。古代的"神"字之一写为魋，正是作为内质的虚体之申与作为外形的实体之鬼的统一。孔颖达疏《礼运》"鬼神之会"曰："鬼谓形体，神谓精灵。"讲的正是"鬼"字的古义。鬼是神的外形，因此，天上的北斗之神曰魁，地上有傩仪式降临之神曰魌，百神之称曰彪，神具有动物的外形曰魏……总之，远古之初，鬼即神的外形。重在外形曰鬼，重在内质曰神，内外合一曰魋。

总而言之，灵—神—鬼，构成了中国远古之神的完整表达。用这三个字来表达，也透出了中国远古之神的特点：一是对神的内在之质，特别强调其虚灵性。二是对神的外在之质的总结，也是在其总体抽象的基础上进行。鬼是神的外在形象，魋吃的具体之形，精确地讲也是由鬼这一形象部分来进行的，《说文》曰："吴人之祭曰餽，从食从鬼。"餽，就是把美食进献鬼神，因此，餽又通馈，馈者，恭敬地进献之谓也。餽虽然只是在吴地为祭名，就其内容来讲却是中国远古东西南北仪式的核心，段玉裁注《说文》曰："祭鬼者，餽之本义。"中国的远古仪式正是在"神嗜饮食"的基础上，形成了"饮食餔餽"(《战国策・中山策》)的内容结构。

再讲第二方面：中国远古之神的演进。这一演进，简要言之，是从以天为主的天地人的合一，到以地为主的天地人的合一，到以祖宗为主的天

---

① 国光红：《鬼和鬼脸儿——释鬼、由、巫、亚》，《山东师大学报(社会科学版)》1993 年第 1 期。

② 王正书：《甲骨"鬼"字补释》，《考古与文物》1994 年第 3 期。

③ 《古文字诂林》(第八册)，第 184 页。

地人的合一。在以天为主时，天以北极—极星—北斗为中心，带动天地的运转，其外形的总结、、由、田，皆能得其本质。在以地为主时，天地交会，四时变幻都集中在地之社坛，、、由、田，进一步演化或加上社的坛形以及坛上仪式程式的、、、亞。以上两组都与不同时代的鬼头假面相关。而中国之道，金文为(貉子卣)、(散盘)等，是一人在(道路)中行走。在以天为中心的天人合一的仪式中是戴假面之巫模拟天神在天道中行走，在以地为中心的天人合一的仪式中，是戴假面之巫模拟地祇在象征东西南北中的社坛里行走。天高地广，要对之进行简而要的抽象，、、、田等，皆为有效图像。而当由以天为主和以地为主演进到以祖宗为主，仪式中心也由天祭之空地与社祭之坛台演进为祖祭的祖庙之时，祖先神与较多抽象的天和地相比，是具体的。正是对具体形象的强调，祖宗死后为神成为死后为鬼。随着夏商周祖宗神日益重要，且与天地之神的区别更为突出，鬼神即由原来鬼为外形和神为精气，演成了神为非人之神，鬼为人死之神，夏商周的神系形成了天神地祇祖鬼的结构。祖先在生前就是嗜饮食的，死后为鬼当然同样也是嗜饮食的。祖鬼与天神地祇在本质上的同一，其在鬼神结构上的重要，从而使神嗜饮食更加清楚地成为了中国之神的本质特点。《礼记·礼器》讲仪式体系，有“郊血，大飨腥，三献爓，一献孰(熟)”。郑玄注曰：“郊祭天也，大飨祫祭先王也，三献祭社稷五祀，一献祭群小祀也。”这里突出了天神地祇祖鬼以及五祀群神皆嗜饮食。《礼记·礼器》讲“飨帝于郊”，郊祭是祭天上的上帝，飨，点明了上帝嗜食。《礼记·郊特牲》说：“八蜡以记四方。”郑玄注八蜡皆为与农事相关之神，为：先啬、司啬、农、邮表畷、猫—虎、坊、水庸、昆虫。《郊特牲》又说：“蜡也者，索也，岁十二月，合聚万物而索飨之也。”透出与农事相关的各神也是嗜饮食的。正是在“神嗜饮食”这一共识的基础上，中国仪式同时就是美食的大展示，以食邀神，《礼记·礼运》讲“玄酒在室，醴盏在户，粢醍在堂，澄酒在下。陈其牺牲，备其鼎俎……以降上神与其先祖。”其结果，如孔颖达正义说的，是“神来歆飨”。正是在献食于神和神来歆飨的仪式过程中，祭者之灵与神之灵暗中合和一体。《礼记·礼运》对这种中国型的仪式效果，有较为详尽的描绘：

> 玄酒以祭，荐其血毛，腥其俎，孰其肴，与其越席，疏布以幂，衣其浣帛，醴盏以献，荐其燔炙。君与夫人交献，以嘉魂魄，是谓合莫。然后退而合亨，体其犬豕牛羊，实其簠簋笾豆铏羹，祝以孝告，嘏以慈告，是谓大祥，此礼之大成也。

这里除了饮食的丰盛和体系外，有三点要注意，一是“君与夫人”在主导祭祀，回到远古，即男觋女巫。二是“嘉魂魄”的“合莫”是祭祀的效果。孔颖达正义曰：以嘉魂魄，“谓设此在上祭祀之礼，所以嘉善于死者之魂魄”，是谓合莫，“莫，谓虚无寂寞，言死者精神虚无寂寞，得生者嘉善，而神来歆食，是生者和合和于寂寞。”清人黄以周《礼书通故》进一步释曰：“以孝子之精气，会合鬼神之魂魄，故谓之‘嘉魂魄’，名其义曰‘合莫’。嘉谓嘉会，合莫谓合魂魄于虚莫，此即所谓合鬼与神是也。”[①]三是飨神之后，人孝于神，神慈于人，达到了族群的团结和天地人的和谐。中国的饮食之美，正是在远古宗教“神嗜饮食”的氛围中，得到丰富性的产生和体系性的发展。

第二节　味以行气：中国饮食之美的人体—政治基础

远古演进形成的由灵—神—鬼组成的神的性质是虚实合一，而虚更重要，远古演进形成的天—地—祖的神的体系，天地为虚而祖鬼为实，人鬼关系人为实而鬼为虚，虚显得重要，从实后面的虚去看，神灵之虚决定了神向理性的转变，形成了气的宇宙。宇宙间的万物皆由气生。人是气，物是气，食也是气。神—人—食的交换可以归结为气的交换。这里显示出了祭天祭地祭祖仪式的规范化，正是由这一文化特质去形成的，《周礼·春官·大宗伯》讲，祭天之诸神以烟为主，祭地之诸神以血为主，祭列祖列宗以酒之灌为主[②]，但同时都有饮食肉享。烟、血、酒都是气的表现形式，而食的内质曰味，其根本处也是气，《左传·昭公元年》讲，宇宙之气具体为六种形式：阴、阳、风、雨、晦、明，进而产生五味（酸、苦、甘、辛、咸）、五声（角、徵、宫、商、羽）、五色（青、赤、黄、白、黑）。对饮食来说，重要的就是“天有六气，降生五味。”以这一远古知识为基础，当文化进一步由祖庙中心转到宫殿中心，不是祖庙之祖鬼，而是宫殿之人王在天地人合一中占有主导地位之后，食的重要性就在帝王食案上体现出来。饮食仍然是重要的，但这重要性是由饮食与人王的身体相关联，进而与人王主导的政治相关联。这体现在《左传·昭公九年》的一段话：“味以行气，气以实志，志以定言，言以出令。”在天子—诸侯—大夫—士的政治秩序中，各级领导，特别是最高领导在饮食上安好，在宗教氛围浓厚的远古，成了神在饮食上的满意，成了人世

---

① （清）黄以周：《礼书通故》（二），中华书局，2007，第751页。

② 《周礼·春官·大宗伯》：“以禋祀祀昊天上帝，以实柴祀日、月、星、辰，以槱祀司中、司命、飌师、雨师，以血祭祭社稷、五祀、五岳，以狸沈祭山林川泽，以疈辜祭四方百物。以肆献祼享先王，以馈食享先王，以祠春享先王，以禴夏享先王，以尝秋享先王，以烝冬享先王。”

诸事顺利的基础;在理性精神愈出的春秋战国,王以及各级领导在饮食上的满意,成为天下在政治上安定和谐的基础。具体来讲就是饮食体系中内蕴的五味,进入人的身体,与人体的各部分进行互动,在后来体系化的五行理论中,酸苦甘辛咸五味与人体的各部有着内在关联,且列表如下:

五行	五味	五藏	五腹	五体	五脉	五官	五液	五情	季节
木	酸	肝	胆	筋	弦	目	泪	怒	春
火	苦	心	小肠	脉	洪	舌	汗	喜	夏
土	甘	脾	胃	肉	缓	口	涎	思	长夏
金	辛	肺	大肠	皮	浮	鼻	涕	悲	秋
水	咸	肾	膀胱	骨	沉	耳	唾	恐	冬

五味与人体各部分的内在关联,虽然在汉代才被体系化,但在之前有漫长的演进。虽然五味与人体各部分的具体对应在不同的理论家那里有所不同,但在有对应上是一致的。这里的对应包含三个要点,一是从理论角度,饮食之味与人体各部分有对应关系,如表所呈。二是在季节的流动中,五味作为宇宙的基本性质,各有不同,“春多酸,夏多苦,秋多辛,冬多咸”(《周礼·天官·冢宰上》),人要根据四季流动中主味的变动在饮食中加以调整,在以味的方面达到天人的和谐。三是五味在人体的互动以及人体通过饮食对五味的吸收,其目的都在于使人体的根本,体内之气,得到顺利的行运,使人具有健康的体魄。这就是“味以行气”的含义。有了好的身体,在进行思想的时候就不会出错而始终在正确的方向上,这就是“气以实志”。“志”是“意要向哪里去”,既包括根本的志向,又包括具体的目标。“实”就是志的明确而充实,志向和目标正确,进而形成语言,就是“志以定言”。“定”是在语言上确定和明晰。把确定明晰的语言作为政令发布出去,就是“言以出令”。在以上由味到气到志到言到令的正确中,好的政令带来好的政治效果已经包含在其中了。这样,味—气—志—令形成了饮食—身体—心理—语言—政治的内在逻辑,远古以来的政治基础,都在饮食之美上。实际上,远古文化一直内蕴着这一味—气—志—令的逻辑,只是被包裹在厚厚的宗教之中,而多一个神的中介,是:味—神—气—志—令,味达于神,味因神而被神圣化,再由神化了的味进入到人之身体,开始气—志—令的运行。也可以说,在理性化之前,是在宗教氛围之中的味—气—言—令,在理性化之后,是理性氛围中的味—气—言—令。而味—气—言—令的逻辑使中国饮食无论在理性化之前的远古,还是在理性化之后的春秋战国秦汉,都处在文化的中心和高位。并由此产生了夏商周祭祀

文化中丰富的饮食体系，这是一个先敬神后人享的神人合一的饮食体系，或曰以敬神为核心而展开为人享的饮食体系。远古仪式的饮食体系在不断的演进中，以一内蕴整个历史发展于其中的饮食体系展现，这就是《礼记》中《礼运》和《郊特牲》呈现的毛、血、腥、肆、爓、脍的由毛、血、腥、肆之生肉，到爓之半熟，到脍的全熟的过程。孔颖达正义曰：(包括毛和血在内的)“腥以法上古，爓以法中古”，由此可知，脍(熟)以法近古。在理性化之前，王的饮食与祭祀是合二为一的，这就是《周礼·天官·膳夫》讲的王每天一次的杀牲陈设盛馔，所谓“王日一举，鼎十有二，物皆有俎，以乐侑食”。理性化之后，祭礼饮食与帝王的日常饮食是分开的，展现为两个饮食体系。但帝王饮食体系的结构并没有变化，《周礼》讲的王之饮食的食、膳、饮、羞、珍、酱①，一直存在。只是毛、血、腥、肆、爓被排除了而已。理性化之后，中国的饮食主体，就是帝王在饮食结构上进行了丰富的展开。然而，无论是理性化之前还是之后的饮食体系，都是建立在“味以行气”这一中国型的原理之上的。中国的饮食之美，也是以“味以行气”作为理论基础的。正因为“味以行气”的思想以及由之而来的味—气—志—言—令的逻辑，强化了饮食在文化中的核心地位，远古文化围绕着味而组织起来，体现在两大方面：一是最高领导层是饮食技能与政治技能的合一，二是朝廷的组织以饮食操作为核心而组织起来。文献中三皇的第一皇燧人氏，是以火为名，火是生食变为熟食的关键工具，因此燧人氏的名称与饮食的改进紧密相关，第二皇伏羲氏，伏羲即包牺即庖牺即宓羲，包牺之“牺”关联敬神的牺牲，“包”关联盛牺牲的器具，庖牺之庖突出了祭品在庖厨里的烹煮，伏羲之羲彰显的是羊的美味，宓羲之“宓”，《说文》曰“安也”，带来安宁的因素应与饮食相关。三皇之神农氏象征农业的发明，饮食由之而有了新的升级，神农又与炎帝连在一起，灶的发明与炎帝连在一起，“以炮以燔以亨以炙，以为醴酪”(《礼记·礼运》)，熟食由之有了进一步的提升。到黄帝之时，有“作釜甑”和“蒸谷为饭，煮谷为粥”(谯周《古史考》)的传说。在考古学上，一万年前的江苏溧水神仙洞、江西万年仙人洞、广西桂林甑皮岩，就有了陶器，而八千年前的河北磁山、河南裴李岗、陕西老官台、甘肃大地湾，开始出现彩陶。在中国新石器的7000多处遗址中，2000多处有彩陶。这里内蕴着的是饮食处于政治中心的中国特色，于是在文献上呈现出，伊尹因掌握了厨艺而具有了政治之术，《尚书·洪范》中的八政(食、货、祀、司空、司徒、司寇、宾、

① 《周礼·天官·膳夫》：“凡王之馈，食用六谷，膳用六牲，饮用六清，羞用百二十品，珍用八物，酱用百有二十瓮。”

师)，以食官为首，“八政先食”。晏子以厨艺为示范来讲天下的治理。《周礼》中最重要的职官是拥有厨艺和管理朝廷厨房队伍的冢宰，与饮食相关的人员占据整个朝廷官员的四分之一。这些现象后面的信念是围绕着“味以行气”和味—气—志—言—令的逻辑而进行的。

第三节　水为味始：中国饮食之美的哲学—物理基础

如果说，神嗜饮食是饮食之美的神学基础，味以行气是饮食之美的人体—政治基础，那么，水为味始则是饮食之美的哲学—物理基础。《吕氏春秋·本味》曰：“凡味之本，水最为始。”从历史上讲，水是最让人感到神秘之物，远古思想最初把宇宙主宰理解为神，神的最初阶段为灵，前面讲，灵的甲骨文，就由雨和口构成。雨乃天降之水。代表了天之言，是具体的神显。理性化之后，宇宙的本体被理解为道。道充满在宇宙之中而不能用语言表达，如水弥漫在天上地下，难以用具体之物去说。但道的运行又是可以感受到的，《老子》说：道“周行而不殆”地永远运行，这由“行”体现出来的道路，既是地上的人工开辟之陆道，更是水上自然流行之水道，“譬道之在天下，犹川谷之于江海”，最能体现道之性质的就是水，因此，《老子》曰：“上善如水。”《荀子·宥坐》讲从水中可以体会出“德、义、道、勇、法、正、察、善化、志”九种品质。[①]《庄子》中，《秋水》从海之大，让人体会到道的特征，《天道》《刻意》《德充符》从水之平、静、明，让人体会到道的规律的呈现[②]。由于水在远古的漫长历史中，扮演了重要的作用，《尚书·洪范》提出五行作为宇宙的基本，水排在第一。[③] 从而，在饮食中有“水为味始”的观念，就并非不可理解的了。而这一观念内蕴的具体关联，至少呈现为四个方面：第一，水是食之美的基础。水是五谷生长的基础，中国地理上的长城，是沿着400毫米等降水线划出来的，长城以北是游牧文化，长城以南是农耕文化，雨露滋润禾苗生成壮大，南稻北粟，黍、稷、麦、菽、豆、麻……各类谷物

---

① 《荀子·宥坐》：“孔子观于东流之水，子贡问于孔子曰：‘君子之所以见大水必观焉者，是何？’孔子曰：‘夫水大，遍与诸生而无为也，似德；其流也埤下，裾拘必循其理，似义；其洸洸乎不淈尽，似道；若有决行之，其应佚若声响，其赴百仞之谷不惧，似勇；主量必平，似法；盈不求概，似正；淖约微达，似察；以出以入，以就鲜洁，似善化；其万折也必东，似志.是故君子见大水必观焉。’”

② 《庄子》中《天道》：“水静则明烛须眉，平中准，大匠取法焉。水静犹明，而况精神！圣人之心静乎！天地之鉴也；万物之镜也。”《刻意》：“水之性，不杂则清，莫动则平；郁闭而不流，亦不能清；天德之象也。故曰：纯粹而不杂，静一而不变，淡而无为，动而以天行，此养神之道也。”《德充符》：“平者，水停之盛也。其可以为法也，内保之而外不荡也。”

③ 《尚书·洪范》：“五行：一曰水，二曰火，三曰木，四曰金，五曰土。水曰润下，火曰炎上，木曰曲直，金曰从革，土爰稼穑。”

的自然之味在于天地之水。第二，加水于谷物而成为煮熟之食，食物的香味来于水。第三，水是饮之美的基础。水本就可以形成味道不同的纯净水系列：江、河、湖、溪、泉，还有雨、露，以及在月光下盛的明水。水加上其他成分，而形成新的饮质，称之为：浆。《周礼·浆人》中有“六清”：水、浆、醴、凉、醫、酏。从中国型体系结构排列，水即为纯净水系列的好水，浆是水加上其他成分（谷、菜、果、酒……），醴是水加上酒，水既加酒又加其他成分则可以形成多种饮料：三种最出名的是：加上糗与酒为凉，加上粥与酒为醫，加上黍和酒为酏。六清给出的是一个由水而来的饮料体系，六清的醴、凉、醫、酏都有酒的成分，但其最终结果不是酒，而是饮料之浆，因此《周礼》将之归入《浆人》之下。水加上粮食酒曲酝酿而成酒，成为区别于水的另一类饮品，《周礼·酒正》里的酒，有五齐三酒，既透出了酒的演进历史，又透出了酒在仪式中的演进历史。五齐是：泛齐（泛，浮也，酒滓浮泛于上）、醴齐（醴者，体也，滓液和为一体）、盎齐（盎，翁也，如葱，滓液一体而呈葱白色）、缇齐（缇，丹色，滓液一体而呈丹色）、沉齐（沉，沉底也，渣滓与液分离而沉底部）。五齐是制酒演进中各个阶段，暗含了酒的历史进程，又是各个阶段的固定凝结，呈一个由浊到清的酒品体系。五是一个有容乃大的圣数，泛、醴、沉是三种基本液品，盎和缇是酒的两种基色。齐者，量也，和也。以一定的量，和成具体的酒品为齐。五齐实乃酒品体系的总称。三酒是：事酒、昔酒、清酒。事酒是有事（公事）而饮之酒，根据事的性质安排不同酒品；昔酒是无事（无公事）而饮之酒，根据无事的闲状采用不同的酒品；清酒是祭祀之酒，根据仪式的性质配置不同的酒品。五齐三酒以两种不同的逻辑呈现了远古酒的体系。第四，水加上肉或加上菜而为羹。羹分为三，一是肉羹。肉羹盖乃羹的起源，对于游牧族群来讲尤其如此。因此《尔雅·释器》曰：“肉为之羹。”羹，字体有羊在其中，最初应为羊肉羹，其词汇也与来自牧羊的羌姜族有关。羊肉可为羹，牛肉、猪肉当然也可为羹。《礼记·内则》载有雉羹、鸡羹、犬羹、兔羹。由于羹本指肉羹，因此，郑玄注《内则》曰：“羹食，食之主也。”羹在最初，既包括现在的羹，即煮熬得稠密的羹，也包括现在的汤。二是菜羹，肉羹可以加菜，而只有菜没有肉的羹就是菜羹。农耕地区菜羹日渐成菜之一品。在以祭祀为文化中心和主体的包括夏商周的远古，羹主要分为用于祭祀而不调味的大羹和调味之后盛于专用来盛羹的铏器中的铏羹。肉羹和菜羹是从羹的材料性质上分类，羹与汤是从羹的稠稀程度分类，大羹和铏羹是从调味与否进行分类。这些分类都是把羹作为食来进行的。羹在成为主食的同时，又成为调和食味的调料，称为和羹。羹总的来说可分三类：大羹、铏羹、和羹。大羹只是祭祀之中，铏羹则祭祀和日常两用，和羹只与铏羹相配。大羹和铏羹各自衍出两大羹的体系。理性化之后，中国的羹汤主要从铏羹发展而来，形成中国饮食中的羹汤体系。对于本节的主题来讲，无论大羹、铏羹、和羹，都与水紧密相关，是由水调和其他材料而成。与浆、酒、羹、食一样，各包括六畜（马、牛、羊、豕、犬、鸡）六禽（雁、鹑、鷃、稚、鸠、鸽）六兽（麋、鹿、熊、麇、野豕、兔）在内的各种膳食，在由生到熟的过程以及进食的过程中，都从这方面或那方面与水相关，因此，仍然具有"水为味始"的基本原则。

"水为味始"是一个综合了宇宙大角度和烹饪小角度，从整体上看待饮食的一条定律，也许正是在这一条规律的影响之下，饮食之和，由一种盛水之器来象征，这就是盉。

神的体系展开（天神地示祖鬼），使为之产生的饮食有了一个丰富的体系展开。味以行气，水为味始，突显了两个具有根本性的概念气与水，这两个概念都具有灵动性和自由性，由对气的强调，有祭天以燎为中心的郊礼，由对水的强调，有了祭地和祭祖的以灌为中心的祼礼，饮食通过燎和灌而与天地关联了起来。燎和灌的核心都是饮食的馨香，而神嗜饮食的方式强调的是"歆"，即在对饮食的具体进食中，对饮食本质之味的享受和本质之气的体会。而在对饮食之气与味的深味中，体会到与天地人之气的互动合一，而这一具有宇宙深意的理解，又进一步推动着中国饮食的丰富和发展。

在中国的虚实—关联型思维中，饮食因为与天地的内在关联，与政治的内在关联，与伦理的内在关联，而又成为天地、政治、伦理的感性外显，从而成为美的一个重要甚至可以说是核心的组成部分。

第十二章　中国远古饮食之美的食物体系

在远古之美中，味被安排在文化和美学的优先位置，《礼记·礼运》讲“凡礼之初，始诸饮食”。作为文化和美学起源的礼是围绕着饮食而产生的，接着上句引文，是：“其燔黍捭豚，污尊而抔饮，蒉桴而土鼓，犹若可以致其敬于鬼神。”讲器物、音乐，还有运用器物和音乐的主体，未明言而存在的仪式之巫，以及巫的服饰，皆围绕饮食而展开。最后一句讲了饮食的目的，“敬于鬼神”。中国远古之神的一个重大的特点是“神嗜饮食”（《诗经·小雅·楚茨》）。正是在中国文化“食为先”的特质里，《左传·昭公元年》讲哲学与美学的关系时说：“天有六气（阴、阳、风、雨、晦、明），降生五味（酸、苦、甘、辛、咸），发为五色（青、赤、黄、白、黑），征为五声（角、徵、宫、商、羽）。”饮食之味被排在第一位。在如此的文化结构中，饮食发展出一套丰富的体系，并让自己在美学体系中占有重要的位置。中国饮食可以作为美的特质，从三大方面体现出来，一是关于饮食的语汇体系，二是关于这一体系的具体内容，三是这一体系内容在天地运转体现出来的特质。下面依次呈现。

第一节　饮食的语汇体系与美学内蕴

中国美学中的味之美，发展了一套饮食体系，这一体系要从概念上把握，可简可繁，简可一言蔽之曰：食。也可二字来概括：饮食或食膳或羹食。还可四字以言之：饮、食、膳、羹，或食、羹、酱、饮，或食、饮、膳、羞。体系性的讲，就是：食、膳、饮、羹、羞、珍、酱。这一四级表达，在第二级（两字）和第三级（四字）上有所不同，反映了各类饮食在远古的东南中西北各族群演进中被看轻看重的不同，这样，第一层代表了本质概括，第四层关联到体系结构，第二第三层呈现了演进中的具体性和多样性。因此，进入到这四层的具体之中，就基本可以把握中国远古饮食的本质、演进、体系。

先讲第一层：食。只用一个字来本质性把握中国饮食，就是“食”字。饮食的本质是味，直接体现且内蕴味于其中的就是食。食作为饮食体系的总括即作为总言(即广义)出现时,包含了对言(即狭义)的饮、食、膳三个内容。从饮与食来讲,《吕氏春秋·本味》讲,水为味始,饮是以水为主的,但吃饱肚子的是食,饮是配合食、美化食的。在有食的基础上,饮才可以淋漓尽致地发挥其正面功能。同时,食也是因水而来,雨水好而生嘉谷,谷加水煮成香饭,雨水好而草茂而牛羊肥,牛羊入鼎加水而成美味。因此,食内蕴其来源于水和与水的多种互动,更重要的是,食中之水是水在饮食领域中最核心(对肚子而讲进食是基础,进饮是辅助)、最和谐的运用(对饮与食的关系讲,食是主体,饮是陪贰[①])。因此,在饮与食中,只用一字当用食。从食与膳来讲,食来自农业的谷物,膳来自牧业的牲畜,中国文化在农业与游牧的互动中形成,农业谷物之食在演进中可以包括膳,游牧畜物之膳在演进中可以包括食,但中国文化的定型以农业为基础和核心,因此,在食与膳中,只用一字,当用食。明乎此,可体悟到《尚书大传》曰"食者,万物之始也,人事之所本也",《史记·郦生陆贾列传》"民人以食为天",这类话语的深邃意义。

再讲第二层:一言蔽之扩为两字概之,有三种用法。一是食膳,此词既内蕴着定型的中国饮食来源史——最初由狩猎时代的肉膳加上农业文化之谷物构成演进的第一段,然后是农业文化之主食(谷物)和游牧文化之主食(肉类)构成演进的第二段——又呈现了定型之后的社会上层主食代表的文化美味由两种成分组成:谷物和肉类。二是羹食,谷物之食与畜物之膳,形成美味的成品是羹。羹从字源知其来源于游牧文化的肉羹(最初的羹包括后来汤),后来扩展为菜羹和饭羹,以及调味之羹。在饮食历史中,羹以其细软而口感好,因其最入味而味道美,因此调味之后的羹,称为和羹。这样,羹食一词,因其起源,包括食与膳两大基类;因羹(特别是汤)更突显了水,包含了饮与食两大类;因羹是调味的极致,包含一般之食与美味之食两大类(只有后来,羹与调味功能被以酱为主体的调味体系代替,炒的技术进入烹调体系,羹的总括之义方失去,而仅为一个菜类词)。三是饮食,包含了饮食中的两大基类:水形的液体和物形的实体。饮的方面,水发展出酒,进而水展开为浆的系列,酒展开为酒的系列。如果说,羹成为食的最美味,那么酒则成为了饮的最美味。这二者的最美,都是与"和"紧密关联。总之,水和酒形成饮的体系,食展开为谷类系列和膳类系列,以及菜

---

① 陪贰是中国和谐思想中具有特质之点。《左传·昭公三十二年》:"物生有两、有三、有五、有陪贰。故天有三辰,地有五行,体有左右,各有妃耦。王有公,诸侯有卿,皆有贰也。"从美学上去看陪贰就是"俪"。章炳麟《文学总略》:"盖人有陪贰,物有匹耦,爱恶相攻,刚柔相易,人情不能无然,故辞语应以为俪。"

类系列，形成食的体系。饮和食，从逻辑上划定了饮食的总体，因此生出两字作为总括的定型。

三讲第三层。有三种表达，一是饮、食、膳、羹。这里前三者是三个大类，在这三大类中，膳包括肉和菜。羹既是前三者各种配合形成的美味，又是形成美味的调味品。四字并列，形成了由食到美食的互动关系。二是食、羹、酱、饮。这里羹包括膳和菜，酱作为调味的代表。其内涵与第一种相同，用词不同，透出了强调的重点和逻辑的理路不同。第一种是从常味到美味的进路，第二种在常味与美味互动的同时，是一种由干食到水体的渐次阶梯。三是《周礼·膳夫》概括的食、饮、膳、羞。郑玄注曰："食，饭也。饮，酒浆也。膳，牲肉也。羞，有滋味者。"这里食、饮、膳是三大基类，羞，是美味的代表。羞之美味包括从食和膳有提升，但主要是角度不同，有三字概括：鲜、时、特。食和膳进入羞，第一是新鲜的，第二是时令的，第三是特别的。因此，羞就不仅是出产季节的谷物新熟和牛羊肥壮，还专指某一特定区域的食膳以及动物蔬菜某一特定部位，还包括各类处于妙时妙龄的特别之物，如《礼记·内则》讲的"牛脩、鹿脯、田豕脯、麋脯、麇脯，麋、鹿、田豕、麇皆有轩。雉兔皆有芼。爵，鷃，蜩，范，芝，栭，菱，椇，枣，栗，榛，柿，瓜，桃，李，梅，杏，楂，梨，姜，桂"。食、饮、膳、羞乃是从食饮膳之常味到羞之美味的互动和提升。三种表达，在基项的饮、食、膳上基本相同，但对美味的象征物上有异，其实三种象征物，羹、酱、羞，可以看成美味的强调提升方向不同，酱重在调味的重要，羹以最佳美味为典范，羞则与天地间广泛的美相连。从中文的规律讲，三者可以互含。

最后讲第四层。食、膳、饮、羹、羞、珍、酱，是饮食的结构性展开。这里在《周礼·膳夫》的食、膳、饮、羞、珍、酱六项中加了羹。在《膳夫》的写定时，盖羹已经分归入膳和酱之中，这里为了突出羹曾有历史地位，将之加了进来。是为了与前面二字总括和四字总概有演进承接。八字的结构里，饮、食、膳是基本项，羹和酱是调味品，羞和珍是美味。同样是一个常食与美食互动和提升的体系。这一八字体系的具体展开，就是《膳夫》讲的："食用六谷，膳用六牲，饮用六清，羞用百二十品，珍用八物，酱用百有二十瓮。"

在以上从简约到具体的四种表达中，第三种和第四种都突出了从常味到美味的互动并以美味点眼，从而让全部饮食都弥漫在一种美味的追求之中。第二层的羹食有相同的内容，而食膳和饮食，特别是作为定型的饮食，则表面上乍一看，是看不出来的，第一层的食也是如此。之所以用"乍一看"，在于其实与第三、四层相同的内容已经包含在"食"和"饮食"之中了，不但包含在其中，而且还内蕴着中国饮食之美中更为本质性的东西。这需要从“食”和“饮”的字形中去体会。“食”的甲骨文有：

(甲一二八九)　(乙三一七)　(甲一六六〇)　(粹七〇〇)

前两字，商承祚、李孝定、戴家祥都说，为器中盛食，上为器盖，李和戴说，这器是簋。[①] 簋是最重要的盛食礼器，簋中之食为最好之食。《说文》释“食”为上亼下皀。上部之亼，段注是“集也，集众米而成食”，讲的是由生而熟的过程。下部之皀，段注曰“谷之馨香也”。甲骨文的后两字，簋旁的两点或四点，是食熟的气，食之香体现在气上。这样，食包含具有文化之美的盛食之簋，具有食熟之美的香气，香是食的具体之美，食之气与宇宙之气相关联。饮，《说文》曰：“歠也。从欠酓声。”三个与饮相关的字：歠、酓、歓，都与酉相关。“酉”，甲骨文有多形，如：

(铁二八·四)　(后一·二六·一五)　(乙九〇二一)

郭沫若、刘心源、叶玉森都说是酒器或器形[②]，水在礼器中而为酒或浆，包括有器之美和水之美于其中。歠、歓、饮，都有欠，《说文》释“欠”曰：“张口气悟也。”从《说文》到徐中舒[③]、商承祚、张秉权、王慎行，都讲了“欠”与“旡”(气)的关联。透出的是，水、浆、酒，内在本质是气。“饮”与“食”二字在字形上内蕴着美学上的食之美和作为美内质的文化之气。因此，在饮食语汇体系的第一层“食”和第二层“饮食”已经内蕴了饮食之美的内容，从而与第三层和第四层本有一种内在逻辑关联。第三、四层所突出的饮食之美，完全是第一、二层的自然展开。中国的饮食一开始就是与美学和文化内在地结合在一起的，而食演进为簋中食，水演进为酉中之酒，成为中国饮食之美的独有形式：饮食在礼的氛围中成为文化之美。正是饮食的这一内在本质，决定了远古饮食从第一层到第二、三、四层的展开而形成一个美的体系和语汇体系。远古时代，食以气为主，器中之食，乃士之食。士来源于巫，巫后来演为士和王。巫为村落的血缘姓族之首领，士为地域的多群联合的氏族之首领，王为东西南北各族群组合而成的王朝之首领。高鸿缙说，“士”是筮之初文，吴其昌讲，“士”本义为斧形，马叙伦曰，“士”与“大”相

① 《古文字诂林》(第五册)，第 316—317 页。
② 《古文字诂林》(第十册)，第 1153—1154 页。
③ 李圃主编《古文字诂林》(第七册)，上海教育出版社，2002，第 787—788 页。

通，从不同角度论述了士乃巫师型的首领。① 林沄讲“士”与“王”初为一字②，徐中舒说士、王、皇三字有共性而又有所不同，都涉及士进一步演进为王。郭沫若说，土、且、士三字形近义通，土与社祀相关，且与庙祭相连。③ 联系远古演进，似可说，士是由村落血缘之巫向以祖庙为核心的天下之王演进的中间阶段，即士是以社坛为中心的地域多姓族联合的氏族的首领。因此，地域之氏与首领之士，音同义通。《说文》释“士”曰：“事也，数始于一，终于十，从一从十。”如果说巫是空地上的仪式，巫风较强，那么，士之“一”为地，是社坛上的仪式。在地域（氏）扩张和管理（士）扩大的现实中，增多了理性思考。氏之士，在饮食上的体现就是食。士之食强调盛的器皿（戴家祥说“皀”为簋之初文）和食物的内容（《说文》曰“皀”为古文香字）。食之味的本质是气，气的本源是灵和神，灵和神后来演为风与气。在人物上的巫—士—王和饮食上的味—风—气的本质一体和历时演进的大语境中，由巫—食—器演进到士—食—器，应是饮食之美演进的一个关节，构成远古之食的特色。到这时，食—味—灵的关联演进为食—味—气的关联，进食之吃，是士通过吃与宇宙间气的交换，得宇宙之正，正即是士之食，即士之是，从而士通过食得宇宙之正，为宇宙之是，呈宇宙之美。理解“氏（地域集团）—士（集团领导）—食（仪式之食）—是（仪式正确）”的一体和关联，饮食在远古中国何以演出一个美的体系，就可以得到更好的理解。

第二节　饮食体系的具体内容与美学内蕴

由巫到士到王的演进，同时是饮食体系和食器体系的演进。到王之时，与管理层扩大为王、诸侯、大夫、士的多层体系相适应，饮食也演进为食、膳、饮、羹、羞、珍、酱的体系，食器也展开为鼎簋、豆笾、尊彝、斝爵体系。《周礼》虽然在汉代才最后改定，但也包含了远古演进到周王时的饮食体系，这就是前面讲的第四层七字结构体系：食、膳、饮、羹、羞、珍、酱。下面对其结构中的每一大项伸而论之。

食。在其他六项的对言中，指谷物。《周礼》中《膳人》《食医》都有“六食”，郑众注曰：“稌、黍、稷、粱、麦、苽。”《周礼・疾医》则为“五谷”，郑玄注曰：“麻、黍、稷、麦、豆也。”《周礼・太宰》又有“九谷”，郑众说是黍、稷、稌、

① 《古文字诂林》（第一册），第 315—317 页。

② 《林沄学术文集》，中国大百科全书出版社，1998，第 3 页。

③ 《古文字诂林》（第一册），第 313—314 页。

稻、麻、大豆、小豆、大麦、小麦，郑玄说无稌和大麦而有粱和苽。这里的关键不在于现实中的确数，而在于理论上的圣数，五、六、九，皆以一圣数象征全部。远古的谷物，以南方之稻和北方之粟，以及西域传来的麦，为三大类，用三大类的展开，为五、为六、为九，象征全部的“多”，体现的是远古中国在谷物观上“容纳万有”的胸怀和“口尝众食”的脾气。正如孔颖达疏《疾医》说这里的五谷，不是从对象的客观性上讲有什么，而是与《月令》一样，从象征性和全面性上讲的“五方之谷”。因此，讲到食之谷，或五或六或九，依上下语境而出，无论用哪一圣数，都是要以典型象征全部，让人感到东西南北各种各样的谷香飘荡。

膳。《周礼》的《膳夫》《牧人》都里讲“膳有六牲”。郑玄注为马、牛、羊、豕、犬、鸡，但在《食医》讲膳与食的搭配，六膳却是牛、羊、豕、犬、雁、鱼。[1]这两种六牲可以互补，构成远古六膳观的整体。前者主要是从历史演进上进行的综合。马、牛、羊是从西北到中原以羌戎狄等族群由游牧转为农耕的诸族群的主牲，豕、犬、鸡是自磁山文化以来从东南到中原以东夷百越南蛮等各族进入农耕后的主牲，因此，马、牛、羊、豕、犬、鸡包容和象征了东西南北的各种牲体。此六牲中，牛羊豕犬鸡进入膳食为多，象征所有的常用膳食，马进入膳食为少，象征所有少为膳食之牲。后者主要从膳牲的理论结构上进行综合。牛、羊、豕、犬、雁、鱼，前四者为地上之牲，雁为天上之牲，鱼为水中之牲。象征了天上地下水中的所有膳牲。马牛羊豕犬鸡六牲无天上和水中之牲体，只以地上之牲为主，但六乃天地四方的圣数，六之数可以呈地上之牲而兼指天上和水中之牲。牛羊豕犬雁鱼六牲有象征天上之雁和水中之鱼，而从畜牧角度上看无马，从食膳角度看无鸡，但六之圣数，足以让牛羊豕犬象征地上所有牲体，而雁鱼乃天上水中的传达信息之牲，具有带动一切的隐喻。因此，两种六牲的互补体现的正是远古中国形成的膳食观，成为宇宙间一切肉食的美味之象征。牛羊豕犬雁鱼的进一步展开就是《庖人》中的六畜、六兽、六禽。六畜即六牲，郑玄注：“始养之为畜，将用之为牲。”把牛羊豕犬展开为牛羊豕犬马鸡。郑众解释六兽为麋、鹿、熊、麇、野豕、兔，六禽为雁、鹑、鷃、雉、鸠、鸽。这里，六兽六禽都是以六作为典型来泛指一切兽与禽。水中之鱼以及由鱼代表的广大鱼族还未提到，但六畜六兽六禽，用了“三”这一圣数，意味着水中鱼物，即《鳖人》中由

---

① 清代的王引之《经义述闻・周官上》和孙诒让《周礼正义》都说《膳夫》里的六膳应依《食医》所举，为牛、羊、豕、犬、雁、鱼，仅从膳食的食的角度，而忽略了《周礼》之食的文化和历史内容。

鱼、鳖、龟、蜃所代表的广大水族，已在其中。[1]

饮。《周礼》中《膳夫》有六清，《浆人》有六饮，《酒正》有四饮，皆以水为主。《酒正》《酒人》讲五齐三酒，皆以酒为主，《郁人》《鬯人》讲郁鬯、秬鬯、衅鬯、介鬯，以香酒为主。这是一个由水到酒到香酒的体系。前面讲过，六清的水、浆、醴、凉、醫、酏，是一个由水加上谷、菜、果、酒等各种成分而形成的饮料体系，其总的趋势是突出酒在其中的主导作用，透出从水到酒的演进。到五齐则进入到酒的体系，五齐的泛齐、醴齐、盎齐、缇齐、沉齐，呈现了一个由浊到清的酒品体系。三酒即事酒、昔酒、清酒，则是酒的体系进入到现实生活三类性质的活动之中：无事之闲为昔酒，有事之务为事酒，祭祀要务为清酒。三酒的主题是一般之酒向祭祀之酒的演进。祭祀之酒的核心是作为王在祭祀中使用的香酒：鬯。郁鬯、秬鬯是香酒渗入不同香料而成，植物（郁金）香和谷物（黑黍）香是两基类。高诱注《吕氏春秋·审时》说："香，美也。"香的语汇群，馥、馨、芬、芳、苾等以及具有香气的物体，构成了中国之美的又一方面。鬯之香，把酒提升到高级的美。郁鬯和秬鬯是敬神的，衅鬯浴尸的，介鬯是由王参加低于王的仪式时由副手献鬯。从六饮到五齐三酒到鬯酒，既展开了饮的三个体系，又呈现了饮由水到酒到最美之酒的历程。饮的三个体系，以一种象征方式，把宇宙万物都关联了起来。

羹。最初是羊肉羹，应是西北羌戎狄的主食兼美食，后来向主食（肉羹为肉食之美味）、菜肴（演为肉菜羹汤以佐主食）、调味品（羹作为调味之食）三个方向演进。其功能也被这三个方向的其他语汇所替代，主食为食—膳所替，菜肴为肉—菜所替，调味为醢—酱所替。但羹曾有的辉煌使之在先秦饮食中有重要的地位。《尚书·说命下》和《诗经·商颂·烈祖》中都讲到了和羹，《周礼·亨人》有大羹与铏羹。三者正好构成羹的三大主类，内蕴着复杂的内容结构。大羹与和羹，透出历史的起点与终点。大羹是未作任何调味之羹，象征了羹的远古起源，并作后来祭祀的保留节目，这就是《礼记·乐记》所赞赏的"大羹不和，有遗味也"。和羹是取得最佳调味之羹，代表了现代的美味，这就是《说文·䰞部》讲的"羹，五味盉（和）羹也"。和羹与铏羹，代表了羹进入主潮时的本质与现象。和羹是从本质上讲最佳的调味，代表了和的最高境界。铏羹则是已和之羹盛在铏器之中。铏，《说文》说是器皿，《玉篇》说专用来盛羹（"羹器"），《广韵》说盛羹是用来祭祀的

[1] 从技术上讲，一是"禽"包含鱼在其中，孙诒让《周礼正义》（第 264 页）说"鱼为小牲，亦得称禽也。"二是在《庖人》在六兽六禽之后，接上了"凡其死生鲜薨之物"，补上了鱼物之类，具有互文的语义。

(“祭器”),颜师古注《汉书·司马迁传》讲其材质为陶泥(“瓦器”),贾公彦疏《仪礼·公食大夫礼》说其形状属鼎类(“铏鼎”)。看来,铏器因为专用来在祭祀中盛和羹,而在祭祀和文化中具有重要的地位,其材质一直是时代中最好,有从陶瓦到青铜的演进,其形状最近于文化中最高形式的鼎,但由于羹在上古饮食更为细致的分类中失去了专门地位和中心地位,铏器也从饮食器的体系中消失了,虽然考古学在陶器和青铜器上的成就已经洋洋大观,但却没有一件铏器,即使本来有,也被误为鼎或与鼎相近的鬲、斝等器,而莫之能辨了。然而,羹曾在饮食和文化居有最重要的地位,成为饮食本质与文化本质的典型代表:“五味和羹”(《说文·䰞部》),“和如羹焉”(《左传》昭公二十年),从而对理解饮食的本质甚为重要。食、膳、饮三大项的内在本质——“和”的思想,都在羹中得到了集中的体现。

羞。如果说,羹作为最佳美味,强调的是调味过程之和,那么,羞作为最佳美味(郑玄注曰“有滋味者”),彰显的是调和之后的结果。羞,从甲骨文和金文的字形上,反映的是更为久远的以羊作美味在祭祀中敬神的动态。下面再详讲。从《周礼》的《太宰》《内饔》《膳夫》《庖人》《食医》《笾人》《醢人》,《礼记》的《内则》,《仪礼》的《公食大夫礼》等文献,可以悟到,羞作为美味有一个不断演进的过程。羞,首先从荐羞二字中体现出来。荐与羞两字皆为进献,但“荐”强调的是献物的品类具备,“羞”强调的是献物的美好滋味。[①] 羞应是在这两分之中逐渐获得自身的词义和所指对象。但正因为羞是在“对言”中获得词义的,从而其代表的只是所指对象的部分性质,而非全部性质,因此,它与其他词共享所指对象。只有当食品的美味要求被特别突出时,才用羞去表达,但在祭祀的宴享中,又确有对食膳的味美要求,因此,羞又被用来专指一些食膳对象。这在庶羞与内羞二词中有典型的体现。庶为众多,羞为美味,庶羞者众多美味也。内羞是在房内专备或惯例应备的美味,庶羞有新鲜甚至意外的新羞。内羞与庶羞对言时,内羞为食品之羞,即盛于笾中的糗饵、粉糍(是用稻米粉、黍米粉制成的糕和饼)和盛于豆中的糁食(以米和牛、羊、豕膏熬成的厚粥)、酏食(以水浸稻米,和以牛、羊、豕膏而熬成的厚粥),庶羞是膳品之羞,即带有胾醢的羊臐豕膮。在摆放上,庶羞来自外且重点在膳,因而属阳摆放于左,内羞来自内且重点在食,因而属阴摆放在右。庶羞单用,以其庶的要点在“众多”和羞的要点在“滋味”,而可以用于各类

① 也许,羞又为谦词。荐羞是进献于神,此羞于我们是最美之味,于神灵也许尚有不足,如此敬献,不成敬意,不好意思,甚为羞愧。

食膳中对美味的强调。《膳夫》讲王的饮食中,“羞有百二十品”,《食医》讲,王的饮食中有“百羞”。郑玄注《礼记·内则》说“牛脩、鹿脯、田豕脯、麋脯、麇脯,麋、鹿、田豕、麇皆有轩,雉兔皆有芼。爵,鷃,蜩,范,芝,栭,菱,椇,枣,栗,榛,柿,瓜,桃,李,梅,杏,楂,梨,姜,桂”这31物,都属于王的120品庶羞之列。《仪礼·公食大夫礼》列了上大夫二十豆:牛臛之脚,羊臛之臐,豕臛之膮,牛炙,肉酱之醢,牛胾,醢,牛脍,羊炙,羊胾,醢,豕炙,醢①,豕胾,芥酱,鱼脍,雉,兔,鹑,鷃,明确地讲是“庶羞”,都是从滋味美的角度讲的。从这角度看,可以理解三礼中对羞的不同使用,为强调众膳之美味,用了“膳羞”(同理应可用食羞、菜羞、果羞),为彰显禽膳之美味,用了“禽羞”(同理应可用畜羞、兽羞),为突出十二鼎系列中三陪鼎里的脚、臐、膮之味美,用了“羞鼎”(同理应可用羞豆、羞笾)。为了对羞之美味本身,特别是特殊地域特殊季节才有的物品,加以点赞,可称之为“好羞”。郑玄注《周礼·庖人》对“好羞”的举例,有“荆州之鲝鱼,青州之蟹胥”。以此类推,《吕氏春秋·本味》中的肉、鱼、菜、和、饭、水、果之美也应属于好羞之列:

> 肉之美者:猩猩之唇,獾獾之炙,隽觾之翠,述荡之腕,旄象之约。流沙之西,丹山之南,有凤之丸,沃民所食。鱼之美者:洞庭之鱄,东海之鲕,醴水之鱼,名曰朱鳖,六足,有珠百碧。雚水之鱼,名曰鳐,其状若鲤而有翼,常从西海夜飞,游于东海。菜之美者:昆仑之苹;寿木之华;指姑之东,中容之国,有赤木、玄木之叶焉;余瞀之南,南极之崖,有菜,其名曰嘉树,其色若碧;阳华之芸;云梦之芹;具区之菁;浸渊之草,名曰土英。和之美者:阳朴之姜;招摇之桂;越骆之菌;鳣鲔之醢;大夏之盐;宰揭之露,其色如玉;长泽之卵。饭之美者:玄山之禾,不周之粟,阳山之穄,南海之秬。水之美者:三危之露;昆仑之井;沮江之丘,名曰摇水;曰山之水;高泉之山,其上有涌泉焉;冀州之原。果之美者:沙棠之实;常山之北,投渊之上,有百果焉;群帝所食;箕山之东,青鸟之所,有甘栌焉;江浦之橘;云梦之柚;汉上石耳。

羞,《说文》讲:“进献也。从羊,羊,所进也;从丑。”段玉裁注曰:“从丑者,谓手持以进也。”羞的甲骨文和金文为:

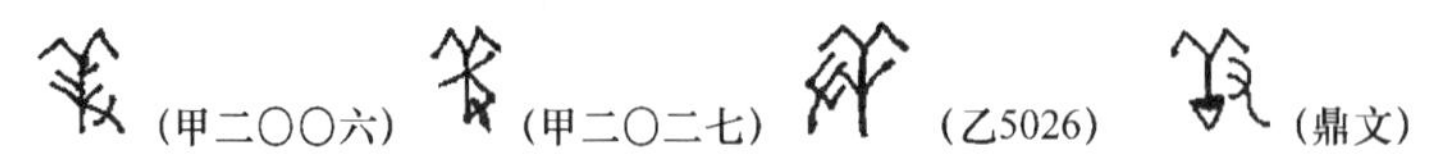

① 孙诒让《周礼正义》说,三个“醢”字,内容承前词省,为:牛胾醢,羊胾醢,豕炙醢。

罗振玉、刘心源、强运开、马叙伦皆释为：以手持羊进献。[①] 从字源看，来于羊肉之美，进而成为膳之美，进而成为一切味之美。尽管其在历史的演进中有不同的用法，甚至成为专名，但其味之美的内涵一直贯穿其中，而成为具有普遍性的美味专词。

珍。与羞一样，珍也是强调的滋味之美。《玉篇》释“珍”曰：“美也。”《正字通》曰：“食之美者亦曰珍。”但珍主要是赋予味美之品以美誉，在《周礼·食医》中，珍被归为“八珍”，这里珍之八与食之六、饮之六、膳之六、羞之百，酱之百并列，具有概括之意。《礼记·内则》从用料—烹调—结果的合一上讲了八种食品，孔颖达正义认为是“明八珍之馔”。其为：淳熬珍、淳毋珍、炮珍、捣珍、渍珍、为熬珍、糁珍、肝膋珍。[②] 从而八珍成为相对固定的美味象征。如果说，食—膳—饮代表了饮食的三种基本类型，那么，羹—羞—珍则体现了饮食的三种美味。羹是最初的美味，它以一种具体的饮食形式体现出来，又超越于具体的饮食形式而具有多种走向并朝抽象普泛的高度提升。羞则是这美味在普泛抽象上的完成，同时，又把普泛化的美味，具体为可见的规范形式：内羞和庶羞。这规范性的内羞和庶羞，只是在仪式中的形式规范，而非食膳中的具体规定。各类美味之羞，皆可进入到内羞和庶羞之中。珍则是在味美之羞的基础上，一种具体的定型。八珍内蕴着烹调方式（酱、熏、煨、炮、烤、捣、熬），食膳原料（牛、羊、麋、鹿、马、豕、狗、狼），最后成品三个方面的规定，既有理论内容又有具体膳品，还象征高贵的经典。

酱。在《周礼·膳夫》中，成为调味品的总名，该部呈现食—膳—饮—羞—珍—酱的体系，并讲了酱本身构成的体系：“酱用百有二十瓮。”但从《周礼》的《醢人》《醯人》以及其他先秦文献，透露出远古饮食的调味器，经历了从羹到醢到酱的演进。《左传·昭公二十年》的“和如羹焉”，透出了羹是最初的典型调味品。调味品的进一步演进与体系化，形成了《周礼·醢人》中讲的“五齑、七醢、七菹、三臡”。这是四类由不同物料作成的调味品。

① 《古文字诂林》（第十册），第1111页。

② 《礼记·内则》论“八珍”为：“淳熬：煎醢，加于陆稻上，沃之以膏曰淳熬。淳毋：煎醢，加于黍食上，沃之以膏曰淳毋。炮：取豚若将，刲之刳之，实枣于其腹中，编萑以苴之，涂之以谨涂，炮之，涂皆干，擘之，濯手以摩之，去其皽，为稻粉糔溲之以为酏，以付豚煎诸膏，膏必灭之，巨镬汤以小鼎芗脯于其中，使其汤毋灭鼎，三日三夜毋绝火，而后调之以醯醢。捣珍：取牛羊麋鹿麇之肉必胨，每物与牛若一捶，反侧之，去其饵，孰出之，去其皽，柔其肉。渍：取牛肉必新杀者，薄切之，必绝其理；湛诸美酒，期朝而食之以醢若醯醷。为熬：捶之，去其皽，编萑布牛肉焉，屑桂与姜以洒诸上而盐之，干而食之。施羊亦如之，施麋、施鹿、施麇皆如牛羊。欲濡肉则释而煎之以醢，欲干肉则捶而食之。糁：取牛羊豕之肉，三如一小切之，与稻米；稻米二肉一，合以为饵煎之。肝膋：取狗肝一，幪之，以其膋濡炙之，举燋，其膋不蓼；取稻米举糔溲之，小切狼臅膏，以与稻米为酏。”

菹是把植物切片做成的调味品，七菹是七种植物：韭、菁、茆、葵、芹、苔、笋菹，从而形成七种不同的调味品。齑是把植物或动物切细做成的调味品，五齑即五种动植物：昌本、脾析、蜃、豚拍、深蒲。醢是把各类禽兽做成肉酱而来的调味品，七醢是：醓、蠃、蠯、蚳、鱼、兔、雁醢。臡也是用动物做成肉酱而来的调味品，臡与醢的区别是醢为肉而臡带骨[①]。而且不仅是带骨，还在于这骨是珍贵动物的具有营养价值的骨。三臡是三种珍贵动物：麋、鹿、麇连肉带骨做成的臡。菹、齑、醢、臡呈现了调味品的体系，首先是植物—植物动物混合—动物，动物又展开为无骨之肉和带骨之肉两类。在植物中有水产与陆产的关系，在动物中有水陆空之物的关系，六牲与其他动物的关系，一般动物与珍贵动物的关系。从而七菹、五齑、七醢、三臡的整体结构，内蕴着天地万物之间内在的关系（用郑玄的注语来讲是"气味相成"）。这一内在关系在古代汉语的表达里，菹、齑、醢、臡放在一起作为"对言"时，是有区别的，但作为具有共性之物进行"散言"，又是互通的。比如，菹与齑是有区别的，一为植物，一为动植物，但在散言时菹也可用于齑所涉之动物，所谓"菹齑散文得通"。同样，醢与臡是有区别的，一为全肉，一为有骨之肉，但在散言时"三臡亦醢也"，这叫"散文则通"。[②] 所谓"散文"即用此词不是讲的区别性一面，而是讲的共性一面。唐代文字学家的对文和散文，在清代文字学家中，多称为析言与统言，对于四大调味类型，孙诒让说："析言之则齑、菹、臡与醢别，统言之则齑、菹、臡得通称醢。"[③]调味体系四大基类的四个文字，内蕴着调味体系的来源和演进，菹透出了采集时代以来演进，臡露显了狩猎时代以来的演进，齑即齐，呈现了自采集—狩猎时代以来在调味技术（齐）上的努力，醢显示了酒在调味中的作用。郑玄注《醢人》曰："作醢及臡者，必先膊干其肉乃后莝之，杂以粱、曲及盐，渍以美酒，涂置瓶中百日则成矣。"四大调味可通称为醢，呈现的正是调味品的演进过程。

齑、菹、臡、醢，作为调味品，对言之时，强调的是由材料的独特性而形成的调味品独特性，醯则是一种强调调味本身的调味品，特别是植物之齑和与植物相关的菹，"皆须醯而成味"。这样调味品有两个层次，齑、菹、臡、醢可用醢为代表，须再调味的齑菹之属以及醯本身，以醯为代表。调味品的两个层次，可称之为醯醢。醯醢的呈现状态为酱，因此，孙诒让曰："凡

---

① 郑众注《醢人》曰："有骨为臡，无骨为醢"《尔雅·释器》："肉谓之醢，有骨谓之臡。"郭璞注云："醢，肉酱，臡，杂骨酱。"参（清）孙诒让：《周礼正义》，第398页。

② （清）孙诒让：《周礼正义》，第397页。

③ （清）孙诒让：《周礼正义》，第409页。

经言酱者,多为醢醢之通名。"[①]由此透出,调味品的演进,由羹而醢醢而酱。这一演进,由强调具体之食膳材料(羹中的羊)到突出调料本身(醢醢中的酒)到呈现调料形成的状态(酱是食膳材料和调品材料在新形态上的合成)。酱定型了中国饮食对调味品的命名。但这一命名并非机械僵硬的,而是一种圆转体系的结构:酱—醢醢—齑菹臡醢—五齑七菹三臡七醢。

中国饮食的七字体系,食—膳—饮—羹—羞—珍—酱。食、膳、饮是基本类,羹、羞、珍是由基本类向美味的提升,酱则使基本类和美味类进一步锦上添花。

第三节　饮食体系的天地关联与美学特点

食—膳—饮—羹—羞—珍—酱作为中国饮食体系,以如是的静态结构呈现,是容易把握的,但其得以形成如是静态结构的后面之内容,却容易被西方学人和中国现代学人所忽略,而这正是静态结构会得以如此组织的基础。这一基础的核心是饮食体系与天地运行的动态关联。其内容首先是《左传·昭公元年》讲的"天有六气,降生五味"。饮食的本质之味,酸苦甘辛咸,来自天地的运行之气,而由气生味之后,味自身的运转是《礼记·礼运》讲的:"五味、六和、十二食,还相为质也。"这段话讲的是,五味在天旋地转的时间中运行,产生了味在每季之间的变化,进而产生十二月中不同的具体饮食。冬尽岁终又回到春之正月,开始新一年,但具体的饮食又回到春之正月的性质,循环而恒定。这一段话又包含了由历史演进而造成的读解困难。在远古之初,是十月历,一年五季,每季两月,五味与五季相合,五季之味,酸、苦、甘、辛、咸,各有所偏,如《周礼·食医》讲的"春多酸,夏多苦,秋多辛,冬多咸",需要从天地之和与五味之和的原则进行调节,具体进行,如《礼记·内则》说的"枣、栗、饴、蜜以甘之,堇、荁、枌、榆、免、薨、滫、瀡以滑之,脂、膏以膏之"。这里包含了两个方面,一是用各类植物动物材料对各季之味进行调节,二是各种动植物材料中主要形成三种调节方式:甘之、滑之、膏之。孔颖达正义对之的解释是,甘使原有所偏的食味得到调适,滑使已和之食"柔滑"鲜嫩,膏使已和之食产生"香美"。想在最初的十月五季历中的第三季(在十二月四季历中被称为"季夏")的食物之"甘"与作为调料的"枣、栗、饴、蜜"

---

① (清)孙诒让:《周礼正义》,第407页。

之甘应是有区别的。由此推之，六和应为甘、滑、膏总在一起作为一种调和之方，与五味构成六和。郑玄注《周礼·疾医》曰："五味，醯、酒、饴蜜、姜、盐之属也。"应是甘、滑、膏在调味体系上的展开。在十月五季的漫长岁月中，五味加甘、滑、膏进行的组合应有非常丰富的内容。也许因古历的主流转为十二月四季以后，造成对原初话语的解释困难，其丰富内容就逐渐且终于遗失了。四季十二月历因为少了一季，味与季的配置，成了春酸，夏苦，秋辛，冬咸。甘的调味性质得到了提升，于是汉人用五行理论重新解释，《淮南子·墬形训》说："味有五变，甘其主也。"贾公彦疏曰："于五味甘为上，故甘总调四时。"这样，对"六和"的解释，就成了郑玄注《礼运》的四季和味"皆有滑甘"(《内则》文中本有"调以滑甘"，"膏"被包括在"滑"之中)，即用滑与甘，加上四季的酸苦辛咸构成"六和"。如此解释虽然还有让人困惑之处，但其基本原理还是清楚的。即天地运转变化产生了一年四季的五味的运转变化，进而形成了十二月中饮食的不同。但十二月饮食的变化又是有自身的规律的。五味六和十二食突出的是饮食在天地间运转中的规律。只有理解了这一规律，才能使一年四季十二月的饮食在每一季每一月恰到好处，无过无不及。每一月的饮食之味皆能谐和，做到在味和的基础以味和气，以气强身，以身合天。远古的饮食由此是一个动态体系。《诗经·七月》有："六月食郁及薁，七月亨葵及菽。八月剥枣，十月获稻。为此春酒，以介眉寿。七月食瓜，八月断壶，九月叔苴，采荼薪樗，食我农夫。"就是以这个动态体系为基础，呈现从此月到彼月的流动中，各类食物新生出来，成为当月之佳食。《礼记·内则》曰："牛宜稌，羊宜黍，豕宜稷，犬宜粱，雁宜麦，鱼宜苽。春宜羔豚膳膏芗，夏宜腒鱐膳膏臊，秋宜犊麛膳膏腥，冬宜鲜羽膳膏膻。"也是在这一动态体系中，强调各类食物的配搭，达到味在各季的谐和。《周礼·食医》和《礼记·内则》讲了相同的话："凡食齐视春时，羹齐视夏时，酱齐视秋时，饮齐视冬时。"即在食羹酱饮这四类食品中，食应依法春之原则，以温为美，羹相同于夏之原则，以热为佳，酱应根据秋之原则，以凉为好，饮同构于冬之原则，以寒为宜。食羹酱饮依其本质，无论在春夏还是在秋冬，都以温热凉寒为宜。食羹酱饮如此，其他各类又何尝不是如此。理解了饮食在季节的变动中有本性的恒常，才算对饮食在天地运转中的动态规律有了更进一步的认识。一方面各种食物有自己恒定的标准，另一方面这一标准又是与天地自然的运转规律相暗合的：《春秋繁露·四祭篇》讲四季的祭祀，春祠、夏礿、秋尝、冬烝，是要在时间运转的关节点上，配上合适的食物，让食与时和谐运行："祠者以正月始食韭也；礿者以四月食麦也；尝者以七月尝黍稷也；烝者以十月进初稻也。”这里从某一具体的方面，透出了十二月的饮食“还相为质”的内容。中国远古饮食体系与天地的关联，从《夏小正》《诗经·七月》《逸周书·时训解》到《管子》(《幼官》《四时》《五行》《轻重己》)到《吕氏春秋·十二月纪》《礼记·月令》《淮南子·时则训》，有丰富的体现，演进到秦汉，被定型在五行的相互关联体系里，如表12-1。

表12-1

<table>
<tr><th colspan="2"></th><th>味</th><th>臭</th><th>脏</th><th>畜</th><th>谷</th><th>菜</th><th>果</th><th>调味</th><th>食温</th><th>……</th></tr>
<tr><td rowspan="3">春</td><td>孟春</td><td rowspan="3">酸</td><td rowspan="3">膻</td><td rowspan="3">肝</td><td rowspan="3">鸡</td><td rowspan="3">麦</td><td rowspan="3">韭</td><td rowspan="3">李</td><td rowspan="3">醯</td><td rowspan="3">食</td><td rowspan="3">……</td></tr>
<tr><td>仲春</td></tr>
<tr><td>孟春</td></tr>
<tr><td rowspan="3">夏</td><td>孟夏</td><td rowspan="3">苦</td><td rowspan="3">焦</td><td rowspan="3">心</td><td rowspan="3">羊</td><td rowspan="3">黍</td><td rowspan="3">薤</td><td rowspan="3">杏</td><td rowspan="3">酒</td><td rowspan="3">羹</td><td rowspan="3">……</td></tr>
<tr><td>仲夏</td></tr>
<tr><td>季夏</td></tr>
<tr><td colspan="2">年中</td><td>甘</td><td>香</td><td>脾</td><td>牛</td><td>稷</td><td>葵</td><td>枣</td><td>饴蜜</td><td></td><td>……</td></tr>
<tr><td rowspan="3">秋</td><td>孟秋</td><td rowspan="3">辛</td><td rowspan="3">腥</td><td rowspan="3">肺</td><td rowspan="3">马</td><td rowspan="3">稻</td><td rowspan="3">葱</td><td rowspan="3">桃</td><td rowspan="3">姜</td><td rowspan="3">酱</td><td rowspan="3">……</td></tr>
<tr><td>仲秋</td></tr>
<tr><td>季秋</td></tr>
<tr><td rowspan="3">冬</td><td>孟冬</td><td rowspan="3">咸</td><td rowspan="3">朽</td><td rowspan="3">肾</td><td rowspan="3">豕</td><td rowspan="3">豆</td><td rowspan="3">藿</td><td rowspan="3">栗</td><td rowspan="3">盐</td><td rowspan="3">饮</td><td rowspan="3">……</td></tr>
<tr><td>仲冬</td></tr>
<tr><td>季冬</td></tr>
</table>

在表12-1里，重要的是，把各种关联按一年四季十二月的时间行进，从动态的角度让其运转起来，以“和”为中心，即将之本质性的五味独立出来，又将之与具体性的十二食关联起来。这就是《尚书·舜典》“食哉时也”的主题，也是《礼记·礼运》“饮食必时”的要旨。从“五味、六和、十二食”的关联中体会到饮食体系在天地运转中从本质到现象的动态，再由之进入到食—膳—饮—羹—羞—珍—酱的静态结构。远古饮食的理论本质才会完整地透露出来，同时，饮食在天地运转和多方关联中作为味之美，才以中国的方式呈现出来，使饮食之味成为中国美学中的一个必要和重要的组成部分。

第十三章　旨、甘、味：中国远古饮食之美的三大概念

第一节　饮食在古礼中的重要性与饮食之美的特点

中国文化与世界其他文化的区别是在远古形成的礼乐文化，礼乐文化的一个重要特征就是对饮食美味的关注。《礼记·礼运》曰："夫礼之初，始诸饮食，其燔黍捭豚，污尊而抔饮，蒉桴而土鼓，犹若可以致其敬于鬼神。"讲了礼的起源在于饮食，目的在于致敬鬼神，先民看来，鬼神掌握天地人的规律，人礼为了自身的幸福而敬鬼神。远古之时，人以经常饱食为大幸，同样认为，"神嗜饮食"（《诗·小雅·楚茨》）和"鬼尤求食"（《左传·宣公四年》）。这两句话，非常鲜明地点出了中国礼乐文化的特征。而中国美学的特点也正是由此而产生出来。

前面《礼记·礼运》所引的话，显示了创礼之初还没有饮食之器，因此礼的方式，对于食，郑玄注说，是把黍（的植物类）和豚（的肉类）放在石上烧（燔）熟而食之。对于饮，孔颖达疏曰，是"凿池污下而盛酒"，"以手掬之而饮"。当陶器产生了，陶器就围绕着礼中的饮食而形成了以炊器、食器、饮器为核心的体系性的组合，当青铜出现了，青铜器又围绕着礼中的饮食而形成了体系性的组合，在礼的神圣光环的照耀下，饮食器与饮食相互推动，由三皇五帝到夏商周，饮食之器有了辉煌体系：有包括炊器在内的食器系列如鼎、镬、爨、俎、鬲、甗、簋、敦、笾、豆、铺、盆……有包括饮酒器和盛酒器在内的酒器系列如爵、角、斝、觚、觯、角、散（方壶酒器）、觥、尊、卣、壶、瓿、方彝、缶……有水器系列如盘、盉、匜、盂……与饮食器的体系展现相应的，是饮食体系在三皇五帝夏商周的历史演进和东西南北中的相互交融中的丰富展开。在《周礼》中食官在朝廷中占有重要位置，排在六官之首的天官系统的前列，而且"规模庞大，有 50 种食官和 3794 名餐饮技术人员，其职

能涵盖了饮食活动的全过程。”[①]饮食体系，在负责帝王饮食的“膳夫”中，被分为食之六谷（稻粱菽麦黍稷[②]），膳之六牲（牛羊豕犬雁鱼[③]），珍之八种（郑玄注为淳熬、淳母、炮豚、炮牂、捣珍、渍、熬、肝膋），还有酱（作料）用120瓮，羞（郑玄注“有滋味者”，即最美的菜品）用120品。在“笾人”中，讲在晨祭（朝事）时，笾（竹制盛器）里要放“麷、蕡、白、黑、形盐、膴、鲍鱼、鱐”；月祭（馈食）时，笾中要放“枣、栗、桃、干橑、榛实”；祭宴（羞笾）时，要放“糗饵、粉糍”。在“醢人”中，讲在每日晨祭（朝事）之时，豆（高脚器皿）中要放：韭菹、醓醢，昌本、麋臡，菁菹、鹿臡，茅菹、麇臡；月祭（馈食）之时，豆中要放：葵菹、蠃醢，脾析、蠯醢，蜃、蚳醢，豚拍、鱼醢。在“酒正”中，按事的性质，分为有事而饮的“事酒”，无事而饮的“昔酒”，祭祀而饮的“清酒”；按酒的清浊，分为五齐：泛齐、醴齐、盎齐、缇齐、沉齐；按酒的淡浓，分为四饮：清、医、浆、酏[④]。如此等等，其饮食体系真乃博大精深。当礼在初民的事神求福中以饮食为核心而产生时，是食祭一体，当政治从祭礼中逐渐有了相对独立的功能时，是食政一体，在三代中理性化最高的西周，呈现的是食祭一体、食政交融、祭政合一，食、政、祭三者由礼而形成一个统一整体。食、政、祭的三位一体彰显的是饮食在中国文化中的核心作用。正是中国文化在远古的这一独特的演化进程，使饮食在整个文化中具有示范地位，可以运用于文化的各个领域。在中国，人民的生存本性与吃有关，“民人以食为天”（《史记·郦生陆贾传》）；国家的安定与帝王的饮食有关，治国用烹调来比喻，“治大国者曰烹小鲜”（《老子》）；远古士大夫的一个重要资历就是饮食上的知识和技能，《吕氏春秋·本味》里讲，商汤的宰相伊尹就是厨艺高超的厨师，商汤起用他主要因为他的烹饪知识；《周礼》百官中，冢宰（即宰相）列在天官之首，也是一个大厨师形象。在《论语》《孟子》《墨子》中，不少深刻思想都用食物和饮食来比喻。中国的人是以口来代表的，几口人，户口；人的集合词是人口，而不是人脚，或人加上其他人体部位；有面子，是“吃得开”，没面子，是“吃不开”；有麻烦，是“吃不了，兜着走”；受不了，叫“吃不消”；受了苦，叫“吃苦”；上了当，叫“吃亏”；要答谢别人或请人帮忙，就请人吃饭。吸取教训，叫“吃一堑，长一智”；仇恨人，说“恨不得吃了你”；对敌人，要“饥餐渴饮”“食肉寝皮”。古代的刑法，也采用烹调方式，

---

① 王雪萍：《〈周礼〉饮食制度研究》，博士学位论文，扬州大学，2007，第1页。

② 郑玄注引郑众语为稌黍稷粱麦苽，后来（如《三字经》等）一般定为上引六项。

③ 郑玄注为：牛马羊豕犬鸡。但这是六畜分类，而马不是食品，王引之《经义述闻·周官上》改为上述六项。

④ 贾公彦疏：清，是醴清（即清水状的醴）。医，谓酿粥为醴。浆，是截浆（即截浆状的酒）。酏，是薄粥（即薄粥状的酒）。

比如：剐，是切成肉丝；醢，是剁成肉泥；铡，是拦腰斩断；烹，是下镬；炮烙，是烧烤……吃几乎可以运用到一切方面。学习上，有“食古不化”；风景好，说“秀色可餐”；艺术上，要有诗中之味，画中之味；道德上，孟子夸耀自己“饱乎仁义”（《孟子·告子上》）。孔颖达疏《礼记·礼器》（“天子一食”）曰：“尊者常以德为饱”。饮食在文化中的重要性，在其由礼于原始时代产生及向夏商周的演进过程中形成的。这一渊源也决定了饮食在中国美学形成中的重要性。美食美味美酒嘉肴，成为一种中文的常用语，同时也是反映中国人把饮食既作为人性的一个基本部分，所谓“食色，性也”（《孟子·告子上》），也作为美学的一个核心部分，主要体现在旨、甘、味三个概念与美学的交融并作为美和美感来使用。

第二节　旨与甘：饮食之美的两个美学概念

在《尚书》《诗经》时代，饮食之美主要体现在“旨”字上。《说文》讲：旨，“美也。从甘，匕声。”商承祚说：从旨的金文看，从甘又从口。甘与口，古同字同义。马叙伦说：旨，是嗜的初文。杨树达说：古文旨耆为一音，故知甲骨文之旨即耆（嗜）[1]。网上“象形字典”讲，旨的甲骨文，上部的即匕，是食匙，下部的是口，旨就是“用匙子取食放在嘴里品尝”。[2] 但旨之为美，在于以一种美食的标准去尝。因此，马、杨二人解为嗜，所嗜之食一定是美食。《诗经·谷风》里“我有旨蓄”，毛传曰：旨，美也。把“旨”普遍化为美味。《诗经·防有鹊巢》里，有“邛有旨苕”，用“旨”来形容指作为植物的苕之美[3]；又有“邛有旨鹝”，用“旨”来表达作为鸟类的鹝之美。《尚书·说命中》“王曰：旨哉，说乃言惟服”，明显也是把“旨”作为超越美味而具有普遍意义的“美”，用来指美言，讲听到美好的言辞与吃到美好的饮食一样，给人的感受是美。

然而“旨”之为美，又在于远古之时，饮食与言辞都与口有内在关联，《左传·昭公九年》有“味以行气，气以充志，志以定言，言以出令”。而在先秦的理性化主潮中，饮食之美与言辞之美开始了分离。饮食之美的主要语汇，就由“旨”转到了甘。《墨子·非乐》有“目之所美，耳之所乐，口之所甘”。《孟子·梁惠王上》有“为肥甘不足于口与？轻暖不足于体与？抑为采色不足视于目与？声音不足听于耳与”。两段中都是色声味并列而讲口

---

① 《古文字诂林》（第五册），第 69—70 页。

② 网上象形字典“旨”（http://www.vividict.com/WordInfo.aspxd）。

③ 毛传：“苕，草也。”郑玄笺：“邛之有美苕。”

嗜甘。《说文》："甘，美也。从口含一。一，道也。"段玉裁注："甘为五味之一。而五味之可口皆曰甘。"讲甘从特殊味道上升为普遍的味道之美。段注也讲："食物不一。而道则一。"即甘作为饮食之美，是就理论的普遍性而言。为什么甘能成为普遍性的美呢？就要从许慎的"从口含一"来说了。马叔伦说："甘为含之初文……从口，象所含之物。"食物含在口中又不急于吞下，慢慢地品味，美感从这里产生出来。因此，在先秦文献里，甘不仅作为饮食之味，有甘味、甘腥、甘肥、甘醴、甘饵……而且可用于自然之水，有甘泽、甘水、甘露、甘雨、甘泉、甘井……用于植物之类，有甘草、甘棠、甘瓤、甘瓠、甘栌……用于动物之类，有甘鸡、甘鱼……用于人物之类，有甘君、甘人……用于语言之辞，有甘言、甘辞……用于心理感受，有甘心、甘与、甘受、甘冥、甘利（心以有利为美）、甘节（心以节俭为美）……甘可以从味之美感而扩展为一般的美感，又与许慎讲的"一、道也"相关。章炳麟说："道即覃，长味也。"还是从甘之美感的普遍性讲，而在杨树达看来，在于口中含食的品味和哲学之道的契合，他在注释《说文》的"一，道也"时说"道即是味，味无形可象，以一表之。"[①]这些都是汉代以来的解释，但却基本符合先秦的以甘为之美，进而为普遍之美。《说文》释"美"就用"甘也"，可见甘在普遍美感上之重要。

第三节　味：饮食之美的重要概念

先秦从饮食方面而成为美的语汇，除了旨与甘，还有味。《说文》曰：味，"滋味也。从口，未声。"网上"象形字典"说：味的篆文为[illegible]，是[illegible]（口，吞咽）加上[illegible]（未，还没发生），"表示尝而未吞"。段玉裁注《说文》曰："滋言多也。"多即丰富味长。马叙伦说，味之"义由含哺而引申"[②]。倘如是，则旨、甘、味之能作为美，有一共性，都趋向口中的品味，旨作为嗜，是由主体品味而来的美，甘是五味（酸、甘、苦、辛、咸）中与其它四味的比较让人感到最愉快而成为美。甘是甜的本字，甜即甛，《说文》："甛，美也，从甘从舌。舌，知甘者。"同样从（舌之）尝味而来。在五味之中，甜（甘）最容易感到味美的愉快，辛、苦、酸都容易让人感到味的不快，因此三味延伸到心理感受，都是负面的（痛苦、贫苦、劳苦……艰辛、辛劳、辛苦……心酸、酸楚、寒酸……），咸是中性的。由甜而来的甘，可以代表味的美，进而成为普遍

---

① 《古文字诂林》（第四册），第765—767页。

② 《古文字诂林》（第二册），第15页。

的美。然而在先秦的礼崩乐坏中，感官之美的色声味由于脱离，甚至违背礼的体系，从而遭到儒墨道法诸家的普遍攻击，而各家思想都不从感官的美感，而从内在的美感去寻求美的意义。《孟子·梁惠王上》讲了肥甘于口之乐不是真正的乐，《墨子·非乐》讲了，当一般百姓饥饿着而统治者却追求甘味美肴，是很不好的。《庄子·山木》说："君子之交淡若水，小人之交甘若醴。"《韩非子·扬权》说："夫香美脆味，厚酒肥肉，甘口而病形。"……明显地都把一种政治的、伦理的、哲学的、人格的内容之美放得更高，而把感官快适的"甘"看得较低乃至负面。而味，既是一个整体性词语，又是一个内容性词汇。因此，在整体性上，由味来谈美就代替了由甘来谈美。另外，从整体性讲，甘只是味之一，其他四味也是味，也有自己应有的作用和独特的功能，也有美，因此，味之美在于整体性的美本身，本来，以味讲美与以旨讲美和以甘讲美，一直并行，但在演进中，味得到了最大的突出：

> 《左传·昭公二十年》："先王之济五味，和五声也，以平其心，成其政也。"
>
> 《老子》："五味令人口爽。"
>
> 《墨子·非乐》"五味芬芳以塞其口。"
>
> 《孟子·告子上》："口好味。"

因此，味，在汉语特性里，既是五味为代表的味的全体，又是味的全体之中的本质性东西（至味）和最美的东西（美味），还是作为动词表示对味的品尝（寻味、品味、体味）。因此，当甘因其只是口感的快适而遭到各家的攻击之时，味却对味本身进行一种区分，于基本项有甘味、苦味、酸味、咸味、辛味，在褒贬上有正面的美味、甘味、正味、至味等和负面的异味、亵味、疾味、烈味、臭味等。但由于味这一词汇具有可以超越具体之味的本质性（至味），而保持了美感的正面性。后来《吕氏春秋·本味篇》对味之美的总结显示出来：首先，是原料，有肉的各类至美、鱼的各类至美、菜的各类至美、果的各类至美，以及调料（和）之美。然后，是三材：水、木、火。三者之中水最为重要，与前面的肉鱼菜果放在一起。有了这些，加上厨师之艺，使本来有腥、臊、膻的鱼虫牛羊变成美味。更为重要是的，厨师之艺与天道相通，"精妙微纤，口弗能言，志不能喻"。有了这天人之和，至味才产生出来。而且，造就至味的道理和技术，与治理天下的道理和技术的同一的。《本味篇》最后说："天子成则至味具。故审近所以知远也，成已所以成人也；圣人之道要矣。"从这里可以知道，味与道契，因此，味之美可以作为美的示范，具有普遍性。而正是"味"这一词汇的圆转性，一方面在"甘"被批判时保持了美的正面性，另一方面本与深层之味相连，在儒家是大羹不和的至淡遗味，在道家是超越诸味的至味无味[①]，从而具有了味之美的形上品质。因此，当后来魏晋时期诗书画园林等作为相对独立的艺术用来表达士人情志之后，产生了艺术美感的滋味。钟嵘《诗品序》云"五言居文辞之要，是众作之有滋味者"，从而五言诗在诗歌体式中应有重要的地位。

总而言之，远古的饮食之美，旨、甘、味并头并进，各显风采，演进到最后，只有味进入到了中国美学的核心。

① 《礼记·乐记》："大飨之礼，尚玄酒而俎腥鱼，大羹不和，有遗味者矣。"《老子》："大音希声，大象无形。"以此类推，于味，当然是大味无味。

第十四章　釜—罐—盎：饮食礼器与审美观念之一

饮食器在远古中国的饮食演进中起了重要作用，不但使饮食变成美味，同时使饮食器成为美器。饮食器主要展开为三大方面：炊煮器、盛食器（包括食器和饮器）、贮食器。这三类饮食器在远古最初的器形呈现为：主要由炊器而来的釜，主要由贮器而来的罐，主要由盛器而来的盎。釜—罐—盎内蕴了怎样的观念而使自己成为美器的呢？下面且依次论之。

第一节　釜：最初的炊器与观念内容

新石器早期最初的农业刍形，于 18000 年前在华南出现，就产生了最初的绳纹圆底釜陶器，这时的陶器是以炊器为主的。釜即是炊煮器，又是盛食器，釜炊煮而食物熟，可列釜而食。釜是炊煮和盛食的统一。理解到这一点甚为重要。如果说，火的使用，让生食转为熟食，并使火具有了崇高的地位；那么，炊煮陶器的发明，使与火对立的水，在炊煮器中，有了一种新型的合作形式。《易》中的未济卦是水（坎）下火（离）上，是从水与火的自然性质讲；既济之卦是火（离）下水（坎）上，把两种对立的自然之性进行了文化性的组合，使之很好地结合了起来。这两卦的思想，应当有更悠久的历史基础，曲折地反映了远古先民从火的发明到陶器发展这一漫长过程的观念思考。把对立不容的水和火，升华为更高层度上的和谐的炊煮器，被命名为釜。谯周《古史考》说"有釜甑，而水火之道成矣"。文字是青铜时代之后造的，因此釜字从金，但造字的基础在于具有悠长历史的口语流传作为基础，《说文》有"鬴"，认为与釜类同。透出了，远古具有釜功能的陶器，演进到后来鬲出现之后，称为"鬴"。如果把鬲追溯到早期的陶器，就是当时之釜。釜由器的材质和父构成。父，为持斧之人，斧从斤而来又演进为戉，成为巫王的象征，斧在这一演进过程当然也是巫王的象征，父型巫王因有斧而美，称为甫[①]。甫是巫王的美称。考虑到中国远古仪式中饮食占有的主要位置，斧—父—甫一定要加上作为炊煮器的釜，才是完整的。陶釜的发明使水火对立和谐这一新思想，在创造之初令人兴奋，承继发展中令人感叹。甫作为陶器之初的美，是父(人)—斧(权杖)—釜(炊器)的统一。当釜演进为鬲之后，甫仍然与之相随，而成为融。融的字中有美称之甫和鬲的前身釜器，釜与甫音同义通，透出了陶釜在产生之时起，就与最高的美相连。陶器的釜之美内蕴着两个方面，一个是仪式结构中的父—斧—釜—甫的仪式整体美，二是由釜对水火的运用而来人与自然的天道之美。这两个方面都与"和"的思想相关。由釜而来的美感，关联到这两方面"和"的思想。前一方面关系到饮食器—人—政治的关系，后一方面关系到饮食器—人—自然之间的关系。这两方面的和的观念，在不同的地域和文化中应有多种多样的形式，从而产生了东西南北不同的釜形。这些不同的器形和同一的功能形成了釜演进的基础，在器形—功能—观念的互动中，釜的演进后来升级为鼎。这就是后话了。虽然远古的炊器升级为鼎之后，釜仍然存在，但从鼎中，可以体会釜所内蕴的观念内容(将在十五章中详论)。

第二节　罐：最初的贮器与观念内容

远古中国进入到新石器早期晚段(前 9000—前 7000)，五大地区产生各有特点的陶器文化，如下表 14-1：[②]

表 14-1

新石器早期晚段文化(前 9000—前 7000)	
华南(甑皮岩二期，顶狮山一期，玉蟾岩早期)	绳文圆釜文化系统
长江下游(上山文化)	盆—盘—罐文化系统
中原(李家沟文化)	深腹罐文化系统
黄河下游(扁扁洞早期)	素面圆底釜文化系统
华北东北(南庄头，东胡林。转年，于家沟，双塔一期)	筒形罐文化系统

如果说，釜是对炊食器的强调，那么，罐则是对贮食器的彰显。五大地区中两大地区以釜为主，是对初期陶器水火和谐观念承传的扩展，三大地

① 关于斧—父—甫关系的论证，参张法：《从斤到斧到戉：中国之美的起源及特色(上)》，《探索与争鸣》2016 年第 4 期。

② 此表据韩建业《早期中国：中国文化圈的形成和发展》(上海古籍出版社，2015，第 22 页)约改。其中长江下游一栏，原栏中为"平底盆—圆足盘—双耳罐文化系统"。

区以罐为主，透出了新观念的出现。罐既是盛食器，又是贮食器，盛食器既有进食功能，还有展示功能。贮食器所贮食料为炊煮的起点，贮食之罐让先民安心而喜悦。贮食器贮存熟食又是由炊煮到进食之后的终点，特别是巫王进食具有政治和文化功能，贮食器就有观念内容。《周礼・膳夫》和《左传・襄公二十五年》都讲过"王日一举"，回到远古，是巫王每天的第一餐朝食进行仪式性宰杀烹煮，此日的第二餐（倘为三餐制则第二、三两餐）则以头餐所贮存的食物进食。贮食器是一天所食的保障，让人安心而喜悦。这一方式应有久远的历史关联，其观念就体现在罐这一器物之中。上山遗址中，灰坑内一般都有陶器，为"有意安置"，应与祭祀有关。遗址出土的罐有三型（A形3式，B型2式，C型1式）6式。[①] 罐在新石器初期的出现在观念上意味着什么呢？从罐的文字及其词汇关联，可以进入到远古陶罐的观念。

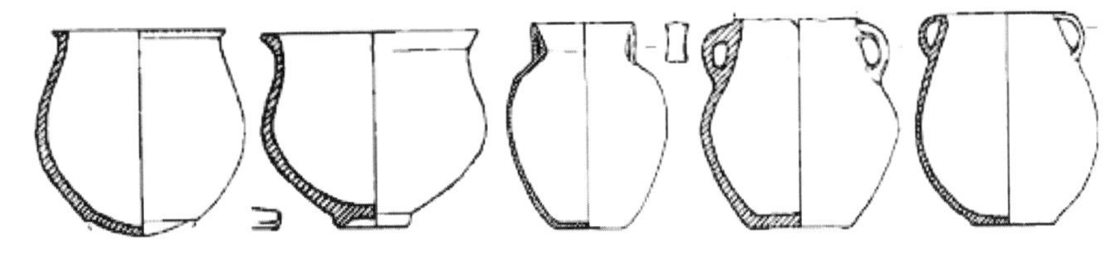

图 14-1　浙江浦江上山文化的罐

资料来源：《发掘简报》

《说文》释"罐"曰："器也，从缶藿声。缶是食器进行盛和贮的功能之形，藿则是对器的本质表现，这一本质表现以器形和彩绘方式呈现出来。《集韵》讲：藿即鹳，是一种水鸟。藿又通萑。《说文》讲，萑即一种鸟，"从隹从丫，有毛角"，又是"艸貌。从艸，隹声。"而艸不仅是狭义的草，《说文》曰："百芔（卉）也。从二屮。"艸是花草的总名。藿—萑的交融预示了后来在仰韶彩陶中鸟纹与花纹的交汇。回到更古老的新石器初期。空地中心的中杆仪式昼观太阳，夜观极星，极星代表不动的中央，太阳围绕中心运转，太阳被想象为鸟，鸟成为时间的象征，罐中之食，包括一天中的进食和一年的贮食，也与时间相关。太阳鸟在不同的地域文化中被赋予给不同的鸟类，藿是其中之一，藿是一种头有毛角的猛禽，代表秋天与刑杀。秋是庄稼成熟的呈现之季，又是万物开始收敛的贮藏之季。这与罐对食物之盛与贮同构。藿的运动象征太阳的运行，太阳运行有风与之配合，风把包括太阳在内的天的信息传给地上万物，并引起地上万物的变化，风与太阳具有

① 蒋乐平执笔《浙江浦江县上山遗址发掘简报》，《考古》2007年第9期。

相同的本质，也因具有雚的性质而为飌。罐—雚—飌，透出了人对雚的认识不仅是专在鸟类上，更在鸟与世界的普遍联系和本质联系。人在中杆之下，一方面通过中杆的投影观察太阳的运行规律，另一方面通过观飌而体会风的变化规律，进而体悟天道的本质规律，因此，觀乃雚之"见"，见即是由雚所代表的规律的呈现，又是人对由雚所代表的规律的察见。觀不仅是看、视、睹、望，而且得到了本质之见。农业的生产和食物的制作，正是在天地的运行之中，最后呈现在中杆之下的仪式之中，盛食与贮食之罐，内蕴着天道的规律，当人的劳作最后凝结在盛食的罐中之时，人的内心充满喜悦之歡。《说文》曰："歡，喜乐也，从欠雚声。"人感受到了雚，并与雚的本质之气（欠）有一种正面的互动，就体现为美感之歡。在中杆仪式中，天地运转，日风流动，春种秋收，最后集中在罐所盛的食物之中，食物之气内蕴着天道的规律，人在与罐中之食的互动中，感受到一种天人合一的喜乐。在雚—觀—歡—罐的内在同质中①，可以体会一种观念体系：人认真觀察由雚所代表的天道运行（包括太阳在中杆的投影和风向在季节中的转变），使以农业为主的生产活动得了成功，这一成功最后由罐盛食物呈现出来，让人感受具有天人合一的最高愉悦之歡。在这一观念体系中，罐中之食集中了农业社会初期之美，而由罐中食产生的歡，集中了农业社会初期的美感。

虽然上表的五大文化突出了陶器在釜形和罐形之间的差异，但二者又是紧密关联的。后来仰韶文化的彩陶罐绘了"鹳鱼石斧图"。

图 14-2　鹳鱼石斧图

资料来源：张朋川《中国彩陶图谱》

这一由河南汝州出土的彩陶（约 7000 年前），呈现的就是斧（釜）与雚（罐）和鱼的关联。仰韶文化还出土有多种鱼鸟关系和鱼变互变图，鹳鸟能

① 《古文字诂林》（第四册），第 141 页：丁佛言说"雚鹳觀古为一字。"高田忠周说："雚鹳古今字。"透出的都是其内在同质性。

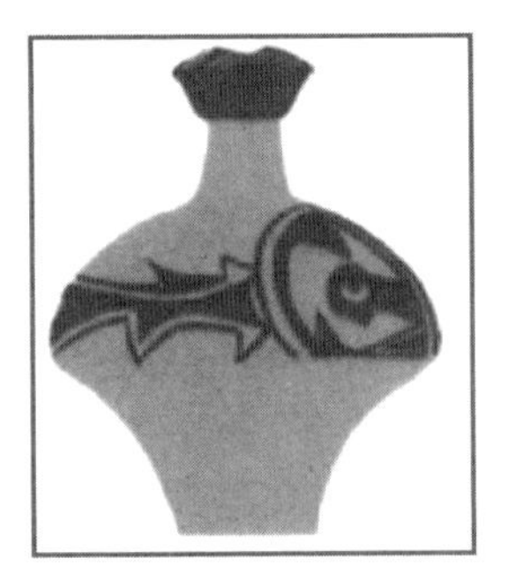

图 14-3　鱼鸟关系和鱼鸟互变图三幅

资料来源：张朋川《中国彩陶图谱》

天上飞，鱼可水中游，罐面的图案透出了藿鸟的广泛关联。上表中的长江下游的陶器文化，不仅有罐，还有盘，突出盛食器有了扩展器形之势。同时，彩陶产生了出来，正是在以罐为特征的上山文化谱系中的义乌桥头文化(9000 年前)，出现了太阳纹的图案。再后的杭州跨湖桥文化(约 8000—7000 年前)彩陶也绘有太阳图案，以及西安半坡文化(6000 年前)的人面鱼图案，都与藿—罐一样，象征着天地运转之规律。

第三节　盎：最初的盛器与观念内容

釜由炊煮器而兼盛食器，罐由贮食器而兼盛食器，盆则是从盛食器本身的展开，长江下游的上山文化，除了罐很显眼，还有盆很突出。上山文化浦江遗址出土的盆有 ABCD 四型(其中 A 又有两亚式，Aa 有 3 式，Ab 有 1 式，B 型 2 式，C 和 D 型各 1 式)8 式。[①] 命为盆是现在考古学根据后来的传统定名。其实盆作为饮食器其演进异常复杂。盆从皿，《说文》释“皿”曰：“饭食之用器也。”在皿总名下的盆，《说文》曰：“盎也。”《诗经·陈风·宛丘》传曰：“盎为之缶。”《说文》释“鉴”曰“大盆也”，因而陈梦家说盆为小鉴。段玉裁注《说文》“鉴”曰：“鉴如甀。”《礼记·丧大记》有“沐用瓦盘”，又有“沐水用盆”。因而陈梦家认为盆盘相类。[②] 依此文献，盆的相近形有盎、鉴、缶、盘、甀。再看《说文》皿部 26 个字中，名为饭器的有：盂、盧，而与盂同类之器有：盌、盉，明言盛黍稷以祭祀的有：盛、齍，只讲是器的有：盄、𥁕、盅、盪。《说文》缶部 22 字，作为器的有 12 字，除了瓶形的 2 字和罐

① 蒋乐平执笔《浙江浦江县上山遗址发掘简报》，《考古》2007 年第 9 期。

② 《古文字诂林》(第五册)，第 197 页。

形的1字，还有9字。因此，对于近万年前的“盆”之8型，上山文化之人是怎样命名的，难以确定。但盆为盛器是可以确定的。与釜从炊器进入到盛器和罐从贮器进入到盛器不同，盆作为盛器，其多种之形是在盛器的范围中展开的。盆从皿，盛食是可以的，商承祚说与盆同类的盎应为“盛肉的瓦器”①，推论合理。郑玄注《仪礼·士丧礼》曰：“盆以盛水。”注《周礼·牛人》曰：“盆所以盛血。”《礼记·丧大记》曰：“沐水用盆。”《庄子·至乐》有“盆鼓而歌”，《离卦》九三有“击缶而歌”。如果从远古仪式角度来看盆的功能，盆以浴身，具有了神圣的氛围，盆盛肉、食、水、血，是对饮食的圣化，盆以为乐，正与自然的天乐相通。盆的多器形和成体系，正与饮食在远古仪式中的重要性相关。《说文》释“盆”：“盎也。”释“盎”：“盆也。”盎从央。《说文》释“央”曰：“中央也，从大在冂之内。大，人也。”关联到空地中心的中杆仪式。段玉裁注《说文》“央”曰：“毛传：央，且也，且，荐也。”且，回溯到远古即立杆测影的中杆，荐，回溯到远古即荐食于神，盎与所盛的肉、血、食、水关联了起来。而击盆击缶之乐，正合仪式的进行。《周礼·秋官·司烜氏》：“司烜氏掌以夫遂取明火于日，以鉴取明水于月，以共祭祀之明齍明烛，共明水。”是讲直接从太阳取火和直接从月亮取水，体现重大祭祀的神圣性。用郑玄的话来讲，是“取日之火，月之水，欲得阴阳之洁气”。鉴即盆，郑玄注说，用鉴盆取的明水用于祭祀玄酒，郑玄注《礼运》“玄酒在室”曰：“玄酒，郁鬯也。”玄酒乃加了郁和鬯这两种香草之汁调和成的水。香草是有神性的。郑众注说，明齍即“以明水修涤粢盛黍稷”，黍稷的收成也与天意相连。无论怎样，都是把祭祀的饮与食进行神化。对于本文来讲，通过这些后来的片断，可以多少进入到远古的氛围，想象出“盆”以多种器形的出现，在整个饮食器具结构和文化结构中的重要意义。理解了这一点，就可以理解，当陶器进入到彩陶文化之时，在西北的半坡、姜寨，中原的庙底沟、大河村，东方的大汶口，南方的屈家岭……很多从文化的观念体系来看最重要的图案都是绘在“盆”上的。特别是西安半坡彩陶盆上的人面鱼纹，引起学人的持久讨论，虽言人言殊，但其内蕴着远古的深厚观念和美感形式则为大家所共识。

《说文》中盆盎互释，应还可从饮食器的体系进行解释，盆从皿寓本质，分为声呈功能，把炊器之釜中之食分入到盛器之盆—盎，分予给众盆—盎，食后所余又从盆—盎回到贮器之罐。盎—盆处在炊器和贮器的中央。仪式的进行主要由盛器进行，盛器在仪式中进行具体的功能分配，人之沐净，

① 《古文字诂林》（第五册），第196页。

图 14-4　仰韶彩陶的人面鱼纹

资料来源：张朋川《中国彩陶图谱》

向月取水，盛食、盛水，从这一角度看，需要强调由盆而来的“分”。仪式举行在文化里占有中央位置，盛食盛饮以敬神在仪式中占有中央位置，从这一角度看，需要彰显由盎而来的“央”。盆—盎互释内蕴着的是其在饮食器体系和仪式体系中的内容。不过盆在饮食器中的位置不断地变化，远古之时，盆具有核心地位，从这一点看，盆应用三个相关词才可得到接近全面和正确的理解，这就是盆—盎—鉴，盆让现在的人可理解其物理器形，盎让我们知其中心地位，鉴呈现其与天地之间的本质关联。这三个词倘要一言蔽之，应为“盎”。当后来盆从饮食器的体系演进中，由核心走向边缘之时，“盎”就不再被使用了。但考古文化中只要盆在饮食器中具有核心地位时，都应当用“盎”，在彰显其本有的地位。似可说，以盆—盎—鉴为一体的盎，进入到釜—罐—盎的新石器初期的饮食陶器结构之中，以三原色的方式，闪耀出迷人的光芒。

第十五章　鼎—豆：饮食礼器与审美观念之二

公元前7000年后，现今中国的地域进入新石器文化中期，涌现了约20个考古学文化，各文化在经历早中晚三段的互动中，呈现为三大地域文化，在陶器上的特征表现如下表15-1：①

表15-1

<table>
<tr><th></th><th>早段(前7000—前6200)</th><th>中段(前6200—前5500)</th><th>晚段(前5500—前5000)</th></tr>
<tr><td rowspan="2">黄河流域与淮河上中游</td><td>鼎—壶钵—罐(裴李岗早期)</td><td>鼎—壶钵—罐(裴李岗中期，白家早期)</td><td>鼎—壶钵—罐(裴李岗晚期，白家晚期，双墩)</td></tr>
<tr><td>素面圆底釜(后李早期)</td><td>素面圆底釜(后李中期)</td><td>素面圆底釜(后李晚期)</td></tr>
<tr><td rowspan="2">长江中下游与华南</td><td>素面圆底釜(顶狮山早期，彭头山早期)</td><td>素面圆底釜(顶狮山晚期，彭头山晚期)</td><td rowspan="2">釜—盘—豆(跨湖桥晚期，皂市下层，高庙，城背溪，楠木园)</td></tr>
<tr><td>盆—盘—罐(上山)</td><td>釜—盘—豆(跨湖桥早期)</td></tr>
<tr><td>华北与东北</td><td></td><td>筒形罐(磁山早期，兴隆洼，哈克一期)</td><td>筒形罐(磁山文化晚期，赵宝沟早期，新乐下层，左家山下层早期，新开流，哈克一期)</td></tr>
</table>

表中可见，华北和东北延续新石器早期的罐的传统，而另两个地区已经从釜和罐中扩展为多样器形。从陶器体系上讲，其中最为重要的是裴李岗文化的鼎和高庙文化的豆。如果说釜是炊煮器和盛食器的统一，罐是盛食器和贮食器的统一，那么，鼎则在此基础上有质的提升，如果说，盆以盛食为主，那么，豆则是在盆基础上质的提升。鼎和豆相对于釜—盆—罐进行提升的所谓“质”，从器形学上看，体现在高度上：鼎似乎在釜上加了三只脚，豆好像用高脚把盆进行了支高。这一器形升高，透出了远古中国在饮食器的器形演进和观念演进中具有的本质性东西。

① 此表据韩建业《早期中国：中国文化圈的形成和发展》(第31页)约改而成。

第一节　从支脚到鼎的演进与鼎的类型

釜从炊煮的实用角度进行提高，最初的想法是对之加上支脚，严文明讲，支脚从新石器早期（从河北的磁山文化到浙江的河姆渡文化）开始而分布在河北、山东、湖北、湖南、江苏、浙江、台湾、广东的广大区域，大体在燕山山脉以南，黄土高原和云贵高原以东的平原和丘陵地区，而且与鼎文化区基本重合。[①] 因此，透出了由支脚到鼎的演进逻辑。支脚并不限于炊器之釜，也用盛器的盆盂和贮器的罐缸，从而类型甚多，严文明将之分为七型：倒靴型、猪嘴型、馒头型、角型、圆柱型、塔型、歪头柱型。吴伟进一步归纳为两个大类：直腹盆盂支脚系统和圆底釜罐支脚系统。前者主要分布于黄河中下游的太行山以东、燕山以南及黄河以北这一地区。后者可细分为六个区系。沂泰、胶东、长江中上游、杭州湾、珠海、台湾。[②]

支脚虽然在釜、罐、盆、盂上普遍存在，但在器形上的成功升级却是最初产生的鼎（然后是鬲等其他器形），而盆盂支脚的升级最初也以鼎的方式出现，后来才转向两类具有自身特质的器形，一是三角大变形的爵等酒器，二是看不出由之而来的豆等食器。器形的升级是一个复杂的过程，图 15-1 为陈文玲对釜、鼎、支脚在考古地理上作的分布图[③]：

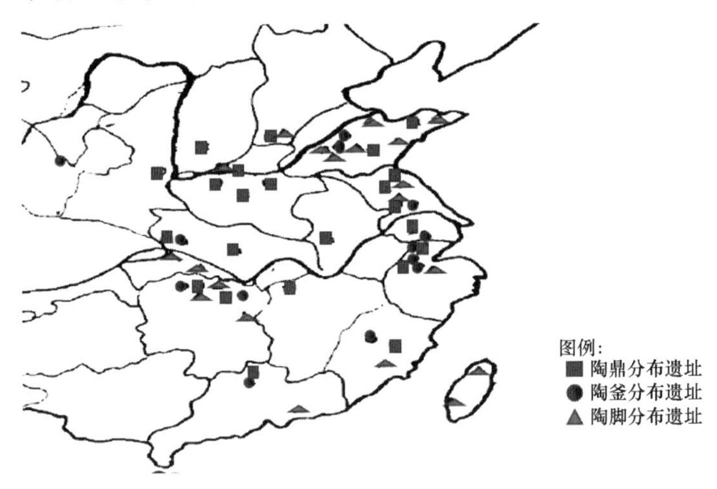

图 15-1　陶鼎、陶釜、支脚的分布图

---

① 严文明：《中国古代的陶支脚》，《考古》1982 年第 6 期。

② 吴伟：《史前支脚组合炊具的区域类型分布与兴衰》，《长江文化论丛》2009 年期。

③ 陈文玲：《中国史前的釜鼎文化》，《南方文物》1996 年第 3 期。

图 15-2　磁山文化支脚

由此可见远古各族群在由在陶器上附加支脚向新的器形上演进的艰辛。最后鼎作为这一探索的成功升级出现。从严文明文章中举的磁山文化支脚实例，可以直观地看到，只要达到技术条件，鼎一定会出现。

在率先实现成功升级的裴李岗文化，呈现的是釜、盆、罐在鼎上的全面升级，王兴堂等把裴李岗的鼎分盆型鼎、罐型鼎、钵型鼎三种类型共 18 式。[①] 且举其分类的三型数式如图 15-3 所示：

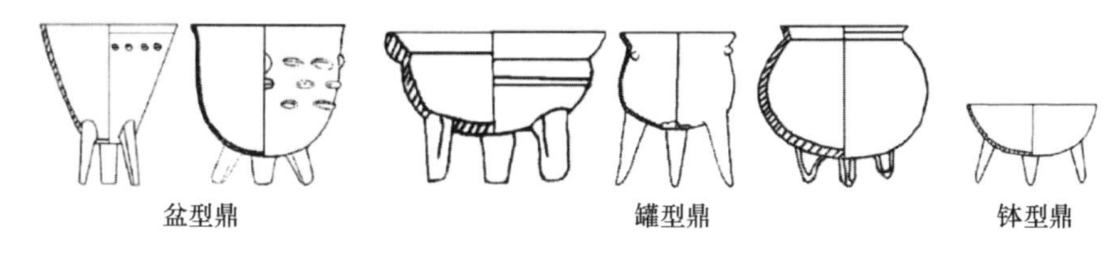

图 15-3

从所举实例看，如果不从体量仅从器形，裴李岗的鼎已经呈现了一种器形体系，罐型鼎的 2 亚型 5 式，多与余西云讲长江中游鼎谱系中的罐式釜型鼎相同[②]。举例中应有釜型鼎，上面盆型鼎中的第一型具有后来酒器斝爵的样态。而且，对这些升高的器形，应该怎么从语汇上归纳，也是一个见仁见智的问题，白家村出现的与裴李岗钵型鼎相同陶器，被石兴邦称为三足钵[③]，北首岭的三足器，苏秉琦称为瓦鼎，张忠培叫作罐形三足器。[④] 虽然从更广义的角度，统称这些器为三足器，有利于置远古器形以一客观状态，但不利于进入这些器形的观念研究之中。鼎在众三足器中从一开始

① 王兴堂、蒋晓春、黄秋鸯：《裴李岗文化陶鼎的类型学分析——兼谈陶鼎的渊源》，《中原文物》2009 年第 2 期：A 型盆型鼎有 3 亚型 10 式（Aa4 式，Ab3 式，Ac3 式），B 型罐型鼎有 2 亚型 5 式（Ba2 式，Bb3 式），C 型钵型鼎有 3 式，三型共 18 式。

② 余西云：《长江中游新石器时代的陶鼎研究》，《华夏考古》1994 年第 2 期。

③ 石兴邦：《白家聚落文化的彩陶——并探讨中国彩陶的起源问题》，《文博》1995 年第 4 期。

④ 张忠培：《关于老官台文化的几个问题》，《社会科学战线》1981 年第 2 期。

到最后定型一直都占有核心的地位。但在众多的三足器中什么可以称为鼎，被称为鼎的器又构成一个怎样的体系，至今是令研究者有点头痛之事。甲骨文的“鼎”就有多型，如：

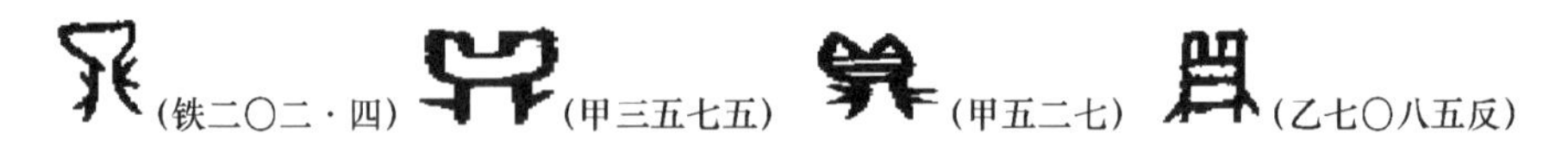

在《周礼》中最后定型三大类型：以炊为主的镬鼎（盖来源于釜型鼎），炊盛兼备的升鼎（盖来源于罐型鼎），以盛为主的羞鼎（盖来源于钵型鼎）。鼎的历程涉及陶器和青铜器的整体结构在换位和变型中的复杂变化，牵连到炊器、盛器、贮器之间在转型和互动中的复杂关联。《尔雅·释器》把鼎归为五类：鼐、鼒、釴、鬲、鬵，就透出了鼎的体系包含了鼎、鬲、釴三种器形互动融合的结果。裴李岗的陶鼎体系，第一次突出了一种新器形的重要，里面内蕴着重要的观念体系。这观念应当是在后来“鼎”字内蕴的观念之核心。虽然以后的三足器由这一观念内容演变出鼎、鬲、鬵、斝的丰富展开，进而又有尊、彝、觥、盉的酒器加入进来，但鼎在与其他三足器的互动中最后保持了重要位置，从考古上看，以裴李岗（7600—5900 年前）、磁山（7400—7100 年前）、北辛文化（7400—6400 年前）、老官台文化（7800—7300 年前）基本上同时出现鼎的时潮，其中裴李岗最强，磁山、北辛、老官台则逊色一些。极有意味的是，由老官台演进到半坡时，鼎在关东的半坡遗址（如芮城东庄村、永济金盛庄、万荣刘村、襄汾赵康村、陕州三里桥一期、王湾一期、偃师汤泉沟、淅川下集和下王岗早一期等）中继续着，[①]却被关中的半坡类型拒绝了。大地湾例子最为经典，鼎在大地湾一期（属老官台文化），占有相当的地位，且看表 15-2：

表 15-2　大地湾一期陶器器类表[②]

器类	罐形鼎	盆形鼎	钵形鼎	筒状深腹罐	圜底盆	圜底钵	圈足碗	圜底碗	壶	杯	合计
遗存数量	14	2	23	21	22	36	12	14	14	9	167
随葬数量	5	1	4	无完整	5	9	2	4	1	4	35

① 严文明：《论半坡类型和庙底沟类型》，载严文明《仰韶文化研究（增订本）》，文物出版社，2009，第 114—125 页。

② 甘肃省文物考古研究所：《秦安大地湾：新石器时代遗址发掘报告》（上），文物出版社，2006，综合第 32 页两表与第 63—66 页内容而制。

而且大地湾一期的鼎由无底升高的演进理路也较为明显，且看图15-5：

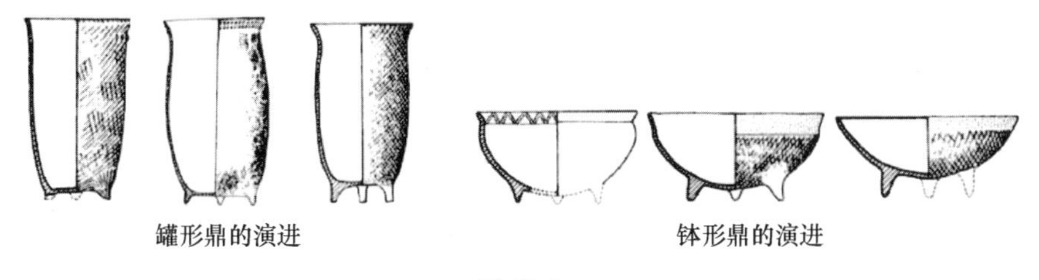

图 15-5

但在大地湾二期(6500—5900年前，属仰韶文化早期)里，鼎就不见踪迹，而彩绘和图案特别强烈，鱼纹、鸟纹、花纹产生了出来，盆(盎)占有的主导地位。这一结果只应以观念来进行解释。当大地湾一期作为老官台文化与裴李岗、磁山的鼎趋势相向而行时，鼎产生了出来，当大地湾二期作为仰韶文化在关中的崛起，有自己具有地域性的文化方向时，鼎就被拒斥了。整个仰韶文化的兴起，从大地湾二期到姜寨到半坡，基本上没有鼎的作用。而当仰韶文化出现在豫北冀南的后岗(6500—6000年前)、钓鱼台、大司空出现时，鼎又突显出来。当半坡类型演变为庙底沟类型(6000—5300年前)进入河南的伊洛-郑州地区，鼎再一次大放光芒。韩建业在《早期中国》第47页用图呈现了鼎由9000—5000年前段的裴李岗-贾湖-双墩核心圈经过四个年段(7000—6200年前、6200—5500年前、5500—4500年前、4500—4000年前)向东西南北四面的扩展，总而言之鼎在整个东南地区(从北辛到大汶口到山东龙山文化，从青莲岗到薛家岗到龙虬庄到崧泽文化，从河姆渡到马家浜到良渚文化，从大溪到屈家岭到石家河文化，乃至更南的昙石山、石峡、石脚山)全面鼎鼎有名，而仰韶文化也在进入中原成为庙底沟文化之后，把鼎庄严地纳入怀中，让鼎在大河村中大放光芒，本在整个东南都有优势的鼎也随之入主中心，且影响四方，连鼎味不大的西北(西到齐家，北到老虎山)，也可见其光耀闪烁，如大地湾四期的红色瓦足鼎和甘肃火烧沟顶有三兽的方鼎，作为礼器性质甚为明显。

古代文献正是在庙底沟文化、大汶口文化、屈家岭文化、良渚文化期间，产生了黄帝之鼎的记载。《史记》的《五帝本纪》讲黄帝获宝鼎，《封禅书》讲黄帝"作宝鼎三，象天地人"。总而言之，突出了鼎的重要。到夏之时，又有《左传·宣公三年》讲禹铸九鼎和《墨子·耕柱》讲启铸九鼎的说法。九鼎作为朝廷拥有天下的象征，成为从夏商周到秦汉的重大主题。再从夏之九鼎、黄帝三鼎回到鼎的体系出现之初的裴李岗。裴李岗文化包括新郑裴李岗和唐户、舞阳贾湖、郏县水泉、沙窝李、密县莪沟北岗、长葛石固、巩义瓦窑嘴、孟津寨根，分布在河南大部地区，在贾湖，不但有鼎的体系，还有内蕴七声音阶的成双骨龠，龟甲、绿松石饰器。韩建业说，裴李岗文化在强盛时的向外扩张和衰败时向东迁徒而与周边各文化持续互动，产生了早期中国文化圈的雏型。[①] 而以鼎为中心或在其中的陶器体系，都使鼎在远古的观念建构和美感建构上占有了重要的地位。

第二节　鼎的观念与饮食之美

鼎在裴李岗文化中体系地出现，有着怎样的观念内容呢？

鼎，《说文》曰："三足两耳，和五味之宝器也。"鼎的功能是"和五味"，可见鼎的核心来源的是釜。《吕氏春秋·本味》里伊尹讲调味，说的是"鼎中之变，精妙微纤"，关乎"阴阳之化，四时之数"。回到远古，这是以鼎为核心的仪式观念。鼎以釜的炊煮功能为主，加上盆的盛食功能和罐的贮食功能。从炊的角度讲鼎就是"镬"，鼎镬一词，重点在镬，强调的就是釜的功能，因此高诱注《淮南子·说山》曰："无足曰镬。"偏重鼎，就是从鼎的调好味之后盛食展示的功能讲，这时镬亦为有三足之鼎。但从有了鼎而釜转为镬来讲，又是要把釜—盆—罐体系中的罐的内在本质贯穿到鼎中去，"镬"字中的"萑"与罐字中的"雚"具有了内质上的同一。以鼎为核心的饮食器新体系得以建立。鼎之成为核心，不仅在通过镬鼎而进入到思想上的统一，更在于与传统思想相通而又有新的提升，这就是后来鼎字中"目"。这目可以说是对雚中的双目"吅"的提升。吅作为太阳鸟之目，具有一种普遍的天道性质，这是一个凝结了悠久历史和各方文化的共同点，从远古各地岩画到各地玉器，到各地彩陶，都或明或隐内蕴着这天道之目，邓淑苹将之称为"旋目祖神"，王仁湘从天地运转的角度讨论旋目，似可合称为旋目天神。[②] 把横着的"吅"竖起来就是"目"，横之吅与竖之目是旋的两种最基本的形态，后来太极图的两个小圆，也是旋目，是从阴阳互含和与阴阳合和的角度讲旋目。"鼎"字的目在器上，正是旋目与器之间的互动关联。当然这已经是篆文时代的定型了，在甲骨文，鼎上的旋目是以另一种方式出现的：

---

① 韩建业：《裴李岗文化的迁徒影响与早期中国文化圈的雏形》，《中原文物》2009年第2期。

② 王仁湘：《史前中国的艺术浪潮：庙底沟文化彩陶研究》，文物出版社，2011，第487—510页。

(甲489)(新212)(514)(甲2418)(8810)(甲404)(1633)(840)

前三字器上有两物，一是，一是，中二字只有，后三字只有。即凡，是用音乐表现出来的与神关联的普遍之性[1]。贾湖的一对骨龠，既与绝伦的天乐相关，又与鼎前的仪式相关。，就是“旨”字上部的“匕”。甲骨文“旨”字的两形(乙一〇五四)和(铁二·一·四)，其中的，实为皿上与天相通之气，《说文》曰：“旨美也。从甘，匕声。”此处的“匕”不宜如段注解释的取味之勺具，或有学人释为进食之“人”，从马叙伦释曰：“象熟物之蒸气。”[2]与《说文》释“匕”讲的“相与比叙”更为切题。在头三字中，味之气上升以歆神，为最美之味，与凡相并，就是《左传·昭公二十年》讲的“声亦如味”，共同歆神。以鼎为中心的仪式，音乐之乐气与鼎食之香气共同上升，与仪式之人紧密相关，因此，鼎又为贞。从段玉裁《说文》注到陈梦家都讲了，鼎贞在甲骨文金文篆文籀文中的相通性，许慎与现代学人都讲了，貞与卜相关，与貝相关。这一相关性从甲骨文的“贞”字中透了出来：

A 型：(铁一〇·二)(铁一三八·一)(前六五一五·三)(乙二六六背)

B 型：(三三八〇)(三四四四反)(铁一三八·一)

C 型：(铁五七·二)(乙五五三)(后二·三三·四)

D 型：(前二·二〇·七)(京津二七二六)(拾一二·一一)(乙八九八二)

E 型：(甲二三三七)

贞的基本义是卜问，《说文》释“贞”曰：“卜问也。”即向神询问。A 型贞字，正好相对于“鼎”字中器上之“凡”，突出的是询问的目标对象。有资格向神询问之人(巫王)即贞人。B 型贞是“凡”的变体，也是在彩陶中可以看到的重要图形。与神相关的音乐是旋转的，宛如天道。C 型贞里旋转之凡固定下来，接近于鼎型。D 型贞，完全体现为鼎各形了，强调贞问是在鼎前进行的。E 型贞既如鼎又如贝，《说文》释“贞”讲，贞问时“贝以为挚”，表明卜问除了音乐与食味，还要有贝这些佳物，后为玉成为宝物之后，卜问是玉，《周礼·春官·天府》曰：“陈玉以贞来岁之媺(美)恶。”不同型的贞字，

---

① 关于凡的论证，参张法：《凤风同字体现的中国思维特点与美学特色》，《社会科学辑刊》2016 年第 1 期。

② 《古文字诂林》(第三册)，第 319 页。

显出了在卜问时对卜问体系中某一重点的强调。而鼎是进行卜问的重要象征。因此，鼎贞相通，马叙伦说“贞鼎实一字”[1]，盖是从D型贞与同类型的鼎完全相同而讲的。在远古时代，正如贝是宝贝一样，鼎也是宝鼎。宝者，占据文化中心之谓也。以宗教的贞问为中心，从A型到E型，在一个动态结构中，呈现了贞与鼎的交会。在鼎贞一体氛围中的贞：一（如《说文》定义的）是贞卜问，远古仪式是要解决重大问题的。二（如郑玄注《周礼·春官·天府》所言）是“问事之正曰贞”，要解决问题就要正确地举行仪式。三（如《尔雅·释诂》讲的“贞者，正也”）是卜之正其结果为正，正确地举行了仪式当然会得到正确的结果。四是（如《释名》讲的“贞，定也，精定不动惑也”）正的结果是事定心坚之贞。贞作为观念之定与鼎在形体上的稳定正好有一种对应。鼎—贞结构的远古仪式如果与更古以来的中杆仪式结合起来，如马孝亮讲的，木旁生为枝，正出为干，干有正意，贞和干都训为正，[2]“正”的观念在中杆—鼎—贞的合力中得到了高扬。中杆仪式强化了卜问的上天信仰，甲骨文“鼎”字中器上方的和突出的正，是鼎中之食气与上天的互动与交流。鼎—贞把更古以来中杆仪式的中心观念进行了新的巩固和提升。贞—正—定既是贞的三义，也是鼎的三义。这又在于鼎—贞以为象征的神的鉴临之下通过的互动而达到，在这一意义上，的神意和的旋意，从其本质的意义上，可以引申为目，目亦可由鼎的容器之形而来，这时鼎的容器中之味已经有了由和所代表的神性本质。因此“鼎”字中的目，虽然在篆字中才得到明确的突出，但其核心观念，早已内蕴在“鼎”字的初形和陶鼎的古器中了。雚—鼎—貞—貝—目诸字中目有着多样的变幻，正如彩陶图案中的圆目、偏目、旋目的多样演变一样[3]，目者本质之目也，内在之见也。目内在于雚—鼎—貞三字乃至中杆的“旗”中，折射出的是一种观念的持续和演进。鼎内蕴着的卜—中—正—定的观念体系，可以简括一个“正”字，在鼎这一器形的产生和演进之中，陶器之鼎通过巫王之贞而产生观念之正，形成了一个鼎—贞—正的统一体。

鼎，正因为内蕴了如此多的观念内容，在成为仪式核心之器的同时，成为了美之器。

---

① 《古文字诂林》（第三册），第731页。

② 同上书，第733页。

③ 参见王仁湘《史前中国的艺术浪潮》第488—489页中的诸图案。

第三节　豆的产生、类型、结构

中国远古饮食器在与文化观念演进的互动过程中，有一个器形升高现象，炊器中釜加足升高而为鼎，饮器中壶加足升高而为爵，盛器中盆盘腰部升高而为豆。本文专讲盛器升高之豆。如果说，鼎和爵分别由炊器和饮器升高而来，形成的都是三足中空的器形景观，那么，由盛器升高而来的豆，形成的则是以人为喻的器的中部之腰（或曰腹）或以器为喻的器的中部之柄（或曰把）。因此，现在考古学上命名的各种盛器主型：盆、钵、盘、碟、罐，都加柄升高而为豆，而在各类考古报告中，有了钵形豆、盆形豆、盘型豆、碟形豆、罐形豆的说法。鼎的产生，可从炊煮的便利上讲（仰韶文化无鼎少鼎跟西北族群的半穴居住房对灶的使用相关），而豆作为盛食器虽在席地而坐时对进食更方便，但用几器和坫器一样可调节食器位置的高低。几器是在陶器体系内的调节，《周礼・春官》有“五几五席”，郑玄注“五几”为玉几、雕几、彤几、漆几、素几，透出几的种类甚多。坫器是有陶器外的调节，累土为高堆以置放食器，坫同样因需要可高可低，形成不同的坫型。《说文》段注引陈氏礼书曰“坫之别凡有四”，有奠玉之坫、庋食之坫等。因此食器增高为豆更为重要的是文化原因。除了进食之方便，更有礼制之要求。

陶豆最早产生于浙江萧山的跨湖桥文化（8200—7900 年前），其在陶器整体的地位如表 15-3 所示①。

表 15-3

器类	釜	罐	钵	圈足盘		豆		盆	甑	器盖	支座	纺轮	线轮	其他	合计
				盘口	残足	盘口	残柄								
数量	1882	605	170	647	146	66	13	20	13	17	17	103	32	5	3577
%	52.6	16.9	4.75	18		1.85		0.56	0.36	0.47	0.47	2.87	0.89	0.14	

表中按类区分，钵盘盆共为 963，加上豆和罐为 1647，与釜的数量大致对称。豆在盛食器钵盆盘豆共 1042 的总数中不到 9%。但正因少可见其珍贵。器形如图 15-6。

① 浙江省文物考古研究所、萧山博物馆：《跨湖桥：浦阳江流域考古报告之一》，文物出版社，2004，第 77 页。

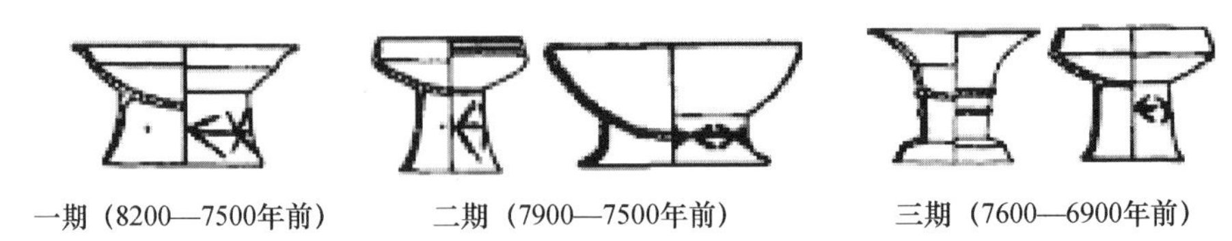

图 15-6

从跨湖桥三期豆的演进看，豆最初是从盆钵盘上产生而尚未进入到罐。而在后来豆向整个长江中下游的施展中，罐形豆也出现了。如图 15-7：[①]

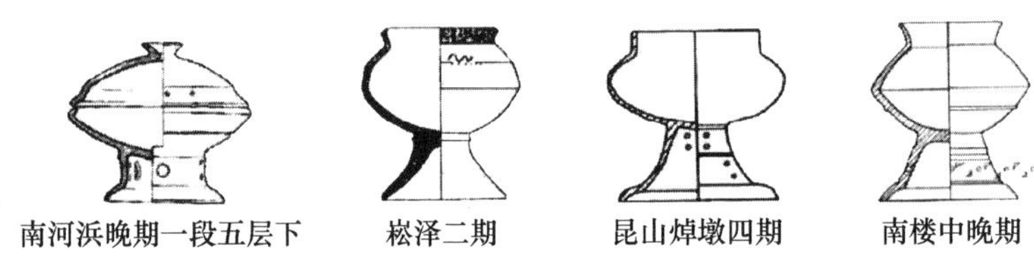

图 15-7

而薛家岗的豆器，则从器形逻辑上呈现了豆是如何从盛食器中演进而来的。如图 15-8[②]：

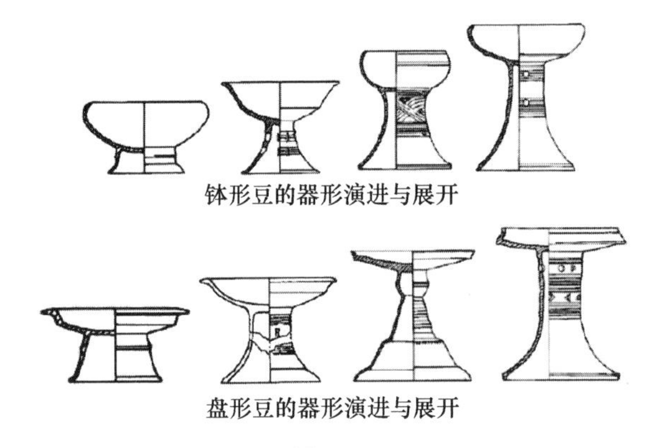

钵形豆的器形演进与展开
盘形豆的器形演进与展开

图 15-8

从上面的图可见，钵与盘的第一图若无后三图的对比，难以将之归为豆。比如前大溪文化都有钵一类的器形，但无柄加高后的三形，因此学人

① 蒋蓓：《崧泽文化陶豆试析》，硕士学位论文，南京大学，2016。

② 梅术文：《薛家岗文化研究——以陶器为视角的编年序列的建立和谱系关系的梳理》，博士学位论文，吉林大学，2015，第 154、156 页。

论这些遗址的陶器时，大都并未归入到豆器之中，而被称为圈足盘。如图15-9：

城背溪（8000—7000年前）

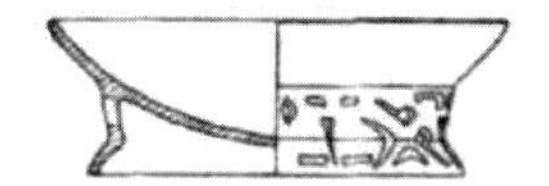

皂市下层（8000—7000年前）

彭头山（8200—7800年前）

图 15-9

因此，长江中游豆器的正式年代从大溪文化（6400—5300 年前）开始算起。韩建业把豆与圈足盘放在一起讲，①大概认为圈足盘是豆的前身，豆产生之后，圈足盘也算作豆，这样，圈足盘可以追溯到 11000—9000 年前的上山文化，其《早期中国》中第 37 页用图呈现“陶豆和圈足盘”以 11000—9000 年前的上山、小黄山为中心进入到 9000—7000 年前跨湖桥，并在此年段扩大到双墩、顺山集、皂市、高庙、甑皮岩、昙石山，并在以后的三个年段（7000—5500 年前、5500—4500 年前、4500—4000 年前）进行了三次地理圈的扩展。考虑到圈足盘是在豆于跨湖桥修成正果，并由此向外拓展的，从宏观上看，大溪之豆应是在自身内在逻辑和长江下游影响的双重作用下产生。豆的故事应从江南的跨湖桥讲起，豆从跨湖桥很快进入到河姆渡文化（7000—5300 年前），河姆渡的豆，突出了在陶器体系整体演进中的结构定形，如表 15-4 所示②：

表 15-4

分期—距今年代	器形	釜	罐	豆	鼎	鬶	甑	盉	簋	钵	盆	碗	盘	盂	壶	釜架
1 期 7000—6500	数量	183	105	5				2	1	352	38	11	189	11	1	14
2 期 6300—6000	数量	69	8	5			1	2		47	3	6				
3 期 6000 5600	数量	32	2	2	5			3		6	7		2			
4 期 5600—5300	数量	24	5	7	3	1					1					

表 15-4 中可见，河姆渡的陶器有一个更为丰富的体系，特别是鼎、盉、鬶、壶的进入，内蕴着更为丰富的内容（与本题无关，不展开）。而豆在陶器中的数量，无论整体结构的数怎么增减，都大致不变，呈现其在结构中是重要的。

① 韩建业：《早期中国：中国文化圈的形成和发展》，第 31 页。

② 浙江省文物考古研究所：《河姆渡：新石器时代遗址考古发掘报告》（上册），文物出版社，2003。此表根据书中第 31—71 页、第 232—252 页、第 298—314 页、第 334—249 页的数据制成。

豆，继宁绍平原之后，呈现了在整个长江下游地区的灿烂展开：在长江下游，从环太湖平原（这里有马家浜文化—崧泽文化—良渚文化诸多遗址的时空展开）到里河平原（这里有以高邮、龙虬庄为代表的系列文化，如海安青墩、高邮周邶墩、兴化南荡、高邮唐王墩等），从宁镇地区（这里有以南京北阴阳营为代表的系列文化，如高淳薛城、金坛三星村、丹阳凤凰山、武进潘家塘、武进寺墩、丹阳王家山、江阴高城墩、断山遗址、南京太岗寺等）到巢湖平原（这里有以潜山薛家岗和含山凌家滩为代表的系列文化，如安庆夫子城、潜山天宁寨、望江汪洋庙、宿松黄鳝嘴、定远侯家寨、蚌埠双墩、肥西古埂、六安王大岗等），整个长江下游可以说是一片豆光闪闪。杨溯《长江下游地区史前陶豆》呈现了四大地区陶豆展开为多种多样的类型—亚型—样式①：

表 15-5

地区	类型	亚型	式
巢湖平原	5	20	37
宁镇地区	7	23	36
里河平原	7	19	34
环太湖平原	8	34	82

再扩大时空放眼望去，在多元族群的互动中，豆也出现在长江中游从大溪文化到屈家岭文化到石家河文化的诸多遗址，出现在山东大汶口文化，最后再东进到雄居中原的庙底沟文化（以郑州大河村为代表）。从而在以庙底沟为中心的最初中国观念体系中安放了自己的位置。豆在陶器中占有重要的意义，这从象征河姆渡典型观念内容的四鸟环十字圆字飞动图出现于（四期）豆的内盘之中透露出来，从象征大汶口典型观念内容的八角星图画在豆身上彰显出来：

河姆渡豆盘的盘内图案

资料来源：浙江省文物考古研究所《河姆渡：新石器遗址考古发掘报告》

大汶口盆豆的盆外图案

徐波《八角星纹彩陶豆》

图 15-10

① 此表根据杨溯《长江下游地区的史前陶豆》（硕士学位论文，南京师范大学，2008）统计。

这两种典型图案，在仰韶文化中，是由盆—钵—盘之盎以及罐来体现的，因此，虽然豆在庙底沟时代进入到中原和西北，但并未在此有核心地位。盖因此，韩建业在《早期中国》第79页用图呈现6200—5500年前的新石器晚期后段文化时有如下描述：

表 15-6

早期中国文化圈	黄河中上游	瓶(壶)—钵(盆)—罐—鼎文化系统(仰韶文化一期后段，二期)
	长江中下游、黄河下游	鼎—豆—壶—杯文化系统(大汶口文化早期，崧泽文化早期，北阴阳营文化，龙虬庄文化，大溪文化一、二期)
	东北南—西部	筒形罐—彩陶罐—钵文化系统(红山文化中期，小珠山中层文化)
早期中国边缘区	华南	釜—圈足盘—豆文化系统(昙石山一期，咸头岭 VI—V 段)
	东北北部	筒形罐文化系统(亚布力文化)
	其他地区	中石器文化

豆是在长江中下游和黄河下游进入观念核心的。豆作为盛器，在进入陶器体系的整体演变中，是与炊器的演变相连的，豆在江南出现并向外拓展的过程中，与炊器的升级版鼎在中原的出现向南拓展相应合，形成了以后整个东南地区的鼎豆组合。豆的起源地跨湖桥文化有豆无鼎，长江中游最初出现豆的大溪文化也是有豆无鼎。长江下游承接跨湖桥豆而来的河姆渡文化头两期中也无鼎，从第三期开始，鼎出现了，构成了鼎豆的组合。马家浜文化从早期开始就是豆与鼎同时出现。豆作为盛器，所盛之物中最有文化意义的是什么呢？不仅仅是农业之稻与家养和田猎之肉，更是从观念而来之玉。马家浜文化晚期出现崇玉现象，意味着豆与玉开始结合。以后，豆的光彩区同时也是玉的光彩区，有长江下游的崧泽文化、良渚文化，淮河流域的薛家岗、龙虬庄、凌家滩文化，以及长江中游的屈家岭文化、石家河文化。这时豆与玉的结合构成了远古文化观念上的亮点。不从豆而从玉的角度看，中国东部从北面的红山文化到中部的大汶口文化和凌家滩文化，到南部的良渚文化，玉进入文化核心。应是在玉与豆的结合中，由豆盛玉([illegible])成为豊(礼)，后起的“禮”字，由示、豆、玉三部分构成，正应古礼的三大内容，由豆盛玉在中杆(仪式中心)进行仪式。在远古的观念中，玉不仅是一种饰器，也是一种食品，而且是与观念核心紧密相连的食器，食玉

与天地本质相关①,因此,在远古仪式中以豆盛玉,献予鬼神,正是豆进入观念核心之明证。《礼记·礼器》曰“笾豆之荐,四时之和气也”,郑玄注曰:为“诸侯所献”,以四方象四时。荐,即荐于鬼神。这里露出的是豆以及豆中之物与各地区之间的物质和观念交流互动相关。这一先秦的礼仪回溯到远古,就可以理解豆在各地区的扩大和演进后面的观念内容。

第四节 豆的观念与饮食之美

豆在东南广大地域和文化中展开,有不同的样态,从盛食器体系来讲,由不同的器形而来,会产生不同类型,因此有罐形豆、盆形豆、盘形豆以及这三大形而来的众多亚型和众多款式。由结构上讲,豆的三个部分,顶,柄,底,在造型的长短、宽窄、粗细尺度不同,会产生多样性的类型。从材质上讲,所用材质不同,会产生不同类型,《尔雅·释器》曰:“木豆谓之豆,竹豆谓之笾,瓦豆谓之登。”瓦豆即陶豆,由于时间原因,远古的木豆和竹豆早已腐灭,无从而见,所能见的只有陶豆。而在文献中,《诗经·大雅·生民》曰:“卬盛于豆,于豆于登,其香始升,上帝居歆,胡臭亶时。”是木豆与陶登形成祭祀的盛器结构,《周礼》中,鼎镬、簋簠、笾豆是饮食的主体结构。竹之笾与陶之豆形成结合关系。从功能上讲,豆所盛之物的不同,会产生不同类型。豆在不同文化不同时期其盛之食物是不同的,古代文献如《说文》《国语·周语》等和现代学人如高田忠周、朱歧祥等,都说豆是盛肉之器,②应是豆在起源和后来的演进中一直都有的功能。想跨湖桥和河姆渡初期无鼎之时,或河姆渡后期、大溪后期以及马家浜、大汶口有鼎之后,鼎倘只为炊器,豆仍有盛肉功能。而在陶器的体系之后,豆应在所盛之物与相应器形有定位和分工。在《周礼》所呈现的属于后来更庞大完备的鼎镬、簋簠、笾豆的体系中,《醢人》讲了四种豆,《笾人》讲了四种笾。四种豆为:一、朝事之豆,盛韭菹、醓醢、昌本、麋臡、菁菹、鹿臡、茆菹、麇臡。二、馈食之豆,盛葵菹、蠃醢、脾析、蜃醢、蜃、蚳醢、豚拍、鱼醢。三、加豆,盛芹菹、兔醢,深蒲、醓醢、苔菹、雁醢、笋菹、鱼醢。四、羞豆,盛酏食(以水浸稻米,和以牛、羊、豕膏而熬成的厚粥)和糁食(以米和牛、羊、豕膏熬成的厚粥)。四种笾为:一、朝事之笾,盛麷(麦)、蕡(麻)、白(稻)、黑(黍)、形盐、膴(鱼片)、鲍鱼、鱐。二、馈食之笾,盛枣、栗、桃、干蕂、榛实。三、加笾,盛菱、芡、

---

① 张法:《玉:作为中国之美的起源、内容、特色》,《社会科学研究》2014年第3期。

② 《古文字诂林》(第五册),第98—99页。

栗、脯。四、羞笾，盛糗、饵、粉、糍。四笾四豆中笾以盛鸡鱼类肉、稻黍类食、枣栗类果为主，豆以盛动物、植物做成的调食品和肉粥为主。如此内容，所需之笾豆甚多，《周礼・掌客》讲上公豆四十，侯伯豆三十有二，子男二十有四。如此数量应合如此内容，对豆的器形也应有所要求。《说文》里，豆部字有六(皆与器相关，其中的𧯷被明言为礼器)，豊部字有二(皆为行礼之器)，豐部字有二(皆与器有关)，壴部字有五(其中壴与嘉皆与豆器相关)，豈部字有三(豈和愷两字与陶器相关)[①]，喜部字有三(皆与豆器相关)，虘部字有三(两字与豆器相关)。在而今考古学或古献学界看来应当为豆的商周青铜器，自名却是别的，据张翀统计，有铺或甫 8 件，簋 7 件，朕 3 件，盍 2 件，錞和尊彝各 1 件，其他 4 件，未详 3 件[②]。可见豆的命名古人有自己的方式。然而，从《周礼》中天子、诸侯、士的享宴中所需豆数之多，《说文》中与豆相关的字之多，这两个方面，透出了豆自远古以来在礼中所占有的地位。豆的核心地位形成，要而言之，从三方面呈现出来，一是如前所讲，豆成为禮字的重要组成部分，说明豆在远古之礼的形成中起了重要作用。二是豆进入仪式之中，在成为礼器的同时，成为审美之器，对于中国之美的形成，具有重要的作用，体现在以艷字为核心的概念之中。三是远古之人在以豆为重要组成部分而形成的礼之美中，生成了与之相适应的美感，体现在由豆而来的"喜"字的核心构成部分。

先讲第二方面，豆因为礼器而成为美之器。这主要体现在一个后来非常突出的美学概念上：艷。艷、豔、豓，形异而意同，都由豆器之美和因豆器在其中的豊(礼)的整体之美而来。三字之豊，透出乃豊中之豆。豔中之盍，由下部之皿，中部之一(食)，上部之大(盖)组成，乃豆在礼中之状，豓中之盇的"去"，乃豆中食在仪式进行中的变化，艷中之色，乃豆之整体和礼之整体在进行中的色彩之美。文献释"艷"，一是长之美，《说文》释艷曰："好而长也"，来自豆在盆盘罐的升高而形成之器形之美。二是丰之美，《说文》释艷又曰"从豐，豐，大也"，来自豆中所盛之食的丰富而形成的美。三是色之美，《诗经・十月之交》毛传曰"美色曰艳"，来自豆中所盛食之色彩而形成的美。从艷作为豆之美来讲，主要是中国型饮食之美，从艷作为礼之美来讲，则由礼中之食和食器，进展到了礼中的舞乐。左思《吴都赋》有"荆艳

---

①　壴，《说文》曰"从豆"。豈与豆相关，参《古文字诂林》(第五册)，第 95 页唐桂馨之释。嘉与豆相关，参同册第 88—89 页高鸿缙、陈汉平之释。

②　张翀：《商周时代青铜豆综合研究》，硕士学位论文，西北大学，2006，第 40 页。

楚舞”,《文选》刘渊林注曰:“艳,楚歌也。”刘良注曰:“荆艳,楚歌也;亦有舞。”[①]这里歌与舞互文见义。“艳”字在中国古典美学中具有非常丰富的内容,其渊源,都来自远古之礼中的由豆而来的美。

再讲第三个方面。豆乃食器与乐器的合一,远古的瓮、缶、盆都为食器与乐器兼用,李斯有“击瓮击缶”之说,庄子有“盆鼓而歌”之举[②]。豆应亦如是。青铜豆自名里有“镎”,镎是鼓器,《周礼·鼓人》有“金镎和鼓”,又是食器,徐中舒说:“镎即敦。”[③]郑玄注《周礼·玉府》曰:“敦以盛食。”回到远古,豆与瓮、盆、缶、敦一样,是食器又是乐器,由豆加山而为壴,郭沫若、唐兰、丁山、马叙伦、高鸿缙等,都讲壴是鼓的初文或壴鼓一字[④]。乃壴已从豆中相对独立而为鼓器。但其由豆出,由壴而来快乐——喜,内蕴着更深厚的由豆而来的快乐。喜,既是乐器之壴而来之乐,又是食器之豆而来之乐,豆之喜是源,而又内蕴在壴这一流中,古文字中的饎、糦二字,明确地强调了因食而喜。其实,理解了古人的“声亦如味”,便可体会食之喜和乐之喜在本质上同一。而且这喜与礼相关而成禧,从而把由豆和壴上升到天人合一的高度。在远古的氛围里,太阳即鸟,风即凤,作为远古观念体系的礼把太阳—风—鸟紧密地关联为一体。刘怀堂讲,隹形的鸟在仪式中以人形堇(萛)的方式出现,“堇”在甲文中有四形:

鸟人合一的堇巫之舞应是在豆之盛食和壴之乐声中进行的,由之而来的喜为㜺。从逻辑上讲,豆之饎、壴之喜、巫之㜺,共汇为仪式之禧。《说文》段注曰:“禧,禮吉也。行禮获吉也。《尔雅·释诂》曰:禧,福也。”豆在礼中汇成的禧,达到了天人合一高度。这一天人合一的禧的快感,同时又是一种美感,这就是嘉。《说文》释嘉曰:“美也。”嘉从字形看来自壴,而壴来源于豆,因此从根源上讲,嘉之美感来源于豆,从演进上讲,嘉之美感同样与豆相关。高鸿缙说:嘉“字意为美善。古字从[illegible],从华在豆(笾豆)上。”嘉之美感由盛食之豆而来。陈汉平说:“《汉书·郊祀志上》集注引应

① 萧统:《文选》,国学整理社,1935,第75页;郑祖襄:《“艳”“乱”“趋”音乐溯源》,《音乐探索(四川音乐学院学报)》1990年第3期。

② 李斯《谏逐客书》:“夫击瓮叩缶、弹筝搏髀而歌呼呜呜快耳者,真秦之声也。”《庄子·至乐》:“庄子妻死,惠子吊之。庄子则方箕踞鼓盆而歌。”

③ 徐中舒:《镎于与铜鼓》,《古器物中的古代文化制度》,商务印书馆,2015,第352页。

④ 《古文字诂林》(第五册),第79—81页。

⑤ 刘怀堂:《从“象隹而舞”到“方相之舞”——“傩”考(上)》,《民族艺术》2014年第1期。

邵‘嘉，谷也’。《尔雅·释诂》：‘嘉，美也。’金文嘉字造形所从之[illegible]象來（麦子象形）在豆中，表食器中盛有麦、禾、黍之类食物。所谓‘嘉，美也’，即指食物之美味……嘉字本为食物的嘉奖，引申为食物的美味。”①各种因素都聚集在喜上，但后面的根本又在于与神相关，仪式之中的神之喜体现在与神合一的巫上，巫初为女性，女性的巫之喜非常重要，因此专有一词予以表达：嬉（[illegible]）。巨大的喜要由外在进入心时，因此亦专有一词予以表达：憙。喜的高度是与天合一，天即大即丕，因此，达到与天合一的喜专有一词予以表达：嚭。从由豆而来的在食器上的丰富器形和以之引起的在心理上的喜的丰富内容，都是以仪式之禧为核心的。禧来自豆器又反过来加强了豆器在文化中意义，从而豆成为文化的表征。正是在由礼而来的饎—禧—喜—嚭的极乐心态的推动下，豆从跨湖桥文化产生而遍布整个东方和南方的诸大文化，成为一大亮色，并传向西方和北方，最后汇进入鼎镬、簋簠、笾豆的礼器整体之中并占有重要的地位。

---

① 《古文字诂林》（第五册），第88—89页。

第十六章　壶—西—尊：饮食礼器与审美观念之三

奠定了中国美学根本和基础的远古之礼有非常复杂的内容和演进，其中仅酒器的演进就甚为缠绞。从大线上讲，首先，西和北的诸文化之酒器在平底之壶和尖底之西的基础上整合为尊，同时，东南的太湖文化产生了三足之鬶与盉，然后，太湖的三足器一方面演进到山东，与本地文化互动，产生了大汶口文化的鸟形明显的三足器，另一方面演进到江汉，与本地文化互动，产生了稍有鸟意的三足酒器，最后，东西南三大文化在中原互动，产生了考古学上的封顶盉和文献中的鸡彝。从文献上看，来自西北的黄帝尧禹在与东方的蚩尤和南方的九黎三苗的战争中是胜利者，从考古上，从仰韶文化的庙底沟类型到中原龙山文化，西北文化进入中原在与东南各族群互动中占据主流地位，从而东方的鸟形三足酒器和南方的非鸟形三足酒器，尚未有来自自己的定名，而东西南在中原的互动演进成夏之鸡彝。彝具有了普遍的意义。这样从观念上讲，酒器在远古的整合和演进，在文字上主要体现为从西到尊到彝的演进。到夏之后，酒器主要体现为《礼记·明堂位》讲的夏彝到商斝到周爵的历程。中国远古酒器的演进，从西北的壶和西到以尊为主的一统，再由东西南的互动到以彝为主的一统，再经夏商周的演进，成为以爵为主的一统，其中每一变化都关系远古文化和远古之美的变化。这是一个很大的题域，本章只就这一悠长过程中最初的一小部分，即西北酒器的整合最后达到尊的观念，进行初步的探讨。

第一节　壶在远古的意义

酒器来自水器。在酒器产生之前的远古仪式中，盛着具有神圣意义的水，如文献中讲的明水或曰玄酒，在观念中具有重要的意义。酒产生以后，仪式中的盛酒之器，具有重要的观念意义。这两个阶段盛神圣液体之器，从文献上讲，是壶。壶在观念上的重要，在于壶即瓠即葫即庖。三皇之一的伏羲即瓠牺即庖牺，透出了在观念体系中，壶与瓠瓜、葫芦、牺牲、庖厨、羊（羲字上部为羊）、气（《说文》曰“羲，气也”）等众多因素，从文化上关联了起来。而且天上的中心北斗，也被想象为一个瓠瓜，具有壶的形状。可以说天上、地下、植物、动物、人、饮食制作、饮食本身，都有了一种内在的关联，并在壶上体现出来。文献中的壶应当是什么形状呢？从最初具有象形意味的文字甲骨文和金文看，壶是多种多样的，《古文字诂林》收集甲金文“壶”字，绝大部分皆如豆器之形，比如：

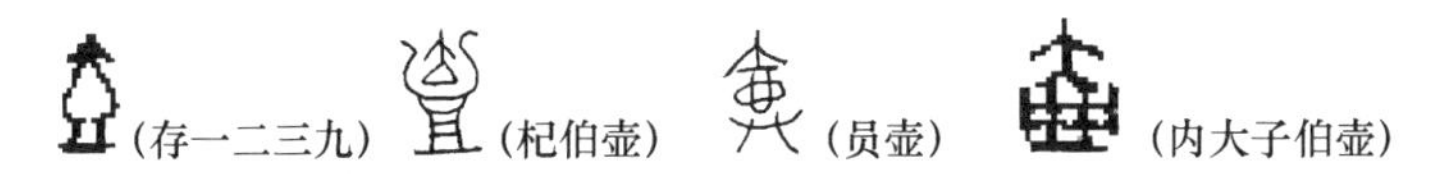

第一、二字是下部升高的器形，如有加足升高如爵者。第三字尚未升高，第四字是定型之壶。但这些文字是在殷商以后才出现的，所反映的，一是内蕴了已经具有天下观念的四方的各种器形，二是内蕴了由历史演进而来的器形。这说明，壶的演进，是与文字上的豆、盉、鬶乃至缸、罐等，相互关联甚至换位着演进的。不过从壶的功能，以及后来壶的定型来讲，今天我们称为的壶，首先在中原和北方占据了主导地位。从器物和观念的结合看，整个北方来讲主要是壶，就西北来讲，主要是尖底瓶之酉。

在中原最早的裴李岗文化中，壶就占有了重要地位。遗址里的陶器有鼎、罐、碗、钵、盘、壶，其中壶最多，共有 3 类（双耳壶、圜底壶、三足壶）5 亚类 18 式共 68 件。

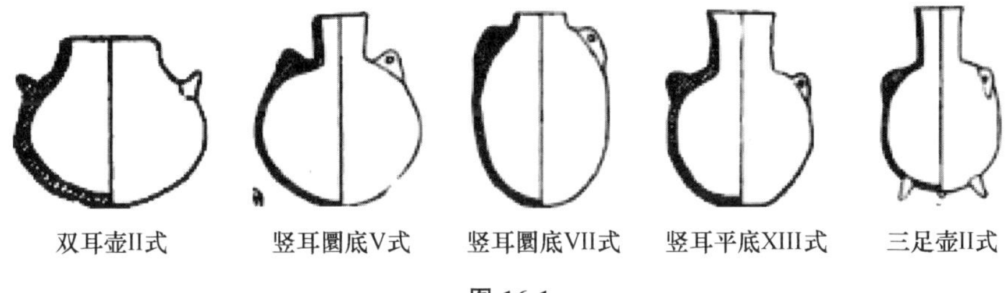

图 16-1

在东北，从红山文化、小河沿文化到后洼上层文化、小珠山中上层文化等 11 个文化中，有陶壶的遗址和墓地共 31 处，完整可复原的陶器共 93 件，可分四个系统和两个亚系统（“红山文化—哈民忙哈文化陶壶系统”“小河沿文化—南宝力皋吐类型甲类陶壶系统”“偏堡子文化—南宝力皋吐类型乙类—北沟文化陶壶系统”“小珠山下层文化—后洼上层文化—小珠山中层文化陶壶系统”、南宝力皋吐类型丙类陶壶亚系统和小珠山上层文化陶壶亚系统），时间跨度从 7000 年前—4000 年前共 6 个阶段，器形包括 5 类 11 小类。如图：

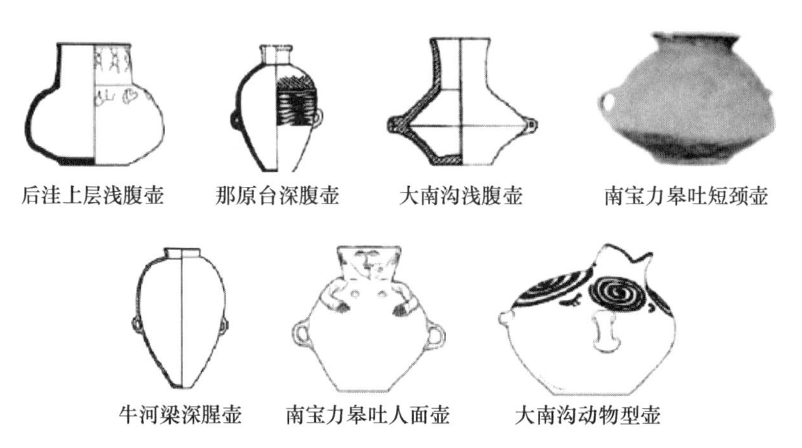

图 16-2

从中原裴李岗文化到东北的红山文化，呈现了壶是具有普遍性的饮器，有酒之后，壶也作为酒器。从文献上讲，在饮器进入礼器的进程中，西方与东北的壶，以及与壶同类的饮器如罐、瓶，在器形上与东方与南方不同，东方的南方的饮器有一个普遍的升高进程，从远古陶器演进的整体看，加足升高是一个带有体系性的时潮，在炊器上，釜加三足而为鼎，这是在裴李岗文化开始而从中原到南方和东方都出现，进而影响到远古中国的整个天下。盛食器同样由盆、钵、盘升高而为豆，这是从东南浙江上山文化开始随即在南方和东方普遍开始的进程，进而影响到远古中国的整个天下。饮器也一样，从东南的河姆渡文化和马家浜文化开始，加三足而为鬶与盉，随即在南方和东方漫延开来，并影响远古中国的整个天下。但从考古和文字

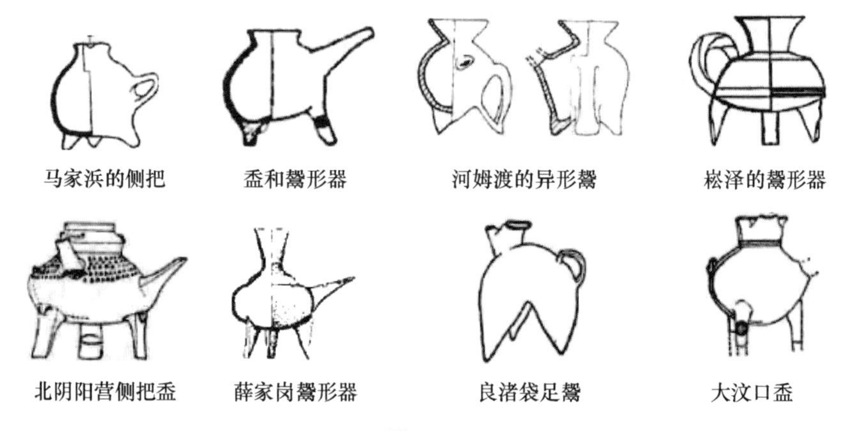

图 16-3

看，壶进入礼器之中时，在南方和东方也进入到了升高的进程之中。马家浜和河姆渡的侧把盉、鬶形器，崧泽的鬶形器，北阴阳营、良渚文化、大汶口初期的侧把盉和鬶形器，皆为壶形且三足和无足皆有，但以有足为主。太湖文化区的吴兴邱城、松江广富林、金山亭林的环把实足鬶，皆为三足壶形，进而吴江梅堰、海安青墩、潜山薛家岗的带把无流鬶形器。皆为三足壶形。

这些图形透出，壶的演进是与考古学上盉与鬶内在关联着进行的。高鸿缙说："《玉篇》：'壶，盛饮器也。'《礼》注曰：'壶，酒尊也。'字原象器形……今日酒壶，实类古代盉。"因此，壶，在进入到仪式中心上，在南方和东方是以考古学上的盉与鬶之一亚型的面目出现的。在夏商周礼器的进一步演进之中，在吕琪昌的图表中，当夏代之盉向商周春秋战国演变，盉的外形，已基本如后来之壶，只是多有三足。

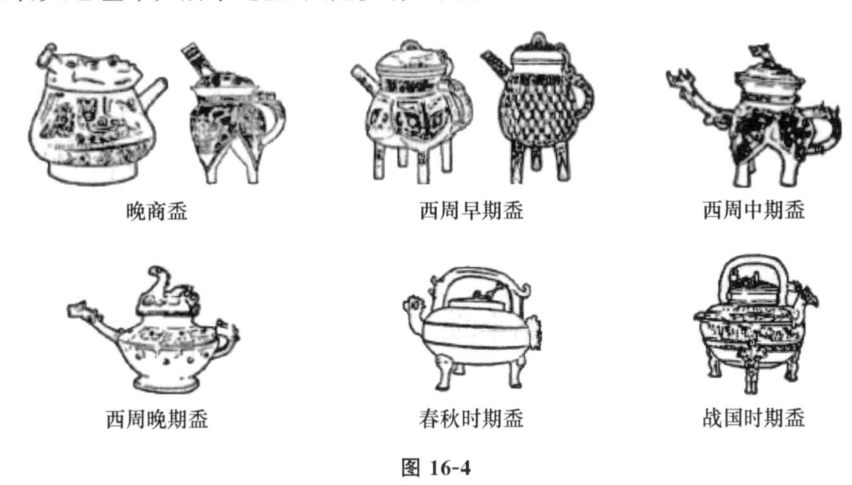

图 16-4

因此，壶在远古的演进，是内嵌在壶、豆、盉、鬶四器形的演进之中，因其跨界的复杂，壶的问题不在本文的中心，只作为一些影子，内蕴在所谓盉与鬶的演进之中。

从远古的宏观图景看酒器的演进，包含着三种演进，一是平底之壶的演进，二是尖底之酉的演进，三是三足盉鬶酒器的演进。在这三类酒器的演进中，壶因与各种文化观念相连，而占有重要地位。酉因为与酒的内容直接相关而具有重要意义，三足酒器因与远古各族群的综合后取得了器形定型，而具有重要意义。这里主要讲在仰韶文化中具有普遍意义的尖底之酉。三足酒器的演进和意义在以后的章中论述。

第二节 从酉到尊：仰韶文化尖底瓶作为酒器—礼器的演进

尖底瓶不是三足器，却是对中国之酒最有影响的酒器，苏秉琦把尖底瓶称为酉瓶，是后来“酉”字的来源。吴玉昌讲：酒酉为一字，刘心源讲，酉是酒的古字。罗振玉、郭沫若、马叙伦、叶玉森都讲，酉是容酒之器，酉字即来自仰韶文化普遍存在而在东部南部文化又没有的尖底瓶。“酉”，古文字为：

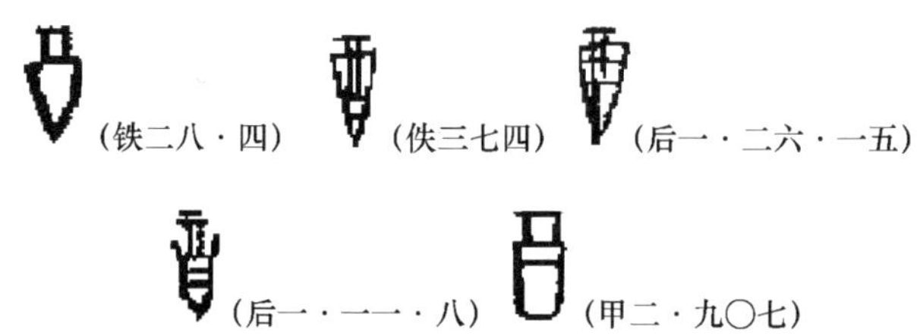

最后一字是细口平底瓶，说明平底瓶也可用来盛酒。然而细口平底瓶虽然在仰韶文化中时有发现，却并未因其在功能上的优越，就取代尖底瓶。尖底瓶普遍存在于仰韶文化或由仰韶文化产生出来的三大类型：半坡文化、马家窑文化、庙底沟文化之中，而不见于东部和南部的诸大文化（如河姆渡文化、良渚文化，大汶口文化，屈家岭文化、石家河文化）。这一独特性应体现为：一，在从水到酒的演进中，尖底瓶具有重要作用，它普遍用来盛酒，由此方成为“酒”字的来源。孔颖达疏《礼记 · 礼运》曰：“玄酒，谓水也。”盖回到无酒之时尖底瓶应是用来盛与后来之酒同等尊贵的专门之水的。二，尖底瓶之酉构成了“尊”字的主要部分。《说文》曰：“尊，酒器也，字从酋，廾以奉之。”甲骨文、金文中，“尊”字为：

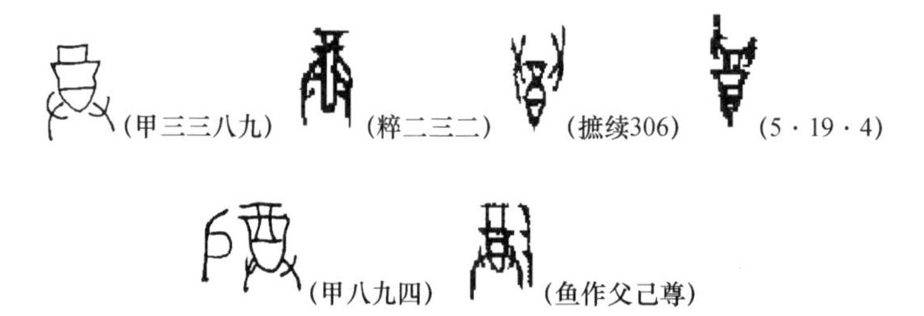

尊就是用手把盛酒的酉瓶放到正确的地方，体现是一在礼中的充满神意的行为。尖底瓶是礼的象征。由酉而来的尊也由之而成为一切礼器的总称。“尊”字的甲骨文也突出了远古中文的特点，不是用字去定义一种固定了事物，而是去呈现事物的动态，在动态中既把握事物的特点，又呈现其普遍关联。这一特点在所有酒礼器的关键词中都有鲜明的体现。言归正传，从酉瓶到尊器彰显的是酉瓶作为礼器的内容，正因为如此，学人们把酉瓶称为仰韶文化的标志。田建文说，半坡尖底瓶由杯形口双耳壶和带波折的尖底罐产生出来，如图 16-5：

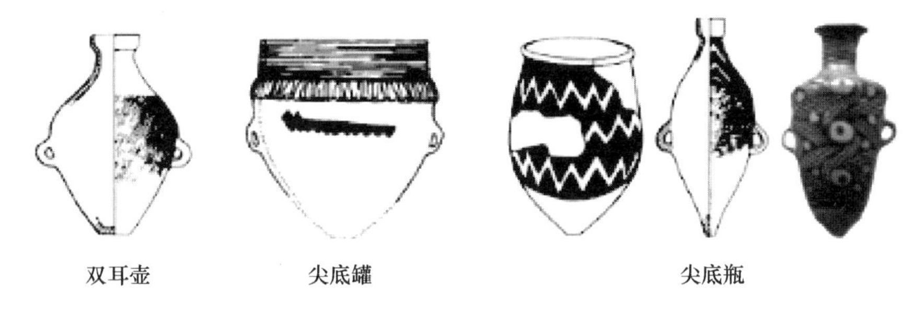

双耳壶　　尖底罐　　尖底瓶

图 16-5

尖底瓶的出现，标志着西北地区新石器早期文化的结束和仰韶文化的开始，尖底瓶器形的关键变化，象征了仰韶文化从半坡类型向庙底沟类型的转变，这就是由葫芦口尖底瓶（苏秉琦）或杯形口尖底瓶（严文明）向双唇口尖底瓶的转变。尖底瓶被三足酒器代替而消失，则标志了仰韶文化向龙山文化的演进。尖底瓶贯穿着仰韶文化始终，成为其标志性的符号，具有怎样的内容呢？尖底瓶不是实用的汲水器，而是特殊礼器，在仪式中用来盛液体，酒产生之前是被圣化了的水（玄酒），酒产生后是被圣化了的酒。如此形状的瓶来盛酒具有什么样的意义呢？第一，尖底瓶不便放置在地上和台上，只宜双手捧拿，表现动态之观念，要求谨慎之敬心。第二，尖底瓶所盛液体，只能有半瓶左右，具有“虚则欹，中则正，满则覆”的特点。这一特点与中杆之下立杆测影所观察到的现象（如《易・丰卦》的“日中则昃，月盈则食，天地盈虚，与时消息”），有一种观念上的同构。李宝宗说，尖底瓶模形于男根，为陶祖，即甲骨文的“且”字。且，从起源上讲，如空地中心时的中杆，也如社坛中心时的竖石，又如祖庙中心时的牌位。回到仰韶文化时期，应以中杆和社石为主，而“虚则欹，中则正，满则覆”正可以从中杆和社石中总结出来，而影响着仪式中的酒器器形和放酒方式。且又与生命相关，中杆昼测日影，夜观北斗，北斗和太阳的运行，使天下万物产生，生命的运数，也与天道的规律相同，同样是“虚则欹，中则正，满则覆”。朱兴国说，尖底瓶，具有寻常体量的，出现在墓葬之中，大型体量的，出现在专门的房子之中，前者是个体的魂瓶，后者为集体祖灵的祭奠，说起来是祖庙的雏型。考虑到远古文化从空地中杆到社坛到祖庙的演进，尖底瓶作为魂瓶，突出的仍是生命的规律，而生命由水中而来，瓶中水的“虚则欹，中则正，满则覆”的原则同时也是生命的原理。尖底瓶的产生和演进，与中杆、社且、祖灵的演进合为一体，并凝结为瓶中液体状态，由之呈现一种集体性的宇宙观念和生命观念。这一宇宙—生命观念具体到礼上，就是古文献讲的灌礼。庙底沟彩陶中的花与鸟，都与灌礼相关，《礼记·明堂位》讲“灌尊，夏后氏以鸡彝”。由夏的鸡彝上溯到仰韶文化，灌礼中的行灌之尊应为尖底瓶，灌礼即用尖底瓶（尊）所进行之礼。灌礼的内容非常复杂，不在这里展开。

第三节　尖底酉的功能演变与尊器的观念建构

尖底瓶作为仰韶文化的代表性陶器，在漫长的时间和文化的演进中，器形众多，以瓶口分，有杯口、葫芦口、双唇口、喇叭口、平折唇口、斜折唇口等。从肩部看，有圆丰肩、圆折肩、圆溜肩等。在腰部上，分直筒腹、束腰腹、斜收腹等。在底部上，分尖锥底、尖平底、尖圆底等。在器身装饰上，有图案上的形象和色彩，材质上的抛光方式等的不同，以及器身的无耳有耳，双耳的位置高低……因而不同的尖底瓶应有不同的功能，但其核心功能应是在礼中的功能，这就是由尊和奠所体现出来的行礼的神圣性和酒中的“虚则欹，中则正，满则覆”的观念。奠与生死循环相关，尊与包括奠在内的整个礼的核心相关。在后来，仰韶文化的尖底瓶与东方和南方的三足酒器互动交融，演进为二里头的鸡彝之后，尖底瓶就从酒器中移位出来，成为保留在仪式空间中只具观念意义的器物，这就是《文子·守弱》讲的：“三皇五帝有戒之器，命曰侑卮。其冲即正，其盈即覆。”也就是《荀子·宥坐》讲孔子在鲁桓公庙中看到的“攲器”，文中孔子将之释为“宥坐之器者，虚则攲，中则正，满则覆”。也是《周礼·大司乐》讲“王大食三宥”即王在饮食之时要观看体悟宇宙之理的宥器，还是《庄子·寓言》讲的“卮言日出，和以天倪”之卮器，成玄英疏曰：“卮，酒器也……卮满则倾，卮空则仰。”从尖底瓶成为攲器或宥器或卮器之后所象征的宇宙意义，可以反回去思考尖底瓶在仰韶文化中作为酒器时的原初意义。这原初内蕴之深邃，这酒礼后面的玄义，好多年以后，还在陶潜把酒与隐逸思想的关联中透出，还在李白将酒与仙道思想的互动中启露……回到远古，在仰韶文化陶器中，三种器形代表着观念体系，一是绘画着鱼和花的盆钵，一是盛儿童体之瓮，三是尖底瓶，这三大类型之中，尖底瓶以酒的方式成为礼中核心，并以在礼中的作用而成为尊。尊后来成为整个礼器的总名，而尊中的核心酉器，构成了酒的体系。《说文》酉部有 73 字，可以说是尖底瓶之酉在文化上的丰富展开。然而就尖底瓶作为酒器—礼器来讲，一方面由酉到尊显示了其观念上的巨大力量，另一方面，当仰韶文化从半坡类型进入到庙底沟类型，在与东部的大汶口、南部的屈家岭等文化的互动中，在走向龙山文化之时，尖底瓶作为器形却从远古历史上消失了，从功能上看，尖底瓶作为礼器的功能并未消失，而是融进了产生于河姆渡文化又在大汶口和石家河大放光芒的三足酒器之中，并以新器形新名称在远古文化中发挥着新的作用。

尊的字形，是在礼的仪式中正确地放置尖底酉器，在古代汉语的特点里，尊不仅是酉器的圣化，而指以正确放置酉器为核心的整个仪式，是一个动态的整体，因此，尊虽然来自酉，但不仅是酉，而扩而广之可指礼的整体中的一切器物，正是在行礼实践的不断重复中，尊被上升为礼器整体之名，从而可以用来指一切礼器：尊鼎、尊簋、尊壶、尊盆……而且延伸到一切与礼器一样神圣可敬之物之人，尊神、尊人、尊驾、尊号、尊称……进而可用来指与神圣可敬相应的心理情感：尊敬、尊肃、尊重、尊崇、尊诚、尊安……当尊由具体酉器升到普遍的礼器，又与东方的鸟形三足器和南方的非鸟意三足器互动，于是产生了《周礼・春官・司尊彝》中的六尊：牺尊、象尊、著尊、壶尊、大尊、山尊。其中牺尊从礼之牺牲角度分类，包括牛尊、羊尊、犬尊等，象尊主要从禽兽角度分类，有凤鸟尊、鸱鸮尊、鸟兽尊、犀尊、象尊等，这两类器物显著地体现了仰韶文化的礼器与大汶口文化礼器的互动和交融，既体现了东西文化在动物观念体系的整合，又体现了礼器器形的整合，本以尖底酉器和无足盆壶为主的西部之尊，在这两类上都加上四足或三足，形成一种特殊器形。后面四尊则在器形上都保持西部的无足原样，著尊主要是由酉器而来的觚、觯、甂。壶尊主要是来自壶以及由之的扩展。大尊主要来自缶以及由之的扩展。山尊主要来自罍以及由之的扩展。总之尊的后四类是在仰韶文化原有的器具体系和演进套路中对壶、觚、缶、罍的神圣化而来，前两类则体现了与大汶口文化互动后在观念体系和器形体系上的新质。南方三足酒器在东西南互动中的作用，体现在两个方面，南方的非鸟意形三足酒器，因有三足，与东方酒器一道促成了牺尊和象尊的升高，因为非鸟意器形，与西方酒器一道，促成了著尊、壶尊、大尊、山尊在非动物器形方向上演进。

从酉到尊，体现了酒器一种演进定型和观念提升。由作为酒器尊到一般礼器的尊，体现了酒器与礼器的关系，从酒器之尊到《司尊彝》中的六尊体系，体现了酒器在礼器演进中的观念建构。

第十七章　鬶盉—鬶鷞—盉鬲—鸡彝：饮食礼器与审美观念之四

“最是楚宫俱泯灭，舟人指点到今疑。”（杜甫《咏怀古迹五首·其二》）远古中国东西南北的文化融合，文献上讲述的黄帝—炎帝—蚩尤之间的战争和舜禹对三苗—九黎的征战，属于先秦史官对几千年前往事的追述，无论从文献本身进行互证，还是从考古上进行补证，都空白甚多。从考古的器物进行迂回旁证，或许对远古融合的遥远事物，会有一些新思考。彩陶图案的演进，透出了西北的庙底沟文化与东南北各族群互动，形成最初中国的核心，但当彩陶进入到龙山文化工艺更高的黑陶，这条主题演进之线就断了。鼎从裴李岗文化产生，向东南西北漫进，到二里头文化的铜鼎，是一条有头有尾的大线，但中间空白甚多。相对而言，酒器的演进却更为细致。一个大的框架由之呈现出来。在西北，作为具有地域特色的尖底瓶——酉，在仰韶文化的广大地区，由饮器演进到酒器，并成为礼器的核心，又由酉演进为尊，既成酒礼器之名，又为整个礼器之称，完成了地域内的文化一统。在东南的河姆渡和马家浜文化中，一种平底酒器加三足升高，成为考古学上命名的鬶与盉，然后进入山东，成为大汶口文化的主要酒器，又进入江汉，成为考古学上与大汶口的酒器名同形异之器，最后，东方的大汶口和南方的屈家岭—石家河的鬶盉型酒器与西北之尊，在中原互动融合，形成了二里头文化的新型酒器，考古上称为封顶盉，文献上称为鸡彝。与尊一样，彝不但是酒器，而且是整个礼器之称。文献上，黄帝来自西北，夏禹兴起于西羌，与尊在西北地区的一统相应合，尧舜禹称帝于中原，于彝的形成相应合，因此，远古中国的文化融合，从酒器上看，首先是酉在西北兴起和由酉到尊的演进及鬶与盉在东南兴起和在山东和汉江的演进，然后，尊、鬶、盉在中原互动，形成彝，即考古上的封顶盉和文献上的鸡彝。这一演进由酉到尊甚为清楚，而由鬶与盉到彝非常复杂。本文主要以由酉到尊为背景，对鬶与盉的演进一线进行分析。远古饮器有一个由饮器到酒器的演进，之后成为礼器中的主导，因此，为了突出主题，本文皆用酒器。

第一节 三足酒器的考古拼图

三足酒器，起源在东南，在河姆渡文化二期出现了所谓的鬶与盉，成就于中原，二里头文化所谓的封顶盉成为最有代表性的器物。三足酒器产生之后，蓬勃于东南又进入中原，遍于各地，类型甚多，高广仁、邵望平列出了难以进行器形和意义把握的各器形如下[①]：

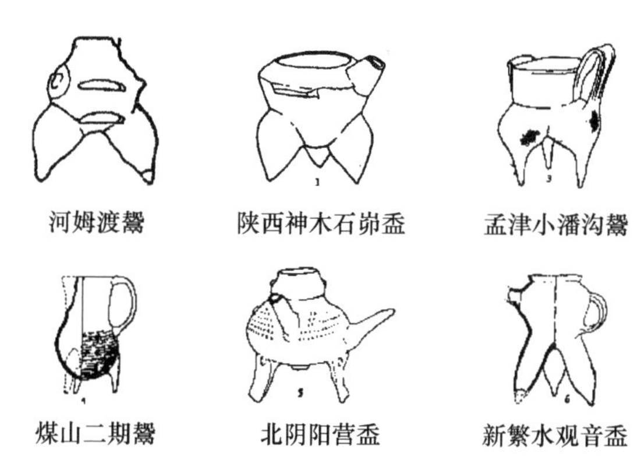

图 17-1 三足酒器的初形

各种类型的鬶与盉，透出了三足饮器的自发性产生，所谓自发性，并非其产生时没有自己的内在动力和外在助力，而是指这些三足酒器在整个远古三足酒器的演进中远离了演进的主线，不为主流定义所能概括。正因为有如此众多的器形不为主流所笼盖，显出了远古中国东西南北中观念互动的复杂缠绞，又正因为在如此众多的器形中又呈现出了主流的演进大势，远古中国东西南北中在复杂互动的五色迷离中，又有内在逻辑突显出来。

三足酒器的演进，从河姆渡到二里头，主流是怎样的呢？从五种考古学著述中可以拼出一幅全图。一是黄宣佩《陶鬶起源探讨》讲陶鬶有两大类：实足鬶起源于海岱地区，袋足鬶起源太湖地区，后者在时间上早于前者，成为鬶的起源，“发生与发展脉胳清楚”。[②] 海岱的袋足鬶由太湖传入。二是高广仁、邵望平《史前陶鬶初论》讲鬶（以及作为鬶的变体的盉）起源于山东地区，然后向各地演进。主要呈现了鬶在山东地区的体系性展开，以及进入中原的演进。该文重要性在于彰显了山东鸟形三足器的特色。三

① 高广仁、邵望平：《史前陶鬶初论》，《考古学报》1981 年第 4 期。
② 黄宣佩：《陶鬶起源探讨》，《东南文化》1997 年第 2 期。

是杜金鹏的《封顶盉研究》把在河南兴起的封顶盉作为一个独立体系，与山东和江汉以及各地的鬶盉从本质上区别开来（尽管承认其有所关联），给出了三足酒器演进到最后阶段的定型史。四是吕琪昌《青铜爵、斝的秘密：从史前陶鬶到夏商文化的起源并断代问题研究》，在前三种文献的基础上，提出了两点新意：第一，是勾出了三足器演进的大线：鬶盉起源于东南的太湖地区，进而向四处传播，最重要的两路，一入山东地区，一入江汉地区，最后汇入河南，形成夏之鸡彝和商之斝；第二，是强调了鬶盉由太湖进入江汉，再由江汉进入河南这一线在鬶盉定型的重要性（认为由山东进入河南的因素可以忽略不计）。五是邹衡《试论夏文化》讲：考古上的封顶盉就是文献上的鸡彝，使人把考古与文献结合起来去思考三足酒器演进后面的观念演进。这样，三足酒器从河姆渡到二里头漫长时期的演进大线，基本呈出。然而，由于五种论著中，关于三足酒器在商以前的名称，各家定义不同，从而倘要进入具体的进程描述时，会出现术语混淆，因此，先对基本术语进行厘定。

第二节　三足酒器：命名与实际之谜

从太湖地区开始到二里头为终点的三足酒器研究，迄今为止，基本上用了两个既在器形有所分开，又在体系结构上难以分开的概念：鬶与盉。加上鸡彝，共三套用法。高广仁和邵望平主要是用鬶，认为盉是鬶的一种变型，简而言之，三足酒器的顶部，敞流为鬶，筒流为盉。黄宣佩和吕琪昌论著的目录中只提鬶，只在列表中与高、邵约同，连用鬶盉连相，明显以鬶为总名。高、邵和吕琪昌的论著都包括了二里头文化的封顶盉。吕著把杜文中的封顶盉，名为鬶之一类（即鬶的 G 类）。杜金鹏讲以二里头为中心的陶盉体系，不讲鬶，只讲盉，明显以盉为总名。邹衡则说封顶盉乃文献上的鸡彝。这样，高、邵、黄、吕讲的鬶，在邹衡那里，都是鸡彝的前身，用鸡彝去统整个鬶盉。他说："可以得到以下认识：第一，鸡彝的形状，无论是敞流的所谓'鬶'，还是筒流的所谓'盉'，其外形都像鸡，因此得鸡名。第二，鸡彝大约产生于东方的大汶口文化中期，后来在东西方的龙山文化中普遍盛行。夏文化中的封口盉是由龙山文化中的卷流鬶直接发展而来。"①后来王小盾《中国早期思想与符号研究》指出，大汶口之鬶所象之形并非鸡而乃鸟。这样，三足酒器从东方向中原的演进，是从鸟形之鬶向非鸟形之盉

---

① 邹衡：《夏商周考古学论文集》，文物出版社，1980，第 152 页。

的演进。总之，在三足酒器命名上，高、邵、黄、吕与杜、邹在总类术语上各持一方。前者以鬶统盉，后者以盉（鸡彝）统鬶。本文为从远古三足酒器演进总体框架和主要特征出发，在尊重概念研究史的基础上，加进新的义项，让这三个概念统一起来，并对统一的术语，提供与其内容相符的可互换的表述，以便让旧概念接纳新内容而在新旧互融中具有新意。

三足酒器最初用鬶来命名，始于大汶口文化的鸟形器，其演进最后定型在二里头的封顶盉，被邹衡用文献中的鸡彝来命名。从三足酒器演进的宏观框架看，鸟的观念在其中具有重要的作用，突出这一作用又有利于讲清器形演变后面的观念内容，因此，本文以鸟的基本框架来对三足酒器的命名进行新的规定。第一，三足酒器的起源，无论在高、邵将之定在海岱地区，还是在吕琪昌将之定在太湖地区，两者举的图列中，都是从非鸟形器开始的。盉字无鸟意，因此，纯几何无鸟意的三足酒器可名之为盉。鬶是在大汶口考古中命名的，其三空足饮器的鸟形特征明显，因此鸟形的三足饮器可称之为鬶。非鸟形之盉与鸟形之鬶构成三足酒器的两极，中间有大量不是鸟形而有鸟意的三足器形。因此，从三足饮器的拟形上讲，可把在鸟形之鬶和非鸟形之盉之间的器形称为鸟意型。鸟意，本就在象鸟和非鸟的有无之间，器形众多，把握甚难，论者一般是把鸟意更浓与鸟形器接近的归于鬶，鸟意更淡与非鸟形器接近的归于盉。整个三足酒器的演进。高、邵文中的“陶鬶（盉）源流关系示意图”，呈现三足饮器从山东兴起，在鲁—苏北、苏南—浙北、赣—闽的整体演进，吕著第 100 页“海岱系统陶鬶渊源及概略发展状况示意图”，呈现三足饮器在浙北—苏南兴起，从此区发展到苏中、苏北—皖中、鲁南、胶东—鲁北、豫西，都是鬶盉并列，但以鸟形器之鬶占绝对优势，以盉为零星辅助。不过盉虽然不多，却占据了起点和终点。所谓的起点—终点，以及漫长曲折的中段，更应从区域文化差异和特点不同去看。但这一头一尾和中间长段的不对称，令人思考。杜文的“封顶陶盉演变图”呈现盉在长江地区、中原地区、关中地区的演进，吕著第 94 页“中原系统主要陶鬶盉源流关系示意图”呈现长江中游地区、河南地区、陕西地区鬶盉的演进，二人除了在源流上观点不同，呈现器物基本相同，除了极个别的有鸟形外，大部分为非鸟器之盉，小部分为有鸟意而偏于盉之器。只是杜文因强调盉的河南起点和二里头主流，图中之器以顶上有管流为主，吕著突出由江汉入河南，图中大力强调石家河文化中晚期之器，以平顶敞口为多。二图的主色都是非鸟形之盉。邹衡将三足酒器演进终点的封顶盉称为鸡彝。这一先秦文献的命名应当更为可靠。这样，三足酒器的演进，在器形上，不算起点上短暂一现的完全非鸟形，是鸟形之鬶到非鸟形之盉的演进，从名称上看，是无鸟意的鬶—盉之名到有鸟意的鸡彝之名的演进。器形和名称两两相反，令人思考。

三足酒器命名应当怎样才妥帖些呢？下面从文字、器形、观念三者的结合上，作一思考。

三足酒器，其起源，无论如高—邵那样定在山东地区，还是如黄—吕那样定在太湖地区，在器形上，都是从非鸟形的盉器开始。其演进终点，又被杜金鹏命名为盉。“盉”字的被引用，又在宋代以来被学人以一种酒器器形特征上的共识为基础。因此，我们从“盉”字开始，《说文》曰：“调味也。从皿，禾声。”显然许慎对“盉”的定义，不太重器形，而强调烹调过程。但烹调必有器，“盉”字的器“皿”没有三足。《古文字诂林》第 5 册第 203 页中引“盉”字的金文 22 字，20 字中之器皆平底器，只有两字似有足，如图：

(伯𦎫父盉)　(伯[illegible]盉)

后一字有足但是上禾下鼎，强调的在鼎中调味，这突出了“盉”字重在调味的本质和过程。前一字中的器似而有足。联系到大多数“盉”字的无足，恰如河姆渡和马家浜的盉，或有足或无足。如图：

图 17-2　三足酒器初型的二形态

但盉的演进是从足的或有或无之器到有足之器为主。盉在文字上只有金文，反映的是殷商以后盉器之形，而非之前的盉器之形。而要反映殷商之前的盉器，与酒器之盉最相关具有概括性的字有二：

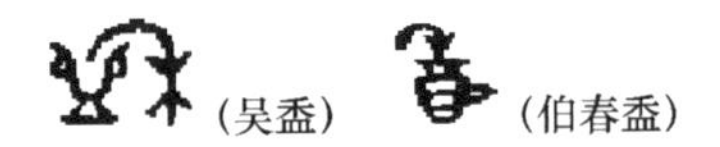

前者呈现以把禾以及由禾象征的食物放进器皿之中进行调和。后者呈现在酒器中进行调和。王国维《说盉》曰：“盉者，盖和水于酒之器，所以节酒之厚薄者也。”把酒器相关的基本因素关联起来，并与灌礼结合起来，可点出观念性的几点：一、禾关系到农业与天地的运行规律。二、禾以成酒，内蕴着天道的转化规律。三、把酒按礼的规定进行调和与施行，遵循天人合一的规律。在这三条内容的基础上，为了增强酒器的神圣性——四、平底之器加三足以升高成为礼器。五、由于这类三足酒器的观念渊源由禾所代表的农业天道而来，因此器形上并不着意强调鸟形，虽然在禾的观念体系中包含着鸟的观念，因此器形上，以非鸟形器出现。这五点加在一起，盉因而可用于三足酒器之名。酒器成礼器，是与灌礼结合在一起的。《礼记・明堂位》把灌礼中酒器称为“灌尊”。尊是仰韶文化对酉器在礼器上的升华。“尊”字强调的是本质和过程，“盉”字强调的也是本质和过程。“尊”字是没有三足的，是西北地区的酒礼器，酒礼器从整个远古到夏商周的演进，最初是无足且无鸟形的壶、酉、尊，最后也是无足且无鸟形的瓬、卣、罍。但中间是有足的鸟形器。把礼器作为一个整体，从本质和过程来把握，并从古汉语“浑言不别”的原则看，把“盉”用于三足酒器，特别是非鸟形酒器，并不算不对。只有当在现代汉语把“析言有别”原则扩展到浑言中时，“盉”字的精确性有问题了。然而盉的天道—农业—酿酒内容又已嵌入到三足酒器之中，因此，用“盉”以名器，又有理可寻。

三足酒器体系的出现，首先是在大汶口发现的鸟形器，然后是二里头的封顶盉，后者被邹衡名为鸡彝，两大亮点，前者在器形，后者在名称，都与鸟相关。当大汶口的三足鸟形酒器在城子崖初发现时，考古学人“为便于称谓计”而依《说文・鬲部》之“鬶”来命名。[①] 自此以后成为这类三足器的约定名。但也有质疑者。文字学家唐兰就认为不妥，他认为大汶口的三足器是一种陶温器，而鬶按《说文》是三足釜，为炊器。与之同意或意同形异的字还有鬴（《说文》：鍑属）、鬷（《说文》：三足鍑也）、锜（《说文》：鉏也，江淮之间谓釜曰锜）、鍑（《说文》：釜大口者）……都是炊器。因此，唐兰认为，这种陶温器不应为鬶，而应是青铜爵的前身，可名为陶爵或原始的爵。[②] 不过，原始陶爵是从周代之眼光看，如果从夏代的视点看，应称原始陶彝，即大汶口的三足陶温器是夏代鸡彝的前身。如果再向上溯，西方仰韶文化区称灌礼之器为灌尊，大汶口的鸟形三足酒器就是东方的“灌尊”。但东方鸟形酒器有足，不同于西方之尊的无足非鸟形酒器，应当怎么称呢？这里关系到远古酒器演进中的复杂问题，鬶从字形上，与鬴和鬷一样，牵扯到大汶口文化作为陶温器的三足鸟形器与仰韶文化作为炊器的三足鬲的复杂互动，按吕琪昌之说，还有南方的屈家岭—石家河文化参入到这一复杂互动之中。这样，从三足酒器的起源、演进中的地域差异、最后的综合定型考虑，可大致分为四类酒器：大湖地区三足和平底兼有的酒器，山东地

---

① 傅斯年等：《城子崖：山东历城县龙山镇之黑陶文化遗址》，“中央研究院”历史语言研究所，1934。

② 唐兰：《论大汶口文化中的陶温器——写在〈从陶鬶谈起〉一文后》，《故宫博物院院刊》1979 年第 2 期。

区以鸟形为主的三足酒器，江汉地区以非鸟形为主的三足酒器，中原地区略有鸟意的三足酒器。这四大地区，特别是前三个地区的灌礼酒器，应当怎么称呼呢？

第三节　鬶盉—鬶鷁—盉𩰫：三大地区的酒器命名、美学外观，观念内容

太湖地区的酒器，可沿用固有词语鬶—盉予以命名，但对之加上新的内涵。在起源时，酒礼器如上面文图所呈，有足无足皆有，三足的称为鬶，平底的称为盉，以突出"鬶"字中鬲的三足和"盉"字中皿的平底。平底之酒器，仅从太湖地区的器形上看，更应命名为𩰫。如果说，鬶字借自西北的三足鬲，在地域上不甚妥，那么，𩰫，取自南方的平底卣器，内蕴了酒器之前的香水之器，卣上加"矩"，表明与鬶一样，进入礼器，具有天下尺度的作用。𩰫不但有和的内容，而且与鬶形成互文。但𩰫讲解复杂，盉则简而易懂，且已用上，再加上从长时段与后来演进相关联看，还是以盉为名稍好。言归正传，盉定型后，平底消失而全为三足，三足酒器中有鸟意和无鸟意兼有，吕琪昌将之分为 A 和 B 两类，A 类有三型 6 式（I 型 4 式，II 型 III 型各 1 式），B 类有 3 型（各 1 式），共 2 类 6 型 9 式。基本以鸟意形为主，以几何形为辅。如下图①

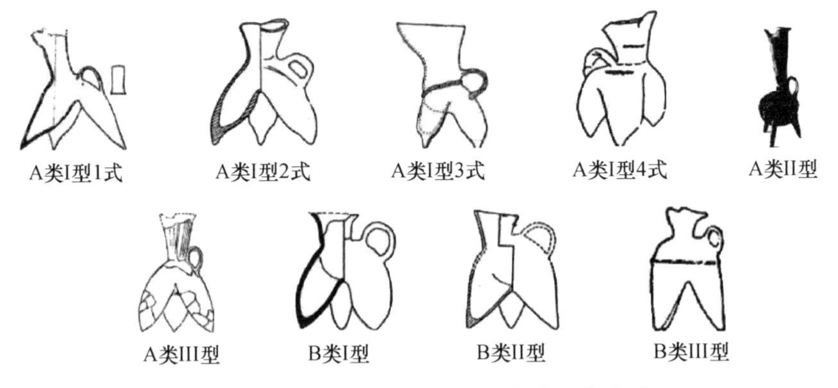

图 17-3　三足酒器的鸟意与非鸟意两大类型

有鸟意或有鸟形的可称为鬶，这里，不按鬶的原义（即不按西部之鬲的具体之器形去理解），而从太湖酒器自身的特征（仅把鬲理解为三足器）去

① 吕琪昌：《青铜爵、斝的秘密》，浙江大学出版社，2007，第 40—41 页，为方便把原文的型—式改为类—型—式。

解说。《说文》释“规”曰：“有法度也。”表明此三足器进入到了礼的核心。这具有“法度”的核心是以鸟体现出来的，三足器的鸟意鸟形乃天（太阳鸟）之运转原则，法度（规）之象征。无鸟意或无鸟形的称为盉，盉彰显其地（禾的生长）的生长之原则，粮食（禾）经过酿造而成酒之奥理。这样，以鬶—盉称太湖地区初起和成型时的三足酒器，是按古代汉语的动态性质进行定义，并且两词之义互渗整合。当三足酒器进入山东地区和江汉地区时，鬶—盉之义仍内蕴在其中，只是不同地区有了不同的特征，需要用新词予以命名。

山东地区以鸟形为主的三足酒器，可以用一个古词来命名：鷀。高广仁、邵望平把由大汶口兴起到龙山文化的整个三足酒器系统分为鬶与盉，鬶有 5 类 22 型 24 式。加上归类在其中的盉有 2 类 3 型，共 27 式。单列出来的盉有 3 类 4 型，二者相加共 31 式[①]。其中山东地区的三足酒器。无论袋足或实足，主要体现在顶口之流，上竖或平展，皆为突伸，如鸟头之貌，鸟形特征甚为明显，如图 17-4：

第1类（大汶口）

第2类（四平山）

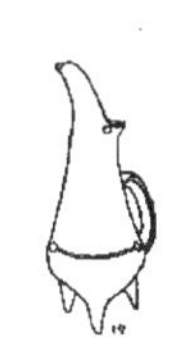
第3类（姚官庄）

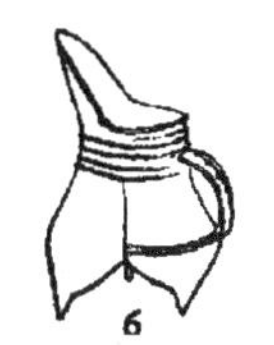

第4类（两城镇）

图 17-4　鸟形三足酒器

西方的酒礼器为无足酉形之尊，东方的酒礼器为三足鸟形器，二者融合而产生的结果，正好是鷀。《尔雅·释鸟》：“南方曰翟，东方曰鶅，北方曰鵗，西方曰鷀。”杜预注《左传·昭公十七年》说，鷀为西方的工正，与陶酒器工艺之精湛相合。从各族群互动融合上来看这一段话，可理解为，酉器之尊在与东方的互动中成为鷀。东方本无鷀器，与西方结合之后方有鷀器，因此在东方人看来，鷀乃西方之器。在西方人看来，西方本无三足之鷀，在与东方互动之后才有，鷀应为东方器。实际上，鷀器虽是东西结合在中原的产物，当东方的鸟形酒礼器尚无自名时，可暂用此来称东方之器。为照顾已有之名，也可称为鬶鷀。加鬶于鷀上，表明太湖地区起源的三足酒器中鸟形鸟意的一面在山东地区得到了极大的强化与突出。

---

① 高广仁、邵望平：《史前陶鬶初论》，《考古学报》1981 年第 4 期。文中对类型的划分，以式为大类，型为小类，这里为本文的统一进行了调整，以类为大，型为次，式为小，内容不变。

江汉地区以非鸟型为主的三足酒器，也可以用一个古词来命名：䣼。吕琪昌认为江汉地区的三足酒器来自太湖地区，因此按太湖地区的分类呈现其在江汉地区的演进。从其所呈之图像，可以明显见出，江汉地区的三足酒器仍是鸟意器形为主，但鸟意之减弱趋势甚强，其平口捏流之口，伸向短小而不突出，几乎已是非鸟意器形。如图①：

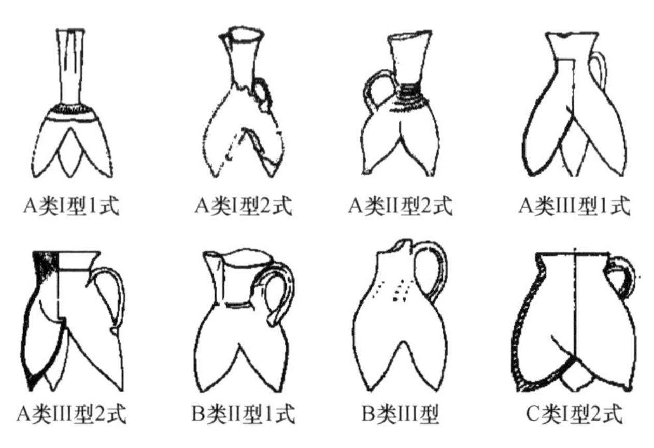

图 17-5　非鸟型三足酒器

依次为：湖南临澧太山庙、湖北通城尧家林、湖北郧县青龙泉、湖南平江陀上坪、湖北石首走马岭、湖北天门石家河、湖北天门罗家泊岭、湖南华容轱山

西北仰韶文化的酒器为酉非鸟形而无足，南方江汉文化的酒礼器非鸟形而有足，似西北方之鬲，鬲是三足炊器，将之用来盛酒或温酒，成为䣼。《说文》释䣼曰："䣼也。"段注："《广韵》曰：下酒也，按，谓滴沥而下也。"已经把鬲的炊器功能转为酉的酒器功能。当江汉的三足酒器出现时，在西北之人看来，正是把尖底瓶的酉器加上鬲的三足而成，而这种组合的创意又应是在汉江地区非鸟形三足器的影响下形成的。当江汉之人看到西北的酉形酒器和鬲形炊器之后，同样应会认为，本地区的非鸟形酒礼器，用这两器形结合的䣼字来表达，在跨文化交流上，更能相互理解。当江汉地区的非鸟形酒礼器尚无自名时，可暂用此词来称南方之器，为照顾传统，也可称为盉䣼。把盉加在䣼上，表明太湖地区起源的三足器中，非鸟形非鸟意的三足酒器在江汉地区得到了极大的强化与突出。

---

① 吕琪昌：《青铜爵、斝的秘密》，第 61—63 页。

第四节　鸡彝：美学外观与文化内蕴

中原地区的三足酒器，《礼记·明堂位》曰："灌尊，夏后氏以鸡夷。"西方之酉尊，东方之鬶鶽，南方之盉䰛，在中原互动，产生了二里头即夏文化三足酒器。杜金鹏把中原地区、江汉地区、关中地区的三足酒器作为一个整体，分为6类15型（A类2型，B类1型，C类4型，D类4型，E和F类各1型），中原地区的三足酒器在杜文的"封顶陶盉演变图"中呈现的是：以中原具有独特性的A类II型作为起源，在三地区演进。在中原的演进主要有2类5型，即C类I型，D类的I、II、III、IV型。如图17-6：①

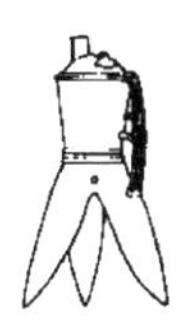

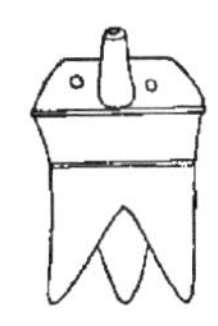

AII（二里头）　CI(二里头)　DI（二里头）　DII（二里头）　DIII（二里头）　DIV（东下冯）

图17-6　二里头三足酒器之一

吕琪昌只把江汉地区和中原地区作为一个系统，整体地归纳出7类25型48式。② 演进历程是由江汉到中原，因此最后统一到二里头文化的三足酒器上，如图17-7③：

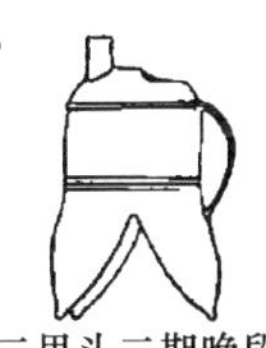

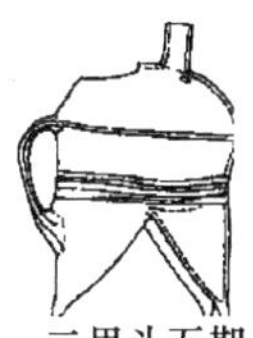

二里头二期早段　二里头二期　二里头二期晚段　二里头三期　二里头四期　二里头五期

图17-7　二里头三足酒器之二

---

① 杜金鹏：《封顶盉研究》，《考古学报》1992年第1期。

② 吕琪昌：《青铜爵、斝的秘密》，浙江大学出版社，2007，第54—74页。具体为：A类7型（I型2式，II型4式，III型3式，IV型2式，V型2式，VI型4式，VII型1式）共18式。B类3型（I型1式，II型3式，III型1式）共5式。C类2型（I型2式，II型1式）共3式。D类3型（I型1式，II型2式，III型1式）共4式。E类3型（I型2式，II型3式，III型1式）共6式。F类2型2式。G类5型（I型1式，II型4式，III型3式，IV型1式，V型1式）共10式。

③ 吕琪昌：《青铜爵、斝的秘密》，第67—68页。

二里头三足酒器的正式名称如邹衡所说，应是鸡彝。郑玄注《礼记·明堂位》“鸡夷”曰：“夷读彝。”这里透出了两项信息：第一，夏代的酒礼器叫鸡夷，即鸡彝。夷，可释为器形的三足和鸟形主要来自夷，即与产生地相关，这里夷既可指山东地区的东夷，也可指江汉地区的南蛮，还可溯源到太湖地区的东南夷。夷又可释为秋之肃杀，还可释为规律或常道；与观念体系的建构有关[①]。夷之为彝，应体现了为从个别（东方的大汶口文化的南方的屈家岭—石家河文化）向一般（东西南在中原相互打通的龙山文化）的演进和从礼的具体功能（酒器）向观念体系（天人关系）的演进。第二，鸡彝用于灌礼。龙山时代的鸡彝用于灌礼，仰韶文化的酉尊、大汶口文化的鬶鬹、江汉文化的盉𫗦也应用于灌礼。在性质上，三类酒礼器都可称为灌器（灌礼之器）。灌器之本质是建立在雚的观念上的。在远古形成了以雚为核心的观念体系，这是一个非常复杂绞缠的内容（第九章已详论），这里且以文字方式简约言之：雚既为禽鸟（鹳），又为花草（萑），与太阳的性质相连（金乌），与风的性质有关（飌），最主的是与水相关（灌）。关系到人对世界的本质认知（觀），联结到人在世界中的根本喜悦（歡）。这些丰富的观念内容集中在原始仪式中，以灌礼的形式集中体现出来。正是在以农业之水而来的雚的世界观中，产生了东西南北各类的灌礼和不同的灌器。从这一远古宏观图景看，西东南三方的灌礼酉尊、鬶鬹、盉𫗦在中原的互动，产生了在器形上平视略带鸟意，俯视呈神鸟面或神鸡面或神人面的三足酒器（图 17-8），联系到殷商时代同一器形的俯视图，会对夏代鸡彝器形俯视图的内容在命名上有更深的理解。而在名称上却是鸟意十足的鸡彝。这一名称的最大特点是在突出了中原地区和江汉地区的鸡的同时，又强调了鸟形特征不明显，甚至鸟意特征也不明显的彝。在这一名称中，包括了灌礼酒器在两个方面的变化：一是从东方与中原的演进线上看，东方之鸟变成为中原之鸡，二是从西方和南方到中原的演进看，西方之尊和南方之𫗦变成了中原之彝。可以说东西南三足酒器互动演进的主要内容，都凝缩在鸡彝这一名称上。

---

① 《说文》释“夷”曰：“东方之人也。”《尔雅·释诂》“夷，灭也。”《小尔雅·广言》：“夷，伤也。”《逸周书·武穆》有“夷德”，孔晁注：“夷：常。”

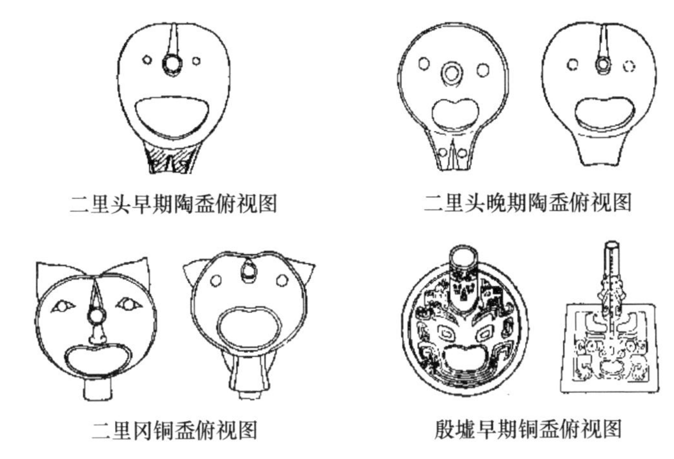

图 17-8 陶盉与青铜盉

资料来源：（杜金鹏《封顶盉研究》）

第五节 鸡彝命名与远古酒器演进的新型观念

鸡彝在器形上从正面看不是鸟形，顶多略带鸟意，与鸟形明显的山东地区三足酒器相比甚至可说是非鸟意器形，但在命名上充满鸟意：鸡，鸟之殊种；彝内含着鸟。器形非鸟而名称有鸟的两极互渗中形成的内蕴，从"彝"字上透了出来。彝在甲骨文、金文中为：

从三种古文字中可见，甲骨文中"彝"字主要是下面双手与上面鸟形，以及鸟旁一竖形物，可短可长，或为中杆或为树且或为戈钺，应与神圣象征关联。在金文中，竖形物消失而变为两点或三点，应为定形"彝"字的"米"字之源，同时鸟的尾部串连的○或□形，是定型"彝"字中部的"系"字之源。在演变中，鸟形变抽象，米和系开始成形出现。这样，"彝"字内蕴着具有鸟观念的鸟形灌器（鬶鷊）和具有禾观念的几何形灌器（盉䥙）于一体，还体现出行礼过程中的敬意。薛尚功说，"彝字极古"。罗振玉说，其谊（义）不可知也。刘节说，彝之来源甚多，[①]都讲出了“彝”字的复杂性。这类从太湖地区出现的三足酒器，在山东地区和江汉地区形成体系，又在与仰韶文化的互动中，进入龙山文化演出新形，必然是相当复杂的。但其主体构成，如罗振玉、商承祚、刘节、李孝定等所释，象两手奉(或持)鸟，只是为何种鸟，多数认为是鸡，刘节说是玄鸟。文献最后定为鸡彝，释为鸡不错，但三足酒器形成鸟形特色是在大汶口，王小盾指出，鸡文化的主要地区是黄河中游和长江中游，河北磁山文化最早显示了养鸡业的发达，湖北屈家岭文化以多种陶鸡显示了以鸡为内容的观念体系。而养鸡及其观念在大汶口—山东龙山文化家畜业和观念中比重甚小。[②] 王小盾的主要依据是《农业考古》1985 年第 2 期的《中国古代农业考古资料索引(九)》的资料。这一资料中鸡的真实性，虽然得到大多数学人的支持，但也有考古界的质疑[③]。但质疑者主要说资料中的鸡骨不是鸡骨而是雉骨，考虑到古人的鸟禽分类学与今人的差异，特别是古人的观念体系和思维方式与今人的差异，资料表中是鸡是雉基本不影响本文所谈的问题。这样，在这些资料和古代文献中出现的“鸡”字，都将其理解为包括雉科的鸡类，当然这一包括是建立在远古观念和远古思维的基础上的。但王小盾以及后来宋艳波修正后[④]指出东部文化鸡类不占优势还是存在的。而这又正好透出了彝型酒器形成历程的复杂性。

大汶口是鸟文化，鸡在鸟的体系之内，因此从总名上来讲，大汶口的三足器如上图所呈，彰显的是鸟的体系。可以想象，东西南三方的互动中，庙底沟文化和屈家岭文化的鸡雉与大汶口文化的鸟进行了文化和美学上的融合，形成了龙山文化的鸡彝。这一以中原为中心的互动融合中，有着磁山文化和裴李岗文化底层基础的庙底沟文化之鸡和屈家岭—石家河文化的鸡，占有了主导地位，从而形成了鸡彝酒器。这一融合的新名之能够成功，又在于鸟文化与鸡文化本有共通之处。《左传・昭公十七年》讲到了东方的少昊氏时代各种以鸟为名的鸟师“凤鸟氏，历正也；玄鸟氏，司分者也；

---

① 《古文字诂林》(第九册)，第 1264—1267 页。

② 王小盾：《中国早期思想与符号研究》(上)，第 503—505 页。

③ 支持的有赵兴波等《全新世早期中国北方地区的家鸡驯化》(《美国国家科学院院刊》[PNAS]2014 年 12 月期)，王铭农、叶黛民《关于养鸡史中几个问题的探讨》(《中国农史》1988 年第 1 期)；质疑的代表作有袁靖等《中国古代家鸡起源的再研究》(《南方文物》2015 年第 3 期)。

④ 宋艳波《海岱地区新石器时代的动物考古学研究》(博士学位论文，山东大学，2012，第 61 页)说：“整个新石器时代，海岱地区[包括北辛、大汶口、龙山诸文化]发现有鸡类(包括雉科)遗存的遗址数量并不多。各遗址的材料，数量上均不占任何优势，且大部分遗址并未提及判断为家鸡的具体依据；而且很大一部分遗址直接说明其为雉科，并非驯化的种属；有描述判断依据的遗址如西公桥和王皇顶遗址，都是参照磁山遗址的判断标准[这一标准受到袁靖等的质疑]。

伯赵氏，司至者也；青鸟氏，司启者也；丹鸟氏，司闭者也；祝鸠氏，司徒也；鸣鸠氏，司马也；鳲鸠氏，司空也；鷞鸠氏，司寇也；鹘鸠氏，司事也。五鸠，鸠民者也。五雉，为五工正，利器用，正度量，夷民者也。九扈，为九农正。”众多的族群形成了众多的鸟类。这些不同鸟类的分类核心是什么呢？是由天地运转而来的季节变化。季节变化中最重要的二分（春分、秋分）二至（夏至、冬至）两开（立春、立夏）两闭（立秋、立冬）相关的鸟为玄鸟、伯赵、青鸟、丹鸟。东部文化以鸟作为天地季节变化的象征符号，西部和中部同样也用鸟的符号去把握，从庙底沟彩陶上的随日鸟形和大河村彩陶展翅鸟形等都可以透出，但最为重要的是鸡类自磁山文化起在中原的重要地位。如果说东部的鸟在季节有规律的展开和循环中具有关节点的作用，那么，鸡则每日晨鸣将一年四季的变化具体为每一天的到来，《说文》曰：“鸡，知时畜也。”这个“时”是具体到每一天的，如《玉篇·鸟部》所释的：“鸡，知时鸟，又称鸡，主呼旦。”《说文》归鸡为畜是从六畜（马牛羊鸡犬猪）体系来讲鸡，《玉篇》归鸡为鸟是从禽（鸡雉鸟）的体系来讲鸡。当东部在鸟体系中并不甚重要的鸡与中原在鸟体系中甚为重要的鸡互动之时，鸡在整个文化中的建构就显得重要起来。鸡这一每日开始的标志与作为天上之中的北斗关联起来。《春秋运斗枢》曰：“玉衡星精散为鸡。”北极—极星—北斗带动天下万物的运动是通过日月星的运转进行的，《春秋运斗枢》因而把鸡与太阳运行关联起来。《春秋说题辞》曰：“鸡为积阳，南方之象。火阳精物，炎上，故阳出鸡鸣，以类感也。”形成了本体北斗—中介太阳—每日鸡鸣的观念体系，这一观念体系影响了人文现状，如《周易通卦验》曰：“鸡，阳鸟也，以为人候四时，使人得以翘首结带正衣裳也。”这一天人的互动增加了鸡在天人关系中的地位，《山海经》中的《西次二经》《北山首经》《北次二经》《中次三经》《中次八经》《中次十经》都有“祀鬼神以雄鸡”的内容，其地理方位又正与考古上鸡在西部和中原的重要地位相呼应。而在龙山文化时代东西南北的互动中，鸡进入到了重要位置。《周礼·春官宗伯·鸡人》云：“鸡人掌共鸡牲，辨其物。大祭祀，夜呼旦，以警百官。凡国之大宾客、会同、军旅、丧纪，亦如之。凡国事为期，则告之时。凡祭祀面禳衅，共其鸡牲。”这里透出的是鸡进入文化中心之后，把自然功能（夜呼旦）和文化功能（警百官）结合起来，进入到宾客、会同、军旅、丧纪等各项重要仪式之中。这一鸡向礼乐文化的全面展开，应是与鸡向凤凰的演进同步的，《山海经·南山经》曰：“丹穴之山，有鸟焉，其状如鸡，五采而文，名曰凤皇。”在石家河的玉器中，有鸡头之凤，又有鹰头之凤。当凤凰形成之后，鸡又回到原来的位置。但因在向凤凰演进的过程中，曾有过巨大的辉煌，因此在之后的文化中仍有虽非中心而仍重要的位置。对于鸡在龙山文化时代各族群的互动中所起的作用，且把《中国古代农业考古资料索引（九）》的材料按本文的逻辑重新编排成表如下：

表 17-1

仰韶文化		屈家岭—石家河文化	北辛—大汶口文化
西部	黄河中游	长江中游	东部
陕西宝鸡北首岭—鸡骨	河南新郑裴李岗—鸡骨	湖北荆山屈家岭—陶鸡	山东滕县北辛—鸡骨
陕西西安半坡—鸡骨	河北武安磁山—家鸡		山东泰安大汶口—鸡骨
甘肃兰州西坡坬—鸡骨	河南安阳后岗—鸡骨		
甘肃东乡林家—鸡骨	河南陕州庙底沟—鸡骨		
	山西临汾陶寺—陶鸡	湖北天门石家河—红陶鸡	山东潍县鲁家沟—鸡骨
	河南伊川马回营—陶鸡		
龙山文化			

仰韶文化以陶绘为主的尖底瓶西器，与大汶口文化以鸟器形为主的三足器，江汉文化非鸟形三足器，进入东西南的多元互动中，经龙山时代的融合，终于演出了新的酒—礼器——彝。彝，在观念上，内蕴着西的天道观念，在形象上，以中原的鸡观念为核心，在器形上，以东部和南部的三足器为基础。三足酒器在东部的大汶口，以鸟形为主，在南部的屈家岭、石家河，以几何形酒器和鸟意形酒器为主。当太湖地区的三足器进入到江汉地区，仍是鸟意器形为主，但鸟意之减弱趋势甚强，乃至如图 7-5 所呈，为非鸟意器形。太湖地区有鸟意器形，进入到江汉地区鸟意减弱，原因甚多，可以考虑因东部鸟观念与中原鸡冲突而产生的妥协而让一种非鸟意的类似于几何的第三型产生了出来，也许正是因几何器形具有综合因素，三足饮器的主潮由以鸟意器形（鬶鷊）为主转为几何器形（盉鬲）为主。这些多种的三足酒器，最后基本统一到二里头文化的鸡彝上了。

把太湖地区之鬶盉，山东地区的鬶鷊，江汉地区的盉鬲三种灌器体系相互比较，并与二里头定型为鸡彝的灌器体系进行比较，一条基本的大线呈现了出来：第一，三足饮器在太湖地区产生，是以具有鸟意形之鬶与无鸟意之盉构成两极互渗的交织体系。第二，太湖地区的鬶盉传到山东地区，与大汶口文化互动，产生了以鸟形三足饮器为文化特色的鬶鬹体系，第三，大汶口的鸟形体系反过来与太湖地区鬶盉体系互动，极大影响了苏北—皖中地区的鬶盉体系，使之与浙北—苏南在鸟意三足器与无鸟意三足器之间摆动的鬶盉体系区别开来，成为在鸟形三足器与鸟意三足器之间摆动的鬶盉体系。第四，太湖地区的鬶盉体系，经浙江、安徽、江西三路进入江汉地区，在文化互动中，鸟意特征大势减弱，形成了江汉地区以非鸟形为主的盉鬴体系。第五，江汉的屈家岭—石家河文化的非鸟形盉鬴体系从南方进入中原，山东大汶口文化的鸟形鬶鬹体系从东方进入中原，仰韶文化庙底沟酉尊体系从西北进入中原，在三大文化进行复杂互动中，随着二里头文化的产生，酒器在以鸡彝为主的三足酒器上得到定型。鸡彝这一器形，比起西方的酉尊器，有了三足；比起山东的鸟形器来，几无鸟意；比起江汉的非鸟三足器，有一上竖之管而约带鸟意，由上往下看，顶上平面显出神鸡或神人之面形。总之，鸡彝在器形平视上无鸟意，俯视有神相，名称上有鸟意，而这有鸟意的名称，以鸡突显中原中心，以彝包容各方内容，成为与二里头文化的容纳天下相一致的，以灌器来象征的容纳天下的新综合。

鸡彝之名，应以中原之鸡观念为基础，在与西东南各文化的互动中，鸡意渐弱而彝意渐长，鸡彝是酒器的专名，而彝乃礼器的通名。在这一意义上，各族群的融合在酒器上的体现，最后应是落实在“彝”字的字义扩张上。

第十八章　鸟隹三足酒器：饮食礼器与审美观念之五

远古中国观念演进的一个重要现象，是从各种动物形象变成非动物形象，全面地讲，是从动物形象和非动物形象有本质上的内在关联，到没有本质上的内在关联。在原始思想中有本质关联到理性思维中没有本质关联，这一观念的演进，从各种各样的器物和文字上体现出来。而这两种演变关联及其分离，在三足酒的演进和鸟相关文字的演进中显得较为充分。

第一节　远古酒器的器形演进与观念演进

远古中国的酒器演进，开始分别产生于东、西、南，最后三方交汇于中原。在西北产生了尖底瓶的酉器，酉器演进为酒器而提升为尊器，尊不但是作为礼器的酒器的名称，而且成为整个礼中所有礼器的名称，还成为文化中重要观念的名称。这是内容非常复杂的演进。在东南太湖文化的饮器中，产生了平底之盉和三足之鬶，被名之为鬶的具有鸟之器形，名之为盉的鸟之器形不明显。进而盉也升高与鬶一样成为三足酒器。考古学人对这一酒器的演进之线，以鬶盉皆成为三足器为基础。在讨论中，鬶盉两形基本不分或难以分开，两种二而一又一而二的器形进一步演进，一是从太湖地区到山东地区，器形似鸟之鬶得到了极大的强化。高广仁、邵望平在《史前陶鬶初论》(1997)文章中"陶鬶(盉)源流关系示意图"和吕琪昌《青铜爵、斝的秘密：从史前陶鬶到夏商文化的起源并断代问题研究》(2007)著作的"海岱系统陶鬶渊源及概略发展状况示意图"中，都有鲜明体现，且举吕著之图如下：

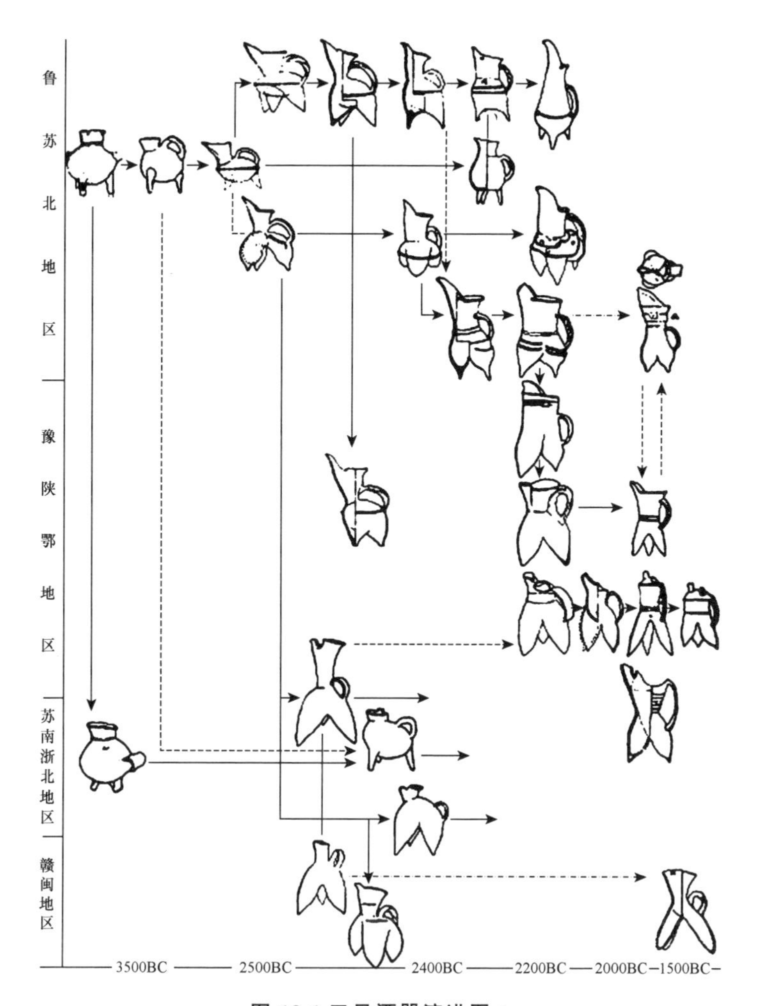

图 18-1 三足酒器演进图 1

山东地区在器形上偏重鸟形突出三足酒器，如要将之与太湖地区的鬶盉比对，不妨加一个更加突出鸟的名称，称为鬶鷷，这里的鷷，当然是在与西北的酉尊互动之后产生出来的。但只有在与西北之酉尊的比较中，鷷之鸟形才特别突出。然而尊与鸟可以合在一起而为鷷，同样在于原始思维中非鸟形的酉尊与鸟形的鬶鷷，具有内在的同一性。太湖地区的鬶盉进入江汉地区，被彰显的不是鸟形的鬶，而是非鸟形的盉，这在吕著第 94 页的演进图中体现得较为清楚：

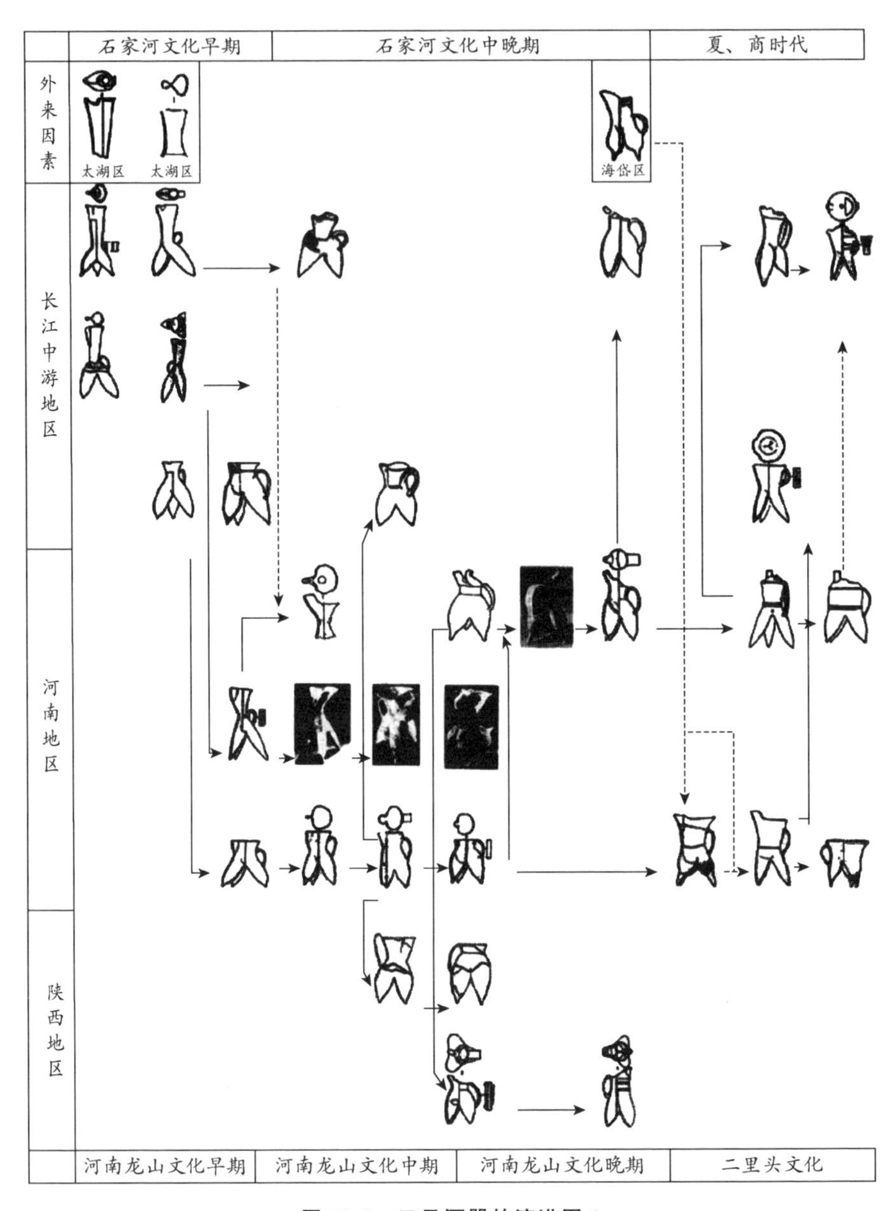

图 18-2　三足酒器的演进图 2

长江中游和江汉地区的三足酒器，盉的非鸟特征加强而鬶的鸟形特征减弱。既不同于山东地区的鬶鷉，也不同于太湖地区的鬶盉，且可命名曰盉醽。正如山东地区的鷉，是在与西北酉尊的互动中产生，江汉地区的醽，同样是在与西北地区酉尊的互动中产生。醽中的酉强调酒器功能，鬲则强调其与西北之鬲一样的三足。东方的鬶鷉和南方的盉醽，与西方的酉尊在中原交汇互动，最后产生了二里头文化的三足器，考古学上命名为封顶盉，文献上命名为鸡彝。叫封顶盉，在于与山东地区鸟形明显的鬶鷉比较，特别是从平视角度看，具有非鸟形的特质。叫鸡彝，在于与江汉地区的非鸟形明显的盉醽比较，特别是顶上之管，又稍多鸟形特征。鸡彝之名，鸡字鸟型特征明显，彝字鸟形特征隐蔽。鸡彝这一复合词组，正好适宜一种观念的综合表达。鸡彝这种综合，也可视为一种新的创造。因此，杜金鹏在《封顶盉研究》(1992)一文中认为这种三足器是在河南兴起而又扩散到其他地区，乃一个独立的酒器体系。文中用图呈现如下：

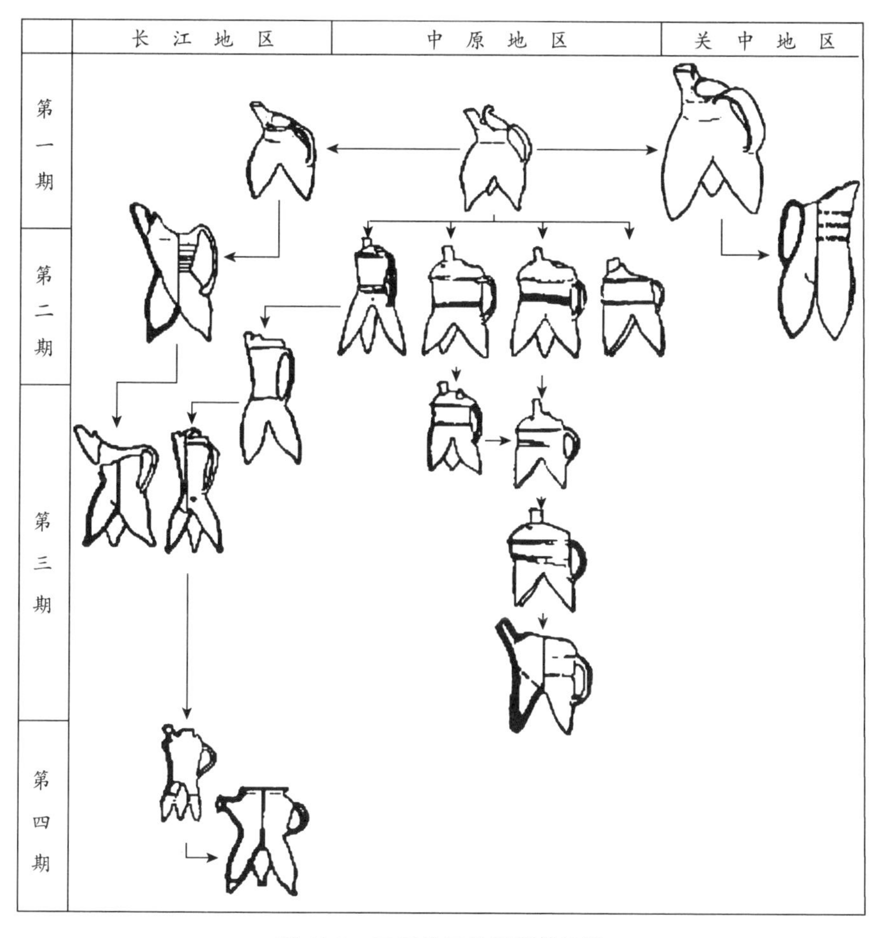

图 18-3　二里头三足酒器的演进

以上三张图，已经呈现出了，远古的三足酒器，在四大地区，有不同的类型。但这些类型，无论是鸟形明显的鬶鬹，还是非鸟形的盉鬶，或在鸟与非鸟之间的鬶盉和鸡彝，其内在本质的互通性是明显的，正如其外在的差异性是突出的一样。如何在这一致性和差异中去看三足酒器的演进呢？且从三足酒器演进到二里头文化后取得的名称上去分析。

第二节　鸡彝之名后面的观念张力

《礼记·明堂位》曰："灌尊，夏后氏以鸡夷。"孔颖达疏曰："夷即彝，彝，法也。与余尊为法，故称彝。"孔疏实际上讲了两点，鸡是外形，彝是内容，二者统一在夏代的三足酒器之中。这就透出了，三足酒器，从产生之初的鬶盉始，到鬶鬹和盉鬶的不同演进，再到鸡彝的最后整合，一直处在多重张力之中。在太湖地区有鬶与盉的张力，在演进之中有东方的鬶鬹和南方的盉鬶之间的张力，进入二里头文化，又有鸡与彝之间的张力。鸡彝的内部张力，从来源上讲是三足酒器在起源时期的鸟与禾之间的张力。由以在一年中东升西落的太阳之鸟为核心的鸟来象征宇宙的观念，和以在一年中的春种夏忙秋收冬藏为核心的禾来象征宇宙的观念，在偏重或强调某一形象时，产生了器形的区别。在这一张力中，鸟与禾既内在地互渗一体，又在现象分别为两个不同因素。鸟与天地四季的运转相关，代表天道，禾与庄稼的春夏秋冬的循环有关，象征地道。远古中国，雚鸟崇拜普遍存在，雚即鹳（是《说文》中"衔矢射人"的神鸟）即鶚鳴（即《东京赋》讲的"虎夫鶚鳴"），象征的是勇猛和刑杀[①]，是天道中的阳刚一面，而禾则展示平和的生长与收成的欣喜，以及以禾为料酿成酒之后的乐歡，彰显的是天道中阴柔的一面。当大汶口三足器以鸟形为主时，意味着文化中鸟与禾的张力在鬶鬹型三足酒器上的体现，是以阳刚刑杀为主，以阴柔的温和为辅。当江汉的三足器以非鸟形为主时，内蕴着鸟与禾的张力在盉鬶型三足酒器上的投射，是以阴柔的温和为主，以阳刚刑杀为辅的观念体系。在龙山时代，东西南各族互动而进入二里头文化之时，三足酒器成为鸡彝，透出的是对鸟与禾张力的新思考。从上古史的整体演进看，各族群进入龙山文化的融合中，各方之鸟在以鸡为核心向凤凰演进，而鸡之形象也在多方调适中，具有了对各种品性的包容性，正

① 王小盾：《中国早期思想与符号研究》（上），第507—508页。

如《韩诗外传》所讲鸡“头戴冠者，文也；足傅距者，武也；敌在前敢斗者，勇也；见食相呼者，仁也；守夜不失时者，信也。”鸡的文、武、勇、仁、信五德，与由禾与天道相连而来的性质已经有了更大的重合，《说文》释禾曰：“嘉谷也。二月始生，八月而孰，得时之中，故谓之禾。禾，木也。木王而生，金王而死。”虽然鸡有武勇两德都强调刑杀，而禾特彰显生的力量，但在天地运转最关键的“时”上高度重合，鸡为“知时之鸟”，禾乃“得时之中”，因此，当大汶口的以鸟形为主要器形的三足酒器演进为龙山时代以鸡名为主要符号的三足酒器时，萑的刑杀得到了新调适，禾的生德被予以了新强化，鸡的形象已经把二者的内容包括在其中了。因此，以鸡形象为主的鸡彝的出现，体现的正是以夏为核心的多元一体新时代的到来。对夏文化的鸡彝，杜金鹏《封顶盉研究》把关注重心只放在鸡彝上，突出这一独特酒器起源于龙山文化晚期的中原，虽然也讲是中原与各地区的互动，但只是一笔带过，而主要内容是讲鸡彝在中原产生之后，再传向黄河上游的陕甘宁，上至成都下至上海的长江上下，以及河北和辽河地区。杜文中的“封顶陶盉演变图”，包含两个内容，即鸡彝一是在器形和空间上展开（主要是中原、江汉、关中地区），二是时间上的延续为四期。第一期约公元前 2400—前 1900 年，第二期约前 1900—前 1700 年，第三期约前 1700—前 1500 年，第四期约前 1500—前 1100 年。跨度从龙山文化到夏商。鸡彝从中原龙山文化产生出来演进到二里头文化，杜金鹏发现，二里头文化早期鸡彝向周围地区的传播轨迹，在地理上的分布，与古籍中“禹迹”的分布，恰好是重合的。鸡彝成为夏的标志性器物。然而，如上所说，鸡彝之名，包括两个部分，一是鸡指三足器所象征的具体鸟类，二是彝，指包括鸡在内的所有神鸟，及包括所有鸟神在内的神圣动物，以及包括所有神圣动物在内的一切神物。因此，鸡彝内蕴着作为特殊的鸡与作为一般的彝的张力。从鸡去理解彝，可体悟鸡在中原文化中的特殊意义，从彝去理解鸡，可知晓彝在夏文化中的普遍意义。正因为鸡的特殊性，当夏为殷取代，鸡彝作为灌尊的地位就被斝所代替了。在这时代变更中，鸡被否定了，彝却保留下来。鸡彝作为器形，在商周演进为青铜盉。盉之名出现时，管流从鸡彝的顶部下移到器之腹部。但承传关系仍然明显。由自铭的青铜盉向上追溯，目前发现的有自铭的商周青铜盉形器，各期名称见表 18-1。

表 18-1

	彝	尊彝	宝尊彝	宝彝	宗彝	从彝	宗尊	宝盉	宝尊盉	尊盉	盘盉	盉	旅盉	宝盘	蓋
商代晚期	2	3													
西周早期	4	8	5	1	1	4	1	1				3	3		
西周中期	2	2	2	2				5	1		1	5	1	1	3
西周晚期								2		1	2	6			

本表根据李云朋《商周青铜盉整理与研究》(硕士学位论文,陕西师范大学,2011)数据制作。

从表中可见,中原龙山文化出现的三足酒器在晚商称为彝或尊彝,西周早期也还是以彝或尊彝为主,到西周中期,盉之称才在数量上超过彝之称。联系到文献中夏后氏用鸡彝,似可说,龙山文化晚期到夏称鸡彝,商只称彝或尊彝,周才开始称盉。回想到三足酒器产生之初鸟与盉的相对关系,将之来看夏商周从夏之鸡彝到商之宝彝到周之盉的演进,又正与夏商在刑德中以刑为主,西周才转为以德为主相应合。

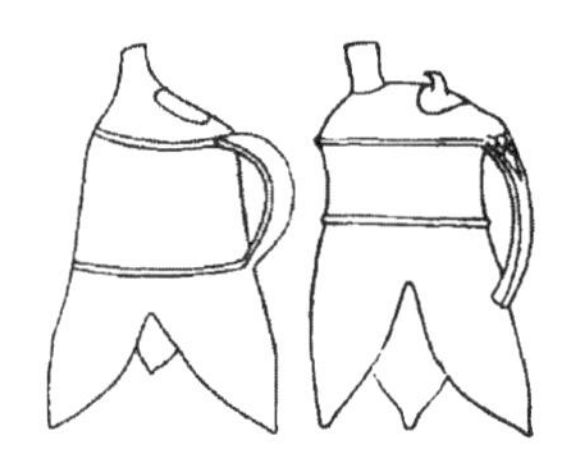
夏代鸡彝(器顶管流盉)

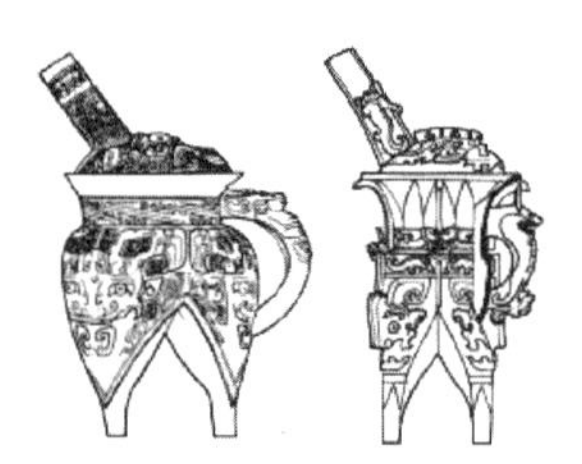
商代宗彝(器顶管流盉)

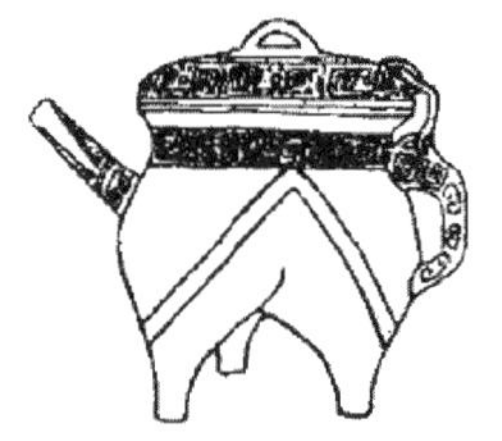
周代盉(器腹管流)

图 18-4 夏商周的器形演变

资料来源:(前四器,杜金鹏《封顶盉研究》,后一器,邹衡《夏商周考古学论文集》)

把三足酒礼器的演进大线向后延伸:从中原龙山文化到二里头文化的夏,是鸡形在明显和不明显之间的鸡彝,到殷商是鸡形消退而彝形明显的三足酒器(正如后来定型的"彝"字已经看不出鸡在其中)。这样,三足酒礼器在二里头文化中,有的可感到象鸡形,负载的是鸡的观念,有的感不到象鸡形,内蕴的是彝的观念。从鸡彝俯视图的多义性和"彝"字字形的多义性,透出的和内蕴的,正是远古观念从西北地区之西尊器和太湖地区的鬶盉开始以来的复杂演进。这一复杂演进的核心内容,在考古器物和文献上难以清晰地呈现,但却从与鸟相关的文字中透露出来。

第三节　从鸟隹的文字演变看远古酒器演进的观念内容

在三足酒器的整体演进中，从大汶口的鸟形器向二里头鸡彝的演进是一条主线，它与远古中国观念体系演进的重要方面紧密相关，王小盾把《说文》以及从《玉篇》到《康熙字典》照抄《说文》的辞书呈现的"鸟为长尾、隹为短尾"的区分运用到远古东西部鸟观念的不同上，他从新石器的鸡彝灌礼讲到商周青铜鸟纹，呈现了一个大的框架，简括言之有如下三点：第一，东夷各族包括大汶口在内是雚一类的短尾鸟（第507页），来自大汶口后北上又南下中原的商是隹、雀等短尾鸟（第530页）。第二，庙底沟是翟雉型长尾鸟，继而由踆乌向三羽、九尾转变（第532页），到夏形成三羽冠和九尾鸟（526页），在此基础上形成周的长尾凤鸟。第三，关联到从大汶口的鸟型酒器到二里头的鸡彝，则是来自西方的长尾之鸡与来自东方的短尾之雚的交流而成（第521页）。[①] 问题提到点上，但在进入时把问题简单化了。对于《说文》把鸟与隹作长短尾区分的定义，罗振玉就根据甲骨文资料从现代学术立场作了批评："卜辞中'隹'许训短尾鸟者与'鸟'不分，故'隹'字多作'鸟'形。许书隹部诸字亦多云'籀文从鸟'，盖'隹''鸟'古本一字，笔画有繁简耳。许以'隹'为短尾鸟之总名，'鸟'为长尾禽之总名。然鸟尾长者莫如雉与雞，而并从隹；尾之短者莫如鹤鹭凫鸿，而均从鸟。可知强分之，未为得矣。"与罗同时及以后的文字学者几乎都从现代汉语原则支持罗的说法，丁佛言、高鸿缙、高明等以不同程度和方式支持鸟隹一字；高田忠周、马叙伦、裘锡圭等从不同方面讲鸟隹相通，商承祚、鹭尧鸿、饶炯等赞同以尾之长短强分鸟隹，未为得矣。[②] 其实，虽然许慎诚如现代学人批评的那样，未看到甲骨文金文中隹的字形有长尾，但《说文》鸟部隹部中的诸字之字形以及对之的释义已经呈现出鸟隹在长短尾上有交义，因此深知古代汉语原则的段玉裁在鸟字"注"中为之辩解曰："短尾名隹，长尾为鸟，析言则然，浑言则不别也。"我们可以思考的是，许慎知道鸟隹在长短尾上有交叉，为什么要强为分别呢？盖因许慎一方面去古未远，以一文字大家的直觉，强烈地感受鸟隹二字在相同的同时，还有根本区别，另一方面去古已远，已经理不清这一区别究竟为何，因此巧借古代汉语浑言析言原则，提醒学人这里有区别。当从远古鸟观念的演进来看鸟隹的同异，问题就清楚了，而

---

① 王小盾：《中国早期思想与符号研究》（上）。

② 《古文字诂林》（第四册），第83—85页。

且这一问题正好与三足酒器从大汶口向龙山文化向二里头文化的演进紧密相关。

鸟与隹区别何在呢？

在远古社会的思维方式和观念体系里，鸟既是自然中的鸟类本身，又与天地万物相连，内蕴着天地的本质，在由原始向理性的演进中，作为自然的鸟与天地本质之间的区别逐渐出现，体现在文字上，鸟类以保持鸟的自然外貌为主，因此，《说文》鸟部 121 字，全都以鸟的自然形态为主组织起来，而有隹的字则被分散到各类部首之中，只有与鸟相关的 38 字被保留在隹部。而后来那些以隹为基础，但词义与鸟无关，或虽然表面有关，但已经用于抽象观念的字，恰好透露出远古鸟隹一字或鸟隹相通时的古义。

隹还保留着远古仪式中以鸟为形以神为质出现的字有：

魋：鬼即神，这里神的外形是隹。《说文》："神兽也。从鬼，隹声。"北斗七星之一的天玑星名魋，是以雚为外形之鬼(神)。

倠：《说文》："仳倠，丑面。从人，隹声。"应是人鸟合一的怪相。

婎：《说文》："姿婎，姿也。从女，隹也。一曰丑也。"段注："恣也……纵也。"应是女性之人与鸟合一的怪相。

傩：从《诗经・卫风・竹竿》毛传透出，最初应为(人扮的)難鸟在仪式中行走姿势的优美有度，到《周礼》和《论语》已经演为朝廷和乡里与季节有关的驱鬼仪式威猛怪异的傩面。

隹与其他动物合一的形象有：

蜼：《说文》："如母猴，卬鼻，长尾。从虫，隹声。"就为隹与猴合一的形象。

犨(犫)：《说文》："牛息声。又牛名。"应是双鸟与牛合一的形象。

上面诸字，保留有鸟—隹的原始内容。最为重要的是，以隹为基本构成，但已经脱离了鸟的形象而成为具有普遍观念形态的字。在政治和美学上具有重要意义的字有：

雅：《说文》："楚鸟也。一名鸒。"盖雅之自然鸟貌，郑玄《诗经・小雅》笺曰："雅，万舞也。"盖雅的远古仪式内容。郑玄注《周礼・春官・大师》，邢昺疏《尔雅》和《玉篇》释雅，皆曰：雅者，正也。是鸟类和远古仪式分离之后的观念。

雍：《说文》："雝[鸟渠]也，"盖为鸟的原貌。《水经》曰："四方有水曰雍。"盖为仪式地点形状。《玉篇》曰："雍，和也。"《集韵》曰："雍，佑也。"成为普遍观念。雍和境界、雍容大度，成为高级的政治和美学语汇。

䕶：䕶即護即濩。《吕氏春秋·古乐》《周礼·大司乐》商汤之乐为《大護(濩)》。䕶，最初应是仪式中人鸟合一的舞乐。按音同义通，䕶者和也。

琟：《集韵》曰："与瑦同。鸐瑦，鸟名。"盖自然之鸟貌，《说文》"石之似玉者。从玉，隹声。"应是鸟玉在仪式中的结合，琟—瑦在仪式中的形象，达到与玉同美的效果。

隽：《说文》曰："肥肉也。"段注曰："肉肥也……味美而长也。惟野鸟味可言隽。"盖由与鸟相关的仪式中的肉美而来，以后在鸟隹分离中升华为普遍性的美：隽味、隽语、隽永、隽蔚、隽壮、隽洁、隽德……

雜：《说文》曰："五彩相会。"最初应是仪式中多鸟汇集，羽毛五彩而美。因此，雜即雥，以三"隹"叠加表其多，段注曰："久之改雥为佳。"应有远古美学之根据。加上人衣之后为襍，段注曰："《诗》言襍佩，谓集玉与石为佩也。"应为后来的形象演进，但本义不变。

隹不仅由远古仪式以"䧿"为核心的鸟人一体之神，演进为理性王朝之华夏衣冠之雅，形成了雍和隽的境界，而且演进为一系列中国文化基本观念的词汇，雄和雌成为禽兽人通用的具有普遍性的性别之分。隻(只)和雙(双)成为计数上具有普遍性的一和二，还有雔和雥，既是三又有多之义，有着《老子》的"一生二，二生三，三生万物"的内涵。雉、蒦、矱成为抽象的尺度之词。准成为普遍性的标准；確成为普遍性的肯定；衢成为四通八达的道路；维成为普遍性的基础，《管子·牧民》讲：礼义廉耻，国之四维。懽、歡、難成为人类的心理状态：《说文》释"懽"曰"敬也"，释"歡"曰"喜乐也"，《广韵》释"難"曰"患也"。推、擁、擭，成为基本与鸟无关的人的动作。觀、矍、瞿，皆从鸟眼之视转为人眼之貌。堆和滩，成为与鸟无关的地理形态，帷和锥，成为与鸟无关的人类器物……

从隹在脱离鸟的性质而向文化各基本方面的扩展，透出的是远古时代隹鸟一体的观念体系，在时代演进中的变化。在仰韶时代—大汶口时代，共有鸟隹一体和鸟隹与天地一体的观念体系，但相对而言，东部文化鸟—隹观念处在文化的中心，这从前引的《左传·昭公十七年》的话透了出来，也从大汶口三足鸟形酒器的体系性上彰显出来，西部文化鸟—隹观念并未处于核心地位，这从由羌姜文化而来的"羊"字系列中透露出来，也从仰韶彩陶上的鱼鸟互动图案中漏渗出来，还从仰韶尖底酉器中透露出来。当大汶口文化与庙底沟文化进行大范围互动而走向龙山文化的过程中，产生了三大变化，一是鸟—隹在圣鸟上的整合，开始了中国之鸟走向凤凰的历程，二是鸟与隹的分离，开始了中国远古思想的理性化进程，三是酒礼器的整合，产生西方的酉尊、东方的鬹鬶、南方的盉鬶，在互动中向鸡彝转变。而这一转变虽与两种器形在大汶口（乃至从河姆渡开始）的内部互动有关，但更主要是大汶口文化与仰韶文化的互动，最后在中原龙山文化中产生鸡彝，可以说这一转变与观念体系上鸟与隹的分离紧密相随。鸡彝在器形上平视既有象鸡的类型，又有不象鸡的类型，在俯视上既有似鸡的一面，又有不似鸡而似神或其他物象的一面。这一观念内容在文字上的表现，可以从不少重要的字，既从鸟又从隹中透露出来：雞—鷄，维—[illegible]，雕—鵰，雎—鴡，雁—鴈，睢—䳜，琟—瑦，雃—鳽，[illegible]—鴎，雒—鵅，雇—鳸，瞿—鸜……在众多的鸟隹同字中，雞—鷄突出地关联到东西文化互动中在观念体系和酒器器形上的演进。

当由隹字代表的以抽象观念为主的语汇，同由鸟字代表的以自然形象为主的语汇，在文字上完全区别开来之时，远古中国从原始思维向理性思维的演进就完成了。通过这一完成后的结果，去回看三足酒器从太湖文化到二里头的演进，其内容和方向是什么，就较为清楚了。

第十九章　彝—斝—爵：饮食礼器与审美观念之六

远古中国，酒器作为礼器在仪式中具有核心的地位。因此，酒器的演进内蕴了仪式演进的重要内容，从而内蕴着观念演进的重要内容，酒器—仪式—观念相互联动。酒器的演进，不仅是酒器的器形变化，而且是观念体系的变化。远古酒器的演进，内容非常复杂，但在文献上只呈现为三大阶段。第一阶段是西北酒器由酉到尊的演进。第二阶段是西北与东南互动而来的中原由尊到彝的演进，第三阶段是夏商周的由彝到爵的演进。本章的重点是第三阶段，前两阶段，在第十七、十八章已有详论，这里简要归纳，以作为第三阶段的基础。

由酉到尊，是远古仰韶文化在西北的地域整合。由尊到彝，是西北之非三足酒器的酉尊和东南方三足酒器的互动和整合，这里，先有太湖地区河姆渡文化和马家浜文化的三足酒器（鬶和盉），然后一条线演进为山东地区大汶口文化的鸟形三足酒器（鬶鷷），另一条线演进为南方屈家岭文化—石家河文化的非鸟形三足酒器（盉斝），最后，东方的鬶鷷和南方的盉斝与西北的酉尊在中原互动整合，产生了二里头文化的鸡彝。在这一整合中东方族群（文献中的蚩尤）和南方族群（文献中的三苗和九黎）在与西北族群（文献中的黄帝和夏禹）的互动竞争中失败了，因此，东方的南方三足器究竟怎么称呼，又不得而知。只有黄帝时代的酉尊和夏后氏的鸡彝，出现在文献上。《礼记・明堂位》曰："灌尊，夏后氏以鸡夷。"孔颖达疏曰："夷即彝，彝，法也。与余尊为法，故称彝。"这里"灌尊"即一种在远古具有普遍性的灌礼仪式酒器，可由西北酒器之名的尊作为代表，鸡彝是夏代灌礼的酒器，鸡乃外形之名，又是酒器融合之初的形态，彝乃内容之实，"彝"字包含了鸡的内容，又是酒器融合定型的形态。因此，彝成为总名。同时，彝与更早的尊一样，既是酒器之名，又是仪式中所有礼器的总称。因此，酒器从黄帝（考古上是仰韶文化庙底沟时代）到夏代（考古上是二里头时代）的演进，就成了从尊到彝的演进。

第一节 从鸡彝到彝后面的观念演进

仰韶文化的尖底酉器在向礼器演进中，在考古上即由半坡向庙底沟向中原龙山文化的演进中，变成了与观念体系相连的尊，来自西部的尊，在与东部大汶口文化的鸟形三足器和南方屈家岭—石家河文化的非鸟意三足器的互动中，产生出了鸡彝。鸡彝酒器，包含着具有地域特点和阶段特点的“鸡”和具有普遍内容和整体进程的“彝”两方面的互动内容。而在鸡彝酒器的动态进程中，鸡的一面因其特殊性和阶段性，很快被改变，彝的一面因其一般性和整体却一直保存下来。彝在甲骨文、金文的字形，第十七章已呈现过，这里为了讲解方便，各类选一字，以便与作为下面的论述便宜性参照。

（前五·一·三） （亦壶） （《古文四声韵》） （《说文》）

这里强调的，是彝所包含的一般性和普遍性，具体说来，就是“彝”字中，第一，包含了鸟的内容，由甲骨文中的和体现出来，内蕴着大汶口酒器中的鸟和龙山酒器中的鸡的本质内容，第二，包含了盉的内容，从甲骨文中的和金文中的中体现出来，内蕴着江汉酒器中的盉与龙山酒器中的鬶的本质内容。第三，包含了灌礼进行的动态内容，从甲骨文的和体现出来。彝体现了对东西南各方酒器中不同观念的整合，这一整合不是仅与酒器相关，而是与整个文化的观念体系有关。正因为彝内蕴着具有观念性和本质性的内容，因此，从酒器中得出的彝的观念，不仅适合于酒器，而且适合于整个礼器。因此，“彝”字不仅用来指酒器，而且从比酒器更高的礼层面来指其他非酒的礼器。同时，当看到“彝”字从酒器的特殊层面升到礼器的一般层面，也突出了酒器在礼器中的核心地位。酒器在礼器中的核心地位，不是从彝开始的，东西南三地文化都有各自在彝产生之前的演进过程，只是后来一统天下是来自西方的仰韶—庙底沟文化，因此，东方和南方由酒礼到礼器过程的思想凝结被历史所湮没，而西方这一过程的观念演进却保留了下来，这就是从酉到尊的进程。从结果上说，也可以用从酉到尊来象征东西南三地区由酒器到礼器的复杂进程中具有的相通性演进逻辑。这样，尊代表了各地域之间的观念统一，彝象征了夏王朝成为各方盟主时的观念统一。从这一角度看，从龙山到二里头的酒器演进，就是从尊到彝的演进。这一演进并未到夏而结束，《礼记·明堂位》讲，由夏后氏开始的酒器演进，到殷商成为斝，到西周成为爵。由夏始，酒器与礼器的互动扩展、换位，更为复杂，因此，对之的考察，要把酒器的演进与礼器的演进结合起来进行。

尊在仰韶文化中业已形成了专门酉器——一般礼器—仪式心态这三位一体的内容，当这以酉器为核心的三位一体内容与大汶口文化和屈家岭—石家河文化的三足酒器进行互动之时，把两种文化的内容都容纳了进来，形成了彝的体系。彝，与尊一样，具有两个层面，一是酒器层面，一是礼器层面，因此，彝在东西南文化互动中的展开，既是在酒器中展开，也是在礼器中展开，有这一视野，西方的酉形酒器与南方的非鸟意形酒器的互动，不但体现在鸡彝上，而且也体现在豆器形的千姿百态演进中，而西方酉形酒器与东方鸟形酒器的互动，交融扩展为六彝体系。《周礼·春官·司尊彝》讲了六尊六彝两大体系在后来的并置，细分起来，可以看到，六尊是东西南融合初段中以尊为主组成的体系，六彝是东西南融合晚期以彝为主组成的体系。六尊为牺尊、象尊、著尊、壶尊、大尊、山尊。其中牺尊从礼之牺牲角度分类，包括牛尊、羊尊、犬尊等，象尊主要从禽兽角度分类，有凤鸟尊、鸱鸮尊、鸟兽尊、犀尊、象尊等，这两类器物显著地体现了仰韶文化的礼器与大汶口文化礼器的互动和交融，既体现了东西文化在动物观念体系上的整合，又体现了在礼器器形上的整合，本以尖底酉器和无足盆壶为主的西部之尊都加上了四足或三足，形成一种特殊器形。后面四尊则在器形上都保持西部的无足原样，著尊主要是由酉器而来的觚、觯、甂。壶尊主要是来自壶以及由之的扩展。大尊主要来自缶以及由之的扩展。山尊主要来自罍以及由之的扩展。总之尊的后四类是在仰韶文化原有的器具体系和演进套路中对壶、觚、缶、罍的神圣化而来，前两类则体现了与大汶口文化互动后在观念体系和器形体系上的新质。六彝体系为鸡彝、鸟彝、斝彝、黄彝、虎彝、蜼彝。六彝体系，与六尊体系比较起来，一方面与尊一样具有酒器和由之扩展为整体礼器的共性，另一方面又有由出发点和强调点不同而来的差异。六尊是以西方灌礼中具有哲学意味的酉器为基本点而展开，因而在对东方和南方文化的接受上有自己的选择方向，酉器仍然显出了巨大影响。六彝以中原的鸡观念为基本点而展开，从而在对东西南三方文化的融汇上，形成了新的选择方向。

六彝体系与六尊体系相比，又有新的特点：第一，六尊只有两类以动物为器形，六彝全以动物为器形并以动物来命名。这体现出在东西南互动中，整合动物观念成为最为重要的主题。第二，六彝的动物安排，在类型上，鸡、鸟、虎、蜼四种为具象，斝和黄两种为综合性抽象。考虑到《礼记·明堂位》讲的“夏后氏以鸡夷，殷以斝，周以黄目”，斝彝和黄彝代表的正是六彝中的潜在主题。在结构上，鸡在第一，体现了酒器互动中西部胜利者的原有观念。《尔雅·释鸟》“南方曰翟，东方曰鶅，北方曰鵗，西方曰鷷”，从各族群互动融合上可理解为，酉器之尊在与东方的互动中成为鷷，鷷集中在鸡上，《尔雅·释鸟》“雉，西方曰鷷”，成为鸡彝。鸟在第二，体现了东部加入者的巨大影响，斝和黄在中，体现了互动融和的主题，这两彝虽然也有夏时的重要内容，但又牵涉到酒器从夏到商到周的演进，后面再详论，这时只要点出，其之所以能向商周演进，与在夏时就内蕴着观念的融合能力相关。虎和蜼在第五第六，这两种动物在江汉地区最受尊崇，因此，鸡、鸟、虎、蜼象征了东西南三方面的影响，斝和黄则体现了三方互动中出现的综合趋向。在东西南三方中，南方甚为复杂且背景深厚，在文献上有百越、三苗、九黎，在考古上有屈家岭文化和石家河文化，郭静云认为是先楚文化，都应与此融合相关，蜼是何种动物有多种解释，一是蛇虺之虺，二是鹰隼之属，三是猕猴之类，或许不同解释正好说明蜼是多种动物的融合。想一想灌礼起源于隹，虫为动物的总称，隹与虫都可从总体的角度灵活地去指称各类动物，在这一意义上，把蜼放在最后，是一个言有尽而意无穷的结尾。第三，六彝的器形处置，与尊相比，有足占有了绝对多数，尊是两种有足，四类无足，彝有五类明显有足，只有蜼一类既可有足又可无足，正是一个以有足为主的体系，又对无足保持开放态度。[①] 六彝体系，透出了东西南酒器的演进，有更为复杂和更为丰富的内容。《周礼·司尊彝》曰：“春祠夏禴，祼用鸡彝鸟彝……秋尝冬烝，祼用斝彝黄彝……四时之间祀追享朝享，用虎彝蜼彝。”露出了各类器形被一种观念体系所组织起来。因此，器形的演进与观念体系的演进紧密相连。彝的出现显示出了观念体系的三个层面，一是器物层面，彝不但是酒器的总称，也指一切礼器之名，于是有了鸡彝、鸟彝，彝壶、彝罇、彝鼎、彝俎……各类酒器与礼器带有了彝就具有了神圣性。二是具有符号意义的动物层面，这就是六彝中四彝都为动物，两彝为动物与观念的综合。斝和黄目牵涉到彝在商周的演进。总之六彝的六种动物形象及纹饰，突出的是具有神圣性的动物观念的综合。三是在前两个

---

① 关于六彝图像，郑玄说乃木刻描画，王肃说应为器形。按聂崇义《新定三礼图》把六彝归为木刻图画，皆无足。张雁勇《关于〈周礼〉鸟兽尊彝形制研究的反思》(《史学月刊》2016年第3期)说：木制彝器易腐，因此考古从无发现，陶器铜器耐久，因此出土甚多。倘此说成立，则六彝有两类，木器无足而陶器有足，用以把东方有足酒器与西方无足酉器作一种新的综合。不过从逻辑上讲，近代以来作为主流的动物形象器形说更为合理。

层面之上的抽象观念层面。这主要从"彝"字后来的词义中体现出来。《说文》释"彝"曰："宗庙之常器也。"常是经常和永恒二义的结合，《周礼·春官·司常》曰："日月为常。"郑玄注《周礼·春官·司尊彝》曰"彝，法也。言为尊之法也。"在东西南文化的综合里，彝所内蕴的观念正是在这两种意义上展开：彝宪、彝章、彝理、彝法、彝数、彝伦、彝义、彝仪……

第二节 尊彝作为酒器的基本内容

礼器器形—动物观念—抽象观念这三个方面的推进，是由酒器为中心带动，虽然这一带动推进的两个方面，西方向尊的演进和东西南互动向彝的演进，让尊和彝由酒器而漫向天地间的普遍性，但其演进的核心又主要体现在酒器的器形上，因此，酒器器形内蕴了三方面演进的共同内容。有了三位一体的背景，而只从酒器的角度看，就体现为《礼记·明堂位》讲的从鸡彝到斝到爵的演进。即尊彝在带动了礼器的整体演进之后，又回到酒器之中，按酒器的内在规律，体现在一种新型的酒器——爵之上。

夏代之彝由酒器向整个礼器扩展，由整个礼器再回到酒器上，名曰鸡彝。从器物与观念的互动上，关联着两个内容：一是以鸡为主向凤凰的演进，鸡在整个演进中的位相是一个中间状态，当凤凰成形之后，鸡又回到原来的鸟之一种的地位，与作为观念中的器形疏离开来。二是与鸡彝名称相关联的酒器，在鸡的观念离开高位之后，继续在礼中保持高位。《礼记·明堂位》讲"夏后氏以鸡彝，商以斝，周以爵"，透出的就是与这两种观念相联系的演进。正如盉之名是周才开始出现一样，斝之名也是周代才开始出现的，被认定为青铜斝的酒器，自名皆为"彝"或"尊彝"，[①]爵这一酒器的自名，也是到西周才出现，而西周之前的爵，都自铭为尊、彝、尊彝、宝尊彝、旅彝……[②]这意味着在鸡彝、斝、爵这三种不同器形的酒器，在共据彝的整体性质的同时，又有复杂的变化，三者在自铭中虽然都以彝为主。后来与盉在器形上相似的鸡彝在夏占据核心，以双柱为特色的斝在商拥有高位，但二者都先后从酒器中心位移出来，到西周时，爵进入主流。再把这一演化放大到长时段中去考察，可以看到几大特点：

一、在器形本身上。起源于西北的尖底酉器与起源于太湖地区的平底盉器和三足鬶器相互竞争，到龙山文化时，是三足器形取得了绝对的主

① 吴伟：《中国古代青铜器整理与研究(青铜斝卷)》，科学出版社，2015，第27页。
② 杜金鹏：《商周铜爵研究》，《考古学报》1994年第3期。

导地位。夏彝、商斝、周爵都是三足器形。整个的演进显出了三足处于酒器的主导，平底器以觚的器形处于辅位。尖底器离开酒器体系，远遁入庙内圣物或山林神物之中。

二、在器形拟象上，在起源于太湖的非鸟器形的盉意和鸟意器形的鸟意的竞争中，演进到山东地区时，达到了鸟形的显形高峰，演进到江汉地区时，达到了非鸟意器的盉意进入隐意新境。鸟形与盉意与酉器在进入中原的互动中，形成彝器，不但鸟形变化为鸡，而且鸡融进了其他事物，正如由鸡彝展开为六彝那样，鸡彝器形在夏代呈现为俯视图案的多意，夏以后，器身刻镂着饕餮样。殷墟早期铜彝的器顶面和器身，更是容纳了多种多样的物象，其俯视图，呈现犹如一位包容多象的神像，如图 19-1：

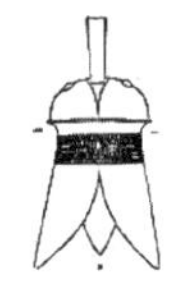

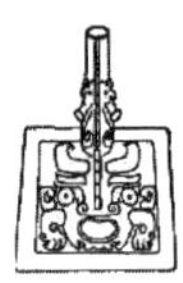

柏林国立博物馆藏器　布伦戴奇藏品　鸡彝器身上的饕餮纹饰　殷墟早期铜彝（盉）俯视图

图 19-1　酒彝器图案及其演进

资料来源：（杜金鹏《封顶盉研究》）

虽然夏以后的酒彝器在观念体系的变化中有了新的定位，然而从其变化中可以窥见其在夏代成为主流核心里的观念内容。不从酒彝器这一器物类型，而从灌礼所采纳的酒器类形来看，正如《礼记·明堂位》讲的，夏商周各不相同。虽然礼器核心的器形不同，但观念的演进却有内在理路。

第三节　彝—斝—爵：夏商周的酒器演进与观念演进

《礼记·明堂位》讲夏商周酒礼器的演进，有两段话，一是“灌尊，夏后氏以鸡夷，殷以斝，周以黄目”，二是“爵，夏后氏以琖，殷以斝，周以爵”。两段话讲的角度不同，前者以灌礼为主来讲酒器，后者以酒器自身的角度来讲酒器。殷商酒器名称皆同，盖在言说者看来，殷商之器，灌礼之器与一般之器都用同一名称。核心酒器在观念中的统一具有重要意义。从不同的角度看，酒器会有区别，但这区别是在斝的统一名称中的区别，体现为斝的不同类型。在夏周，这两者皆有区别，但夏周的不同还有所差异。夏的两名看似不同而实则相近。鸡彝强调了鸡的观念在灌礼之器中的作用。琖，《说文》曰：“玉爵也。”这里包含两重意义，一是材料是珍贵之玉，二是从器形上讲如爵。爵，方濬益、李孝定皆说“爵雀字通”。[①] 琖是鸟形的玉酒器。这主要由玉旁突出，戔呢，《周书》曰：“戔戔巧言。”《说文》等释戔（諓）曰善言、巧言，戔器则为善器、巧器。与突出戔之为器的古字还有二：一是“醆”，《诗·大雅·行苇》传曰：“夏曰醆。”可见醆即琖。从醆与琖的同异上讲，可以透出酒礼器演进的两个阶段，醆是从仰韶文化到中原龙山文化之酒器，琖是从龙山文化演进到二里头文化的酒器。这里主要是从酒器的材料上讲。二是“琟”，此字中，玉为材料，隹为器形，雀与雞，皆由一般性的隹而来。这样，醆—琟—琖，正好从不同方面强调了酒器演进的整个过程，醆突出西方的酉形酒器之时，主导夏文化也是以西方为主，《史记·六国年表》曰：“禹兴于西羌。”琟彰显的是东方之鸟形酒器，琖强调中原二里头对东西南酒器之综合，是内蕴各种因素于其中的善巧酒器。鸡彝与醆琖，在内在性质上相通。但从不同的角度上讲，又有不同，更可能，各文化在会通的过程中，不同族群在公共礼仪上的用语与族群内部用语也有所不同。这些不同，包括鸡、雀、隹的不同和醆、琟、琖的差异，都在“彝”中得到了统一。在彝的一统和鸡、雀、隹、醆、琟、琖的差异中，呈现是的各族群融和时的多样、艰难，与最后的成功。

鸡彝的两个方面，即主要由雞关联着的雞、雀、隹和主要由彝关联着的醆、琟、琖，体现的是夏代的意识形态建构。由夏到商，商因于夏礼又要有所损益，彝的总名得以保留，损者是鸡的器形有所改变，益者最为重要，是斝这一新形酒器的产生。夏代灌礼的主要酒器是鸡彝，商代灌礼的主要酒器是斝。二者的差异，在器形上一眼看去，鸡彝以单管流上竖拟象以鸡为核心的鸟形，象征天道的规律，斝以双柱上竖拟以鸟为核心的鸟形，象征天道的规律。鸡彝之竖管与顶盖一道，形成鸡（或鸟）的头部，有雄鸡一唱天下白的气象，斝的双柱竖起，如鸟的双目，形成观照天地四方的寓意。总之，商用斝代替夏之鸡彝，是与一整套意识形态建构关联在一起的。斝，甲骨文作：

（前五·五·三） （存下六〇） （后二·七·九）

（后二·七·一〇） （甲三一〇四）

前两字形在《说文》被分成三部分，“从吅从斗，冂象形”。吅可释为器形上的两柱，吕琪昌把双柱释为鸟的双目，吅在字中就有双目的强调，吅不仅是用双目观察上下四方，而且把由观天地四方而来的真理传喻天下。《玉篇》曰：“吅与讙通。”讙即雚之言，其内容在文字上体现为：一，如《尔

① 《古文字诂林》（第五册），第 308 页。

雅·释诂二》曰："讙，鸣也。"藋之鸣乃本质之言。二，如杨琼注《荀子·儒效》曰："讙，喧也，言声齐应之也。"乃一种团结一致之呼声。三，讙通歡，郑玄注《礼记·檀公下》曰："讙，喜悦也。"四，责备之言。《方言》曰："讙，让也，北燕曰让。"王念孙疏证《广雅·释诂二》曰："讙、譙诸字为责让之让。"如果说讙之歡与德之仁爱相关，那么，讙之让则与刑之杀伐相连。讙之四义从斝之双柱的双目象征意义上体现出来，体现了观念形态的新内容。甲骨文前两字旁的斗，可解成酌酒之瓒勺，瓒以北斗为形，置于(斝)旁，斝器为静物，斗瓒为动态，北斗之动带动天上众星之运行和天下万物之生长，灌礼之动带动天下秩序之形成。《淮南子·天文训》讲北斗分雄雌，这样斝旁之北斗与斝上之双柱，正好形成一种象征体系。北斗在远古曰魁，是一种威力的体现，《淮南子·天文训》讲"北斗所击，不可与敌"，有刑杀功能。这样，北斗作为武器之"杀"意，与鸟之双目象征之"生"意，构成一种观念的体系。以上所述，乃推论之言，尚需进一步考证。但商以斝代表夏彝，内蕴着其强调的观念形态的建构意义，乃应有之义。从后来"斝"字以代表双目之吅与象征北斗之斗上下呼应，联系到远古彩陶及各类器物中的旋目图案，再联系到北斗分雄雌的观念，斝就具有了一种综合性的内蕴。

斝是怎么创造出来的呢？论者一般将之归到陶斝。主要有两种观点，吴伟将之溯源到来自西北的庙底沟文化中与鬲相近的陶斝，并排列出来一条由庙底沟到龙山文化到二里头文化的演进之线，如下图①：

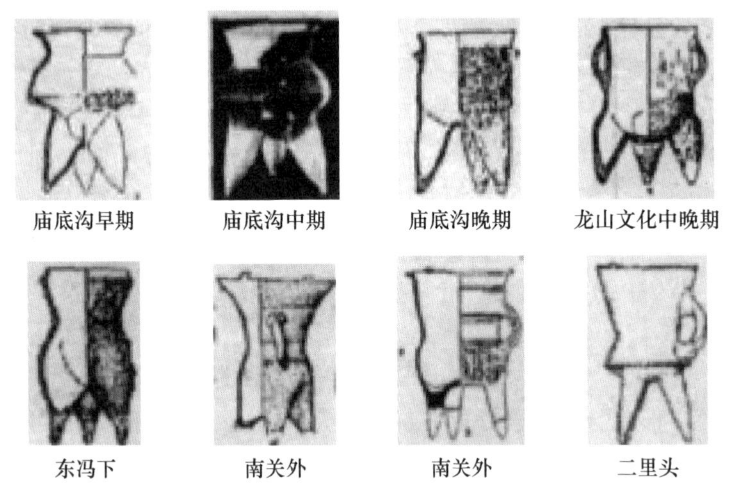

图 19-2　吴伟列出的陶斝的演进

① 吴伟：《中国古代青铜器整理与研究(青铜斝卷)》，第 117—118 页。其观点是对陶斝源于河套(苏秉琦)和中原(张忠培)的说法进行归纳总结而成。

吕琪昌认为是来自东方的岳石文化，这是一个与二里头文化在时间上并置的地域广的文化，以泰沂山为中心，北起鲁北冀中，向南越过淮河，西自山东最西部，河南省的兰考、杞县、淮阳一线，东至黄海之滨。在吕琪昌看来，先商文化从岳石文化产生，陶斝也随之从鸟形三支足中脱变而出，并随先商文化进入河南河北，达到郑州城下关，在陶斝与二里头文化的互动之中，吕琪昌也排出了一条陶斝从岳石的泗水尹家城出现继而东进的演进之线，如图①：

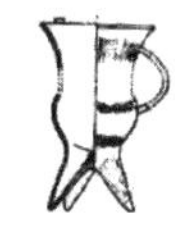
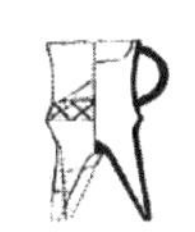

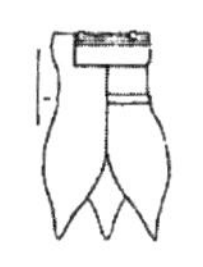

泗水尹家城　历城城子崖　郑州南关外　河北邢台葛家庄　河南辉县孟庄　偃师二里头

图 19-3　吕琪昌列出的陶斝的演进

前者之说，意味着斝有一条从仰韶文化到中原龙山文化到二里头到商的演进之线，意味着斝由西北文化所主导。后者之论，强调斝来自商文化自身的远古传统，呈现的是一条山东龙山文化到与二里头并存的岳石文化到商文化的演进逻辑，突出斝的演进由东方文化所主导。二者的交叉点在郑州南关外，陶斝口沿上的两小点，被认为是青铜斝双柱的萌芽或前身，在这里出现。郑州南关外被认定为先商文化。这样，由仰韶文化到中原龙山文化到二里头夏文化和从山东龙山文化到岳石文化到郑州南关外的先商文化，二里头与南关外的时间并置构成了青铜斝产生的基础。以上两种论点都主要是从器形上讲。从观念演进的角度讲，所谓的陶斝在没有双柱之前，是鬲的变异。鬲是炊器，斝是饮器，鬲完全转为饮器只是为斝的产生提供了一个基础。斝，从本质上讲，只有当其作为鸡彝的成功代替者之后，才算正式产生出来。其必备的条件是：第一，作为灌器出现在灌礼中。第二，现实政治需要它取代鸡彝。第三，斝在取代鸡彝之后，能够形成与鸡彝一样丰富的观念内容，甚至比之更为丰富，但又要形成在外观形式上与之完全不同的器形。这些条件在商代替夏成为天下盟主之后出现，特别是斝以青铜材质出现，更使之成为观念的中心。吴伟和吕琪昌的著作都排列青铜斝在商代的器形演进，且引吕著所列，如图 19-4：

① 吕琪昌：《青铜爵、斝的秘密》，第 122—126 页。

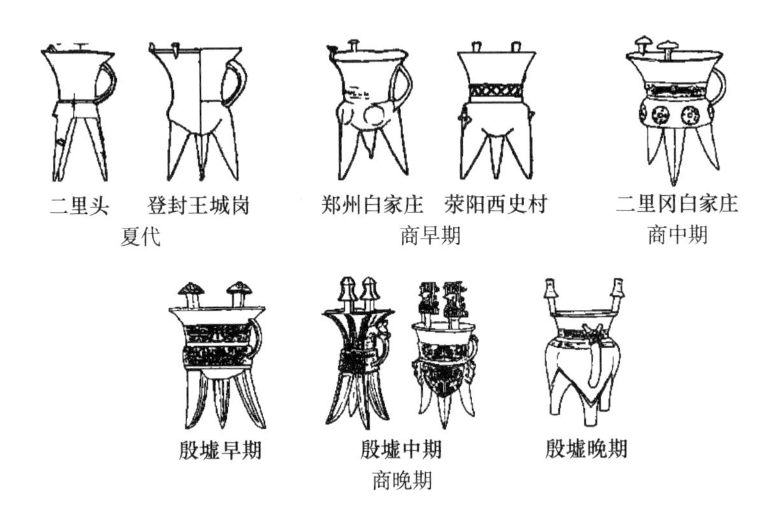

图 19-4　青铜斝在商代的演进

从图 19-4 中可见,青铜斝在商代以一种观念形态不断地让自身得到更为完善、扩展、完美的表现。这主要体现在,双柱的明显和多样,有菌状、伞状、鸟状等,这是对鸡彝封顶竖管的代替,而比之有更为丰富的观念内容。器身纹样多样,各种的兽面纹、兽形纹、饕餮纹、上下弦纹、夹连珠纹、圆形鼓面纹、冏纹、带状网纹。器身与双柱的呼应,显示了斝内蕴有比鸡彝更为广博的内容。进而器身的纹饰由腹中扩大了整个腹部,扩到鋬部,展伸到整个足部。吴伟把青铜斝从夏的二里头经整个商代到西周的演进,分为 4 类 13 型 26 式,[①]主要的器形都在殷商时期。可以说,整个商代,青铜斝完全代替了鸡彝,成为灌礼中的灌器,承担和发挥了应有的政治、宗教、思想、审美功能。

周代替商,当然也会在重要的灌器上进行变革,以象征新天命。这就关系到《明堂位》讲的一个问题:周在灌器上用黄目,在酒器上用爵,这二者究竟为何?黄目,郑玄注《司尊彝》曰:"黄目,尊也。"孔颖达疏《礼记·郊特牲》曰:"黄目,黄彝也,以黄金镂其外以为目,因取名也。"邹衡说,应与青铜彝盉酒器器身饕餮纹中的横目相关。[②] 总之皆与目相关,联系到鸡彝从顶部俯看有两目,斝口沿的双柱象征双目,器身饕餮纹有双目;爵同样有双柱,应亦象征双目,器身的饕餮纹,也有双目。从鸡彝到斝到爵的演

---

① 吴伟:《中国古代青铜器整理与研究(青铜斝卷)》,第 34 页。具体为:A 类 3 型(a 型 4 式,b 型 6 式,c 型 4 式)14 式,B 类 4 型 4 式,C 类 4 型 4 式,D 类 2 型(a 型 2 式,b 型 2 式)4 式。

② 邹衡:《夏商周考古学论文集》,第 156 页。

进，在器形上，双目皆很明显，而周却为何要强调黄目之目呢？盖关系到酒器体系演进的两个方面，第一，爵作为酒器的功能来讲，从夏至商皆有，但在夏在商都处在边缘地位，在夏低于鸡彝，在商低于斝，周代伊始，新王朝不能用旧器作为神圣的灌礼，要用新器，因此，选择了爵这种一直都在发展，特别是在重酒的商代已经非常精致的酒器，作为灌礼之器，爵演进到商末，已经是一个非常庞大的器形体系，因此，周人从爵的体系中选出一类作为灌器，命名为黄目。如果还用爵之名，此名是低于斝的，采用新名，就具有了与商之斝作为灌礼一样的神圣性。而用于灌礼之黄目在器形上，与用于一般庄重场合的爵并无不同，而爵已经成为酒器的称呼，因此，酒器为一，于灌礼时称黄目，不为灌器这时仍称爵。由于爵成为主流，夏鸡彝已变异为周代壶形之盉，夏琖商斝成过去，因此，如《明堂位》谈到过去的夏琖商斝之酒器，周人以爵统而称之。黄目即是爵类器形之一或者此类爵用于灌礼的别称，在先秦文献还有迹可寻。《周礼・天官・内宰》云："大祭祀，后祼献则赞，瑶爵亦如之。"这里祼献即灌礼，瑶爵如郑玄所注是以瑶玉为爵，与夏之琖以玉为三足礼器相类。明显文中是以周代黄目和爵的关系去比附夏代鸡彝与琖的有区分。《礼记・祭统》云："尸饮五，君洗玉爵献卿。尸饮七，以瑶爵献大夫。尸饮九，以散爵献士及群有司。"这里是在祖庙中的祭祀仪式中，玉爵和瑶皆类于夏之琖。散，王国维已考定为斝，散爵应为类似斝的爵。这里玉爵、瑶爵、散爵明显地含了对夏琖商斝的继承，玉爵和瑶爵是琖的雄雌二分，玉爵是王之灌器，瑶爵是后之灌器，从而间接地说明，黄目即是爵的一类，只是用于灌礼尊称为黄目，以示神圣，正如所引上文称为玉爵、瑶爵、斝爵。

第四节　爵上升到酒器高位与象征内容的转变

在夏琖商斝周爵的演进中，爵之所以在最后独占高位，乃多方面的运势所致。爵最初在夏代的出现，是在整个酒器的配套体系中作为低端器而存在。当商代斝占据酒器的主流高位之后，爵同样作为酒器中的一员，在与斝的攀附中，同时不断地提升自己的艺术品位。杜金鹏勾划出了青铜爵在夏商周的三期十段的演进史(见表 19-1)。

表 19-1

分期		时间	铜爵特征
早期	1	二里头文化三期	形体矮小，流尾较短，平底，无柱，素面
	2	二里头文化四期（包括二里冈下层早期）	流尾窄长，柱小少帽，或凸弦纹、乳钉
	3	二里岗下层文化偏晚阶段	钉状双矮柱，简单饕餮纹或连珠纹
	4	二里岗上层文化期	柱有菌状—伞状—双—单柱，纹有饕餮—连珠—凸弦—乳钉
中期	5	殷墟一期偏早（下限约商王小乙）	柱有菌状—伞状，纹有凸弦—云雷饕餮或加连珠
	6	殷墟一期偏晚和殷墟二期（武丁祖甲）	涡纹菌柱，饕餮眼球凸出—扉棱兽头—铭文，细繁华丽
晚期	7	殷墟三期为主（廪辛—帝乙初年）	皆双柱，兽头鋬—三层花饕餮纹
	8	殷墟四期—西周初年（帝乙—西周武成）	双柱较高，兽头鋬，饕餮纹
	9	西周早期（成王—康昭）	流行伞状双柱，两道凸弦纹—鋬铭简，出现记事铭文
	10	西周中期（穆王—懿王）	全伞状双柱，兽头鋬—多种纹交替使用

且举各期段器形演进有代表性图像如下（见图 19-5）。

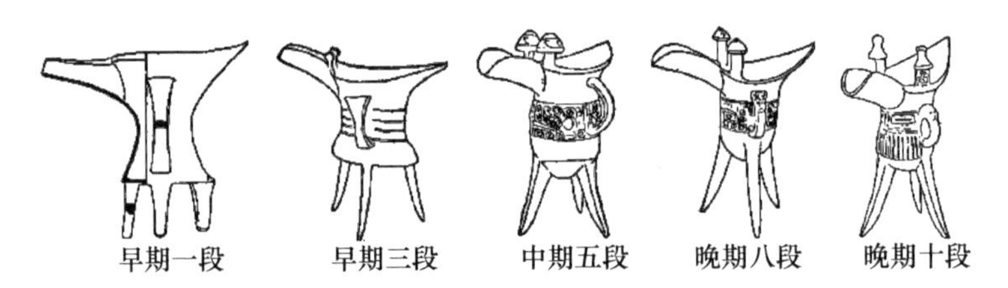

图 19-5　青铜爵的演进

如表 19-1 和图 19-5 所示，青铜爵从夏时的简朴无柱，入商后口沿之柱和器身纹饰都开始出现，并且按审美规律演进，到殷墟时代，其器形、柱状、腹纹、鋬饰、铭文，已经具有较高的审美品位。当西周改朝换代，需要一种新型灌器之时，爵被选为代替商斝的灌器，进入中心，就是顺理成章之事了。

然而，爵虽然作为黄目进入到灌礼，而商周在思想上之巨变，使得灌礼在文化中的地位已经不如夏商。因此，如果说，夏代的鸡彝和琖等酒器的区分，是夏后氏初次统一各族群后不得已的局面，这一局面在殷商的仪式灌器和一般酒器都统一于斝中得到了思想一统的成功，那么，周代意识形态对德的强调，使得现实政治中的思想因素大增，而宗教因素转变。爵不仅用于宗教性甚浓的传统灌礼，也用于现实政治内容甚浓的各种仪式，本在从夏到商到周的演进中就相当完全的爵体系，这时在政治上扮演了重要角分。本来在夏商周的历史演进中，不但爵作为一种酒器类型有了很大的进程，杜金鹏《商周青铜爵研究》将之归为 9 类 22 型 34 式，减去只有早期四段才有而后面没有的3 类 6 型 8 式，也还有 6 类 16 型 26 式，加上前期和中期共有的 1 类 1 型 1 式(III 类 C 型之式)，有 7 类 17 型 27 式。[1] 不但爵本身有体系地扩展，爵所在的酒器结构，以及酒器所在的整个饮食器体系结构也不断按自身的规律内在扩展。且选引吴伟著作中从商到西周早期酒器以及与其相关的青铜饮食器的实例演进，列表 19-2 如下[2]。

表 19-2

时间		考古发现的较大器类组合
商早期	早段	鬲—斝—爵(盘龙城杨家湾 M6)，鼎—斝—爵(偃师商城 M1)
	晚段	鼎—鬲—簋—甗＋爵—斝—觚—觯＋盘—盉(李家嘴 M2)
商代中期		鼎＋斝—爵—觚—尊—壶—瓿—盘(小屯 YM388)，鼎＋斝—爵—觯—卣—罍—斗—盉(大辛庄 M139)
商晚期	早段	鼎—簋—甗＋斝—爵—觚—觯—瓿—罍—尊—卣—壶—彝—觥—斗＋盘—盉(小屯 M5)
	晚段	鼎—簋—甗＋斝—爵—觚—觯—罍—尊—卣—壶—斗＋盘—盉(大司空 M303)
西周早期		鼎—簋—鬲—甗＋爵—斝—觚—觯—角—罍—尊—卣—壶—觥—斗＋盘—盉(大清宫长子口墓)

注：文中明示，商早期早段约二里头四期的早商一期，晚段约早商二、三期。中期约中商一、二、三期，晚期早段约殷墟一、二期(武丁、祖庚、祖甲)，晚段约殷墟三、四期(廪辛至帝辛)。

当酒器如此丰富之时，酒器的主要功能，就不仅是哪种酒器在灌礼中被使用而显出持有这一酒器的人重要，更在于一个人拥有怎样规模的酒器体系，并在各种重要的仪式中使用这些体系，才使此人显得重要。这才有必要把从灌礼的角度看问题和从酒器的角度看问题区别开来。因此，当

---

[1] 参杜金鹏《商周铜爵研究》(《考古学报》1994 年第 3 期)图二二"各型式铜爵年代示意图"。这里把杜文中的乙类爵归为角，因此只有甲类，杜文对甲类三级命名为型—亚型—式，今按三级重新排名为：类—型—式。图中对各段特征，只按本文角度进行了个别选取。详论可参见杜文。

[2] 吴伟：《中国古代青铜器整理与研究(青铜斝卷)》，第 79—87 页。

《明堂位》把“爵……周以爵”与“灌尊……周以黄目”区别开来之时，盖包含了三层意思，一是爵是酒器体系中最为重要的。因此，周爵与夏琖商斝并列而为一代之象征。二是爵可以用来指整个酒的体系。如段玉裁注《说文》“觵”中所讲的“凡酒器皆曰爵”，并举《礼运》“宗庙之爵、贵者献以爵、贱者献以散、尊者举觯、卑者举角”，爵、散、觯、角皆可称爵。三，爵甚至可以用来象征酒器后面的政治等级体系。正是在周代商的政治变革之中，爵的内蕴从宗教政治中区别出来，成为政治本身的象征符号。自夏成为四方盟主之后，一种政治等级制度开始产生出来，包括朝廷内部的行政官的等级（即后来的公卿大夫之类）和各地的诸侯（即后来的公侯伯子男之类），这种政治等级制，夏代怎么命名，难以确定，到商代从甲骨卜辞看，是以册命方式进行的，西周以后，以册命制度的基础演出了以爵为名称的爵位制度。[①]这就是《逸周书·度训解》说的“爵以明等极”。孔晁注：“极，中也。贵贱之等，尊卑之中也。”即让各等级呈现秩序，即《周礼·大宰》讲的“爵以驭其贵。”为什么要用爵来命名一种政治等级制度呢？晁福林、西嶋定生、阎步克、刘丙方都赞成一种先秦以来的古说，即仪式活动中的饮酒行爵有尊卑的秩序，因而引伸到政治等级的爵禄，[②]形成了政治等级上的爵列或爵序。爵是周代最重要而又最具普遍性的酒器，可用于各种仪式场合。第一，作为珍贵的专名，用于最要的仪式。第二，作为酒器的通名，各种在仪式上行礼的酒器都可称为爵。第三，在各种仪式之中，无论是如《礼记·祭统》讲的以宗教性为主之礼，还是如《礼记·燕礼》讲的以政治性为主之礼，以及如《礼记·曲礼》呈现的以伦理性为主之礼[③]，都是有秩序的。这秩序首先以行爵体现出来。行礼的酒器成为了礼的原则在器上的凝结，这就是《左

---

① 在这一历来争议甚大的主题上，陈汉平《西周册命制度研究》（学林出版社，1986，第9—11页）根据文献推断夏代似已有册命制度，商代卜辞是存在册命制度的。束世徵《爵名释例：西周封建制探索之一》（《学术月刊》1961年第4期）和陈恩林《先秦两汉文献中所见周代诸侯五等爵》（《历史研究》1994年第6期）通过文献资料排比呈现了春秋已经存在成熟的五等级爵制，这一制度应当承自西周。晁福林《先秦时期爵制的起源与发展》（《河北学刊》1997年第3期）说爵位制度是在西周册命制度基础上的演进和丰富。

② 晁福林：《先秦时期爵制的起源与发展》，《河北学刊》1997年第3期；[日]西定嶋生：《中国古代帝国的形成与结构——二十等爵制研究》，武尚清译，中华书局，2004，第426—430；阎步克：《品位与职位》，中华书局，2002，第73—76页；刘芮方：《周代爵制研究》，博士学位论文，东北师范大学，2011，第20—34页。

③ 《礼记·祭统》：“尸饮五，君洗玉爵献卿。尸饮七，以瑶爵献大夫。尸饮九，以散爵献士及群有司。皆以齿，明尊卑之等也。”《仪礼·燕礼》：“执散爵者，酌以之公命所赐，所赐者兴受爵，降席下奠爵，再拜稽首，公答拜，受赐爵者，以爵就席坐，公卒爵，然后饮。”《礼记·曲礼》：“侍饮于长者，酒进则起，拜受于尊所，长省辞，少者反席而饮，长者举未釂，少者不敢饮，长者赐，少者贱者不敢辞”。

传·成公二年》讲的“器以藏礼”。爵这一周代的酒器，从包含礼的内容进而到为礼的感性符号，当西周以政治上的分封制而推行一种新的政治等级制度时，既有最高层的行礼主导，又有最基层的行礼基础，既有确定的观念内容，又是精美的感性形态的爵，被运用为政治制度等级之礼的正式名称，成为政治等级品制的爵制。朱骏声《说文通训定声》、俞樾《儿笘录》都知道“古人行爵有尊卑贵贱，故引申为爵禄”。但二人不解的是，何以是爵，而不是觚、觯、角、散？其实只要知晓夏彝商斝周爵的演进史，什么都清楚了。当爵这一观念进入政治，成为最为辉煌的政治名称时，作为酒器的具体形制，却走向终结。杜金鹏说，西周以后已经见不到青铜爵了。虽然春秋以来的文献里，常有以爵饮酒的文字，但这些爵，从器形上讲，已经不是商周之爵了①。青铜爵在消失之前已经成功地成为上等酒器的代名词，当重要场合使用非青铜爵的其他好酒器的时候，能够以爵为名。

青铜爵作为最后酒器，以自己之名，进入到政治高位的同时，也正在结束一个以夏彝商斝周爵代表的时代，乃至上溯到以尊为象征的龙山文化时代。尊彝时代是一个从灌礼开始的以宗教为核心时代，爵在为一个时代画句号的同时，开始了一个新型政治体系时代。

---

① 杜金鹏《商周青铜爵研究》：“而铜爵不见于西周以后。但东周以来的文献典籍，却常常说当时以爵饮酒……可以断定，文献所见东周秦汉时代的所谓爵，与商周陶爵、铜爵毫不相干。”

下　编

舞乐器与中国远古之美研究

第二十章　风—凤—乐：远古音乐之美的观念基础

第一节　凤风同字内蕴的观念内容

远古的乐，在本质上，都与风联系在一起。甲骨文无“风”字，讲到风都用的“凤”字。罗振玉、于省吾、商承祚、郭沫若等说“凤”是“风”的假借。杨树达、李玄伯、明义士、余永梁等认为非假借，盖风凤同字而表两义。①“凤”字不但作为风，而且作为鸟型的凤与商的先祖夋有关联。凤是一种鸟，风与天地相连，祖象征了人类姓族的悠久历史。凤风一字体现了中国远古逐渐形成的虚实—关联型思维的特色，也体现了中国远古审美观念的特色。甲骨文虽为殷商文字，但凝结于其中的观念应可回溯到更远的远古。远古的伏羲被《左传·昭公十七年》认为是“风姓之祖”，《帝王世纪》说伏羲、女娲皆为风姓。《左传·昭公十八年》讲少昊即挚（鸷），“挚之立也，凤鸟适至，故纪于鸟。为鸟师而鸟名”。鸷乃凤的因素之一，也与风相关。《左传·僖公二十一年》说颛顼为风姓……远古的帝王都与风—凤有着这样或那样的关联。凤风同字内蕴了远古思想的特色，甲骨文的图画性质使其中内蕴的远古思维特色，以带着美感的方式体现出来，从而凤风同字又体现了远古之美的特色。下面就从凤风同字的现象开始分析，进而深入到考古学，结合文字、图象、文献，而呈现中国远古的思维特点、观念形态、美感特色。

在远古的氛围中，凤风同字，用现代人类学的理论来看，体现的是远古观念在仪式上的凝结。凤风同为一字的[illegible]，是远古仪式上进行舞乐之巫，即巫以凤鸟为装饰举行仪式活动。这一凤型的仪式之巫又反映着由风来代表的宇宙观念。以此为理论框架，便可对甲骨文的凤风同字进行具体分析。风—凤的字形有四型：

① 《古文字诂林》（第四册），第210—213页。

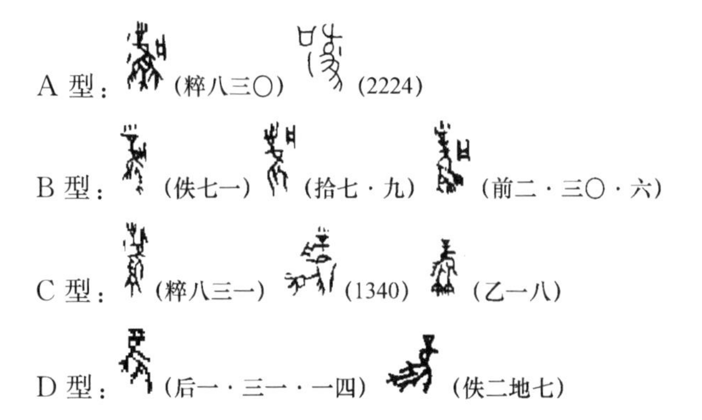

A 型由四部分组成：一是鸟的形象，二是鸟头的冠，三是鸟旁边(可位于冠旁或身旁，可左可右)的爿(凡)，四是鸟周围的两点。B 型只有三部分，没有凤周围的两点。C 型中“凡”融入鸟的身体，三个部分融为凤的整体，不但看不出冠与鸟的区别，而且爿也完全融进了凤的身体之中。D 型中“爿”已融入凤的身体之中而消失不见，冠与身也毫无分离之感，成为一自然之凤鸟。

凤的四型，从逻辑上讲，可以把 A 型看成凤的基本四因子，经过 B、C 型的演进，最后成为 D 型的整体形象。也可以把 D 型看成是最初的自然之凤，经过 C、B 型的演进，成为 A 型的文化之凤。还可以把四型都看成是文化之凤，根据不同的情况而以四种形象出现，四种形象都是由本质规定而来的现象变形。无论从上面三种方式的哪一种去看，对 A 型四因子的分析有利于理解凤的构成内容。

四因子中凤形不用讲，是凤的自然之形。其他三因子都与文化内容紧密相关。先讲头上之冠。为什么要如陈梦家等人那样把冠作为单独一项，而不是把冠作为鸟的头部呢？因为，(佚八七五)是无冠，(佚七一)冠为三点，是与鸟分离的。二者都意味着，冠是加上凤的头上的。而且，罗振玉和商承祚都讲，凤的冠有和两类，而形象与龙头上的冠相同。因此，凤头之冠不是自然之形，而乃文化之形，内蕴着特定的观念内容。《山海经·海内西经》说“凤皇、鸾鸟皆戴瞂”，一个“戴”字，透出其为由外加上去的。明义士讲，凤和龙都“加冠形以别于他兽”①，以彰显其在群兽中的重要地位。《春秋元命苞》讲五帝中的帝喾是“戴干”的，《史记·五帝本纪》张守节引《河图》正义，也指出“颛顼首戴干戈，有德文也”。因此，凤头上的或应为身之外具有重要文化内蕴的专项。由于冠是加上去的，因此，凤不仅是自

① 《古文字诂林》(第四册)，第 210—211 页。

然之鸟，而乃远古仪式中巫穿戴着与凤相似而又进行了加工的凤形服装在进行仪式之舞。陈梦家说："《独断》曰：'大乐郊祀，舞者冠建华冠。'而注以华冠为'以翟雉尾饰之，舞人戴冠'。案《尔雅·释言》'华，皇也'，是华冠即皇冠。"因此，陈氏说"凤"字中的冠，相合于仪式中"冠凤羽"的"感应巫术"。[①] 明白了凤不仅是文化想象中飞翔之形，还是文化现实中的仪式上的凤衣之人，"凤"字中周围两点这一因子，就可以理解了：当其作为凤在空中飞舞之时，两点是衬托其飞的动态；当其作为仪式中凤衣之人举行仪式时，两点是显示凤衣之人在仪式中的行舞之态，所谓俯仰周旋者也。

凤形之旁的(凡)，是"凤"字最为重要的因子。《说文》释为声符，而凤与风两字皆凡声，透出其作为声符内含着深意，罗振玉讲卜辞里"从凡"[②]，也是与义相关的。《说文》曰"凡，最括也"，即简括。"凤"字中的凡，是对凤即风和风即凤这一现象之本质的点眼。所谓点眼，就是对凤即风的后面决定其能够这样的最后本质的简括。远古之巫，认为风动后面有凤，凤飞而带出风，决定其能够这样，其后面的宇宙本质是不可见之"无"，但这"无"却以一种有形之体呈现出来，这就是"凡"。凤中的"凡"字。在上面所举的A、B两型中，或在左或在右或在头旁或在身旁，显示的不但是凤鸟与凡的关联，还含着凡的运动性和不定性。张从权说甲骨文中的，也应为凤，"凡"在凤鸟的头顶。[③] 凡作为宇宙本质的内涵以庄严之貌出现。郭沫若讲凡()是"盤"的古字，罗振玉、王襄、孙稚雏说是"槃"的古字。徐中舒、李孝定、吴其昌等认为是形如的物体。[④] 无论是物本身，还是表示物的字，凡()都是用一种具体之物来象征凤风后面宇宙的本源。盤和槃透出此一象征物体的般(盘旋)之性质[⑤]，即在仪式中举着这一物体进行俯仰往还的盘旋。这正是"凤"字第一形中两点的性质。凡()的神圣性最鲜明地体现在甲骨文的"兴"字中：

(师友二·一二一)　(乙四八六四)　(甲二〇三〇)　(甲二〇三〇)

① 《古文字诂林》(第四册)，第212页。
② 同上书，第209页。
③ 同上书，第213页。
④ 《古文字诂林》(第十册)，第176—180页。
⑤ 《说文》曰："般，辟也。象舟之旋，从舟。从殳，殳，所以旋也。"

兴在甲骨文中象两手(如唐兰所说)或四手(如商承祚所说)或众手(如杨树达所说)举着H形之物。后两字加了“口”,显示在举物的同时,口中叫喊着或歌唱着或念咒着。高田忠周说:兴在古文献中训作起、作、动、发、出、举、行等义,“皆与本义近者也”。[①] 陈世骧说,“兴”是初民举H物旋游,口发声音而神采飞扬之状。这就是中国诗歌中诗可兴的最初来源[②]。诗之兴,由H而起,饶宗颐说:“兴者,《礼记·乐记》降兴上下之神。”又说郑玄注“兴”曰“喜也,歆也”,因此兴又可借为歆。《说文》“歆,神食气也”,[③]即在仪式之巫的精神兴奋中,巫之气与神之气互动互化合为一体,使整个仪式进行洋溢在兴奋之中。因此,仪式中的起、作、动、发、出、举等身体动作的俯仰盘旋和内心神采风扬之喜,都因H(凡)所内蕴的宇宙本体象征而产生。

在“凤”字四个因子中,每一因子都有自身的代表主项,同时又有多种关联。凤体既是自然之凤,又是仪式中凤衣之人,冠表明凤在远古仪式中的重要内容,既是兽中之王,又是人中之王(中国文化和中国美学在远古的演进,就是鱼蛇鸟虎的兽型进入到人王的冠冕)。H(凡),是无形宇宙本体(即后来的玄、道、无、气)的象征符号,又是凤巫的本质象征,两点则是仪式中的人之舞,又是自然中的凤之飞和风之动。这四因子内蕴的正是远古时代的天地之和、人兽之和、天人之和。在古文字凤(风)的四型中,以D型为开始以A型为终点而视之,透露出,自然之鸟如何升级为具有丰富观念内容的文化之鸟,以A型为开始以D型为终点而观之,彰显出,包含着多样内容的文化之鸟如何升华为浑然一体的自然之形。当“凤”字在这四形中不断地变幻之时,其所内蕴的文化观念就较为逻辑地显示了出来。凤,既为鸟中之王,又为人中之巫,还为自然之风,一字三义,恰好体现为这三者之和。因此,凤风同字,体现由凤这一远古的美学形象体现出来的远古“和”的思想。第一,仪式上凤衣之巫的美学形象,负载着两个内容:作为巫的人与人所扮之凤。二者一体成为衣凤之巫,无论从外形上还是从心理上,都体现为巫凤之和。第二,凤与风一字,在仪式观念中,都是宇宙本质的体现,凤是宇宙规律以具体的动物之凤体现出来,为宇宙规律的显形。风不可见而可感,附在凤上体现出来,为宇宙规律的隐象,因此,凤风一字,体现了中国宇宙结构的虚(宇宙之风)实(现实之凤)之和。第三,人(巫)在仪式中成为了凤,成为了风,而象征宇宙本质的H,在凤的身旁,或明显地

① 《古文字诂林》(第三册),第236页。

② 陈世骧:《中国文学的抒情传统》,生活·读书·新知三联书店,2014,第115页。

③ 《古文字诂林》(第三册),第237页。

在凤的头上，或完全无形地与风融为一体，体现的是作为凤又作为风的巫已经把宇宙的本质纳入到了自己的体内，形成了神人以和的实际形象。风凤一字而又是巫，作为巫的凤、作为动物之凤、作为自然的风，三者在仪式中形成了人神之和。

因此，远古时代的"神人以和"，从巫凤仪式上体现了出来，或者说，上古时代的巫凤仪式，追求着并已经在观念上达到了神人以和。

第二节　与凤关联的风在文献上的体现

凤风同字，凤为具体的形，但关联着无形，风为无形，但关联着天地运动的本质。对于远古之人来讲，风虽无形但可感可测。决定着风为如此这般的东西是什么呢？是神。胡厚宣在殷商甲骨文中发现了四方风（东方风曰协，南方风曰微，西方风曰朿或𢎘，北方风曰役）和四方神（东方风神曰析，南方风神曰因，西方风神曰彝，北方风神曰薙或伏）①，并将之与带着更朴质的上古思想的《山海经》和略加理性化了的《尚书·尧典》联系起来，②呈现了风历经演进而乃显共相的面貌。《山海经·大荒经》关于四方风的名称和四方的名称以及与四方名称相同的四方之神（人）的名称如下：

> （有神）名曰折丹，东方曰折，来风曰俊，处东极以出入风。（《大荒东经》）
>
> 有神名曰因乎，南方曰因乎，夸风曰乎民，处南极以出入风。（《大荒南经》）
>
> 有人名曰石夷，西方曰夷，来风曰韦，处西北隅以司日月之长短。（《大荒西经》）
>
> 有人名曰鹓，北方曰鹓，来风曰猛狻，是处东极隅以止日月，使无相间出没，司其短长。（《大荒东经》）

文中在东南两方强调的是风神（人）在"极"的关键地点管理着风的出入，在西北两方彰显的是风神在"隅"的关键地点管理着日月的运行。二者应为互文见义，东南也司日月运行，西北也司风之出入。《尚书·尧典》中：

> 乃命羲和，钦若昊天，历象日月星辰，敬授人时。

---

① 胡厚宣显示了甲骨文对四方风和四方神有多样表示，这里所选的字参考了刘宗迪《〈山海经·大荒经〉与〈尚书·尧典〉的对比研究》（《民族艺术》2002 年第 3 期）。

② 胡厚宣：《释殷代求年于四方和四方风的祭祀》，《复旦学报（人文科学版）》1956 年第 1 期。

分命羲仲，宅嵎夷，曰旸谷。寅宾出日，平秩东作。日中，星鸟，以殷仲春。厥民析，鸟兽孳尾。

申命羲叔，宅南交，平秩南。讹敬致。日永，星火，以正仲夏。厥民因，鸟兽希革。

分命和仲，宅西曰昧谷。寅饯纳日，平秩西成。宵中，星虚，以殷仲秋。厥民夷，鸟兽毛毨。

申命和叔，宅朔方，曰幽都。平在朔易。日短，星昴，以正仲冬。厥民隩，鸟兽氄毛。

文中主要通过太阳的运行来讲历法，而四句中的“厥民析”“厥民因”“厥民夷”“厥民隩”，正与《山海经》中的四方风神（人）基本相和（除了北方的鹓成了隩）。而东方之“析”的“鸟兽孳尾”，南方之因的“鸟兽希革”，西方之夷的“鸟兽毛毨”，北方之“隩”的“鸟兽氄毛”，都是鸟形兽身的形象，即风的形象。在三种文献里，四方风神（人、民）基本相同，而四方之风，《尚书·尧典》未讲，《山海经》为俊、民、韦、䗘，殷商卜辞为协、微、朿(𢎘)、役，差别甚大。似可说明，关于风的本质（神）认识，一直未变，而关于风的现象，则变化着。关于风的本质核心乃围绕历法，而且历法又与最早渔猎活动和后来的农业生产紧密相关。胡厚宣是围绕求年祭祀来讲风的，《山海经》是把风与日月运行相关联的，《尚书·尧典》讲的更是建立一套完整的历法。气候之风、动物之风、风饰之人，都围绕历法关联了起来。三者的关联在《左传·昭公十七年》中，有更细致的呈现，文中讲到上古的“少昊氏”时代，人类社会的管理者以鸟名官，围绕历法进行，并由历法进而深入到社会的各项管理：“为鸟师而鸟名。凤鸟氏，历正也；玄鸟氏，司分者也；伯赵氏，司至者也；青鸟氏，司启者也；丹鸟氏，司闭者也。祝鸠氏，司徒也；鴡鸠氏，司马也；鳲鸠氏，司空也；爽鸠氏，司寇也；鹘鸠氏，司事也。五鸠，鸠民者也。五雉，为五工正，利器用，正度量，夷民者也。九扈，为九农正。”首先，在凤鸟下有四鸟，玄鸟管春分秋分，伯赵管夏至冬至，青鸟司立春立夏（为一年的开启），丹鸟司立秋立冬（为一年的关闭）。一年中二分二至四立的到来，风各不同，风的变化体现了宇宙的运行规律。这里已经由四风变成了八风。孔颖达疏《左传·隐公五年》“夫舞，所以节八音而行八风”的“八风”，引《易纬通卦验》曰：“立春调风至，春分明庶风至，立夏清明风至，夏至景风至，立秋凉风至，秋分阊阖风至，立冬不周风至，冬至广莫风至。”不同的风是由不同的季节而生，《吕氏春秋·有始》和《淮南子·地形训》也讲了八风（虽然命名有所不同），《地形训》还讲到了八风所产生的神灵：“诸稽、摄提，条风之所生也；通视，明庶风之所生也；赤奋若，清明风之所生也；共工，景风之所生也；诸比，凉风之所生也；皋稽，阊阖风之所生也。隅强，不周风之所生也；穷奇，广莫风之所生也。”而《左传・隐公五年》提到八风是与舞相关的，可以想象八风之神在仪式中出现也是以舞蹈而降。联系到《左传・昭公十七年》讲的与二分二至四立相关的鸟官，仪式中的八风之神就以鸟的形象而起舞，呈现的正是凤风合一的场景。不过《左传・昭公十七年》的“以鸟名官”，由五鸟八风为核心进而扩展到整个社会各方面的功能，形成了五鸟、五鸠、五雉、九扈，共二十四鸟的体系，又正好契合中国宇宙按二十四节气循环往复的特色。这一以少昊氏为象征符号的二十四鸟体系，透出了远古社会的特色，其核心结构里司二分二至四立的玄鸟、伯赵、青鸟、丹鸟具不同的形象，又由凤鸟进行总管。凤鸟则是四鸟八风在更高层级的总括。正如《尚书・尧典》里，羲和是羲仲、羲叔、和仲、和叔的总括。考虑到《说文》曰“羲，气也”，《庄子・齐物论》曰“大块噫气，其名为风”，《帝王世纪》说伏羲为风姓，可知羲、气、风、鸟，有着内在的关联。这里透出的正是中国型的凤得以产生的思维特性和美学特色。以上文献所透出的仅是漫漫时空中的一些关节点。进入考古学上的多样性，会使得这些关节点丰富起来。

第三节　凤风一体在考古图像上的展开

远古中国的考古学，东西南北皆充满了鸟：东方以黄河下游和淮河流域为中心的东部沿海地区，从凌家滩文化到大汶口文化到将军崖岩画到龙山文化。南方以长江中、下游地区为主，正南从高庙文化、大溪文化到屈家岭文化到石家河文化；东南从河姆渡文化到崧泽文化到良渚文化。西部从黄河上游、中游地区到川渝云贵，从大地湾一期到仰韶文化到马家窑文化到三星堆文化和金沙文化到后来滇越铜鼓文化。北方以辽河流域为主，从赵宝沟文化到兴隆洼文化到红山文化。文献上，透着远古朴素思想的《山海经》也是东南西北皆充满了鸟，比如：

《海外东经》：“东方句芒，鸟身人面，乘两龙。”

《海外南经》：“讙头国在其南，其为人，人面有翼，鸟喙。”

《海外西经》“奇肱之国在其北。其人一臂三目，有阴有阳，乘文马。有鸟焉，两头，赤黄色，在其旁。”

《海外北经》：“北方禺强，人面鸟身，珥两青蛇。践两青蛇。”

《大荒东经》：“东海之渚中，有神，人面鸟身，珥两黄蛇，践两黄蛇，名曰禺猇。”

《大荒南经》:“有人焉，鸟喙，有翼，方捕鱼于海。”

《大荒西经》:“西海陼中，有神人面鸟身，珥两青蛇，践两赤蛇，名曰弇兹。”

《大荒北经》:“大荒之中，有山名曰北极天柜……有神，九首人面鸟身，名曰九凤。”

《海外经》和《大荒经》的东南西北都有鸟，这些鸟，各有其形，其一，是与人(或神)相关的。其二，是与其他动物相关联的。其三，是与方位相关联的。这些关联，透出的是不应仅将鸟作为鸟来看，而应关注鸟被赋予的内涵，正是这内涵，使鸟有如是的关联。鸟与人、神、动物、方位的关联是什么呢？从甲骨文的凤风同字看，这些关联都应与风相关。《尚书·尧典》中鸟兽与析、因、夷、隩的关联，析、因、夷、隩与东、南、西、北、春、夏、秋、冬的关联，最重要的是与太阳关联：出日、致日、纳日、易日，日中、日永、宵中、日短。段玉裁注《说文》“风”曰：“凡无形而致者皆曰风。”《康熙字典》释“风”曰：“风，以动万物也。”与无形的风的动态最有关联，又可作为其明显体现，并且与风一道影响天地万物的，就是太阳的运动。因此，在考古学上，东西南北的鸟主要与太阳有关，在西部的仰韶文化庙底沟型里，有，显示鸟与太阳的合一，在东部的大汶口文化里，有，同样显示了鸟与太阳的合一。鸟与太阳的图像，在东西南北各方，呈现有多样的组合方式，如：

1仰韶文化一鸟随日

2赵宝沟文化一鸟随日

3河姆渡文化的二鸟包日

4凌家滩文化的三鸟包日

5金沙文化的四鸟环日

图 20-1　远古各文化的鸟与太阳图像

上面五图按时间顺序，河姆渡为早(约 9000—约 7000 年前)，赵宝沟次之(约 7200—约 6400 年前)，庙底沟再次之(约 5900 年前)，凌家滩又次之(约 5600—约 5300 年前)，金沙最晚(约 3000 年前)。从空间位置讲，河南庙底沟的图像与整个仰韶文化乃至马家窑文化关联了起来，具有西北地区的代表性。内蒙古赵宝沟的图像与东北的兴隆洼以及后来的红山文化的广大地区关联了起来，具有东北地区的代表性。浙江的河姆渡文化，与长江下游从崧泽文化到良渚文化的广大地区关联了起来，具有东南地区的代表性。巢湖的凌家滩文化，处在东西南北交汇的点上，其所出土的玉鹰、玉人、玉龟、玉版显示对各方文化的多方面吸收。西南金沙文化与三星堆及整个古蜀文明关联起来，具有西南地区的代表性。在悠长的时间和广阔空间出现的五种图像，其鸟日的关系一脉相承，呈现出一种超越时空的逻辑顺序：图 20-1 中图 1 是西北仰韶文化庙底沟型的图像，鸟与太阳一道飞行，鸟与太阳是一而二又二而一的。图 2 是东北辽河流域赵宝沟文化的鸟与太阳的互动，图 3 是东南长江下游河姆渡文化的双鸟负日，显示一年中春夏和秋冬两段里太阳的同一而两面。图 4 安徽太湖流域是三鸟，上面一鸟，双翼各为兽形头，两兽头作为两翼，可视为同一鸟的不同面相，中间圆形的八角星纹，与八卦、八方、八风相关联。图 5 是西南成都地区金沙文化中的四鸟环日图，四鸟与二分二至的四个运动节点相关，而所环之日显十二道光齿，与十二月关联，显示了太阳有规律的年运动。从逻辑上讲，这西北东南的五幅图像，可以看成由一个深层结构表现出来的五个面相。这五个面相中，图 4 中心的八角星纹和图 5 中心的太阳光纹应当特别讲一讲。八角星纹为三鸟所内包，显出了其与鸟的本质关联，太阳光芒纹为四鸟所环绕，昭示了其与鸟的本质关联。太阳光纹和八角星纹又是可以独立出现的。在东方，从浙江河姆渡的陶片到江苏将军崖岩画到大汶口文化的陶纹，在西方，从大地湾彩陶到马家窑彩陶，在中部从河南贾湖罐上图形到大河村仰韶文化彩陶，都可以看到太阳圆形或光形的图像出现：

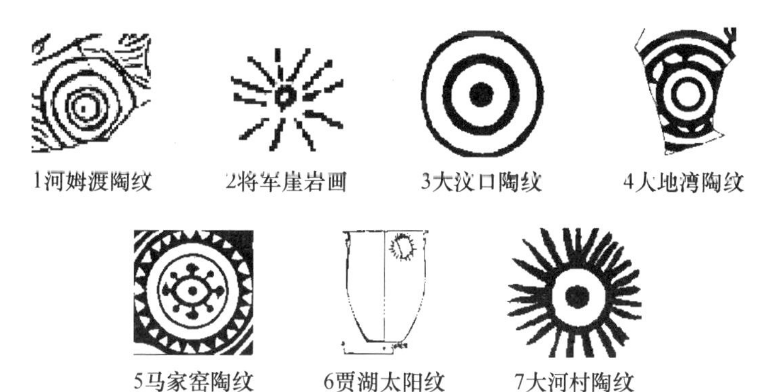

图 20-2　各考古文化中的太阳纹

这些太阳图形，以各种方式，显示了太阳的各类面相，虽然没有出现鸟形，但鸟的意义却隐在其中。八角星纹的出现，具有更重要的意义。“安徽含山凌家滩遗址出土的玉鹰上面绘制的八角星纹图案，八角星形的外围，一般有一个圆形。八角星纹图案的寓意显然是太阳的运行图。中间的正方形或圆形，代表的是中心，即太阳戊和太阳己运行的方位。东方的两个三角形为太阳甲和太阳乙运行的方位，南方的两个三角形为太阳丙和太阳丁运行的方位，西方的两个三角形为太阳庚和太阳辛运行的方位，北方的两个三角形为太阳壬和太阳癸运行的方位。八角星纹图案正是太阳运行十位的形象展示，只不过十位不是平面的，而是立体的，因为先民是把天看作一体来体认的。八角星形图案是太阳运行图。”[①]也就是说，八角星图是对太阳运行的规律之体现，这也是一种东西南北都出现的普遍图像。比如，重庆巫山的大溪文化（约 6400—约 5300 年前），辽宁小河沿文化（约 6000 年前），浙江的马家浜文化（约 6000 年前）和良渚文化（约 5300—约 4000 年前），山东大汶口文化（约 6500—约 4500 年前）的八角星纹，在图像上就大同小异：

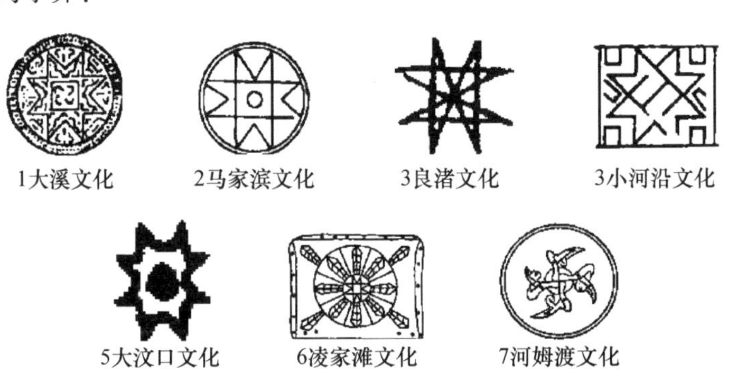

图 20-3　各考古文化中的八角星纹

八角星纹是对太阳运行的静态表达。把这一静态图像进一步的体系化，就成为凌家滩玉版中内蕴八卦思想初形的图像（图 20-3 之 6）。如果要把八方的静态用动态来显示，就变成河姆渡文化的四鸟图（图 20-3 的 7），图中每一鸟的尖嘴，形成一个方向，构成动态形的八方，把由动态四鸟形成的八方抽象化，就成为卍形。如果说，八角星纹更普遍地出现在东南，即长江中下游与太湖和海岱地区[②]，那么，卍则更多地出现在西和北，从黄河上游甘青地区的马家窑文化（5300—4050 年前）到内蒙古小河沿文化（约 4800 年前）到河北和山西的仰韶文化晚期乃至广东的石峡文

① 蔡英杰：《太阳循环与八角星纹和卐字符号》，《民族艺术研究》2005 年第 5 期。

② 陈声波：《八角星纹与东海岸文化传统》，《南京艺术学院学报（美术与设计版）》2008 年第 6 期。

化(约 4900 年前)。[1] 卍图形是一个世界性的图形，从古埃及到古印度到古中亚，不同文化的卍图形内蕴不同的文化内容，中国远古的卍形无论与中亚萨玛拉文化卍有怎样的图像学关联，在思想内涵上，都会在中国思想的语境中生成出自己的意义结构。这就是与太阳相关联的天地动态的一种抽象。卍图形，具体图形即第二章的图 2-7，此不复呈。卍形与四鸟的旋转和太阳四季运行有关联，但并不是鸟和日本身，而是由鸟和日的有规律的运行呈现出天地的运动。因此，只要与天地运动有明显关联而又与卍具有同构的事物，都可以与之关联起来。余健指出了卍与天上北斗围绕极星旋转有关。[2] 而北斗与太阳一样具有季节的指示作用。《鹖冠子・环流篇》曰："斗柄东指，天下皆春；斗柄南指，天下皆夏；斗柄西指，天下皆秋；斗柄北指，天下皆冬。"正是这一整体的关联性，透出了鸟、太阳、八角星纹、卍形的内在关系，从而四种图像具有一种互文性，只出现一种图像，此图像为显示，其他三种图像为隐在。当然，以什么图像出现，是与此地此族要突出某一性质有关，也与此地此族的文化个性有关，鸟形突出宇宙的生命性，太阳彰显天象的主导性，八角星纹是对鸟—日运行进行抽象并作一静态呈现，卍形是对鸟—日运行进行抽象并作一动态观照。当然对不同图像的偏好，会产生出不同把握方式的演进。但对于中国文化来说，是要体会出不同把握方式后面的统一性。就本文的论题来讲，凤风一字，是用具体可见的鸟或日或鸟日一体来体现无形不可见但可感的风。与鸟相关联的日，以及由鸟和日而进一步产生的八角星纹和卍形图像，都是为了体现无形不可见而可感的风，以及由风带出的天地之运动及其本质和规律。

第四节　凤风同字的演进及其美学观念意义

凤风一体展开为四种主形，鸟、日、八角星纹、卍形。前二者更具有美学的形象性，后二者更突出哲学的思想性。在远古的演进里，前二者中，由鸟到凤的演进，突出了中国的美学特质。后二者的共进，彰显了中国的哲学特性。

先讲由鸟到凤的演进。

上一节所讲的《山海经》中东南西北的鸟和所呈现的从河姆渡文化到金沙文化的鸟，其形象，还不同于甲骨文中的凤。图 20-1 中图 1 的鸟为和

---

① 王克林：《"卍"图像符号源流考》，《文博》1995 年第 3 期。

② 余健：《卍及禹步考》，《东南大学学报(哲学社会科学版)》2002 年第 1 期。

善型，约似于文字中的鸾、隹、乌之属，图2至图4的鸟则为凶猛型，约似于文字中的鸷、鹰、鸮之类，但这三种鸟，在共同性上还有不同，如图2和图3有冠而图4无冠，图2冠中多带而图3少带，扩展开去，凶猛类还有许多差别，而和善型也还有不少类型。①《左传·昭公十七年》中与二分二至四立相关的鸟为玄鸟、伯赵、青鸟、丹鸟，凤是四鸟之上为总管。凤是对四鸟性质在总体上的概括，也是对四鸟在形象上的总括。杜预注玄鸟为燕，伯赵为伯劳即鶪，青鸟为鸧鴳，丹鸟为鷩雉。凤要有怎样的形象才能让人从形象上就感到与其文化所赋予的性质（与代表天地运动的风在本质一致）相符合呢？甲骨文的"凤"字，应为远古文化在长期历史演进中的一种总结。在古代文献中，《山海经》和《韩诗外传》（《说文》与之相同）代表了两种总结方式：

> 《山海经·南山经》："丹穴之山，……有鸟焉，其状如鸡，五采而文，名曰凤皇。首文曰德，翼文曰义，背文曰礼，膺文曰仁，腹文曰信。是鸟也，饮食自然，自歌自舞，见则天下安宁。"
>
> 《说文》："神鸟也……凤之象也，鸿前麟后，蛇颈鱼尾，鹳颡鸳思，龙文虎背，燕颔鸡喙，五色备举……见则天下大安宁。"

前者一是在鸟的基础上加以美化，二是赋予道德品性。后者一是在众多动物的基础上进行形象塑造，二是从总体效果上突显其性质。两种表述正可以互补，又显示了演进中的阶段性。从互补上讲，在文化性质上，具有德、义、礼、仁、信的品德，这品德可以使天下安宁。在形象构成上，凤首先是在鸟的基础上的美化，成为鸟中的最美，然后集天下最有代表性动物之长，形成具有文化本质性的形象。从阶段性上讲，凤最初是在特别看重鸟的各族中进行形象整合。由"五采而文"这句话体现出来：五，形容其多；采，形容其美；文，与质相对应的美的形象。"五采而文"，即集各鸟之众美而形成的形象。然后以鸟族群为主与其他非鸟的族群进行形象整合。前一种整合具有地域上的意义，后一种整合具有天下的整体意义。

从古代文献透出，在第一阶段里，不少具有个别性的鸟都在向具有一般性的凤演化，比如：鷟鸑，《说文》曰："凤属，神鸟也。"再比如：�鸡。高秀注《淮南子·览冥训》（轶鶤鸡于姑余）曰："鶤鸡，凤皇之别名。"，又比

① 王小盾《中国早期思想与符号研究（上）》（第275—288页）讲中国的野鸟可分六类：游禽（如鸿雁、鸭、鸥、鸳鸯等），涉禽（如鹳、鹭、鹤、鸨等），陆禽（如鸡、鸽、鹇、孔雀等），猛禽（如鸢、鹰、雕、鸮等），攀禽（如鹦鹉、杜鹃、翠鸟、戴胜等），鸣禽（如莺、雀、燕、伯劳等）。而中国新石器时代的凤鸟纹饰可分为：鹑鸠型，鹰鸮型，踆乌型，翟雉型。东部多为类短尾鸟，西部多为长尾鸟。

如：鵔鸃，《史记·司马相如列传（子虚赋）》"集解"引《汉书音义》曰："鵔鸃，鸟似凤也。"又引李彤云："鵔鸃，神鸟。"还有鶠，《说文》曰："鶠，鸟也，其雌皇。从鸟，匽声，一曰凤皇也。"郭璞注《尔雅·释鸟》说鶠是："瑞应鸟也。鸡头，蛇颈，燕颐，龟背，鱼尾。五彩色。高五六尺许。出为王者之嘉瑞。"①鸟在天地运动中的重要性，使鸟在各部落的观念中显得极为重要，在对鸟在天地运动中规律的深入认识和各族群在现实中融和进程的相互作用下，由某一族群的圣鸟为主，加上其他族群的圣鸟，进行更高层次的融和，就形成了远古各类特殊的鸟向具有更大普遍性的凤的演进历程。各地的各种鸟向凤演进，可以用"五"来象征其方位之广和鸟类之多。《说文》释"鹔"中讲："五方神鸟……东方发明，南方焦明，西方鹔鷞，北方幽昌，中央凤皇。"《艺文类聚》卷第九十鸟部上引《决录注》说："凡象凤者有五，多赤色者凤，多青色者鸾，多黄色者鹓鶵，多紫色者鸑鷟，多白色者鹄。"个别性的鸟向一般性的凤的演进，主要体现不同地域对鸟特别关注的族群之间的融和，而在对鸟有最高关注的族群与对其他动物有最高关注的族群的融和，则用个别的鸟与其他动物的融合来进行一般性的凤的形象塑造。这就是前面所引《说文》中描绘的"凤"。凤是由鸡、燕，鸿、鹳、鸳，加上麟、蛇、鱼、龙、虎而形成。麟，《说文》曰："牝麒也。"张揖注《上林赋》曰："雄曰麒，雌曰麟。"蛇和鱼皆与龙同类，蛇和鱼的特征都被概括到龙的形象之中，因此，凤就是取各鸟之长，加上龙、虎、麒麟这三种最为重要的动物而形成。最为重要的是，凤在第二阶段的形成方式，在思想方法和美学原则上，与第二阶段是一样的，是"和"。同样重要的是，凤的构成原则，与龙和麒麟之类的神兽的构成原则，是一样的。在描述远古的文献里，龙就与各类动物融合，有鱼龙（《山海经·海外西经》"龙鱼陵居"）、鸟龙（《广雅·释鱼》曰："有翼曰应龙。"）、猪龙（《左传·昭公二十九年》提到豢龙氏）、牛龙（《山海经·大荒东经》曰："有兽，状如牛，苍身而无角，一足……其名曰夔。"而《说文》释"夔"曰："如龙。"）、马龙（应劭注《汉书》中的"乘黄"曰："龙翼而马身。"）、鹿龙（《史记》中的"蜚虡"，《集解》引郭璞云"鹿头马身，神兽"）……正因龙与各类动物皆有融合，宋人罗愿在《尔雅翼·释鱼》讲龙的形象："角似鹿、头似驼、眼似鬼、项似蛇、腹似蜃、鳞似鱼、爪似鹰、掌似虎、耳似牛。"龙的构成原则完全等同于凤的构成原则。其中所透出的是：龙和凤在以同一种方式把自身朝向具有天下普遍性的形象提升，而且二者在提

① 关于各类与凤相同或约同的鸟的更详情况，参王维堤《龙凤文化》，上海古籍出版社，2000，第82—125页。

升中都把对方的因素，纳入到自身的构成因素之中。这一点特值关注。在甲骨文中各种神兽的竞争，应是凤取得最高的地位，但龙（以及其他的兽）仍有自己的位置。在先秦文献中，是龙获得了最高的地位，但凤（以及其他的兽）仍有自己的位置。最重要的就是无论凤与龙，其构成方式是相同的，正如从尧舜到夏商周，天下最高领导地位的拥有者变化着，但王朝的结构原则并没有变化，都是按照凤与龙的组合方式，一种中国型的"和"的方式进行着。正是在这一意义上，由鸟到凤的生成原则，体现了中国文化中具有普遍性的思想原则和美学原则。

凤的形象与各类神兽的竞争，最后定格在朝廷冕服中的皇后凤装，以及相应的建筑旌旗车马等朝廷礼制的形象上，正如龙最后定格在朝廷冕服中皇帝的龙装，以及相应的建筑旌旗车马等朝廷礼制的形象上。而凤风同字中的风，则在先秦的理性化的演进中，与凤分离，成为自然之风，其原有的核心意义，进入到哲学之气，哲学之天，哲学之道之类的概念之中。凤，作为文化形象，仍然与风、气、天、道等中国文化的根本概念，有着结构上的关联，只是被进行了新的定位。然而，在新的定位里，还是有着远古时代凤风同字时的基本思维特性和美学特性。而这，正是可以深入进行思考的。

第二十一章 舞—巫—無：舞在远古仪式之初的地位及其演进

中国远古观念在礼（原始仪式）中得到定型，最初之礼与乐内在地连在一起，这种礼乐合一的时代被春秋时代学人描述为："无礼不乐"（《左传·文公七年》）。荀子的《礼论》《乐论》和《礼记·乐记》都指出，"礼者，别也"，"乐者，和也"。远古之初，人们通过礼乐合一型仪式之礼的一面，让族群外的世界有了区别：这是天，这是日、月、星，这是地，这是山、水、动、植，让族群内的众人有了区别，这是男、女、父、母、子、女、首领、族人。同时又通过礼乐合一型仪式之乐的一面，使族群外世界的不同事物在一种规律中和谐运转，使族群内不同性别等级的人物在和谐的秩序中生活。远古之人通过创造仪式而形成自己的特点，在中国远古的礼乐合一型仪式中，一种具有中国特色的和的思想产生了出来。远古礼乐合一型仪式中的乐，是诗、乐、舞的合一：乐必有诗舞，舞必有乐诗，诗必有舞乐。但乐的三因素在仪式中的组合性质和各自的地位，在不同的历史阶段又是有所不同的，在最初阶段，舞成为仪式的核心，随后，音乐走向完善而得到强调，最后是诗成为仪式的主导而意味着理性时代的到来，其标志是《诗经》从舞乐中脱离出来，成为语言艺术。因此，远古之礼在历史的演进中，呈现出舞—乐—诗先后为主的逻辑。

第一节 舞在远古仪式之初的核心地位

礼乐合一之乐在其初是以舞为核心。这时涌出了"和"的思想，形成了中国之礼同时也是中国之舞的特色，这就是舞在仪式中如何达到天地人的和谐。舞，《说文》释曰："乐也。"讲的是远古之时的舞，在乐的范围内。从整个远古仪式之乐而言，舞是乐最明显的外在表现。如蔡邕《月令》所讲的"舞为乐容"。在远古仪式的最初阶段，舞作为礼的外在体现之"容"却在乐中占有核心地位，呈现为孔颖达疏《左传·隐公五年》讲的"舞为乐主"，这四个字对于理解中国远古之乐的本质非常重要。但随着仪式的历史演进，仪式中与舞同在的其他因素地位上移,舞在仪式之初的核心地位日益模糊,目前与远古仪式之舞相关的资料,可以确定舞在远古仪式中的结构位置,却难于确定其主次定位。现在可以看到的三类主要资料:一是考古学中呈现远古图像中的舞像;二是甲骨文金文中呈现了与舞相关的词句;三是先秦文献中对于远古之舞的论述。

第一类资料,主要是岩画中的舞像,呈现了一个非常丰富的古舞世界。中国岩画,可如王良范、罗晓明《中国岩画·贵州》(2010)中所讲,简要地分为南方和北方两个地区,又可如盖山林《中国岩画学》(1995)所说,分为四区:东北农业区,北方草原区,西南山地区,东南海滨区。而舞蹈图像最为精彩的是西北、北方、西南。由于岩画主要存留在华夏边缘地区,其远古时代(最早甘肃、宁夏、内蒙古的石器时代的岩画出现在30000年前至4000年前,以上三地和新疆的狩猎时代岩画出现于6000年前至4000年前,以上地区原始牧业萌芽期的岩画出现于4000年前至3000年前,北方地区的畜牧业岩画出现在3000年前至公元初几个世纪)和虽然年代略晚但文化仍在原始时代的舞像(云南沧源岩画出现在3000年前到公元初,广西左江岩画出现在战国到汉代①)可以直观反映出远古之舞的形象原貌。

但这些给人巨大震撼的舞像,只有当联系到"舞为乐主"这一思想,才会有更为深刻的理解。远古岩画为探索远古之舞提供了一个参照背景。这参照对于思考舞在仪式之初的位置和在后来是怎样移位的,有重要作用。

图21-1　阴山岩画一人舞

图21-2　人与鸟舞

图21-3　人形人和鸟形人联臂舞

图21-4　嘉峪关黑山六人舞

① 盖山林:《中国岩画学》,书目文献出版社,1995,第220—232页。

图 21-5 新疆呼图壁县万字手形人兽舞

图 21-6 广西左江人作亚形的人兽舞

图 21-7 云南沧源的五人圆舞

图 21-8 沧源大人持钺与人兽圆舞

图 21-9 一人皇羽武舞

图 21-10 一人羽冠武舞

图 21-11 一人圆环武舞[①]

在第二类材料中，特别是殷商卜辞与舞乐的相关材料，显示了舞乐在当时的具体状况，如当时具体管理舞的职官，有老、冒、万、無等[②]，而作为舞的类型，有九律、羽舞、林舞、围舞、隶舞、篁舞、镛舞等。更为重要的是，在一些重大祭祀上，由商王亲自起舞：

> 贞王其舞若。(《合集》11006 正)
> 贞王勿舞。(《合集》11006 正)
> 王其乎舞……大吉。(《合集》31031)
> 王其乎万舞……吉。(《合集》31032)

---

① 盖山林、盖志浩：《中国岩画图案》，上海三联书店，1997。

② 赵诚编著《甲骨文简明词典：卜辞分类读本》，中华书局，2009，第 61—62 页。

这些舞官的名称和舞的名称，都与先秦典籍中关于舞乐自古以来的演进，有对应关系。特别是商王之舞，显示了舞在乐中的核心地位于殷商时代仍有所留存。《庄子·养生主》里庖丁解牛，其解牛之艺的合于道，标志之一是合于“桑林之舞”，此舞正是商汤在以桑林为特征的社坛举行的祈雨之舞。而商代舞官的命名中，万与无，都与宇宙的中心相关联。

第三类材料即春秋战国文献中关于远古之舞的讲述。把这一讲述与前面两种材料对照就可以简略地知道，当春秋战国学人在讲远古舞乐之时，是从已经发展过来的春秋战国（特别是舞在乐中的核心地位已经失去）去回看远代，有些东西已经看不到了，有些东西看到了但加上了自己时代的理解。但由春秋战国的视角去总结远古以来的演进，还是把这一演进中的重要关节和主要核心呈现了出来。下面就举几个典型论述。《吕氏春秋·古乐》讲了从朱襄氏、葛天氏、陶唐氏，到黄帝、颛顼、帝喾、尧、舜，到夏禹、商汤以及周代的周公，所谓三氏（类似于其他理论中的三皇）、五帝、三代的仪式之乐。这里远古仪式中诗乐舞的大体演进逻辑是清楚的，但舞在仪式之乐中的具体关系已不甚清楚，不过，舞还在其中的四个阶段里有所突出：

> 昔葛天氏之乐，三人操牛尾投足以歌八阕。
>
> 昔陶唐氏之始，阴多，滞伏而湛积，水道壅塞，不行其原，民气郁阏而滞著，筋骨瑟缩不达，故作为舞以宣导之。
>
> 帝喾乃令人抃或鼓鼙，击钟磬，吹苓展管篪。因令凤鸟、天翟舞之。
>
> 帝尧立，乃命质为乐……以致舞百兽。

在这四个阶段中，舞远古仪式中的两个点尤为突出：一是三氏（皇）时期的巫王创舞。二是动物装饰的舞容。这两个特点在其他文献中都有体现。就巫王创舞和自舞而言，有：

> 《路史》（前纪卷九）：“阴康氏时……乃制为舞，教人引舞以利导之，是谓大舞。”
>
> 《山海经·海内经》：“帝俊有子八人，是始为歌舞。”
>
> 《山海经·海外西经》：“大乐之野，夏后启于此舞《九代》，乘两龙，云盖三层。左手操翳，右手操环，佩玉璜。在大运山北。一曰大遗之野。”
>
> 《竹书纪年》卷三：“帝启十年巡狩，舞《九韶》，于大穆之野。”

在以动物为舞容上，有：

《山海经·大荒南经》有臷民之国："爰有歌舞之鸟，鸾鸟自歌，凤鸟自舞。"

《山海经·大荒西经》："弇州之山，五采之鸟仰天，名曰鸣鸟，爰有百乐歌舞之风。"

《尚书·益稷》："夔……下管鼗鼓……鸟兽跄跄。《箫韶》九成，凤皇来仪，夔曰：於！予击石拊石，百兽率舞。"

《尚书·尧典》："帝曰：夔，命汝典乐……夔曰：於！予击石拊石，百兽率舞。"

三类材料加在一起，远古仪式之初舞的特点基本透露出来，巫王亲舞和动物舞容，都表明了舞的重要性。只要想一想为什么巫王要亲自进行舞蹈，为什么舞蹈要突出动物形象，舞在诗乐舞合一之礼中的核心地位就显示出来了。

第二节　从古文字看"舞为乐主"的具体内容

远古仪式之初，"舞为乐主"的性质，在古文字中得到更好的保存，"舞为乐主"得到更好揭示。"舞"字在甲骨文中与"無"最为相似。《甲骨文编》中的"舞"字有：

《续甲骨文编》中的"無"字有：

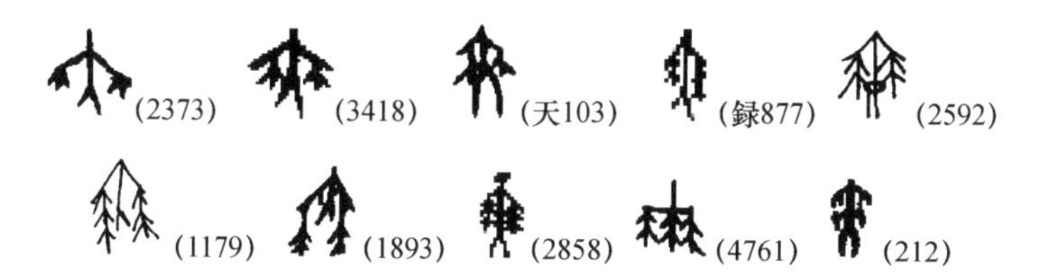

到许慎的汉代，《说文》把舞（𠸼）和無（𣞤）分别放到两个部首：舛部和林部。"舞"强调的是舞时的身体姿态（舛是"用足相背"的舞姿，由此又衍出另一个舞字"翇"。"舞"强调的是足姿，"翇"强调的是头饰的羽姿），"無"

(橆)强调的舞的地点。中国远古仪式中心的演进，是由空地到坛台到宗庙到宫殿，上面引《竹书纪年》讲夏启“舞于大穆之野”，《山海经·大荒西经》讲女娲在“栗广之野”，皆属于空地中心，而坛台中心的重要类型之一是树林，《论语·八佾》讲社坛的树林特征是“夏后氏以松，殷人以柏，周人以栗”，而商汤之时的社坛之树，在更多的文献中是桑林，商汤在社的仪式被称为桑林之舞。甲骨文舞与無的相同，应与仪式之舞在坛台中心的时代其起舞的地点和起舞身体的一致，而随着仪式中心的移位和仪式中各因素的变化，舞与無二字才日益分离。然而对于舞無二字从甲骨文到篆文，许慎、郭沫若、徐中舒、马叙伦等从不同角度讲到过两字皆有从“大”的一面，即其字形是一位“大”形之人，双手各举一物或一束物在舞。王力说，舞無二字同源[1]，郭沫若、徐中舒、于省吾、李孝定、戴家祥都讲，無舞本是一字，而無是舞的初文[2]。而舞無中的大，在远古时代就是巫，因此《说文》里，与舞和舞相关联的有巫。杨荫浏说：小篆和楷书中的“巫”字，来自卜辞中的“舞”字[3]。从舞無一字讲，巫舞無紧密关联，甲骨文的“巫”字，虽然某些类形可以看到与舞無的关联，如《续甲骨文编》中的(乙 1800)、(5545)、高鸿缙举的、《说文》中的，尚留一些大人在舞的痕迹，只是强调的重点不仅是舞，更是舞所遵守的程序“工”，但“巫”字的主形(甲二一六)、(粹一〇三六)、(粹一三一一)[4]，却与舞無有了相当的距离，强调的是巫在舞非乐主之后的巫的本质。然而，由于巫舞無在仪式之初有过本质性的联系，因此，三字的关联仍可看出。《说文》对巫的解释，其实已经透出了三者的关联：“巫，祝也，女能事無形，以舞降神者也。象人两褎舞形。与工同意。”除了讲舞形是袖舞和遵守舞的程序“工”这两个技术性特征之外，更讲了两个本质关联：一是巫为降神的目的而舞，二是神的本质是无形之“無”。陈梦家应是沿着《说文》透出的这一思想，再联系相关的大量卜辞，明确讲了巫、無、舞的关联：“巫祝之巫乃無字所衍变……名其舞者曰巫，名其动作曰舞。”[5]庞朴和于平分别从哲学和舞蹈学两个角度，讲了舞—巫—無的内在关联。庞朴在肯定巫通过舞与無互动这一巫—舞—無结构的基础(即“巫、無、舞是一件事的三个方面”)上，着重讲了無的三重含义：一是本有而当下看不到之無(后来衍为“亡”)，庞朴称为“有而后无”。二是感不到其存在

---

① 王力：《同源字典》，商务印书馆，1982，第 178 页。

② 郭沫若：《金文丛考》，人民出版社，1954，第 93 页。徐中舒：《甲骨文字典》，第 1387 页。《古文字诂林》(第五册)，第 688—690 页。

③ 杨荫浏：《中国古代音乐史稿》，人民音乐出版社，1981，第 20 页。

④ 《古文字诂林》(第四册)，第 760—762 页。

⑤ 陈梦家：《殷虚卜辞综述》，科学出版社，1956，第 600 页。

而又确实存在之無，庞朴称为“似无实有”。三是与一切存有都无关的绝对的無（无），庞朴称为“无而纯无”。庞朴主要是要讲中国哲学本体论的特点，即道家之无的特点，同时从文字学上讲“無”的三大特点相互关联，且都来源于最初作为同一事的巫—無—舞结构①。从本文的角度来讲，庞朴提供了两个重要的思想，一是巫在甲骨文中还一个被文字学家忽略了的字：卍，虽然此字被文字学家读为万，而非巫，但万是远古最重要的舞名，也与远古之巫的性质内在相关。二是远古之舞要反映的“无形”，确为中国天道的形而上性质，又与具体神灵密切关联着，它演进为后来道家的形而上的道之无。于平从舞蹈学的角度，关注到高亨对“無”和“无”的讲解，即两字之义皆是舞：“無即古舞字，篆文作[illegible]，从大，象人双手持舞具之形，无亦古舞字，篆文作[illegible]，象人戴冠伸臂，曲胫而舞之形。”②于平在此基础上进一步推衍出一幅远古之舞的总图：无在篆文中作“[illegible]”，在甲骨文中则写作“[illegible]”（也写作“卍”）。“無”（“[illegible]”）是中华民族发祥地黄河流域之东部商族的“巫舞”（先秦文献中称为“舞雩”）。“无”（“[illegible]”）则是黄河流域之西部周族（或氐羌的先民？我总以为周族的主姓——姬、姜和氐、羌可能有某种联系）的“巫舞”（先秦文献中称为萬舞）。③

这里在文字学的考证上（如篆文的[illegible]与甲骨文的[illegible]的关联）以及文字与远古现实的具体关联上，还可以讨论，但却呈现一种宏大的眼光，内蕴着远古“舞为乐主”的普遍精神。回到远古时代，族群众多，各地巫舞皆有自己的特色。但“舞为乐主”却曾是最为重要的特点。舞之所以能为乐主，即占居仪式的核心地位，在于三点：

一是舞之形象（舞容）的意义要大于其乐（音乐）和诗（巫语）。远古之舞总是以龙飞凤舞为代表的百兽率舞。龙凤是族群本质和天地本质的具体显现，其形象力量远远大于与舞一道进行的音乐和巫语。回到远古历史之中，美、義、善、羲、羑……是戴着羊饰面具之舞（以西北羌姜族群为多），翜、翣、翠、翌、翚……是戴着羽饰面具之舞（以东夷族群为多），文、彣、爽、夹、赫（[illegible]）……是突出身上装饰之舞（以东南族群为多），还有戴钺、辛、干、戚，戴蛇、戴天、戴角、戴皇的各种头饰之舞。各种各样在人的身体上加的装饰，都是为了突出舞的特殊地位。

二是舞者在文化中具有最高的地位。它是由族群中的政治权威和宗教权威合一的巫来进行的。而各类族群之巫的各种装饰，正是以一种时代

---

① 庞朴：《说“無”》，《庞朴文集》第四卷，山东大学出版社，2005，第57—70页。
② 高亨：《周易古经今注（重订本）》，中华书局，1984，第163页。
③ 于平：《巫舞探源》，《北京舞蹈学院学报》1994年第1期。

的本质方式突出政治权力和宗教权力。

三是由舞者（巫）舞动而起的舞容（舞）一定是与族群认为的天道相符合的，而中国远古的天道从本质上讲是——無。

以上三点，前两点都好理解，后一点非常复杂，这里且长话短说。

自一万年前远古中国进入农耕文化之后，风调雨顺对于农业丰收最为重要，要风调雨顺需要认识天的规律，以黄河长江流域为中心成长起来的中国文化面对的天相，逐渐被认识到是这样的：天北极是一个不动的中心，离北极最近的星是北极星，日月星在一年四季中皆运动着，而北极星不动，成为远古人心中的天帝。由于地球自转和公转形成的岁差，北极星也是要移动的，约一千年后就会明显感到，最初的极星离北极远了，不再是极星，以前较远的星靠近北极，成为新的极星。① 北极不变而极星会变这一现象被古人观察到后，对之进行的思考，构成中国的思想特色，不变的北极是無，极星是天帝，围绕极星的星群，构成中宫紫微垣，曾在北极附近后来位移出去的北斗星，以其斗柄的转动，标出了春夏秋冬的季节变化，同样也联系着中宫外天相即青龙白虎朱雀玄武二十八宿在天空的变动②。北极—极星—北斗被看成一个整体中心，北极、极星、北斗、北辰这些词在古代汉语的浑言析言原则中可互换，既可单指，又可指天上中心整体。在这一整体中，北极与极星呈有无关系，极星与北斗是静动关系，北斗领导着整个天相的运转，天相的运转带动着地上气候的变化。天道作为整体，其最后的本质是北极之無，其现象规律即是天相的运行规律，二至（冬至夏至）二分（春分秋分）构成一年的四大基点，动转为静就是十字，这既是空地中心和坛台中心的图形“亚”，同时又是在亚形地点上作舞的巫者的巫字之形“[illegible]”。把天道的旋转用图形表达出来，就是万（萬）。中国天道的转旋一方面是北斗左旋，另一方面是日月右旋，因此万（萬）字代表北斗左旋为卍，象征日月右旋为卐。巫既可写为静的[illegible]，也可写为动态的[illegible]。[illegible]呈现为巫作为舞者进行的舞步程序，同时暗示与舞步程序相应的舞姿。正因远古之舞所包含天道本质，因此，唐代孔颖达、宋代吕祖谦、清代孙诒让等，都讲萬舞乃舞的“总名”。“萬舞”成为舞的总名，北极—极星—北斗作为天上中心，其对天地运动的带动是通过气来进行的，《春秋文耀钩》曰：“中宫大帝，其

① 陈遵妫：《中国天文学史》（第一册），第 294 页。从约 5000 年到约 3000 年前占据或最接近天北极的星有：右枢（前 2824 年）、天乙（前 2608 年，五帝时代）、太乙（前 2263 年，尧时代）、少尉（前 1357 年，殷商时代）、帝（前 1097 年，周公时代）。

② 曾侯乙漆箱上的天相图：中间一个大的“斗”字代表北斗，围绕斗是一圈二十八宿的星名，然后是左青龙右白虎形象，“斗”字四个延长笔画指向东方的心宿，南方的危宿，西方的觜宿，北方的张宿，突出了北斗与四方星区的互动关系。

精北极星。含元出气，流精生一也。"徐整《长历》曰："北斗当昆仑，气注天下。"《后汉书·李固传》曰："斗斟酌元气，运平四时。"而气在时空中的标志性体现就是风。《吕氏春秋·季夏纪》曰："天地之气，合而生风。"《河图括地象》曰："天有八气，地有八风。"气和风的细分是理性化以后的事，在远古二者是一体的。舞在远古之为乐主，具体而言，在其与风的互动。《左传·隐公五年》讲到萬舞，孔颖达正义曰："舞为乐主，音逐舞节，八音皆奏，而舞曲齐之，故舞所以节八音也。八方风气寒暑不同，乐能调阴阳，和节气。八方风气由舞而行，故舞所以行八风也。"由此，舞何以在仪式中具有核心的地位，基本清楚了，远古之舞要体现天的本质之无，要表现天地运转之规律，要与季节之风相互动。舞使族群生活在一个气韵生动而又有规律和秩序的宇宙之中，并从舞中感受到宇宙的本质，进而感受到由人神之和体现出来的天人合一的境界。

第三节　从万舞和禹步看舞在乐中的位置

孔颖达以"萬舞"来讲"舞为乐主"的性质，在于当从后来追述远古之时，萬舞最能体现远古之舞的本质。甲骨卜辞、《夏小正》《诗经》《左传》《国语》《墨子》等文献都提到了萬舞。萧兵讲，先秦各方的四大族群，西北的夏和周，东方的商，南方的楚，都有萬舞[1]。孙诒让曰，黄帝尧舜夏商周的"六代大舞，所谓萬舞也"。[2] 于平说，萬舞就是蛙舞，[3]蛙依古今学人解释，就是娲。蛙舞即女娲之舞。远古族群众多，舞的内容和形式更是多样。但自先秦以来对萬舞的讲述，透出这样一个事实，中华民族在整合过程中，以最核心之点，来对各方各族的舞进行规范，这核心之点就是政治内容和天道内容。《韩诗外传》称萬舞为大舞。大，与天相关(孔子曰："巍巍乎！唯天为大。"《论语·泰伯》)，与王相关(孔子曰："大哉！尧之为君也。"《论语·泰伯》)。远古仪式"舞为乐主"的一个重要特征，就是族群首领亲自起舞，同时在舞中体现天地和族群的本质。这一特别点从女娲时代的蛙舞到夏王朝的禹步到商汤的桑林之舞，都体现鲜明。

以女娲之舞作为萬舞的最早案例，在于其内容丰富和关联明显，女娲作为女性被《春秋运斗枢》作为三皇之一，高诱注《淮南子·说林训》曰："女娲，王天下者也"，象征了知母不知父的远古。"女娲炼五色石以补苍

---

[1] 萧兵：《万舞的民俗研究：兼释〈诗经〉〈楚辞〉有关疑义》，《辽宁师院学报》1979年第5期。
[2] (清)孙诒让：《周礼正义》，第1726页。
[3] 于平：《"萬舞"的地缘归宿与物种表象》，《民族艺术研究》2013年第3期。

天”(《淮南子·览冥训》)意味着一种天道的建构,这一天道建构应是以舞的形式体现出来的。女娲又体现为神奇动物的形象,其中之一是蛙,何星亮、叶舒宪等都讲了,女娲即女蛙。[1]《说文》曰:蛙,“从虫,圭声”。王贵生通过与圭相关的词汇群,蛙、娃、䵷、鼃、鼀,并联系到考古和文献,讲了与女娲与圭相联的广泛性。[2] 蛙在《说文》里有两写法,蛙和鼃。无论圭虫并立,还是圭上虫下,强调的都是巫王与圭之间的关联。圭,既关联到土圭测影的中杆这一远古仪式的核心,又关联到圭玉这一巫王的装饰。林巳奈夫和周南泉都说玉圭的前身是玉戈。[3] 邓淑苹讲,圭的祖型应是新石器时代斧钺,越早的圭越带有石斧的特征。[4]无论来源是戈还是斧,总是与军事武器相关联,强调刑杀功能。虫则是远古对生物的一种总括。《大戴礼·易本命》讲,有翅而飞的叫羽虫,地上有甲的叫介虫,水中鱼类叫鳞虫,山中兽类叫毛虫,人类叫倮虫。[5] 而蛙这种虫,同样具有威猛性,段玉裁注《说文》的“蛙(鼃)”曰:“鼃者,主毒螫杀万物也”。女娲在文献中又是与伏羲关联在一起的。闻一多讲了,伏羲即是包牺就是匏瓜就是葫芦,“伏羲与女娲,名虽有二,义实只一。二人本皆谓葫芦的化身,所不同者,仅性别而已,称其阴性的曰女娲,犹言‘女匏瓜’‘女伏羲’也。”[6]闻一多还考出北斗曾被命名为植物型的匏瓜(葫芦)。[7]在女娲的多样面相中,地上的匏瓜女(女娲)与天上的匏瓜星(北斗)有一种本质上的对应。北斗在远古也有多种面相,其一是就作为武器的天钺,青铜钺来自石戉,石戉来自石斧,石斧来自石斤,王逸注《九叹·远逝》曰:北斗最初的名称叫“魁”[8],远古之初,鬼即神,鬼是神的外观形象,神是神的内在虚灵。作为“魁”的北斗是带着武器的神。闪耀着一片杀气,《淮南子·天文训》讲“北斗所击,不可与敌”,透出的正是北斗威严的一面。女娲也有这一面。《说文》曰:“蛙(鼃),蝁也。”《左

---

① 何星亮:《中国图腾文化》,中国社会科学出版社,1992,第 74 页;叶舒宪:《千面女神——性别神话的象征史》,上海社会科学院出版社,2004,第 148 页。

② 王贵生:《从“圭”到“鼀”:女娲信仰与蛙崇拜关系新考》,《中国文化研究》2007 年第 2 期。

③ [日]林巳奈夫:《中国古玉研究》,第 28 页和第 48—49 页;周南泉:《玉工具与玉兵仪器》,蓝天出版社,2009,第 269 页。

④ 邓淑苹:《故宫博物院所藏新石器时代玉器研究之三——工具、武器及相关的礼器》,《故宫学术季刊》1990 年秋季号第 46 期。

⑤ 《大戴礼·易本命》:“有羽之虫三百六十,而凤凰为之长;有毛之虫三百六十,而麒麟为之长;有甲之虫三百六十,而神龟为之长;有鳞之虫三百六十,而蛟龙为之长;倮之虫三百六十,而圣人为之长。此乾坤之美类。”三国时吴人姚信《昕天论》中有“人为灵虫,形最似天。”也把人归为虫的大类。

⑥ 《闻一多全集》(一),第 60 页。

⑦ 《闻一多全集》(二),第 247 页:“古斗以匏为之,故北斗之星亦曰匏瓜。”

⑧ 刘向《九叹·远逝》:“讯九魁与六神。”王逸注:“九魁,谓北斗九星也。”

传》《孝经纬》都讲，蠆是一种毒虫[①]，是如段玉裁讲的“主毒螫杀万物也”。蛙和蠆，都具有与北斗一样的“击杀”功能。女娲的萬舞，也往往被突出其威严的一面。《大戴礼·夏小正》：“萬也者，干戚舞也。”《说文》曰：“戚，戉也。”萬舞中女娲的王钺，正好与天上北斗的天钺形成一种对应关系。萬舞者，魑舞也。魑字中的萬是舞人形象，鬼是其本质定位。效法北斗运行的萬舞，以萬为名，萬就是一条虫。《说文》释“萬”曰：“虫也。从厹，象形。”萬，古文字为

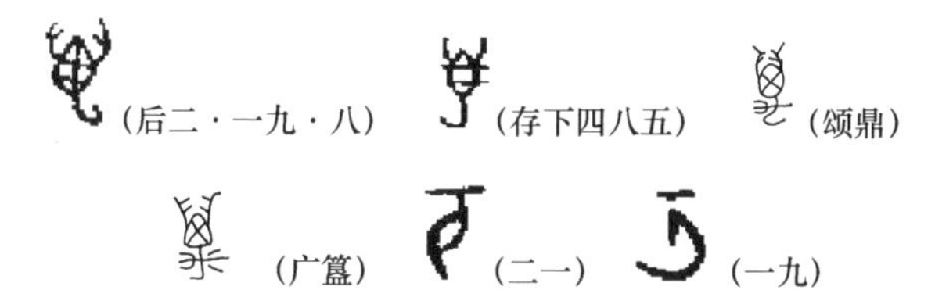

郭沫若、商承祚、叶玉森、高鸿缙等都认为即是具有刑杀功能的蠆。[②]从文字群的关联来讲，萬的下部左旋和右旋与万的左旋和右旋，是与卍和卐相通的。而仰韶文化和马家窑文化中大量的蛙纹，又正好与卍和卐相通。如图21-12。

图21-12　蛙人与卍字

资料来源：张朋川《中国彩陶图谱》

而蛙的圭，又与斧钺相关联，具有同样的击杀功能。萬舞的核心应是效法北斗运转而来体现天人规律之舞。虽然这一核心随着历史的演进而具有了多方面的形式，如有了文舞和武舞的分合，以及进一步演化为不同时代的舞乐体系。萬舞是巫王（女娲）在舞，持干戚是其主要特征，舞在本质上关联到北极之無，舞的程式表现着北斗运行规律。

如果说，古代文献的各个片断还保留着以女娲为符号的上古萬舞中舞—巫—無的内在关联，那么，开始夏王朝的禹启，则透出了远古舞在性质

---

① 《孝经纬》：“蜂蠆垂芒，为其毒在后。”《左传·僖公二十二年》：“蜂蠆有毒。”

② 《古文字诂林》（第十册），第909—911页。

上的转变。夏代之舞在文献透出了三个方向的分离倾向。主流文化强调了夏舞的继承和发展,《史记·五帝纪》讲"禹乃兴《九招》之乐,致异物,凤凰来翔。"《九招》又名《九韶》《箫韶》《大招》《大韶》,在《吕氏春秋·古乐》里,《九招》从帝喾开始,在帝舜和商汤之乐里都有,梁李婷以《吕氏春秋·古乐》为主,参与其他资料,比较了帝喾的《九招》和帝尧的《大章》在乐器和舞容上的相同点,指出二者的继承性,[①]可见《九招》从帝喾到商汤一直继承和发展着,但以《论语》为主的主流文献更多地把《九招》定名为《韶》,并将之与帝舜联在一起。明显帝舜对《韶》有自己的创新,这创新是什么呢?九,按龚维英解释,即鬼即神,特别体现为"天之刚气",[②]天之刚气的运转,正体现为萬的两种形式:卍和卐,正与历史悠长的萬舞相通,与萬舞中的天道行动相关。招和韶的实质是"召"。召的甲骨文为:

(粹五一八) (前二·二二·四) (林二·〇二九·一) (续三·二一·一〇)

上部为双手,手中有"匕",下部是尊一类酒器。徐中舒说:"以手持匕挹取酒醴,表示主宾相见,相互介绍。"[③]周武彦说,是双手( )持酒器( )敬示先妣( )。[④] 无论怎样,总之是与酒器进入仪式之舞有关。韶舞突出酒而非干戚,这意味着"文"(思想)的内容在"武"(暴力)的内容基础上的突出。把《九招》重新名为《九韶》,韶强调的是音乐的作用,《九韶》又名《箫韶》,意味着在《韶》舞中,管乐的作用得到提高,暗示原来以鼓为主的《韶》舞,加进了箫管的重要性,意味着在鼓所象征的节奏猛烈中加进了柔和的旋律之韵。这应透出了尧舜以来由以武(义)为主到以文(仁)为主的变化。在《周礼》对六代舞的总结中,夏舞被名为《大夏》,应是与酒器和箫乐进入舞中体现的仁德思想的进一步演进。《大夏》在《吕氏春秋·古乐》中被称为《夏籥》,籥与箫在音乐性质上相同。构成《大夏》的主调。这一由武变文主题的进一步发展,有两大方向,一是夏启以天的名义出现的《九歌》《九辩》《九代》。《山海经·大荒西经》讲夏启用三美女向天帝换回了《九辩》《九歌》,整个叙述突出的就是享乐性[⑤]。屈原《离骚》有"启《九辩》与《九

---

① 梁李婷:《乐舞〈韶〉研究》,硕士学位论文,山东师范大学,2011,第 2 页。

② 龚维英:《楚辞学习札记》,《学术月刊》1962 年第 6 期。

③ 徐中舒:《甲骨文字典》,第 90 页。

④ 周武彦:《〈韶〉乐考释》,《星海音乐学院学报》1993 年第 1 期。

⑤ 《山海经·大荒西经》:"有人珥两青蛇,乘两龙,名曰夏后开。开上三嫔于天,得《九辩》与《九歌》以下。此天穆之野,高二千仞,开焉得始歌《九招》。"本文的解释依袁珂:《山海经校注》,北京联合出版公司,2014,第 349 页。

歌》兮，夏康娱以自纵。”王逸注解是夏启从天上窃回了这两部天乐，启的儿子康由此进一步放纵享受，导致失国。后来这类舞在夏桀那里，发展成为《吕氏春秋·侈乐》所批评的“以巨为美，以众为观，俶诡殊瑰”的“侈乐”。二是随着礼在乐中成分加重，《九夏》乐成为对王在仪式中行走方式的规范，《周礼·春官·钟师》“钟师掌金奏。凡乐事以钟鼓奏九夏：《王夏》《肆夏》《昭夏》《纳夏》《章夏》《齐夏》《族夏》《祴夏》《骜夏》。”九夏的具体内容是什么，春秋战国的礼坏乐崩之后已无从知晓，但有两点是清楚的，一是郑玄注所讲，其属于宗庙型的“颂诗”，二是如《周礼》所记，是举行仪式时王和尸（祖先的扮演者）出入时之乐，如《周礼·大司乐》呈现的：“王出入则令奏《王夏》；尸出入则令奏《肆夏》；牲出入则令奏《昭夏》……”既对其出入门的移步行为进行节奏和规范，又以乐标志出巫王的级别，王以下级别者不能用此乐。这时舞已经演进为王的行为举止，这里已经没有萬舞中让身体尽情而舞的激荡昂扬，而仅有彬彬有序的身体展示。这里，原来具有原始内容的狂放之舞的以舞为主的仪式，进入到了有一定理性内容的以礼为主的仪式。如果说享乐方向的演进名为“侈乐”，那么政治方向的演进可名为“礼乐”。后来儒家所崇尚的礼乐文化盖乃从尧舜的《韶》开始而到禹启的夏乐出现了一种质的提升。

远古之舞原来内蕴的神秘一面，则演化为“禹步”。“禹步”起源于大禹的治水过程，大禹治水同时又是把东西南北族群融合为华夏的进程，这一进程既需理性筹划，又需宗教呵护。又正因为其神秘性，在理性化之后的先秦时代，遭到一定的歪曲和贬低。“禹步”在性质上来源于萬舞，《说文》释“禹”曰：“虫也。从厹，象形。”与“萬”的解释完全一样。透出二者的同源性。“禹步”在萬舞基础上加上了时代特点，《尸子》说：“古者，龙门未辟，吕梁未凿……禹于是疏河决江，十年不窥其家……生偏枯之病，步不相过，人曰禹步。”禹步是大禹在治水的过程中，加进治水实践而形成的一种舞步。这种舞步的特点是“偏枯”。《庄子·盗跖》也提到“禹偏枯”。《荀子·非相》中的“禹跳、汤偏”和《吕氏春秋·行论》中的“禹……以通水潦，颜色黎黑，步不相过，窍气不通”，对“偏枯”的具状有进一步的描绘。战国秦墓《日书》讲了禹步的形而上基础：“禹须臾。行得择日出邑门，禹步三，乡（向）北斗，质画地视之日，禹有直五横，今利行。行毋为禹前除，得。”专家在这段文字的断句和字义上虽有不同意见，但对于禹步性质和内容来讲，有了基本要点：第一、与北斗相关的；第二、有具体的时间规定；第三，有具体的舞步结构；第四，与现实功利紧密相连。这四大要点，都与萬舞的核心内容相关联。金文的“禹”字为：

(鼎文) (禹鼎) (秦公簋)

在这些字中,还遗留着卍(左旋)和卐(右旋)的意味。所谓禹步,其核心还是北斗运行的一种程式化提炼,当然又加上禹的时代内容,这些内容在先秦理性氛围中显得有些怪异,因此,移位到民间宗教,特别是后来的道教文献中。《洞神八帝元变经·禹步致灵》的一段话可以作为参考:"禹步者,盖是夏禹所为术,招役神灵之行步,此为万术之根源,玄机之要旨。昔大禹治水,不可预测高深,故设黑矩重望以程其事,或有伏泉磐石,非眼所及者,必召海若、河宗、山神、地祇问以决之。然禹届南海之滨,见鸟禁咒,能令大石翻动,此鸟禁时常作是步,禹遂模写其行,令之入术。自兹以还,术无不验。因禹制作,故曰禹步。"从萬舞到禹步,远古之舞的威怒一面仍然是非常强烈。而当远古思想进一步演化,夏舞中的九夏进入主流,禹步因其强烈的巫的内容和威的特点,而走向边缘,扬雄《法言·重黎》讲"巫步多禹"呈现的正是巫已经在文化中成为边缘之后,禹步仍保留巫的特点而同时走向边缘。禹步内有的法术驱邪性质,使之在以后的道教文化中得到了发扬光大。《洞神八帝元变经·禹步致灵》在讲了上面一段话之后,紧着是:"末世以来,好道者众,求者蜂起,推演百端。汉淮南王刘安以降,乃有王子年撰集之文,沙门惠宗修撰之句,触类长之,便成九十余条种。"这就是后来的禹步九灵斗罡、七星禹步、三五迹禹步、天地交泰禹步,以及各种各样的步罡踏斗程式。禹步存在于道教的降妖除魔法术之中,但其来源,却有远古萬舞的观念和技术内容。

到商代,萬舞仍然居于王朝的主要地位。除了商汤的桑林之舞成为典范之外,陈致根据商代卜辞和文献考证出,萬舞用于商代的宗庙祭祀,商王每当祭先祖先妣时都用萬舞。[①] 考虑到在商人观念中,其去世祖先魂归于天,在天上的上帝之旁。萬舞对天人互动的象征性就突出了出来。《史记·赵世家》、应劭《风俗通·皇霸·六国》、《列子·周穆王》张湛注,都有"我之帝所乐,与百神游于钧天广乐于九奏萬舞"一类的话,《吕氏春秋·有始》曰"中央曰钧天"。中天者北辰也,透出了萬舞与北辰的关联。

---

① 陈致:《"万(萬)舞"与"庸奏":殷人祭祀乐舞与〈诗〉中三颂》,《中华文史论丛》2008年第4期。

从女娲时代到夏商时代，王作为舞者而舞，王舞体现天道本质，从而使舞处在仪式的核心。这“舞为乐主”的地位是怎么失去的，已难寻找出具体的路线图来，不过从已经变成“乐主于舞”（郑玄注《周礼·春官·鞮鞻氏》）的后来文献，却可以大致看出演进的轨迹。《吕氏春秋·古乐》与《周礼·春官》与舞相关的文献，较为典型。

第四节　从《吕氏春秋》和《周礼》的舞乐部分看舞在远古的移位

舞在远古的演进，既关系到舞自身的演进，又关系到舞在乐整体中的演进，《吕氏春秋·古乐》对舞在乐的整体演进，有一个较好的呈现，虽然其著作年代在战国后期，乐律成为乐的核心，诗正在与乐重建关系，但对理解在远古的演进，还是提供了基本框架。文中讲诗乐舞合一的乐在三氏、五帝、三王的演进，可以列表 21-1。

表 21-1

<table>
<tr><th colspan="2">圣王</th><th>乐正</th><th>舞</th><th>乐器</th><th>歌</th><th>舞乐</th><th>乐律</th></tr>
<tr><td colspan="3">朱襄氏</td><td></td><td>五弦琴</td><td></td><td></td><td></td></tr>
<tr><td colspan="3">葛天氏</td><td>持旄牛尾舞</td><td></td><td>歌八阙</td><td></td><td></td></tr>
<tr><td colspan="3">陶唐氏</td><td>舞</td><td></td><td></td><td></td><td></td></tr>
<tr><td colspan="2">黄帝</td><td>伶伦、荣将</td><td></td><td>管、钟</td><td>凤皇之声</td><td>咸池</td><td>十二律，五音</td></tr>
<tr><td colspan="2">颛顼</td><td>飞龙，鱓</td><td></td><td></td><td>正风</td><td></td><td></td></tr>
<tr><td colspan="2">帝喾</td><td>咸黑、倕</td><td>凤鸟、天翟</td><td>鼓、管、钟、磬等</td><td colspan="2">九招、六列、五英</td><td></td></tr>
<tr><td colspan="2">帝尧</td><td>质、瞽叟</td><td>舞百兽</td><td>鼓、磬、瑟</td><td></td><td>大章</td><td></td></tr>
<tr><td colspan="2">帝舜</td><td>延、质</td><td></td><td>瑟</td><td colspan="2">九招、六列、五英</td><td></td></tr>
<tr><td colspan="2">夏禹</td><td>皋陶</td><td></td><td></td><td colspan="2">夏龠</td><td></td></tr>
<tr><td colspan="2">商汤</td><td>伊尹</td><td></td><td></td><td>晨露</td><td>九招、六列</td><td></td></tr>
<tr><td rowspan="2">周</td><td>文王</td><td>周公</td><td></td><td></td><td>作诗</td><td>大武</td><td></td></tr>
<tr><td>成王</td><td>周公</td><td></td><td></td><td></td><td>三象</td><td></td></tr>
</table>

表 21-1 体现了三大特点：第一，三代以前，动物在舞乐中占有了重要地位，三代以后，动物形象消失，透出了原始歌舞向理性歌舞的转变。第二，五帝以前，圣王是制作舞乐者，五帝以后，圣王与乐正分离，由乐正作乐，意味着舞乐专业化的出现。第三，从五帝始，乐律占有了主导地位，乐

器体系发展了起来，舞的地位比起乐的地位在降低。第四，周公作诗，显示了诗在歌中的地位，同时也是在乐中的地位得到了突出，透出了诗乐分离趋向的出现。《古乐》透出了一个逻辑事实：在远古之礼的演进中，舞为乐主演变成了乐（音律）为乐主，最后歌诗的作用得到强调。整个文章的叙述，已经是在一个新的"乐主于舞"的氛围中进行的。

《周礼·春官》的大司乐，是"有道者有德者"死后会"为乐祖"被"神而祭之"的。这里有远古的瞽宗传统，与《古乐》中的伊尹、周公有所差别。不过与《古乐》一样，进入到"乐主于舞"的时代，因此大司乐的乐教，首先是乐德（中、和、祇、孝、友），其次是乐语（兴、道、讽、诵、言、语），然后才是乐舞，即六代乐：黄帝的《云门》、尧的《咸池》、舜的《大韶》、禹的《大夏》、商代的《大濩》、周代的《大武》。六代乐主要以舞的形式体现，提到这六大乐，都有动词"舞"字，因此称为六大舞。舞容是六大乐的原貌，但舞容是受音律的规范和指导的，六舞进行天地人之和的功用还在，但乐的因素被放在舞的因素前面进行强调："以六律、六同、五声、八音、六舞大合乐，以致鬼神示，以和邦国，以谐万民，以安宾客，以说远人，以作动物。"（《周礼·春官·大司乐》）在具体的事务中，大师掌管六律（黄钟、大簇、姑冼、蕤宾、夷则、无射）、六同（大吕、夹钟、中吕、林钟、南吕、应钟）、五声（宫、商、角、徵、羽）、八音（金、石、土、革、丝、木、匏、竹）和六诗（风、赋、比、兴、雅、颂），小师和瞽矇共同掌以管弦乐为主的鼗、柷、敔、埙、箫、管、弦、歌之演奏，这是需要专业技术，小师应属新派，瞽矇应属老派。视瞭掌所有乐事中的打击乐："播鼗，击颂磬、笙磬。"典同负责乐器声音的正确性。再下来，才是突显技术性的人员：负责打击乐的磬师、钟师、镈师和负责管弦的笙师，负责土鼓豳籥的籥章。在磬师、钟师、笙师之后，才是与舞相关的几项。透出了"乐主于舞"的结构。舞体现在《大司乐》《乐师》《韎师》《旄人》《籥师》《鞮鞻氏》《舞师》六个部分之中，列表21-2。

表 21-2

部门	性质	舞类	备注
大司乐	六大舞	云门、咸池、大韶、大夏、大濩、大武	
乐师	六小舞	帗舞、羽舞、皇舞、旄舞、干舞、人舞	《舞师》与之略同
籥师	羽籥舞		
鞮鞻氏	四夷舞	东方韎舞，南方任舞，西方株离舞，北方禁舞	
韎师	东夷舞	韎舞	
旄人	夷舞		

这里，各类夷舞是用来和合天下的，羽籥舞体现了古代舞学传统，六大舞和六小舞是舞的核心，六大舞从历史上体现舞的类型，六小舞从舞种上体现舞的类型。大小舞都是宗室弟子方可学，正因其授舞对象的严格性，因此用“乐”这一本质性词汇来统领，只有在教给宗室弟子以外的“野人”（即城外的一般民众）时，才把小舞的部分内容放进以“舞”为名的《舞师》之中，而且，一是没有了祭祀天象或宗庙的人舞，二是把具有王权内容的持戚钺的“干舞”改为持一般武器的“兵舞”。虽然舞已经从“乐”的中心移位出去，但六大舞和六小舞的功能结构，却呈出了其在远古曾有的辉煌。六大舞中，“舞《云门》以祀天神”，“舞《咸池》以祭地示”，“舞《大韶》以祀四望”，“舞《大夏》以祭山川”，“舞《大濩》以享先妣”，“舞《大武》以享先祖”。大舞以一种体系方式与天神、地示、祖鬼沟通互动。大舞皆被认为乃圣王所作，是相对严格而神圣的，小舞应由后人的继承、发展、综合、改进而来。再因舞从仪式中心移位出来后，重要性不足导致意义遗失，因此解释较乱，汉代两大权威郑玄和郑众的说法有所不同，列表 21-3 如下。

表 21-3

	帗舞	羽舞	皇舞	旄舞	干舞	人舞
郑玄	灵星	四方	旱暵		山川	宗庙
郑众	社稷	宗庙	四方	辟雍	军事	星辰

孔颖达在《鼓师》中解释，旱暵与雩祭相关，皇舞即雩祭之舞。二郑的解释在结构逻辑上都不够周圆，但六小舞与天神、地示、祖宗及重要人事是有关联的。不从舞与天地人的关联，而从舞的艺术角度讲，皇舞，按郑众解释，是一种假面舞（“皇舞者以羽冒覆头上，衣饰翡翠之羽），回到远古，六舞皆有假面。羽舞持鸟羽（这是东方族群仪式的重要特征之一），旄舞持牛尾（这是西北族群仪式的重要特征之一），干舞持干戚（在东西南北皆有出现），帗舞和人舞，依郑玄说法，前者用五彩缯绸进行，后者是宽衣长袖。这样，羽舞和旄舞作为鸟兽的象征，有狩猎时代的起源，帗舞和人舞作为丝绸的象征，是农业之后的产物，干舞和皇舞，都与王权观念有关，干舞以戚钺显示王权的威仪，郑注孔疏皆曰皇即翌，翌舞以鸟羽显示王权的威仪，郑众讲，翌是假面，孔颖达讲“礼本不同，故或为翌，或为義”，翌是头戴羽毛，義是头戴羊角，有杀人之威，从而皇之羽应为鸷羽，方有威仪之效。因此六舞如果仅从舞象的历史起源和类型逻辑来看，体系性很清楚，但这是在周礼的体系中讲舞，已经是在“乐主于舞”的结构之中了。舞的边缘化导致了对舞内容理解的混乱，除了六代大舞保留在重要祭祀活动中外，六小舞其实

是作专门舞技因素而被保留下来的。[1] 再去看《左传》《国语》《战国策》等文献，舞不但失去了在诗乐舞合一的乐中的主导地位，而且失去了在礼乐合一的礼中的地位，而转向的新的方面，成为宫廷乐舞和民间乐舞。这就是另外更为复杂的故事了。

---

① 马端临《文献通考》(中华书局，2011，第 4356—4357 页)："以愚观之，云门以下，舞之名也，若帗，若羽，若皇，若旄，若干，若人，则舞之具也，有此六者之具，然后可以舞，此六代之舞，非于小舞之外，别有所谓大舞也。盖六代之舞，其名虽异，而所用之具则同。然必谓之帗舞、羽舞云者，以其或旋之社稷，或施之山川旱之属，各不同耳。舞师所教是各指其所习而言，故谓之帗舞，羽舞，大司乐所教，是指其集大成而言，故谓之云门、大咸。"

第二十二章　鱓—鼍—夔：鼓在中国远古仪式之初的演进和地位

远古中国，鼓是怎样产生继而又进入观念核心的呢？仪式之初，动物面具舞占有核心地位，但舞的本质性完成，除了人的身体和身体上的装饰，还需要其他因素的配合，音乐就是其中之一，舞必须在时间的进行中才呈现出来，助舞之乐显得重要。正是在舞对乐的需要中，人类几百万年的音响经验被组织了起来，舞的核心地位，决定了仪式中首先被突出来的音乐类型，是有助于使舞顺利进行并有利于提升其形象，突出节奏的打击乐。在打击乐中，最能够融入并体现出远古仪式神秘精神的是鼓。对于中国文化来讲，初民先在生活中用木、石、竹、骨等材料进行敲敲打打，形成鼓的雏型，继而在百万年的敲打中形成了鼓之器形与乐之韵律，其中木鼓应有重要的地位，从后世文献和目前仍存于佤、苗、瑶、壮、侗、高山等少数民族中的木鼓，可以想象其在远古各地域族群中的主位，然而，当东西南北各族群从互动走向最初的一体时（文献的五帝时代或考古的庙底沟时代之后），以土或木为鼓形的器，一定要加上动物皮革（用现在的音乐行话来讲，要从体鸣乐器升级到膜鸣乐器），才成为对远古主流文化具有本质意义的鼓。这从乐器体系把鼓定为“革”显示出来。鼓应是从这时开始在各大地域互动而走向一体的历史中，进入到升级后的仪式中心。

第一节　鼓在远古仪式中的产生及其结构

鼓，甲骨文为：

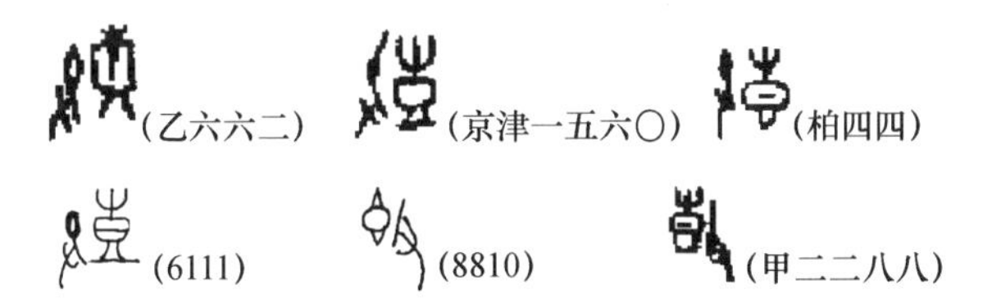

其字形由壴(鼓之形,形有多样)和支(手用物击鼓之状,状有多样)两部分组成,"壴"中部的"口"突出了鼓冒皮之后的鼓胀之形。鼓在八音中属革,只有用皮革冒鼓,方是其物质之形的本质体现。而只有人用物击鼓,鼓的本质(在时间性中呈现,在人击打中呈现,这二者构成中国型观念中鼓之为鼓的完成)才体现出来,然而,这两个观念还要加上思想观念(思想观念反过来决定着鼓的形式和鼓人的形式,以及鼓在文化中的位置),鼓在仪式中的地位才逐渐增强,提升,最后进入仪式的核心。因此,鼓在远古仪式中的性质,不仅是鼓物质之形的形成,更是鼓内蕴观念的形成。

中国远古之鼓究竟是怎样的呢?从文献和文字的碎片中,可以用一种演进的逻辑,将之组织起来。

在文献上,《礼记·明堂位》讲伊耆氏的土鼓,透出了最初的鼓是用陶土做成的。《文献通考》讲"少昊冒革以为鼓",点出了鼓形成的关键点:皮革做成鼓面。《吕氏春秋·古乐》讲颛顼用鱓做鼓,并让鱓成为乐的核心。远古之鼓把物质与观念相结合,形成了鼓的本质。《山海经·大荒东经》说黄帝之鼓用夔皮做成,这时鼓的本质性进一步提升为天下的本质。在这些文献里,只要把四位远古巫王作为各有所属的族群符号以鼓的演进为中心进行排列,那么,伊耆氏象征三皇时期,黄帝、少昊、颛顼象征五帝时期,鼓从三皇开始到五帝达到高峰,所谓高峰有两重含义,一是从艺术的标准看,鼓作为器达到成熟,二是从文化标准看,鼓进入到了仪式的核心,成为仪式的最高象征。五帝时代的三大巫王,正好象征了古远时代的三大族群,黄帝象征北方和西方的众族群,少昊代表东方和南方的诸族群,颛顼象征东方和北方的诸族群。鼓在五帝时代达到高峰,是东西南北各族融合的结晶。

夏商周以后,鼓在艺术方面仍进一步发展,但在观念方面,从仪式的最高象征转为最高象征之一,再转为虽在最高象征圈内,但已经不是最中心。《礼记·明堂位》讲"夏后氏之足鼓,殷楹鼓,周悬鼓",体现了鼓在观念体系的最高位移位出来的同时,艺术方面仍在精致化。这一精致化又从逻辑上反映出鼓作为仪式乐器在仪式乐器体系中的演进:夏鼓在鼓足上有进一步的修饰,商鼓在鼓身上有进一步修饰,周鼓在鼓的摆放方式上有变革,这时鼓已进入以钟为核心的乐器体系。

文字上,有三个名词:鱓、鼍、夔,标志着鼓进入到仪式的观念中心,同时,由于文字与历史有巨大的时间距离,用文字记录时,鼓已经从仪式的最高位移位出来,因此,这三个词又透出了鼓是如何从仪式的最高级移位出来的。《说文》对三词的释义：鱓是“鱼名，皮可为鼓”。鼍是“水虫，似蜥易，长大”，段注“皮可为鼓”。夔是“神魖也。如龙，一足，从夊；象有角、手、人面之形”，段注“其皮为鼓”。许慎的解释关注到了鱓、鼍、夔的某一方面，同时也透出了三个词，特别是夔，与其他方面的互联。这三个词不但各有多重关联，而且三词之间内在互联，内在于这互联中的，就是鼓在远古仪式中的演进。这里结合文献资料和文字分析，再联系考古材料和观念体系，来讲鼓在中国远古仪式中的演进。

《礼记・礼运》讲起源时代的礼，其构成要素中就有“土鼓”[①]。《礼记・明堂位》说：“土鼓……伊耆氏之乐也。”郑玄注曰：伊耆氏是“古天子有天下之号也”，孔颖达正义曰：“说者以伊耆氏为神农。”[②]把神农作为上古农业文化的符号，透出在农业之初的仪式中就有了土鼓。土鼓即考古学中的陶鼓。目前发现最早的陶鼓是西北7800年前的前仰韶文化大地湾遗址和山东7400年前的北辛文化遗址。之后，陶鼓不仅在大地湾前期而下的整个仰韶文化圈和北辛文化而下的整个大汶口文化圈有特别丰富的发展，而且遍及黄河流域、淮河流域、长江流域和辽河流域，在仰韶文化、马家窑文化、大汶口文化、屈家岭文化、红山文化中多样发展。各文化的鼓有自己的主流样式，如马家窑文化的喇叭型，仰韶文化的釜形，陶寺文化的葫芦形和束腰鼓形，红山文化的筒形、罐形和豆形。[③] 从陶鼓的器形多方面的与生活用具的器形趋同，透出了鼓是在对生活用具的敲打，并将之用于仪式之中，经过漫长时间的探索和演进，才产生出来的。这些鼓被用于仪式之中，考古上各文化的鼓都有图案，而且其图案都与各族的主要观念相关联，下面选四个重要文化的陶鼓：

---

① 《礼记・礼运》：“夫礼之初，始诸饮食，其燔黍捭豚，污尊而抔饮，蒉桴而土鼓，犹若可以致其敬于鬼神。”

② 孔颖达《礼记正义序》说：南北朝时期为《礼记》作义疏的学者，“南人有贺循、贺玚、庾蔚之、崔灵恩、沈重、范宣、皇甫侃等，北人有徐遵明、李业兴、李宝鼎、侯聪、熊安生等。其见于世者，唯皇（甫侃）、熊（安生）二家而已。”这里孔疏的“说者”即熊安生。

③ 费玲伢《新石器时代陶鼓的初步研究》（《考古学报》2009年第3期）认为陶鼓最早在北辛文化，其各文化陶鼓出土的数据为：辽河流域11件、黄河流域44件、淮河流域94件和长江流域85件。马岩锋、方爱兰《大地湾出土彩陶鼓辨析》（《民族音乐》2010年第5期），认为陶鼓最早在前仰韶的大地湾文化，而数最多是黄河中上游的甘青地区。

图 22-1　仰韶文化姜寨的陶鼓

资料来源：费玲伢《新石器时代陶鼓的初步研究》

图 22-2　大汶口文化野店陶鼓

资料来源：费玲伢《新石器时代陶鼓的初步研究》

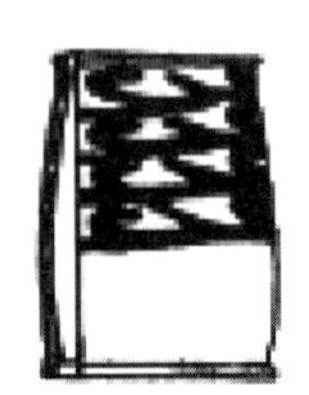

图 22-3　红山文化城子山陶鼓

资料来源：费玲伢《新石器时代陶鼓的初步研究》

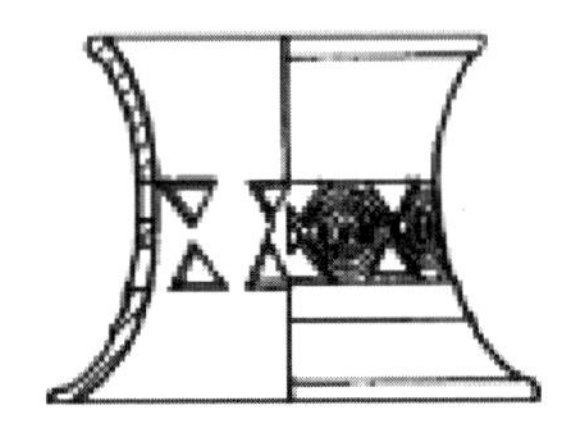

图 22-4　石家河文化肖家屋脊的陶鼓

资料来源：费玲伢《新石器时代陶鼓的初步研究》

四大文化鼓身上的彩绘，都是观念体系中的核心图形，仰韶文化的人面鱼，是半坡型的核心，内蕴着人鱼和天文之间的观念体系。大汶口文化的连续花纹，是在与庙底沟文化互动之后的产物，图中每一花瓣同时是两花或两朵以上花的不可分割组成部分，而且图案有着显隐的两套变幻，内蕴着早期的易学思想。红山文化的勾旋纹，是与庙底沟文化碰撞之后的产物，其本有的龙形象在彩陶的抽象化中，透出了一种宇宙的动律。石家河文化的连续三角纹和连续大圆纹，是在庙底沟文化和大汶口文化以及其他文化彩陶中反复出现的图案，因此这石家河文化与其他文化互动而来的图案，内蕴着中国远古具有的普遍性天地运行观念。以上四大文化都把自己的核心图像绘在陶鼓上，表明了陶鼓与仪式的核心观念紧密关联。当然，鼓由仪式的重要因素，进入到仪式的核心，有一个漫长的演进，在与各种乐器乐音竞争中，在仪式性质对某一类型乐音的需要中，在天人观念对某一类型乐音的突出中，更主要的是，在乐器自身乐音改进和观念演进的双重交汇中，走向仪式的中心。在陶鼓的演进中，鱓的出现，是其进入仪式中心的标志。

第二节　鱓—鼍与鼓作为乐的本质进入仪式的观念中心

《吕氏春秋·古乐》讲了颛顼时代，“鱓”作为仪式中的“乐倡”，“以其尾鼓其腹”发出“英英”鼓声，主导着仪式的进行。颛顼在《史记·五帝本纪》

中是黄帝之孙，《国语・楚语》《列子・汤问》说在少昊之后主政，黄帝来自西北，少昊来自东方，颛顼在远古观念体系的演进中，属于北方，颛顼的帝都在河南濮阳，这些材料透出了颛顼族王天下是在东西北族群融合中产生，鱓鼓应是在一种与新观念相一致的新仪式之建构中产生并入主仪式中心的。鱓由鱼与单两部组成，鱼在远古仪式中的作用在仰韶文化半坡型中最为明显，上面举姜寨陶鼓中的人面鱼纹，包含着非常丰富的人—鱼—天相连的观念内容。段玉裁和马叙伦皆说，鱓是鼍的假借。鼍即现在的扬子鳄，鳄皮作鼓在坚韧美观和音响性能上，优于其他兽皮。但鼓由各种非鳄皮到鳄皮之间的演进，应是一个漫长的过程。鱓与鼍当然有关联性，但又有相当的区别，用"鱓"字而不用"鼍"字，本身就显示了各自的特点。"鱓"字之鱼，内蕴的正是属于人面鱼纹的观念体系。鱼在后来演化为龙，龙的一些基本特点，在人面鱼纹中已经有了结构性的内蕴。在仰韶人面鱼体系中，鱼与蛙并置，鱼与鸟互换，鱼化为三角形的双眼形，人面鱼的十二类图形透出的天地运转规律①，都与鱓鼓走进仪式的中心地位有着关联。"鱓"字之单，透出了鱓鼓走向仪式中心。单正是空地作为仪式中心时代的中杆。《史记・五帝本纪》讲颛顼之子曰穷蝉，除了"虫"是生物的总名外，突出的也是一个"单"字。可见"鱓"字之单含有特定的内蕴。"单"字在甲骨文和金文中如下：

□(乙四六八零反)　□(存下九一七东单)　□(存下一六六西单)　□(后二・一二・七)

□(邅鼎)　□(单盉)　□(蔡侯匜)

单就其上部的装饰看，与美、善、義等字形类似，突出了头部上方的巫师兽型装饰。林义光说，单"乃蝉之古文"（蝉"有变蜕之义"而有神性）。罗振玉说："卜辞中兽字从此，兽即狩之本字，征战之戰从单，盖与兽同义。"无论为蝉为兽，总之"单"呈现了空地仪式上活动之身着动物衣饰的巫之特点。从单的核心之｜来看，又与中杆核心的｜相似。陈邦福说："或从中，疑初从□得谊。□为㫃象，□为㫃饰，□则为㫃象。"有旗帜的中杆是与天紧密相连的。高田忠周说："□为星名，《尔雅・释天》：大岁在卯曰单阏是也。Y，以象木星。□，以象从星。作□亦然。近得王氏廷鼎说，曰单从□□声，为古旂字。钟鼎单父尊彝，屡见皆作□，或作□。且有省作□，古画三辰于旂，从□者日月星也。从□，旂之竿也。"②"单"以位于

① 王宜涛：《半坡仰韶人面鱼纹含义新识》，《文博》1995年第3期。

② 《古文字诂林》(第二册)，第165页。

空地中心的中杆出现在仪式中,包含了天人之合的观念体系。鱓作为鱼与单的结合,透出的正是鱼类之鳄皮作成的鱓鼓位于中杆之下,鱓鼓成为了仪式的中心。如果对于鼓与杆的结合不强调鱼皮而突出中杆,在文献中被称为"建鼓",建鼓中以建木(中杆的另一名称)为核心而立鼓。《路史·后记》有少昊"立建鼓"。由五帝时代演进到夏商周,《礼记·明堂位》记载了夏有足鼓,殷有楹鼓,周悬鼓,周清泉说,夏商周的足鼓、楹鼓、悬鼓,实际上都是建鼓,是建鼓在不同时代的发展形式。《礼仪·大射》郑玄注曰:"建犹树也,以木贯而载之。"《太平御览》五八二引《通礼义纂》曰,"建鼓,大鼓也,少昊氏作焉,为众乐之节。夏加四足谓之节鼓,商人挂而贯之,谓之楹鼓,周人悬而击之,谓之悬鼓。"回到五帝时代,与中心位置的鱓鼓同在的,应是身着鱓皮装饰的巫王。鱓既是鼓又是人,还是天人合一观念。把考古学上的人面鱼纹陶鼓与文献中的鱓为乐倡,作为两个演化项,透出的正是鼓在远古仪式中的演进。当鱓鼓以特有的音响,把本有的观念强烈地表现出来,并提升到一个新的高度时,便实至名归地跃入仪式的中心。

鼍,从今天的生物分类来讲,与鱓同类,都属世界二十几种鳄之一的中国扬子鳄。但回到远古观念,鼍与鱓却是既有相同的一面,又有不同的一面,鱓是围绕着鱼和单来建立观念体系,鼍的观念体系却更加广大。《说文》讲了鼍与鱓相同的两点:字义上是水虫,即从汉语词义的实的方面讲,在鱼类的基础上有所扩大,在字音上是"单";在汉语字义的虚的方面讲(音同义通),在单的张力上有所扩大。但强调了一个不同的特点:"从黾",即鼍与黾在本质上相同。《说文》释"黾"曰:"鼃黾也。从它,象形。"段注曰:鼃黾就是虾蟆。《说文》释"鼃"也是"虾蟆也"。在此词条中许慎还讲了,鼃即黾即鼁即蛙。而与蛙关联着的是女娲。在古文献中,颛顼与共工相关联,二族的战争造成了天的破坏。颛顼也与女娲相关联,二族都有对天的重建。颛顼以"绝地天通"而重新结构天地秩序,女娲"炼五色石被天"而重造了天地秩序。女娲补天发生的时间,《列子·汤问》讲是在共工与颛顼争帝之前,面对天地的"不足"而"炼五色石以补其阙"。王充《论衡·谈天》说是在共工和颛顼争帝而造成"天柱折、地维绝"之后。正如女娲和颛顼都可以看成是延绵甚长的族群名,天地的崩坏和复修在远古族群的冲突与和解中也是一个较长的过程。仪式之鼓由鱓演进为鼍的意义,在于鼍与女娲的关联。在《春秋纬》的《元命苞》和《运斗枢》里,女娲被列入最古的三皇之一,在汉画像里,女娲仍在三皇之中。与女娲相关的神话,遍及华北、中南、华东、西南、西北、东北地区，共有247种（其中汉族235，苗族3，藏族2，蒙古族、瑶族、水族、毛南族、土家族、仡老族各1）。[①] 鼍与女娲的关联，意味着鼍鼓作为仪式中心这一观念在远古中国有一种甚大的扩展。这一观念的扩展同时也是鼍鼓作为器物在文化地理上的扩展。于平说，女娲之舞就是蛙舞就是萬舞。[②] 萬舞的性质在第二十一章中已讲，是具有丰富内容的远古型天人合一在舞上的体现。对于本章来讲，重要的是，作为远古之舞总特征的萬舞演进到女娲时代，其中的新特点，就是鼍鼓进入到萬舞的中心，使萬舞在鼍鼓的鼓声节奏中进行。这一新型的巫—鼓—舞的关联，在文字上体现出来：娲即蛙即䵷即鼃即黾即鼍，这些字透出的是在当时的仪式中，作为巫王的娲与作为巫鼓的鼍内在的一体性和表现方面或强调重点的多样性。第二十一章还讲了，以娲为核心的关联词群的共同内容，在远古之时，都有而且在必要之时主要与击杀相关。《左传・僖公二十二年》和《孝经纬》都讲，蠆是一种毒虫，是如段玉裁讲的"主毒螫杀万物也"。由这一内容而形成的萬舞，主要体现的是刑杀的一面，如《大戴礼・夏小正》说"萬也者，干戚舞也。"而鼍鼓进入萬舞之中，使其击杀功能得到了极大的提高。《尚书・大禹谟》讲帝舜征苗，进行了干戚舞，《山海经・海外西经》讲刑天争帝，进行的也是干戚舞。当这样既体现天道规律又彰显刑杀的萬舞，在鼍鼓的鼓声中进行，天道正义和现实威猛都得到了更好的体现。在这一关联中，最为重要的是，鼍鼓成为了仪式的中心，仪式由其惊天动地的鼓声开始。考古学目前在属于大汶口文化的多处墓地（如山东邹县野店、江苏邳州刘林，山东兖州王因遗址）发现了陶鼍鼓，在属于龙山文化的山东泗水尹家城遗址发现了木鼍鼓，在被考古学推断为尧或舜时代的陶寺甲种大型墓中发现了盖为王室重器的鼍鼓[③]，加上，考古上发现的商代后期铜制鼍鼓和文献上《诗经・灵台》的"鼍鼓逢逢"，鼍鼓有一个久远而绵延的历史且处于意识形态的核心，并被称为"灵鼍之鼓"。[④] 灵既是巫的本质又是神的本质，灵鼍，内含着巫—鼓—舞—神的统一，把从鼙开始的鼓在仪式中的地位，提升到一个新的阶段。

---

① 杨利慧：《女娲溯源》，北京师范大学出版社，1999，第18页。

② 于平：《"萬舞"的地缘归宿与物种表象》，《民族艺术研究》2013年第3期。

③ 陈国庆：《鼍鼓源流考》，《中原文物》1991年第2期。

④ 李斯《谏逐客书》："建翠凤之旗，树灵鼍之鼓。"司马相如《子虚赋》："击灵鼓，起烽燧。"

第三节　夔的多样内蕴与鼓进入仪式的最高中心

在鼍鼓的基础上更进一步是夔鼓。夔在文献上最为复杂，在《山海经》里，夔出现在黄帝时代，《帝王世纪》中与尧相关，《尚书》里与舜相连，甲骨卜辞中，则关系到殷商的先祖（夋或曰帝喾或曰契），谯周《允志解》把夔与禹相关联……透出的应是夔从地域性到普遍性的复杂过程。夔在黄帝时代的出现，总是与黄帝与其他巫王的争斗相关，正如鼍在颛顼时代的出现是颛顼与其他巫王的争斗相关，因此，夔在黄帝时代的形象和性质，正如鼍在颛顼时代形象和性质一样，一是水兽形象，二是体现威猛。当演进到舜的时代，夔不但成人型，为乐的总管，指挥着“百兽率舞”的大团结，不是彰显威猛而是强调和谐。闪现出，从黄帝到颛顼的漫长时代，夔和鼍一方面与不同的族群相连，另一方面以相同的方式，进行着乐之高位和文化高位的竞争，而到舜的时代，夔取得了最后的成功，由动物形象转成主管动物的人的形象，而鼍却仍然保留在动物的形象上。从鼓的演进、乐的演进、礼的演进来讲，夔内蕴着并带来了更多的文化内容。但夔之能成功，又在于，其出场之时就包含了比鼍更多的内容：

> 东海中有流波山，入海七千里，其上有兽，状如牛，苍身而无角，一足。出入水则必风雨，其光如日月，其声如雷，其名曰夔。黄帝得之，以其皮为鼓，橛以雷兽之骨，声闻五百里，以威天下（《山海经·大荒东经》）。

这里，夔与鳣、鼍同样属于水中之兽，同样其皮可以为鼓。后世将之称为夔鼓。《隋书·虞世基传》有：“曳虹旗之正正，振夔鼓之镗镗。”刘敦愿讲，鳣鼓即鼍鼓即夔鼓。[①] 然而比起鳣和鼍，《大荒东经》里的夔有更多的鳣和鼍没有的特征。一是与黄帝相关联，黄帝作为巫王，领导了远古各族群第一次大融合中最重要的战争，夔在与政治权威的关联上占了先机。二是与雷相关联，成为雷兽，进而成为雷神，夔作为水兽又与天上之雷关联起来，形成了水和天的交汇，具有了天上地下的普遍性。三是身体特征如牛，四是下肢特征是一足。牛首一直是神农的象征，严文明说，炎帝是神农族的最后一位巫王[②]。在夔的牛首形象中，暗寓了黄帝与炎帝的联合，同时

---

① 刘敦愿：《从夔典乐到夔蜩蛹——中国古代神话研究片段》，《文史哲》1980 年第 6 期。

② 严文明：《炎黄传说与炎黄文化》，《协商论坛》2006 年第 3 期。

也让夔与一个更为久远的历史联系起来。一足的强调，包含了重要的内容，其实鱓和鼍都是一足，鱓中的单是一足，其强调的是中杆的中心性和唯一性。鼍下部的黾是一足，突出的是鳄的特大长尾本相。以鼓皮的兽性来源彰显鼓的威力。而夔的一足，不但内蕴了鱓之中杆和鼍之鳄性，而且包含了更多的内容，主要有两点，第一点与仪式之乐相关。一足，乃上古仪式上的一种舞姿。夔在《说文》属“夊”部，《说文》释“夊“曰：“行迟曳夊夊，象人两胫有所躧也。”段注曰：“履不箸跟曰屣。屣同躧。躧屣古今字也。行迟者，如有所拖曳然。”并说正如《玉藻》中讲的“圈豚行不举足”和《玉篇》里讲的“雄狐夊夊”步态。总之，夔与一种仪式舞步相关。夔既是仪式中的夔鼓，又是在夔鼓指挥下的巫舞中的夔步。通过鼓与舞的一体，夔占有乐中的最高位。第二点与观念建构相关，夔与魁音同义通，夔的一足与北斗的斗柄相通。北斗的斗柄指挥着天地的运转，夔的一足舞姿，指导着巫舞的进行。北斗为神，旋转着的斗柄就是这个神的一足。谯周把夔龙与禹相关联①，在禹名下的禹步也是一种仪式舞蹈程式，禹步与萬舞一样，都是与北斗的旋转相关联的。因此，夔一足与鱓和鼍的一足，都与北斗相关，鱓的中杆与北斗相关，鼍的蛙舞即萬舞与北斗相关，只是夔与魁的音同和夔之夊对一足舞步的强调，让这一关联更鲜明更突出。夔与北斗和雷神的双重关联，使之占有了仪式之乐的最高位。而黄帝又是与北斗紧密关系着的，当夔与北斗和天雷具有了相通性的时候，将之与黄帝关联起来，就是顺理成章的事了。《大荒东经》里关于夔的四项内容，以碎片的方式，透出了鼓在远古仪式中的演进与远古意识形态整体演进的一些关键因子。其背后，是东西南北中各族群汇聚中原时的激烈碰撞，以及碰撞后的华夏融合，这一融合从鼓的角度讲，就是从鱓到鼍到夔的复杂、交错、回还往复而漫长的演进。从鼓的角度讲，鱓、鼍、夔这三个词在共时展开的同时出现的历时演进，露出了三方面的含义，一是在上古长江、黄河、淮河流域遍布鳄类的地理现实中，各族群用来制鼓的鳄有地域上的不同，在这一意义上，可以把鱓、鼍、夔看成对由鳄的种类差异反映的地区差异的象征。二是用鳄制鼓进入仪式，可以把鱓、鼍、夔看成对不同鼓所代表的不同族群的仪式差异和观念差异的象征。三是从族群互动、联合、融合的历史演化角度，从鱓到鼍到夔，透出了远古族群在互动中的观念演进。从远古时代动物形象的演进来讲，是由各种动物演进为龙凤和四灵，龙是动物演进的最高级，龙的形成

① （宋）罗泌《路史·余论卷九》引谯周：“禹治淮水，三至桐柏山，惊风迅雷，石号木鸣，土伯拥川，天老肃兵，功不能兴。禹怒，召集百灵，授命夔龙，桐柏千君长稽首请命。”

甚为复杂，主线之一是由鱼到龙。从这一角度看，鱓、鼍、夔的演进，正是由鱼的形象到龙的形象的演进。鱓、鼍、夔就其生物原型讲，都是水中鳄类动物。但鱓突出的是鱼类，鼍既突出鱼类又彰显了蛙(黽)类，鼍还通于鼋和它，《史记·周本纪》说“龙亡而漦在……化为妶鼋”，讲的就是龙与鼋在本质上的相关。《说文》释“它”曰：“虫也。从虫而长，象冤曲垂尾形”，是后来构成龙的身体的蛇类。鼍的字义关联，透出了从鱼向龙的演进，在观念建构上已经在走向“龙”的途中，因此，鼍往往可以与龙相互为用，如马融《广成颂》“左挈夔龙，右提蛟鼍”，夔完全成为龙了。《尚书·舜典》“伯拜稽首，让于夔龙”。《大戴礼记·五帝德》有“龙夔教舞”。因此，从鱓到鼍到夔的形象演进，正合于远古文化由鱼到龙的观念演进。从考古上也可以看到夔龙曾进入到龙形象演进的主流——仰韶文化是鱼型龙，红山文化是猪龙，良渚文化是玉龙、龙山文化陶寺是蟠龙，到商周时代最普遍的是在青铜器上的夔龙。夔龙之成为主要龙象，得益于自己的“一足”所内蕴的远古天道支持，同样，夔龙未能升级为先秦以后具有普遍性的黄龙，其憾也在其“一足”不符合新的天道，从而并未成为中国文化真正的龙，而只是《说文》讲的“如龙”。

夔作为东西南北中族群互动融合的表征，其形象在现实的演进中更为复杂。夔不但是水中之鼍，又演成比鼍更为复杂的龙，而且是以多种面相出现的。其头部，《山海经》说夔是“牛首”，《说文》讲是“人面”。《山海经》说夔头上“无角”，《说文》讲“有角”。而在《国语·鲁语》中称“木石之怪曰夔、蝄蜽”，是山中之兽，韦昭注说是“人面猴身”的山缫(或作獿)。《庄子·达生》也说“山中有夔”。在甲骨文中有如下字形：

孙诒让、唐兰、李孝定、郭沫若、鲁实先等皆释为夔，王国维初释为夋，后释为夔。[①] 吴广平说，夔即是夋[②]，而夋为鸟形……夔在形象上的种种差异，可以理解为，基于鳄皮鼓在各种族群仪式中的核心地位，再以夔鼓的结合理念为核心加入具体族群地域的特点，形成符合自身族群特点的观念。而这些形象各不同的观念都以夔为名，在于夔鼓在仪式中的重要作用。

---

① 《古文字诂林》(第五册)，第 678 页。

② 吴广平：《祖先崇拜与生殖崇拜的叠合——“夔一足”神话的阐释》，《中南民族学院学报(哲学社会科学版)》1994 年第 6 期。

夔鼓进入仪式的最高级，还在于夔鼓与巫王的合一。知晓此点，为理解夔进入仪式最高位的关键。甲骨卜辞的，被释为夔又释为夋（谓帝舜），透出了夔与夋相通，吴其昌列出与夋相关的甲骨卜辞20余片，从类型上看，重要的有五类：

第一字为一足，第二字有两足，两型皆无角，第三第四字皆有角，第三为一角，第四为两角，第五字持钺。吴其昌同样认为夋、帝喾、舜、夔的相通性，同时也从字型分析了夔与鸟的关联[①]。这些曲折的互通都被归结到商人的高祖这一总主题上，曹定云说夔应为商的远祖契[②]，而且把夔（契）的商人追溯到（与鸟相关的）少昊和（与龙相关的）大昊。正如吴其昌一样，在分析中把夔的龙型与商的鸟型结合在夔的身上。而夋即俊亦即《山海经》和长沙子弹库《楚帛书》里的帝俊，但两书中的帝俊是以天帝的形象而存在的：

> 帝俊妻娥皇，生此三身之国，姚姓，黍食，使四鸟。有渊四方，四隅皆达。
>
> 羲和者，帝俊之妻，生十日。（以上《大荒南经》）
>
> 帝俊生中容，中容人食兽、木实，使四鸟：虎豹熊罴。
>
> 帝俊生晏龙，晏龙生司幽。司幽生思士，不妻；思女，不夫。食黍食兽，是使四鸟。
>
> 帝俊生帝鸿，帝鸿生白民，白民销姓，黍食，使四鸟：虎豹熊罴。
>
> 帝俊生黑齿，姜姓，黍食，使四鸟。
>
> 帝俊下友。帝下两坛，采鸟是司。（以上《大荒东经》）
>
> 帝俊生晏龙，晏龙是为琴瑟。帝俊有子八人，是始为歌舞。（《海内经》）
>
> 帝夋（俊）乃为日月之行。（《楚帛书》）

从上面文献，可以看到帝俊与日月、四方、四鸟，四兽、音乐、歌舞的关系。实际上可以看成在早期族群的重要仪式中，巫王身着夔型服饰时，人巫与天帝合于一身，日月之运行和四方之互动都在舞乐中体现出来。夔俊一体与商人重音应有关联，夔与黄帝最初还有对立一面，后来方融为一体。

---

① 《古文字诂林》（第五册），第640—646页。

② 曹定云：《夔为殷契考——兼说少昊、太昊》，《中原文物》1997年第1期。

夔，比其由水中动物的前身鳣到鼍，比起由空中动物而形成的凤鸟，包含了更多的内容，从而成为乐舞的总称。因其作为舞乐的主导者，在舞乐之中天帝观念由之而体现出来，巫王的权威由之而彰显出来，因此，夔是鼓，又是以鼓为核心的舞乐，还是舞乐中的巫王和上帝。简言之，是舞乐之王—政治之王—观念之王的合一。夔虽然由以鼓为核心的仪式而产生出来，但一旦产生，就成了舞乐的本质符号而代代相传。但夔是兽形，一旦远古巫王从兽形演为人形，夔以及其他兽形，就会从仪式的中心移位出来，不再是政治之王而仅是舞乐之主。《吕氏春秋·古乐篇》呈现了，远古之初，从朱襄氏到葛天氏到唐陶氏，政治之王与舞乐之王是合一的，从黄帝开始，政治之王与舞乐之主就分开了，黄帝时代的伶伦，颛顼时代的飞龙，帝喾时代的咸黑，帝尧时代的质，帝舜时代的延和质，夏禹时代的皋陶，商汤时的伊尹，文王时的周公，成为乐的总管。《古乐篇》包含了远古之乐演进的重要内容，对本节的主题来讲，从黄帝开始的政治之王与舞乐之主的分工具有重要的意义。有了这一区分之后，夔成为了圣王（主管政治）下面的乐正（主管舞乐）。在《尚书》《帝王世纪》《左传》《吕氏春秋·察传》《荀子·成相》《大戴礼记》《礼记·乐记》《说苑》等古代文献中，皆以夔为乐正。夔之所以能为各方所公认的乐正，在于夔这一形象，凝结了东西南北中各族群在漫长历史中鼓为舞的主导，舞为仪式主导，仪式为天地人主导的多样内容。而以鼓和舞为核心的远古仪式，形成了远古礼乐文化的主体，同时也形成了中国文化最初的和的思想的主体。

第四节　鼓的中心地位、体系内容、文化影响以及出离最高位的原因

夔居于仪式的最高位，在于夔巫与夔鼓的合一，在一定的意义上，可以说巫是靠鼓而占据最高位的，鼓之所以能占据最高位，在于用音响突出了巨大的威猛。这威猛不仅是由夔鼓而产生的物理之响，更在于与夔鼓内在一体的天道之音——雷。《河图帝通纪》曰：“雷，天地之鼓。”雷在甲骨文和金文中有：

（前七·二六·二）　（前四·一一·七）　（后二·四二·七）

（珠八四O）　（前三·二二·一）

(师旂鼎)　(雷甗)　(父乙罍)

与古文字中的(神)字有相似性，除了显示雷声，更以一回旋的形式彰显中国天道的本质。《说文》引用的多个“雷”字中，“靁”和“䨓”都有回旋形在中间。《说文》对“雷”的释义为：“阴阳薄动雷雨，生物者也……雷(靁)间有回，回，雷声也。”段玉裁注曰：“二月阳盛。雷发声。故以畾象其回转之形。”这里，雷的回转是以北极—极星—北斗—四象为整体的天地运转的体现。《洪范五行传》《汉书·五行志》都讲了雷在二月出现，地上万物开始生长，在八月消失(无雷)，地上万物开始收藏。[①] 雷为天鼓，以鼓指导了万物的生长收藏，象征天地运转的规律，仪式之鼓在本质上是天鼓的象征，以鼓起舞，用鼓舞代表了天地之道的秩序和运行。这一鼓的观念综合在与黄帝相关的文献中透了出来。韦昭注《国语·晋语四》引《帝系》讲黄帝之正妃嫘祖是西陵氏之女，但又说西陵氏之姓是方雷，雷嫘相同，嫘祖即雷祖，《山海经·海内经》讲“黄帝妻雷祖”，《海内东经》讲雷神是“龙身人头，鼓其腹”，前面引的《大荒东经》讲夔即是这种形象，郭璞注曰：“雷兽即雷神也，人面龙身，鼓其腹者。”雷兽、雷神、雷祖、嫘祖、夔，都在黄帝那里关联了起来。透出的正是鼓在观念上的演进，最初是嫘祖—雷神—夔—鼓的关系，后来是黄帝—雷神—夔—鼓的关系。而黄帝又与黄神和北斗关联在一起，其内在结构就成了，天上的极星—北斗—雷一体进行着天地的运转，地上的巫王—夔鼓—仪式乐舞展开的仪式进行。正是在这样一种人神之和的观念中。鼓进入到了仪式的最高位。这一曾以鼓为中心的天人互动，在后世文献中还有体现：《乐志》《乐书》讲鼓是冬至之音，乃一年的开始。《白虎通》《风俗通》讲鼓是春分之音，乃春天的开始。《汉书·五行志》讲雷主导了万物的生长收藏有“人君之相”，陈祥道《礼书》说：“鼓，其声象雷，其大象天，其于乐象君。”鼓在五帝时代进入仪式的最高级，包含着两层相互交叠的内容，一是鼓彰显出来的刑杀的威猛，二是鼓内蕴的诗乐舞合一仪式的和谐。从文献和考古上看，鼓在乐中的地位和在仪式中的位置，可以逻辑地分为两段，第一段，威猛一面占有了主导地位，在文献上是五帝时代的前期(如黄帝的“以威天下”)，在考古上，是从龙山文化一直到殷商时代(如殷商青铜上由夔龙形成的饕餮形象)，这时巫王与夔鼓一体，占据仪式

---

① 《洪范五行传》：“雷与天地为长子以其长万物与其出入也。”《汉书·五行志》：“雷以二月出，其卦曰‘豫’，言万物随雷出地，皆逸豫也。以八月入，其卦曰‘归妹’，言雷复归。入地则孕毓根核，保藏蛰虫，避盛阴之害；出地则养长华实，发扬隐伏，宣盛阳之德。入能除害，出能兴利，人君之象也。”

的最高位。第二段，鼓主导的舞乐之和与仪式之和占有主导地位，在文献上是帝舜之乐在"百兽率舞"中的"神人以和"，在考古上是从西周开始的礼乐文化导致的青铜器形象的变化，这些变化透出了德在德刑一体中居主位。这时圣王与夔相对分离，夔的形象也随之开始分化。鼓不再是仪式的最高位，虽然还在乐的核心圈内，但已经不是最中心。

鼓在远古的移位，除了时代和观念的演进之外，还有鼓自身的原因，正如雷的后面是北极—极星—北斗的运转，鼓的后面有乐律的支持，鼓的二重性一旦从威猛转入和谐，对乐律的占有就更为重要，乐的体系后面有天道的关联，在对乐的认识的深化中，这一关联是以律吕体系体现出来的，而鼓这一以强调节奏为主而不以音高丰富见长的乐器难以进到乐律深处（正如朱载堉《律吕精义》所言："革木无预律吕[①]"）。应是远古巫王对乐律的追求，让鼓从乐和仪式的最高级开始了位移。在鼓占有最高级的同时，是管乐之籥、弦乐之琴、编列之钟所内蕴着的乐律的演进。最后是钟代替鼓成为乐的最高级。虽然鼓从乐和仪式的最高级位移出来，但由于鼓在从五帝到殷商的三千年间（约前 4000—前 1000）一直占有着最高位，鼓在当时的成就和后来的影响是巨大的，至少从五个方面体现出来：

第一，留下了鼓在乐中主导的理论话语。《五经要义》和《玉篇》都讲："鼓所以检乐，为群音之长。"孔颖达疏《礼记・学记》曰："若奏五声，必求鼓以和之"，"五声不得鼓，则无谐和之节"。同时，鼓在天人互动中起主导作用，《路史・后记》讲鼓的目的是"通山川之风"。《国语・晋语八》有"夫乐以开山川之风"。在以鼓主乐的时代，鼓就代表乐的功能，与山川之风的互动是在鼓的主导下进行的。最初之礼是以乐的形式体现出来的，礼就是乐，王国维等皆曰：礼的本字是豊。裘锡圭说："豊是大鼓。"[②]在礼即乐的时代，礼是以大鼓来命名并作为象征的。在宋元以后的戏曲音乐中，整个音乐还由鼓来指挥和调控。

第二，形成了一个以雷鼓为核心的六鼓体系：雷鼓，灵鼓，路鼓，鼖鼓、鼛鼓、晋鼓。《周礼・地官・鼓人》讲：雷鼓用于与天神相关的仪式，灵鼓用于与地祇相关的仪式，路鼓用于与祖宗相关的仪式，鼖鼓用于与军事相关的仪式，鼛鼓用于与重要工程相关的仪式，晋鼓则用于金属乐器的整体互动之中[③]。夔曾是巫王又是雷神，雷鼓即夔鼓即天鼓，六鼓都以雷鼓为

---

① （明）朱载堉：《律吕精义》，冯文慈点注，人民音乐出版社，1998，第 601 页。

② 裘锡圭：《甲骨文中的几种乐器名称：释庸、豊、鞀》，《裘锡圭学术文集》（第一卷），复旦大学出版社，2015，第 42 页。

③ 郑玄注是以晋鼓和编钟，孔颖达补充说："钟之编与不编，作之皆是金奏，晋鼓皆和之矣。"

核心而展开，透出的是在几千年的文化建构中，以夔鼓为核心而形成并扩展到文化的每一方面。

第三，鼓的最高地位使击鼓的动词"鼓"字可以运用于几乎所有乐器。对于鼓，可以本义地说鼓鼓（《周礼·鼓人》"以雷鼓鼓神祀"），击磬也可以说鼓磬（《尔雅释乐》"徒鼓磬谓之蹇"），击缶也可以讲鼓缶（《周易举正》"可以鼓缶"），击钟可以说鼓钟（《诗经·白华》"鼓钟于宫"），鼓钟磬缶之类的打击乐用鼓是在打击动作上同类，但弦乐器同样可以用鼓来描述其动作：琴可鼓之（《荀子·劝学》"伯牙鼓琴"），瑟可用鼓（《论语·先进》"鼓瑟希，铿尔"），筝亦用鼓（《敦煌实录》"善鼓筝"），琵琶和箜篌都可鼓（刘熙《释名·释乐器》"琵琶……马上所鼓也"，"箜篌……师涓为晋平公鼓焉"）。而且，吹奏乐器也可以用鼓，《诗经·鹿鸣》有"吹竹鼓簧"。鼓这样的用法，初看起来难以理解，段玉裁就曾感到困惑（《说文》段注曰："若鼓训击也，鼗、柷、敔可云鼓，埙、箫、管、弦、歌可云鼓乎？"），为了讲通文献，只有不从乐器及其演奏的差别上讲，而从乐器所发的声音共同上讲，郑玄注《周礼·春官·小师》说"出音曰鼓"，即无论用什么方式，只要乐器由此而发出声来，这一方式应可称为"鼓"。进而，鼓可以描述声音的各种表现方式：鸣（王逸注《离骚》"吕望之鼓刀兮"曰"鼓，鸣也"）、震（《白虎通·礼乐》"鼓，震音"）、振动（王聘珍解诂《大戴礼记·少闲》"鼓民之声"曰"鼓，振动也"）。然而，回到远古的氛围，鼓之所以这么讲，在于鼓体现了乐的本质，只讲某一具体的乐器演奏，不知道是否达到乐的本质，用了鼓字，就明白这一乐器的演奏已经达到了乐的本质。一切乐器的演奏，是否达到了天地的本质，就在于它是否达到了鼓的演奏之高度。正是有漫长的以鼓为乐的本质之历史，作为动词的鼓才可以用于一切乐器的演奏之中，而尽管后来鼓已经没有本质的高度了，但其曾有的辉煌还是在文字上保留了下来。

第四，鼓声的丰富性和本质性。在鼓为乐主的时代，鼓的音乐得到了极大的丰富，表示各种鼓声的字，在《说文》中有鼞、鼘、鼛、鼟，《玉篇》中有鼕、鼜，《广韵》有鼘、鼞、鼛、鼟，《集韵》里有鼞、鼛……还有双声词：隆隆、殷殷、咽咽、英英……除这些不同的鼓声，还有两个与鼓声相关的字意味极为深长。一是"彭"。李方元讲了，有三个字表达了鼓的基本结构：壴、鼓、彭。[1] 壴是物质性的鼓，鼓是击鼓，彭是击鼓发出的声音。本文要加上的是，彭反映的是一种鼓的本质之音。"彡"表示"壴"被击而产生的现场效果。彡，《说文》曰："毛饰画文也，象形。"徐锴讲得更精确："古多以羽旄

[1] 李元方：《"鼓"义考原》，《中国音乐》2009 年第 4 期。

为饰，象彡。”[①]即彡者毛也，用毛皮鸟羽而组织成美的图案，更深一层的是，彡为远古仪式中毛皮鸟羽之巫在鼓的节奏中起舞时显出的飞动光耀状态。在这一语境中，彡主要有两种含义，一是美善，有彡的字多与美善相连，兽类中虎的美丽外皮为彪，飞禽中雕的美丽外羽为彫。蛇类中螭有美丽外形为彨，古礼仪式中人饰皮羽而有美丽外形曰彣，这是从静态上讲。二是不绝之义。仪式的性质是与天地人相连的，天杼地轴，永恒运转，其不息不绝就用彡来体现，船行之不绝为彤，酒出不绝为酌，肉之不绝为肜，[②]光耀不绝为彩，同样，壴(鼓)声不绝为彭。鼓有一个体系，同样鼓声也有一个体系，都是鼓声，而彭作为鼓声不绝的重要意义，不仅在于仪式的性质通过鼓的主导而启动了整个诗乐舞的程序，还在于在鼓声中达到了天人的互动，更在于这一互动具有一种鼓外之意的境界。即鼓与雷的互动，鼓与风的互通，不仅在雷与风，而在于雷风后面的以北极—极星—北斗—四象为中心的天地的运动。远古的仪式，正是在鼓声彭彭中，达到了天地的核心，而体现出天人之和的境界。第二个与鼓声相关的字是：䜾。《说文》释曰："鼓无声。"对于中国型思想来讲，鼓之不绝要达到的正是这象外之象，声外之声的无。

第五，鼓虽然位移出最高级和最中心，但在乐中仍有较高的地位，也有普遍的发展，现在中国有各类鼓 150 多种，在边疆民族地区尤多，如内蒙古地区有 40 多种。[③] 在从五帝到夏商周的演进中，鼓在乐中的最高地位被钟取代了，但鼓的精神既留存在取代鼓进入乐器中心的钟里(《周礼·考工记·凫人》中，鼓是编钟正面下部的主要发音部位之名)，也铭写在先于鼓成为乐器中心的磬里(磬以顶部最高处的倨句(或中间的悬口)为中线，分为股和鼓两个部分，鼓的面积大于股)。更为主要的是，鼓曾经所内蕴着的文化精神，一直以多样的方式存在着和发展着……

① [南唐]徐锴：《说文解字系传》，第 180 页。
② 《古文字诂林》(第 8 册)，第 54 页。
③ 邢野：《北方鼓与鼓文化》，《内蒙古大学艺术学院学报》2005 年第 3 期。

第二十三章 龠—管—律：乐律与天道的交织演进

第一节 龠—管—律：求律乐器的三名与三面

中国远古仪式之乐，在相互关联的两个维度中进行：一是用仪式之乐达到神人之和，二是在诗乐舞合一的乐中，用乐器调节以舞为主体的整个仪式。在如是的仪式之乐的实践中，产生了中国型的求知冲动：乐的本质是什么？乐本质的观念建构，同样在两个方面进行：一是乐的产生，是北极—极星—北斗的运转而产生了气和风的运动，天地的气风运动产生了乐。用古人的话来讲是："五音生于阴阳，分为十二律，转生六十，皆所以纪斗气，效物类也。"(《后汉书·律历志》)。这以风凤一体体现出来，并落实到仪式之乐上，即古人讲的说："乐生于音，音生于律，律生于风。"(《淮南子·主术训》)二是仪式之乐在通过乐本身内蕴的乐律来体现乐与天地之气的一致，呈现乐器—乐律—天道的同构，用古人的话来讲就是："天地之气，合而生风，日至则月钟其风，以生十二律……天地之风气正，则十二律定矣。"(《吕氏春秋·音律》)远古之初，最能调节舞的是打击乐，其发展是由石器之磬到革器之鼓。这两种乐器在通过节奏来规范舞上很理想，但在音的丰富上却有所不足。如何让乐之音的丰富与天之气的丰富进一步深入？这一追求最初落实在能够体现乐律的乐器上，其观念的呈现则体现在文字中。最初的乐律从三种乐器中体现出来，与"陶"相关的埙、与"管"相连的龠，与"匏"相连的琴。匏琴之琴易朽，考古发现最为典型体现了乐律的乐器，有约8000年前河南舞阳贾湖的骨管和约4000年前甘肃玉门火烧沟出土的陶埙。与管相连的龠，又确实在文字上成为了远古乐律追求的核心。因此远古的乐律是通过"龠"的字义及其关联语群，较好地透露出来。

龠是什么样的乐器呢？

秦汉以后学人已各有其说，有的说是籁、是笙、是箫，有的说如篴、如笛……[1]龠作为管乐有究竟有几孔，同样众说纷纭。[2] 现代学人对之考证，出现八种不同观点。[3] 其实，远古之初，东西南北各族在追求乐律中，应是各用各自的竹形乐器，或籁或箫或笛或哨或篴，进行乐律之探索，在各种文化的融合中，"龠"字最能表达出对乐律的本质追求，因此，龠不单指一种来自籥的竹类乐器，而且用来指一切有过乐律追求的竹类乐器。籥、籁、笙、箫、笛，形各有异，但就其追求乐律的本质并在一定的阶段中体现过乐律的本质来讲，皆可称龠。而一旦乐律在龠中达到定型，律吕形成自己的概念体系，龠就从观念体系中消失，而籥、籁、笙、箫、笛等，各以自己的乐器面貌出现。后来文献提到竹类乐器系列，《诗经》主要呈现四种：籥、箫、篪、管。《周礼》主要呈现五种：籥、箫、篪、篴、管。后者多了"篴"。朱载堉《律吕精义》讲了篴与籥本质相同，籥为北音（夏之乐），篴为南音（楚之乐），因此，籥为夏籥，篴为楚籥。[4] 这样，《诗经》之籥已包含北籥南篴于其中，还是四种。四种里面，籥与管是作为求律之器的竹型乐器总特征，箫和篪代表了在求律阶段乐的总体风格，这阶段正是在远古的德刑一体中强调"刑"或曰以"刑"为主的一面，乐由夔鼓主导，强调威猛的刑杀。先看箫，《说文》曰："参差管乐，象凤之翼，从竹肃声。"《尔雅·释名》曰："箫，肃也，其声肃肃而清也。"《说文》释"肃"："持事振敬也。从聿在𣶒上，战战兢兢也。"段玉裁注引《广韵》曰："恭也、敬也、戒也、进也、疾也。"孔颖达疏《礼记·玉藻》"色容厉肃"曰："肃，威也。"《大雅·烝民》有"肃肃王命"，肃肃具有王之威仪。以上解释透出了，箫在当时同肃，在对天地鬼神恭敬的氛围里，与具有肃杀之气的西方之声同质，关联着巫王的威猛之仪。再看篪，下部为虎，其威猛刑杀之意甚为昭然。《诗经》的四字体系，箫和篪除了乐器之形外，偏重（箫以声的方式，篪以形的方式）强调乐的时代主调（刑杀），籥和管除了

---

[1] 郑玄注《周礼》《礼记》说"如篴"；《尔雅·释乐》讲龠有三形，"大籥谓之产，其中谓之仲，小者谓之箹"，《说文》讲龠即籁，有三形："大者谓之笙，其中谓之籁，小者谓之箹。"《广雅》讲是笛，郭璞注《尔雅》《广雅》、赵岐注《孟子》讲，龠即籁即箫。

[2] 《说文》、郑玄、赵岐、郭璞讲是三孔，《毛诗》说是六孔，《广雅》说是七孔。

[3] 王秉义《古龠新探——"龠文化错位"说的提出》（载《艺术研究》2007年第4期）梳理出了八种观点：(1) 傅东华的"笙类乐器"说；(2) 杨荫浏等人的"排箫"说；(3) 牛陇菲的"编管"说；(4) 高德祥的"河姆渡骨哨"说；(5) 王子初的"汉龠说"；(6) 刘正国、唐朴林等人的"贾湖骨龠"说；(7) 徐中舒、王秉义"笙之初形"说；(8) 乐声的"葫芦箫"说。

[4] （明）朱载堉《律吕精义》内篇卷八（第641页）："笙师之篴失传久矣，大抵音有南北，器有楚夏。《吕氏春秋》曰：有娀氏始为北音，涂山氏始为南音，周公召公取之，以为《周南》《召南》。《诗》曰：以雅以南，以籥不僭，此之谓欤？然则籥乃北音，《礼记》所谓夏籥是也。篴乃楚音，《左传》所谓南籥是也，俗呼为楚，有以也夫！"

乐器之形外，侧重于彰显乐律的本质。郑众注《周礼·地官·司门》曰："管谓籥也，"虽然讲的由乐器管籥引申而来的具有管籥形的城门钥匙，但《孟子·梁惠王下》《庄子·盗跖》都提了"管籥之声"。管龠，作为乐器，就器形来讲，各有所源，《说文》释管曰"如篪，六孔"，释龠曰"乐之竹管，三孔"，但其本质为一，皆为求乐之律。管龠本质皆在求律，因此，可以用律来称具有同一本质之管。这一意义上，《史记·律书》讲的"吹律听声"，《周礼·春官·大师》曰："大师执同律以听军声"，强调的是：此管乃通律之管。朱载堉《律吕精义》说："管即律，律即管，一物而二名也。形而上者谓之道，形而下者谓之器，律者，其道也，管者，其器也。"①总而言之，在用竹类乐器求律的实践过程中，求律之器，可用三个概念予以表达：管、律、龠。这三个词其实是三而一又一而三的：管突出竹类乐器的基本特征是管状的；律强调这类乐器的本质和目的是呈现乐律；龠既呈现出这一竹类乐器能达到乐律本质的器形形态，又强调其达到乐律本质后的音乐效果：龢（和）。

第二节　以龠为核心的观念体系网

龠一管一律作为远古之乐在求律方向上的演进，在考古、文献、文字三个方面都有所呈现。

在考古上，裴李岗文化的河南舞阳县贾湖遗址出土骨管 25 支，所出墓主皆有显著地位，与骨管同墓的龟甲和特异叉型骨器，内蕴观念体系，骨管放置在墓主股骨或胫骨两侧，显得重要。骨管分为三期，从约 9000 年前至约 7800 年前，每期约跨 400 年，初期管有 2，开孔一为 5，一为 6，能吹四声音阶和完备的五声音阶，中期管 14 支，皆开 7 孔，能奏六声和七声音阶，晚期管 7，除 4 支残外，余下 2 支七孔，1 支八孔，皆能奏完备的七声音阶。②这批骨管，一般称为骨笛，刘正国认为应为骨龠，理由是笛篪为横吹，簫哨为直吹，龠为斜吹。③ 从本文的观点来看，只要其管是在探寻乐律的方向上，就内蕴着龠的本质。贾湖骨管有规律的孔眼安排，有人认为由"精确计算"而来，有人觉得由中国型的"以身求度"所致。不管怎样，测音研究表明，贾湖骨管"已经具备了十二平均律因素"。④ 萧兴华通过数据对比发

① （明）朱载堉：《律吕精义》（内篇卷八），第 605 页。
② 王子初：《中国音乐考古学》，福建教育出版社，2004，第 51—55 页。
③ 刘正国：《中国龠类乐器述略》，《人民音乐》2001 年第 10 期。
④ 陈其射：《中国古代乐律学概论》，浙江大学出版社，2011，第 168—181 页。

现：M131：2号骨管所发的音及其相互之间所能构成的音程，四个音程与十二平均律完全相同，其余能构成音程的音分值与十二平均律的音程音分值相差甚小，最大分差没有越过5个音分。听觉上难与十二平均律区分。[①] 而三支7孔骨管"呈现10、9、8、7、6、5、4、3的长度等差整数列，与3、4、5、6、7、8、9、10的频率谐音序数列构成逆向，与匀孔竹管长度所得音高序列恰好相符……除筒音外，所有孔距几乎完全暗合于开管的自然泛音原则。"[②]吴钊从文化的敏锐性上，注意到，骨管出土为一墓两支，有管分雄雌的观念，冯时说："测音的结果显示，出土于同一墓穴中的两支律管的宫调具有大二度音差，证明当时的律制确有雄雌之分。"[③]吴钊分析编号M282：20管，其"音阶，由两个三音列组成，即奇数孔的羽、宫、角与偶数孔的变宫、商、变徵。两者除相差大二度外，其"小三—大三"的音程结构完全相同。因此，两者当可相互易位，即C调的偶数孔三音，可转为D调的奇数孔三音；反之亦然。这就是所谓的阴阳易位"。[④] 可见其内蕴的乐律，已经具有中国特色。另外，裴李岗文化的河南汝州中山寨（约7790—6955年前）的一支有五孔和四孔交错两排的骨管，专家测音后"认为可能是当时用作定音的标准音管"，[⑤]求律方向似甚昭然。无论裴李岗骨管应怎样命名，曰笛还是曰籥，就其走在求律之路上而言，已具有了籥的本质。

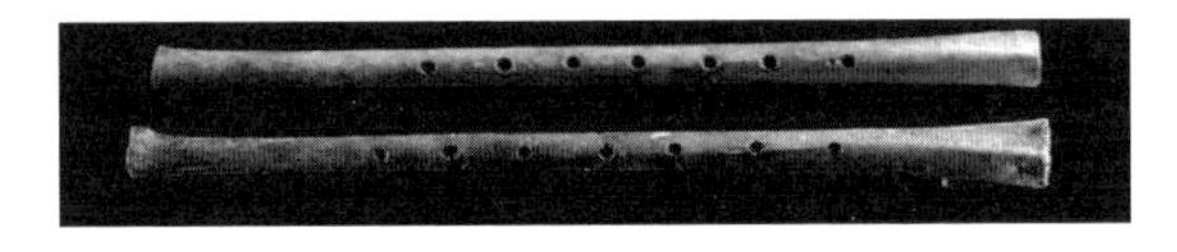

图23-1　贾湖骨籥

在文献上，《吕氏春秋·古乐》有"昔黄帝令伶伦作为律。伶伦自大夏之西，乃之阮隃之阴，取竹于嶰溪之谷，以生空窍厚钧者，断两节间——其长三寸九分——而吹之，以为黄钟之宫，吹曰舍少。次制十二筒，以之阮隃之下，听凤皇之鸣，以别十二律。其雄鸣为六，雌鸣亦六，以比黄钟之宫，适合；黄钟之宫皆可以生之。故曰：黄钟之宫，律吕之本。"这里明显是在十二律吕业已形成后的战国时代，根据当前成就和以往传说进行的综合性和创造性的重述。考虑到8000年前裴李岗文化骨管透出的求律追求，

---

① 萧兴华：《中国音乐文化文明九千年：试论河南舞阳贾湖骨笛的发掘及其意义》，《音乐研究》2000年第1期。

② 陈其射：《中国古代乐律学概论》，第107页。

③ 冯时：《候气法钩沉》，《百科知识》1997年第5期。

④ 吴钊：《贾湖龟铃骨笛与中国音乐文明之源》，《文物》1991年第3期。

⑤ 王子初：《中国音乐考古学》，第56页。

6000—5000年前黄帝时代十二律尚未形成严密体系，但继续着追求且应已获一定成就。这段文献在几个要点上，还是具有当时求律过程的特色：第一、求律之器为竹管，且律管已有数比要求。第二、求律的对象是凤凰，这里既要考虑到凤风一体，一方面把由风之风与天地运转相连，另一方面由风之音与音乐相连；还要考虑到凤凰有雌雄之别，一方面与天地的阴阳体系（《淮南子·天文训》讲的“北斗之神有雄雌”）有关联，另一方面与天地刑德体系有关系。与刑德体系相对应，求律之官名伶倫。伶者灵也，具巫师之性质；伶者铃也，在黄帝时代的乐的体系中，铃关联到刑与杀，而管关联到德与生；伶者铃也令也，伶掌管着铃，由铃进行政治和军事上的出令。倫者侖也。《说文》释“龠”曰：“从品侖。侖，理也。”侖是龠的核心。侖强调的是龠中之理，龠突出如是之理由乐器之龠呈现出来。伶倫者，负责以铃和龠为代表的音乐体系。正如凰凤分为雌雄（阴阳），铃龠体系是铃为阴，为刑与杀，龠为阳，为德与生。在伶倫的命名中，伶在前而倫在后，透出的是黄帝时代以刑杀威猛为主的乐器体系。然而龠虽排名在后，但在求律上却优于铃。而随着求律需要的增强，龠在乐体系中的重要性会越来越重要。应是在求律需要的日益重要和求律方向的日益增强过程中，龠作为求律方向的专名产生了出来。这就从逻辑上进入到了文字学的领域。

“龠”字（或更确切地说说，“龠”字所代表的观念）的产生，一定要放在远古东西南北中各族群的互动中，各族群的求律追求，无论其所用的乐器有怎样的差异，其本质是同一的。正因有这一同一，“龠”字不但成为公共性的符号，而且与龠相关的字形成了一个以龠为核心的关联网络，远古的求律观念，正是在这一文字的网络中透了出来。龠在古文字中如下：

(前五·一九·二)　(续1·9·2)　(郭沫若释籥)　(散盘)　(臣辰)

林义光、商承祚、郭沫若、马叙伦、高田忠周等都认为乃乐器形。吴其昌认为是由、(蝉)演变而来①，这就关联到空地中杆(单)仪式以及在仪式中的动物(虫)装饰，还关系到历史悠长的万舞的演进。但无论从什么演变而来，一旦定型为龠，其词义就转到了强调乐器本身。牛龙菲认为，“品”字三个“口”来源于玉门火烧沟陶埙具有乐律意义的三孔，三孔之品再简为律吕的两个“口”之吕②，“龠”字中间的三个“口”与其甲骨文字形中的两个“口”，应与陶埙之求律追求有所关联并将之纳入了进来。但无论怎么关联

① 《古文字诂林》（第二册），第624—628页。
② 牛龙菲：《古乐发隐》，甘肃人民出版社，1985，第107页。

或融合，一旦形成为龠，其核心就凝结在管这种乐器上了。叶敦妮把马叙伦的论说结合到古乐器，呈现了磬、鼓、龠之间的关系：磬之甲文作[illegible]，[illegible]即磬也，从殳以击之。鼓作[illegible]，[illegible]即鼓也，从殳以击之。龠的两形[illegible]和[illegible]，字中之[illegible]，即龠，[illegible]和[illegible]为手按乐器之孔进行演奏。[1]此解说透出了远古仪式中磬、鼓、龠的演进关系。磬是最早的主导乐器，不但在人类之初的长时间里成为仪式之乐的主体（体现在文化常出现的“击石拊石，百兽率舞”中），而且也凝结了远古之人乐律的追求（尧舜时代山西陶寺遗址中石磬，山西夏县东下冯夏代遗址中的石磬，以及商代武官村大墓出土的石磬，音高皆为♯c^1，表明从尧舜到夏商的漫长时间中远古族群已经形成♯c^1 绝对音高，而且凝结在磬这一乐器之中[2]），后鼓以其音响的威猛成为仪式的主导，而龠也在求律的优势中地位高扬。[illegible]作为“龠”字，在容庚《金文编》中被释为龡[3]，这是与磬鼓相比较（更可能是历史演进中的惯性思维）而突出了演奏的“手”，但龠作为竹乐器，演奏时更重要的在口部运气，因此，随着龠的本性日益突出，龠的演奏就从龡换成了歈（吹），反过来，当歈成为龠的演奏正式字汇时，表明龠的本性已经得到了公认（达到这一阶段之后，龡就开始消退，以至在《说文》中已看不见了）。随着龠所求之律的重要性被人们所认识，龠成为了整个与乐律相关竹管之乐众词汇的核心。加⺮而成为籥，龠类乐器最重要的两形：箫和篪，也加上了龠，篪成为[illegible]，箫成为[illegible]或[illegible][4]，其目的，正是要强调乐律在乐器上的作用。而由吹龠而来的吹，成为了带着龠的歈。由于歈的后面是乐律观念，因此，歈不仅适于竹器乐，而适于一切吹奏乐。《周礼·春官·笙师》曰：“笙师掌教歈（吹）竽、笙、埙、籥、箫、篪、篴、管。”不但竹类乐器籥、箫、篪、篴、管用“歈”，匏类乐器竽和笙和土类乐器埙也用“歈”，要突出的是各类乐器能歈（吹）出具有宇宙本质的乐律来。同样，由龠带来的乐之和，成为了带有龠的龢。这样，龠不但在观念上形成了龠—管—律的概念体系，还在乐器形成了籥—[illegible]（篪）—[illegible]（箫）的乐器体系，在演奏上，让歈成为超越竹类乐器的具有普遍性的管乐之吹，在效果上，让龢成为超越竹类乐器的具有普遍性的音乐之和，即在乐上形成了籥—歈—龢的整体。正是在这一意义上，古典乐论中，龠也成为了核心乐器。陈旸《乐书》曰：“龠为众乐之先。”朱载堉《律吕精义》曰：“籥者，七声之主宰，八音之领袖，十二律吕之本源，度量权衡之所由出者。”正是龠作

① 叶敦妮：《先秦竹类乐器考》，《中国音乐》2010 年第 1 期。

② 陈其射：《中国古代乐律学概论》，第 61 页。

③ 容庚编著《金文编》，中华书局，1985，第 125 页。

④ （明）闵其伋辑，（清）毕宏述篆订《订正六书通》，上海书店出版社，1981，第 92 页。

为乐器的中心，由龠所内蕴产生出来的龠—管—律的体系结构，在文化中具有巨大的影响，龠是乐器的核心，龠的内涵以管的特征体现，管的尺度成为天下的尺度，管成超越音乐的具有普遍意义的管理之管，龠内蕴是乐律之律，也超越了音乐之律，而成为天地间具有普遍意义的规律之律。龠—管—律作为一个观念体系占据了远古文化的中心。

第三节　音律的二重性与矛盾性

律是音的规律，但音的规律来源于北极—极星—北斗运转之气而来的风，风—律—音的关联使乐律的探求在音道和天道的关联中进行，这一两者相互关联的远古律学从先秦文献的三句重要话中体现出来。一是《国语·周语下》讲的"律所以立均出度也。古之神瞽，考中声而量之以制，度律均钟百官轨仪。纪之以三，平之以六，成于十二，天之道也。"二是《周礼·春官·大宗伯》说的"六律、六同以合阴阳之声。阳声：黄钟、大蔟、姑洗、蕤宾、夷则、无射。阴声：大吕、应钟、南吕、函钟、小吕、夹钟。皆文之以五声，宫、商、角、徵、羽；皆播之以八音，金、石、土、革、丝、木、匏、竹。"三是《礼记·礼运》讲的"五行四时十二月，还相为本也。五声六律十二管，还相为宫也。五味六和十二食，还相为质也。五色六章十二衣，还相为质也。"

这三句话，一是讲了乐律所来的久远，可追溯到古之神瞽。二是都是从天地万物的紧密关联来论述音律的。三是对音律的特点作了精要的表达，突出了古律的本质。这本质包含了"口不能言，有数存焉于其中"的律的深层之"道"和可以名言的"数"的表层之语。这两个方面在远古都统一在"以身为度"，"以耳齐声"的神瞽巫王身上心中。这可以名言的数，是对律之道具体为现象之理时的多种数理的表达。表达出来的数理，有形有迹有数，但其最内在的本质又不能以形以迹以数求。在先秦的理性化潮流中，数不但与乐相合，而且也闪耀出自身的魅力，大概正是这一潮流，《管子·地员》和《吕氏春秋·音律》呈出了具有数魅力的三分损益生律法。这一生律法在体现数的魅力的同时，却并不完全符合远古以来乐律的深层精神。《管子》应是看到这一点，因此其三分损益法只推到五音，应是知道继续推就会走向十二不平均律。《吕氏春秋》由之推到十二律，完成了一个三分损益五度相生的五音十二律话语体系①，且把此律称之为吕律。吕律体

① 牛龙菲认为：《吕氏春秋》用三分损益五度相生法推出十二律，一方面，因其成就而兴奋，对后果未曾考虑。另一方面在当时多样音乐的兴起中，也有三分损益五度相生十二不平均律的出现(这可能受当时由西域而来的音律影响)。参其《古乐发隐》第158页。

系，极大地高扬了数的威力，可以在哲学层面把乐律与天道明晰地关联起来，如表 23-1。

表 23-1

十二律	太簇	夹钟	姑洗	仲吕	蕤宾	林钟	夷则	南吕	无射	应钟	黄钟	大吕
四季	孟春	仲春	季春	孟夏	仲夏	季夏	孟秋	仲秋	季秋	孟冬	仲冬	季冬
十二月	一月	二月	三月	四月	五月	六月	七月	八月	九月	十月	十一月	十二月
十二辰	寅	卯	辰	巳	午	未	申	酉	戌	亥	子	丑
二十四节气	雨水	春分	清明	小满	夏至	大暑	处暑	秋分	霜降	小雪	冬至	大寒
	惊蛰	谷雨	立夏	芒种	小暑	立秋	白露	寒露	立冬	大雪	小寒	立春

表 23-1 中十二律与四季、十二月、二十四节气、十二时辰都有一一的对应。在理论上音与历是紧密结合而相互对应的。历的循环带动着音的循环。但这个从三分损益、下四上五相生而来的十二律，却是循环不回来的十二不平均律。这导致了后来从汉代开始的历代学人在数的方面不断地对之进行补正。司马迁《律书》和京房都是将这继续算到六十，以让"还相为宫"得到大致的体现。而从曾侯乙编钟及其铭文，可见其内蕴着一种乐律，它透出当时的音乐实践和理论话语有一种既符合天道又符合乐律的中国型表达，被现代学人称为曾律①。曾律的内容与前面引的《国语》《周礼》《礼记》中的话相一致。显出其有源远流长的传统。曾律在远古的基础是什么呢？在现代学人研究中呈现出体系性总结的有牛陇菲、孙克仁，应有勤、陈其翔和陆志华做出了重要探索。

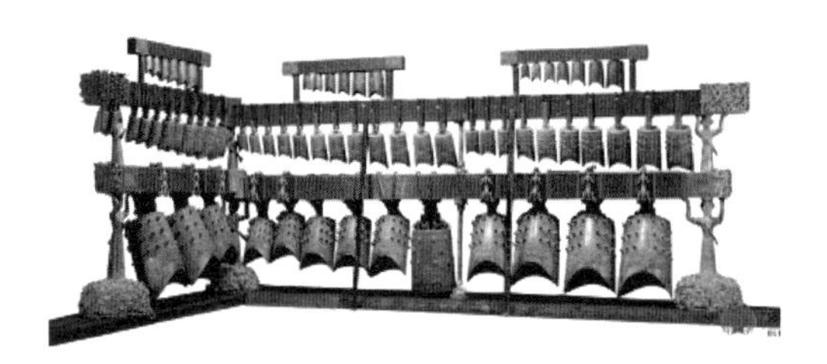

图 23-2　曾侯乙编钟（资料来源：湖南省博物馆）

陈、陆二人以曾侯乙编钟为根据，推理出一种与《国语》所讲相合，而与吕律不同的古律。② 这种古律应是从远古开始一直演进到曾侯乙编钟。

① 现代众多学人对曾律成就和特点的总结，被陈其射归纳为九个方面，参其《中国古代乐律学概论》，第 227—236 页。

② 陈其翔、陆志华：《中国古代乐律系统的形成和发展》，《音乐艺术（上海音乐学院学报）》2000 年第 4 期。

两人认为，古十二律中的形成是：根据律管的自然发音，先取三个音，律名是黄钟、姑洗、夷则，作为规定的音律，简称“三纪”。为了使音律之间更为平缓，可在每两音之间增加一音，律名是太簇、蕤宾、无射，成为六律。自然六律的五声音阶是徵（黄钟）羽（大簇）宫（姑洗）商（蕤宾）角（夷则）。最后再在六律每二律间各加一音，成为十二律。古十二律中，一个明显的特点是姑洗为律本（这正是曾律的律本）。后来为什么黄钟成为律本了呢？陈、陆解释道：因青铜编钟中姑洗钟小，而黄钟宫的钟最大，为了在视觉上体现帝王的威仪，一定要改成以黄钟为律本，这一已定方针的落实，通过系列地调整乐音，特别是黄钟音高由原来的^{b}A 转变为 C 音等整体调改，演成了三分损益五度相生的五音十二律体系。黄钟成为十二律的律本，宫音成为五音阶的调首。这只是对曾氏音律的一种解释，但在这一解释中却突出了与吕氏音律不同的另一种音律，而且将之定名为古律。

孙克仁、应有勤认为，在吕律和曾律之前的古律，就是《吕氏春秋·古乐》中讲的伶伦的管律。管律是这样形成，先采用一根管，利用这根管分别处于开管或闭管状态下所产生的自然泛音列来定律。其程序是先定一根基本管（黄钟），然后在上吹出包括诸如 2、4、8……二次谐音在内的谐音音列，从中选出十二个音作为参照，再依这些音用经验的方法校出十二根律管。为此，这根基本管被认为“黄钟之宫、律吕之本”。这根管的关键在于为阳的开口（泛音）和为阴的闭口（泛音）之别。在古文字中，开口管为“官”（[illegible]），闭口管为“言”（[illegible]）。开管上产生自然序数谐音而闭管上只能产生奇次谐音。同样长度的管上，闭管的基音比开管的要小一倍频程，即低一个八度。开管状态产生的谐音中包含有六律（六个阳声），闭管状态的谐音中则含有六同（六个阴声）。在同一根管上作开闭交替吹奏而产生的谐音列音高关系展示如下表。

表 23-2

开管谐音序次		○		○		○		○		○		○		○		○		○		○		○		○
闭管谐音序次	●		●		●		●		●		●		●		●		●		●		●		●	
合开、闭管音序（亦自然谐音序次）	1	2	3	4	5	6	7	8	9	10	11	12	13	14	15	16	17	18	19	20	21	22	23	24
邻音振动比	$\frac{2}{1}$	$\frac{3}{2}$	$\frac{4}{3}$	$\frac{5}{4}$	$\frac{6}{5}$	$\frac{7}{6}$	$\frac{8}{7}$	$\frac{9}{8}$	$\frac{10}{9}$	$\frac{11}{10}$	$\frac{12}{11}$	$\frac{13}{12}$	$\frac{14}{13}$	$\frac{15}{14}$	$\frac{16}{15}$	$\frac{17}{16}$	$\frac{18}{17}$	$\frac{19}{18}$	$\frac{20}{19}$	$\frac{21}{20}$	$\frac{22}{21}$	$\frac{23}{22}$	$\frac{24}{23}$	
邻音音分值	1200	702	498	386	316	267	231	204	182	165	151	139	128	119	112	105	99	93	89	85	80	77	74	
相对音高	C	c	g	c^1	e^1	g^1	↓♭b^1	c^2	d^2	e^2	↓♯f^2	g^2	↓a	↓♭b^2	♯b^2	c^3	♯c^3	d^3	♯d^3	e^3	f^3	↓♯f^3	↑♯f^3	g^3

表中可见，同一管上，开管与闭管的自然谐音列之间各音的位置恰好相互错开、不相重叠。同一管上，从闭管状态的基音开始按照闭、开、闭、开、反顺序交替吹奏出的谐音列，其音程关系与单纯开管状态的自然谐音关系完全一样，只不过全部低一个八度。《吕氏春秋·古乐篇》上有关伶伦定律的记载曾提及“舍少”一词。按照“而吹之，以为黄钟之宫。吹曰舍少”这句话的本意，是说把管子吹出来的音作为“黄钟之宫”，再吹出来的音叫“舍少”。“舍少”的前者黄钟之宫是管基音，后者“舍少”应是谐音了。“少”在有关文献中往往表示某一八度的音域。因此，中国的十二律其最初的形态是参照谐音被经验地产生的，即在一根管子开管状态的自然谐音上产生六律，在闭管状态上产生六同。前者为阳声，后者为阴声。孙、应二人认为这一方式应产生于石器时代。这管谐音律与曾律（孙、应称为頵曾体系）以及再后的五度相生律，形成一种演进关系。[①]

牛龙菲认为，曾律之前的古律，是《国语》所讲之律，他命名为“四宫纪之以三的十二吕律”。此律在甘肃玉门火烧沟遗址的三孔陶埙中有典型体现。三孔陶埙可发出四音音列，“第一音与第二音之间是大三度音程，第二音和第四音之间也是大三度音程，第一音与第四音之间是增五度音程，第三音正好将第二音与第四音之间的大三度音程均分为两个大二度音程。”[②]这个建立在陶埙这种闭管气鸣乐器的泛音奇数次分音音列基础之上的音律体系里第一音和第四音，正是古文献中的“下宫”和“上宫”。《国语》中“立均出度”正合于以陶埙为律准的下宫上宫之间“一均”一分为二，为：

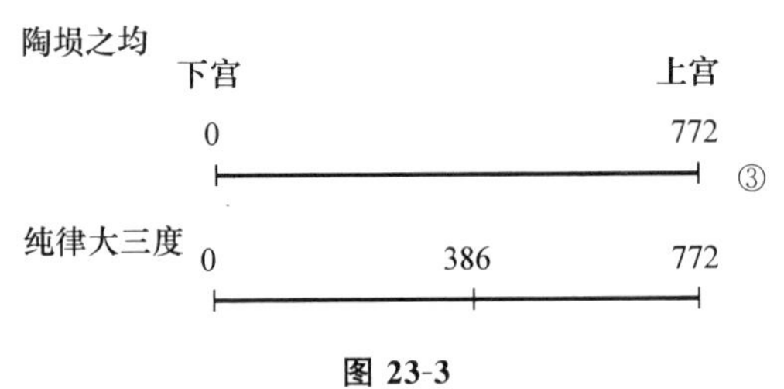

图 23-3

《国语》中的“纪之以三”正合于把陶埙“四声音列的第一、二、四这三个音来均分一个八度音程，把一个八度均分为三个大三度”[④]。后为十二律

---

① 孙克仁、应有勤：《中国十二律的最初状态》，《中国音乐学》1992 年第 2 期。

② 牛龙菲：《古乐发隐》，第 100 页。

③ 牛陇菲：《“叁伍以变，错综其数”（上）：再论“四宫纪之以三的十二吕律”》，《音乐艺术（上海音乐学院学报）》2002 年第 2 期。

④ 牛龙菲：《古乐发隐》，第 102—103 页。

吕中六吕里的两组（即大吕、中吕、南吕和应钟、夹钟、林钟）纯律大三度，即应来于此。《国语》中的“平之以六”正符合把上面的一个八度内的三个大三度音程，均分为六个大二度音程。再以六吕规范六律而形成阴阳十二吕律。牛陇菲以三孔陶埙四音列的内蕴为基础，再联系到管律、琴律和曾律，讲出了两个东西，一个是由三孔陶埙透出一种古律，一个是由曾侯乙编钟把古律与吕律结合起来的曾律。古律由三吕到三钟形成六吕，再加上六律形成十二律，是一种四宫纪之以三的十二律。所谓四宫，即《国语·周语下》讲的“夫宫，音之主也，第以及羽。”即由宫按三分损益而达到羽而止，形成宫→下徵→商→下羽这四宫，在之上各“纪以三”。借鉴曾律中的概念，这三音即宫、頔、曾，形成“纪之以三之宫—頔—曾，皆以三分损益之生律法确定其宫，而得黄钟之宫—宫頔—宫曾、林钟之宫（徵）—徵頔—徵曾、大簇之宫（商）—商頔—商曾、南吕之宫（羽）—羽頔—羽曾，共十二律的律制”。[①] 曾律，则是四宫纪之以三的古律与三分损益五度相生的吕律的结合。在这一结合中，曾律避免了吕律去而不返，回不到黄钟的结果，而相合于“旋相为宫”的原则。

之所以把三种不同的古律理论都较为具体地引出来，是要呈现这一现象：牛陇菲、孙克仁和应有勤、陈其翔、陆志华都认为在吕律和曾律之前还有一种古律，但三种寻找出来的古律明显又不相同，乃至相互矛盾。这似乎表明了，曾律可以是更多样的古律的综合，从曾侯乙乐器体系，联系《国语》《周礼》《礼运》等文献和考古资料，可能还可推出另外一些古律出来。但无论这些古律有怎样的不同，其共同的特点是：在宇宙论上，要有与以北辰为中心由北斗斗柄旋转带动整个天地运转相一致的特点。在乐律上，要有与天杼地轴旋转相一致的旋相为宫的特点。在数理上，要既有数的规律明晰，又有数律与音律相合的灵动性。而这一灵动性，正体现了中国思维和智慧的特点。

第四节　中国智慧的特点与龠的内蕴

中国的宇宙观念，是把以地球自转而产生的天，月球绕地球旋转而来的月，地球绕太阳旋转而来的年，协调为一个“历”的整体，这个以北极—极星—北斗为中心带动天地运转而产生的乐，要在最高的境界上与这一整体

---

① 牛陇菲：《“叁伍以变，错综其数”（下）：再论“四宫纪之以三的十二吕律”》，《音乐艺术》2002年第3期。

相一致。这一宇宙整体高度的综合性和复杂性，产生了中国型智慧，这就是后来体现在太极图、《老子》《论语》中的有无相成，阴阳相对，时空互动，虚实相生的理论，这个理论用最简的话来讲，可归为三点：第一，天地间有一个根本的中心，从天相上讲是极星—北斗后面的北极，体现为"无"，从乐来讲就是听不见的"大音希声"。第二，这天地中心的"无"，从日月星年在年季月日里与地互动的运转中产生出宇宙万象，从乐讲，体现为各种乐律数理和具体音乐。第三，在日月星以及天地间各种万物运动的规律中，决定其如此运动的最后规律，可以体悟但难以言传，在具体音乐和具体乐律后面的最后乐之律，同样是可以体悟但难以形式化和数理化的。乐律来自天地的转运，具有与天地一样的性质，这一性质不但被远古的巫王神瞽所掌握，存在其"以身为度"，"以耳齐声"的心性中，也存于远古以来的陶埙、匏琴、龠管、编钟的乐律之中。这种存乎其人和存乎其器的发展，就其器的一面来讲，牛龙菲就谈到了从陶埙的纯律之六全平均律音阶，到匏琴的阴阳合一的清乐七声音阶，到六律六吕的平均律，到四宫纪之以三的十二律吕的演进，[①]随着考古的进展，这一演进或许还可有更多的类型。如果《管子》之律只推到五声，《吕氏春秋》之律仅推到十二律，不为数的逻辑所迷惑，而进行恰当的转折，就不会如吕律的后继者那样仅从数的逻辑去思考，而殚思竭虑地，花近两千年时间由京房的六十律，直到朱载堉的新法密律的苦苦求索。一个符合古代天道的乐律体系早已智慧地内蕴在曾氏乐器之中，曾律确已把四宫纪以三的十二平均和三分损益五度相生律内在地结合在了一起。进入曾侯乙编钟，马上就会体会到"口不能有数存焉于其中"的中国智慧，进入编钟，一种口不能言而音可听证的妙境就产生出来。牛陇菲注意到同样"纪之以三"，具体在埙律、管律、琴律上，也是有"矛盾"的，但他理解这一"矛盾"以及各类律的"矛盾"，包括十二平均律和十二不平均律的"矛盾"，最后是以"和之以心耳"来解决的。[②] 各种各样具体的律呈现为现象之"有"，心耳则通向乐律后面之"无"，正如《老子》所讲："常无，欲以观其妙，常有，欲以观其徼。二者同出而异名，同谓之玄。玄之又玄，众妙之门。"理解了中国智慧的特点，可以回到龠上来了。

在远古东西南北中众族群对乐律的追求中，不同地域和不同族群进行方式是多样的，因此，可以从埙中、管中、琴中、钟中，看到其追求的轨迹，这些不同的追求在东西南北中各族的互动融合中，应是作为管的龠，占据了

① 牛龙菲：《古乐发隐》，第 199 页。

② 牛陇菲：《"叁伍以变，错综其数"：再论"四宫纪之以三的十二吕律"》，《音乐艺术》2002 年第 2、3 期。

主流地位。这体现在文献上就是《吕氏春秋·古乐》中关于6000至5000年前黄帝令伶伦吹管的传说中，体现在考古上就是9000至8000年前舞阳贾湖骨管。当然，更重要的是体现在“龠”这一文字在音乐字汇群中的核心地位里。接下的问题是：为什么是龠而不是埙和琴成为音乐中的核心词汇，并成音乐中最重要的词汇“龢”(和)的构成基因呢。这就与远古观念体系的建构中，中国宇宙与中国音乐的关联方式相关。

由北极—极星—北斗之气的转动，产生了天地之风，在远古的观念中，风即是凤，风是凤飞动的内质，音是凤鸟的叫声。风来到地上是风，风之鸣和凤之声的本质就是音，远古的人通过乐器去捕捉音的规律，寻求二者的对应，通过乐而认识天道。甲骨文字、《尚书·尧典》《山海经》的《大荒东经》《大荒南经》《大荒西经》的四方风和四方神有大致相同的记载，《吕氏春秋·有始览》《淮南子·地形训》对八方风有大致相同名称，以及《史记·律书》《灵枢·九宫八风》对八风有不同的名称。以今天的眼光看，地理上濒临太平洋的中国，因日月地球三者互动，一年的主导风向随季节有规律地变换，成为气象学的季风气候区。具体言之，从立春始，是东北季风，春分转东风，立夏再转东南风，夏至变成南风，立秋再变西南风，秋分带来西风，立冬换成西北风，冬至则开始北风。在远古的观念里，八风被组织为由北斗的运转而呈现二至(冬至夏至)二分(春分秋分)二开(立春立夏)二闭(立秋立冬)的变化。从远古族群面对天地自然运转而在实践中进行的观念总结来看，在中杆仪式的“天效以景”即对中杆下昼观日影，夜观极星的思考中，体悟出了类似于“道生一，一生二”及“阴阳之和”的思想。接着平分两个分点，就可确定阴和阳至极而返的至点，由此而有宛如“两仪生四象”的观念，再通过平分四时，而得出生长收藏的两开两闭，由此而有“四象生八卦”或曰“四时八节”的模式。最后把八节之间的距离平均三分，以“二生三”和“函三为一”的思路，得到二十四个节气。由二分二至而二十四气，是一个漫长的演进过程，但这一探索“太极元气”运行的过程，在中杆仪式的“天效以景”之测日影的同时，呈现的是“地效以响”以乐器之音与八风之音的互动过程，即通过乐来感知天地的运转。自然节气按时而至，人则按照各节气的变化进行生产和生活。若某时节已至而此时节应有之气未来，则通过乐来影响天地之气，以使之正常。而这样做是建立在乐在天地间的普遍性和风与音的同构性上面的。因此文献中不断出现：

(少昊氏)立建鼓，制浮磬，以通山川之风。(《路史》)

帝颛顼好其音，乃令飞龙作效八风之音。(《吕氏春秋·古乐》)

(高阳氏)命飞龙效八风之音作乐。(《帝王世纪》)

上古圣人，本阴阳，别风声，审清浊。（《后汉书·律历制》刘昭注引《月令章句》）

唯圣人为能和六律、均五音，知乐之本，以通八风。（《孔丛子》）

夫乐，天子之职也……天子省风以作乐。（《左传·昭公二十一年》）

虞幕能听协风，以成物乐生者也。（《国语·郑语》）

先（耕）时五日，瞽告有协风至。（《国语·周语》）

从以上文献里的第一条可知，包括鼓和磬在内的任何乐器都曾用来与风互动，从其他各条可知，互动的目的是要让具体乐器达到普遍性的乐的高度（乐以通风），在远古之乐里，各方族群都在以各类乐器为达到这一本质而进行着努力，而埙、笙、琴、管、铃在这方面都以各自的特色达到过乐律的高度，但在众乐的竞争和融合中，龠管在相当一段时期取得了主流地位。《吕氏春秋·古乐》透出了黄帝时代，用律管形成乐律体系，象征了远古历史上用管成律的形成，《逸周书·世俘解》里"籥"出现7次，都在姬周克商过程的重要节点上，但其义皆不是具体的竹类乐器，而乃普遍性的整体之乐，词义与"乐"完全等同，呈现着籥（龠）在人们的观念中已经占据了乐的普遍性。龠的成功，不但在与风的互动上具器形的优势，而且还渗入了风与宇宙规律的更深关联中，北斗运转之气，引领了天下的风气，气与风既可一体（《庄子》讲"大块噫气，其名为风"），又可区别（《吕氏春秋》讲"天地之气，合而生风"），其区别的要点之一是，风既可感还托于各种有形之物，呈明显之音，气更少依托于有形之物，而更多地以可感的方式呈现，让人对天地的深邃有更深的体悟。龠不但与风互动，而且与天地运转之气有一种更独特的关联，这就是文献中讲用律管候气，即选用与音分有对应关系的尺度之律管，管内填上河内生长的初生芦苇的极薄的苇膜，在恰当的环境安放，天地运转一年中各节气之气按规律临至，律管中的苇膜就会立即飞出。管气的互动，是要从对应中得到体现天地规律的标准音——"中声"。《晋书·律历志》合立杆测影和以管候气为一体，但强调了律管的作用："叶时日于晷度，效地气于灰管，故阴阳和则景至，律气应则灰飞。灰飞律通，吹而命之，则天地之中声也。故可以范围百度，化成万品。"从《续汉书·礼仪志》《续汉书·律历志》《晋书·律历志》，到刘宋祖冲之，东魏的信都芳、李兴业、司马子如，北周马显，隋代毛爽，唐代李淳风，宋代的陈朱熹、邵雍、蔡元定、张行成、沈括，元代的刘瑾，对律管候气，都有讲述或实验，而且相信这是一个远古传统。[①] 这一传统在本质上与各种各样的"省风""测风""听

① 唐继凯：《候气法疑案之发端》，《交响（西安音乐学院学报）》2003年第3期。

音”功能相同，但各类的听音省风更强调巫王神瞽的以身为度、以耳齐声的心灵力量，一般人可感而不可知，而律管候气则落实到具体乐器上，变成一种人人皆可验证的明晰之物。也许，候气之功能把龠本有乐律数理作了一次巨大的提升，从而使之从一种具体的竹类乐器中超离出来，成为乐律的本质性符号。在乐律具有宇宙本质的远古，龠不但作为了乐律的本质符号，而且因其乐律中的数理普遍性，成了宇宙标准化的基础。在从《尚书·舜典》“协时月正日，同律度量衡”所反映的那个时代起，由龠而来乐律所体现的天地之数的规律，不但是乐律，而且成为了规范长短的尺度、容积的嘉量、轻重的衡准之基础。“龠”这一个字，也因此不但成为管乐器的名称，还成为量器的名称。由管的长度可作为长短之度，由容器之量，可想象其轻重之衡。龠因其内蕴的乐律之数理，而成为天地一切事物的尺度。[①]《续汉书·律历志》讲了度“本起黄钟之长”，量“本起黄钟之龠”，衡如北斗的“左旋见规，右折见矩”，体现在乐律上的“还相为宫”。这种以音律而运用于度量衡，透出乃是乐律在远古意识形态中的核心地位。正如《续汉书·律历志》所说：“截管为律，吹以考声，列以物气，道之本也。”亦如《史记·律书》开篇所讲：“王者制事立法，物度轨则，壹禀于六律，六律为万事根本焉。”

远古中国人对天地数理的体悟，首先从乐律中获得，在从乐器求乐律的各器竞争多方演进中，龠最先获得了主流地位。居有主位的龠，为了普遍的适应性，渐从具体的乐器中脱离出来，在语言上形成龠与籥的区别，龠用于普遍性的乐律，从而形成龠（达到乐律本质之器）—龡（达到乐律本质的演奏）—龢（达到乐律本质的演奏效果）的普遍性观念体系。然而，这只是某一时期的现象，在乐器、乐律以及天地观念和现实观念的演进中，竹器之龠渐失去了独占有的优势地位，琴与钟先后追赶上来，甚至超越了律管，龠独自占有乐律本质的时代过去了。虽然如此，龠曾经风流一时的结果，仍在许多方面有所遗存，虽然这些遗存已经模糊不清，如龠又回到与籥一样的具体乐器，龡已被“吹”取代，龢已被“和”取代。然而，龠—龡—龢曾有的辉煌却把乐律提高到了观念的高度，影响了整个时代，而被提升了的乐律本身，无论是在琴还是在钟中，都得了进一步发展。由龠而来的龠—管—律体系也是一样。虽然后来，龠管不再是乐器的中心，再后来，音乐也不再是文化的中心，但由龠—管—律曾有的辉煌，由龠对整个乐器的管理而来，“管”上升为普遍性之后对

① 具体来讲是在确定了标准音黄钟的音高之后，用竹做一能发出这一标准音的龠管，此龠管的长度成为标准的长度单位；把龠管盛满小米，整管小米所占的容积就成为标准的容量单位；整管小米所具有的重量就成为标准的重量单位。这样就在以音乐的龠管为基础之上，实现了“同律度量衡”的标准化工作。

天下秩序的管理之义，仍在政治上和天地间保留下来，保持着文化的高位。管律而来音乐之律，虽然从对音乐之外其他领域的影响退回到音乐本身，但“律”所具有的规律的一般意义，使其仍保留在政治和文化的中心。从整个乐律的演进和乐律与远古文化整体演进的关系回头去看，由龠而形成的两套观念，龠—龡—龢和龠—管—律，在远古中国的美学和文化的演进中，都曾产生了巨大的历史作用，其包含的丰富内容，仍有思考回味之处。

第二十四章　琴—性—禁：琴瑟与文化交织演进

琴，在中国古代音乐体系中，具有鹤立鸡群的高位，带着太多迷人的光环。琴是怎么做到这一点的呢？却从未有过令人满意的回答。琴可疑的童年身世，已经被远古历史变迁的重重迷雾所遮蔽，其最初演进因绞缠着各个不同学科而显得扑朔迷离。本章所能提出也仅是一个侦察方向和调查大纲而已。

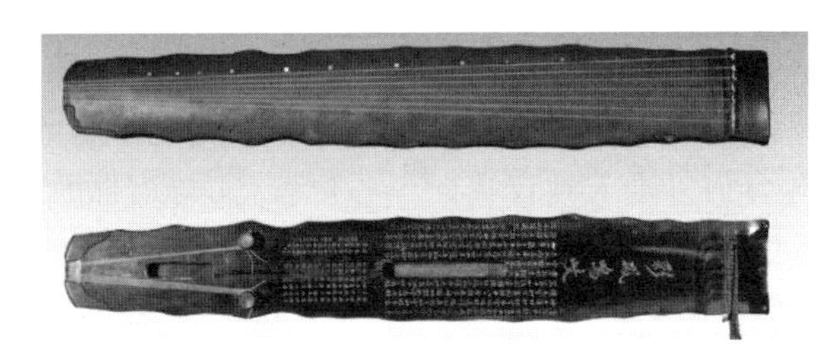

图 24-1　唐彩凤鸣岐七弦琴

资料来源：浙江省博物馆

目前所存最早的古琴是唐代七弦琴，与考古中发现时间最早的战国之琴，甚有差异。文献则把琴的初源联到了伏羲、神农，最初的琴是何形样，已无可考。牛陇菲以乐律和乐器的演进为主线，借助考古与文字，梳理出来琴的演进是：从狩猎时代的弓弦，到远古匏琴，经凤首箜篌，到竹胴琴，到先秦的击筑，到楚汉的卧箜篌，到晋隋的五弦筝，到唐代的七弦古琴。而先秦两汉的文献，虽然片断仍然基本呈现出：琴起源于伏羲、神农，演进于黄帝，关联于颛顼，显耀于尧舜，在夏商周成为与钟鼓为主体的主流音乐体系相区别的另一音乐系统。琴在所谓三皇、五帝、三王的演进中，一个重大的特点是，琴瑟一体。从春秋战国始，琴瑟开始分化，一是在意义上分化为士人之琴瑟与娱乐之琴瑟。二是琴与瑟开始分化，在音乐的整个体系从文化高位降向低位的历史流向里，琴开始跃向高位，一枝独秀地与所有乐器区分开来。在这一过程中，瑟最后从历史中消失了。唐代的七弦琴把音乐方面以乐律—乐器为一体的演进和文化方面以乐理—器形为一体的演进结合一体，定格为中国的古琴。由唐代古琴向上追溯，乐器的演进重在乐律。没有中国型乐律演进的支持，琴不能完成跃上文化高位的目标，但乐律的演进在现象上又是与文化以乐理—器形为主线的演进分离的。要知晓“琴”以及由“琴”这一文字所内蕴的观念有着怎样的文化内容，以及这文化内容是如何在中国远古的文化演进中发挥作用的，其研究路径，就应转到琴以文化为主的演进大线上来。

第一节　琴瑟的产生与远古的天地观念

《世本》把琴瑟起源归于伏羲和神农[①]。牛龙菲说：琴应起源于狩猎中的猎弓与盛水器匏瓜。把匏瓜系于猎弓之上，用手拨弄弓弦，由之而产生最初的匏琴。从甲骨文，可寻出远古的匏琴有一弦、二弦、三弦。[②] 而伏羲就是包牺就是葫芦就是匏瓜，作为匏瓜的伏羲创造了以匏瓜为主要器形的琴，盖顺理成章之事。《礼记・郊特牲》讲远古的仪式说：“扫地而祭，于其质也，器用陶匏，以象天地之性也。”祭祀中最重要的两种器物，一是陶器，二是匏琴[③]。匏琴何以进入到仪式的中心位置，又与远古的观念相关，远古天相，以斗极（北极—极星—北斗）为中心，带动日月和四方众星的旋转，形成了有规律的天相。闻一多说：“古斗以匏为之，故北斗之星亦曰匏瓜。”[④]匏琴进入仪式中心，关联着天人互动，用匏琴所奏之乐音，与作为匏瓜的北斗的运转，有一种本质上的同构。《周易・系辞下》曰：“古者包牺氏之王天下也，仰则观象于天，俯则观法于地，观鸟兽之文与地之宜，近取诸身，远取诸物，于是始作八卦，以通神明之德，以类万物之情。”匏琴应是在这样的观念中进入仪式中心的。如果说，伏羲的象征着重强调了狩猎采集时代由天人互动而形成的观念体系，那么，神农的符号则彰显着农业的出现对这一天人互动的新贡献。柔和的弦乐与天道的循环有一种深邃契合。甲骨文的“樂”（[illegible]）字，释义甚多，各不相同。这里且引两种与伏羲和神农相关的解释，刘正国和王晓俊都认为[illegible]，从幺幺（[illegible]）从木（[illegible]），上部的[illegible]

---

① 《世本》的不同版本，说法不一，详见后文。

② 牛龙菲：《古乐发隐》，第12—13页。周武彦《我国弦乐器源流探梳》（《南京艺术学院学报（音乐与表演版）》1992年第3期）对一弦和多弦乐器的甲骨文，另有说法，但论证弦乐的存在之义则相同。

③ 牛龙菲：《古乐发隐》，第12页。

④ 《闻一多全集》（二），第247页。

是有神性的葫芦[①]，应关联到有匏瓜之义的伏羲。刘心源、罗振玉、王献唐、田倩君、李孝定、戴家祥，都将𢆶与丝联系起来，多释为“琴瑟之象”[②]。意味着农业丝织出现后，人们对音乐有了新的体认。虽然甲骨文在殷商才出现，但其观念应有之前的悠长演进。王晓俊还强调[illegible]字下部具有神性的[illegible]（木）的重要[③]。走进以神农为符号的农业社会初期，在中国，两种特有的形象，蚕之丝和桑之木，对弦乐观念和音乐本质，应会赋予新的意义。文献中总是要把神农作为琴瑟的创造者。这一创造，应有与伏羲时代不同的新境界。《礼记·乐记》讲了：自然音响为“声”，把声进行美的组织为“音”，音达到了音乐本质即达到了天地的本质为“乐”。[④] 本质性的“乐”在伏羲神农时代的经典体现之一，就是琴瑟。在文献中，琴总是与瑟一道出现。在远古的观念中，如《淮南子·天文训》所讲，北斗之神既是一体，又分雄雌。由北斗的运行而产生风，甲骨文里风凤一字。风即是凤，作为凤，其雄与雌即凤与凰，在远古，天地中万物的总名为虫，凤也是虫[⑤]。作为风，如《说文》释“风”所讲，是“虫动风生”。《庄子·天运》云：“虫，雄鸣于上风，雌应于下风，而风化。”所谓“雄鸣”“雌应”“上风”“下风”者，讲风内蕴着“生”的本质。天地之风的运转，具体体现为属阳的春夏之风和属阴的秋冬之风，北斗的雄雌互动和风凤的四季运动在乐器上就体现为琴瑟一体。琴属阳而瑟属阴。琴因属阳而与春相连，琴者情也，情即因春天的青色而产生心态，情因万物的生气而具有生的性质，春之情为喜，从而琴与春与情与生与喜相连。瑟因属阴而与秋相连，段玉裁注《说文》曰：“瑟之言肃也。”肃即因秋色萧瑟而产生的心态，正如春为阳气之启而万物涌生，秋为阳气之闭而草木枯落，瑟因此有肃杀之气，因秋之肃杀产生之情为悲。从而瑟与秋与肃与死与悲相连。《史记·封禅书》有“太帝使素女鼓五十弦瑟，悲，帝禁不止，故破其瑟为二十五弦”，透出了瑟与悲的关联。《吕氏春秋·古乐》讲述远古之乐，列在第一位的是朱襄氏，其时代所发明的乐是五弦瑟，功能是“以来阴气”。露出了瑟与阴的同构。高诱注《淮南子·墬形训》讲“太

---

① 刘正国：《樂之本义与祖灵（葫芦）崇拜》，《交响（西安音乐学院学报）》2011 年第 4 期；王晓俊：《以葫芦图腾母体——甲骨文“乐”字构形、本义考释之一》，《南京艺术学院学报（音乐与表演）》2014 年第 3 期。

② 《古文字诂林》（第五册），第 929—945 页。

③ 王晓俊：《以木图腾祖先——甲骨文乐字构形、本义考释之二》，《南京艺术学院学报（音乐与表演）》2015 年第 1 期。

④ 《礼记·乐记》：“声相应，故生变，变成方，谓之音。比音而乐之，及干戚羽旄，谓之乐。”

⑤ 《大戴礼记·曾子天圆》说：“毛虫之精者曰麟，羽虫之精者曰凤，介虫之精者曰龟，鳞虫之精者曰龙，倮虫之精者曰圣人。”

帝"是"天帝",与远古观念有关,陈奇猷注《古乐》列出古籍中关于朱襄氏的多种注释,或曰炎帝,或曰在炎帝神农之前,或曰袭包牺之号,或疑为太昊氏之臣[①]。总之甚为久远。这里透出的古人讲过的观念:第一,瑟先于琴[②],第二,瑟与阴相连,第三,远古之时,天为阴,地为阳,与之对应瑟为阴,琴为阳。在天地运转的德刑中,刑为阴,德为阳,刑具有更为重要的位置。当后来天为阳地为阴之后,瑟琴在语序上也变成了琴瑟。言归正传,琴瑟对应的正是远古由天地运转而来的阴阳—刑德观念体系。从观念史来看,远古的阴阳—刑德观念在音乐上体现在什么样的乐器上呢?最能与之相契合的不是磬、铃、埙,而乃管乐之龠与弦乐之琴。考古上的贾湖之双管和文献上的黄帝之双管是与之相契合的,文献上的琴瑟也是与之相契合的,但双管无论在考古上还是在文献上实例甚少,而琴瑟呢,一是在文字上形成两个独立的单词,二是此双词一体在文献上从伏羲神农到春秋战国不断涌现,似可说,各类乐器在竞争谁应成为最能体现天地运转的专器中,琴瑟获得了最普遍的认同。在古代汉语的语法规则中,琴瑟可以合用指兼有二者的整体,又能以偏义复词的方式指某一种,同样,只用琴或只用瑟也可以为虚实相生的方式指整体。不管怎样,琴瑟一体,从语言显示了其最好地体现了天地运转的规律。《世本》关于琴瑟的创造,在不同的版本中有不同的说法,可归纳为三:孙冯翼集本说:"宓羲作瑟,神农作琴。"王谟辑本说:"伏羲作琴,神农作瑟。"雷学淇校集本说:"伏羲造琴瑟……神农作琴,神农作瑟。"即二皇琴瑟都造。应是曲折地反映出,琴瑟一体是经过漫长的时间过程或不同族群的长期融合而形成的。音乐上琴瑟观念的形成与思想上天地—阴阳—德刑观念的形成,盖有一种对应的关系。琴瑟进入远古之乐的主位,还有一点也是需要指出的,远古巫王在对乐律的追求中,只有竹乐之龠和弦乐之琴在律数的获得上具有器形的优势。不同族群对以哪种乐器求律也许有所偏重,但以弦求律极易被发现和使用,无疑有利于琴瑟进入音乐体系的高位。北斗作为匏琴指引着天地的运转,巫王手拥琴瑟指引着族群的行动,在远古的观念中顺理成章。

琴瑟整体象征着德刑,具体出现时,可根据不同情况,或彰显德之生,或突出刑之杀。《韩非子·十过》讲黄帝之琴,就与刑的肃杀和情的极悲相关:

---

① 《吕氏春秋校释》,陈奇猷校注,学林出版社,1984,第287页。

② 《说文》释琴瑟,以瑟为"庖牺(伏羲)所作弦乐",琴为"神农所作"。显然认同瑟在前而琴在后。段玉裁注《说文》"瑟"字曰:"玩古文琴瑟二字。似先造瑟字,而琴从之。"周武彦《释"巫":商代弦乐器考》(《黄钟》1990年第4期)讲琴"是在"瑟"字上加个声符'金',是从'瑟'分化出来的,是形声字。疑琴不仅是后起字,也是后起的乐器。"

> 昔者，黄帝合鬼神于西泰山之上，驾象车而六蛟龙，毕方并辖[①]，蚩尤居前，风伯进扫，雨师洒道，虎狼在前，鬼神在后，腾蛇伏地，凤皇覆上，大合鬼神，作为清角。

其效果是“大风至，大雨随之，裂帷幕，破俎豆，隳廊瓦”的极度“恐惧”。文中出现了各类鸟兽，还有曾与黄帝进行过大厮杀的蚩尤，透出的是黄帝在胜利之后举行各方族群都参加的盛大仪式，通过突出琴瑟的肃杀和极悲而表达一种新型的威仪。角在五音中与东方相关，属生属仁。黄帝由西北进军东方，虽施“刑”之肃杀，但内怀“德”之慈悲。形成远古威仪观念的雏型。《庄子·天运》讲了黄帝“张咸池之乐于洞庭之野”，其效果是：“始闻之惧，复闻之怠，卒闻之而惑，荡荡默默，乃不自得。”从“一死一生”“一不可待”的惧感开始，但最后要达到的是“充满天地，苞里六极”，“达于情而遂于命也”，“无言而心说（悦）”的“天乐”。这里的乐当然不仅是琴瑟，但琴瑟应在其中起主导作用。《周礼·春官宗伯下》讲到“咸池”之舞时，提到了三类乐器的组合：“灵鼓灵鼗，孙竹之管，空桑之琴瑟。”琴瑟之组合而形成天地运转的境界，与咸池之乐的复杂效果，同时也是黄帝要达到的政治效果，应最为契合。《周礼》把《咸池》归在尧的名下，郑玄注云：“黄帝所作乐名也，尧增修而用之。”同章讲六代乐时专举了与天神对应的黄帝《云门》、与地示对应的唐尧《咸池》、与祖庙对应的虞舜《九韶》，三者之中都讲到了琴瑟，分别为：云和之琴瑟，空桑之琴瑟，龙门之琴瑟。郑玄注曰：三者“皆山名”。这一方面透出了琴瑟在五帝中的流传和变异（下节将详论），另一方面讲了琴瑟在观念中的演进。唐尧的《咸池》是由黄帝而来的传统，而其中的空桑之琴瑟，则与颛顼相关。颛顼与琴瑟的相关，在两个方面，一是把琴瑟所表达的主调，由突出刑、杀、肃、悲转为彰显德、生、爱、喜。二是把远古仪式的以天为核心的体系，转为以社为核心的体系。

第二节　琴瑟—社坛一体与琴瑟进入音乐和文化高位

《周礼·春官·宗伯下》讲六代之乐，按仪式中主祭的顺序排列，把云门之琴瑟与祀天相配，空桑之琴瑟与祭地相配，龙门之琴瑟与享祖相配，透出了琴瑟在三个历史时期中的区分。空桑之琴瑟在文献中是与颛顼关联

---

① 毕方为放火之神。《山海经·西山经》：“有鸟焉，其状如鹤，一足，赤文青质而白喙，名曰毕方，其鸣自叫也，见则其邑有讹火。”《山海经·海外南经》：“毕方鸟在其东，青水西，其为鸟人面一脚。一曰在二八神东。”

在一起的。《吕氏春秋·古乐》讲："颛顼生自若水，实处空桑，乃登为帝。"颛顼—空桑—琴瑟成为远古文化中关联甚广的主题。颛顼在文献上，《史记·五帝本纪》《山海经·海内经》将之作为来自西北的黄帝之孙，《帝王世纪》《山海经·大荒东经》则将之作为来自东方的少昊系统的"孺帝"，《吕氏春秋·孟冬季》《礼记·月令》将之归为北方之帝，《离骚》中被南方的楚人尊为先祖。这里透出的是：颛顼乃一位把东西南北都结合起来而对东西南北都有影响的巫王。空桑是颛顼的仪式中心，同时又以这仪式之名喻指其领地。《路史·前纪三》："空桑者，兖卤也，其地广绝。高阳氏所尝居，皇甫谧所谓'广桑之野'者。"《归藏·启筮》曰："蚩尤出自羊水，以伐空桑。"《淮南子·本经训》："共工振滔洪水，以薄空桑。"两个曾进攻颛顼的族群，蚩尤族在东南，共工族在西北，透出颛顼与东南和西北在政治上的互动。颛顼出生和成长的若水和空桑，在观念体系中关系到东方日出处的扶桑和西方日落处的若木，显示的是颛顼与东西两方的互动。蚩尤族的出发地羊水即阳水，与之相对，空桑的重点在空，隐喻着蚩尤在"以阳攻阴"，共工族用水为进攻之器，水为阴，与之相对，空桑重点在桑，桑即阳也，象征着共工"以阴攻阳"。透出颛顼居于阴阳互动的中心。空桑作为与东南西北进行着全面互动的颛顼的仪式中心当然应有包容天地的气概。《山海经·大荒南经》郭璞注引《归藏·启筮》描述这一仪式中心是："空桑之苍苍，八极之既张，乃有夫羲和，是主日月，职出入以为晦明。"在这由日月之母的羲和指挥日月运行，而使天地有晦明变化，祈祝一年中八方之风按时去来的宏大仪式中，琴瑟占有了主要地位。郭璞注《东山经》和颜师古注《汉书·礼乐志二》都说空桑有做琴瑟的佳木，郭璞注《大荒东经》说空桑的壑中有琴瑟，郝懿行疏此经则说琴瑟是颛顼的乐器。其仪式中的景象，应如《汉书·礼乐志二》呈现的"空桑琴瑟结信成，四兴递代八风生"。因此在《周礼》对六代乐的总结中，"空桑之琴瑟"得到强调。想颛顼当年在空桑"乃登为帝"的就职仪式，应是这样在体现天地规律的琴瑟之乐中举行的。与颛顼紧密相连的空桑，既是领土（邦国）之名，也是仪式中心的地点（山）之名，还是山中神木之名，更是用神木所造的琴瑟之名。最重要的是，空桑琴瑟内蕴着独特的观念内容。多种文献把颛顼—空桑—琴瑟关联起来，透出的远古历史动向是什么呢？从远古观念演进的宏观背景看，要点有三：

第一，远古天地关系的变化与社坛体系的确立。颛顼进行《尚书·吕刑》《国语·楚语》所追述的"绝地天通"仪式改革。以前各地各家的巫都可以在自己以山为地点的仪式中与天神相沟通，得天神的法力（如《淮南子·墬形训》讲的"建木在都广，众帝所自上下"），现在通天仪式的权利只有作四方盟主的颛顼拥有，各地各家之巫王只能与自己领土范围内的地神沟通，仅获地神的法力。文献中与颛顼争帝的共工，战争失败之后而触不周之山，亦可作为自毁通天圣地的绝望之举。颛顼重振天地秩序，应是远古东西南北中各族群在武力和智力的博弈中产生的政治结果，主要体现多层级的社坛体系的建立：颛顼掌控的仪式中心为大社，有通天的权利且兼象征天下所有土地，东西南北各大中小族群的国社和村社无通天之权，只有沟通族群所在领土的社神之权。颛顼改革是在名为空桑的社坛进行的，是在琴瑟之乐中进行的，由于颛顼的权威和影响，一方面，空桑之名成为多处社坛之名，《山海经》的《东山经》和《北山经》都有空桑之山；另一方面琴瑟在东西南北的地位都得到极大的提升。当然这也与琴瑟之弦内蕴的乐律象征天乐，从而具有天地运转之数的普遍规律相关。后来舜的"协时月正日，同律度量衡"(《尚书·舜典》)即在此基础上发展而来。

第二，远古阴阳观念的变化与琴瑟结构的变化。颛顼"绝地天通"的仪式改革，同时带动着思想领域中天地观念的变化。远古之初，天为阴为虚，地为阳为实，总之虚的为阴而实的为阳。以此理而推：天之中，斗极为阴而日月为阳，斗极之中，极星为阴而北斗为阳，极星圈内，北极为阴而极星为阳。日月之中，月为阴而日为阳，鬼神之中，神为阴而鬼为阳，地之中，水为阴而山为阳，山之中，土为阴而树为阳，树之中，森为阴而林为阳……在古籍中还可看到这天阴地阳的遗存。《庄子·田子方》曰："至阴肃肃，至阳赫赫。肃肃出乎天，赫赫出乎地，两者交通成和而物生焉。"《史记·封禅书》："盖天好阴，祠之必于高山之下，小山之上，命曰'畤'；地贵阳，祭之必于泽中圆丘。"在颛顼的改革中，由于"绝地天通"，在实际上抬高了地的地位。上古的几种观念应是颛顼时产生的，首先是地的名称的变化，土的性质与族群的性质结合得更紧密而成为"社"。其进程在文献上体现为，地成为"后土"进而成为社：《山海经·海内经》说："共工生后土"。《国语·鲁语上》云："共工氏之伯九有也，其子曰后土，能平九土，故祀以为社。"在共工与颛顼的争帝战中，最初是共工取胜，并在此过程中进行了统一领土的工作，正如黄帝战胜蚩尤而蚩尤成为黄帝的前锋和战神，颛顼战胜共工后继续了共工的工作并将之神圣化：让共工之子后土成为社神。而颛顼号为高阳，内涵之一是彰显作为阳的地。其次是族群名称的变化，由以姓为主变成以氏为主。远古之初，各族群以女性为中心的"姓"来命名，自黄帝始不同族群的融合加速，开始强调地域的"氏"来命名。绝地天通后，地的重要性提升，使"氏"命名成为普遍。与之相应的是仪式内容中，天地关系的暗变。远古以来的仪式，是以昼观日影夜观极星的中杆"示"为核心，词义上，示、是、氏，三字义同，都强调的是生存的正确性（是），但“示”更强调族群来之于天的本质，“氏”则在天地一体的基础上，强调地之生的力量。然后，与社和氏相关联，族群首领的名称起了变化：由皇变为帝。最古的族群首领称皇，后来规范为三皇，“皇”，《说文》曰“大也”，《风俗通》曰：“天也。”《毛诗》传曰：“尊而君之，则称皇天。”“皇”是围绕着“天”而建构起来的。黄帝始而称帝，后来规范为五帝。帝与地同音，与地相关。《说文》曰：帝，“王天下之号也。从丄、朿声”，又曰：“丄，高也”，“朿，木芒也”，与草木有关。二者应与高阳帝有所喻联。商承祚说：“甲骨文……盖帝乃蒂之初字……蒂为花之主，故引申而为人之主。”吴大澂也认为“帝”字如花蒂，又说：“蒂落而成果，则草木之所由生，枝叶之所由发，生物之始与天合德。故帝足以配天。”[①]总之，帝作为族群首领的称号与地上诸物紧密相关。黄帝是从三皇到五帝的第一人，也是使东西南北族群融合起来的第一人。班大为讲，“帝”字与北极作为天的中心和天帝所居相关而产生。[②] 黄帝在成二十五氏共主的同时，也被认为是北斗中的黄神，具有指导四方群星的作用。黄帝作为五帝的第一帝，在从三皇观念到五帝观念的转折中，天的观念依然甚浓，黄帝所在的昆仑是通天的神道，黄帝去世之后有升天的传说。自颛顼绝地天通之后，地得到强调而为社，颛顼虽然也有天上的北方之神，但没有升天神话。甲骨文中的帝有上帝和下帝之分，应是确立帝在地上的权威之后，重构天上，极星成为上帝。虽然地的重要性得到极大的提升，但天在观念上还是最高的。也许正是在作为阳的地的观念提升后，天转为阳，地转为阴，这一转变是在秦汉才定型，但其转变的开端，应是从颛顼帝开始的。阴阳地位的转变，反应到音乐，琴和瑟的组合渐渐地由以瑟为主变为以琴为主。王逸注《楚辞・大招》曰：“空桑，瑟名。”透出空桑时代的琴瑟是以瑟为主的，用瑟来代指琴瑟。

第三，社坛的繁衍功能与琴瑟的结构内容。颛顼时代仍是一个随母居的知母而不知父的时代，但同时又是由母系为主向父系为主的转变和由以血缘为核心的“姓”到血缘加地域为核心的“氏”的转变时代。此时代的标志是各族皆为自己确定一位祖先，这一祖先的追溯只能到一个作为先妣的女人，最典型的是商的简狄和周的姜嫄。这位女人就是作为族群生命之源的社神。最古之时，族群的产生，由动物而来，即所谓图腾观念。三皇之时，天的观念占有最要地位，如郑玄注《礼记・大传》所说：“王者之先祖皆

---

① 《古文字诂林》（第一册），第46—49页。另外马叙伦、商承祚、张桂光、朱歧祥也认为甲骨文“帝”为花蒂，或花蒂为帝的多种字形之一。

② ［美］班大为：《中国上古史实揭秘——天文考古学研究》，第356页。

感大微五帝之精以生。”进入五帝时代，女祖先作为社神在族群的生命繁衍中占有主导地位。在对文献的细读中，可以发现，与简狄和姜嫄同类，禹之母修己，舜之母握登，尧之母庆都，颛顼之母女枢，都是社神。与之相区别，由之而上的黄帝时代的嫘祖和伏羲时代的女娲，虽然与社神有相同的功能，但具有非人的特征，嫘祖是蚕神而女娲是蛙神。由颛顼绝地天通而来的社神的重要特点，是把天地的繁衍功能集中在一位女性的社神中，而对族群的繁衍进行了新的神圣化和仪式化。社坛作为颛顼时代仪式中心，正是围绕生命繁衍的观念而进行组织的。当时社坛的地理特点，具体如何，难于知晓，但从各类文献透出的几个重要要项——颛顼之虚、若水、空桑、玄宫——可注意到这些词汇既有天文的含义，又有地理的特点，如将之与《海内西经》里黄帝的昆仑之虚作一参照，虚是高山，由水环绕，山中有大木、有巫、有鸟、有兽，为“帝之下都”。颛顼之虚也是由水环绕的山谷，没有强调昆仑之虚的怪鸟怪兽，专门突出了谷中的空桑和玄宫。空桑之树，即远古以来以天为中心的宇宙树。桑作为宇宙树，有过广桑（《路史》引皇甫谧语）、穷桑（《左传·昭公二十九年》杜预注）、扶桑（《山海经·海外东经》[①]）等多种名称。穷者中也，突出的是宇宙树的中心性；广者大也，强调普遍性；扶桑乃日出之树，强调的是太阳升起带来的天地间生命新生与宇宙的运行。在颛顼的仪式中心，名为空桑，承接了上面三种意义，而将之转化和凝聚成社树，彰显的是与社神相关的繁衍本质。空桑可作多解，可释为，巨大的桑树，中间已空，也可释为，茂密的桑林，灵光从桑叶中投下。但社神和生育成为仪式的主体。空桑所具有新特点使之成为了一个固定象征。颛顼之后几百年的商初，不知父的伊尹，生于空桑；伊尹之后几百年，不知父的孔子生于空桑。可知这一新名对以后的巨大影响。玄宫之玄，与颛顼的起源有关，颛顼来自北方，《吕氏春秋·有始篇》说：“北方曰玄天。”北方之神曰玄冥，也许因颛顼融合东西南北各族的成功，玄又成为宇宙的本体，扬雄《太玄经》曰：“玄者，幽摛万类而不见形者也。”高诱注《淮南子·本经》曰：“玄，天也，元气也。”《春秋繁露·重政》：“元者为万物之本。”在社的观念中，玄宫之“玄”与空桑之“空”一样，都突出生殖的含义。在本体论上，后来《老子》中讲“谷神不死，是谓玄牝。玄牝之门，是谓天地根”，应与颛顼的玄宫有关。从现象上讲，《礼记·月令》讲社神仪式是在春分这一天玄鸟出现时进行。玄宫就是《诗经·鲁颂·閟宫》里的閟宫，毛传

① 《山海经·海外东经》：“下有汤谷。汤谷上有扶桑，十日所浴，在黑齿北。居水中，有大木，九日居下枝，一日居上枝。”

曰："閟，闭也，先妣姜嫄之庙，在周常闭而无事。"《春秋元命苞》云："姜嫄游閟宫，其地扶桑，履大人迹生稷。"

空桑和玄宫闪耀着社神的生殖繁衍观念，颛顼的形象，除了如《竹书纪年》中"首戴干戈"的威武之外，同样流动着社神的生殖繁衍之灵气。颛顼被古文献归在北方，对应天上十二次中玄枵，玄枵即天鼋。邢昺疏《尔雅・释天》曰："北方成龟形。"《淮南子・天文训》曰："北方水也……其兽玄武。"玄武后来演化为龟蛇相缠，正是一个交合形象。《山海经・大荒西经》把颛顼说成可以进行鱼蛇互变的鱼妇："有鱼偏枯，名曰鱼妇。颛顼死即复苏。风道北来，天乃大水泉，蛇乃化为鱼，是为鱼妇。"正如空桑之桑，自黄帝时代嫘祖为蚕神，一蚕产蛹千千万万，与蚕相连的桑隐含着繁衍象征，鱼也因一鱼产卵千千万万，成为繁衍的符号。颛顼的形象多变是与其成为社神相关的。社的内容是什么呢？《礼记・月令》："是月也（仲春之月），玄鸟至。至之日，以大牢祀于高禖，天子亲往，后妃帅九嫔御，乃礼天子所御，带以弓韣，授以弓矢，于高禖之前。"这虽然是社坛演进千百多年后的情况，但通过其中的要点，仍可看到社坛之礼初期的大致情景：首先，玄鸟（燕子）在春分时到来，激发出人的春情（春分为"启"）。与之相应，玄鸟在秋分时离去（秋分为"闭"）引发人的愁绪。在风凤一体的观念中，玄鸟不仅象征天之元气运转，而且是天之音乐，琴瑟之中，琴属阳而瑟属阴，从生命繁衍角度，琴开启春会之激情，瑟关联离别之思念。社把天、鸟、人、琴瑟组合了起来，并将之神圣化了。在春分之日里，巫王带着配偶到高禖之前进行交合（行高禖之礼），行礼中带着象征交合的饰物：弓矢和弓套。这里应有悠久传统，琴瑟来源于弓，琴体上的共鸣箱形成于匏。琴古音读如空[①]，空桑，即琴桑，暗隐着在桑树下琴乐中的交合。前面讲过，琴在起源观念上与北斗相关，从北极匏瓜（现在应为作天之根的玄牝）产生的元气（玄气）随玄鸟而至，把天之乐音撒在空桑（琴桑）之下，族群的首领戴着玄鸟的装饰带头开始交欢。然后，如《周礼・地官・媒氏》的"中春之月，令会男女，于是时也，奔者不禁"那样，整个族群的男男女女在以琴瑟为主的音乐中进行交合。琴瑟因进入到高禖之礼也让高禖的观念内容进入到自身之中，而跃上了乐器体系的高位。闻一多和陈梦家都讲了，高禖就是社神，就是高唐、高堂、高丘、高陂、高陵、高密、高阳、阳台，就是密崖、閟宫，以及各类与之相关的台、观、馆、宫。[②] 因为高阳即高唐即高禖即社神，从而闻

---

① 牛陇菲：《古乐发隐》，第 20 页。

② 闻一多：《高唐神女传说之分析》，《闻一多全集》(一)，第 81—116 页；陈梦家：《高禖郊社祖庙通考》，《清华学报》1937 年第 3 期。

一多断定颛顼是女性，龚维英写了《颛顼为女性考》[①]，张开焱则说为"两性同体"。[②] 应都讲出了高禖之礼中的一些重要片断。对于本章来讲，重要的是，颛顼对高禖之礼的观念体系建构，使琴瑟与高禖的观念内容紧密地联系在一起，这既造就了琴瑟在这一时代的高位，同时又促使琴瑟在夏商周以后的边缘化。颛顼时代是一个东西南北各族大融合的时代，也伴随着剧烈的战争（颛顼与共工争帝）和艰苦的重建（颛顼的绝地天通），重建中的主要关切应有两点，族群融合与人口繁衍，作为社神新观念的结果，是文献中颛顼的后人特多，如姜亮夫所说："后世得姓称名之民，无一而非颛顼之后矣。"[③]社作为绝地天通后重建的标志性成果，在东西南北各族中在本质相同的基础上又有各种各样的形态。《墨子·明鬼》讲的燕有祖泽，齐有社稷，宋有桑林，楚有云梦，就是在"男女之所属而观也"的本质相同上，而各有地理特征和命名上的差异，皆为颛顼时代社神观念而来的传统。

自颛顼时代把社坛与琴瑟连一起，让琴瑟登上音乐和文化的高位之后，按桓谭《琴道》的举例，得到以后历代圣王贤人的承传：尧有《尧畅》、舜有《舜操》、禹有《禹操》，由之而下，商之微子，周之文王，皆有琴曲[④]。这里桓谭对琴的内涵，只按照汉时琴的新位，进行道德高位的读解。《史记·五帝本纪》讲尧舜时代，却透出了琴的权力象征内容：当尧决定把帝位传给舜时，给了舜三种具有象征意义的东西：自己的两个女儿、絺衣、琴。而舜之弟象在设计谋害舜而自以为得手之后，宣布自己要得到的东西是二：尧之女和琴。这里露出两点：一是琴与帝女的权力内容，二是琴与男女的内在关系。将之与前面的资料结合，可以推想，琴瑟在以社坛（高禖）为核心的文化中，内蕴着三项紧密相关主要内容：一是由琴律内含的乐律体现着天地之道，二是琴瑟运行彰显巫王的政治，三是琴瑟运行把男女交合赋予了族群繁衍的神圣意义。而后世对舜之琴只讲"昔者舜鼓五弦，歌南风之诗，而天下治"（《韩非子·外储说左上》），对琴在当时的内容已经有所遮蔽。

---

① 龚维英：《颛顼为女性考》，《华南师院学报（社会科学版）》1981年第3期。

② 张开焱：《颛顼的双性同体特征及其文化意义——屈诗释读与夏人神话还原性重构研究》，《江淮论坛》2008年第1期。

③ 《姜亮夫全集（一）》（云南人民出版社，2003，第182页）："颛顼一称当为北土方言，传世已久，尤莫知其本义矣。又自诸传说考之，则《史记》《帝系》《世本》《秦记》等书凡舜、夏、秦、楚、陈、田齐，及杞、越、东越、闽越、匈奴、赵及《郑语》之祝融八姓，皆颛顼之后。上世诸大国莫不为颛顼之后。又《大荒经》有季禺，《西经》之淑士，《北经》之叔歜，及苗民，四夷之民，亦皆颛顼之后，文公十八年《左传》亦言：'高辛氏有才子八人'之说，则后世得姓称名之民，无一而非颛顼之后矣，在此机微何在，全属史家堆集之说乎？"

④ （汉）桓谭：《新论》，上海人民出版社，1977，第64页。

第三节　仪式中心由社坛向祖庙的演进与琴瑟在文化中的边缘化

琴瑟进入文化中心，从仪式中心的性质讲，与高禖型的社坛相关联，从族群的目的讲，与族群的繁衍融合，其中的重要焦点是圣人由之而生。从社会性质讲，既与族群在知母不知父的从女性传统相关联，又处于在以女性之“妣”为主向以男性之“祖”为主转变的历史时期。随着这一转变的完成，琴瑟在文化中的地位发生了巨大变化。但这一变化由4000多年前男性之祖占了主导地位而被历史遮蔽，已经不可能具体还原了。闻一多著有《五帝为女性说》[①]，应是把这一转变的完成定在夏禹。郑慧生讲黄帝、炎帝、颛顼、帝喾、尧皆女性，从舜开始为男性，把这一转变的完成标志在虞舜[②]。龚维英说：神农、黄帝、炎帝、蚩尤，颛顼、帝俊、祝融、鲧为女性，帝喾、尧、舜、禹为男性[③]，呈现了历史上由妣到祖的转变过程的复杂。吕振羽认为尧、舜、禹时代都是母系氏族社会，他讲的重点不在尧舜禹是否为男人，而在于这时是“男子出嫁，女子娶夫”，“子女属于母的氏族”[④]。卫聚贤认为整个夏代都属母系社会，证据之一是夏王的称谓都有与女性相连的“后”(后启、后相、后缗、后芬、后荒)。[⑤] 这些论断之不一，在于此历史演进乃漫长而复杂的过程，从社坛的角度看，这一转变的完成标志，宜放在夏朝开创时期以禹为中心的鲧—禹—启三代。第一，鲧的故事，鲧在形象上由禹之母变成了禹之父，鲧生禹困难重重，有“背剖”“胸坼”“剖胁”“屠疈”之痛。隐喻着禹本应留在母族但却历尽磨难而离开了[⑥]。事业上鲧被处死而大禹成功。象征着女王的失败和男王的成功。第二，禹的故事。禹被鲧

---

① 闻一多在陈梦家《高禖郊社祖庙通考》(《清华学报》1937年第3期)的“跋”中说“行当发表”。后并未发表。有学人曰：盖因反对者众而终未发。

② 郑慧生：《我国母系氏族社会与传说时代：黄帝等人为女人辨》，《河南大学学报(哲学社会科学版)》1986年第4期。

③ 龚维英：《女神的失落》，河南大学出版社，1993，第173—329页。

④ 吕振羽：《史前期中国社会研究：殷周时代的中国社会》，湖南教育出版社，2009，第93—102页。

⑤ 卫聚贤：《古史研究》，上海文艺出版社，1990，第165—210页。

⑥ 今本《竹书纪年》：“母曰修己……修己背剖，而生禹于石纽。”《帝王世纪》：“修己……胸坼而生禹于石费尼克纽。”《路史·后记十二》：“六月六日屠疈而生禹于棘道之石纽乡。”且参王宇信：《鲧禹是夏民族父权制战胜母权制的标志》，《人文杂志》1990年第3期。

所生，是与高密即高禖相关的[1]。禹与涂山氏通于台桑而生启[2]，台桑即空桑即高禖。禹几乎不见涂山氏，而且强硬地要回自己的儿子启[3]。从启开始，不但进入了男性领导主潮，而且是强调男性血缘继承的王朝。这一过程中，突出事件是女性族王鲧被共主舜处以极刑而男性族王禹却继承舜登上天下共主的王位。最为重要的是第三，鲧与高密相连，涂山氏与台桑相连，都是高禖社神，而禹在会万国诸侯于涂山而成为天下共主的同时，成为了社神。杨宽把当时天下分为两大部分，西方以羌族为主而禹为社神，东方以夷族为主而羿（契）为社神。[4] 当时东西方的两大强族的社神同时由女性向男性的转变，如果按杨宽之说羿即商契，那么，两大族群都确立了以男性血缘为中心的代际秩序，与此同时就是仪式中心的新转型，祖庙成为仪式中心，社坛仍保留其神圣性，但进行了新的分化，原先在社坛仪式中的内容也在新的观念体系中具有不同的功能和意义。这是一个非常复杂的大题，不可能在这里展开，对本文来讲，在祖庙进入文化中心而社坛随之而进行新的转义的过程中，琴瑟在文化中的地位发生了变化。这从琴瑟在《诗经》中的地位里透了出来。

《诗经》中《颂》呈现了商、周、鲁以宗庙为中心的仪式。《商颂》诗共5首，只有1首（《那》）提到乐器，是鼓与磬，未言琴瑟。《周颂》共10首，只有1首（《执竞》）提到乐器，有钟、鼓、磬、管，未提琴瑟。《鲁颂》共4首，只有1首（《有駜》）提到乐器，是鼓，没有琴瑟。按照汉语规则，不提可能有两种情况，一是琴瑟被排除在仪式乐器之外，二是虽在其中但不算重要乐器。这两种情况都表明在商周的重要仪式活动里，琴瑟已经不在其中或不被安放在重要位置。不过值得关注的是，琴瑟却出现的《雅》和《风》中，共10首，其中"琴瑟"7首，"琴"1首，"瑟"2首。在"琴瑟"的7首中。3首是用琴瑟写求为夫妇且要天长地久的男女之情。显示了社为仪式中心时代铸成的一种具有天地厚度的深厚情感：

窈窕淑女，琴瑟友之。（《国风·周南·关雎》）

---

① 《史记·夏本纪》索隐引《世本》云："鲧娶有辛氏女谓之女志，是生高密。"《吴越春秋·越王无余外传第六》："鲧娶于有莘氏之女，名曰女嬉。年壮未孳。嬉于砥山得薏苡而吞之，意若为人所感，因而妊孕，剖胁而产高密。"（产于高密，并以地点为其乳名）

② 屈原《天问》："焉得彼涂山女而通（即交合）之于台桑？"

③ 《汉书·武帝纪》颜注引古本《淮南子》"（禹）谓涂山氏曰：'欲饷，闻鼓声乃来。'禹跳石，误中鼓。涂山氏往，见禹方作熊，惭而去。至嵩高山下，化为石，方生启。禹曰：'归我子！'石破北方而启生。"

④ 杨宽：《中国上古史导论》，顾颉刚等编《古史辨》第七册（上），上海古籍出版社，1982，第368页。细见《导论》第十四篇《禹句龙与夏后后土》和第十五篇《夷羿与商契》。

与子偕老，琴瑟在御，莫不静好。（《国风·郑风·女曰鸡鸣》）

妻子好合，如鼓琴瑟。（《小雅·鹿鸣之什·常棣》）

其余4首，《国风·鄘风·定之方中》和《小雅·北山之什·甫田》两首与农田即与土地社稷的传统相关，《甫田》中，在"以社以方"的仪式中用琴瑟与"田祖"（农业之神）沟通，祈福庄稼的征收和人口的繁衍："以介我稷黍，以谷我士女。"透出了与社坛仪式的传统内容。在《定之方中》里，"爰伐琴瑟"关联到宫室的修建，山虚的景观，桑田的美景。从宫室到社稷，在"卜云其吉"的氛围里，一种久远传统自然让琴瑟所象征的天地生气、农桑丰产、族群繁衍进入到诗中。另外两首则为宫室中的宴会之乐。《小雅·鹿鸣》是宴飨宾客时的场景，但其中三组意象，动物意象的鹿，植物意象的苹、蒿、芩，音乐意象的琴瑟笙簧，都与春天、生命、嫁娶、快速繁衍相关。[①] 因此，岳泓说此诗写的是"周王与女嫔妃们宴享欢乐"[②]但自两汉诗经学以来，都释为圣明之君与忠贤之臣的宴乐，那么也可以释为：把传统高禖之礼中男女之爱的深厚性和神圣性融进入君臣之间的情意之中，是高禖传统与周朝"当代"的一种交汇，而这一交汇对中国文化审美心性在深层的形成，具有重要意义。在这一理路上，《小雅·鹿鸣》的琴瑟意象内蕴着高禖时代的气息。《小雅·鼓钟》也是写宴会，且有一个更完整的乐器组合（钟鼓、琴瑟、笙磬、雅、南、籥），但传达的却是与《小雅·鹿鸣》的欢乐相反的悲情。在乐曲的进行中，主人公产生了对不在眼前的"淑人君子"的思念和伤感。把诗中用于怀念对象的词汇与《周南·关雎》中用于追求对象的词汇"窈窕淑女"比较，可以感受到相似性，这表明什么呢？由琴瑟而来的男女深情，扩展到君子淑人之间的深厚友情。因此，《诗经》中出现琴瑟的7首诗，显示了高禖仪式积淀的深情在多方面的扩展，《定之方中》《甫田》是在仪式中扩展，《关雎》《女曰鸡鸣》《常棣》是在男女情爱上的扩展，《鹿鸣》《钟鼓》是在君臣之间和君子之间的扩展。琴在《诗经》中单独出现的1次，即《小雅·桑扈之什·车辇》，与《关雎》等3首一样是讲男女情爱的："四牡騑騑，六辔如琴。觏尔新婚，以慰我心。"这里"琴"可作为"琴瑟"的简用。瑟在《诗经》中另单独出现的2次，是《国风·唐风·山有枢》和《国风·秦风·车邻》。后一首是男女情爱："既见君子，并坐鼓瑟。"前一首讲有美好

---

① 闻一多《诗经新义》(《闻一多全集》[三]，第97页)曰："古人婚礼纳征，以鹿皮为贽……上古盖用全鹿，后世苟简，乃变用皮耳。"谯周《古史考》曰："伏羲制嫁娶，以俪皮为礼。"俪皮即鹿皮。郑滋斌《〈诗经·鹿鸣〉本义研究》(载《第四届诗经国际学术研讨会论文集》第770页)说："苹蒿芩……三种植物都生于春季。"

② 岳泓：《〈诗经·小雅·鹿鸣〉"鹿"意象阐释》，《山西大学师范学院学报》1999年第4期。

的时光，要及时行乐："子有酒食，何不曰鼓瑟？且以喜乐，且以永日。"其中的"瑟"仍是"琴瑟"的简用。这里瑟内蕴的快乐，可与《鹿鸣》《钟鼓》一样，是高禖之情的转化形式。

《颂》诗无一首有琴瑟而《雅》《风》里10首有琴瑟，透出什么样的内容呢？祖庙以及展开的祖庙体系（天子、诸侯、大夫、士各有其庙）而形成的新型仪式体系是排斥琴瑟的。但祖庙体系并不否定社的体系而只是将之进行新的定位，社的体系虽然被进行了新的定位，但仍然存在而且仍然具有神圣意义，与社相关联的琴瑟继续与之一道存在，而且与整个新的文化体系和音乐体系相互动，运行着和发展着，当然也包括内容转意在其中。祖庙体系高扬了父系血缘，与母系主导下的高禖精神在核心内容上对立，这一对立造成了五帝时期音乐与三代时期音乐的根本差异。这一差异体现在，父系王朝的建立者夏启以神话的方式呈现新的乐曲创造，这就是《山海经·大荒西经》讲的夏启从天上得到了《九辩》与《九歌》以及《海外西经》讲的在大乐之野舞《九代》。[①] 更体现在殷商以来的乐器改变，青铜乐器出现并入于祖庙体系，成为音乐体系的核心。父系祖庙和青铜乐器形成新的文化结构和音乐结构，完成了将琴瑟排出音乐高位的运作。这在《周礼》中也透露出来。在周代的乐官系统中，师居有固定的高位。[②]《大司乐》中有与乐相关的"师"有：乐师、舞师、钟师、磬师、笙师、镈师、籥师、大师等，却无琴师。只是掌六季六同的"大师"包含着八音，八音中的丝与琴相关，"小师"和"瞽矇"皆"掌鼓鼗、柷、敔、埙、箫、管、弦、歌。"郑玄注《小师》曰："弦，谓琴瑟也。歌，依咏诗也。"《瞽矇》在"……弦、歌"后，有"讽诵诗，世奠系，鼓琴瑟，掌《九德》《六诗》之歌，以役大师。"这里琴瑟是为依吟诗歌服务的。陆德明释曰："小师教此瞽矇，令于作乐之时，播扬以出声也。"虽然琴没有列为专师，但具有师位的乐人，如《左传·襄公十四年》《韩非子·十过》《史记·乐书》讲的师曹、师涓、师旷，对琴都极为精通。《孔子家语》《史记·孔子世家》说师襄"以击磬为官，然能于琴"，内蕴的是琴在历史上的复杂内容。然而，由于社坛多层体系以及其中仍然包含着被新体系承认的天道内容，从而琴瑟仍有非常广阔的表现空间，并在与主流文化的互动中，与青铜乐器的互动中，产生出自己多方面的特点。父系祖庙在对各种乐器进行新的组合中，其重要性和价值性的排列是：金、石、丝、竹，更多的是两分，金

---

① 郝懿行云：《九代》疑乐名，袁珂说，疑《九代》即《九招》或即《淮南子齐俗训》中的《九成》。参袁珂《山海经校注》，北京联合出版公司，2014，第192—193页。

② 项阳《周公制礼作乐与礼乐、俗乐类分》（载《中国音乐学》，2013年第1期）："在两周春官管辖的大司乐中，凡以'师'命名操乐器者，均为国家在册乐师，诸侯国遵周。"

石为一级(可曰钟鼓或钟磬),丝竹为一级(可曰琴瑟或笙瑟)。一般来讲,天子、诸侯和重要仪式用钟鼓(或曰钟磬),大夫、士和次要仪式用琴瑟(或曰笙瑟)。[①] 琴瑟在被纳入到父系祖庙的音乐整体之时,产生了两个结果:一是琴瑟的阴阳之分内容被淡化,其作为乐器之分的性质被强调。二是琴瑟的性爱内容一些被禁止,一些被规范,一些被转意。盖因有这三个方面的变化,琴与“禁”关联到一起。就是说,琴是可以使用的,但使用时要进行限制,包括主观上的自觉和制度上的规定。可以说,有着悠久高禖传统的琴瑟,进入到父系祖庙的钟鼓体系之后,就与“禁”的观念结合在一起,并以多种多样的形式存在和演进。

第四节　礼崩乐坏中的音乐转意与琴瑟的重新定位

春秋伊始,礼崩乐坏,夏商西周以来音乐体系具有的审美—政治—宗教的整合内蕴开始变化,变得与政治和宗教无关而只有享乐的意义,春秋以来的仁人志士,臧哀伯、魏绛、医和、屠蒯、晏子、子产、单穆公、伶州鸠,更有孔子,为保证音乐的传统整合性进行了艰苦的斗争,但却阻挡不了前进的潮流,到战国,以墨子《非乐》为标志,音乐体系完成了整个转型,被视为享乐的含义。《孟子》在音乐定性上与《墨子》的完全相同,显示了儒家对这一时代共识的认同。与战国相关的文献中,音乐基本是与饮食、服饰、黄金、宝马、美人并列在一起,成为纯粹的享乐物品。战国后期,荀子在承认音乐为满足人欲望的享乐品基础上,从政治秩序出发,提出要按照政治等级来对音乐的享受进行规范,要把音乐纳入制度用乐的新礼制中。音乐本身仍是享乐,只是享乐要依政治等级划出高低。所谓的“德必称位,位必称禄,禄必称用”(《荀子·富国》)。在春秋战国的文化演变中,琴瑟因其本有的传统内蕴和复杂历史而显出了比其他任何乐器更为复杂多样的特点,主要体现为二:第一,整个音乐都是享乐,琴瑟被按照音响性质进行归类,如《荀子·礼论》里“钟鼓管磬,琴瑟竽笙,所以养耳也”。在音乐为养耳的愉快上,琴瑟常与笙竽相连,形成“竽瑟”这一固定词汇。如《战国策·齐策一》讲齐地之“民,无不吹竽、鼓瑟、击筑、弹琴、斗鸡、走犬、六博、踏踘者。”在享乐性质上,琴瑟与其他乐器和其他享乐方式没有不同。第二,琴瑟毕竟有过复杂的历史,因此,琴瑟在主流意识和普遍意识对音乐的一般定位

---

① 《史记·乐书》:“夫古者,天子诸侯听钟磬未尝离于庭,卿大夫听琴瑟之音未尝离于前,所以养行义而防淫佚也。”《新书·审微》:“礼,天子之乐,宫县;诸侯之乐,轩县;大夫直县;士有琴瑟。”

基础上，有更丰富的表现。在“赵女郑姬，设形容，揳鸣琴，揄长袂，蹑利屣，目挑心招，出不远千里，不择老少者，奔富厚也”（《史记·货殖列传》）的潮流中，本内蕴着琴瑟的高禖传统里突出性爱诱惑的一面；在钟子期与伯牙在汉江边鼓琴赏音中，本内蕴着琴瑟的高禖传统中情深意厚的一面；当子游做武城宰以弦歌教化民众之时，本内蕴着琴瑟的高禖传统中以乐化俗的一面；当曾点在孔子和同门前高谈用世理想时，用鼓瑟流露自己超然物外的情志，本内蕴着琴瑟被主流文化拒斥时所体现的宇宙深邃……还应注意到，当各种乐器都在音响规律中重新定位之时，各类弹拨弦乐在演变中走向交互关联，同时作为弦乐的琴、瑟、筝、筑也被关联在一起，筑被牛陇菲称为“先秦古琴”系列。从乐律演进看，筑在当时还领先一步[①]，在这一意义上，荆轲击筑而歌的易水之别，内蕴的也是琴瑟丰富内容中的一面。也许正因为琴瑟内蕴着丰富的传统和历史内容，在春秋战国时代音乐整体都在意义流失中载沉载浮时，琴瑟显出了自己的独特亮点，其在春秋战国秦汉演变中，呈现为两条相互关联又完全不同的路向：性爱的挑逗深情和哲学的宇宙厚蕴。

先讲第一条路向。春秋中期，卫灵公在濮水边听到桑间的琴声，在与晋平公、师涓、师旷的讨论中，将之定性为商纣时的靡靡之音。而这种琴音又有地域文化的基础，即《汉书·地理志下》讲的“卫地有桑间濮上之阻，男女亦亟聚会，声色生焉。”从历史上讲这一地域音乐与颛顼以来的高禖文化紧密相关。斯维至说：“我国古代东方沿海一带，自燕、齐、鲁、鄘、卫、陈、郑以及楚诸国，都是以桑林为社，甚至可以说这一区域是桑林文化区。”[②]而“卫，颛顼之虚也”（《左传·昭公十七年》），按《左传·昭公二十九年》“颛顼氏有子曰黎，为祝融”，《山海经·大荒西经》曰：“颛顼生老童，老童生祝融，祝融生太子长琴，是处榣山，始作乐风。”而“郑，祝融之虚”（《左传·昭公十七年》）。由此透出的是：五帝时代的高禖之风，经夏商两代的压制规训而在商末殷纣的动乱腐败时代有一次大的复兴。又经西周 300 年的压制规训之后在春秋的动乱年代又开始以郑卫为先导而复出，形成了孔子等人坚决反对的“郑声”，稍讲全点，叫郑卫之音，称为“桑间濮上之音”则点到了本质。这一类型的音乐，由郑卫引领，很快扩至郑、卫、宋、晋、秦、楚多

---

① 牛陇菲：《古乐发隐》，第 41—47 页。项阳《筑及相关乐器析辨》（《音乐探索（四川音乐学院学报）》1992 年第 3 期）说：筑大致可分三型：楚、吴越和北方型。“北方之筑形，更多地接近于后世定型的琴形。”

② 斯维至：《汤祷雨桑林之社和桑林之舞》，《全国商史学术讨论会文集》，殷都学刊编辑部，1985，第 26 页。

地。特别到战国时代，赵国首都邯郸，在地理上处于秦在西、燕在北、齐在东、魏在南的中央位置，物产上，处于《史记・货殖列传》中天下物产四大区的中央，成为繁华大都市，把郑卫之音铸型为以"邯郸倡"为符号的赵女文化。《盐铁论・通有》说："赵、中山带大河，纂四通神衢，当天下之蹊，商贾错于路，诸侯交于道；然民淫好末，侈靡而不务本，田畴不修，男女矜饰，家无斗筲，鸣琴在室。"琴瑟成为赵女美冠天下的重要构件之一。由郑声到赵女，完成了琴瑟于春秋战国秦汉在这一方面的演进。赵女们"鼓鸣瑟，跕屣，游媚贵富，入后宫，遍诸侯"(《史记・货殖列传》)，形成从战国到秦汉的一大文化特色。战国时期，赵王迁之母，秦王政之母皆为美丽赵女。《汉书・外戚传》提到的西汉后宫女性 53 人，有姓名的 32 人，作传的 25 人，提到受过宠幸的 19 人，19 人中有 15 人是赵女。① 还有诸侯王和大臣的家中也晃动着赵女的丽影。而擅长琴瑟以琴动人是赵女们的重要元素：《史记・万石张叔列传》中，刘邦与项羽作战，过河内，当地小官赵人万石接待，其姐"能鼓琴"，迷住了刘邦，被刘邦收为己用。《史记・张释之冯唐列传》里，汉文帝的慎夫人让文帝喜欢，其"鼓琴"必不可少。汉宣帝的重臣杨恽的夫人"赵女也，雅善鼓瑟"(《汉书・公孙刘田王杨蔡陈郑传》)……在赵女的形成、发展、光耀中，琴与性的吸引和魅诱，琴与情的穿透与深厚，交织在一起，演出了司马相如以琴求爱，赵飞燕用名为凤凰的宝琴增加魅力，秦嘉夫妇以琴体现忠贞等等佳话，琴在这一路上的文化定型，一直具有巨大影响，《西厢记》中的"琴挑"也是此传统在后世的一次美丽闪亮。

再讲第二条路向。春秋以来的文化转型，一个重大的特点，是在文化整体中，乐的地位下移(从宗教—哲学—政治核心移向享乐)和文的地位上升(由乐的附庸变为宗教—哲学—政治中的核心)。这两方面的合力使琴瑟有了与其他所有乐器不同的表现。在第一个方面即乐的下移中，琴瑟一方面随着乐的整体一道有下移之势，另一方面又有努力保持高位之新向。在《论语》中，琴瑟只出现了两次，两次都关联着保持高位的新向。一是《先进》中，曾点鼓瑟，表达自己超越于进入政治—宗教事务的高尚情怀。二是《阳货》中，子游以弦歌进行社会教化。朱熹注："弦，琴瑟也。"歌是对文学之诗的音乐化。音乐化用琴瑟，就与第二方面关联了起来，在文走向高位之时，弦歌把琴瑟与诗连在一起，对保持琴的高位起了重大的作用，《史记・孔子世家》曰："三百五篇孔子皆弦歌之，以求合韶武雅颂之音。礼乐

① 以上数据是白兆晖《论西汉后宫宠幸暨赵女现象的成因》(《邯郸学院学报》2007 年第 1 期)和王文涛《论汉代河北的乐舞文化》(《河北师范大学学报(哲学社会科学版)》2010 年第 6 期)的综合。

自此可得而述。"这里的实际作用，是琴瑟因与诗的一体，而与诗一道运行在文化的高位上。除了这两点之外，还有一点对琴瑟的高位同样重要，就是在乐律的演进中，琴弦与数理的关联最为紧密，在曾侯乙编钟里，琴用作定音器。

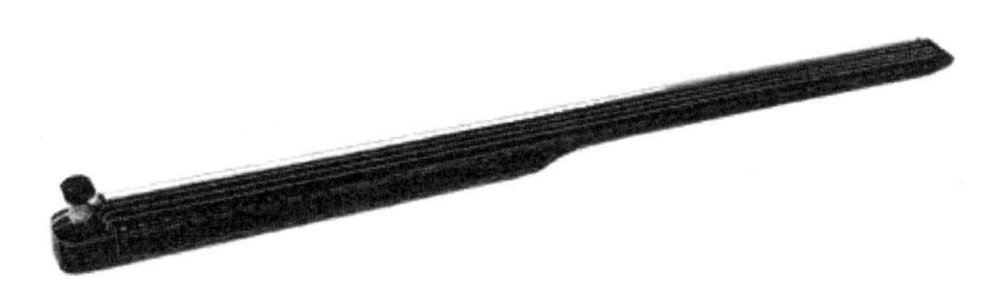

图 24-2　曾侯乙墓中作为定音器的琴

资料来源：王金中《失传千年：曾侯乙墓惊现古代乐器"筑"》(文中讲筑即五弦琴)

在从春秋到秦汉的文化转型中，无论具体的音乐地位怎么下移，乐律是一直保持高位的。琴瑟，因有三方面的关联，文、律以及高禖中深情的一面，而在整个乐的地位下移中，彰显了一种独特的地位。这主要从两方面透露出来，一是国君士人都用琴瑟来象征自己品味，东边的齐国有驺忌用鼓琴的方式见齐威王，得到了重用(《史记·田敬仲完世家》)。雍门子周以琴见孟尝君，让后者感到由琴而来哲理(《说苑·善说》)。西边的秦国，秦昭王与左右讨论政事，中期却玩着琴，觉得该讲点什么就"推琴而对"(《战国策·秦策四》)。中部诸国，赵王好音善瑟，声名在外，有了与秦王相见时被令鼓瑟的故事(《史记·廉颇蔺相如列传》)。在魏国，上演过"师经鼓琴，魏文侯起舞"(刘向《说苑·君道》)的场景。二是琴瑟成为士人修养的要件。《礼记·曲礼上》有"先生书策琴瑟在前"，《礼记·曲礼下》有"士无故不彻琴瑟"，琴瑟成了士人品性的象征之物。

在春秋战国秦汉的文化转型中，琴瑟在音乐整体的向下移位中载沉载浮，显出了多种流向，又终于在多种流向上下浮沉的旋涡中升腾了起来，进入了天道的高位并成为了君子的品味。这一升腾主要是在汉代完成的。

第五节　音乐转型的定型与琴的升位的完成

春秋以来的音乐转型在两汉基本完成，体现在汉代朝廷舞乐融合先秦的雅乐俗乐而建立起来，其基本特点是，三代以来以钟磬打击乐为主的点型节奏音响的音乐体系，转变为以丝竹管弦为主的线条旋律形态的音乐体系。钟磬保留在宗庙郊祀的固定仪式中已经不是音乐的主流，以丝管为主的朝廷舞乐成为主流，经常性地呈现在宫廷舞乐、室内宴乐、巡游仪乐之中，是政治秩序和审美享受的统一。春秋战国以来的郑卫之音已经被整合在其中，用《史记·司马相如列传》中的话讲，是既"驰骋郑卫之声"又"曲终而奏雅"。在整个音乐体系被定位在政治秩序享受框架之中的大背景下，音乐曾经存在了千年万年的文化高位，完全失落了，这与由先秦儒家为主的乐论形成巨大的反差，也许正是在这一理论与现实的矛盾中，本有历史基础和丰富内蕴的琴，被汉代学人选择出来，去弥合这一矛盾。盖应在这一弥合过程中，琴升腾而上，进入到了形而上的高度。琴的新型建构，在以桓谭、蔡邕为代表的汉代士人中基本奠定，进而在以嵇康、陶潜为代表的魏晋士人处最后完成。琴在两汉的建构塑形，主要从如下五个方面体现出来：

一、琴从琴瑟一体中单独出来，同时也从瑟、筝、筑、箜篌等弹拨乐器系列中独立出来，成为具有特殊意义的琴。两汉重要学人，对这琴的新义，进行了理论建构，著名哲学家扬雄和桓谭分别著有《琴清英》和《琴道》，著名经学家刘向和马融分别写了《雅琴赋》和《琴赋》，著名文学家傅毅和蔡邕分别写了《琴赋》和《琴操》。汉人为彰显琴的新义，把"雅"字加在其上，成为雅琴。刘向的赋就用"雅琴"称琴，《越绝书·外传纪地传》把雅琴追溯到孔子。"孔子对(越王)曰：'丘能述五帝三王之道，故奉雅琴至大王所。'"《风俗通义》用此词来突出琴在音乐中的中心地位："雅琴者，乐之统也。"《汉书·艺文志》以雅琴为名的书有：《雅琴赵氏七篇》《雅琴师氏八篇》《雅琴龙氏九十九篇》。

二、琴在被赋予新义的同时，对形制有了新的要求，按照天道来进行设计。桓谭《琴道》和蔡邕《琴操》都对琴与天道的对应作了大致相同的阐述。且看蔡邕之论："琴长三尺六寸六分，象三百六十日也；广六寸，象六合也。文上曰池，下曰岩。池，水也，言其平。下曰滨，滨，宾也，言其服也。前广后狭，象尊卑也。上圆下方，法天地也。五弦宫也，象五行也。大弦者，君也，宽和而温。小弦者，臣也，清廉而不乱。文王武王加二弦，合君臣恩也。宫为君，商为臣，角为民，徵为事，羽为物。"琴形制的演进正是在这一与天道应合的基础上进行，最后让琴在形制上成为天道的符号，琴的每一部分都有天道某一方面的内蕴。也许正是以天道为琴的形制基础这一要求起了导向作用，琴也确实在自身的形制演进中，成为最能体现中国乐律思想的乐器，即以徽位在魏晋时代的出现为中心，通过徽位关系、调弦法、取音方式、宫音律高四方面的组合，把乐律的天道深蕴完美地体现了出来。①

三、与形制上的象征体系相呼应，建构起琴曲的高雅谱系。桓谭《琴道》建构了一个尧、舜、禹、微子、箕子、文王、伯夷的悠久琴曲谱系。蔡邕《琴操》更是由古到今列 50 多种琴曲：舜《思亲操》，周太王《歧山操》，文王《拘幽操》《文王受命》《文王思士》，周公《越裳操》《周金滕》，成王《仪凤歌》，孔子《将归操》《猗兰操》《龟山操》《孔子戹》，曾子之《残形操》《曾子归耕》《梁山操》，以及忠臣、孝子、勇将、侠客、义者、隐士、贞妇、直夫、悲人等各种值得社会景仰和怀悲之人士的琴曲。这一琴曲谱系把琴与其他乐器在文化价值和个人品味上区别开来。同时，《礼记》中的《檀弓上》《孔子闲居》，《史记》中的《孔子世家》，《说苑》中《谈丛》《修文》出现了大量孔子与琴的故事，让孔子的圣光与琴紧密地连在一起。

四、完善了琴的基本理论：琴—性—禁。如果说高禖的琴瑟是以天道中春分玄鸟之来和秋分玄鸟之去为基本框架建构琴瑟与性情的对应，性情的迸发放纵与收敛禁忌是由天道运行为参照的，是一种群体性的族群规范，那么，汉人的琴的理论则是强调在天道运转中圣贤的个人命运遭遇。但无论个人的际遇如何，都要保持心的纯洁端正。桓谭《琴道》把琴的传统追溯到尧舜。如尧那样，君子入世“无不通畅”，“达则兼善天下”，从而尧之琴曲名曰《尧畅》。如舜那样，“遭遇异时，穷则独善其身故谓之操”，因此舜的琴曲名曰《舜操》。“畅”美学上属喜，是欢乐的，但这乐强调的是与天下同乐，“操”美学上属悲，是哀愁的，这哀是在坚守节操上的悲，要哀而不伤，悲而愈坚。因此，琴，自古圣贤以来，是用来“养心”的。特别在人生不顺，命途多舛之时，越是要防止因个人的情欲而改变良好操守。“养心”一定意味着对不当情欲之“禁”，由于从春秋以来到秦汉，个人的不遇和不幸已为常态，琴被定位为养心，“禁”自然成为了琴的属性。蔡邕所列的琴曲，大部分都是与个人不幸相关的“操”，同时也就意味着强调个人操守的“禁”。汉人论琴，充斥着“禁”：

> 刘安《淮南子·泰族训》：“神农之初作琴也，以归神杜淫，反其天心。”
>
> 司马迁《史记·乐书》：“卿大夫听琴瑟之音未尝离于前，所以养行义而防淫佚也。”

---

① 黄翔鹏：《曾侯乙钟、磬铭文乐学体系初探》，《音乐研究》1981 年第 1 期；崔宪：《钟律与琴律》，《中央音乐学院学报》1995 年第 1 期。

桓谭《琴道》："琴之言禁也，君子守以自禁也。"

扬雄《琴清英》："昔者神农造琴，以定神禁淫嬖去邪，欲反其真者也。"

刘向《说苑·修文》："卿大夫听琴瑟，未尝离于前，所以养正心而灭淫气也。"

班固《白虎通·礼乐》："琴者禁也，所以禁止淫邪，正人心也。"

应劭《风俗通义·琴》："琴之为言禁也，雅之为言正也，言君子守正以自禁也。"

前面说过，"禁"是自高禖仪式以来琴瑟的传统，但远古之禁，与天道的德刑相关连，禁乃玄鸟离去，秋肃来临的天之刑。汉人之禁，则从个人身上的性情立论。自荀子以来，用礼制管束情欲成为政治美学的要务，汉儒进一步把情性与阴阳对应，董仲舒认为，性属阳而情属阴，天要以阳禁阴，人须以性禁情。① 这里"禁"即把情放到正确的地方。从汉代的时代氛围来讲，"禁"是士人群体，在新的大一统体制以来制度、思想、现实的多重互动中，进行的一种心性修炼，而琴成为士人进行心灵修炼的音乐选择，这一选择又让琴与士人之心最高尚的一面相连，而把琴送上了音乐境界和思想境界的最高度。

五、琴达到音乐的最高度，正好把音乐体系自春秋以来下移而带来的最高境界的阙如，填补上了。中国音乐理论由声、音、乐构成基本结构，声是自然音响，音是把自然音响进行美的组织形成的音乐，具体音乐如果达到了与宇宙本质相一致的音乐本质，就称为乐。《礼乐·乐记》对乐的定义是"及干戚羽旄，谓之乐"，即远古诗乐舞合一的仪式音乐方(达到宇宙本质和音乐的本质)谓之乐。秦汉以来，这种仪式音乐虽然仍在郊祀宗庙中进行，但并不是朝廷政治运作的主流，而与朝廷政治运作相关的舞乐却又没有形而上的高位。可以说，正是在这一音乐高位阙如的现实中，琴在被雅化、士人化、君子化的演进中，达到了音乐本质、同时也达到宇宙本质的高位。在汉代音乐体系和琴的双重演进中，琴成为了音乐的最高位。音乐的最高境界就是琴的境界。琴作为音乐的境界同时也是士人的最高境界和宇宙的最高境界，在嵇康那里，得到了历史的定型："目送归鸿，手挥五弦。俯仰自得，游心太玄。"(《赠秀才入军》其十四)琴向上位演进，达到宇宙的

---

① 董仲舒《春秋繁露·深察名号》："天两有阴阳之施，身亦两有贪仁之性。天有阴阳禁，身有情欲栣，与天道一也。是以阴之行不得干春夏，而月之魄常厌于日光，乍全乍伤。天之禁阴如此，安得不损其欲而辍其情以应天？天所禁，而身禁之，故曰身犹天也，禁天所禁，非禁天也。"

最高境界，同时也就达到了文字型的“书”的境界，因此，琴的演进过程，正是与“书”结合的过程。《史记·淮南衡山列传》讲“淮南王安为人好读书鼓琴，不喜弋猎狗马驰骋”，王逸《伤时》有“且从容兮自慰，玩琴书兮游戏”。到魏晋以后，随着琴的高位的定型，琴与书的相连，极为普遍：挚虞《思游赋》：“修中和兮崇彝伦，大道繇兮味琴书。”戴逵《闲游赞》：“故荫映岩流之际，偃息琴书之侧。”萧统《殿赋》：“卷高帷于玉楹，且散志于琴书”……

琴，完成了自身的文化定位之后，就一直以三种形象出没在中国历史之中，一是作为士人心性的音乐象征，具有宇宙的最高境界，与之相连的是琴、棋、诗、书、画。二是作为情爱的最为深情的司马相如型的表达，特别体现对日常观念的突破上。三是作为一种弹拨弦乐，与瑟、筑、筝、阮、箜篌、琵琶等乐器在音乐上本质相同。对于琴，只有从第三种形象进入到第二种特别是第一种形象，琴的文化意蕴，才敞亮出来。

第二十五章　铃—庸—钟演进的政治和文化关联

青铜乐钟的演进，从陶寺（尧舜时代）和二里头（夏初）的铜铃，到殷商的编庸和大镛[①]，再到西周的编钟，钟演进为甬钟—钮钟—镈钟的体系。青铜乐器如是的演进，除了中国型音乐演进的规律之外，还关联到中国型政治演进和中国型文化演进的规律。青铜时代的到来，在乐器上的体现，就是铜铃的出现，铃由陶铃演为铜铃，新出现的青铜在文化上非常重要，铜铃也因此而重要，进入到乐器、政治、文化的核心。陶寺和二里头的铜铃，都出现于高级墓葬之中，铜铃与特磬、鼍鼓，一道构成古乐体系的核心，同时，与铜牌、玉钺、龙盘或绿松石龙形器一道，构成政治象征的核心。考古上的陶寺和二里头即文献上的虞夏正处远古政治重大变化的关键时段，从中国远古的仪式演进来看，有一个从村落空地的以中杆（立杆测影，昼观太阳，夜观极星）为仪式中心的时代，与之对应的是由燧人氏、女娲氏、伏羲氏、神农氏作为文化符号的远古，接着是由炎帝、黄帝、蚩尤、两昊为代表的五帝时期，在考古学上的对应就是西北的仰韶文化、东北的红山文化、东方的大汶口文化、东南的良渚文化、南方的屈家岭文化和石家河文化。这一时段，土地及其所包含的领土、农业、财富显得重要起来，地神之社坛成为仪式的中心。五帝时代的主流演进从黄帝、颛顼、帝喾而到尧舜和夏禹，其文化的仪式中心从社坛转向祖庙。青铜文化以及青铜文化中的乐器——铜铃，正是在这一时段产生出来，其演进方向，在很大的程度上，是受政治制度上的从五帝时的公天下（部落联盟）向夏商周的家天下（以一族一姓为天下之王）的演进，以及文化上重大仪式的举行从社坛中心到祖庙中心的演进所影响，并与之互动。虽然青铜乐钟的演进，有自己的音乐规律，由虞夏之铃到殷墟编庸，在音乐上由节奏型转为旋律型，编庸由三件组形成三音列，不但与其他乐器组织成乐律整体，还在编庸自身的基础上发展，这就从殷商编庸三音列到西周编甬的三音列，再演进了以后四件组的四音列，

---

① 殷代青铜乐器，器上无自名，文献乏记载，本文且称之为庸和镛。其命名讨论详见后文。

并由双音的自觉采用和由四件组到八件组，进而九件组、十件组、十一件组，而形成八音列、九音列、十一音列，最后在春秋末战国初曾侯乙编钟的十二音列发展到顶峰。但青铜乐钟在音乐上有如是的演进，又是与政治的演进和文化的演进紧密相关的。本章的重点，正是音乐演进与政治演进和文化演进的相关性。

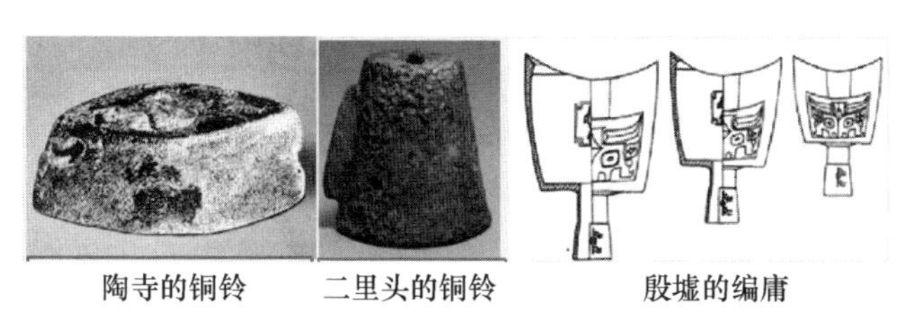
陶寺的铜铃　二里头的铜铃　殷墟的编庸

图 25-1

第一节　从社坛之示到祖庙之宗：从铃到庸的政治和文化关联

铃从最初的陶铃始，就是令相关，刘心源讲："铃字从命，古文令命通用。"[①]《尉缭子·勒卒令》讲了铃进入军事上的观念体系："金、鼓、铃、旗，四者各有法。鼓之则进，重鼓则击。金之则止，重金则退。铃，传令也。旗，麾之左则左，麾之右则右。奇兵则反是。"从陶令到铜铃，青铜的重要提升了铃的权威，使铃进入政治象征的核心结构之中。铃是巫王之令，随王流动，铃虽重要，但只是核心体系中的一种，而且其进入象征体系中心也不是以乐的方式，而是以令的方式。历史的演进之线为，虞夏之铃演变为殷商之庸，庸是钟的初级阶段，但庸已经在本质上进入到了钟。铃是流动之物，随巫王之身而动，包括随着巫王之舞在社坛上响动。庸是固定之器，放置于庙堂之中，本身的形象性彰显出来，虞夏之铃是小体量和单体的，殷墟之庸是大体积的，编列的。由此透出了，编庸呈现了祖庙仪式的秩序和威严。铃演进为庸，是与一种时代文化和现实政治对固定空间的新要求结合在一起的。这就与从五帝时期到夏商周时期的政治转型和观念转型关联了起来。

远古仪式中心在从中杆到社坛到祖庙的三段演进中，虞夏之际正是由社坛中心向祖庙中心的转型之时。五帝时代，社形成为一个复杂的体系，

---

① 《古文字诂林》(第十册)，第 566 页。

《礼记·祭法》曰："王为群姓立社，曰大社。王自为立社，曰王社。诸侯为百姓立社，曰国社，诸侯自立为社，曰侯社。大夫以下成群立社，曰置社。"社的性质决定了社的多样性体系，既可立于城内，也可置于城外，而从观念上来讲，城外高山、丘墟、湖畔更显其天地人合一的性质。考古上如红山文化和良渚文化著名的坛台，多在城外之山丘之上。《墨子·明鬼》讲燕有祖泽，齐有社稷，宋有桑林，楚有云梦，都为性质相同而置于山丘、树林、水泽间的社坛。而祖庙则一定在城内中央。祖庙的性质形成了天地人的新结构，也形成了整个天下的新结构。这就是《吕氏春秋·慎势》讲的"择天下之中而立国，择国之中而立宫，择宫之中而立庙"。以庙为中心的庙—宫—城体系，要求相应的象征符号。如果说，从中杆中心开始，磬鼓进入到仪式中心，社坛中心出现，管龠和琴瑟进入仪式中心。中国远古文化在从中杆中心到社坛中心的演进中，磬鼓—管龠—琴瑟，作为三组基型，在不同的地域族群中，以多种多样的组合方式，进入到仪式中心。但在从社稷到祖庙的演进之时，正是青铜文化出现之时，青铜材料一产生，就进入到政治文化的中心。以前三组主要乐器，磬鼓、管龠、琴瑟，由其固有的音乐本性，都难于在青铜上得到提升，由陶铃演进而来的铜铃因其"铜"与"令"的新组合，而成了与仪式新中心的政治新要求和音乐新要求相适应的乐器增长点。

从社稷中心到祖庙中心的演进，内蕴着以女性为主体到以男性为主体的演进，女性为主的族群重在显示天地人一体但以地为主的坛台形的社，人母地母天母通过社的仪式而整合起来，男性为主的族群重在天地人一体但以人为主的庙堂，由先祖到祖到父形成血缘结构。这里包含两个主要的转变：一是社神由女变为男。最古之时，族群的产生，由动物而来，所谓图腾观念，三皇之时，天的观念占有最要地位，如郑玄注《礼记·大传》所说："王者之先祖皆感大微五星之精以生。"进入五帝时代，女祖先作为社神在族群的生命繁衍中占有主导地位。在对文献的细读中，可以发现，五帝时代，周族的始祖之母姜嫄，商族的始祖之母简狄，禹之母修己，舜之母握登，尧之母庆都，颛顼之母女枢，都是社神。而到了虞夏之际，夏禹和羿（契）成为西方和东方的两大社神。二是夏启为王，建立了以男性为祖宗的崇拜系统，《史记·五帝本纪》的《夏本纪》列出的夏启祖上系统是黄帝—昌意—颛顼—鲧—禹—启。回到历史之中，主要的是鲧—禹—启。祖庙建筑当时称为宗。宗，即把空地和社坛上的示（中杆）放进宀（建筑）之中，成为祖先的牌位。男人之众祖的结构体现为建筑之宗里的牌位结构。祖庙的屋内空间要求一种与之相适应的仪式结构。

正是在政治和文化新要求的驱动下，青铜乐器以编列方式排列在祖庙里，编列的完善体现为西周的乐悬制度，《礼记·明堂位》把这种乐悬的起点追溯到夏："夏后氏之龙簨虡，殷之崇牙，周之壁翣。"郑玄注曰：簨虡是刻缕鳞羽装饰呈横（簨）竖（虡）结构的木架，用以悬挂钟磬。构成新型仪式。《淮南子·氾论训》提到夏禹的悬乐政治："禹之时，以五音听治，悬钟鼓磬铎，置鞀，以待四方之士。为号曰：教寡人以道者击鼓，谕寡人以义者击钟，告寡人以事者振铎，语寡人以忧者击磬，有狱讼者摇鞀（古同鼗）。"五者实为三，钟磬鼓（鼓鞀铎），透出了禹把两大传统乐器，鼓和磬，组合进钟里，形成新的悬乐系列。这两段文献虽然一为庄严的仪式之乐，一为实用的政治之器，但皆为悬乐，而且都是从西周悬乐体系向后回望而夸大了其在夏的雏型。从二里头的仪式结构看，乐器有铃、鼓、磬。铃放在墓主腰间，漆鼓为束腰长筒，两者应难悬挂，石磬最上部有眼，可以悬挂。透出一点夏乐中的悬味。这时铜铃虽然出现，作为铜的象征可以进入中心，但还不足以成为乐的中心，因此，夏代的簨虡，主要是磬和鼓。簨虡之初应体现为磬之悬与鼓之植。《诗经·商颂·那》有"置我鞉鼓"。毛传曰："夏后氏足鼓，殷人置鼓，周人县（悬）鼓。"足鼓者安底座使之相对固定，成为商周悬乐得发进一步发展的基础。"鞉鼓"包括小鼓称鞉和建鼓称鼓的一体两类。郑玄讲商的置鼓时笺曰："置读曰植，植鞉鼓者，为楹贯而树之。"孔颖达正义曰："鞉则鼓之小者，故连言之……鞉虽不植，以木贯而摇之，亦植之类，故与鼓同言植也。"透出了建鼓之树与鞉鼓之摇的逻辑关系，也可想象夏之足鼓与簨虡的关联。殷墟大墓（小屯 M1 和 1217 墓）发现了十字形木质鼓架和磬架腐朽后的遗迹，编列结构有所发展。与西周成熟悬乐编列相对应的饮食器为九鼎八簋饮食之器的编列。青铜文化之初，编列结构首先体现在饮食器上，二里头文化的青铜饮食器就有鼎、尊、鬶、盉、斝、爵、觚等，这里应有编列的雏型。由此可推，二里头文化应有三套结构：一是祖庙中心型的建筑编列结构，二是庙内仪式的饮食器编列结构，三是体现君王威仪之编列结构①，目前发现与第二套结构相关因子有：铜铃、铜牌、铜钺、绿松石龙形权杖、玉戚、玉璋、玉戈，但究竟是怎样的结构尚不清楚。无论怎样，以祖庙为中心而聚集起来的三套编列结构，影响了夏商周之礼的演进，而音乐的演进也是在这一结构的内在驱动中形成新型。但新型乐系从初生雏型到成熟体系，绝非一蹴而就，确需多方探索，还要外在条件。历史结果是，新形式的奠基方向在殷墟的编庸和南方的大镛中完成。就夏初而言，为祖庙中心而进行的音乐改革是怎样的呢？《吕氏春秋·古乐》讲夏禹时

① 《礼记·礼器》："天道至教，圣人至德。庙堂之上，罍尊在阼，牺尊在西。庙堂之下，县鼓在西，应鼓在东。"讲的也是庙堂上下的成列方式。

创出了《夏籥》,也就是《左传·襄公二十九年》讲的《大夏》。《山海经·大荒西经》讲,夏启从天上得到了《九辩》《九歌》,形成《九招》,《九招》即《九韶》即《大韶》即《箫韶》,《尚书·益稷》《竹书纪年》《庄子·天下篇》都讲乃舜之乐。实际应当是:夏启借天之名,对舜的《九招》和禹的《夏籥》进行了改革,形成了夏代新乐,从继承的一面讲,可仍称含有舜传统的《九招》或《九韶》或含有禹传统的《夏籥》或《大夏》;从创新的一面讲,则曰《九夏》即新型《九招》。二者的区别,正如王子初析辩的,《大韶》或《大夏》是乐舞,以“舞”为主,《九夏》或《九招》是乐曲,以“奏”为主。① 《离骚》中:“奏《九歌》而舞《韶》兮,聊假日以偷乐。”点出的也是二者在音乐形态上的区别。从历史的演进看,从舜到禹,是五帝的社稷中心时代,以舞为主,在舞中达到天地人的合一,夏启时代,进入祖庙中心,以曲(诗乐)为主,这乐曲规范行礼者的行步快慢大小的“节步”,为建立一种新的政治秩序服务。在《周礼》中还可以看到《九夏》的基本框架,《周礼·春官·钟师》讲的“九夏”即:《王夏》《肆夏》《昭夏》《纳夏》《章夏》《齐夏》《族夏》《祴夏》《骜夏》。”举例而言,大祭祀中,王出入庙门奏《王夏》,尸出入庙门奏《昭夏》,牲出入庙门奏《肆夏》。祭祀前有大射礼,王出入奏《王夏》,王射箭时奏《驺虞》,大飨礼无牲,王和尸出入其乐与大祭祀同,宾出入奏《肆夏》,倘宾醉而出则奏《陔夏》。这只是《九夏》的一部分,但从这里,透出了周礼的一些片断,由此可窥见夏礼的片断,进而可窥观《九夏》以及夏乐体系的本质:在以祖庙为核心的仪式体系中,需要与其内容本适合的音乐,这音乐需要与之相适应的乐器。对于处于城市中央的祖庙来说,这一音乐体系是围绕着祖宗牌位的编列结构。以王为中心的各级人等的出入步节,是由这一编列体系产生出来的。这还只是从祖庙的一般结构讲,对于进入青铜时代的夏来讲,面临的重要课题是如何建立与祖庙中心相一致的音乐体系,这一音乐体系如何用最具时代魅力的青铜来体现。特别是青铜食器已经呈现出巨大威力之后,青铜乐器如何与之配合。由于以前乐器的三大强项,磬鼓、管龠、琴瑟,与青铜都不契合,青铜乐器只能以铜铃为起点来发展,历史表明这是一个极为漫长的过程。为什么这么漫长呢?一方面,乐器体系与整个礼的方方面面相关联,王朝的各大重要事项:祭祀、占卜、行政、进食……皆须假助音乐以神圣化。青铜乐器要入主中心,同时要在与其他乐器的调适中保持平衡,每种乐器都内蕴着相应的观念,从而其入主中心的演进受到方方面面的制约。另一方面,乐器的演进过程又不时被复杂的政治演进所打断,夏代在

---

① 王子初:《先秦〈大夏〉〈九夏〉乐辩》,《音乐研究》1986年第1期。

启之后，就有太康失国，夏政为羿所代，羿又被寒浞所代。在复杂多变的政治形势中，夏的都城不断变换：禹之阳城、启之阳翟与黄台之丘，太康后的斟寻，以及商丘、斟灌、西河、安邑、原、安邑等。① 殷商之初，同样政局多变，有伊尹逐太甲而代政及后来还政太甲，有在兄终弟继和父终子继等之间的王位争夺，呈现了《史记·殷本纪》说的“九世乱”。殷商都城，屡屡迁移，张衡《西京赋》讲是“前八而后五”，商汤之前，八迁其都，商汤之后，五迁其都，到盘庚迁到安阳后，才稳定下来。正是盘庚取得政治安定和都城稳定之后，在殷墟产生了编庸，在南方出现了大镛，青铜乐器在编列和体量两个方向取得了质的突破。

第二节　从祖庙之示到庙寝之主：从庸到钟的政治—文化关联

夏商的祖庙成为城市中心，祖庙建筑称为“宗”，宗的内部祭台上，祖宗牌位称为“示”。殷商祖庙以宗族的辈份亲疏为基础，形成大宗、中宗、小宗的建筑体系和大示、中示、小示的牌位体系。示作为宗庙里的牌位，用来统称先公、先王乃至旧臣，因其来自村落的中杆和社坛的中杆，因此也可用来称四方神祇，不过在祖庙中心的结构里，整个天地祖的体系是以祖为中心组织起来的。祖庙里的示是祭祀的中心，示也就成了主。唐兰、陈梦家都讲示与主，本为一字②。张亚初说：“在商代甲骨卜辞中，示与主二字是经常通用。”③何琳仪在《战国文字通论》讲“示”与“主”乃一字之分化。④ 从思想的演进上讲，主的出现，是在政治体系中，祖先于巫王占卜政治中的决定权渐渐让位于巫王借助占卜但更多运用理性进行决策的政治文化过程中的演进。这一方向进一步演进，形成了：主从示主一体中分离出来，成为君王的独称。主由示而来，最初中杆和社坛中的示，即神主。当祖庙的地位和功能越来越大，主的词义，由神示之主暗转到鬼祖之主。当君王的地位和功能越来越大，主的词义，又由鬼祖之主暗转到君王之主。这一由神示之主到鬼祖之主到人王之主的演进。在商到周之后有一个质的转变。与主从示中分离出来而拥有政治权威相同步的，是祖庙建筑名称和实形的

① 张国硕：《夏王朝都城新探》，《东南文化》2007年第3期。

② 唐兰《怀铅随录(续)，释示、宗及主》(《考古社刊》第六期，1937)：“示与主为一字，……卜辞中示、宗、主实为一字。示之与主、宗之与宔皆一声之转也。”陈梦家《神庙与神主之起源——释且宜俎宗祏祊示主宔等字》(《文学年报》第三期，1937)：“示、主本为一字。”

③ 张亚初：《古文字分类考释论稿》，《古文字研究》第十七辑，中华书局，1989，第254—255页。

④ 何琳仪：《战国文字通论》，中华书局，1989，第291页。

演变。殷商之“宗”演为西周之“庙”。宗庙在建筑体系上，是前庙后寝，寝庙合一的结构。郑玄注《礼记·月令》(寝庙毕备)曰：“凡庙，前曰庙，后曰寝。”即前面是祭奉的牌位，后面是放祭祀辅助器物的空间。孔颖达在疏中对此解释道：“庙是接神之处，其处尊，故在前；寝，衣冠所藏之处，对庙为卑，故在后。”随着政治文化的进一步演进，寝从庙寝合一的结构中独立出来，成为独立于庙的单体建筑：路寝。顾名思义，这一分离出来的单体建筑，安置于通向祖庙的正路上。祭祖由王而祭，路寝成为王祭祀活动的休息之所，路寝又名正寝。路寝强调是在道路之中，正寝强调的是寝功能之正。由于寝是王之寝，正寝又可名王寝，强调王之所在的寝。随着政治文化在理性化的方向上越来越高，具体的行政决策须向祖宗汇报的数量减少，而王及左右近臣凭理性思考就直接进行决策的数量增多，王寝就演进到显示王之威仪的宫殿。这一演变的最终定型是在秦汉，但从路寝到正寝到王寝到王之宫殿的演进，在春秋以后有一个质的转变。从长时段来讲，在观念上是从夏商的神祖之示到两周的鬼祖之主到秦汉的人王之主，在建筑上是从夏商以“宗”为名称的祖庙，到两周以“庙”为名称的祖庙，到秦汉独立于祖庙并成为城市中心的以“宫”为名称的宫殿。

在这宗—庙—宫和示—主—王的演进中，可分为两段，和由宗与示到庙与主演进相关联的是由庸到钟的演进，和由庙与主到宫与王相关联的是钟向甬—钮—镈的体系展开。此节且讲从庸到钟的演进。

庸，来自铃又与铃有本质上的区别，即有了植鸣的编列，由特磬鼍鼓单体之音转为编庸的旋律之乐(天之音律)。编庸在以“宗”为名称的庙内和以“示”为名称的祖宗牌位前出现，以编列的形式应合祖庙所要求的政治秩序。祖庙呈现了一种家的空间，殷商之庙的群体，呈现的是一个以王家为中心的庞大家族体系，以及由这一祖庙群象征的政治关联，还有以都城为核心与殷商领土中各城的关联，最后是殷商各城与四方和天下的关联。这一新的政治形态用青铜礼器来体现，一是饮食器的列鼎制度，二是音乐器的编庸制度。在以鼎为核心的青铜饮食器上，二里冈的李家咀 M1 有两鼎为核心的鼎、鬲、簋、爵、斝、觚、罍、卣、盘的成列体系[①]，到殷墟妇好墓的方鼎、方彝、鸮尊，四足觥、圆足觥，皆两件成对，呈现成列体系。在音乐上，以三件组编庸成列为核心，形成乐器体系。编庸，与铜铃口朝下不同是口朝上，与铜铃与人一体不同，是独立且成列出现于簨虡之中，在祖庙有自己的

① 具体数为：两鼎、两鬲、一簋、五爵、五斝、三觚、二罍、一卣、一盘，虽然出土时仍不完整，但还是透出一种体系结构。参湖北省博物馆：《盘龙城商代二里冈期的青铜器》，《文物》1976 年第 2 期。

空间位置。编不但改变了簨虡的功能，而且也改变音乐的性质，让音乐以青铜乐器为中心基础而进行新的展开。青铜食器的两鼎核心展开的体系和青铜乐器的三编庸核心展开的体系，与宗型祖庙展开的体系和示型牌位展开的体系有一种观念上的结构关系。编庸在殷商产生，在南方，铜铃则演进为大镛。殷商编庸和南方大镛构成商代音乐的二重奏，一方面编庸的产生把以前的特磬转为编磬，另一方面大镛成为特磬和鼍鼓的青铜升级。编庸是铜铃口朝上且体量上扩大，并以编的形式展开自己，大镛则是口朝下，在体量上进行了极度扩张。在这二重奏中，编庸是中心，因此，由商到周，在大镛的方向上演出了甬钟，甬钟又向编列靠拢而形成编甬，钟的命名由之而产生。鐘，《说文》曰"从金童声"。何休注《公羊传·桓公十一年》："童，音鐘……童，邦君自谦之辞。"鐘又借为鍾，段注为"从金重声"，郑玄注《礼仪·士丧礼》曰："木也，悬物焉曰重。"鍾应是在钟由殷商编庸的植列之乐演进为西周编甬的悬列之乐时被借用的。在语音上鐘、鍾与中同，音同义通，透出了观念形态的指向（具有空地中杆的"中"意义但又进行了提升，青铜乐钟象征着新的中心）。从庸到甬而甬称为钟，不仅是青铜乐钟在器形上进行了质的提升，同时也在观念上进行了质的提升（以新名来确立对新中心的肯定）。商代的编庸和大镛到西周时结合而成甬钟，又是与商代时殷商与四方的关系演进为西周时成周与四方更紧密的层级封建关系相对应的。西周整合了同姓宗族、异姓功臣与历史贵姓而形成的天子、诸侯、大夫、士的天下结构，需要相适应的音乐体系，这就是编庸演为编甬，并以编甬为中心展开青铜乐钟新体系的政治和文化动因。青铜乐钟的演进，从夏之铃到商之庸到周之钟，青铜乐钟在实和名上都达到了自己的本质。用汉语的音同义通和文化演进的内在关联来看，铃者令也，由夏开始的以祖庙为中心的王朝之令由之而行，庸者用也，商用青铜形成了编庸，把祖庙文化以青铜乐音用之于四方，钟者中也，青铜乐器在四方的运用中演进出自己的新的本质。这一本质不仅是音乐的，也是政治的和文化的。青铜乐器在铃—庸—钟的演进里，达到了本质。

第三节　由王寝之主到宫殿之王：编钟甬—钮—镈展开的政治和文化关联

夏商周之祖庙是祭祀与行政合一的神圣建筑，在这建筑空间中祭祀与行政的比例随着理性化程度的提高而变化着，由于二者比例的变化，这一神圣建筑的命名随之变化。《尚书帝命验》曰："唐虞谓之天府，夏谓之世室，殷谓之重屋，周谓之明堂，皆祀五帝之所也。"这里唐虞时代的"天府"突出建筑的祭祀天地之主题。夏朝的"世室"标志了重大的变化。《说文》曰"三十年为一世"，段玉裁注曰：由此引申为"父子相继曰世"。世室突出的是王族的血缘祖系。正因为唐虞与夏商周对建筑的本质定性不同，《周礼》《孝经》都不用第一句而只讲与夏商周有关的三句。这三句话里，夏的世室为祖庙定性，殷的重屋之"重"，除建筑学的形式特征之外，更重要的是点出了祖庙是两重功能（祭礼与行政）的合一。这两重功能中祭祀一面的减弱和行政一面的增长，引起了建筑名称的变化，到周代成为明堂。《礼记·明堂位》篇首就讲明堂是"周公朝诸侯"的行政之所。而《周礼》说："明堂，文王之庙。"淳于登说："中有五帝坐位。"由此可知，祖庙是多重功能合一。孔颖达在《礼记·明堂位》中疏曰："宗庙、路寝，制如明堂"。又讲，因强调的因素和功能不同，"取正室之貌，则曰大庙，取其正室，则曰大室，取其堂，则曰明堂……虽名别而实同。"对于本文来说，正是祖庙中行政功能的增强，与之配合的青铜乐器由编庸和大镛演进为编甬。而行政功能的进一步增加，产生了庙与寝的分离，行政功能在路寝上日益突出，路寝被称正寝，突出达到质点，正寝被称王寝，质点演进到高潮，王寝进一步分为行政功能的王寝与休寝功能的燕寝[①]，最后行政功能的王寝去掉寝字而成为宫成为殿，由此又带动休寝功能的寝也变成殿变成宫，这是世俗的宫殿与宗教的庙坛在本质上进行区分后的结果，其最后完成在秦汉，其演变过程在春秋战国，其起点则在西周。正是在这一政治文化演进的起点上，甬钟产生了出来。与正寝之正（政）相契合的甬钟之钟（中），以音乐的新潮应合着政治的新潮。

西周的新体系在把中央和四边统合起来之时，甬钟产生了，甬钟从南方的大镛中产生出来，进入北方而成为编甬。甬钟，由于来源于南方之镛而钟口朝下，由于进入北方而成编，进入编庸以来的主流。编甬是南方大镛和北方编庸的综合，这一综合的后面，正是西周对夏商的统合，同时是对夏商以来中央王朝与四围方国关系在制度上的提升。李零说，中国文化的大一统之产生，最重要的就是"西周封建"和"秦并天下"[②]。编甬的产生与

---

①　孔颖达在《礼记·曲礼下》正义曰："案周礼，王有六寝，一是正寝，余五寝在后，通名燕寝。"在《礼记·内则》正义说："宫室之制，前有路寝，次有君燕寝，次夫人正寝。"何休在《公羊传·庄公三十二年》注曰："天子诸侯皆有三寝：一曰高寝，二曰路寝，三曰小寝。"王国维《观堂集林·明堂庙寝通考》承认正寝和燕寝，并详论了燕寝体系："古之燕寝有东宫，有西宫，有南宫，有北宫。其南宫之室谓之适室，北宫之室谓之下室，东西宫之室则谓之侧室。四宫相背于外，四室相对于内，与明堂、宗庙同制。其所异者，唯无太室耳。"

②　李零：《茫茫禹迹：中国的两次大一统》，生活·读书·新知三联书店，2016，第17页。

定型，与西周的新的天下观定型相伴随、相应合、相互动。以编甬为基础而展开的青铜乐钟，不但有了“钟”的名称，而且在三个方面展开：一是在编列上的演进。甬钟成编后，即由殷庸的三件组编列转成周甬的四件组编列，进而成八件组编列，再进到九件组编列、十件组编列、十一件组编列及更多编列。这一编列的演进，既是青铜乐器体系的演进，也是音律体系的演进，正是这乐钟编列的演进中，青铜乐钟不但成为音器的主体，而且自身就构成乐器体系。二是乐钟的单钟由单音变双音。从甬钟开始有了正侧鼓的自觉运用，一钟双音，既在青铜乐钟上体现了与文化观念相一致的阴阳之和，又使青铜乐钟的音列开始了丰富的展开。音列的扩展与编列的扩展互应互和，使青铜乐钟成为中国乐律演进的主导，并最终产生了中国型的乐律体系。三是乐悬制度的成形。乐悬制度需要两个前提：第一，乐钟由钟口向上变为钟口向下，才能由植列变成悬列，周甬把殷庸的钟口向上改为钟口向下，创造了乐悬的单体条件。第二，编列要扩展到了一定的数量，乐悬方能以一秩序的方式对乐钟进行室内的空间安排。甬钟在编列上由三到四又由四到八，为乐悬制度的完美提升了编列基础。乐悬制度从音乐上讲，是青铜乐钟在室内空间的安排方式，分为宫、轩、判、特四类，按郑玄对《周礼·春官·小胥》的注解：宫悬即东西南北四面皆悬，轩悬即东西北三面悬，判悬即东西两面悬，特悬则只在东方一面悬。从政治上讲，乐悬又是一种政治秩序规定。这就是《周礼·春官·小胥》讲的：“正乐县（悬）之位，王宫县，诸侯轩县，卿、大夫判县，士特县。”从青铜乐钟的组件编列而来的乐器体系的扩展和一钟双音而来的音乐体系的扩展到乐悬结构的体系呈现，透出了青铜乐钟在音乐和政治双重推动下的演进。

在以甬钟为基础的以上三个方面的演进中，在音乐和政治的双重推进下，西周末年产生了两大重要乐事，一是南方大镈传入中原，一方面继续成为象征符号的特镈，另一方面在编甬的影响下形成编列。二是钮钟在甬钟和镈钟的相互作用下产生出来，成为一种新型编钟。[①] 这时，青铜乐钟呈现为甬—钮—镈的编钟体系，完成了由铃到庸到钟的千年演进。

西周整合天下的新型政治，推动了青铜音乐的演进，体现在乐悬制度和甬—钮—镈体系的形成，在此基础上有编列—音列的丰富演进。青铜音乐在政治的推动下不断演进，乐既有体现宇宙规律（天之乐）的一面，又有体现政治规律（礼之乐）的一面，还有体现音乐自身规律（音之乐）的一面。

---

① 王子初：《中国青铜乐钟的音乐学断代——钟磬的音乐考古学断代之二》，《中国音乐学》2007年第1期。

进入春秋时代，天道和政治开始变化，这一变化让青铜乐钟作为音乐之乐的一面得到了更大的突出，音乐之乐在音乐规律的基础上又推动了青铜乐钟在乐悬、编列、音列进一步发展，并在春秋末战国初达到了青铜音乐的顶峰，曾侯乙编钟是其光辉的代表。而当天道和政治达到了一个质点，进入战国时代，西周天道向战国理性转变，寝庙之主向宫殿之王转型，音乐的本质进一步向宫廷享乐和民间娱乐演进，音乐的主流由青铜乐钟转向了歌舞，歌舞的享乐性和娱乐性的突出，改变了乐器的体系结构，琴瑟、管龠得到突出，而青铜乐钟开始退出宫廷音乐的舞台。当两周之“主”完全成为秦汉之“王”时，青铜乐钟就从朝廷仪式中心退出去了。

青铜乐钟在辉煌千年之后虽然淡出历史，但其曾有之辉煌以及能辉煌背后之意义，给人以无尽的沉思。

第二十六章　青铜乐钟理论问题：乐钟命名·乐悬体系·乐钟观念

远古的青铜乐器，发端于陶寺（尧舜）和二里头（夏初）的铜铃，到殷商时代殷墟的编铙（庸）和南方的大铙（镛），形成基型，西周在殷商编列的基础上形成乐悬制度，乐悬的演进在春秋末战国初达到顶峰，然后退出历史舞台。这里有甚多的问题。这一领域的研究已有很多成就，还有甚多尚没或未曾提出的问题，需要进一步研究。这里提出三个问题来讨论：一是作为青铜发展重要阶段的殷商乐钟的命名，以及由之而来青铜乐器的演进逻辑架构；二是青铜乐钟演进到西周形成乐悬制度，言说乐悬制度的概念体系究竟是怎样的，主要关系到三组概念，簨虡、肆堵、宫—轩—判—特形成的言说体系。三是青铜乐器进入已有悠长历史的远古乐器体系之时，在远古的阴阳观念体系中，是作为阴来进行定义的，随着青铜乐钟入主乐器中心和观念中心，这一最初的定义被进行了修正，这是一个从未被提出，而对于理解青铜乐钟与文化观念的关系，十分重要的问题。

第一节　殷商乐钟的定名与青铜乐钟的演进逻辑

青铜乐器的演进，从二里头的铜铃到殷墟编铙（庸）和南方单件大铙（镛）的双线发展，到西周编钟体系的出现和“钟”的概念产生，完成了音乐器形和文化观念的转变。铃与钟是演进的起点和终点。殷代青铜乐器是其中段。对于此段的青铜乐钟，器上无自名，文献乏记载，罗振玉释为铙，容庚解为钲，郭沫若定名为铎、镯；陈梦家拟名为“执钟”[①]，还有殷玮璋称“早期甬钟”。以上命名的思路，铙、钲、铎、镯是从铃着眼，执钟、早期甬钟

---

① 罗振玉：《贞松堂集古遗文》，北京图书馆出版社，2003，第153页。容庚：《商周彝器通考》，上海人民出版社，2008，第562页。郭沫若：《两周金文辞大系》，科学出版社，2002，第452和467页。陈梦家：《西周铜器断代》，中华书局，2004，第335页。

则是从钟着眼。目前学界主流依罗振玉之说为铙，如王子初、高至喜，还有王友华等。然而，李纯一、方建军，还有陈荃有等乐学名家，则认为应为庸（细分则中原的编铙称编庸，南方的大铙称镛）。[①] 究竟是叫铙好还是叫庸好，这就关联到青铜乐钟的历史演进和理性性质。

从历史上看，青铜乐钟从铜铃中产生出来。《广雅·释器》曰“钟，铃也”，正合于讲钟的起源。铃，考古上从6000年前在北到内蒙古、南到湖南、东到山东、西到甘肃的广大地域皆有发现，包括西北仰韶文化从早期到晚期，东方从北辛文化到大汶口文化，南方从屈家岭文化到石家河文化，正乃早期中国形成前的三大文化。[②] 张冲把陶铃分为四期，以主流文化命名，为仰韶文化早期和中晚期，龙山文化早期和中晚期，而在第四期，陶铃有了引人注目的发展，在数量和质量上都达到了巅峰，[③]铜铃也产生了出来，并入主文化和仪式的中心。如果说，在乐器与文化的共进中，最初是磬占有仪式中心，继而是鼓进入仪式中心，那么，铜铃产生之后，因其带着青铜的重要性，而占有了与鼓相同的核心位置，旂铃具有了与旗鼓一样的重要地位，后来文献中的“和铃央央”（《诗·周颂·载见》）、“锡鸾和铃”（《左传·桓公二年》）、“朱旂二铃”（毛公鼎），都应是从这一时期开始的。鼓是集体性的，巫王击鼓引出集体性行动，铃则是个人性。刘心源讲：“铃字从命，古文令命通用。”[④]铃传巫王之令而象征了巫王的权威。铜铃在文化中的核心地位，在从陶寺（尧舜时代）到二里头（夏王朝）中，有鲜明的体现。两处的铜铃都出土于高级墓葬之中。《尉缭子·勒卒令》讲了铃进入军事上的观念体系：“金、鼓、铃、旗，四者各有法。鼓之则进，重鼓则击。金之则止，重金则退。铃，传令也。旗，麾之左则左，麾之右则右。奇兵则反是。”五帝时代，各方并起，万国林立。铃也有多样的形态，并发展出自己的体系，在考古上，张冲把史前陶铃分为无甬铃和有甬铃，无甬铃有A、B、C型，A有2亚型，B分4亚型，C分6亚型。有甬铃也可分有顶和无顶两型，有顶又有2亚型。[⑤] 进入铜铃阶段，在文字上有铃、镯、钲、铙、铎等字。《说文》释“铎”曰：“大铃也。”释“铙”曰：“小钲也。”段玉裁注《说文》“钲”曰：“镯、铃、钲、铙，四者相似而有不同。”这透露出了铃在起源和发展中的

---

① 李纯一：《庸名探讨》，《音乐研究》1988年第1期；陈荃有：《从出土乐器探索商代音乐文化的交流、演变与发展》，《中国音乐学》1999年第4期。

② 王友华：《先秦大型组合编钟研究》，博士学位论文，中国艺术研究院，2009，第23—24页。张冲：《先秦时期陶铃和铜铃研究》，硕士学位论文，山东大学，2014，第13页。

③ 张冲：《先秦时期陶铃和铜铃研究》，硕士学位论文，山东大学，2014，第23页。

④ 《古文字诂林》（第十册），第566页。

⑤ 张冲：《先秦时期陶铃和铜铃研究》，硕士学位论文，山东大学，2014，第13—21页。

多样性。从铃铎和钲铙有大小的区别，显出铃有多样性的体系（如段玉裁注“钲”时讲的“《周礼》言铙不言钲，《诗》言钲不言铙”）。铃与令和钲与正的关联，呈出铃在文化中的性质。铃，令也，关联到上天之命和巫王之令。钲，正也，关联到遥远的中杆传统，《说文》释“钲”有“上下通”，这正是中杆仪式天人相通的传统。同时又具体为“令”的上下通。钲之正和铃之令呈现的是铃的观念体系。镯，《说文》曰：“钲也。”是从观念的一般性上讲，如果从器形的特殊性上说，镯呈现了钲的地域特征，镯中刻镂了地域性“蜀”的形象（《说文》释“蜀”：“葵中蚕也。从虫，上目象蜀头形，中象其身蜎蜎。”）。正如镯可以令人想起禹与蜀地涂山氏的关系，铙可以想到与尧的关联。总之，与铃相关的字汇以片断的方式，透出了铃在从乐器边缘进入仪式中心的过程中，关联着地域特色、器形体系、观念体系的交织演进。

以上呈现的铃、镯、钲、铙、铎的关系，透出了把殷商乐钟命名为铙，是从青铜乐器的起源——铃——的角度去看而得出来的。如果从青铜乐器演进的终点——钟——的角度来讲，也许会让问题清楚些。杨树达说：钟之初文是甬。字形的演进是从甬到鏞到鐘。考虑到西周以后，钟下有甬钟、钮钟、镈钟三亚形，而周甬之形，柄在上口在下，殷铙（庸）之形，柄在下口朝上，二者相反，甬应来自西周钟定形之时。从铃为起点到钟为终点来讲，说由铃到铙到钟，强调的是铃与铙的相同点，尤在二者柄皆在下口朝上。说由铃到庸到钟，强调庸与钟的相同点，重在二者在体量、音量以及（更为重要是由编庸体现的）音列上。从文字学看，铙属于铃而庸属钟，因此以庸来称商代青铜乐器，更能突显商代乐器在由铃为起点的乐器演进中有了质的飞跃。在本质上进入了青铜乐钟。甬为钟的初文，有着包含商庸在内的钟的观念内涵，从“甬”字中可以得到更好的理解。甬，金文有（颂鼎）、（师克盨）、（吴方彝），为物之构型，以竹为之曰筩，以木为之曰桶，以金为之曰鏞，从器物上看，金后起，鏞在器形和本质上应当借鉴了筩与桶，从乐器来讲，即借鉴了竹乐器管龠和木乐器柷敔，从本质上讲，甬的本质是中空，甬之“空”兼有和无两种性质，空而盛有，可为“容”，空而含气可为“通”，空皆有气，天地一气，万物形体各异而本质相同，因此，甬为“同”。甬与中国观念的本质联系了起来。李孝定讲，甬与用同[①]，《说文》曰：“庸，用也。”甬之用乃与空、气、通、同相关的器的本质之用，而非仅器的形、质、料、异相关的现象之用。《说文》释“用”曰：“可施行也。从卜从中。”讲是与中杆关联的天地之空和在空中的气的运行。卜则是从天地运行中体悟出天

---

① 《古文字诂林》（第六册），第548—549页。

地的规律。鏞由金而来时，与管龠柷敔相关但又超越了竹木之甬，而具有了自己的本质，这就是“庸”。因此，用庸来指商代青铜乐器，形成铃—庸—钟的演进序列，不但有李纯一《庸名探讨》举证的甲骨文的支持，更在于可以更好地体现青铜乐器演进的观念内容。《广雅·释器》从铃的角度来统包括钟在内的青铜乐器：“镯、铎、钲、铙、钟，铃也。”[①]这是由前向后看，且契合着五帝至夏的时代特点。《古今乐录》则从钟的角度来统包括铃在内的青铜乐器：“凡金为乐器有六，皆钟之类也：曰钟、曰镈、曰錞、曰镯、曰铙、曰铎。”这是由后向前看，且适应于两周的时代特点。但这两种概括里，殷商乐器被弱化而甚模糊，虽然两者中的“铙”应都内含殷商内容。以铃—庸—钟作为演进过程的命名，其好处是，兼顾了青铜乐器发展的三段，并使之明晰化：在铃阶段，是铃、镯、钲、铙、铎；在庸阶段，是庸和镛；在钟阶段是，甬、钮、镈。用庸来命名商代乐钟，既在实物器形上突出商钟与周钟的关系，强调二者的本质关联，又从文字音韵上强调了商钟与周钟的观念关联。这样，青铜乐器演进三阶段的特点得到了突出：从陶寺（尧舜）到二里头（夏代）的铃尚在非钟之铃的阶段，殷商的庸真正具有了钟的性质。进入到了钟的阶段，此阶段又分为两种形式，一是殷墟之编庸，二是南方的大镛。前者的创新是编列，重点在音，后者的创新是体大，重点在形。虽然，殷商时代标志着青铜乐器在音乐和仪式两个方面都进入了钟乐阶段，由于北庸与南镛的差异，最终走向何方尚不清楚，王友华指出甲骨文不少的字：庚、康、南、唐、用、南、殸、商[②]都与进入到本质性的青铜乐器相关。殷器无自名，古字呈多名，漏透了钟乐演进的另一面，到西周时南方与北方皆进入“钟”，钟皆形为编列，南方大镛受编列的影响而相继产生了甬钟和钮钟，加上商末就在南方产生的镈，进一步向特镈和编镈演进，钟的类型展开为甬、钮、镈，青铜乐钟才真正进入定型。总之，把殷商乐钟命为庸（镛）不但突出了其作为乐钟的特性，还在形成青铜乐钟的演进关节即铃—庸—钟的概念中，彰显了三个阶段的特点。这一对殷商青铜乐钟如何命名的问题，应为当下写青铜乐钟史的学人所关注和思考。

---

① 由于陶钟最初属铃，钟由铃而来，其语汇影响在后来还有体现：1977 年山东沂水刘家店子春秋墓出土 9 件钮钟上铭有“陈大丧史中高作铃钟”；1978 年河南淅川下寺 1 号墓出土 9 件钮钟上铭有“自作咏铃”；传世的许子镈、楚王領钟均铭“自作铃钟”。

② 王友华：《先秦大型组合编钟研究》，博士学位论文，中国艺术研究院，2009，第 12—17 页。

第二节　青铜乐悬的概念体系：簨虡、肆堵、宫—轩—判—特

从殷商时代殷墟编庸和南方大镛的二分，大镛呈现为镛与镈两种类型，到西周初年大镛在与编列的互动中升级出甬钟，镈在保持特镈地位的同时，与编列互动而变形出钮钟。甬钟、钮钟、镈钟都进入编列，透出的是，在青铜乐钟的历史演进中，"编列"是历史潮流，正是一种历史的内在逻辑，使大镛改变器型成为甬钟，进入编列，镈钟自我重组，跃入编列。

编列之潮的产生，在于青铜乐器以编庸为核心重组音乐（编钟音乐）和文化（祖庙文化）。在音乐上包含两个方面演进：一是编列的演进，由殷商的三编列到西周的多编列，二是因编列的增多，编列的放置由殷商乐植到西周乐悬的演进。乐悬是编列发展的结果，同时又给编列的发展规划了新的方向。可以把商庸的编列称为植鸣编列，呈现的是庸口朝上的乐植，把周钟的编列称为悬鸣编列，彰显的是钟口朝下的悬鸣。悬乐的新结构，以两套新术语体现出来，从编钟本身的结构安排讲是肆—堵，从政治对编钟结构的规定讲是宫—轩—判—特。

这两套术语又是建立在夏代以来的簨虡这一术语基础上的。因此，乐悬术语从体系来讲，要加上簨虡才算完整。青铜乐器还处在铃的阶段时，由横杆（簨）竖柱（虡）结构而成的簨虡（乐架）只与磬鼓相关（夏初祖庙仪式中的编列，最初由磬鼓构成）。铃演进为庸，簨虡由悬挂磬鼓扩演到放置编庸（在商文化的核心区殷墟）和大镛（在商时代处于文化边缘的南方地区），就商文化的整体而言，庸镛成为祖庙仪式中编列的主体或核心。庸演进为钟，植庸演为悬钟，钟成为簨虡的主体（钟及其展开的甬、钮、镈成为编列的主体）。肆堵是讲在簨虡钟架上编钟（及其相关乐器）的悬挂组合，宫—轩—判—特是这一悬挂组合在室内形成怎样的空间结构。因此悬乐制度要呈现的，就是由：第一，作为悬挂编钟的挂架簨虡（即能悬之架）；第二，簨虡上编钟的组套和数量（即所悬之物）；第三，由悬挂着一定数量的簨虡形成室内空间的具体结构，占据四面的为宫悬，占据三面的为轩悬，占据两面的为判悬，只占一面的为特悬（即由悬之架和悬之物组成的悬面）。理解了这一基本结构，就可以对自汉代以来就出现分歧的"肆堵"进行解释了。

由于周代悬乐有一历史演进过程，各地文化具有语言差异，当秦汉以后学人对之进行总结之时，对肆堵的解释甚有分歧。如果不死求术语本义如何，而重在通过术语把事实讲清楚，那么，可以如下解释：编钟一组（由

图 26-1　曾侯乙编钟呈现出来的簨虡

资料来源：湖北省博物馆

之也可推及编磬一组）称之为肆，编钟（或编磬）挂在纵横结构的簨虡上，编组数小（如西周初期三件一组），横簨只一层即可；编组数大且不止一组，如曾侯乙多枚成组，共八组，呈现为横簨三层，簨虡一架，无论其簨是一层还是多层，构成平面空间，都称为堵。正如陆德明释《周礼・春官・小胥》曰："云堵者，若墙之一堵。"可以说，肆是编钟成（编列之）组的基本单位，突出的是钟的组合。堵是由簨虡形成的面，面中簨可一层或多层，虡则是稳定的竖立结构，由此，郑玄注《周礼・春官・小胥》曰："一簴谓之堵。"堵即空间中的一面。总而言之，肆堵讲的是所悬之钟（编列的组与数）与悬钟之架（簨虡不同层级）的组合，强调组合里的编列之钟，可称肆堵，强调组合里的钟架，可称簨虡。在簴即堵即面的基础上，展开为乐悬的宫—轩—判—特结构，即《周礼・春官・小胥》讲的："正乐县（悬）之位，王宫县，诸侯轩县，卿、大夫判县，士特县。"郑玄综合郑众及他人的解释进行解说曰：宫悬即东西南北四面皆悬，轩悬即东西北三面悬，判悬即东西两面悬，特悬则只在东方一面悬。因此，肆堵，主要是编钟之组与簨虡之面的关系，宫—轩—判—悬则是簨虡悬钟形成室内空间各面的置呈结构。汉唐学人用西周的肆—堵和宫—轩—判—特两套术语去总结从西周到春秋末 500 年来的乐悬制度，在一肆有多少钟，一堵有多少肆，轩悬应是哪三面、特悬应在哪一面，产生了不同说法乃至相反意见，任一定义都会出现与考古材料不合的情况，在于乐悬制度是西周在夏商祖庙仪式和青铜乐器合一的音乐体系基础上，根据自身的特点和需要，总结出的一个原则：由编列构成组，组构成堵，堵在室内空间的四面应如何展开。而一肆由多少件钟构成，一堵由多少组钟构成，堵的几面应由怎样的编组或加上其他乐器构成，则由现实的具体情况而定。这具体情况关系到编钟编磬和其他乐器自身的演进。就编钟而言，就有西周初的 3 件钟一组，到西周前期晚段的 4 件钟一组，到西周后期和春秋早期的 8 件一组，到春秋中期的 9 件、10 件、11 件一组，还有

8+8的两组一套或8+8+8的三组一套，以及9、10、11的多组一套……正是在组的构成件数增多的演进中，肆堵和宫—轩—判—特的具体内容都在进行着改变。这一演进和改变还包括作为悬乐结构的主体乐器在配置上的演进，如西周中期，编磬和镈纳入进乐悬之中，继而形成了：单用甬钟，编甬、编磬合用，编甬、编磬、镈的组合这三个等级。[①] 西周后期钮钟产生之后，呈现了三种组合形式：一是甬钟里8+8的组合，二是甬钟8与镈钟3的组合，三是甬钟8与钮钟8的组合[②]。进而言之，如果说，肆堵只涉及一面，是就主体乐器钟而言，而讲一面以上，就有钟之堵与磬之堵的关系，以及钟磬与曾经紧密关联着簨虡的鼓的关系，还有钟磬鼓与其他乐器的关系。这样，肆堵和宫—轩—判—特成为悬乐的基本结构，这一结构代表着青铜乐器进入音乐和文化核心的最后完成。这一完成是与由夏开始到商到周的政治等级制演进的完成，即西周封建制（天子、诸侯、大夫、士的政治结构）的完成，在观念内容上相适应的。

从术语本身讲，悬乐制度的三套基本语汇，簨虡、肆堵、宫—轩—判—特，又内蕴着历史的演进，簨虡是从夏代就开始的祖庙仪式中心的乐架，即《礼记·明堂位》讲的："夏后氏之龙簨虡，殷之崇牙，周之璧翣。"只是簨最初是悬植磬鼓的，殷商的编庸产生后，簨虡就与乐钟结合起来，形成肆堵。殷墟编庸三件一组，簨一层虡一堵就够植列一肆，因此，只用簨虡和肆堵两组概念就可以了，也可以只用肆堵就包括了簨虡在其中。但西周以后的编钟，不但钟的体系展开为甬、钮、镈，而且编列也不断发展，这样只是肆堵或簨虡加肆堵就不够用了，于是宫—轩—判—特的空间结构术语产生了出来。宫—轩—判—特的编钟空间结构，不仅是一种艺术结构，而且是一种政治结构，四面宫悬是天子的威仪，三面轩悬是诸侯、三公的符号，两面的判悬是大夫、卿的标志，一面特悬为士所专用。因此，青铜乐钟从簨虡到肆堵到宫—轩—判—特的艺术形式演进，内蕴着夏商周的政治制度演进。

第三节　青铜乐钟在文化观念体系中的定义与变化

青铜乐器是后起的，它进入到原有的乐器体系之中，会被原有体系根据本有结构和新器性质，给予观念的定位。这一观念体系包括甚多的内容，但最重要最根本最简明的是从伏羲时代就形成体系的远古阴阳观念。

---

① 王清雷：《西周乐悬制度的音乐考古学研究》，文物出版社，2007，第155—156页。

② 王友华：《先秦大型组合编钟研究》，博士学位论文，中国艺术研究院，2009，第154页。

青铜乐器从最初之铃始，被定性为阴。从铃到庸，则进入到亦阴亦阳的灵活之位，最后由庸到钟，基本上完成了由阴到阳的转变。这样，钟带着三种传统：阴、阴阳圆位、阳。当编钟消隐之后，钟作为乐器在多样功能中，根据具体情境可作灵活运用。从而在对钟的定位上也有不少的观念困惑。在远古的由铃到庸到钟的演进中，钟的观念演进却与时代主流思想的演进紧密相关。

青铜乐器最初之铃，包括相似的镯、铎、钲，与领导者或领导机构的令有关，令无论是政令还是军令，都具有威严和刑杀之性，在阴阳体系中属阴。《乐记·魏文侯》曰："钟声铿，铿以立号，号以立横，横以立武，君子听钟声则思武臣。"铜铃产生的虞夏时代（考古上从陶寺到二里头），社稷是仪式中心，社是与天相对的地，地属阴。铜铃进入虞夏乐器体系时，鼓磬占有中心位置，鼓在乐器体系中已经被定为与雷相同，是属天的天鼓，与地相对。雷最为重要是的春雷，它开启一年的季节，因此，鼓被定义为春分之音。钟进入乐器体系与鼓相对，鼓为天则钟为地，鼓为春分之音则钟为秋分之音。《荀子·乐论》曰："声乐之象……鼓似天，钟似地。"《说文》释"鼓"曰："郭也，春分之音，万物郭皮甲而出，故为之鼓。"释"钟"曰："乐鐘也。秋分之音，物穜成。"从方位上讲，鼓为春，其方位是东，钟为秋，其方位是西，《白虎通·礼乐》把八乐与八方相配时，也是"鼓在东方……钟在西方。"①可以看到，在阴阳体系的几大重要方面，钟都是按照阴的性质进行归类和描述的。当将这些性质进行动态把握时，仍然强调的是钟的阴性之质，《白虎通·礼乐》曰："钟之为言，动也，阴气用事，万物动成，钟为气用，金为声也，镈者时之气声也。"在远古图像体系中，鸟飞于天属阳，兽走于地属阴，《穆天子传》讲到图像体系时说："鸟以建鼓，兽以建钟。"由此可以理解最初的编庸纹饰以兽为主，特别是最初南方大镈，虎的形象占有突出地位，虎既为兽又在西方还有刑杀相连，内蕴着从观念体系上对钟的定义。

当铃演进到庸，从乐器体系来讲，编庸入主乐器的中心，以"编"的方式展开自己；从与乐器体系相关的观念体系来讲，祖庙进入仪式中心，与社坛形成一种新的关系，祖庙与社坛的关系，就其大者而言，第一、社坛为久远传统是先妣，为女为阴，祖庙为新近的建构是先祖，为男为阳。第二、在祖庙产生前，社坛结天地妣考为一体，以女阴为主，祖庙产生后，先祖与天地相连，但更重天道，殷商的先祖被想象和定位在上帝的左右，以阳为主。第

---

① 《白虎通·礼乐》："笙在北方，柷在东北方，鼓在东方，箫在东南方，琴在南方，埙在西南方，钟在西方，磬在西北方。"

三，在祖庙与社坛的结构中，祖庙与仁德相连，社坛与刑杀相关，《尚书·甘誓》曰："用命，赏于祖，不用命，戮于社。"而由铜铃演为编庸，是为祖庙中心的新秩序而进行的，祖庙在观念体系中属阳属仁属爱，服务于祖庙的编庸也开始了由阴向阳的转化。历史上和现实中，任何重要事物，要从一种曾被定义固化过的性质转向一种新的性质，都是非常复杂曲折的，青铜乐钟的性质转变也是如此，从文献上遗留的一些片断看，这一转变在逻辑上经历了如下过程：

首先，让钟本身扩大化，在这一扩大的过程中，使钟在保持原有性质的同时，具有了演进目标应有的性质。《管子·五行》曰："昔黄帝以其缓急作五声，以政五钟。令其五钟：一曰青钟大音，二曰赤钟重心，三日黄钟洒光，四日景钟昧其明，五曰黑钟隐其常。五声既调，然后作立五行以正天时，五官以正人位。人与天调，然后天地之美生。"这里钟形成了一个与五行相关的体系，虽然此段话只讲了钟在色彩上与五色相关，但在远古的关联型思维和五行体系中，五色又是与五方四季德刑等观念紧密相关。五种里至少青钟和赤钟属阳，与春和夏相关，与东方和南方相连，从而具有了阳的属性，可以从阳的性质和角度来予以定义和言说。更重要的是，钟的体系与天地人体系相关，可用来正天时（四季的整体）人位（以祖庙为中心的政治整体），而让"天地之美生"。

其次，让钟进入到普遍性的本质之中，从而能以超越阴阳而又兼具阴阳的方式来定义和言说钟。这就是从春秋时代墨子《非乐》中提出的整个乐器体系是让人快乐的，到荀子《礼论》中提出的"礼（音乐作为礼之器）者，养（即使人舒服）也。"《墨子·非乐》曰："大钟、鸣鼓、琴瑟，竽笙之声……耳知其乐也。"《荀子·礼论》曰："钟、鼓、管、磬、琴、瑟、竽、笙，所以养耳也。"春秋战国的现实演进，又正好把以钟鼓为主体的乐器体系作为享乐物品来看待成为现实，且举两例。《史记·楚世家》："庄王即位三年，不出号令，日夜为乐。令国中曰：'有敢谏者，死无赦。'伍举入谏，庄王左抱郑姬，右抱越女，坐钟鼓之间。"《史记·秦始皇本纪》："秦每破诸侯，写放其宫室，作之咸阳北阪上……所得诸侯美人钟鼓，以充入之。"这里，钟鼓以及以钟鼓为主体的乐器，与美人一样，是用来享乐的。在阴阳体系中，喜乐属阳而悲伤属阴，把以钟为主体的乐器体系定义为在本质让人快乐和让人愉悦的东西，从而就以钟为主体的乐器体系与阳的观念关联了起来。

最后，当青铜乐钟在殷商编庸和大镛成为乐器的主体，入主以祖庙为核心的仪式中心，并在西周春秋时代展开为甬—钮—镈体系的方方面面互动演进中，以钟为阳和以阳论钟已经成为一种常态，乐律经过管龠和琴瑟的互动演进而在编钟时代跃上一个新的阶段，形成十二律的过程中，作为乐器体系核心和主导的钟，进入了乐律的命名。在东西南北各地域以自身的方式和方言形成十二律的互动中，最后是《吕氏春秋・音律》的命名胜出，成为普遍性的乐律之名。而这胜出的乐律是受到乐钟的巨大影响，如清人李光地《古乐经传》所说“十二律之数以管而得，十二律之名以钟而定，盖铸钟以写律之声，而为八音之纲纪，故即其器以名律也。”从律名上看，只有四律与钟相关，但四律却有关键性的意义。这从三个方面体现出来。第一，各律从低到高依次为（同时也是由冬至开始的月份顺序，见表26-1）：

表 26-1

律名	黄钟	大吕	太簇	夹钟	姑洗	中吕	蕤宾	林钟	夷则	南吕	无射	应钟
月分	十一月	十二月	正月	二月	三月	四月	五月	六月	七月	八月	九月	十月

夹钟是春季二月，林钟是夏季六月，应钟是秋季刚完而冬季伊始的十月，黄钟是冬季的十一月，钟在一年四季之中，既在春夏之阳，又是秋冬之阴，正如在乐器上展开为甬钟、钮钟、镈钟一样，在观念上展开为四季阴阳。

第二，《吕氏春秋・音律》讲十二律的相生顺序是：“黄钟生林钟，林钟生太蔟，太蔟生南吕，南吕生姑洗，姑洗生应钟，应钟生蕤宾，蕤宾生大吕，大吕生夷则，夷则生夹钟，夹钟生无射，无射生仲吕。”这不仅在律数上具有三分损益的数理规律，而且在观念上，黄钟为首，黄钟在十二辰属子，为阴盛之极而又一阳来复的冬至，由阴转阳是来年新生的开始。所生林钟在十二辰属未，《说文》释“未”曰：“味也，六月，滋味也，五行，木老于未。”段玉裁注：“《律书》曰：未者，言万物皆成，有滋味也……《释名》曰：未，昧也，日中则昃，向幽昧也。”讲是物老而衰，由阳转阴的开始。生律顺序内蕴着阴阳互转的宇宙法则，因此，编钟内在的乐律体现是阴阳运行的音乐宇宙。

表 26-2

阳律	黄钟	太簇	姑洗	蕤宾	夷则	无射
阴吕	大吕	夹钟	中吕	林钟	南吕	应钟

第三，十二律分六阴六阳，阳为律而阴为吕，牛陇菲认为，十二律的形成过程是先有阴吕，后有阳律，阴吕中的三吕内蕴由管律而来的传统，三钟则关联着由编钟而来的新识。三钟都属阴吕，但黄钟不但为阳律之首，同时也成为新形成的十二律之首。黄钟的观念渗透于各律，其阴极阳生，阴

阳转换的思想，是十二律的核心。而十二律内在地要求由黄钟又返回黄钟的"旋相为宫"的观念，是中国乐律的核心。当在编钟乐律的演进中形成十二律时，钟已经由其初生的铃的阴性演进成熟，升华到中国远古观念的中心，而有了兼具阴阳和阴阳互换的圆转性质。青铜乐器由铃到庸到钟的观念演进，与编钟乐器演进是互辅相成的。十二律的形成和曾侯乙编钟的产生，都闪耀着"五声六律十二管，还相为宫也"（《礼记·礼运》）的中国式精彩。而钟在文化的观念体系中，由以阴为主到兼有阴阳，透出了某些中国文化观念演进的内在理路。

第二十七章　青铜乐钟理论问题：音乐重组、演进历程、文化意蕴

青铜在中国远古的出现，是文明一次新的提升，青铜作为新型文化象征，进入到政治和文化的重要领域，很快在饮食器上得到体现，文献上的禹铸九鼎和考古上二里头由鼎、尊、鬶、盉、斝、爵、觚等构成的体系，透出青铜代替陶器成为权威符号。然而，在音乐上，青铜乐器的演进却异常艰辛。从宏观上看，青铜乐器的演进呈现为：从虞（陶寺）夏（二里头）之铃到殷商的庸（殷墟的编庸和南方的大镛）到西周甬钟，到西周末春秋初扩展为甬—钮—镈的编钟体系。然而，从虞夏之铃到殷墟编庸，历时近 700 年，才有了本质的突破。这里反映出的是：在青铜乐器产生之初，寻找本质器形的困难，进行音乐本质转型的不易，重组古乐体系的艰辛。在器形和乐性确定之后，以此为基础，开始重新组织音乐体系。从殷墟编庸到西周编甬，历时约 300 年，青铜乐钟综合北庸南镛，终于调适好了自身的发展基础。开始堂堂正正地走向新的音乐体系。再经过约 300 年，西周末春秋初之时，钮钟产生和镈钟成列，青铜乐钟完成了自身的甬—钮—镈的体系结构，开始向音乐顶峰大进军。又经过约 300 年，春秋末战国初，青铜乐钟走向空前绝后的辉煌，实物标志是曾侯乙编钟。曾侯乙编钟呈现了一个在今人看来仍惊叹不已的乐律体系。这一体系被湮没了两千多年再度被发现，不但让青铜乐钟的演进过程清晰起来，而且让人们思考何以有如此的演进。本章力图初步呈现这一演进，以及试析如此演进后面的动因。

第一节　从虞夏之铃到殷商编庸：文化对青铜乐器的演进要求

当远古乐器应合青铜产生后的时代要求在虞夏时代把陶铃提升为铜铃，并入主远古仪式中心之时，面临着古代乐器原有体系的巨大挑战。中国古乐在漫长而复杂的演进中，有三大乐系，有最初的拊石击鼓中发展起来的以磬鼓为核心的乐系，然后有追求乐律而生的假管求律演出的以管龠

为核心的乐系和以弦定律呈现的以琴瑟为核心的乐系。这三种乐系因其自身的性质，都不能把自己转换为青铜材质，从而无法在本质上进入青铜时代。而虞夏产生的铜铃虽然与政治内容的"令"相结合，进入仪式核心，但它达不到磬鼓、管龠、琴瑟的音乐高度。铜铃要提升到音乐的高度，青铜要真正进入音乐，必须解决青铜时代到来之前的文化发展业已达到的水准所给予的设定。这就是，以铃出现的青铜乐器，在节奏音乐上要达到磬鼓的高度，在旋律音乐上要达到管龠和琴瑟的高度。正是这两个要求给虞夏出现的铜铃划定了演进方向，经过700多年的演进之后，在殷墟出现的编庸，就是把节奏音乐的铃变成了旋律音乐的庸。在南方出现的大镛，就是把体积小的铃变成了体量巨大的镛，同时，把铃的不能与磬鼓相比的节奏转成了与磬鼓同质甚至过之的节奏。这时，南方的大镛代替原来的特磬和鼍鼓，进入仪式的中心，成为政治的权威符号。殷墟的编庸，进入了仪式中心，成了旋律音乐的核心。虽然在由铃向庸的演进中，北方和南方显出了不同的方向，但这两种方向又恰是在音乐体系对青铜乐器的要求之中。理解这一音乐本身的要求，是体悟青铜乐器何以如此演进的基础。而这一演进经历了如此长的时间，又表明了青铜乐器要找到符合历史要求的方向，是一个甚为艰难的过程。在青铜乐器的这两个方向中，编庸方向更为根本，正如对于乐律的演进来说，管龠和琴瑟方向比起磬鼓方向更为根本。这意味着，编庸要成为核心，在乐律上要达到管龠和琴瑟的高度。然而，殷墟编庸作为乐钟的初型，虽然材料上为先进的青铜，但是，在用青铜之材创制乐钟上，是初期；在乐器体系的历史中，是后起。在器形和功能上进入到乐器核心，以编列形式进入了旋律，其"编"的件数为三，只正鼓音三声：羽·宫·角。不仅远不如更早的管龠和琴瑟，也不如与编庸同时的商埙（商埙呈现为宫、角、徵、羽构成的四声宫调式，以及羽、宫、商、角、徵构成的五声羽调式和角、徵、羽、宫、商构成的五声角调式）。智慧的办法是：以编庸为核心，把其他乐器组织起来，形成新的音乐体系，特别是让管龠和琴瑟在乐律上发挥作用，以及让磬鼓在声响上发挥作用。因此，编庸为了达到作为仪式中心的音乐功能，以三编列为核心，去组织由以往历史演进而产生的整个音乐体系。从而，殷商的音乐体系并不是编庸的三声，而是以编庸为核心但又与其他乐器一道构成新的整体的乐器体系。正如《国语·周语下》讲的"夫钟不过以动声"，编庸只是开启乐曲而已。而编庸对乐曲的启动，让磬鼓对之加以配合，钟之动声也可说成"金石以动之"（《国语·周语下》），再全面一点，是钟鼓磬以动之。进入旋律之后，特别要发挥管龠和琴瑟的作用，即随上面之话而来的"丝竹以行之"，即与丝型弦乐器（琴瑟体系)和竹型管乐器(管龠体系)以及其他乐器一道共同“行之”完成演奏。虽然编庸只有三声,但青铜性质和编列性质带来的崇高性和神圣性,使之成为整个乐器体系的主体。

编庸对音乐体系的重新组织,言简意赅地体现在“金石以动之,丝竹以行之”这两句话里。“金石以动之”体现了编庸与磬鼓的重组关系。殷商之庸由虞夏铜铃演化而来,铜铃初显于虞夏之时,磬与鼓仍有自己的高位,陶寺和二里头的特磬和鼍鼓与铜铃具有同等级重要的地位,当殷商之庸以编列方式进入核心时,是与磬鼓和其他乐器一道组成音乐整体。殷商时代,特磬仍有由传统而来的符号意义,当磬在编庸和编甬的暗地影响下,演进为编磬,特磬从乐器体系中隐退了。鼓无法入编,但可植可悬,因此,以鼍鼓和建鼓的形式进入以编庸为主体的音乐体系之中。《礼记・明堂位》讲的“夏后氏之鼓足,殷楹鼓,周县(悬)鼓”,透出的正是鼓在殷商时代向植鸣的编庸靠拢,在西周以后向悬鸣的编钟接近。《太平御览》引《通礼义纂》说“建鼓,大鼓也……商人挂而贯之,谓之盈鼓。周人悬而击之,谓之悬鼓”,讲的正是建鼓在青铜乐钟互动中的演进。特磬和鼍鼓都在青铜乐钟成为主流后还存在过相当长的时间,然而当特镈在南方出现,继而又进入悬乐体系之后,特磬和鼍鼓先后从乐器体系中隐退了。然而,磬是以编磬的新型方式,鼓是以建鼓的转型方式,进入到编钟主导的乐器体系之中。殷商甲骨文中,有三个与鼓相关词甚为重要:豐,可能是用玉装饰的贵重大鼓,其功能与鼍鼓同;壴,可能是与镛配用的一种鼓,即建鼓;鼖,即《诗经・商颂・那》中讲的鞉鼓,是与建鼓相配的小鼓①。在(包括豐在内的)具有核心象征符号的鼍鼓类的鼓消失的同时,是建鼓和与之相配的小鼓形成了青铜乐器中鼓的编列。《仪礼・大射》讲建鼓配二鼙(小鼓):朔鼙和应鼙。《诗・周颂・有瞽》讲,悬鼓配二鼙:应鼙和輮鼙。曾侯乙编钟的乐器体系中,有建鼓1件、扁鼓1件、有柄鼓1件,扁鼓和有柄鼓正合于二鼙。② 在乐器的历史演进中,磬、鼓、钟先后成为乐器体系的核心,当青铜乐钟成为乐器体系的主流之后,磬鼓仍然被纳入其中,成为仅次于钟的主导乐器。在钟鼓磬这三大主体乐器之中,简约地讲可曰钟磬,也可曰钟鼓,钟字在首,标志着钟的最核心地位,钟磬和钟鼓,标志着以钟磬鼓为主导的乐器体系。在编庸对磬鼓的重组中,一个显著的特点,就是磬和鼓都以自己的方式,形成“编列”。磬鼓如是的重组,又突出编庸之“编”作为时代主潮的意义。青

---

① 宋镇豪:《夏商社会生活史》,中国社会科学出版社,1994,第333页。

② 陈春:《略论曾侯乙墓鼓乐器的组合与功能》,《江汉考古》2006年第4期。

铜乐器的演进，除了音乐要求之外，还有政治要求。在远古历史中，从虞到夏商周，正是由部落联盟的公天下到以一姓为主的家天下的转型时期，在仪式性质上，是以社坛为仪式中心转向以祖庙为仪式中心的时期，祖庙中心需要一种新型室内空间的乐器安排，编庸进入乐器中心，正应合了祖庙中心的政治转型。回到编庸对音乐的重组上来，"丝竹以行之"一方面强调了琴瑟之"丝"与管龠之"竹"在仪式演奏过程中的作用，一方面是对编庸如何组织其他乐器的要点性反映，另一方面又暗含了对青铜乐器的要求，即青铜乐器应当达到丝（琴瑟）竹（管龠）已经达到的乐律高度，同时也暗示了青铜乐器演进为旋律性编庸内蕴着的乐律追求。在远古社会，乐律不仅是乐器内蕴的音之律，而且关联到宇宙性的天之律，并且关联到政治性的礼之律，只有理解了乐律对文化的重要性，才可以理解青铜乐器从殷商到姬周的演进方向。

第二节　从庸（编庸—大镛）到钟（甬）演进的动因与意蕴

殷商之庸标志着青铜乐钟的正式出现，历史却使之分为两种类型，中原殷墟出现的是以旋律方向为主的编庸，南方以湘赣为主的地区出现的是朝音响方向升级的大镛。编庸的要点在编列的形成。编列是青铜乐钟最有标志性和最带方向性的特征，从文化上讲，它与城市中心的祖庙仪式有应合关系，是后来乐悬制度的基础。从音乐上讲，它是继管龠和琴瑟之后，以青铜乐器的新方式对乐律的新追求。大镛的特征是体量巨大，巨大体量与青铜乐钟成为仪式中的核心符号相关联，承接着传统的特磬和鼍鼓，并将之进行青铜文化的升级。南方没有走向编列而走向增加体量的大镛，盖在作为方国的南方文化，一方面受夏商以来祖庙中心的文化场极之影响，另一方面地域传统的影响仍然强大，尽管已有天地祖一体，且祖已有一定地位，但地祇之社和山水之神仍有相当的影响，因此南方大镛不是产生在城邑中心，而多出土于山顶、山坡、山麓、河岸、湖边等地窖藏。极有意思的是，中原和南方的两种不同走向，又恰为青铜乐钟的进一步升级，提供了更好的基础。

殷商编庸是青铜乐钟当时的主流。最初的定制是三件一组[①]。编庸的出现，在与传统象征乐器磬的关系上，前面已讲，一是把特磬、鼍鼓纳入

---

① 王友华《先秦大型组合编钟研究》（博士学位论文，中国艺术研究院，2009，第43—47页）：殷商时期出土的编庸（文中为"铙"）共60例，110件。出土地较明确的30例中，经科学发掘出土于墓葬的有16例51件，其中14例3件成编，约占总数的80%。这一现象表明，3件为殷商编铙的编列常制。

到自身的乐器体系中，二是让磬也成为编磬。这里对前一方面的补充，是庸—磬—鼍的音乐结构同时又是政治结构的等级体现，殷商之墓可以庸—磬—鼍的组合来进行等级划分，只有特磬的为小型，只有编庸的为中型，编庸加特磬的为大型，编庸加特磬、鼍鼓为王墓[①]。这意味着，编庸对传统磬鼓的继承、改变、重置，不仅是一种音乐结构的重组，更是一种政治秩序的重组。这一重组是以编列的方式进行的，以编庸为主体的音乐编列结构与以祖庙为核心的宗族建筑结构和祖庙内仪式空间结构有一种文化上的对应关系。由此可以理解，殷墟编庸之"编列结构"内蕴着深厚的政治—文化内容，代表着历史的新方向。正是这一新方向，使人可以理解，在后一个方面，磬在编庸的影响下成为编磬，鼓在编庸的影响下形成与编列同质的楹鼓。正如编庸以三为一组，编磬也是以三为一组，楹鼓还是以三为一组。这又正表明，编列已经成为乐器中心，并影响到最传统的磬和鼓的组织方式。当然其影响不仅是磬鼓，而是整个乐器结构。一直在远古存在、后来被《老子》予以总结的"一生二，二生三，三生万物"的思想，与编庸的初型为三，有一定的关系。三是基础，又是可生的。当编庸在乐律上还不能与管龠和琴瑟竞争之时，把自己固定在"三"，由此启动管龠和琴瑟，让音乐重组有了理论上的完整性。然而，编庸之编列止于三，并非自己的本意，而是受各种现实条件限制的结果，一旦有了条件，编庸就会毅然前行。妇好墓出现五编庸和五编磬，虽然测音结果表明，五编庸不是原生而乃在三编庸的基础上拼凑而成[②]，但透出了，编庸要在三编列基础上进一步发展和丰富的动向。

南方大镛皆为单体，不成编列，其音乐方向在音响上，其政治方向在礼制上，把特磬和鼍鼓曾有的功能进行青铜文化的提升。大镛以青铜文化核心重器的形象成为政治权威符号。也正因如此，南方大镛比中原编庸，不是沿旋律方向走向乐律，而在体量上向巨大提升。湖南宁乡月山铺出土的大镛，重 222.5 千克，是这一方向的最顶端。殷商方国在权威象征方向上对大镛进行了多种多样的创新，最为重要的是一种新型乐钟产生了出来：镈。镈既是大镛演进的顶峰，又是其关键性转向。从演进的一面讲，镈，比起大镛来，纹饰更为繁复，装饰性更加突出，这不仅是地方风格的显现，更

---

① 殷商鼍鼓出土于侯家庄商王陵区，但由于此区历史上墓已多次被盗，因此，原有乐器怎样并不清楚，但墓中的鼍鼓、特磬，磬架，鼓架，参之于妇好墓和商人观念，应与编庸、编磬等形成乐器整体。

② 朱凤瀚、方建军、王友华皆持此论，参王友华：《先秦大型编钟组合研究》，博士学位论文，中国艺术研究院，2009，第 48—49 页。

是权威象征的彰显，在形象上，虎鸟关系构成结构，在镈的初段，虎的形象得到更多的强调，在目前发现的殷商 17 件镈中，四虎镈就有 6 件，如果说，鸟具有天地交汇的内容，那么，虎的凶猛与巫王的威仪有一种对应关系。镈占据了仪式的核心，把大镛政治权威的符号性质，作了进一步的推进。从转向的一面讲，镈在器形上的特征对殷庸向周甬的转向尤为重要。在青铜乐器的铃—庸—钟之历史演进中，陶寺的铜铃是口朝下的，殷商的编庸和大镛是口朝上的，这一由铃到庸的形象演进具有本质性的意义，这样一来庸的柄可以植入架上固定起来，变铜铃的执鸣为编庸的植鸣，不仅有功能的变化，也是结构的变化。镈则变回钟口朝下，这一否定之否定不是欲退回到铃的放置功能上去，而是要跃进到钟的本质上去。镈口之朝下，为青铜乐钟从植列到悬列，提供了方向。进入西周，南方在镛和镈的基础上产生了甬钟，这一在形体上大于殷商编庸的甬钟传入北方，既在乐器安排中按照殷商编庸的结构进行组合[①]，又按西周乐悬方式进行放置，在政治观念除旧布新中成为新王朝的新象征。编甬这一新型的青铜乐钟，经过从西周早期到康昭之世的演进，完全代替了编庸，成为青铜编钟发展的新起点。

编甬，作为编庸和大镛的综合，在音乐上，体现为乐律追求成为主要目标，在政治上，象征了祖庙仪式走向完善。二者又都统合在编甬现象的两个方面：编列的变化和悬乐的新结构。

在编列上，编甬把商庸 3 编列演进为周甬的 4 编列，继而 8 编列，以及之后的更大编列。与乐器编列一道演进的是乐律的音列。二者加上乐悬结构，突出“编”的中心作用和新型意义。与此同时，西周末年产生两大甚为重要的事件，一是镈流传至中原，进入乐悬并成为编列（镈的三件组编列成为西周末年春秋早期的常制，也是编镈在以后进一步演进的基础），二是钮钟在甬钟和镈的相互作用下产生出来，成为一种新型编钟。[②] 这时，青铜乐钟呈现为甬、钮、镈的编钟体系，完成了由铃到庸到钟的千年演进。

从殷商时代编庸和大镛的二分，大镛又呈现为镛与镈的两型，到西周初年大镛在与编列的互动中升级出甬钟，镈在保持特镈地位的同时，与编列互动而变形出钮钟。甬钟、钮钟、镈钟都进入编列，透出的是，在青铜乐

---

① 甬钟来源，其说不一，有殷商编庸说（马承源、方建军）和南方大镛说（高至喜、王子初等），南北交流说（陈梦家、陈荃有、王清雷等），南方说的证据愈多。参王友华：《西周甬钟编列的“拼合现象”——兼论甬钟的来源》，《中国音乐》2015 年第 1 期；高西省：《西周早期甬钟比较研究》，《文博》1995 年第 1 期。

② 王子初：《中国青铜乐钟的音乐学断代——钟磬的音乐考古学断代之二》，《中国音乐学》2007 年第 1 期。

钟的历史演进中，“编列”是历史潮流。正是一种历史的内在逻辑，使大镛改变器型成为甬钟，进入编列，镈钟自我重组，跃入编列。编列之潮是青铜乐器重组音乐（编钟音乐）和重组文化（祖庙文化）的集中体现。在音乐上包含两个方面演进：一是编列的演进，由殷商的三编列到西周的多编列，二是因编列的增多，编列的放置由殷商乐植到西周乐悬的演进。乐悬制度体现的是编钟在祖庙内部的空间安排。分为宫、轩、判、特四类，按郑玄对《周礼・春官・小胥》的注解：宫悬即东西南北四面皆悬，轩悬即东西北三面悬，判悬即东西两面悬，特悬则只在东方一面悬。从政治上讲，乐悬又是一种政治秩序规定。这就是《周礼・春官・小胥》讲的：“正乐县（悬）之位，王宫县，诸侯轩县，卿、大夫判县，士特县。”在编列基础和编列的扩展中产生出来的乐悬制度，不仅是一种艺术结构，而且是一种政治结构，四面宫悬是天子的威仪，三面轩悬是诸侯、三公的符号，两面的判悬是大夫、卿的标志，一面特悬定出士的表征。

然而，这一演进在音乐上，又有自身的演进规律，这规律就是青铜乐钟如何进入音乐核心，并以自己为核心重新组织音乐体系。因此，乐悬制度的完成，不仅是青铜乐钟自身体系（甬、钮、镈）的完成，还是以青铜乐钟为中心的整个音乐体系的完成。

第三节　在编钟体系演进基础上的乐律演进

磬鼓的演进与舞结合在一起，管龠和琴瑟则透出了音乐本身的演进，中国文化的天乐正是在管龠和琴瑟的演进中走向体系。青铜文化的到来却打乱了这一演进，从铜铃开始的青铜乐器必须从头开始，从虞夏开始到殷墟时代，终于从铜铃过渡到了编庸，让青铜乐器从磬鼓同调的铃的节奏型进入到了与管龠和琴瑟同调的庸的旋律型。三件组的编庸作为青铜编钟的初型，其乐理只体现为正鼓音三声（羽・宫・角），以此去主导和统合磬鼓、管龠、琴瑟，只是青铜乐钟的一个方面，而发展自身的特性，去追求乐律，才是青铜乐钟的伟大胸怀。换言之，编庸一方面以青铜乐钟为主体整合全部乐器而在乐律传统基础上演进，另一方面要在青铜材质的范围探索乐律的性质，让青铜乐器本身具有乐律的体系意义。后一方面的完成，又有利于在本质上彰显青铜乐器在政治上的权威意义和在宇宙上的观念意义，使青铜乐器与祖庙的观念形态有一种内在的契合。由此角度去看，青铜乐钟的演进才可以得到根本性的理解。青铜乐钟在追求乐律的方向上是怎么演进的呢？大致可以分为几个阶段：

第一阶段，体现为从殷商庸到西周钟的转变。从殷商三件组编庸到西周三件组编甬，在三件组不变的承传中，产生了两种本质性新变，一是庸钟变甬钟，二是侧鼓音的正式运用。正侧鼓音的阴阳相对，在侧鼓音上产生了四声音列。侧鼓音的音列增加只是转变的序幕，在这一新因素的驱动下，又产生了两大重要变化，一是三件组演变为四件组，二是四音列成为规范，这一规范的特点是首末正鼓音构成钟尚羽的特点。这一阶段的总特点有三，第一，编庸变编甬（口由上转下，列由植为悬，体由小到大，音由粗到精）。第二，在青铜与其他乐器的阴阳之合的基础上产生了青铜自身的阴阳之合（正侧鼓音之和）。第三，四音列形成规范，编钟显出了自身的“尚羽”特点。从殷庸之三到周甬之四，应与多方观念相连，比如，“三生万物”是殷商的观念，殷商自称中商，与东南西北四方处在定与不定的关系中。因此四方既是关注的对象，又是焦虑的对象。西周对同姓异姓和传统名姓的大肆分封，建构起了与四方的稳定关系。

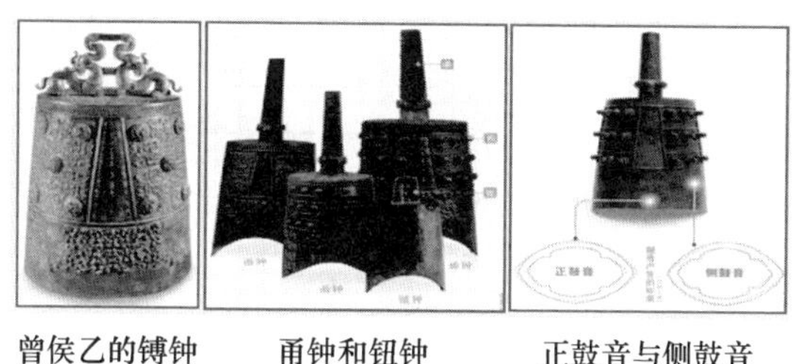

曾侯乙的镈钟　　甬钟和钮钟　　正鼓音与侧鼓音

图 27-1

资料来源：随州市博物馆（星球博物馆杨宁制图）

第二阶段，编钟的体系展开。主要从四个方面体现出来：

一、“八”的范型，编甬从西周四件组到八件组（音列仍为四声音列“羽·宫·角·徵”，但音域已经大大拓宽。由四件组编列的一个八度拓展到八件编列的三个八度），以八为基数的倍乘组合的扩展，产生了八件两组（8＋8）和八件三组（8＋8＋8）的组合编钟。八的范型的重要，在于产生了音乐的新结构，一是虽然正鼓音仍是三声音列“羽·宫·角”，但侧音鼓上出现了徵，正、侧鼓音构成了四声音列“羽·宫·角·徵”，标志着青铜乐器吹响了由自身完善乐律的号角。二是虽然正鼓音只有三声音列，但八枚甬钟，其正鼓音的音位结构呈现为“羽·宫·角·羽·角·羽·角·羽”。由于整组甬钟的首、次二钟一般不用侧鼓音，如上所示，成组甬钟首、末二钟正鼓音皆为“羽”，突出了西周乐钟的“钟尚羽”的特点。在远古的观念中，羽为北方，中国远古的城市结构，有两个传统，一是来自强调太阳的坐西朝东,即城市结构以东西向为主,一是来自彰显北斗的坐北朝南,即城市结构以南北向为主。虽然远古族群都强调综合,但来自东方的族群一般更强调东西向,来自西北的族群更突出南北向,殷商来自东方,在观念上属于前者,姬周来自西北,在观念上属后者。西周出现的"钟尚羽",也应与之相关。另,羽属北属冬,冬至是一阳来复的阴阳转换之时,尚羽也应与对乐钟代表的阴阳转换的关注。与尚羽相对应是刚出现的徵不上正鼓。在观念体系中,徵属南,羽属北,在南北向结构中,君王南面。八的范型开启了转变的方向,而并未停留在"八"上,与之相应,音律上也并未停留在尚羽和徵不上正鼓音的历史节点上,而进一步发展着。

二、编钟体系的完善,形成甬—钮—镈的体系。首先,镈进入编列,一是以特钟的形式进入编钟体系,特钟又进入编列,以最传统的三件组形式,作为特钟的编镈与最主流的甬钟结合,构成"编镈(3)+编甬钟(8)",或"编镈(3)+编甬钟(8)+编甬钟(8)",以及其他形式。其次,钮钟产生而出现的音列变化。以两周之际的虢仲钮钟为例,正鼓音音列为"宫·角·羽",音位结构为"羽·宫·角·羽·角·羽·角·羽",是西周中晚期以来八件组乐钟正鼓音的常规。侧鼓音的第二件出现"商"音(这是首次对第二件钟不用侧鼓音的突破),此后,"商"便设在了钮钟的正鼓。闻喜上郭村 210 号墓钮钟的第四、第七件钟的正鼓皆为"商"(闻喜上郭村 211 号墓钮钟的第四、第七件钟),第四件出现"羽曾"(这是首次出现五音之外的偏音)。正、侧鼓音可构成"宫·商·角·羽曾·徵·羽"六声音列。商声的出现标志着编钟在自身之内具备了五声,羽曾的出现象征着编钟可以在五声的基础上按自身需要的任何音列扩展。再次,八件编列范型具有多方面的文化契合度内蕴,八面—八方—八卦—八音—八佾,但从乐律体系来讲,还有提升空间,因此,编列数在春秋中期,由甬钟率先突破。出现了九件组、十件组、十一件组等编列形式,到战国的十二件组,编钮紧紧跟上,这样形成既有八件组的定制,又有多于八件的组合,编件多样化的历史现象。件数的增多且无定制,表明这时编钟演进最为看重的,不是音乐之外的政治要求和宇宙要求,而乃音乐之内的乐律的意义(虽然乐律的意义也有最深的宇宙内蕴,也要兼顾政治象征的感受)。因此,在这些突破八件的编钟里,九件编钟在启用商声和徵声上正鼓的同时,音列常制被打破而出现新的扩展:正鼓音可构成六声音列"宫·商·角·羽曾·徵·羽",正、侧鼓音音列突破四声音列,出现七声音列"宫·商·角·羽曾·徵·羽·徵角"(闻喜上虢村 210 号墓钮钟)和八声音列"宫·商·角·羽曾·商角·徵·羽·羽角"(闻喜上虢村 211 号墓钮钟)。10 件编钟可达到九声音列"宫·商·角·

羽曾·商角·徵·宫曾·羽·徵角”（新郑城市信用社2组钮钟）、十声音列“宫·羽角·商·角·羽曾·商角·徵·宫曾·羽·徵角”（新郑金城路1组钮钟）和十一声音列“宫·羽角·商·徵曾·角·羽曾·商角·徵·宫曾·羽·徵角”（新郑金城路2组钮钟），最后到曾侯乙编钟的十二声音列“宫·羽角·商·徵曾·宫角·羽曾·商角·徵徵·宫曾·羽·商曾·徵角”。并且，正、侧鼓音之间的音程也多样化了。西周后期甬钟定型，在正鼓音“羽”“宫”“角”三声基础上，正、侧鼓音之间的音程均为小三度。而当虢仲钮钟的“商”音位于第二件钟的侧鼓，第二件钟的正鼓音为“宫”时，正、侧鼓音之间的音程为大二度。而闻喜上郭210号墓钮钟的第一件钟，正、侧鼓音之间的音程为纯四度。九件套编列钮钟的最低音为“徵”，在最低音为“羽”的八件组编列音域基础上拓展了一个大二度；十件组钮钟的最低音为“角”，在最低音为“羽”的八件组编列音域基础上拓展了一个纯四度……音区也相应扩大，“随着甬钟编列的扩大，甬钟正鼓音音列同时向高音区和低音区两个方向扩展，最高音一般为‘羽’，最低音区则随时代的变迁而不同：西周时期和春秋早期，成组甬钟首、末二钟正鼓音皆为‘羽’，是‘钟尚羽’观念的固化形态；春秋中期，首钟正鼓音向下扩展至‘徵’；春秋中期偏晚，首钟正鼓音再次向下扩展至‘角’；至曾侯乙所处的战国初期，成组甬钟首钟继续向下扩展至‘商’。甬钟音列的持续扩展使甬钟音乐性能得到不断开发的表现，表明能钟‘乐’性能不断增强。”①最后，在乐律自身的演进中，编钟组合呈现多样性，同时内蕴着音乐、政治、宇宙的多重因素。组合主要为三类：一元组合、二元组合和大型组合。一元组合即甬、钮、镈形成各自的钟型编列，其演进，甬钟先产生，沿传统之线，从殷商的3到西周的4，再到8，又到8以上，钮钟在甬钟编列演进到8时产生，因此其演进是由8开始，到8以上的多。镈是代替鼍鼓成为象征为主，进入编列为辅，由于其纹饰考虑影响到音响提升，因此，其编列是由3（殷商传统之数）开始进入到4（西周定型之类），再到春秋晚期和战国初期的多：4、5、6、8、9、10、14。从乐律角度讲，一元组合由甬钟和钮钟的演进来代表。二元组合主要体现在：钟的类型为二，具备一定数量，3（镈）＋8（甬或钮）或更多。包括：钟与镈的组合、钮钟与镈的组合、甬钟与钮钟组合。前两种，主要体现为政治符号的定型，镈为天子、三公及少数上卿方可享有的礼乐重器；后一种意味着宇宙深度的彰显，数量具备的编甬和编钮的组合，达到了旋宫转调，为青铜编钟本质上进入中国宇宙乐律奠定了基础。大型组合，主要

① 王友华：《先秦大型组合编钟研究》，博士学位论文，中国艺术研究院，2009。

体现在乐钟的三因素，类型（两种以上）、数量（24 件以上）、编列（3 组以上），具备两项以上可谓大型①。大型组合的经典代表是曾侯乙编钟。曾侯乙编钟同时也是以上讲的四个方面（八数基型，甬钮镈体系，乐律演进、组合形式）相联互动的演进里达到的最高峰。

第三阶段，编钟体系的完成。曾侯乙墓中室内的编钟，达到了自殷墟时编钟兴起以来和自西周初乐悬制度以来的顶峰，完成了以钟为主体的乐器、音乐、乐律三个方面的体系建构。虽然按乐悬制度，曾侯乙编钟是钟两堵，磬一堵，共三堵，在宫—轩—判—特的悬乐制度中属于第二等级的轩悬，但在遵守诸侯的轩悬体制的同时，又在钟的数量上，达到最高级的 64 件（加上作为政治象征的由楚王赠送的镈 1 件共 65 件）。最主要的是，轩悬并未影响其在乐器体系、音乐体系、乐律体系上达到顶峰。在乐器体系上，前面已讲：编钟 1 套（65 件）、编磬 1 套（32 件）、建鼓 1 套（3 件），弦乐器瑟 7 件，管乐器笙 4 件（排箫和篪各 2）。在八音中有 6 类，阙如的土（埙、缶）和木（柷、敔）对于以青铜为主的乐器体系来讲，正是可以不要的。这里一方面显示了以钟为主，继而以钟磬鼓为主的整个乐器体系，另一方面又正如符合诸侯应定的 6 的数理（如食器中的食天子八簋，诸侯六簋，大夫四簋，士二簋，舞乐中的天子八佾，诸侯六佾，大夫四佾，士二佾）。最主要的是，编钟构成的体系就可以完美地呈出音乐体系。其他乐器从磬鼓到瑟、笙、箫、篪，只是让编钟更为丰富而已。在音乐体系上，“曾侯乙编钟的编列曾有三种组合形式。一为两层结构，二为镈加入前的三层结构，三为镈加入后的三层结构。各种结构中，乐钟的编列形式较多。其中，甬钟有三件组、九件组、十件组、十一件组、十二件组等五种编列形式，钮钟有六件组、七件组、十四件组等三种编列形式，镈仅 1 件…… 编钟中各编列的音列十分丰富。上层一组钮钟正、侧鼓音十二半音齐备，上层二、三组组合后，正、侧鼓音亦十二半音齐备。钮钟的宫音高度不同于中、下层甬钟，上层一组钮钟宫音高度为♭E，上层二、三组钮钟宫音高度为♭G，而中、下层甬钟宫音高度为 C，钮钟的音位排列亦不合常规，因此，钮钟可能是调音标准器或生律法的记载工具……下层二组甬钟正鼓音可构成带‘商角’‘徵角’的七声音列，中层三组甬钟正鼓音可构成带‘商角’的六声音列（中层一组补上所缺失的一件）。各组甬钟的正、侧鼓音构成的音列十分丰富。通过组合，曾侯乙编钟的音域达到五个八度加一个小三度。每组甬钟的正、侧鼓音一般

① 春秋晚期的王孙皓编甬是钟型为一，但后两项具备，由 26 件分 3 组（8+9+9）组成。山东临沂凤凰岭编钟数量只有 18，但余两项具备：镈（4）+镈（5）+钮（9）。

不能单独在一个八度内构成完整的十二半音，需与其他组甬钟组合方可。五组甬钟组合后，从下层二组的 B2 至中层一组的 GS，两个八度加一个减五度的区域内，十二半音齐备，可进行多种旋宫转调。由此可知，五组甬钟为一个有机整体，不可分割。组合之后，编钟的音乐性能达到了顶峰。"①在乐律体系上，黄翔鹏等学人认为："曾侯乙编钟的音律体系，是一种建立在顴曾基础上的十二音体系，是与今十二平均律完全不同的、包含了纯律和三分损益律因素的'钟律'"②。曾侯乙编钟内蕴之律的实质，是因其可以自由地旋宫转调而最好地体现了"五声六律十二管，还相为宫也"(《礼记·礼运》)的音律与天道互动相合的境界。

青铜乐钟的乐律追求，从殷商编庸到西周甬钟，到春秋甬—钮—镈的体系展开，到曾侯乙编钟的出现，达到了乐律的最高峰。这一演进如此的萦回复杂、波澜壮阔，内容丰富。而青铜乐钟的音乐追求与祖庙中心的仪式结构有一种共用关系，随着乐律追求的进一步发展和政治文化由祖庙中心向宫殿中心的演进，青铜乐钟在春秋末战国初达到自己的辉煌顶点之后，迅速衰落，让位于宫廷舞乐、士人音乐、民间音乐。然而青铜音乐在演进中，其成就如此的独特和辉煌，给人留下了无穷的遐想。

---

① 王友华：《先秦大型组合编钟研究》，博士学位论文，中国艺术研究院，2009，第 260 页。
② 王子初：《复原曾侯乙编钟及其设计理念》，《中国音乐》2012 年第 4 期。

余论：中国远古之美：大线—阙如—追问

中国远古之美研究，是一个必须要做而又必然做不好的学术之事。对一个必然做不好而又必须要做的事，所能期望的，就是尽可能把做不好的事，做得比以前好一点，进入步步推进的学术道之中。

为什么中国远古之美是必须要做之事呢？在轴心时代的先秦，以孔子和老子以及诸子、《左传》《国语》等文献中建立起来的美学思想，已有相当的高度，这一美学高度的基础，正是中国远古千年万年以来的演进。研究这一基础，对于理解中国美学和中国文化都具有非常重要的意义。

然而，这一研究又非常困难。这一研究所依据的，主要是古代文献、古文字、考古材料，关于远古的文献，主要产生于2000年前的先秦，文字，最古的甲骨文，产生于3000年前，这两项对更远历史的记录和描述，都因时间距离而对远古的实际有所偏离，考古材料最接近当年的实际，但考古材料的特质具有个别性，这里发现一处，那里发现一处，对于远古的原有事实来讲，充满了空白。文献和文字的时间距离和考古材料的空白，成为远古历史还原的巨大障碍。要把文献、文字、考古材料进行学术的交会和综合，得出接近历史原貌的结果，需要在文献的析辨程度、文字的识认深度，考古的数量积累三方面达到一定的质点，方有可能，而三个领域的质点怎样判定，也需要进行学术的探究。除此之外，还有面对三个领域材料时的运思方式。现代的运思方式，虽想超越此世思想，而又不得受此世思想明明暗暗的制约，从而对文献、文字、考古三方面的综合读解与研究，本就处在一处古今对话的解释学语境之中。目前来讲，是在已有材料的基础上，先形成一个基本框架和演进大线。二三百万年前到10000多年前农业的出现，形成一个上古演进的基础。8000年前的农耕规模的初呈和农牧互动的初显，二者的互动，到5000年前多重花瓣形的多元一体中古格局形成。6000前到5000年前多元一体的互动演进到4000年前文献上的夏和考古上的二里头文化，完成了从6000年前各地的古国到5000年各域的方国，到4000前中央王国的演进。从4000多年前的夏，经商和西周，进入春秋战国之前，形成了下古的演进框架。在从8000年前到2000年前的演进主线中，以及在由8000年到二三百万年前的演进主线中，如此悠长的过去，曾有很多很多的存在，皆会因其与主线无关而会被忽略；就是与主线有所关联，但处在主线边缘的很多存在，也会被忽略。另一方面，有些与主线紧密相关的存在，因其没有在考古中以一定的数量保留下来，也不得不被忽略。比如，中国文化最高的美是两个，一是玉，二是丝绸。虽然丝绸的锦绣从文字显示出来，已经在中国语言文字中占有了与玉一样高位——讲地理，是锦绣山河，要人物，说锦心绣口，论文章，诗写得好，是“诗呈锦绣”（刘禹锡），文写得好，如“文抽丽锦”（《花间集序》）……然而，丝绸因其难以保存，虽然从遗存的文献中，屡屡看到丝绸所来的桑林，成为仪式的重要之地，如颛顼的空桑，商汤的桑林，但在考古中，面对土石坑垣，无法寻其原貌。从考古出的器物中，可以看到蚕的存在，而且在龙的形成中具有最大的作用，但丝绸是怎样产生，又如何成为仪式中最为重要的玉帛之帛，难以形成演进的明晰链条和关节。人类之由猿成人且有着在人基础上的进化，最初主要凭两项器物，石器与木器。石器易存，因此呈出一个演进系列，特别是由斤到斧到钺的演进，甚为清楚。木器难保，从而无法显出进展关联，尤其是由木器升级而来的漆器，从跨湖桥的漆弓，到河姆渡的漆碗，到崧泽文化的漆豆，到良渚文化的漆壶、漆觚，以及从陶寺到商周的各类漆器，还难以形成一种类型学的演进逻辑。在历史留下了诸如此类的众多空白，使远古之美的研究，处在必然的局限之中，从而，对远古中国之美的思考，还是不得不回到大的逻辑之线上来。这就是，如本书导论所讲，把远古中国，以人类文化演进的基本大线以及这一大线在中土的特殊体现为主轴，在时间上，分为上古、中古、下古三个时期，在空间上，把本土演进逻辑与本土外域的互动关联起来。在本来就有空白，又因本书框架，不得不省略而突显大线，从本质上讲，只是对未来的远古之美研究做探索框架和积累性的工作。

中国之美的大线，并不在世界之美的总框架之外，只是带有自己的贡献和特色。人类之美的演进，从工具制造之始到轴心时代，有五个大关节。一是石器工具的产生，二是仪式的产生，三是农业的产生，四是城市的产生，五是青铜的产生。本书力图呈现的，是中国远古之美每一个大关节中的要点。

在第一大关节，即工具产生和演化里，中国远古从斤到斧到钺的演进，不同于从非洲的阿舍利斧到地中海双面斧的演进，而且从斤到斧到钺的演进，以一种中国式的整体关联和演进中的转换，以及在关联和转换中呈现出的观念（比如，斧钺成为帝王冕服上的重要图案，成为天子赐予功臣最高荣誉的九锡之一），呈现了世界普遍性中的中国特色。

在第二大关节，即仪式的产生和演化中，形成了以立杆测影之中为核心的仪式，构成了中国远古仪式的特色，形成一个以北极—极星—北斗为天之中，进行天地互动和运行的时空合一的四维宇宙，在这一四维宇宙的运行中，在美的形态上，仪式的四个方面——仪式地点、仪式之人、仪式器物、仪式过程——都形成了自己的特色。在仪式地点上，由空地之中到坛台之中，到祖庙之中，最后是帝王的宫殿之中，形成了宫殿居中、前朝后寝、左祖右社、坛台四环的京城模式，以及由京而来的等级递减，呈现了世界普遍性中的中国特色。在仪式之人上，从岩画、彩陶、玉器、漆器、青铜上的各种人兽合一、纯粹人形和只要人面等各种各样的巫王之像，最后演进到身着带有冕旒和十二章图案的朝廷冕服的帝王，以及整个朝廷的服饰体系。在仪式器物上，彩陶、漆器、玉帛、青铜器各类器形，都在中国之礼的发展中得到了体系性的展开。特别是在饮食器和乐器上，饮食器的鼎簋笾豆体系和乐器上的宫悬、轩悬、判悬、特悬的乐悬体系，具有非常浓厚的中国之美的特色。在仪式过程，从岩画、彩陶、漆画的各类舞蹈图像中，从由鼓磬埙龠琴瑟到青铜乐钟的乐器演进上，到文献对下古时期特别是西周之礼的升降揖让周旋的讲述中，再到因身上由身份等级形成的各类玉组发出的协调步履的优美节奏中，一种中国型的礼乐仪式呈现出来。总之，中国仪式形成了以礼为核心的结构，方方面面的美由之产生出来，体现了世界普遍性中的中国特色。

第三大关节即农业的产生。农业在中国地理上的出现，使中国之美出现了三大特点，一是改变和提升仪式的性质，立杆测影之中，其新的目标是为农业生产而服务，太阳中心与北极中国两种思想产生出来，后来融合一体，成为理解中国岩画、彩陶、漆器、玉器、青铜之美的重要基础之一，也是理解中国聚落、村邑、城市形态的重要基础之一。二是更进一步形成了中国的地域之美，一方面，北方以粟为主，南方以稻为主，耕种方式与食物形态的不同，产生了不同的生活习惯与生活之美，另一方面，农业形成的同时是游牧业的形成，北方草原上的游牧与在草原和农业交织带的农牧混合，使各地自身的地理特点、生产特点形成不同的地域之美特色。三是在农业与游牧以及与早期丝路中流动的商业交换和四方文化互动而来的不同因素带来的各地不同多元风俗之美，在中的宇宙观的运行之中，形成了多元一体的大一统天下观。在大一统思想的影响下，从远古仪式向中国之礼的演进中，由礼的四面（即礼的地点、行礼之人、行礼之器、行礼过程）展开来的各种各样的美，都在向着通天下一气、通天下一体、通天下共礼的方向运行。各种各样的美，岩画、彩陶、漆器、玉器、青铜，以及与之关联各种因素，也都越来越向具有世界普遍性的中国特色方向演进。

第四大关节即城市的产生，两湖地区的湖南澧县于6100年前出现了城头山古城，至此之后，特别是进入龙山时代，六大区域，即两湖地区、中原地区，海岱地区、河套地区、江浙地区、巴蜀地区，古城普遍地出现，按李丽娜的统计，至二里头时代，已有古城近百座[①]，特别是出现了大型城市，湖北石家河古城120万平方米，四川宝墩古城270万平方米，山西陶寺古城280万平方米，浙江良渚古城290万平方米，陕西石峁古城420万平方米。远古文化，在建筑上，从以村型聚落为主的空地中心到以邑型聚落为主的坛台中心，演进到以城型模式为主时，祖庙中心进入历史，而城市在各大地区普遍出现。虽然各地之城有一系列的特征，如南方地区以土城为主，北方地区以石城为主，两湖地区形成超级、大型、中型、小型的四级古城体系，其他地区只有大、中、小三级古城体系，南方古城，与治水关系更紧密，北方古城与军事关系更紧密，如此等等。但古城的普遍出现，一是使远古仪式普遍地走向了祖庙中心，正如各文献中所呈现的，祖庙中心与天神地祇山精水灵结合在一起，特别是在军事竞争中，社祇具有了重要的地位，在重大的战争中，与祖鬼具有同样的重要地位，但综合起来，特别是到夏商周，祖庙祭祀占有中心地位各依地域而有自身的体系。二是远古城市的演进，体现的是从最初单个的古国到各地域性的方国到具有天下中心的王国的演进历程，古城的数量在历史的演进中，从6000年前的两湖古城体系开始到5000年至4000年前六大区域的古城体系的形成，中原地区古城占有越来越重的地位，从陶寺、石峁到二里头，形成了天下中心的王城，成为与天神地祇紧密关联的祖庙中心，在观念上，形成了天地祖王紧密相连的思想体系，从二里头到殷墟到成周，以祖庙为中心的天地祖王一体思想，展开为以祖庙为中心的仪式之美，主要体现为以庙宫一体为中心的仪式空间，以行礼之王为中心的朝廷冕服，以鼎簋笾豆为中心的行礼器物，以簨虡悬乐为中心的舞乐体系，以及由礼的展开（如《周礼·大宗伯》把这一展开总结五大类：吉、凶、军、宾、嘉。刘雨从西周金文中总结出西周之礼20种）而形成的整个礼乐文化的美的体系。这一体系又是从王朝首都向所属的各级地区展开进而在观念上遍于天下的，既由各种实体性的物体所构成，又与观念相连，而形成了具有统一性的天下之美的观念体系。

---

① 李丽娜：《龙山至二里头时代城邑研究》，博士学位论文，郑州大学，2010，第5页。

第五大关节即青铜器的出现。青铜器在龙山文化晚期和二里头时代传入,在商周得到大的发展。青铜文化把远古之礼,作了时代性的提升,青铜文化,不但按自己的方式,创造了自己独特的美,体现在乐器、食器、用器、兵器的体系性展开上,还在与传统的彩陶、漆器、玉器之美的互动中,使远古中国的整体之美得到了新的重组和提升。创造了世界上最辉煌灿烂的青铜之美。青铜之美,经夏商西周的创造,形成了一个体系,进入春秋,仍在向前发展,从殷商西周到春秋战国,青铜之美代表了中国古代的千年辉煌,也是中国之美在远古时代的顶峰。如何总结青铜之美,虽然经从宋朝的博古学到现代有千年研究,但至今仍有很多问题需要深入。本项目是从远古角度研究,只在逻辑相关时,方延至春秋战国,但如何把青铜与之前的岩画、彩陶、漆器、玉器、丝绸之美,从远古之美的整体上进行逻辑的组合和理论的提升,仍在进一步的探索之中。

总之,中国远古历史演进的五大关节,构成了远古之美的大线,本项目的各章,只是各个大节上的一些闪亮的珠宝。希望这些已呈的珠宝,能引向对中国远古之美的更广阔、更丰厚、更深邃的探寻之中。

参考文献

[美]艾兰：《水之道与德之端》，上海人民出版社，2002。

[美]艾兰：《龟之谜——商代神话、祭祀、艺术和宇宙观研究》，汪涛译，商务印书馆，2010。

安徽省文物工作队：《潜山薛家岗新石器时代遗址》，《考古学报》1982年第3期。

[日]白川静：《西周史略》，袁林译，三秦出版社，1992。

白兆晖：《论西汉后宫宠幸暨赵女现象的成因》，《邯郸学院学报》2007年第1期。

[美]班大为：《中国上古史实揭秘——天文考古学研究》，徐凤先译，上海古籍出版社，2008。

[英]保罗·G.巴恩：《剑桥插图史前艺术史》，郭小凌、叶梅斌译，山东画报出版社，2004。

北京大学中国考古学研究中心编《聚落演变与早期文明》，文物出版社，2015。

蔡英杰：《太阳循环与八角星纹和卐字符号》，《民族艺术研究》2005年第5期。

蔡英杰：《从"氏"的本义看氏与姓，氏与族之间的关系》，《中州学刊》2013年第3期。

曹定云：《夔为殷契考——兼说少昊、太昊》，《中原文物》1997年第1期。

常光明：《"玉戉"与"铜钺"起源考》，《山东英才学院学报》2010年第4期。

晁福林：《关于殷墟卜辞中的"示"和"宗"的探讨——兼论宗法制的若干问题》，《社会科学战线》1989年第3期。

晁福林：《试释甲骨文"堂"字并论商代祭祀制度的若干问题》，《北京师范大学学报(社会科学版)》1995年第1期。

晁福林：《先秦时期爵制的起源与发展》，《河北学刊》1997年第3期。

陈春：《略论曾侯乙墓鼓乐器的组合与功能》，《江汉考古》2006 年第 4 期。

陈恩林：《先秦两汉文献中所见周代诸侯五等爵》，《历史研究》1994 年第 6 期 。

陈国庆：《鼍鼓源流考》，《中原文物》1991 年第 2 期。

陈汉平：《西周册命制度研究》，学林出版社，1986。

陈久金：《论〈夏小正〉是十月太阳历》，《自然科学史研究》1982 年第 4 期。

陈久金：《阴阳五行八卦起源新说》，《自然科学史研究》1986 年第 2 期。

陈久金：《北斗星斗柄指向考》，《自然科学史研究》1994 年第 3 期。

陈久金：《中国少数民族天文学史》，中国科学技术出版社，2008。

陈立柱：《“邑”字缘起新说》，《殷都学刊》2004 年第 4 期。

陈良运：《“美”起源于“味觉”辩正》，《文艺研究》2002 年第 4 期。

陈梦家：《高禖郊社祖庙通考》，《清华学报》1937 年第 3 期。

陈梦家：《神庙与神主之起源——释且宜姐宗祏访示主宔等字》，《文学年报》第三期(1937)。

陈梦家：《殷虚卜辞综述》，科学出版社，1956。

陈梦家：《西周铜器断代》，中华书局，2004。

陈其射：《中国古代乐律学概论》，浙江大学出版社，2011。

陈其翔、陆志华：《中国古代乐律系统的形成和发展》，《音乐艺术(上海音乐学院学报)》2000 年第 4 期。

陈荃有：《从出土乐器探索商代音乐文化的交流、演变与发展》，《中国音乐学》1999 年第 4 期。

陈声波：《八角星纹与东海岸文化传统》，《南京艺术学院学报(美术与设计版)》2008 年第 6 期。

陈世骧：《中国文学的抒情传统》，生活・读书・新知三联书店，2014。

陈双新：《“乐”义新探》，《故宫博物院院刊》2001 年第 3 期。

陈文华：《几何印纹陶与古越族的蛇图腾崇拜》，《考古与文物》1981 年第 2 期。

陈文华：《中国原始农业的起源和发展》，《农业考古》2005 年第 1 期。

陈文玲：《中国史前的釜鼎文化》，《南方文物》1996 年第 3 期。

陈致：《“万(萬)舞”与“庸奏”：殷人祭祀乐舞与〈诗〉中三颂》，《中华文史论丛》2008 年第 4 期。

陈遵妫:《中国天文学史》(第一册),上海人民出版社,1980。

陈遵妫:《中国天文学史》(第三册),上海人民出版社,1984。

迟铎:《小尔雅集释》,中华书局,2008。

崔天兴:《红山文化"玉猪龙"原型新考》,《北方文物》2016年第3期。

崔宪:《钟律与琴律》,《中央音乐学院学报》1995年第1期。

邓聪、曹锦言编《良渚玉工》,中国考古艺术研究中心,2015。

[美]邓尔麟:《钱穆与七房桥世界》,蓝桦译,社会科学文献出版社,1998。

邓淑苹:《故宫博物院所藏新石器时代玉器研究之三——工具、武器及相关的礼器》,《故宫学术季刊》1990年秋季号第46期。

邓淑苹:《牙璋探索:大汶口文化至二里头期》,《南方文物》2021年第1期。

邓淑苹:《史前至夏时期"华西系玉器"研究(上)》,《考古与文物研究》2021年第6期。

丁山:《甲骨文所见氏族及其制度》,中华书局,1988。

杜金鹏:《商周铜爵研究》,《考古学报》1994年第3期。

杜金鹏:《说皇》,《文物》1994年第7期。

杜金鹏:《商代"玉"字新探》,《中原文物》2021年第3期。

(唐)杜佑:《通典》,中华书局,1998。

方原:《东汉洛阳城的特点及影响》,《河南科技大学学报(社会科学版)》2008年第5期。

费玲伢:《新石器时代陶鼓的初步研究》,《考古学报》2009年第3期。

冯洁轩:《"乐"字析疑》,《音乐研究(上海音乐学院学报)》1986年第1期。

冯时:《候气法钩沉》,《百科知识》1997年第5期。

傅斯年等:《城子崖:山东历城县龙山镇之黑陶文化遗址》,"中央研究院"历史语言研究所,1934。

傅宪国:《试论中国新石器时代的石钺》,《考古》1985年第9期。

傅亚庶:《中国上古祭祀文化(2版)》,高等教育出版社,2005。

盖山林:《中国岩画学》,书目文献出版社,1995。

盖山林、盖志浩:《中国岩画图案》,上海三联书店,1997。

甘肃省文物考古研究所:《秦安大地湾:新石器时代遗址发掘报告》,文物出版社,2006。

高广仁、邵望平:《史前陶鬶初论》,《考古学报》1981年第4期。

高亨:《周易古经今注(重订本)》,中华书局,1984。

高西省:《西周早期甬钟比较研究》,《文博》1995 年第 1 期。

葛英会:《夏字形义考》,《中国历史文物》2009 年第 1 期。

龚维英:《楚辞学习札记》,《学术月刊》1962 年第 6 期

龚维英:《颛顼为女性考》,《华南师院学报(社会科学版)》1981 年第 3 期。

龚维英:《女神的失落》,河南大学出版社,1993。

顾颉刚:《九州之戎与戎禹》,《禹贡》(半月刊)1937 年 6 月。

顾颉刚:《从古籍中探索我国的西部民族——羌》,《社会科学战线》1980 年第 1 期。

顾颉刚等编《古史辨》第七册,上海古籍出版社,1982。

顾朴光:《方相氏面具考》,《贵州民族学院学报(社会科学版)》1990 年第 3 期。

郭静云:《夏商神龙祐王的信仰以及圣王神子观念》,《殷都学刊》2008 年第 1 期。

郭静云:《牙璋起源刍议:兼论陕北玉器之谜》,《三峡大学学报(人文社会科学版)》2014 年第 5 期。

郭沫若:《金文丛考》,人民出版社,1954。

郭沫若:《郭沫若全集》,科学出版社,1982。

郭沫若:《卜辞通纂》,科学出版社,1983。

郭沫若:《两周金文辞大系》,科学出版社,2002。

郭沫若:《长安安县张家坡铜器铭文汇释》,《考古学报》1962 年第 1 期。

国光红:《鬼和鬼脸儿——释鬼、由、巫、亚》,《山东师大学报(社会科学版)》1993 年第 1 期。

韩建业:《裴李岗文化的迁徙影响与早期中国文化圈的雏形》,《中原文物》2009 年第 2 期。

韩建业:《早期中国:中国文化圈的形成与发展》,上海古籍出版社,2015。

何光岳:《神农氏与原始农业——古代以农作物为氏族、国家的名称考释之一》,《农业考古》1985 年第 2 期。

何光岳:《东夷源流史》,江西教育出版社,1990。

何光岳:《句龙氏后土的来源迁徙及社的崇拜》,《中南民族学院学报》1996 第 6 期。

何光岳：《氐羌源流史》，江西教育出版社，2000。

何军锋：《试论中国史前方形城址的出现》，《华夏考古》2009年第2期。

何琳仪：《战国文字通论》，中华书局，1989。

何宁：《淮南子集释》，中华书局，1998。

何努：《良渚文化玉琮所蕴含的宇宙观与创世观念——国家社会象征图形符号系统考古研究之二》，《南方文物》2021年第4期。

何星亮：《中国图腾文化》，中国社会科学出版社，1992。

河姆渡遗址考古队：《浙江河姆渡遗址第二期发掘的主要收获》，《文物》1980年第5期。

贺存定：《石斧溯源探析》，《农业考古》2014第6期。

胡厚宣：《释殷代求年于四方和四方风的祭祀》，《复旦学报（人文科学版）》1956年第1期。

胡厚宣：《殷卜辞中的上帝和王帝》，《历史研究》1959年。

胡厚宣：《说》，《古文字研究》（第一辑），中华书局，1979。

湖北省博物馆：《盘龙城商代二里冈期的青铜器》，《文物》1976年第2期。

（汉）桓谭：《新论》，上海人民出版社，1977。

黄丹华：《“黄”字源流考》，《安徽文学（下半月）》2009年第5期。

黄翔鹏：《曾侯乙钟、磬铭文乐学体系初探》，《音乐研究》1981年第1期

黄杨：《“美”字本义新探——说羊道美》，《文史哲》1995年第4期。

（清）黄以周：《礼书通故》，中华书局，2007。

黄展岳：《关于王莽九庙的问题》，《考古》1989年第3期。

姜亮夫：《楚辞通故》，云南人民出版社，1999。

姜亮夫：《姜亮夫全集》，云南人民出版社，2003。

蒋蓓：《崧泽文化陶豆试析》，硕士学位论文，南京大学，2016。

蒋乐平执笔：《浙江浦江县上山遗址发掘简报》，《考古》2007年第9期。

焦天龙：《东南沿海的史前文化与南岛语族的扩散》，《中原文物》2002年第2期。

[日]今道友信：《关于美》，黑龙江人民出版社，1983。

雷昭声：《炎帝千年史前史》，湖北人民出版社，2011。

李葆嘉：《汉语史研究“混成发生·推移发展”模式论——汉语史研究理论模式论之五》，《江苏教育学院学报（社会科学版）》1997年第1期。

李纯一:《庸名探讨》,《音乐研究》1988 年第 1 期。

(清)李道平:《周易集解纂疏》,中华书局,1994。

李峰:《中国古代宫城概说》,《中原文物》1994 年第 2 期。

李立新:《甲骨文中所见祭名研究》,博士学位论文,中国社会科学院,2003。

李丽娜:《龙山至二里头时代城邑研究》,博士学位论文,郑州大学,2010。

李零:《茫茫禹迹:中国的两次大一统》,生活·读书·新知三联书店,2016。

李蒲:《乐义钩沉》,《音乐探索》1998 年第 4 期。

李圃主编《古文字诂林》(第一册),上海教育出版社,1999。

李圃主编《古文字诂林》(第二册),上海教育出版社,2000。

李圃主编《古文字诂林》(第三册),上海教育出版社,2000。

李圃主编《古文字诂林》(第五册),上海教育出版社,2002。

李圃主编《古文字诂林》(第七册),上海教育出版社,2002。

李圃主编《古文字诂林》(第六册),上海教育出版社,2003。

李圃主编《古文字诂林》(第八册),上海教育出版社,2003。

李圃主编《古文字诂林》(第四册),上海教育出版社,2004。

李圃主编《古文字诂林》(第九册),上海教育出版社,2004。

李圃主编《古文字诂林》(第十册),上海教育出版社,2004。

李勤德:《傩礼·傩舞·傩戏》,《文史知识》1987 年第 6 期。

李双芬:《卜辞中的“示”及相关问题研究》,河北师范大学,硕士论文,2009。

李喜娥:《玉柄形器与玉璋关系研究》,《四川文物》2015 年第 1 期。

李小光:《中国先秦的信仰与宇宙论:以“太一生水”为中心的考察》,巴蜀书社,2009。

李孝定:《金文诂林读后记》,“中央研究院”历史语言研究所,1982。

李学勤:《商代的四风与四时》,《中州学刊》1985 年第 5 期。

李学勤:《论新出大汶口文化陶器符号》,《文物》1987 年第 12 期。

李永燧:《关于苗瑶族的自称——兼说“蛮”》,《民族语文》1983 年第 6 期。

李壮鹰:《滋味说探源》,《北京师范大学学报(社会科学版)》1997 年第 2 期。

李自智:《东周列国都城的城郭形态》,《文物与考古》1997 年第 3 期。

李宗侗：《中国古代社会新研·历史的剖面》，中华书局，2010。

［日］笠原仲二：《古代中国人的美意识》，北京大学出版社，1987。

梁李婷：《乐舞〈韶〉研究》，硕士学位论文，山东师范大学，2011。

林桂榛、王虹霞：《“樂”字形、字义综考》，《南京艺术学院学报（音乐与表演）》2014 第 3 期。

林河：《论傩文化与中华文明的起源》，《民族艺术》1993 年第 1 期。

林河：《傩史：中国傩文化概论》，东大图书股份有限公司，1994。

林琳：《论古代百越及后裔民族的纹身艺术》，《广西民族研究》2005 年第 4 期。

林圣龙：《对九件手斧标本的再研究和关于莫维斯理论之拙见》，《人类学学报》1994 年第 3 期。

林圣龙、何乃汉：《关于百色的手斧》，《人类学学报》1995 年第 2 期。

林圣龙：《关于全谷里的手斧》，《人类学学报》1995 年第 3 期。

林圣龙：《评〈科学〉发表的〈中国南方百色盆地中更新世似阿舍利石器技术〉》，《人类学学报》2002 年第 1 期。

［日］林巳奈夫：《中国古玉研究》，杨美莉译，艺术图书公司，1997。

林沄：《林沄学术文集》，中国大百科全书出版社，1998。

林沄：《说“王”》，《考古》1965 年第 6 期。

凌纯声：《中国的边疆民族与环太平洋文化》，联经出版公司，1979。

刘斌：《神巫的世界：良渚文化综论》，浙江摄影出版社，2007。

刘斌：《法器与王权：良渚文化玉器》，浙江大学出版社，2019

刘芮方：《周代爵制研究》，博士学位论文，东北师范大学，2011。

刘敦愿：《从夔典乐到夔蜩蛃——中国古代神话研究片段》，《文史哲》1980 年第 6 期。

刘怀堂：《从“象隹而舞”到“方相之舞”——“傩”考（上）》，《民族艺术》2014 年第 1 期。

刘静：《先秦时期青铜钺的再研究》，《故宫博物院院刊》2007 年第 2 期。

刘起釪：《古史续辨》，中国社会科学出版社，1991。

刘师培：《国学发微（外五种）》，广陵书社，2013。

刘雨：《西周金文中的祭祖礼》，《考古学报》1989 年第 4 期。

刘毓庆：《炎帝族的播迁与四方岳山的出现》，《民族文学研究》2009 年第 3 期。

刘源：《商周祭祖礼研究》，商务印书馆，2004。

刘正国：《中国龠类乐器述略》，《人民音乐》2001 年第 10 期。

刘正国：《“樂”之本义与祖灵（葫芦）崇拜》，《交响（西安音乐学院学报）》2011 年第 4 期。

刘宗迪：《〈山海经·大荒经〉与〈尚书·尧典〉的对比研究》，《民族艺术》2002 年第 3 期。

《六韬·鬼谷子》，曹胜高、安娜译注，中华书局，2007。

罗树元、黄道芳：《论〈夏小正〉的天象和年代》，《湖南师范大学自然科学学报》1985 年第 4 期。

罗振玉：《贞松堂集古遗文》，北京图书馆出版社，2003。

洛地：《“樂”字音义考释》，《音乐艺术（上海音乐学院学报）》2013 年 3 期。

吕琪昌：《青铜爵、斝的秘密》，浙江大学出版社，2007。

吕振羽：《史前期中国社会研究：殷周时代的中国社会》，湖南教育出版社，2009。

《吕氏春秋校释》，陈奇猷校注，学林出版社，1984。

马端临：《文献通考》，中华书局，2011。

马世之主编《中国史前古城》，湖北教育出版社，2003。

马叙伦：《说文解字六书疏证》，科学出版社，1957。

马岩锋、方爱兰：《大地湾出土彩陶鼓辨析》，《民族音乐》2010 年第 5 期。

梅术文：《薛家岗文化研究——以陶器为视角的编年序列的建立和谱系关系的梳理》，博士学位论文，吉林大学，2015。

蒙文通：《蒙文通全集》，巴蜀书社，2015。

（明）闵其伋辑，（清）毕宏述篆订《订正六书通》，上海书店出版社，1981。

牛龙菲：《古乐发隐》，甘肃人民出版社，1985。

牛陇菲：《“叁伍以变，错综其数”（上）：再论“四宫纪之以三的十二吕律”》，《音乐艺术（上海音乐学院学报）》2002 年第 2 期。

牛陇菲：《“叁伍以变，错综其数”（下）：再论“四宫纪之以三的十二吕律”》，《音乐艺术（上海音乐学院学报）》2002 年第 3 期。

潘峰：《释“黄”》，《汉字文化》2005 年第 3 期。

庞朴：《庞朴文集》，山东大学出版社，2005。

庞朴：《儒家辩证法研究》，中华书局，2009。

彭官章：《巴人源于古羌人》，《吉首大学学报（社会科学版）》1987 年第 3 期。

濮阳市文物管理委员会等:《河南濮阳西水坡遗址发掘简报》,《文物》1988 年第 3 期。

钱安靖:《论羌族巫师及其经咒》,《宗教学研究》1986 年期。

(清)钱绎撰集《方言笺疏》,中华书局,1991。

裘锡圭:《史墙盘铭解释》,《文物》1978 年第 3 期。

裘锡圭:《裘锡圭学术文集》,复旦大学出版社,2015。

(唐)瞿昙悉达:《开元占经》,九州出版社,2012。

曲六乙、钱茀:《东方傩文化概论》,山西教育出版社,2006,第 43 页和第 46 页。

饶宗颐:《重读〈离骚〉谈〈离骚〉中的关健字"灵"》,《浙江师大学报》2000 年第 4 期。

任式楠:《中国史前农业的发生与发展》,《学术探索》2005 年第 6 期。

容庚编著:《金文编》,中华书局,1985。

容庚:《商周彝器通考》,上海人民出版社,2008。

山东省文物考古研究所等:《莒县大朱家村大汶口文化墓葬》,《考古学报》1991 年第 2 期。

山西省临汾行署文化局:《山西吉县柿子滩中石器文化遗址》,《考古学报》1989 年第 3 期。

商承祚:《殷墟文字类编》,1923 年木刻本。

石德富:《苗瑶民族的自称及其演变》,《民族语文》2004 年第 6 期。

石兴邦:《白家聚落文化的彩陶——并探讨中国彩陶的起源问题》,《文博》1995 年第 4 期。

(唐)释道世:《法苑珠林》,周叔迦、苏晋仁校注,中华书局,2003。

束世澂:《中国上古天文学史发凡》,《史学季刊》1941 第 1 卷第 2 期。

束世徵:《爵名释例:西周封建制探索之一》,《学术月刊》1961 年第 4 期 。

斯维至:《汤祷雨桑林之社和桑林之舞》,《全国商史学术讨论会文集》,殷都学刊编辑部,1985。

宋艳波:《海岱地区新石器时代的动物考古学研究》,博士学位论文,山东大学,2012。

宋镇豪:《夏商社会生活史》,中国社会科学出版社,1994。

孙克仁、应有勤:《中国十二律的最初状态》,《中国音乐学》1992 年第 2 期。

孙庆伟:《周代的用玉制度》,上海古籍出版社,2008。

（清）孙诒让：《周礼正义》，中华书局，2013。

《史记》，中华书局，1982。

唐继凯：《候气法疑案之发端》，《交响（西安音乐学院学报）》2003 年第 3 期。

唐兰：《怀铅随录（续）·释示、宗及主》，《考古社刊》第六期，1937 年。

唐兰：《论大汶口文化中的陶温器——写在〈从陶鬶谈起〉一文后》，《故宫博物院院刊》1979 年第 2 期。

唐启翠：《玉圭如何"重述"中国——"圭命"神话与中国礼制话语建构》，《上海交通大学学报（哲学社会科学版）》2019 年第 1 期。

陶立璠：《傩文化刍议》，《贵州民族学院学报（社会科学版）》1987 年第 2 期。

田耘：《玉皇大帝的由来》，《世界宗教文化》1998 年第 3 期。

童恩正：《南方文明》，重庆出版社，2004。

涂白奎：《论璋之起源及其形制演变》，《文物春秋》1997 年第 3 期。

王秉义：《古龠新探——"龠文化错位"说的提出》，《艺术研究》2007 年第 4 期。

王大有、王双有：《图说太极宇宙》，人民美术出版社，1998。

王贵生：《从"圭"到"鼃"：女娲信仰与蛙崇拜关系新考》，《中国文化研究》2007 年第 2 期。

王国维：《释史》，《观堂集林（外二种）》，河北教育出版社，2001。

王克林：《"卍"图像符号源流考》，《文博》1995 年第 3 期。

王力：《同源字典》，商务印书馆，1982。

王鲁民：《中国古典建筑文化探源》，同济大学出版社，1997。

王鲁民：《宫殿主导还是宗庙主导——三代、秦、汉都城庙、宫布局研究》，《城市规划学刊》2012 年第 6 期。

王铭农、叶黛民：《关于养鸡史中几个问题的探讨》，《中国农史》1988 年第 1 期。

（清）王念孙：《广雅疏证》，中华书局，2004。

王其格：《祭坛与敖包起源》，《赤峰学院学报（汉文哲学社会科学版）》2009 年第 9 期。

王清雷：《西周乐悬制度的音乐考古学研究》，文物出版社，2007。

王仁湘：《琮璧名实臆测》，《文物》2006 年第 8 期。

王仁湘：《史前中国的艺术浪潮：庙底沟文化彩陶研究》，文物出版社，2011。

(清)王绍兰:《说文段注订补》,顾廷龙主编《续修四库全书》,上海古籍出版社,1995。

王维堤:《龙凤文化》,上海古籍出版社,2000。

王文光、李晓斌:《百越民族发展演变史》,民族出版社,2008。

王文涛:《论汉代河北的乐舞文化》,《河北师范大学学报(哲学社会科学版)》2010 年第 6 期。

王小盾:《中国早期思想与符号研究》,上海人民出版社,2008。

王晓俊:《以葫芦图腾母体——甲骨文"乐"字构形、本义考释之一》,《南京艺术学院学报(音乐与表演)》2014 年第 3 期。

王晓俊:《以木图腾祖先——甲骨文乐字构形、本义考释之二》,《南京艺术学院学报(音乐与表演)》2015 年第 1 期。

王兴堂、蒋晓春、黄秋鸯:《裴李岗文化陶鼎的类型学分析——兼谈陶鼎的渊源》,《中原文物》2009 年第 2 期。

王雪萍:《〈周礼〉饮食制度研究》,博士学位论文,扬州大学,2007。

王宜涛:《半坡仰韶人面鱼纹含义新识》,《文博》1995 年第 3 期。

王永礼:《蚕与龙的渊源》,《东华大学学报(社会科学版)》2005 年第 3 期。

王友华:《先秦大型组合编钟研究》,博士学位论文,中国艺术研究院,2009。

王友华:《西周甬钟编列的"拼合现象"——兼论甬钟的来源》,《中国音乐》2015 年第 1 期。

王宇信:《鲧禹是夏民族父权制战胜母权制的标志》,《人文杂志》1990 年第 3 期。

王震中:《共工氏主要活动地区考辨》,《人文杂志》1985 年第 2 期。

王正书:《甲骨"鬼"字补释》,《考古与文物》1994 年第 3 期。

王子初:《先秦〈大夏〉〈九夏〉乐辩》,《音乐研究》1986 年第 1 期。

王子初:《中国音乐考古学》,福建教育出版社,2004。

王子初:《中国青铜乐钟的音乐学断代——钟磬的音乐考古学断代之二》,《中国音乐学》2007 年第 1 期。

王子初:《复原曾侯乙编钟及其设计理念》,《中国音乐》2012 年第 4 期。

魏建震:《先秦社祀研究》,人民出版社,2008。

卫聚贤:《古史研究》,上海文艺出版社,1990。

吴春明、王樱:《"南蛮蛇种"文化史》,《南方文物》2010 年第 2 期。

吴广平：《祖先崇拜与生殖崇拜的叠合——“夔一足”神话的阐释》，《中南民族学院学报(哲学社会科学版)》1994年第6期。

吴桂就：《方位观念与中国文化》，广西教育出版社，2000。

吴汝祚、徐吉军：《良渚文化兴衰史》，社会科学文献出版社，2009。

吴十洲：《两周礼器制度研究》，商务印书馆，2016。

吴伟：《史前支脚组合炊具的区域类型分布与兴衰》，《长江文化论丛》2009年期。

吴伟：《中国古代青铜器整理与研究(青铜斝卷)》，科学出版社，2015。

吴小奕：《释古楚语词“灵”》，《民族语文》2005年第4期。

吴耀利：《中国史前农业在世界史前农业中的地位》，《农业考古》2000年第3期。

吴钊：《贾湖龟铃骨笛与中国音乐文明之源》，《文物》1991年第3期。

[日]西定嶋生：《中国古代帝国的形成与结构——二十等爵制研究》，武尚清译，中华书局，2004。

项阳：《筑及相关乐器析辨》，《音乐探索(四川音乐学院学报)》1992年第3期。

萧兵：《万舞的民俗研究：兼释〈诗经〉〈楚辞〉有关疑义》，《辽宁师院学报》1979年第5期。

萧兵：《从羊人为美到羊大为美》，《北方论坛》1980年2期。

萧兵：《中庸的文化省察》，湖北人民出版社，1997。

萧统：《文选》，国学整理社，1935。

萧兴华：《中国音乐文化文明九千年：试论河南舞阳贾湖骨笛的发掘及其意义》，《音乐研究》2000年第1期。

[日]新城新藏：《东洋天文学史研究》，沈璿译，中华学艺社，1933。

邢野：《北方鼓与鼓文化》，《内蒙古大学艺术学院学报》2005年第3期。

修海林：《“樂”之初义及其历史沿革》，《人民音乐》1986年第3期。

(南唐)徐锴：《说文解字系传》，中华书局，1987。

徐旭生：《中国古史的传说时代》，广西师范大学出版社，2003。

徐中舒编《甲骨文字典》，四川辞书出版社，1989。

徐中舒编《甲骨文字典》，四川辞书出版社，2006。

徐中舒：《古器物中的古代文化制度》，商务印书馆，2015。

严文明：《中国古代的陶支脚》，《考古》1982年第6期。

严文明：《炎黄传说与炎黄文化》，《协商论坛》2006年第3期。

严文明:《仰韶文化研究(增订本)》,文物出版社,2009。

阎步克:《品位与职位:秦汉魏晋南北朝官阶制度研究》,中华书局,2002。

阎步克:《服周之冕——〈周礼〉六冕礼制的兴衰变异》,中华书局,2009。

杨伯达:《"玉石之路"的布局及其网络》,《南都学坛》2004年第3期。

杨伯达:《中国史前玉文化板块论》,《故宫博物院院刊》2005年第4期。

杨伯达:《东北夷玉文化板块的男觋早期巫教辨:兼论兴隆洼文化玉文化探源》,《赤峰学院学报(汉文哲学社会科学版)》2008年第S1期。

杨伯峻:《春秋左传注》,中华书局,1981。

杨东晨、杨建国:《试论秦国、秦朝都城的布局和方向》,《咸阳师范学院学报》2004年第5期。

杨鸿勋:《论古文字[illegible]的形和义》,《考古》1994年第7期。

杨晶:《长江下游三角洲地区史前玉璜研究》,《文物与考古》2004年第5期。

杨宽:《西周史》,上海人民出版社,2003。

杨宽:《中国古代都城制度史研究》,上海人民出版社,2003。

杨宽:《先秦史十讲》,复旦大学出版社,2006。

杨利慧:《女娲溯源》,北京师范大学出版社,1999。

杨升南:《从殷墟卜辞中的"示""宗"说到商代的宗法制度》,《中国史研究》1985年第3期。

杨天宇:《周礼译注》,上海古籍出版社,2004。

杨荫浏:《中国古代音乐史稿》,人民音乐出版社,1981。

姚孝遂、肖丁:《小屯南地甲骨考释》,中华书局,1985。

叶敦妮:《先秦竹类乐器考》,《中国音乐》2010年第1期。

叶舒宪:《千面女神——性别神话的象征史》,上海社会科学院出版社,2004。

叶舒宪:《食玉信仰与西部神话建构》,《寻根》2008第4期。

叶舒宪:《中国玉器起源的神话学分析:以兴隆洼玉玦为例》,《民族艺术》2012年第3期。

叶舒宪:《玉人像、玉柄形器与祖灵牌位——华夏祖神偶像溯源的大传统新认识》,《民族艺术》2013年第3期。

叶舒宪:《"玉"礼器:原编码中国——〈周礼〉六器说有大传统新求证》,《文化遗产》2019年第5期。

叶玉森:《说契》,《学衡》第三十期(1924)。

一之:《楚人源于羌族考》,《青海民族学院学报》1981年第1期。

易华:《夷夏先后论》,民族出版社,2012。

尹荣方:《社与中国上古神话》,上海古籍出版社,2012。

游修龄:《"禾""谷""稻""粟"探源》,《中国农史》1990年第2期。

于平:《巫舞探源》,《北京舞蹈学院学报》1994年第1期。

于平:《"萬舞"的地缘归宿与物种表象》,《民族艺术研究》2013年第3期。

于省吾:《释皇》,《吉林大学社会科学学报》1981年第2期。

余健:《卍及禹步考》,《东南大学学报(哲学社会科学版)》2002年第1期。

余西云:《长江中游新石器时代的陶鼎研究》,《华夏考古》1994年第2期。

俞孔坚:《理想景观探源——风水的文化意义》,商务印书馆,1998。

袁靖等:《中国古代家鸡起源的再研究》,《南方文物》2015年第3期。

袁珂:《山海经校注》,北京联合出版公司,2014。

岳泓:《〈诗经·小雅·鹿鸣〉"鹿"意象阐释》,《山西大学师范学院学报》1999年第4期。

詹鄞鑫:《神灵与祭祀:中国传统宗教综论》,江苏古籍出版社,1992。

詹鄞鑫:《华夏考》,《华东师范大学学报(哲学社会科学版)》2001年第5期。

张冲:《先秦时期陶铃和铜铃研究》,硕士学位论文,山东大学,2014。

张翀:《商周时代青铜豆综合研究》,硕士学位论文,西北大学,2006。

张法:《"美"在中国文化中的起源、演进、定型及特点》,《中国人民大学学报》2014年第1期。

张法:《玉:作为中国之美的起源、内容、特色》,《社会科学研究》2014年第3期。

张法:《〈尚书〉〈诗经〉的美学语汇及中国美学在上古演进之特色》,《中山大学学报(社会科学版)》2014年第4期。

张法:《凤风同字体现的中国思维特点与美学特色》,《社会科学辑刊》2016年第1期。

张法:《从斤到斧到戉:中国之美的起源及特色(上)》,《探索与争鸣》2016年第4期。

张国安:《"乐"名义之语言学辨析》,《黄钟(武汉音乐学院学报)》2005第1期。

张国硕:《夏王朝都城新探》,《东南文化》2007 年第 3 期。

张居中、陈昌富、杨玉璋:《中国农业起源与早期发展的思考》,《中国国家博物馆馆刊》2014 年第 1 期。

张开焱:《颛顼的双性同体特征及其文化意义——屈诗释读与夏人神话还原性重构研究》,《江淮论坛》2008 年第 1 期。

张立东:《钺在祭几之上:"商"字新释》,《民族艺术》2015 年第 6 期。

张良皋:《匠学七说》,中国建筑工业出版社,2002。

张杏丽:《中国史前城址的比较研究》,《长江文化论丛》第八辑,南京大学出版社,2012。

张亚初:《古文字分类考释论稿》,《古文字研究》第十七辑,中华书局,1989。

张雁勇:《〈周礼〉天子宗庙祭祀研究》,博士学位论文,吉林大学,2016。

张一兵:《明堂制度源流考》,人民出版社,2007。

张远山:《玉器三族,用管窥天——上古玉器族、中古夏商周观天玉器总论》,《社会科学论坛》2017 年第 3 期。

张悦:《周代宫城制度中庙社朝寝的布局辨析——基于周代鲁国宫城的营建模式复原方案》,《城市规划》2003 年第 1 期。

张忠培:《关于老官台文化的几个问题》,《社会科学战线》1981 年第 2 期。

章鸿钊:《中国古历析疑》,科学出版社,1958。

赵诚编著《甲骨文简明词典:卜辞分类读本》,中华书局,2009。

赵春青:《长江中游与黄河中游史前城址的比较》,《江汉考古》2004 年第 3 期。

赵国华:《生殖崇拜文化论》,中国社会科学出版社,1990。

赵兴波等:《全新世早期中国北方地区的家鸡驯化》,《美国国家科学院院刊》(PNAS)2014 年 12 月期。

赵洋:《羌族释比羊皮鼓舞的美学思考》,《阿坝师范高等专科学校学报》2009 年第 1 期。

赵永恒、李勇:《二十八宿的形成与演变》,《中国科技史杂志》2009 年第 1 期。

赵永恒:《燧人氏"察辰心而出火"的可能年代》,《重庆文理学院学报》2013 年 4 期。

(清)赵在翰辑《七纬》,钟肇鹏、萧文郁点校,中华书局,2012。

赵宗军:《我国新石器时期祭坛研究》,硕士学位论文,安徽大学,2007年。

浙江省文物考古研究所:《河姆渡:新石器时代遗址考古发掘报告》,文物出版社,2003。

浙江省文物考古研究所、萧山博物馆:《跨湖桥:浦阳江流域考古报告之一》,文物出版社,2004。

郑慧生:《我国母系氏族社会与传说时代:黄帝等人为女人辨》,《河南大学学报(哲学社会科学版)》1986年第4期。

郑文光:《中国天文学源流》,科学出版社,1979。

郑镛:《玉皇信仰与儒道同异》,《漳州师院学报(哲学社会科学版)》1999年第3期。

郑祖襄:《"艳""乱""趋"音乐溯源》,《音乐探索(四川音乐学院学报)》1990年第3期。

中国社会科学院考古研究所内蒙古工作队:《内蒙古敖汉旗小山遗址》,《考古》1987年第6期。

中国社会科学院考古研究所夏商周考古研究室编《三代考古》,科学出版社,2011。

周及徐:《汉语和印欧语史前关系的证据之一:基本词汇的对应》,《四川师范学院学报(社会科学版)》2003年第6期。

周南泉:《玉工具与玉兵仪器》,蓝天出版社,2009。

周士一:《中华天启:彝族文化中的太一、北斗与太阳》,云南人民出版社,1999。

周武彦:《释"巫":商代弦乐器考》,《黄钟》1990年第4期。

周武彦:《〈韶〉乐考释》,《星海音乐学院学报》1993年第1期。

周武彦:《"乐"义三辨》,《音乐艺术(上海音乐学院学报)》1998年第3期。

朱芳圃:《殷周文字释丛》,中华书局,1962。

朱凤瀚:《殷商卜辞所见商王室宗庙制度》,《历史研究》1990年第6期。

(明)朱载堉:《律吕精义》,冯文慈点注,人民音乐出版社,1998。

竺可桢:《二十宿起源之时代与地点》,《思想与时代》第34期(1946)。

邹衡:《夏商周考古学论文集》,文物出版社,1980。